轻松学 Proteus

郭增富　薛　君　主　编
皇甫勇兵　王　宇　副主编

中国电力出版社
CHINA ELECTRIC POWER PRESS

内 容 提 要

本书共分七个项目，每个项目都由若干个工作任务组成，注重综合应用能力和基本能力的培养，在内容安排上，以应用为目的，注重实用性、先进性。主要内容有：Proteus 快速入门；模拟电路制图、仿真；数字电路仿真与设计；单片机系统仿真；元件制作；层次电路图设计；印刷电路板（PCB）设计。各个项目在编写过程中都以完成工作任务为目标，注重理论知识和技能的结合。

本书既可作为高职高专院校电类专业相关课程的教材，也可以供广大电气工程技术人员学习和参考使用。

图书在版编目（CIP）数据

轻松学 Proteus/郭增富，薛君主编. —北京：中国电力出版社，2015.8（2017.1 重印）

ISBN 978-7-5123-8006-6

Ⅰ.①轻… Ⅱ.①郭…②薛… Ⅲ.①单片微型计算机-系统仿真-应用软件-高等职业教育-教材 Ⅳ.①TP368.1

中国版本图书馆 CIP 数据核字（2015）第 154105 号

中国电力出版社出版、发行

（北京市东城区北京站西街 19 号 100005 http://www.cepp.sgcc.com.cn）

航远印刷有限公司印刷

各地新华书店经售

*

2015 年 8 月第一版 2017 年 1 月北京第二次印刷

787 毫米×1092 毫米 16 开本 21.25 印张 488 千字

印数 3001—4000 册 定价 **49.80** 元（含 1CD）

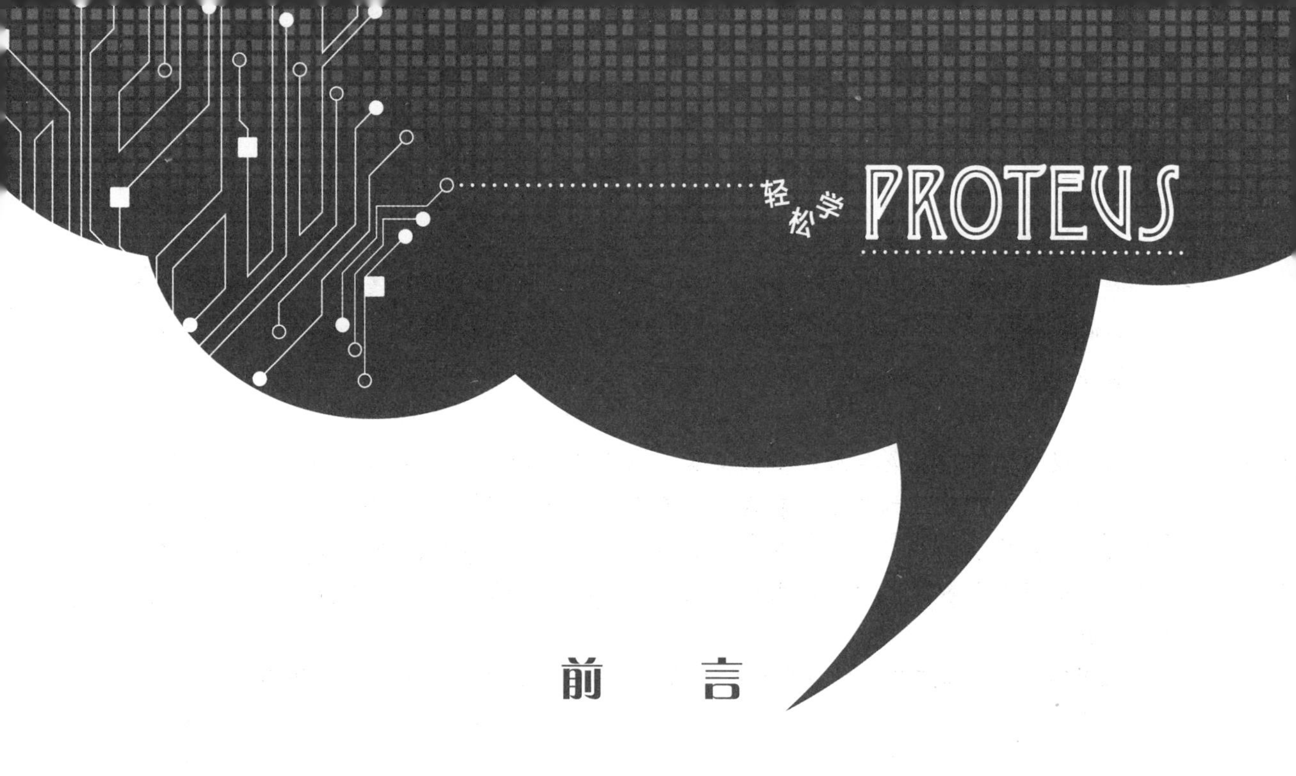

前　言

识图和制图是工程技术人员的基本能力，Proteus 首先是一个制图工具，它庞大的图形符号库和强大的图形管理功能使得绘制电气原理（系统）图变成一件既轻松又规范的事情。Proteus 还是一个“仿真”工具，它能使你设计绘制好的电气原理图像焊接好的电路一样“运行”起来。还可以用各种“仪器仪表”去观察和测量运行中的各种现象和数据，而不用担心人员和设备的安全。

正是利用了 Proteus 的这种特点，本书将电类专业常用的定理定律都做了“仿真”，让读者能够在接近实际的操作和运行中观察它们的现象，并理解它们的含义。特别是对频率特性的仿真，它可以极大地帮助你理解自动控制系统的相关原理。同时，Proteus 也是一个辅助设计软件，它能自动生成电气原理图的印刷电路板（PCB）文件，并以标准格式传送给印刷电路板制造设备进行商业化制作。

本书在编写过程中力求从最简单处入手，结合 Proteus 软件具有的“虚拟实验环境”和“系统协同仿真”功能，给读者创造一个即学即用的学习环境，使这些枯燥深奥的知识形象化，边练边学，逐步深入，从而帮助其完成学习模式的转变。这样做既提高了读者对专业知识的学习兴趣，也有利于掌握 Proteus 的使用方法。

本书结构

本书共分七个项目，每个项目都由若干个工作任务组成，注重综合应用能力和基本能力的培养，在内容安排上，以应用为目的，注重实用性、先进性。主要内容有：Proteus 快速入门；模拟电路制图、仿真；数字电路仿真与设计；单片机系统仿真；元件制作；层次电路图设计；印刷电路板（PCB）设计。各个项目在编写过程中都以完成工作任务为目标，注重理论知识和技能的结合。

读者对象

本书既可作为高职高专院校电类专业相关课程的教材，也可以供广大电气工程技术人员学习和参考使用。

光盘使用

本书配套光盘中包括了各章的教学课件（PPT），方便相关高等学校教师教学使用，也可供读者自学本书的配套资料使用。还包括了本书大部分的工程文件，读者可直接使用，方便学习。

致谢

本书由郭增富、薛君主编，皇甫勇兵、王宇副主编，另外王刚、敖马泽、赵宇廷、李凡、赵鑫、武晓敏、刘荣华、霍垚光、李慧龙、曹俊奇、李月全、段瑞云、宋彦平、任霞霞、武红霞、闫宇峰、温学武、辛治国、吴文凯、郭雄斐、任晓慧、孙红红参加了本书资料的搜集与整理工作。本书还得到了广州风标公司的大力支持和帮助，在此一并表示感谢。

限于编者水平和经验，书中难免有疏漏及错误之处，恳请广大读者批评指正。

编　者

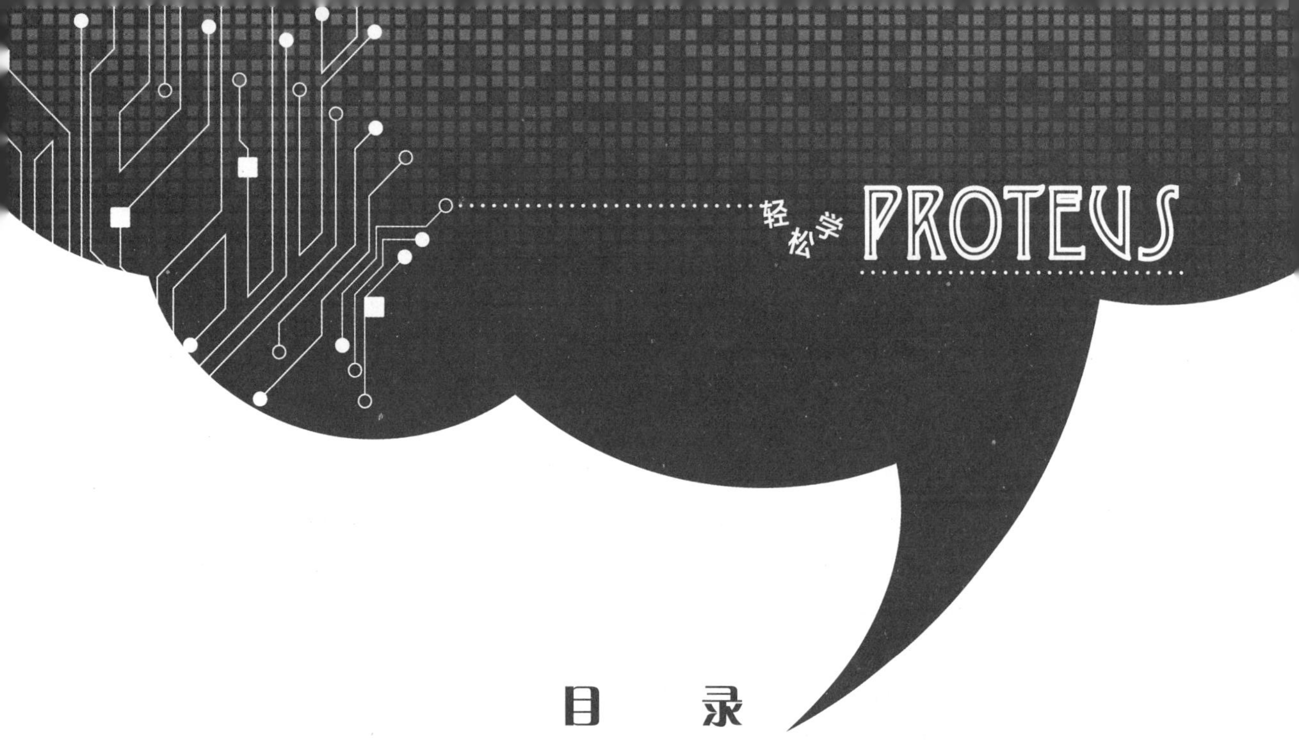

目　录

项目一

Proteus快速入门

Proteus 软件是由英国 Labcenter Electronics 公司开发的工具软件。本书以 Proteus 8.1 版本进行介绍，它是 2013 年以后推出的专业版。

任务一 跟我学绘制电路原理图

电路原理图实际上就是图形符号与连接线的组合。

图 1-1 由电池（BATTERY）、开关(SWITCH)、电阻（RES)、灯泡（LAMP）等四个元器件的图形符号组成。实际上，绘制这张图的主要任务就是绘制这些图形符号。而 Proteus 软件已将绝大多数电路元件的图形符号画好并分类保存到库文件中，需要时取出即可，不必绘制。显然，这将大大地减少绘图工作量。

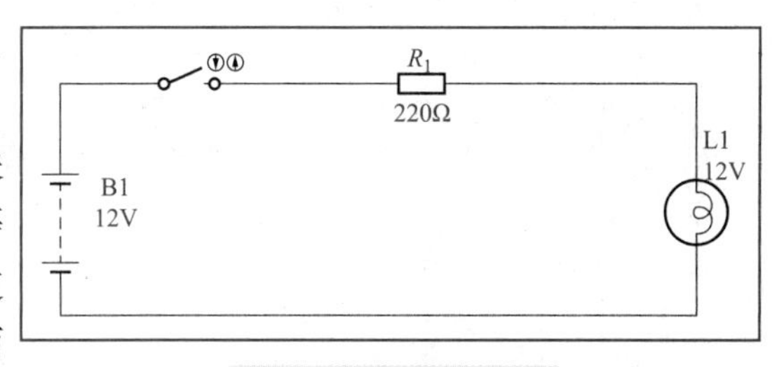

图 1-1 电路原理图

下面就以图 1-1 为例说明用 Proteus 软件绘制电路原理图的过程。

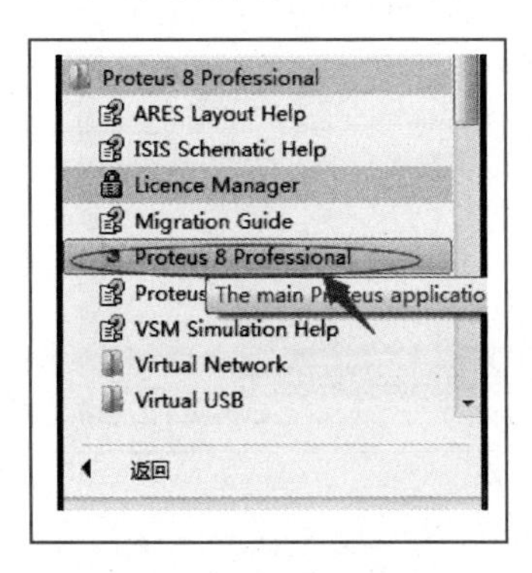

图 1-2 菜单程序选择

1.1.1 打开 Proteus 软件

1 打开 Proteus 软件的步骤

(1) 在开始菜单下，选择“Protues 8 Professional”，如图 1-2 所示。

弹出如图 1-3 启动界面。

ISIS 启动后的界面如图 1-4 所示。

(2) 单击图 1-5 左上角的图标，进入 ISIS 界面。

如图 1-5 和图 1-6 所示，在 ISIS 窗口对话框中，第一

图 1-3　ISIS启动界面

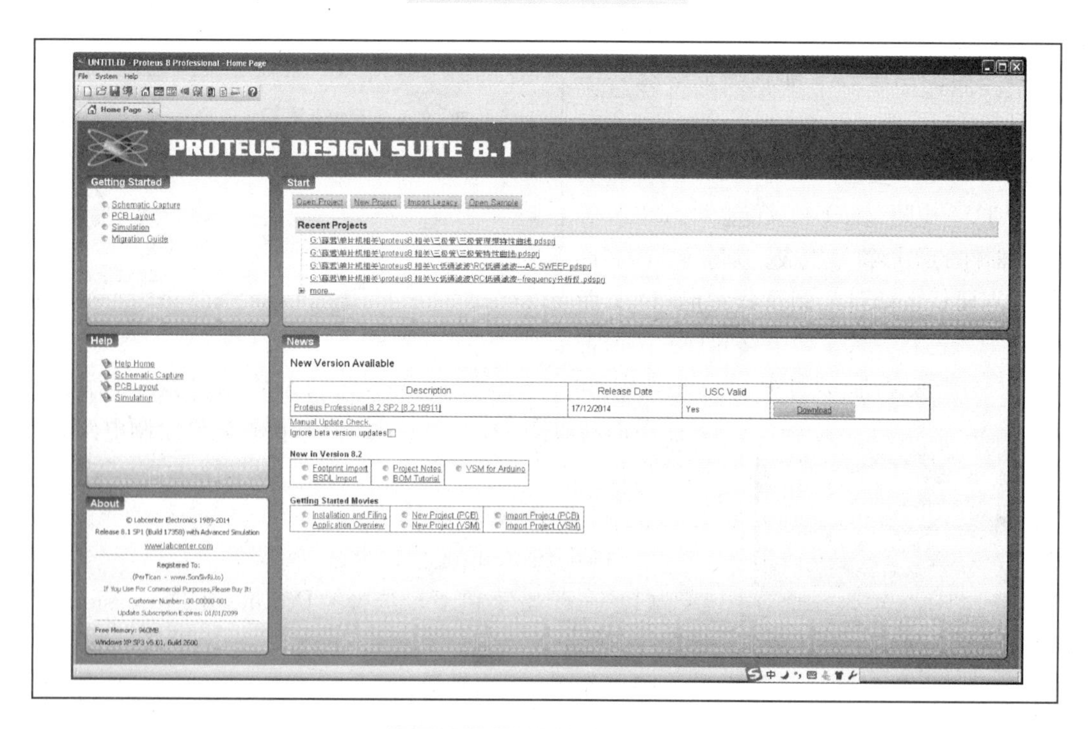

图 1-4　ISIS启动后的界面

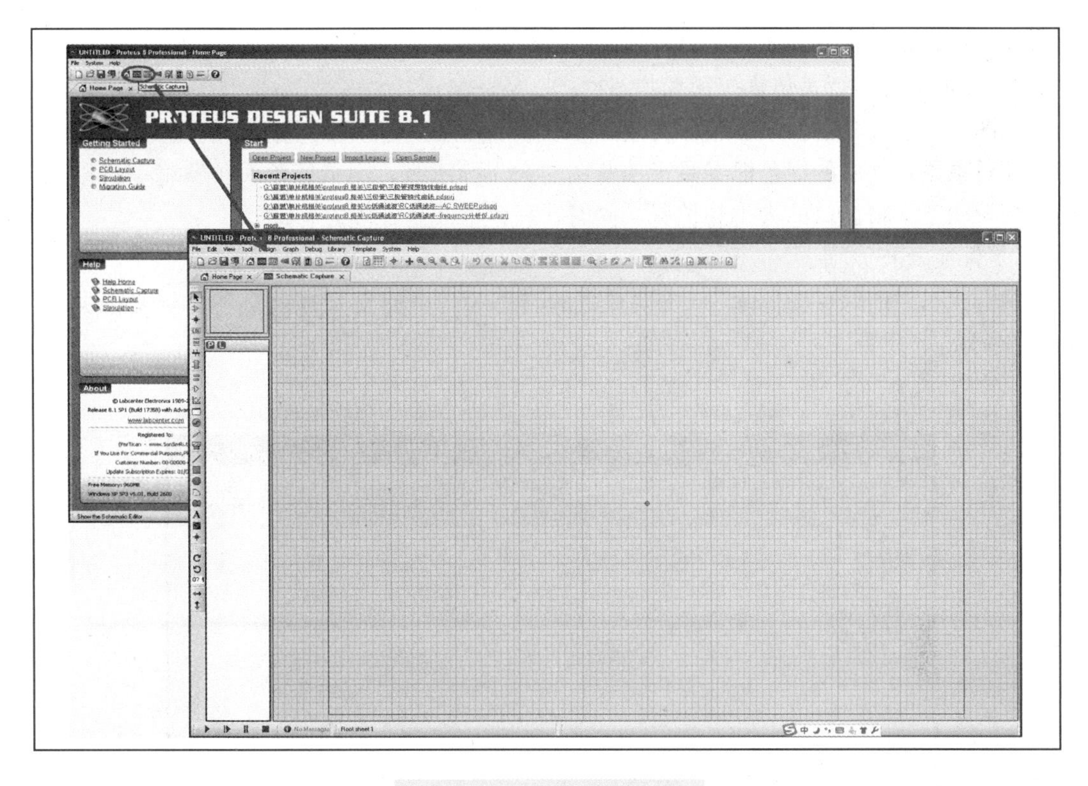

图 1-5　ISIS 进入示意图

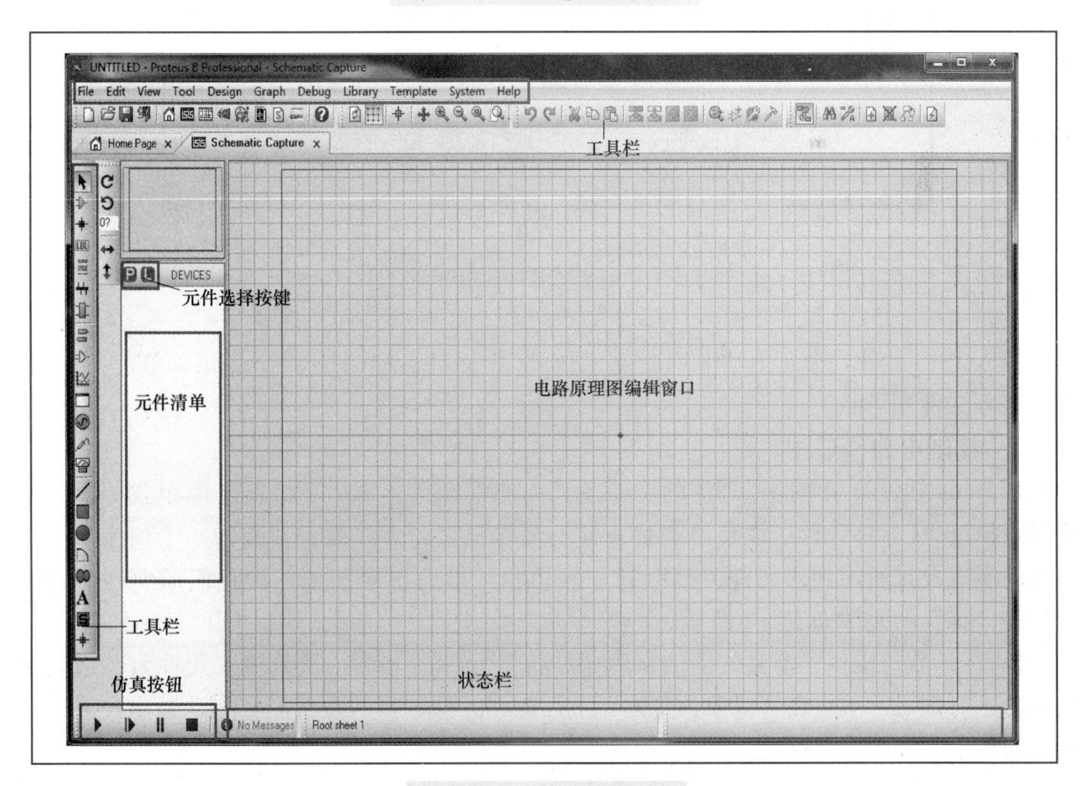

图 1-6　ISIS 窗口介绍

行是菜单栏，第二行和左侧是工具栏，左侧第二列分别是“对象预览框”和“所要用的元件清单”，最下方一行是仿真按钮和状态栏。

如图 1-6 所示，蓝色方框部分为电路原理图编辑窗口，所画电路不能超出蓝色框体，另外，对象预览框中的绿色框线是指预览图的大小标示线，用鼠标单击预览框，可以用鼠标的滚轮调整编辑窗口的大小和位置，同时，绿色框线也在随之移动。

2 保存 ISIS 文件

单击状态栏的保存图标，双击要放置的名称为“电路交互式仿真”目标文件夹，如图 1-7 所示。

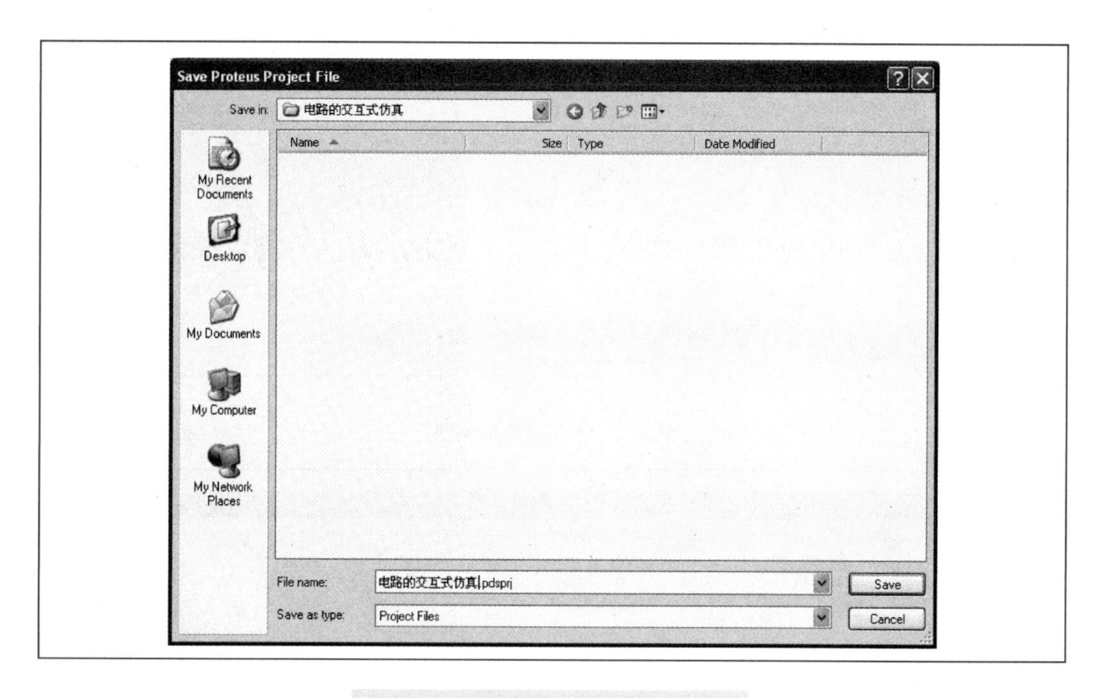

图 1-7 选择 ISIS 文件存放的文件夹

输入 ISIS 文件，命名为“电路交互式仿真”，文件后缀名为 *.pdsprj，单击“Save”保存工程文件即可。

1.1.2 绘制电路原理图

Proteus 软件绘制电路原理图的主要图形库非常庞大，每用一个就去库里找一次效率很低。Proteus 软件设计了像超市购物一样的流程：它允许你推着“购物车”到库里一次性地将本次设计所用到的元件“拣”到“购物车”里后再画图。本次我们需要往“购物车”中“拣”的元件如表 1-1 所示。

Proteus 软件提供了非常便捷的从库中“拣”元件的方法：只需输入元件名称或名称的部分字符即可。单击在“对象预览框”下面的“元件选择”按钮图标P，弹出“元件选择”对话框。如图 1-8 所示。

表 1-1　　元 件 一 览 表

元器件名称	所属类	库
BATTERY（电池）	Simulator Primitives	ACTIVE
RES（电阻）	Resisitors	DEVICE
SWITCH（开关）	Swithes & Relays	ACTIVE
LAMP（灯泡）	Optoelectronics	ACTIVE

注　对于“库”的选择来说，一般交互式仿真在尽可能的情况下都选择 ACTIVE 类型。

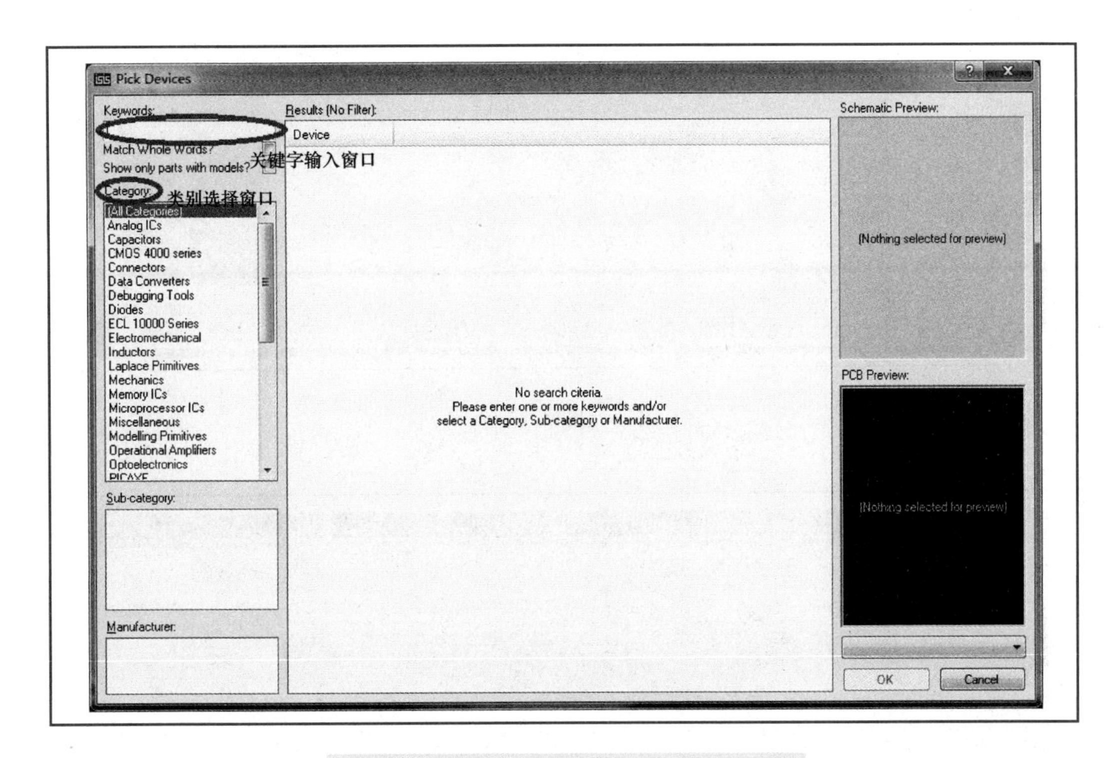

图 1-8　“Pick Devices”（元件选择）对话框

在“关键字”的下方输入元件的全部或者部分名称字符，即可搜到所需的元件。双击选中的元件，元件的名称就出现在 ISIS 窗口的“元件清单”窗口中，如图 1-9 所示。

回到 ISIS 界面，单击左侧工具栏图标▶，使鼠标回到箭头状态，选中“元件清单”窗口中的元件图标，移动鼠标，这样在“电路原理图”窗口就会出现元件轮廓，选中合适位置（尽量选在电路图原点⊕附近）并单击即可放置元件，如图 1-10 所示是要放置 BATTERY 元件。

使用同样的方法放置其他元件，放置好元件的编辑区域如图 1-11 所示。

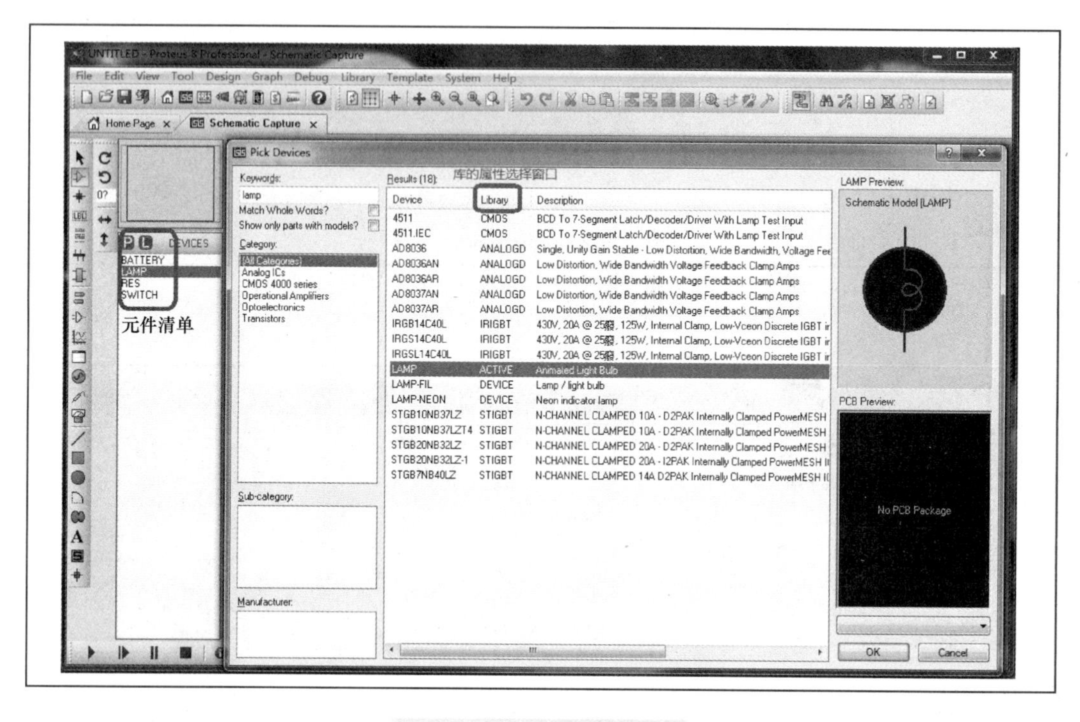

图 1-9　元件寻找和选定

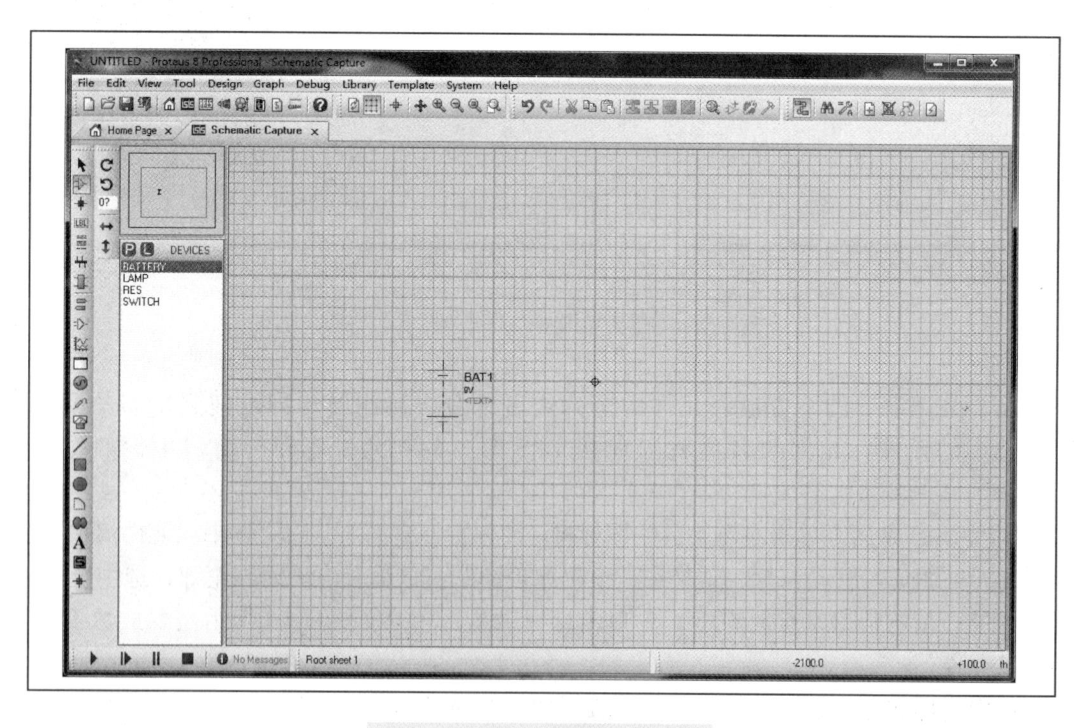

图 1-10　放置 BATTERY 元件

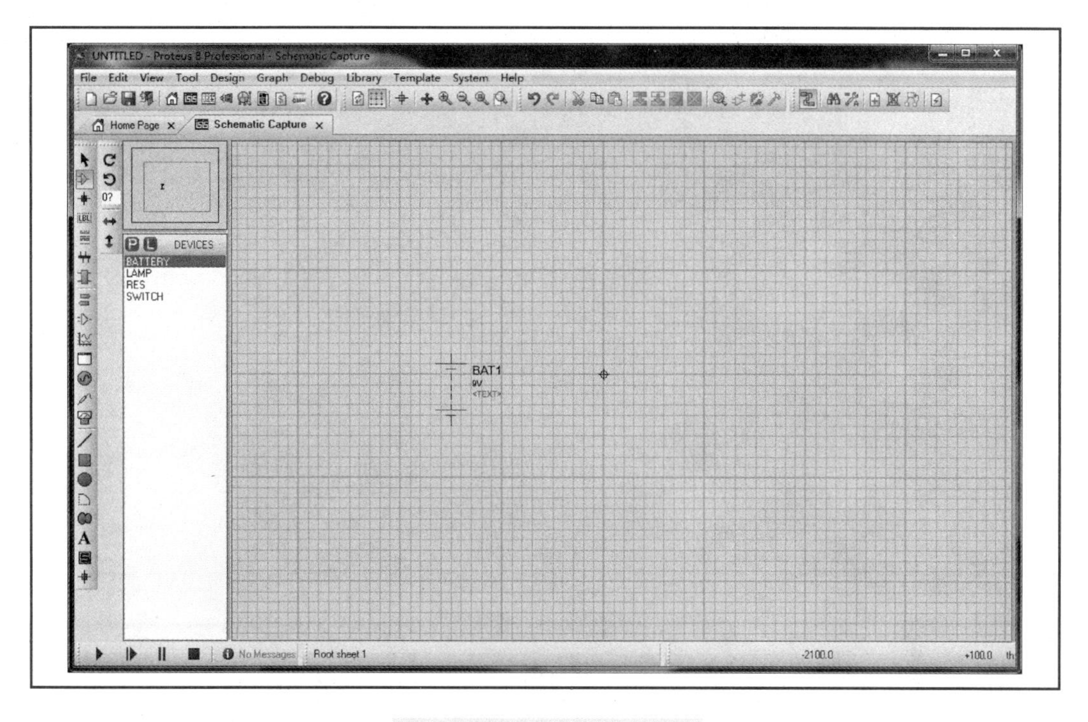

图 1-11　放置好所有元件

因为电阻 R_1 的阻值较大，所以需要进行修改。单击电阻 R_1，单击鼠标右键，选择"编辑属性"，如图 1-12 所示。或者采用双击电阻 R_1 的阻值，也能出现属性对话框。

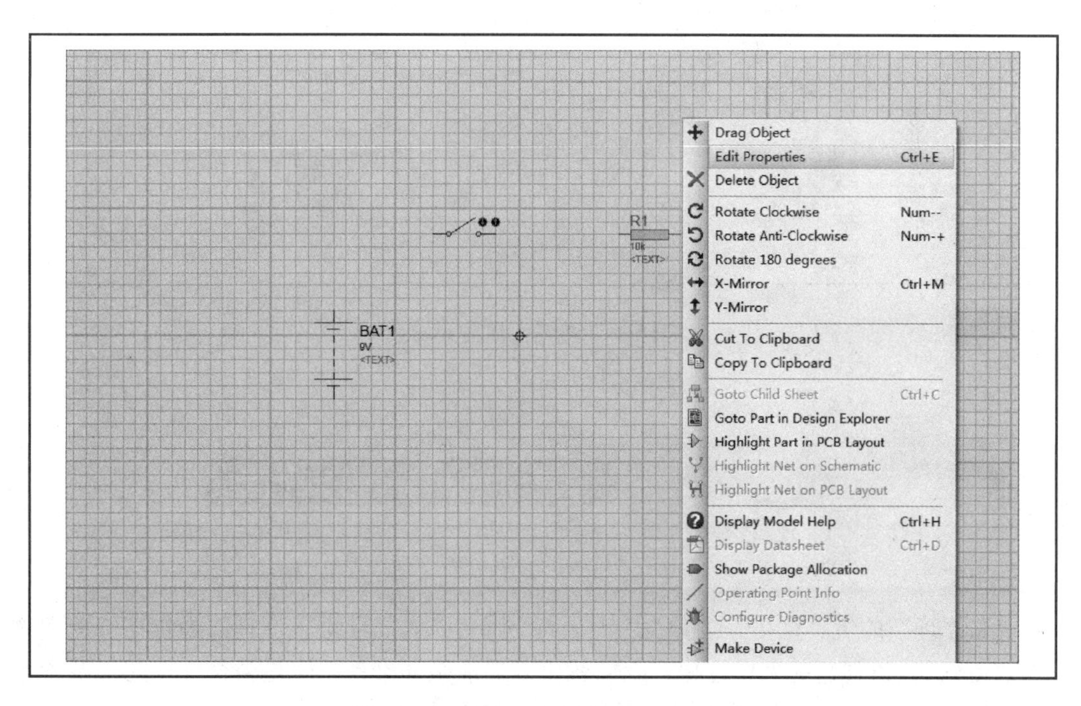

图 1-12　调出 R_1 属性对话框的步骤

弹出“阻值修改”对话框，如图 1-13 所示。

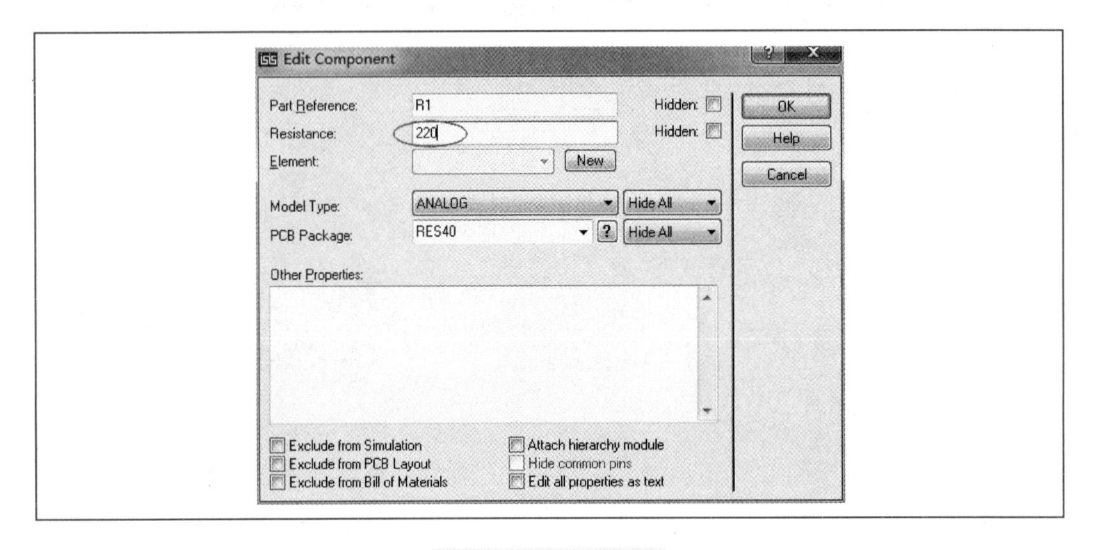

图 1-13　修改阻值

单击“OK”按钮。然后单击元件的一个端子，将会出现红色的方框，光标变为箭头，这样就可以开始连线，连好线的原理图如图 1-14 所示。至此原理图就绘制完成了，单击“保存”图标进行保存。

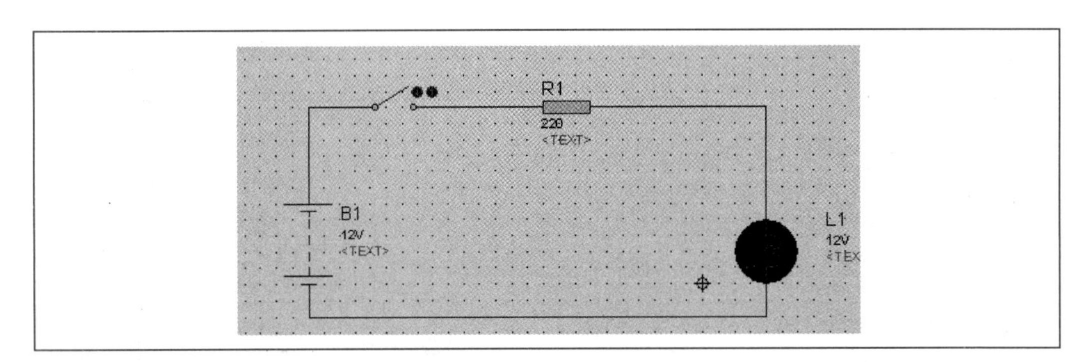

图 1-14　电路原理图窗口

任务二　跟我学电路原理图的仿真

电路原理图的仿真是在焊接实物之前进行，通过仿真能使电气原理图像焊接好的实物一样“运行”（仿真）起来！这样，我们就可以提前验证设计思路是否合理，元件及参数选择是否正确，流程及程序设计是否可靠，从而极大地节省时间和材料。

1.2.1　电路原理图的仿真

仿真步骤如下：

（1）单击仿真按钮 ▶ ，这时将会编译整个电路（验证电路是否正确），一般电路连接如果没有什么问题，就会在状态栏出现类似的图标 2 Message(s)，绿色的消息提示图标表明编译成功。

编译完成后，仿真按钮将会变成绿色的图标 ▶ ，表明正在运行，这时还可以进行暂停、停止、帧进等操作。

（2）在“电路原理图编辑”窗口中，SWITCH 有一个向下和一个向上的图标，表明可以按下和松开。我们按下 SWITCH 向下的箭头，开关合上，电路导通，此时灯泡发光，如图 1-15 所示。

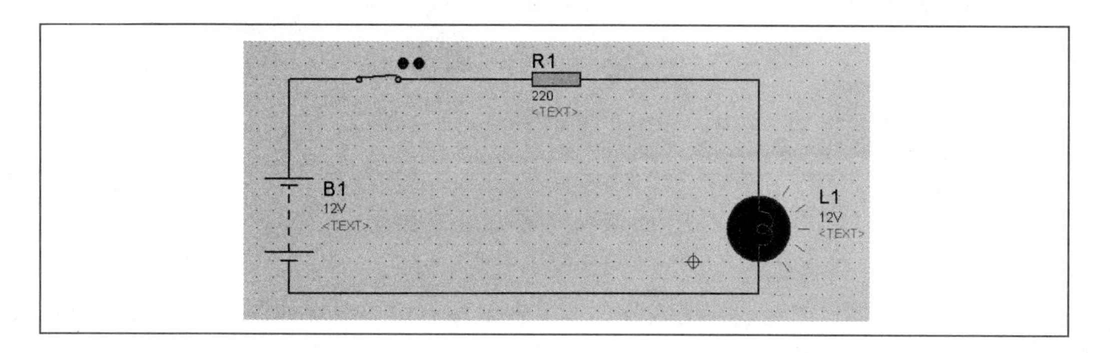

图 1-15　开关合上后的电路

如果松开箭头，开关断开，电路不通，灯泡熄灭。如图 1-16 所示。

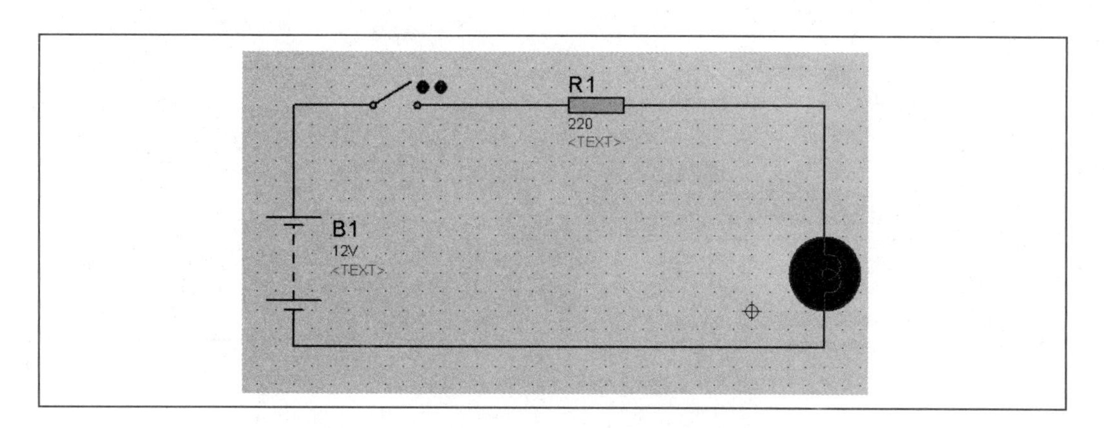

图 1-16　开关打开时的电路

1.2.2　用电压表和电流表测量电路

在该仿真电路中，可以单击工具栏的虚拟仪表图标，选择 DC VOLTMETER（直流电压表）和 DC AMMETER（直流电流表）测量该电路的电压和电流。在此，一定要遵循电压表并联和电流表串联在电路中的原则。

方法如下：

（1）单击工具栏，选中 DC VOLTMETER，放置到原理图编辑框中。同样放置 DC AMMETER 到原理图编辑框中，如图 1-17 所示。

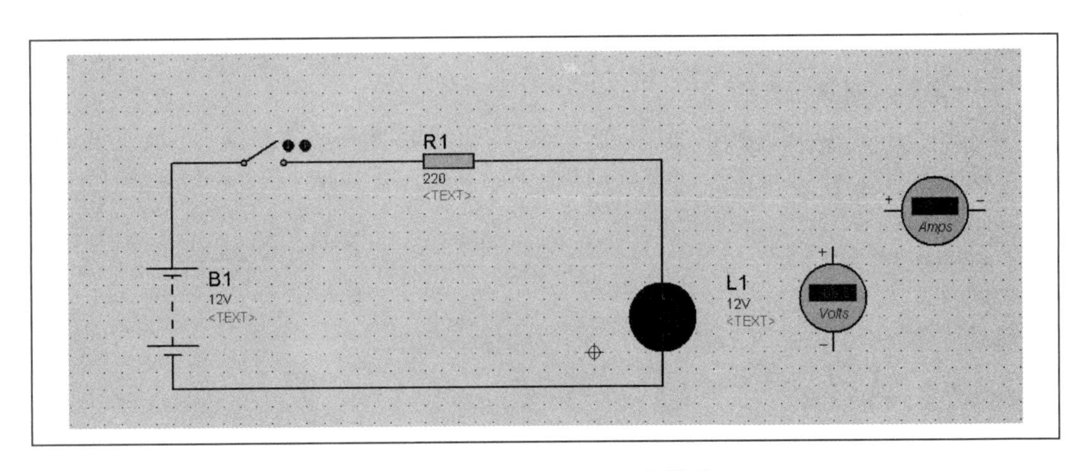

图 1-17　放置电流表、电压表

（2）单击各个元件的连线，变成红色，单击鼠标右键，出现如图 1-18 所示对话框，选择“Delete Wire”（删除连线）。

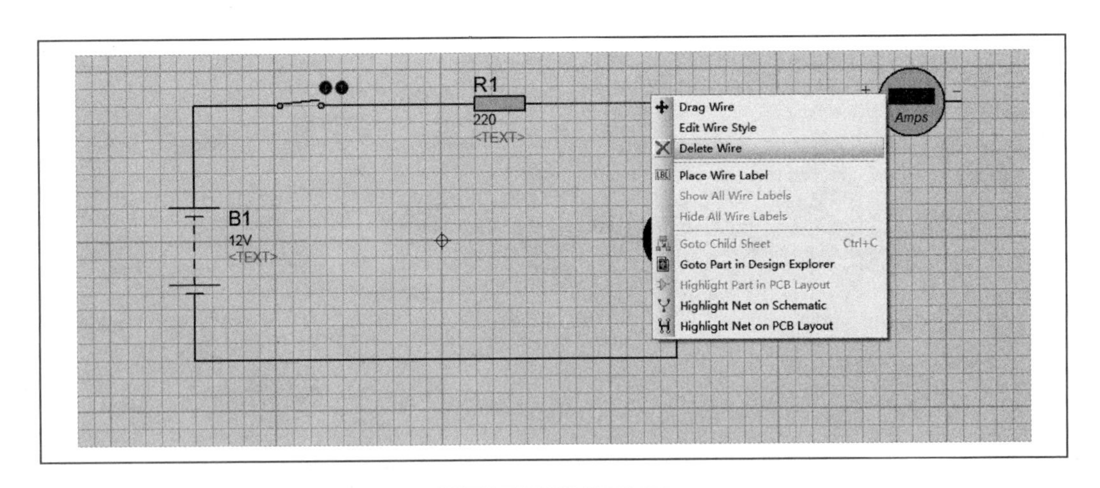

图 1-18　删除连接线

（3）把元件之间的连接线都删除，重新排列元件如图 1-19 所示。

（4）重新连线如图 1-20 所示。

（5）单击仿真按钮，此时将会编译整个电路。这样运行中的电路原理图在开关合上前如图 1-21 所示。

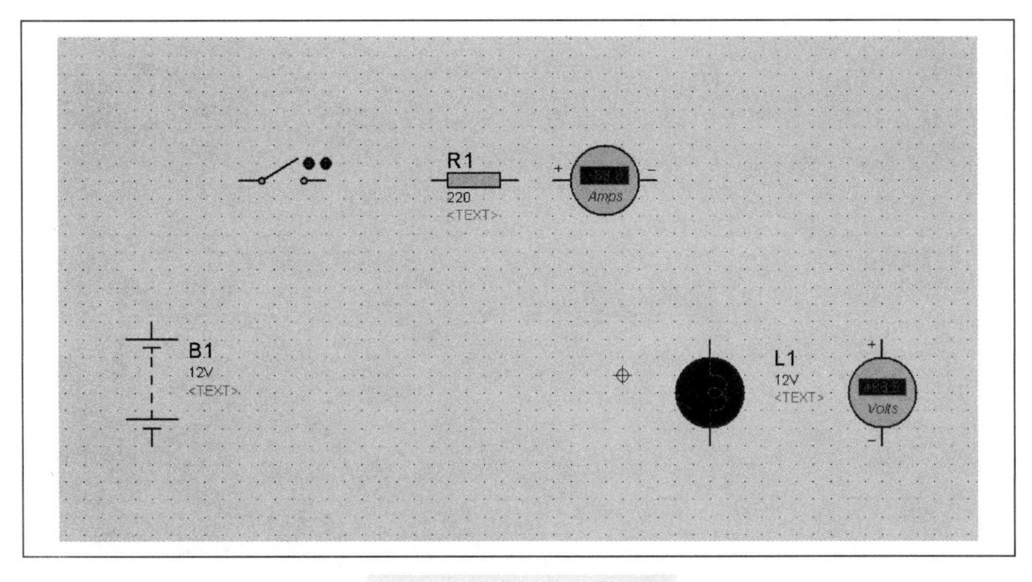

图 1-19 重新布置元件位置

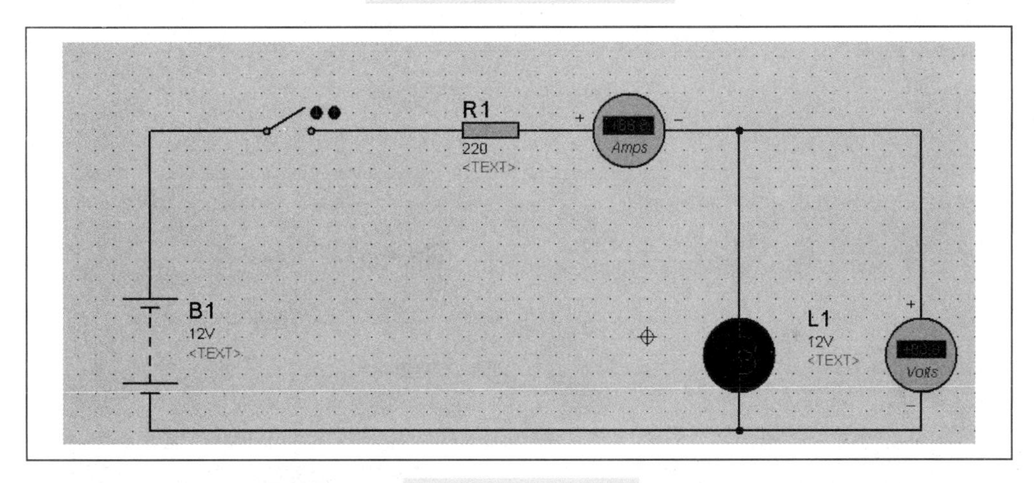

图 1-20 重新连线

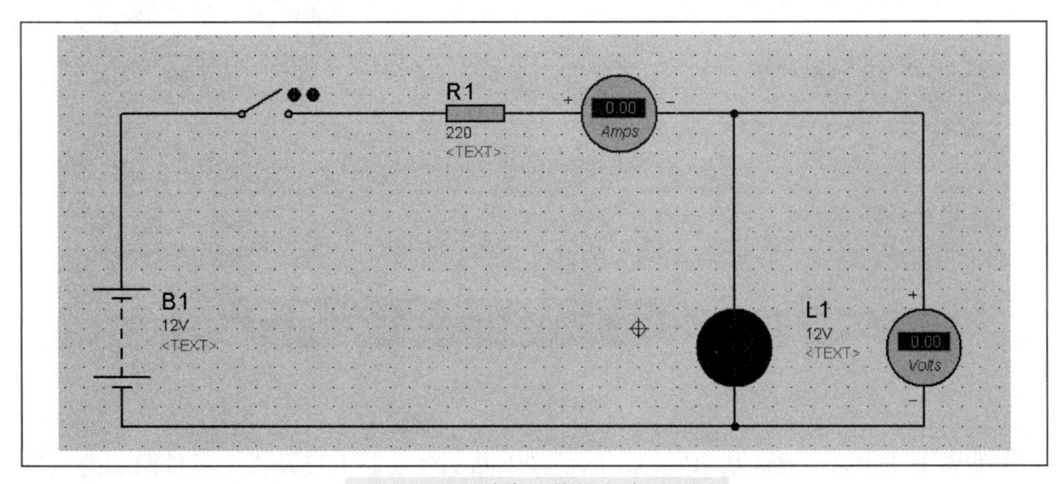

图 1-21 开关合上前的电路原理图

开关合上后的电路原理图如图 1-22 所示。

从图 1-22 中可以看出，灯泡瓦数（1.18×0.04W）比较小，可以把电源电压调大到 220V（方法：双击电源 B1 的 12V，修改为 220V 即可），如图 1-23 所示为电压调到 220V 的电路仿真。灯泡瓦数（21.6×0.9W）变大。

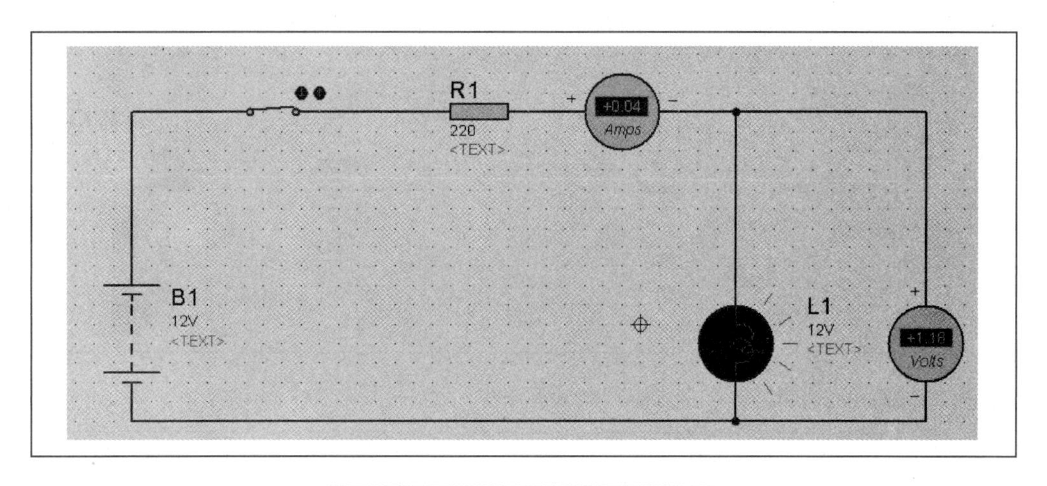

图 1-22　开关合上后的电路原理图

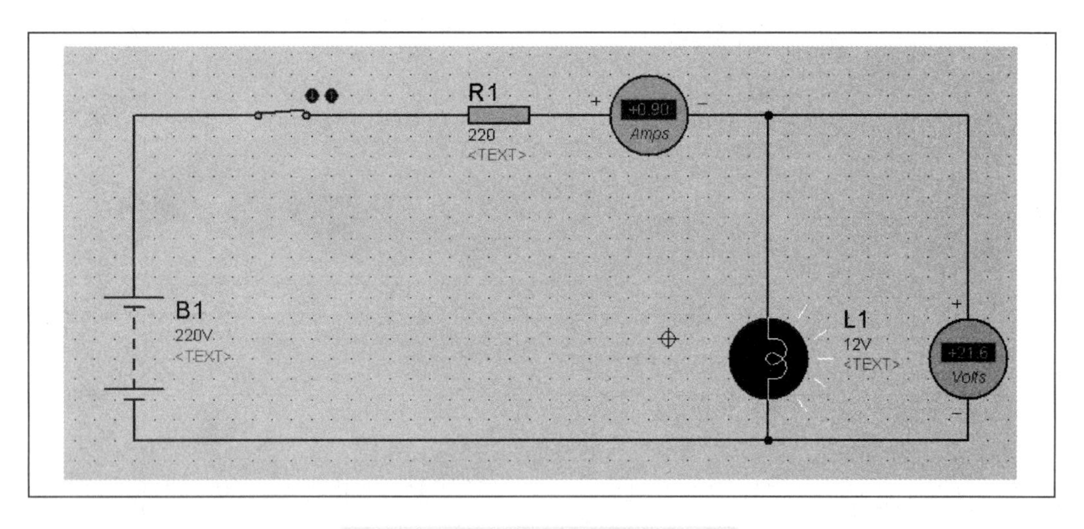

图 1-23　电压调到 220V 的电路仿真

任务三　基于基尔霍夫定律的电路仿真

基尔霍夫定律是电路的基本定律，测量某电路的各支路电流及多个元件两端的电压，

应能分别满足基尔霍夫电流定律和电压定律，即对电路中的任一节点而言，应有节点电流之和为 0，对于任何一个闭合回路而言，应有任一闭合回路电压之和为 0。

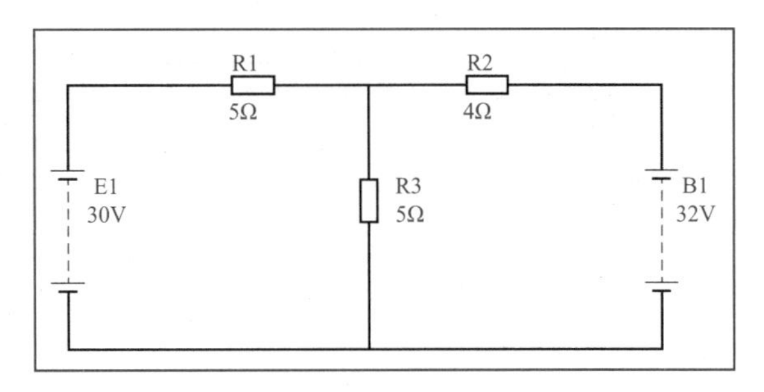

图 1-24 验证基尔霍夫定律的电路原理图

下面我们对如图 1-24 所示电路进行 Proteus 仿真，从而验证基尔霍夫定律。

1.3.1 原理图的绘制

验证基尔霍夫定律的电路原理图如图 1-24 所示。

所用元件清单如表 1-2 所示。

仿真步骤如下：

表 1-2 元件库一览表

元器件名称	所属类	库
BATTERY（电池）	Simulator Primitives	ACTIVE
RES（电阻）	Resisitors	DEVICE

（1）打开 Proteus，单击“Save Design”按钮，弹出如图 1-25 所示对话框，新建文件夹“基尔霍夫定律”后，单击“打开”，输入项目名称“基尔霍夫定律”，单击保存。如图 1-26 所示。

（2）单击界面左侧的 “Component Mode”，添加电路所需的元件，如图 1-27 所示。

（3）单击P，弹出如图 1-28 所示的对话框，首先添加电阻元件。输入电阻英文单词的关键词（RES），即可在右侧的搜索结果对话框中看见搜索结果，以及元件预览和 PCB 板中元件的预览概况。双击搜索结果中的元件，元件即出现在如图所示的元件栏中，如图 1-29 所示。

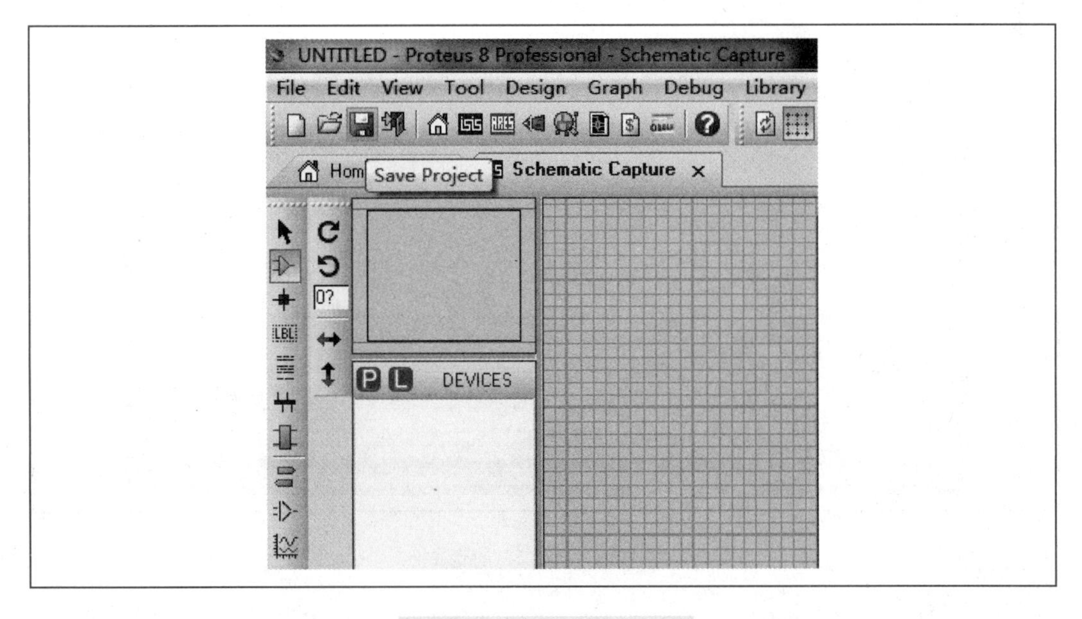

图 1-25 保存文件（一）

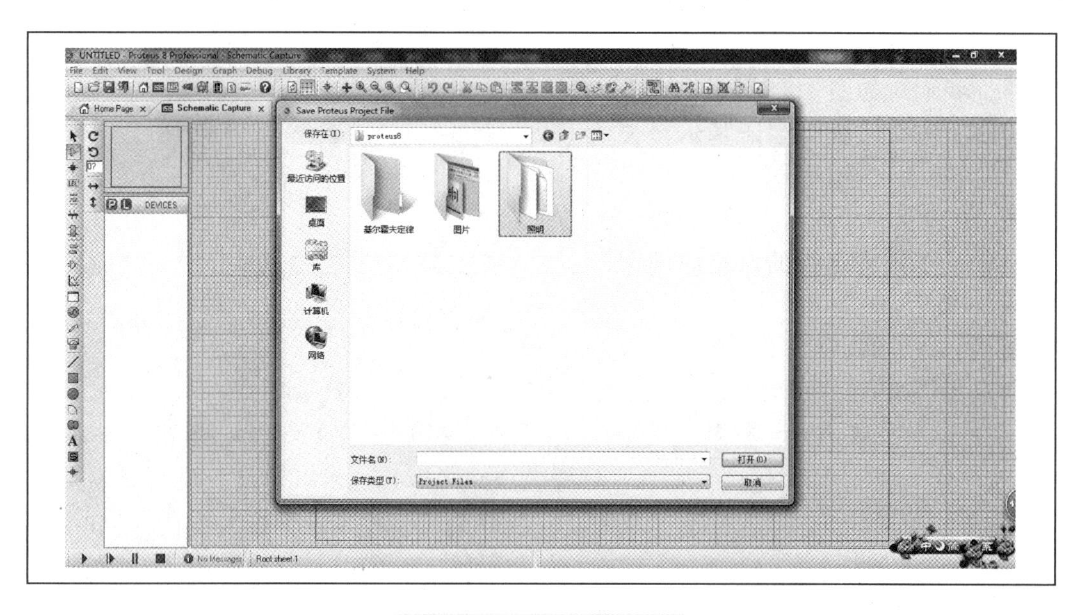

图 1-25　保存文件（二）

图 1-26　“保存”对话框

（4）同步骤（3），添加元件“BATTERY”，如图 1-30 所示。

（5）单击主画面中元件一览表，然后单击 BATTERY，放置到编辑窗口中，如图 1-31 所示，单击鼠标左键，即可把元件放到指定位置。

（6）双击刚放置的电池元件，出现“元件属性”对话框，编辑电池元件的名称为 E1，电压即为默认值 12V。如图 1-32 所示。

（7）同理，放置其他元件 E2 等，如图 1-33 所示。

（8）用鼠标左键单击元件两个端子，进行如图 1-34 所示接线。

（9）执行菜单命令“Template”→“Set Design Colours”，出现如图 1-35 所示对话框，取消勾选把“Show hidden text”，电路图编辑窗口中灰色的字体<TEXT>就去掉了。如图 1-36 所示。

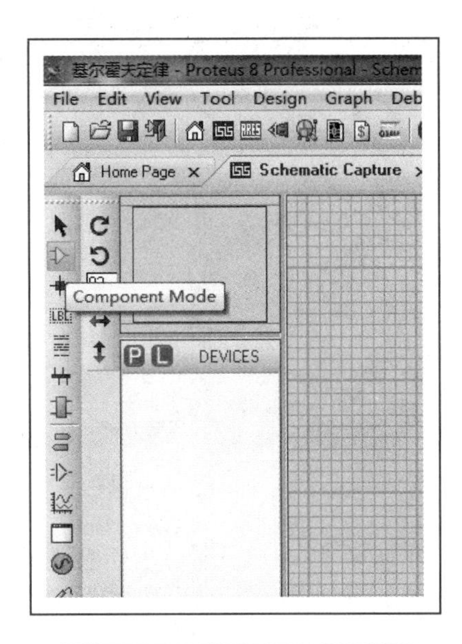

图 1-27　添加电路所需的元件

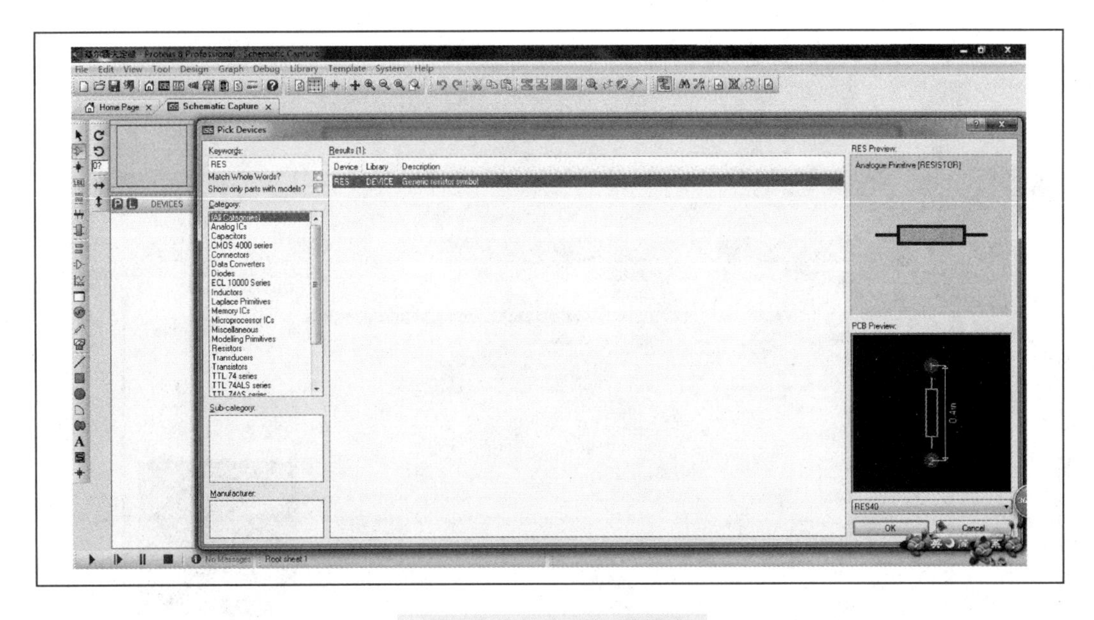

图 1-28　搜索元件示意图

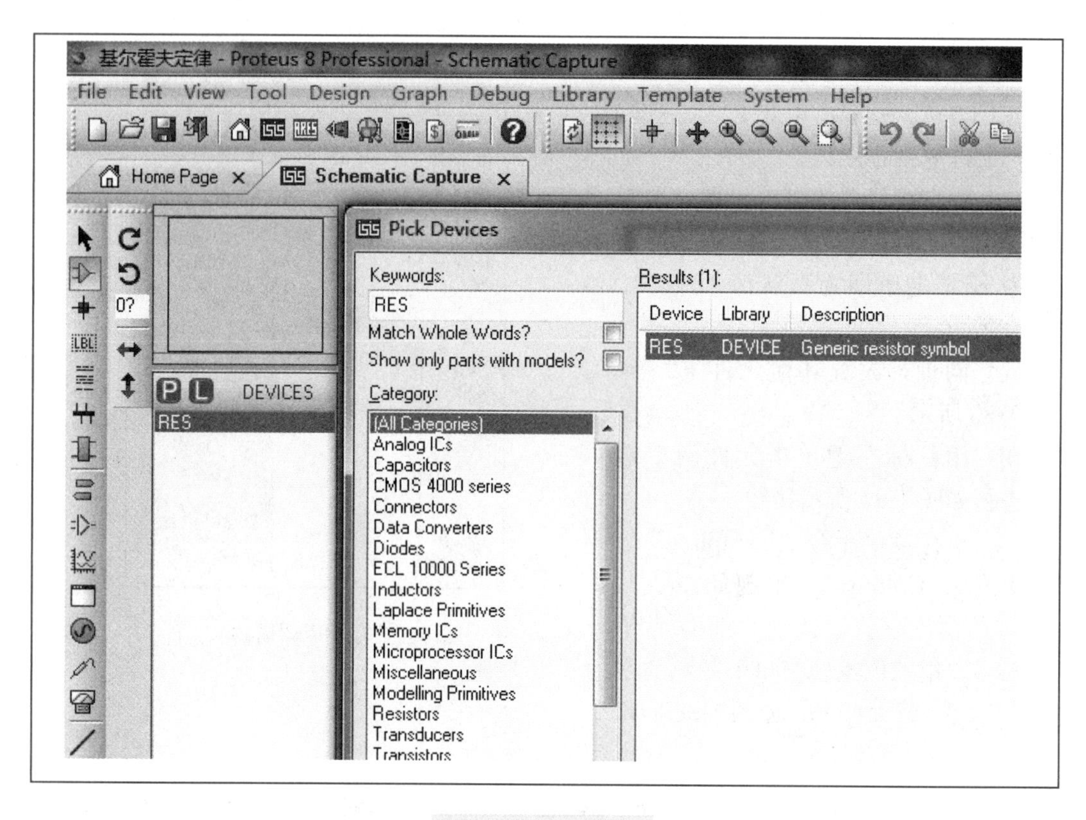

图 1-29　元件预览

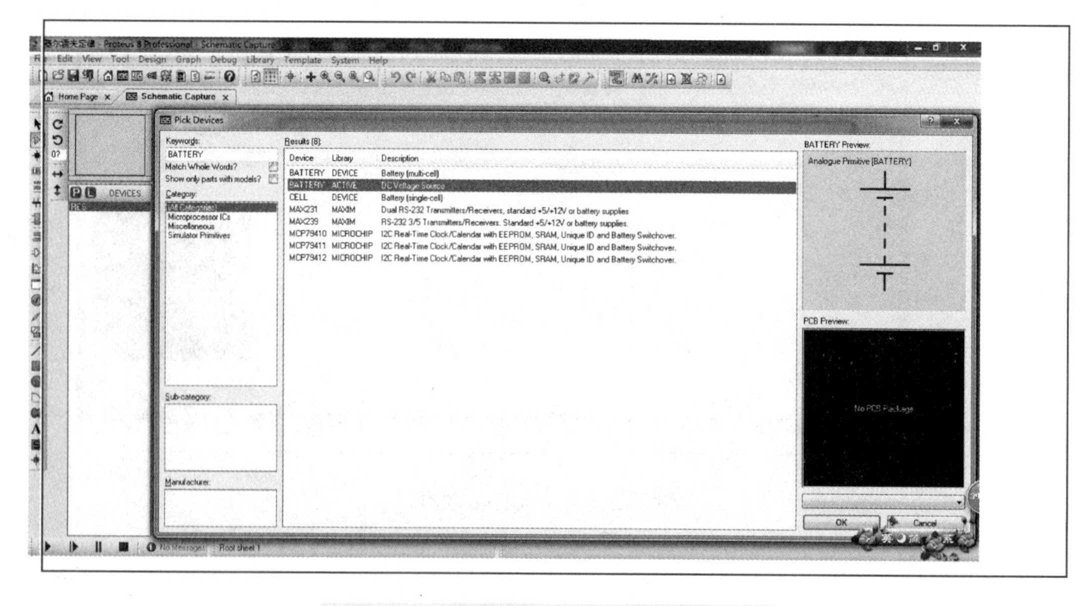

图 1-30　添加元件“BATTERY”示意图

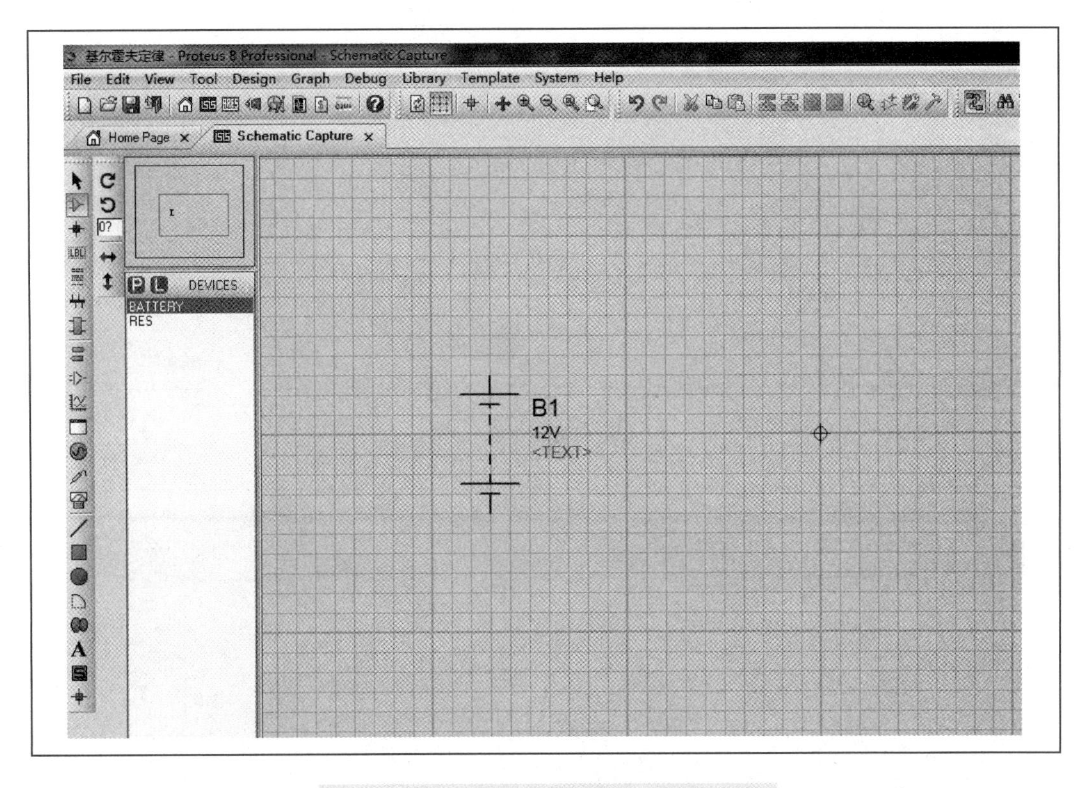

图 1-31　BATTERY 元件放置到编辑窗口

Edit Component
Part Reference: B1　Hidden:
Voltage: 30V　Hidden:
Element: New
Internal Resistance: 0.1　Hide All
Other Properties:
Exclude from Simulation　Attach hierarchy module
Exclude from PCB Layout　Hide common pins
Exclude from Bill of Materials　Edit all properties as text
OK
Cancel

图 1-32　元件属性更改

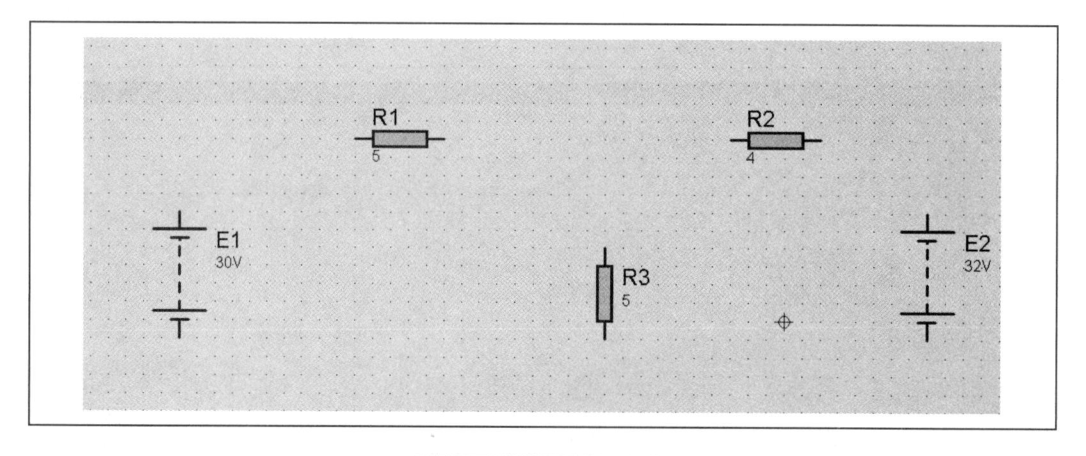

图 1-33　放置其他元件

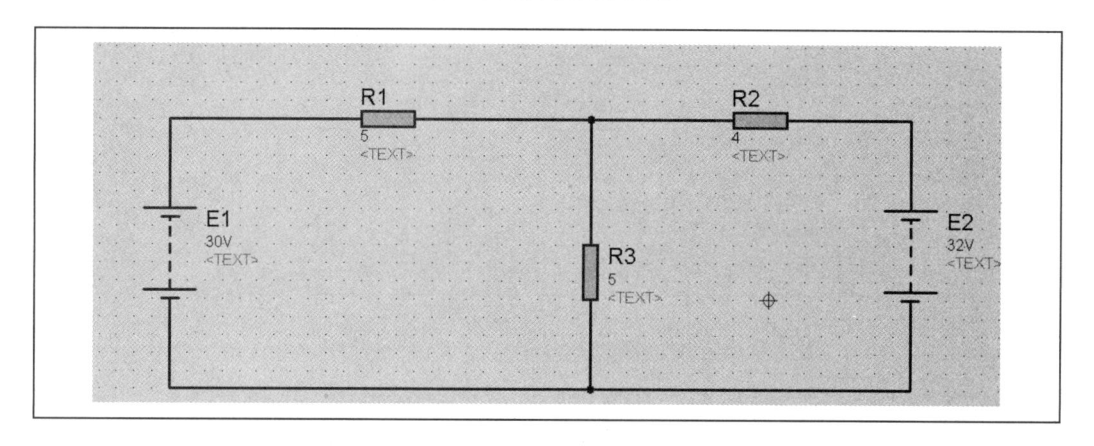

图 1-34　元件两个端子接线

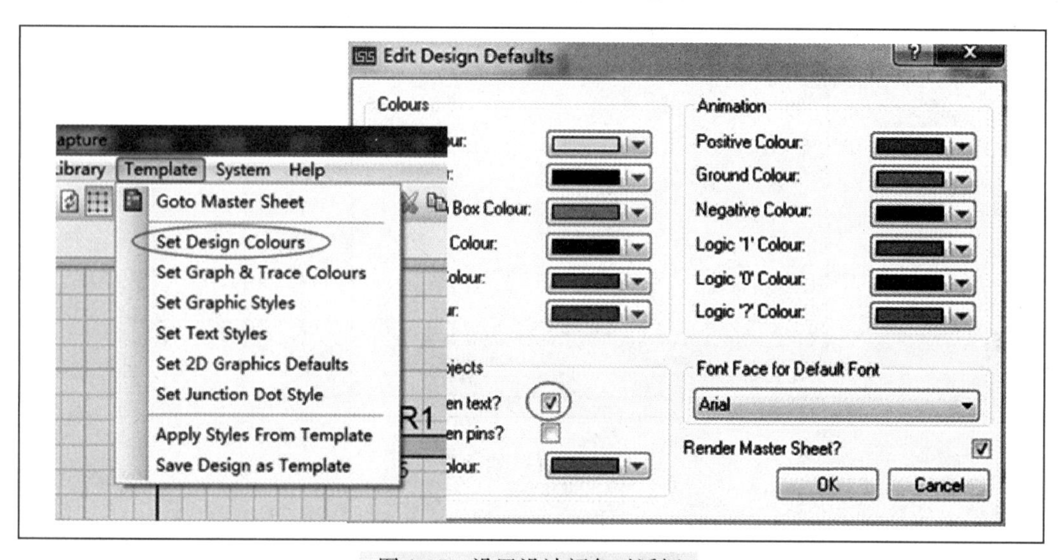

图 1-35　设置设计颜色对话框

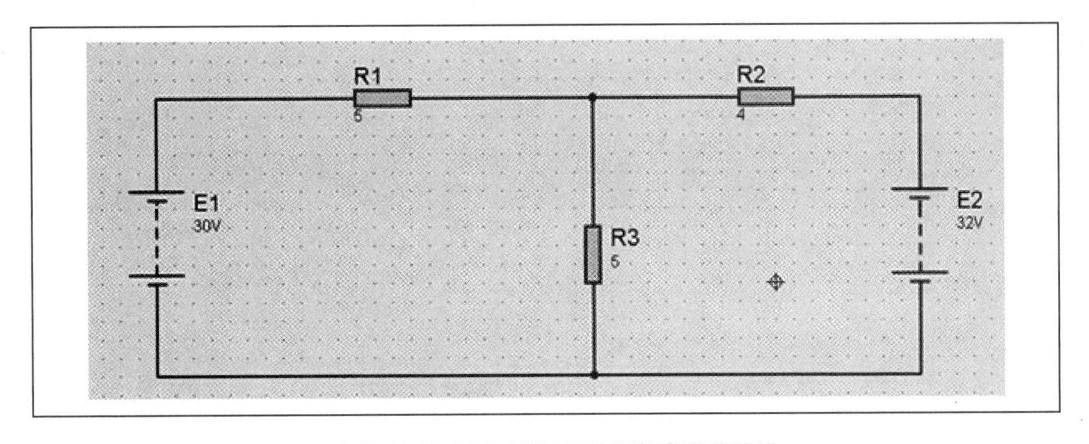

图 1-36 去掉灰色文字 TEXT 后的电路图

(10) 执行菜单命令"System"(系统)→"Set Animation Options"(动画设置),弹出如图 1-37 所示的对话框,可以设置使电流的流向变为可显示状态。

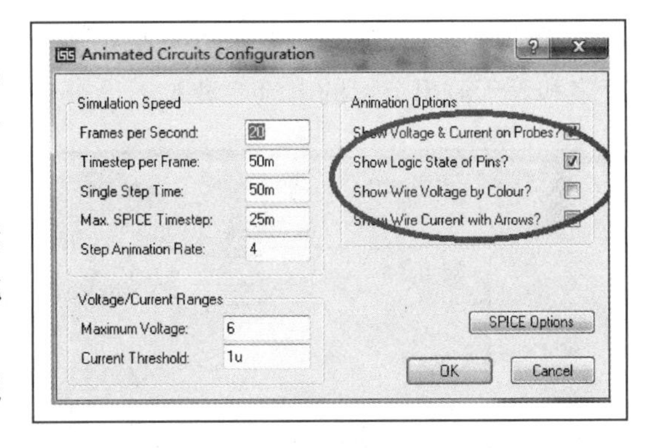

图 1-37 设置动画属性

(11) 单击窗口左下角的运行图标,变为绿色后即进入运行状态,此时电路图如图 1-38 所示。

1.3.2 用电流探针验证基尔霍夫电流定律

承接上面的仿真步骤。

(1) 取消电路流向的显示,单击窗口左侧的电流探针图标,可以在支路上放置电流探针,从而能够测量出支路上的电流大小,需要注意的是电流探针的方向需要与电路中电流的流向相同(电流探针的流向不能垂直于实际流向),在单击鼠标右键出现的旋转选项中进行修改。如图 1-39 所示。

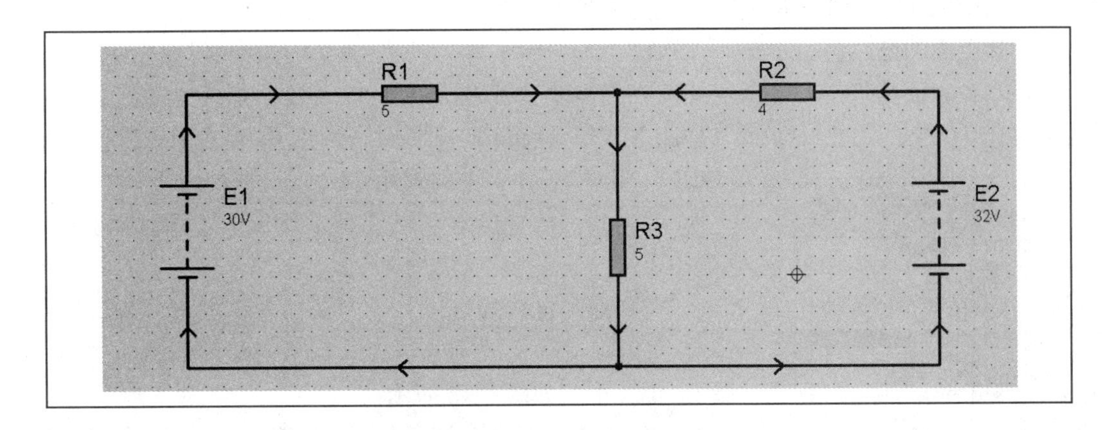

图 1-38 电路运行示意图

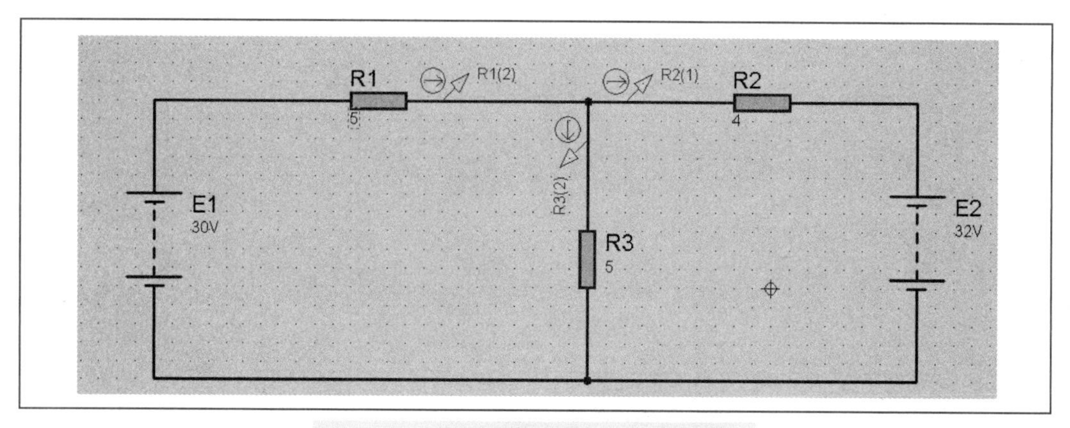

图 1-39　用电流探针测量电路中的电流

(2) 单击窗口左下角的运行图标，变为绿色后即进入运行状态，此时电路图如图 1-40 所示。其中 $IR_1=1.6$，$IR_2=2.6$，$IR_3=4.2$，其中 $IR_1=IR_2+IR_3$（即流入节点的电流之和等于流出节点的电流之和）。

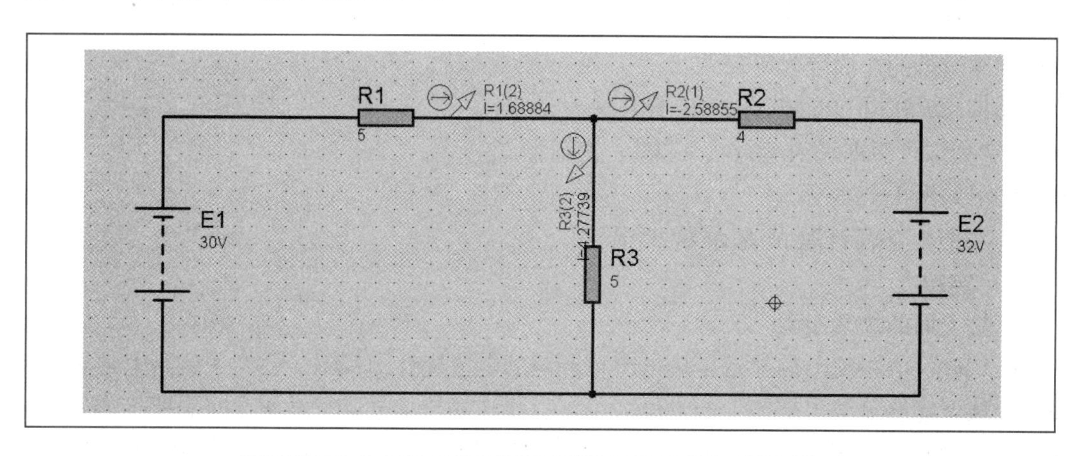

图 1-40　流入节点的电流之和等于流出节点的电流之和

1.3.3　用电压探针验证基尔霍夫电压定律

承接上面的电路仿真步骤。

(1) 在验证基尔霍夫电压定律时，需要有参考电压点，即需要添加接地端子。方法是：单击左侧工具栏中的终端模式（Terminals Mode），选中如图 1-41 所示的 GROUND 端子，单击放置元件。

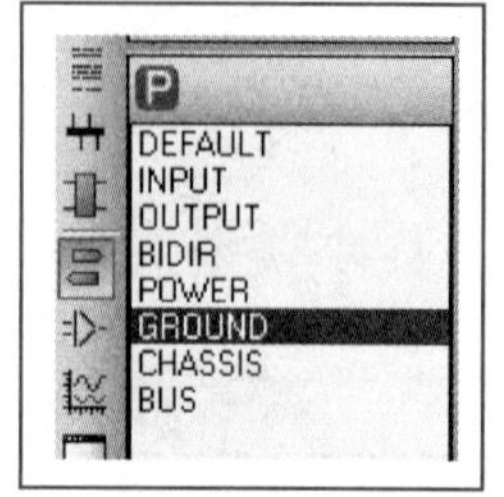

图 1-41　接地端子选择示意图

(2) 我们放置接地端如图 1-42 所示，这样就有了参考电压点。

(3) 取消电流的显示。单击窗口左侧的电压探针图标，可以在支路上放置电压探针，从而能够测量出支路上的电位大小，如图 1-43 所示。

以左侧网孔为例，进行分析，计算方法如下，如图 1-44 所示。

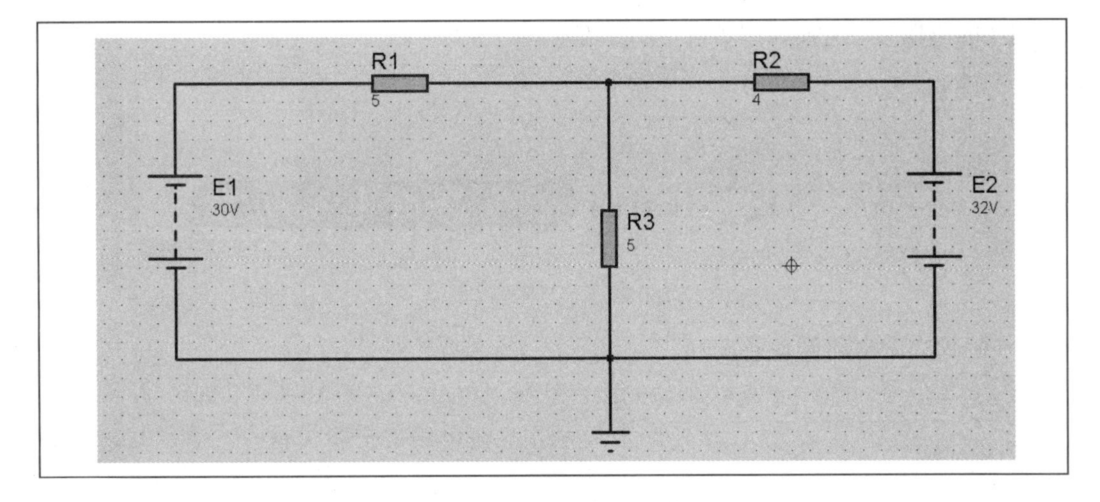

图 1-42　设置参考电压点

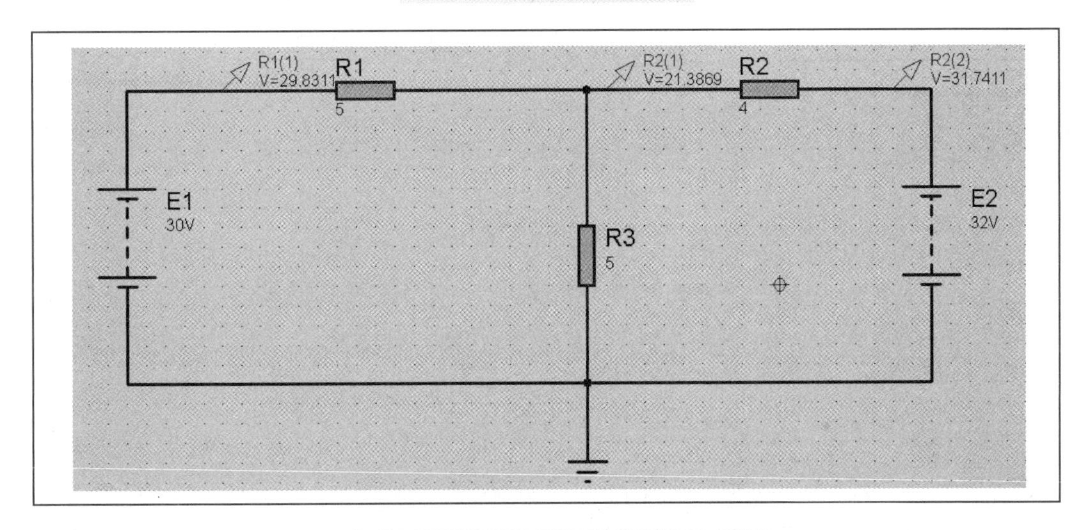

图 1-43　用电压探针测量电路中的电压

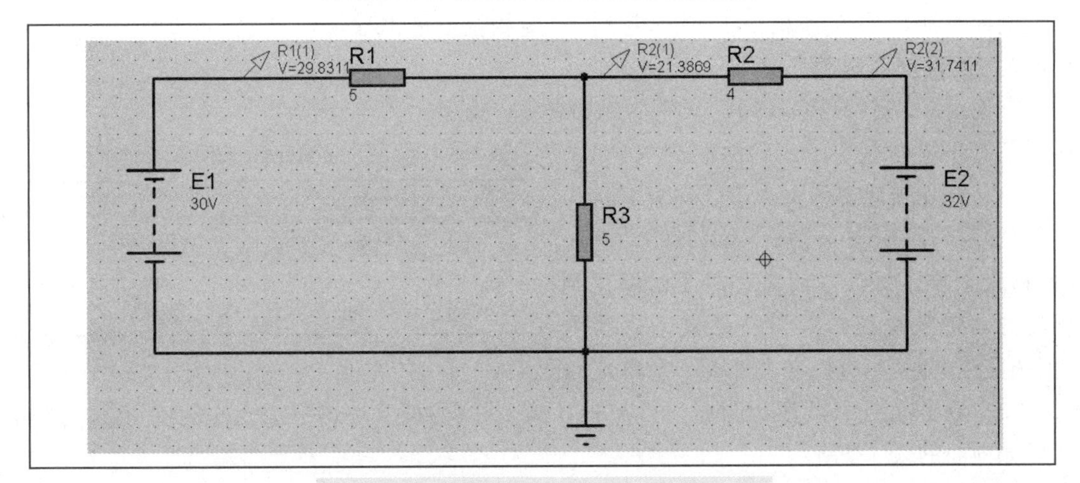

图 1-44　用电压探针测量后的计算方法

网孔的电压参考方向如图 1-44 所示：$U_{R1}=30-21=9V$，$U_{R3}=21V$，$U_{E1}=-30V$。$U_{R1}+U_{R3}-U_{E1}=0$，符合基尔霍夫电压定律。

任务四 正弦交流电路仿真

1.4.1 正弦交流电路图理论分析

正弦交流电路如图 1-45 所示，$U_{s1}=100\angle 0°V$，$U_{s2}=100\angle 90°V$，$C=400\mu F$，$L=25mH$。

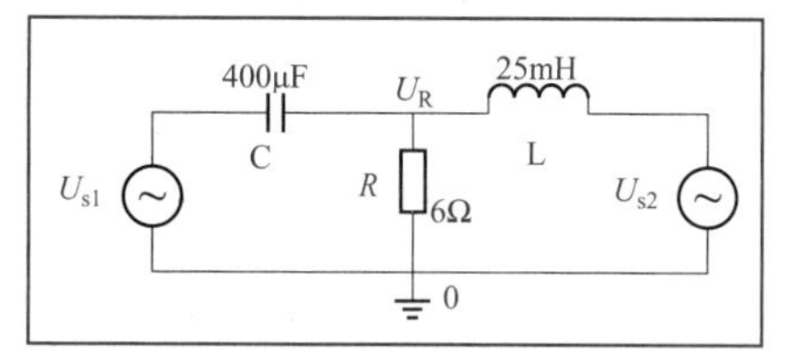

图 1-45 正弦交流电路图

利用直流电路的分析方法——节点法求解 U_R 如下：

$$X_C=\frac{1}{\omega C}=\frac{1}{2\pi fC}$$

$$=\frac{1}{2\times 3.14\times 50\times 400\times 10^{-6}}=8$$

$$Z_C=-jX_C=-j8\Omega$$

$$X_L=\omega L=2\pi fL=2\times 3.14\times 50\times 25\times 10^{-3}=8$$

$$Z_L=j\omega L=j8\Omega$$

$$Y_1=\frac{1}{-Z_C},\quad Y_2=\frac{1}{Z_L},\quad Y_3=\frac{1}{R}=\frac{1}{6}$$

$$(U_{S1}-U_R)Y_1+(U_{S2}-U_R)Y_2=U_RY_3$$

$$U_R=\frac{U_{S1}Y_1+U_{S2}Y_2}{Y_1+Y_2+Y_3}$$

$$U_R=\frac{\dfrac{100\angle 0°}{-j8}+\dfrac{100\angle 90°}{j8}}{\dfrac{1}{-j8}+\dfrac{1}{j8}+\dfrac{1}{6}}=\frac{600}{8}(1+j)=\frac{150}{\sqrt{2}}\angle 45°V$$

由此可知，U_R 的幅值是 150V，超前于 U_{S1} 相位角是 45°。

1.4.2 正弦交流电路仿真

下面对 U_R 进行仿真，所需元件清单如表 1-3 所示。

仿真步骤如下：

(1) 首先新建文件夹“正弦交流电路”。

(2) 打开 Proteus 仿真软件 ISIS 7 Professional，单击保存按钮，把项目保存到新建的“正弦交流电路”文件夹，命名为“正弦交流电路”。这样在文件夹下会出现如图 1-46 所示的文件。

表 1-3 仿真元件清单

元件名称	Category
RES（电阻）	Resisters
CAP（电容）	Capacitors
INDUCTOR（电感）	Inductors

(3) 双击如图 1-46 所示图标，打开 Proteus 仿真界面。单击添加元件的按钮P，添加元件如前面的表 1-3 所示。

表 1-3 中的 Category 是对这些元器件进行的一个小分类，其他分类还有很多，例如

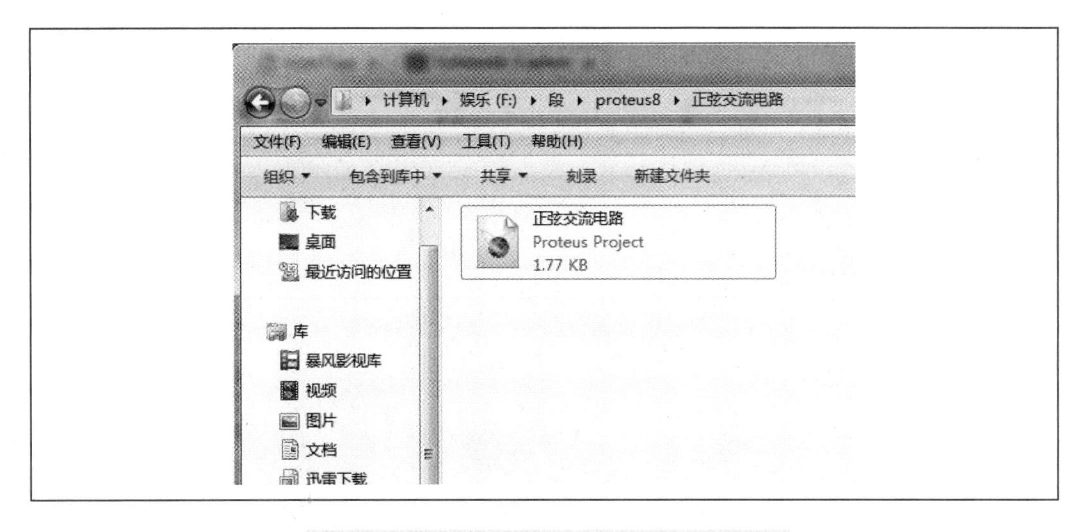

图 1-46 新建的正弦交流电路的保存及命名

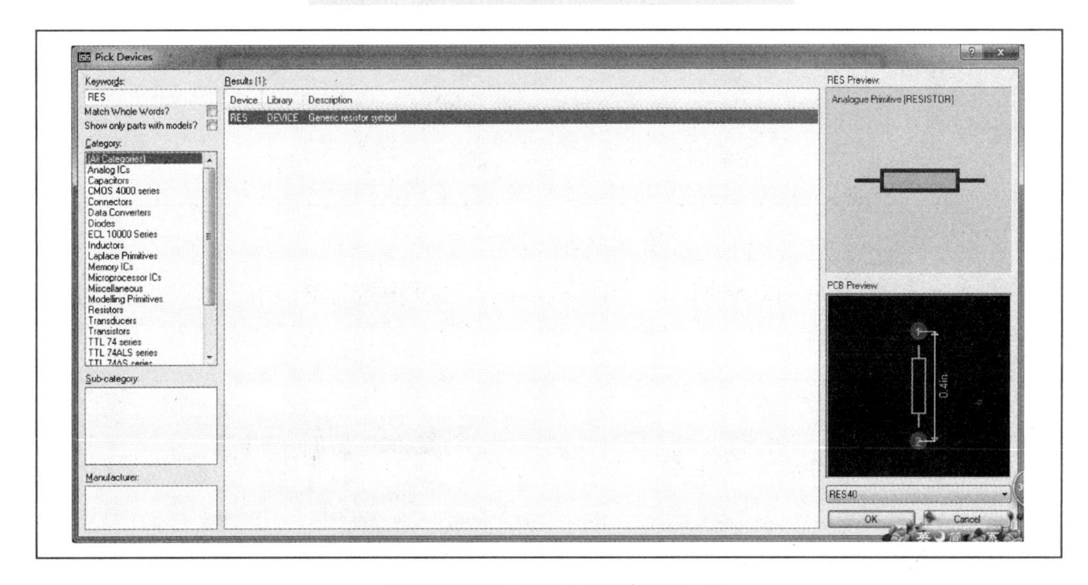

图 1-47 元器件的分类示意图

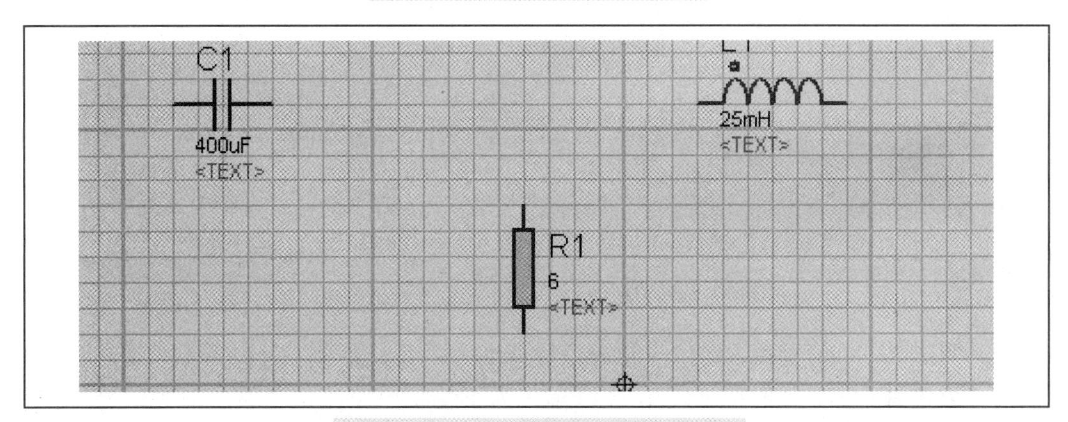

图 1-48 放置元件及参数修改示意图

Analog ICs、CMOS 4000 Series、Data Connection 等，当硬件更新时，可以对该元件库进行更新。如图 1-47 所示。

（4）开始放置元件，并对元件参数值进行修改，如图 1-48 所示。

（5）单击“Terminal Mode”图标，在右边的框内将显示出 INPUT、OUTPUT、POWER、GROUND 等。选中 GROUND，在右边窗口中单击，即把接地端子放置到编辑窗口内。如图 1-49 所示。

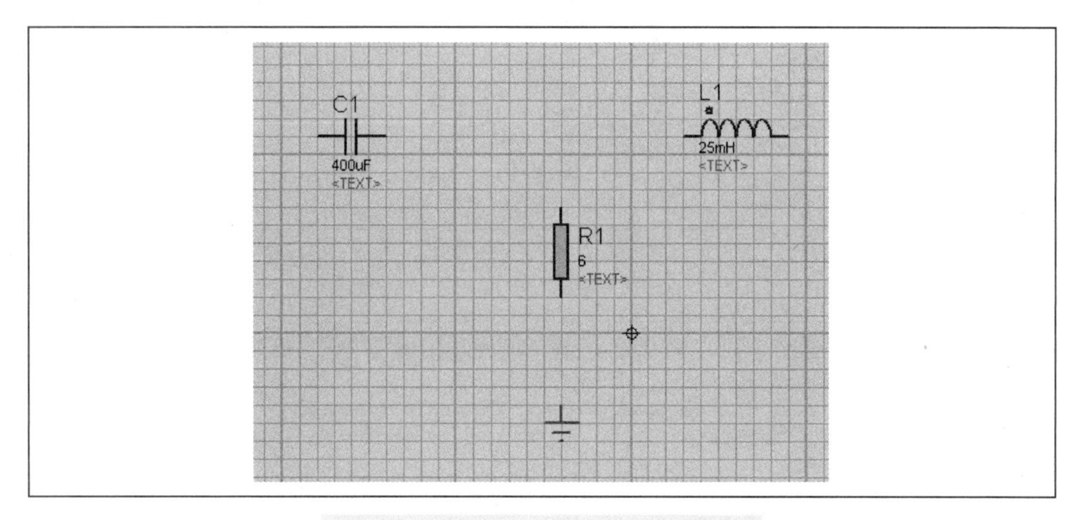

图 1-49　把接地端子放置到编辑窗口内

（6）单击左侧“Generator Mode”图标，在右边框内选择正弦信号 SINE 放到编辑窗口内。如图 1-50 所示。

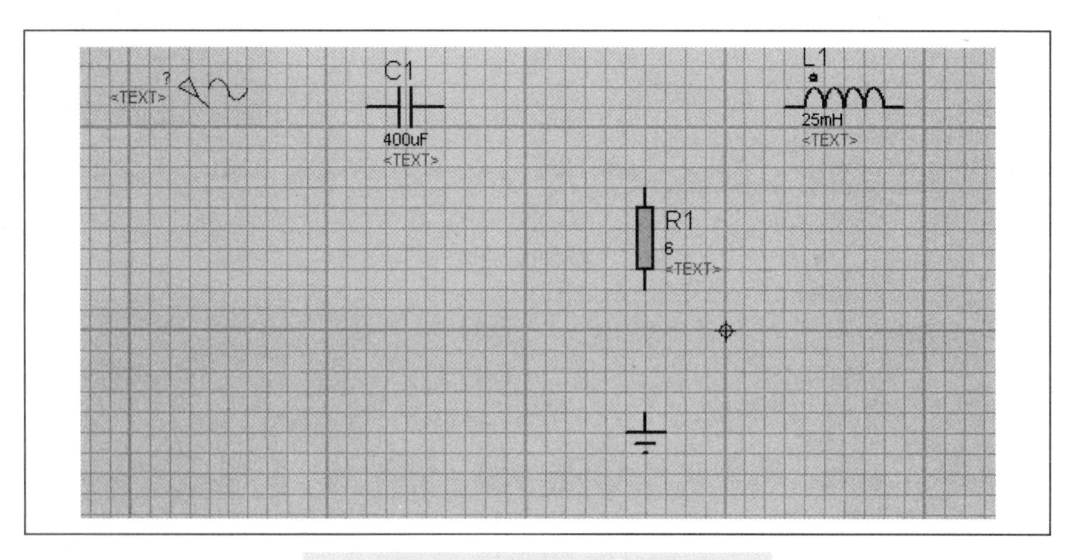

图 1-50　选择正弦信号 SINE 放到编辑窗口

（7）双击 SINE 信号源，对信号源进行编辑，如图 1-51 所示。

（8）放置另一正弦信号源如图 1-52 所示，为了编辑电路图的美观，对此信号源进行镜像处理（选中元件，单击鼠标右键，选中 X-Mirror）。

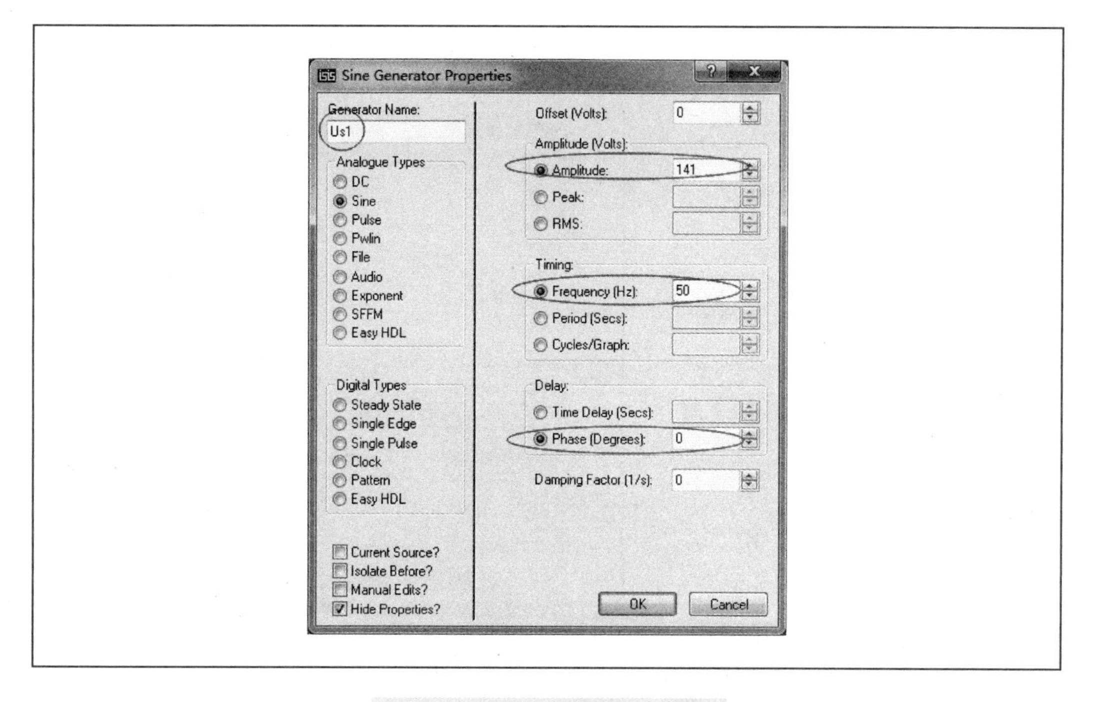

图 1-51　进行信号源编辑示意图

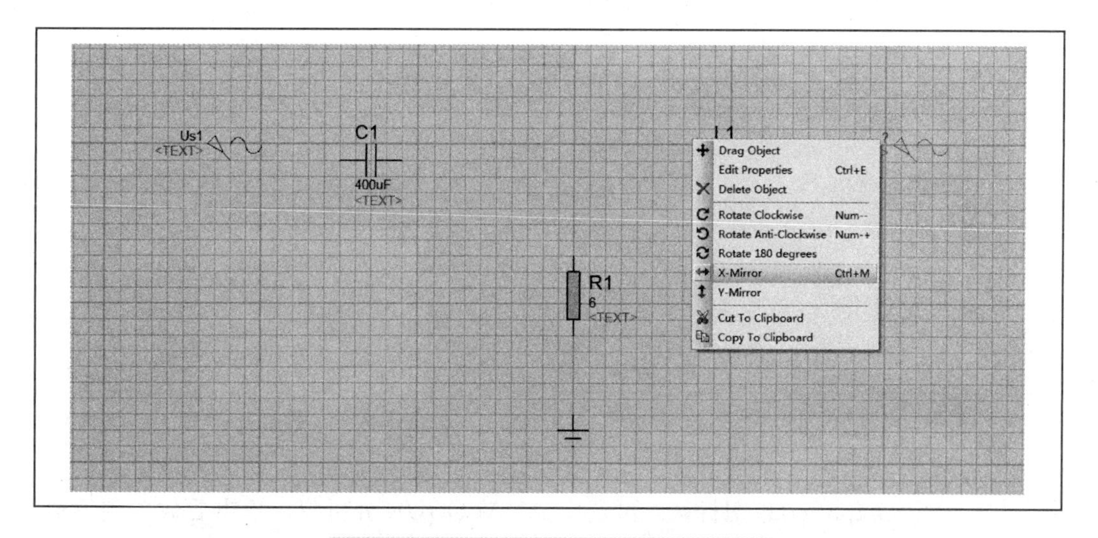

图 1-52　对信号源进行镜像处理示意图

对 Us2 信号源属性编辑如图 1-53 所示。

(9) 接线完成如图 1-54 所示。

(10) 单击，在 R1、C、L 的节点处放置电压探针，双击探针，把探针名称更改为“UR1”，如图 1-55 所示。

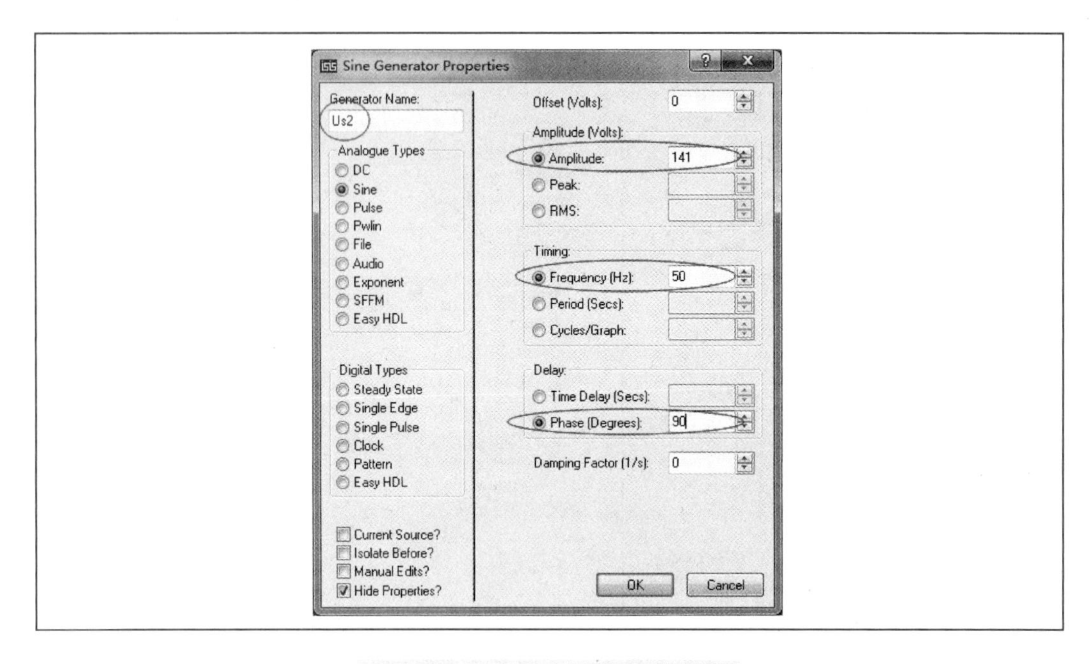

图 1-53　对 Us2 信号源属性编辑

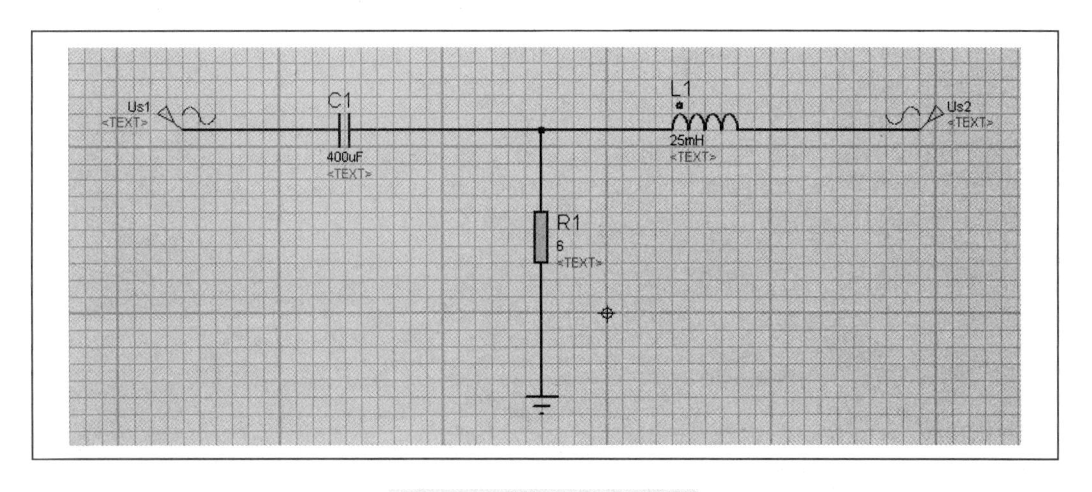

图 1-54　接线完成示意图

(11) 选中 Graph mode 图标，再选中 ANALOGUE 分析仪，单击后放置到编辑窗口，可以通过拖曳窗口来改变分析仪的窗口大小，如图 1-56 所示。

(12) 单击电压探针 UR1，选中并拖曳到 ANALOGUE ANALYSIS 仪表窗口中，如图 1-57 所示。

(13) 使用同样的方法，将 Us1、Us2 也拖曳到 ANALOGUE ANALYSIS 仪表窗口中，如图 1-58 所示。

(14) 双击 ANALOGUE ANALYSIS 仪表窗口，修改横坐标的时间大小，更改为"100ms"，如图 1-59 所示。

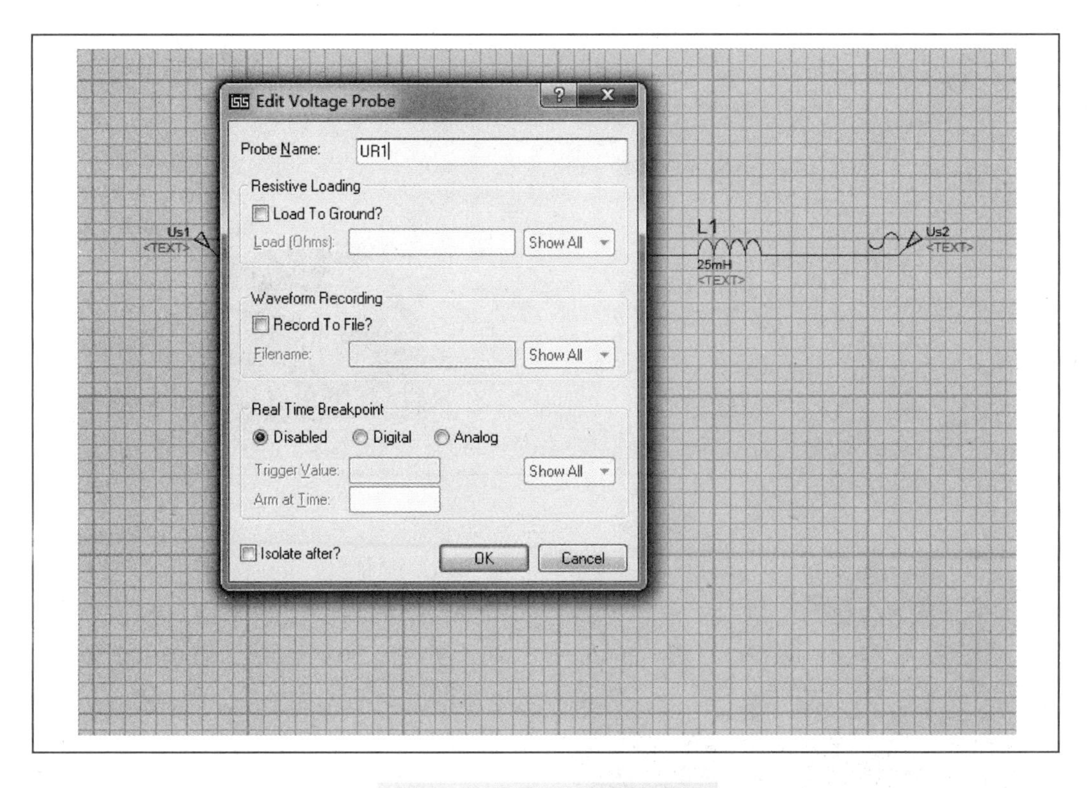

图 1-55　放置电压探针示意图

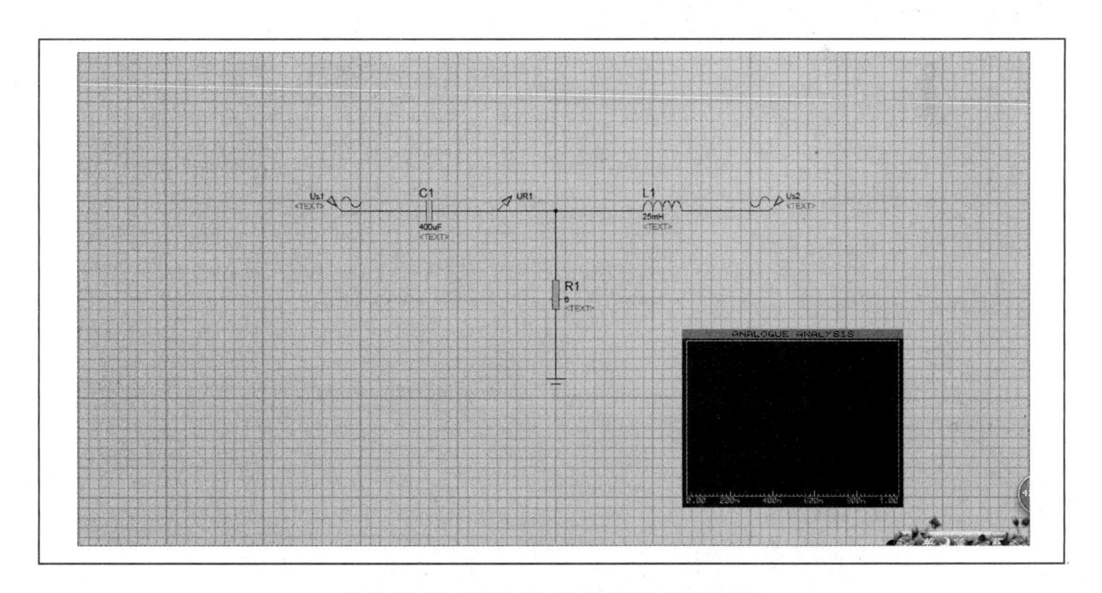

图 1-56　如何改变分析仪窗口示意图

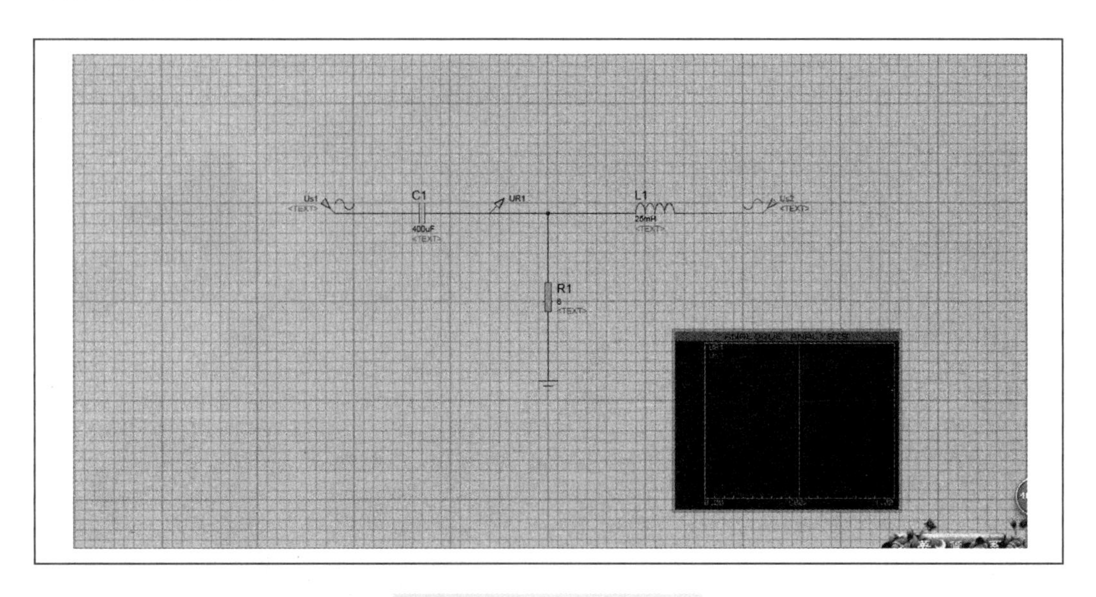

图 1-57　电压探针的放置

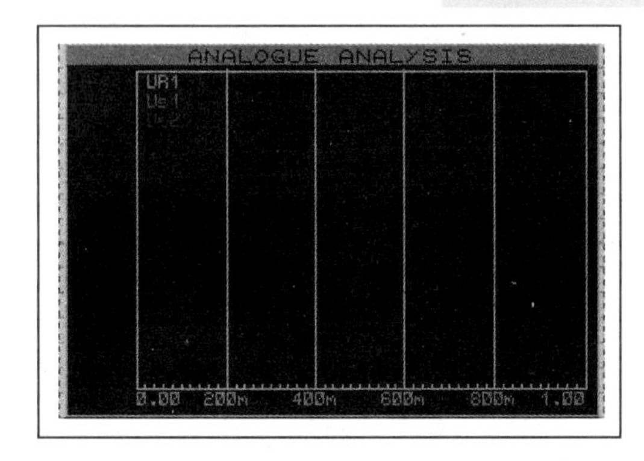

图 1-58　U_{s1}、U_{s2} 也拖动到仪表窗口中

（15）把鼠标放在 ANALOGUE ANALYSIS 仪表上，单击鼠标右键，选中“Simulation Graph”，就能够看到各个电压的波形图。如图 1-60 所示。

（16）可以单击鼠标右键，选中 Maximize，使其最大化，如图 1-61 所示。

另外，在 ANALOGUE ANALYSIS 窗口中，可以单击任一曲线的任一位置，对其进行数值查看，如图 1-62 所示。

其中，红色的线是 U_{S1} 的曲线，蓝色的线是 U_{S2} 的曲线，绿色的曲线是 U_{R1} 的曲线。从图中可以看出 U_R 的值为 150V，相角超前 45°，跟计算结果相同。

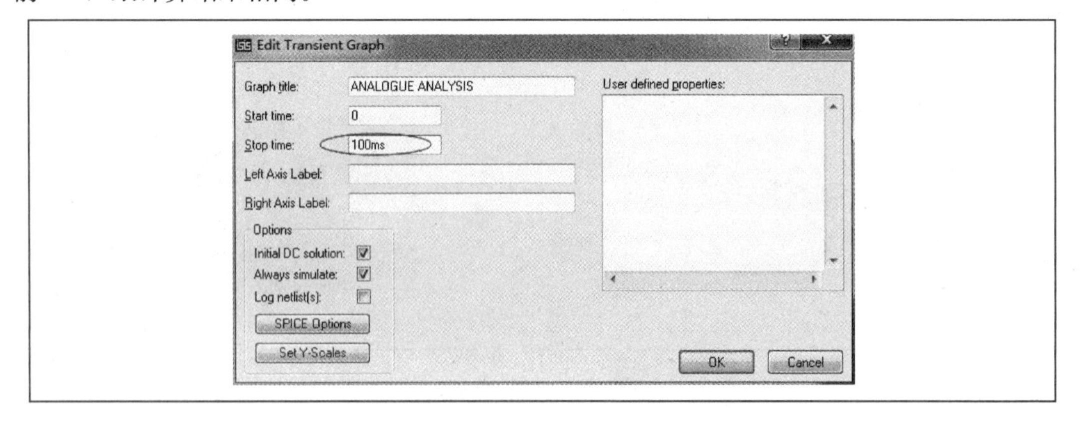

图 1-59　修改横坐标的时间大小示意图

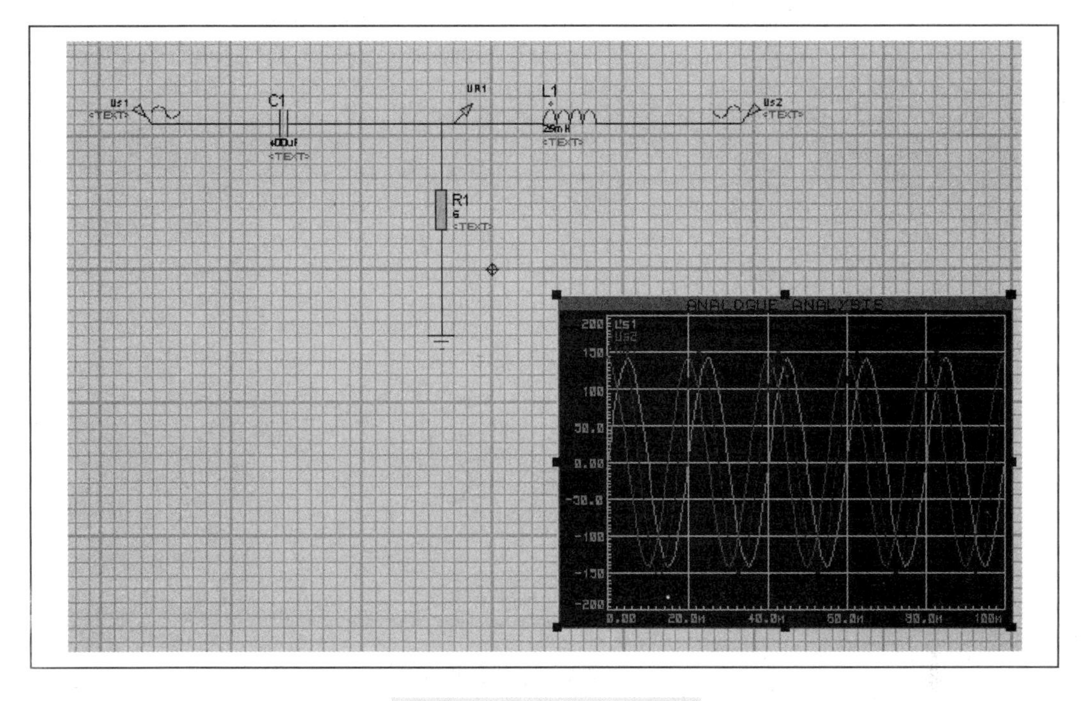

图 1-60　各个电压的波形图

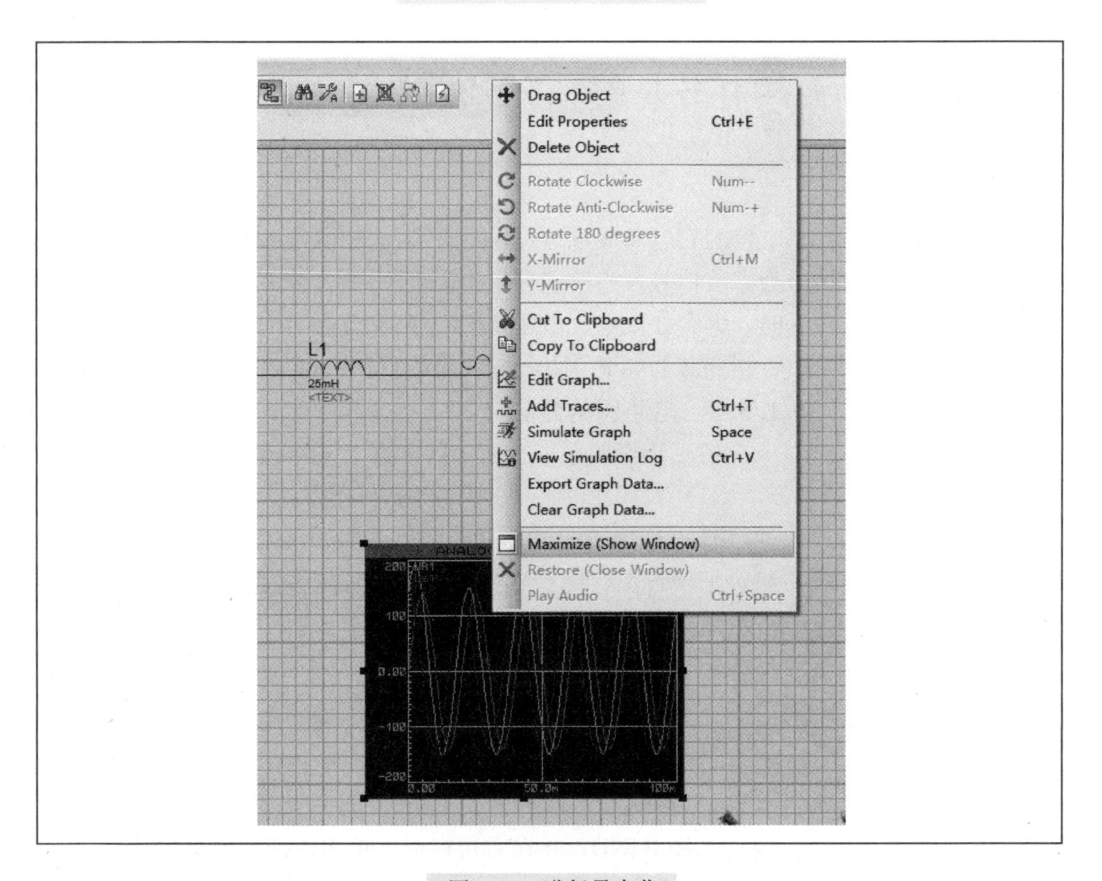

图 1-61　进行最大化

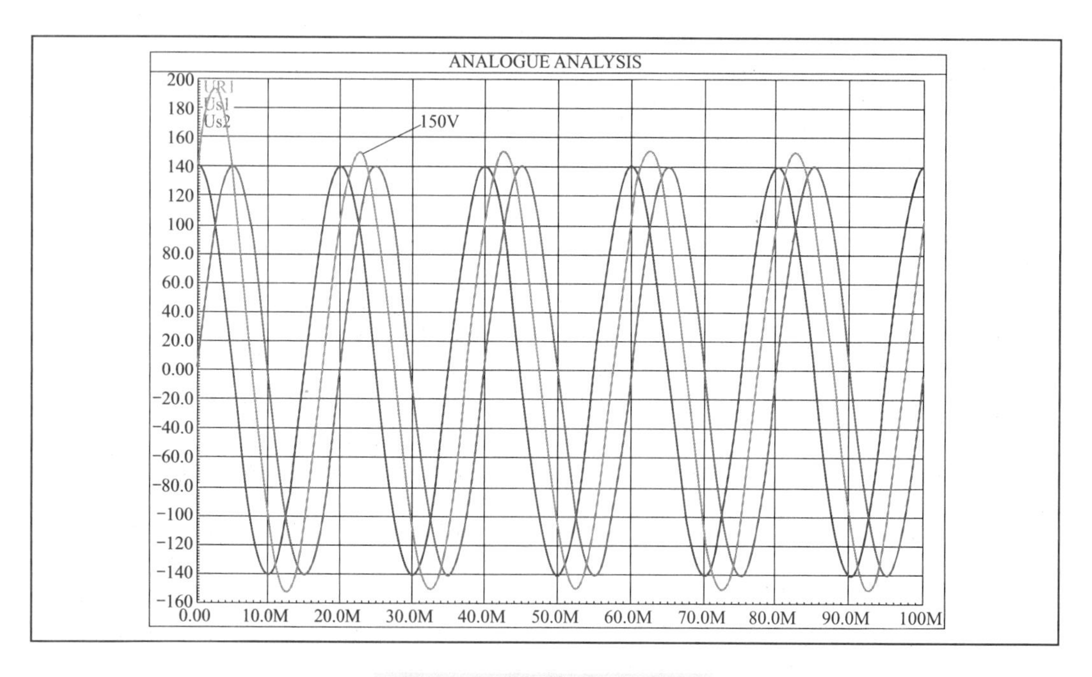

图 1-62　如何查看曲线的数值

任务五　一阶全响应电路仿真

此次仿真主要仿真了电容的充电和放电过程，示波器测试了给定输入和电容两端的电压信号。给定的输入信号为方波信号。当给定信号为高电平时，电容在充电，电压逐渐增大；当给定信号为低电平时，电容在放电，电压逐渐减小。

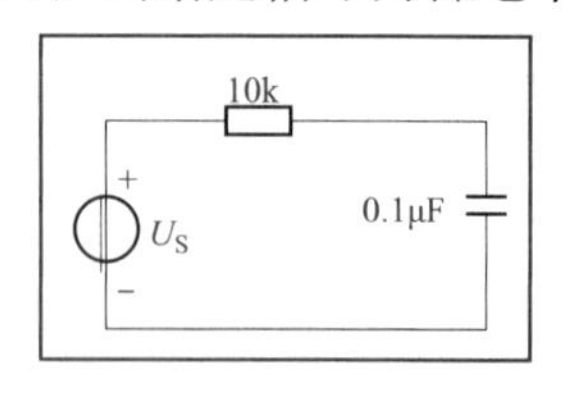

图 1-63　电路原理图

下面对如下一阶全响应电路进行 Proteus 仿真，如图 1-63 所示。

1.5.1　电路图的绘制

仿真步骤如下：

（1）新建文件夹“一阶全响应电路”。

打开 Proteus 仿真软件 ISIS 7 Professional，单击保存按钮，把项目保存到新建的“一阶全响应电路”文件夹，命名为“一阶全响应电路”。这样在文件夹下会出现如图 1-64 所示的文件。

（2）双击如图 1-64 所示图标，打开 Proteus 仿真界面。单击添加元件的按钮，进入添加元件界面如图 1-65 所示，添加元件如表 1-4 所示。

（3）开始放置元件，并对元件参数值进行修改。电阻 10kΩ，电容 0.1μF。如图 1-66 所示。

（4）单击“Terminal Mode”图标，在右边的框内将显示出 INPUT、OUTPUT、POWER、GROUND 等。选中 GROUND，并在右边窗口中单击，即把接地端子放置到编辑窗口内。如图 1-67 和图 1-68 所示。

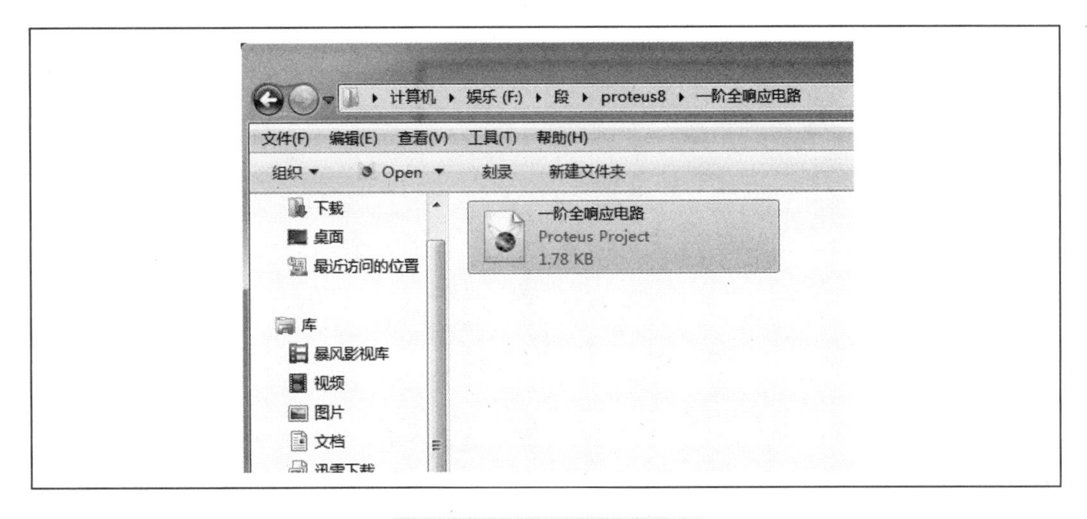

图 1-64　保存并命名项目

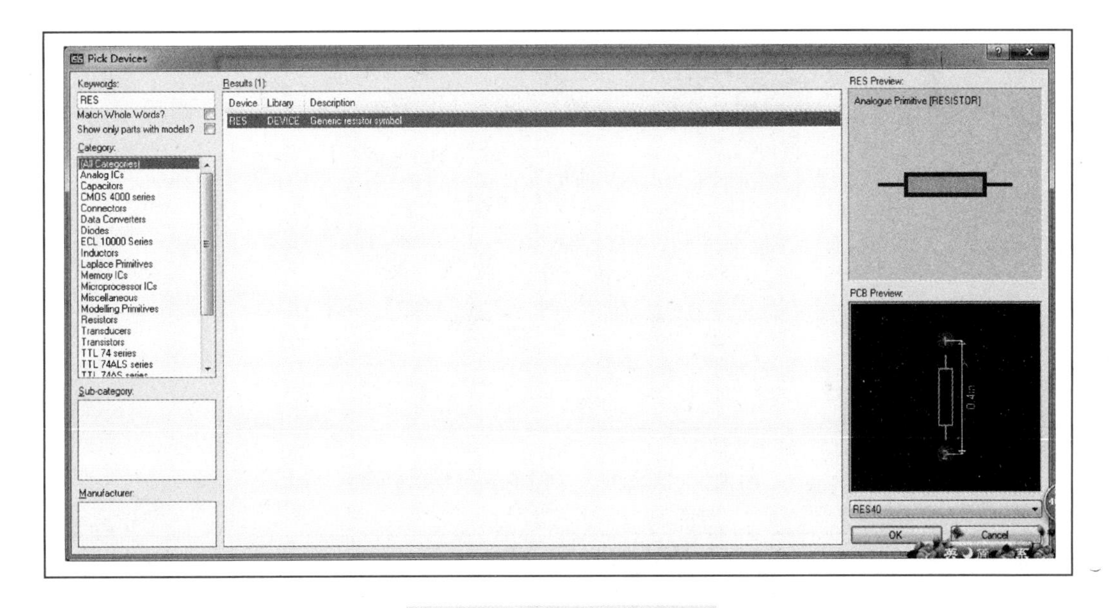

图 1-65　添加元件示意图

1.5.2　OSCILLOSCOPE 示波器的运用

表 1-4　　添 加 元 件

元件名称	Category
RES（电阻）	Resisters
CAP（电容）	Capacitors

仿真步骤如下：

（1）单击左侧“Virtual Instruments Mode”图标，在右边框内选择示波器 Oscilloscope 和信号发生器 Signal Generator 放到编辑窗口内，完成接线如图 1-69 所示。

（2）用示波器进行仿真。示波器各个调节旋钮的功能如图 1-70 所示。

图 1-71 中上方为信号发生器，产生的是幅值是 10V 的方波信号，频率为 70Hz。

单击窗口左下角的运行图标，变为绿色后即进入运行状态，此时仿真波形如图 1-72 所示。

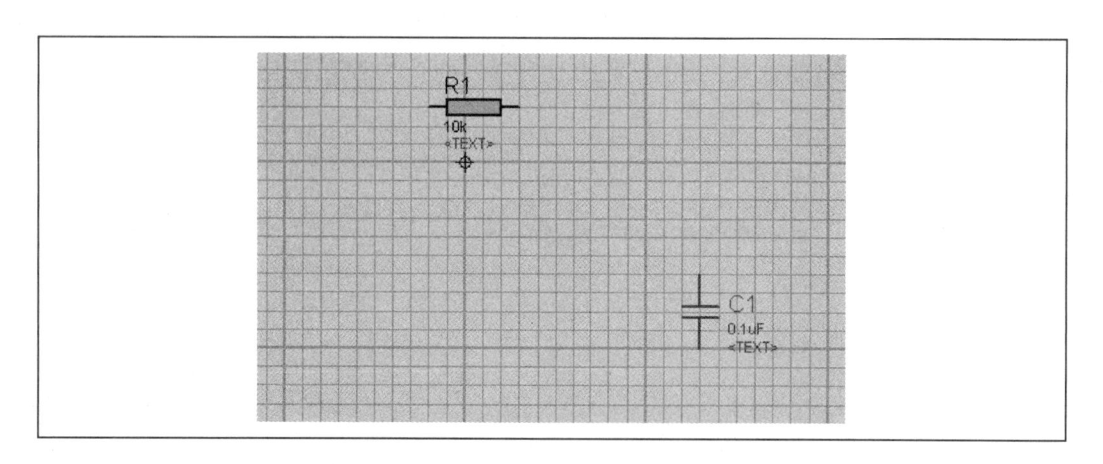

图 1-66　放置元件并对参数值进行修改

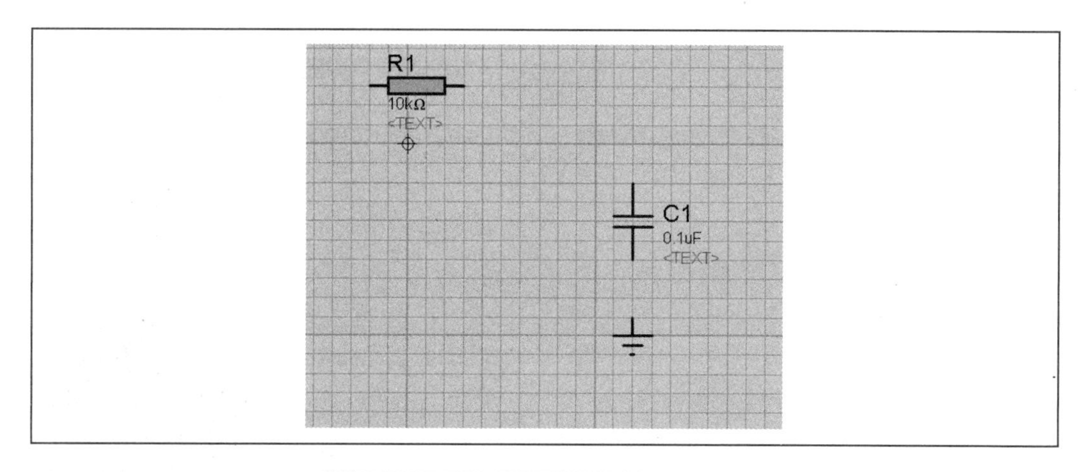

图 1-67　把接地端子放置到编辑窗口内

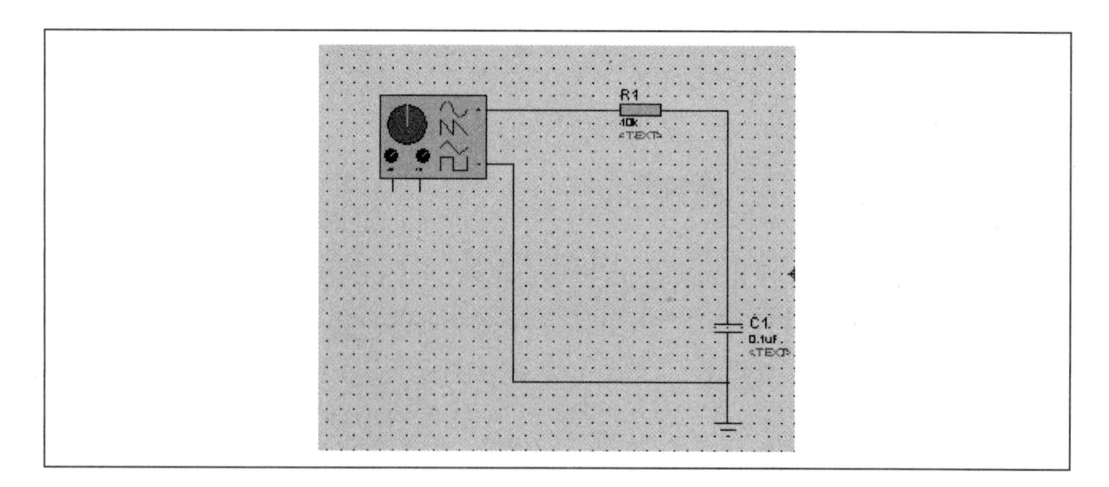

图 1-68　仿真电路

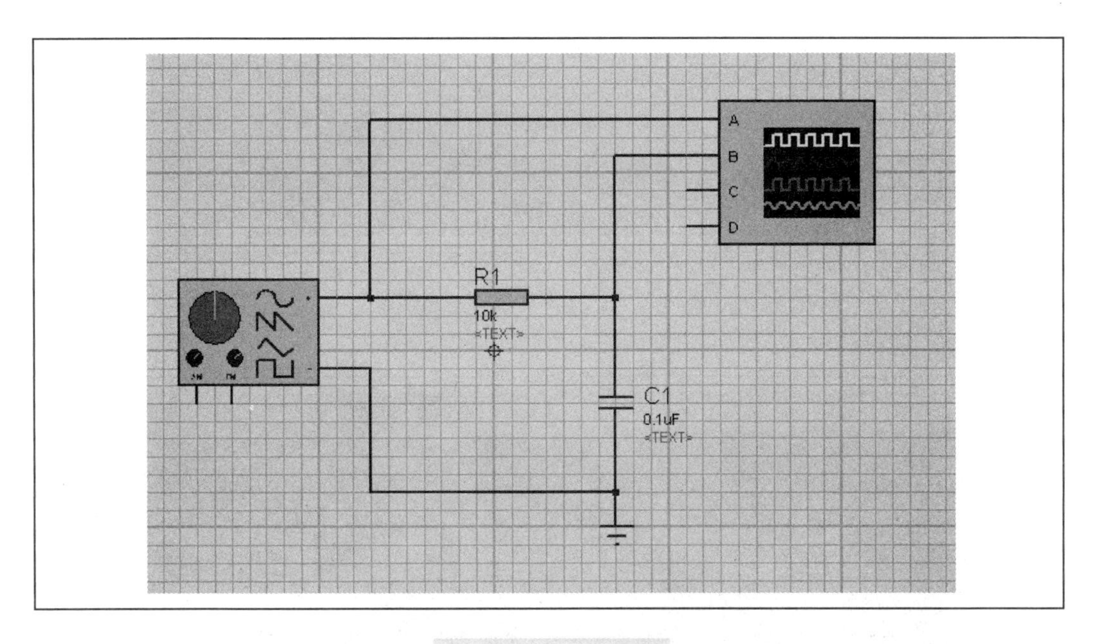

图 1-69　完成接线图

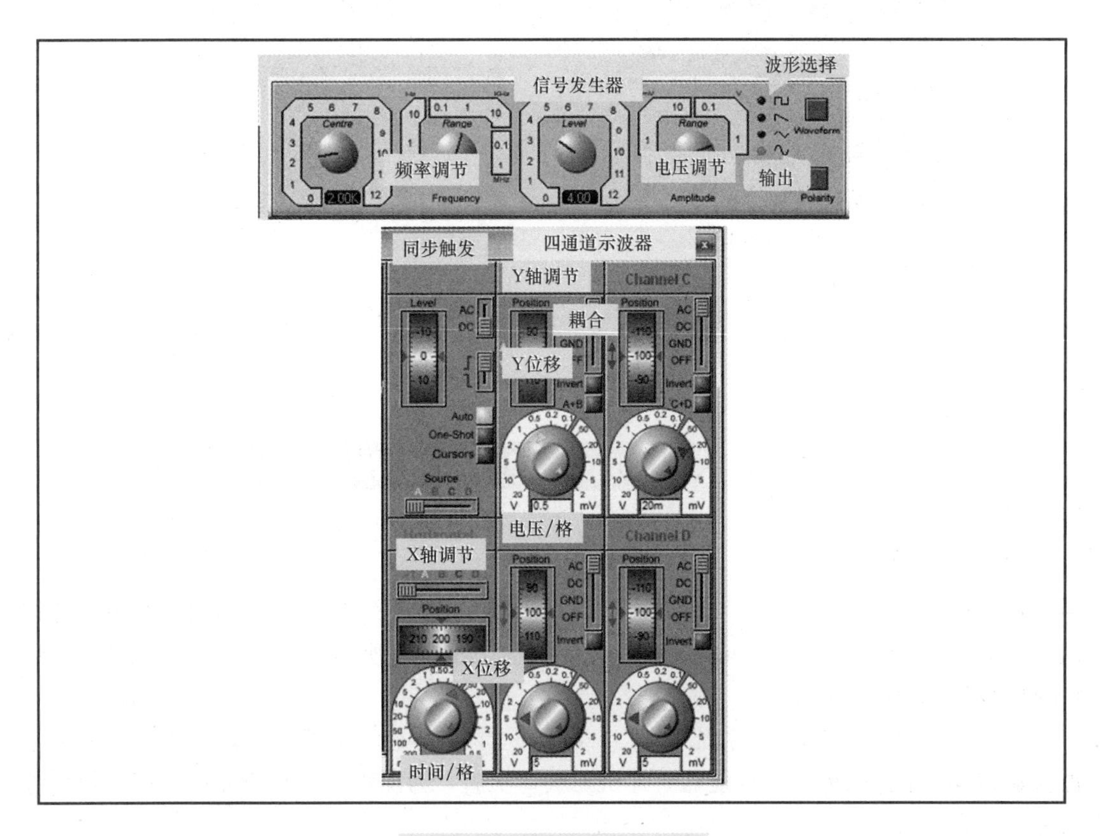

图 1-70　示波器调节窗口图

如图 1-72 所示，黄色线表示给定信号的曲线，绿色线为电容充放电的过程。

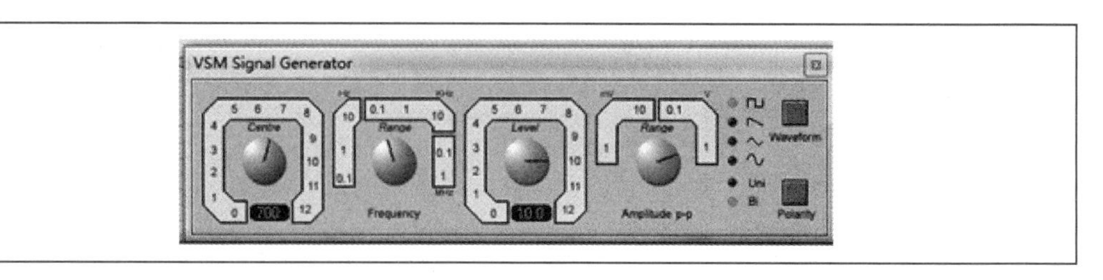

图 1-71　信号调节幅值示意图

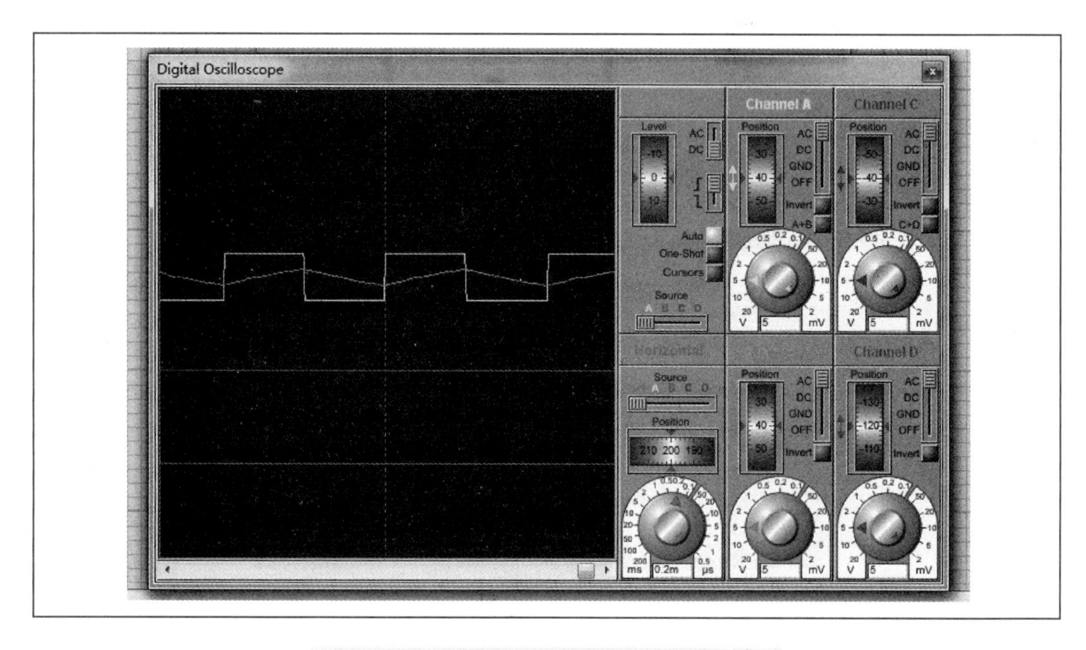

图 1-72　对信号发生器和示波器的调试图

任务六 Proteus 智能原理图输入系统

Proteus 主要由 ISIS. EXE（电路原理图设计系统）、ARES. EXE（印刷电路版设计系统）及 3D 浏览器构成。Proteus 8.1 版的主页面如图 1-73 所示，可从主页分别进入 Proteus 的设计系统或 3D 浏览器。本节介绍 ISIS 的使用。

Proteus 智能原理图输入系统（ISIS）电路设计系统不仅能做电路基础实验、模拟电路实验与数字电路实验，而且能做单片机与接口实验，为课程设计与毕业设计都能提供综合系统仿真。

由于 Proteus 的实际元件库以生产厂家实时更新的参数来建模，所以仿真分析与实验数据真实可信，这也是目前在实际项目中应用较多的软件。

1.6.1　ISIS 的主窗口

ISIS 的主窗口分为：编辑窗口、器件工具窗口和浏览窗口。如图 1-74 所示。

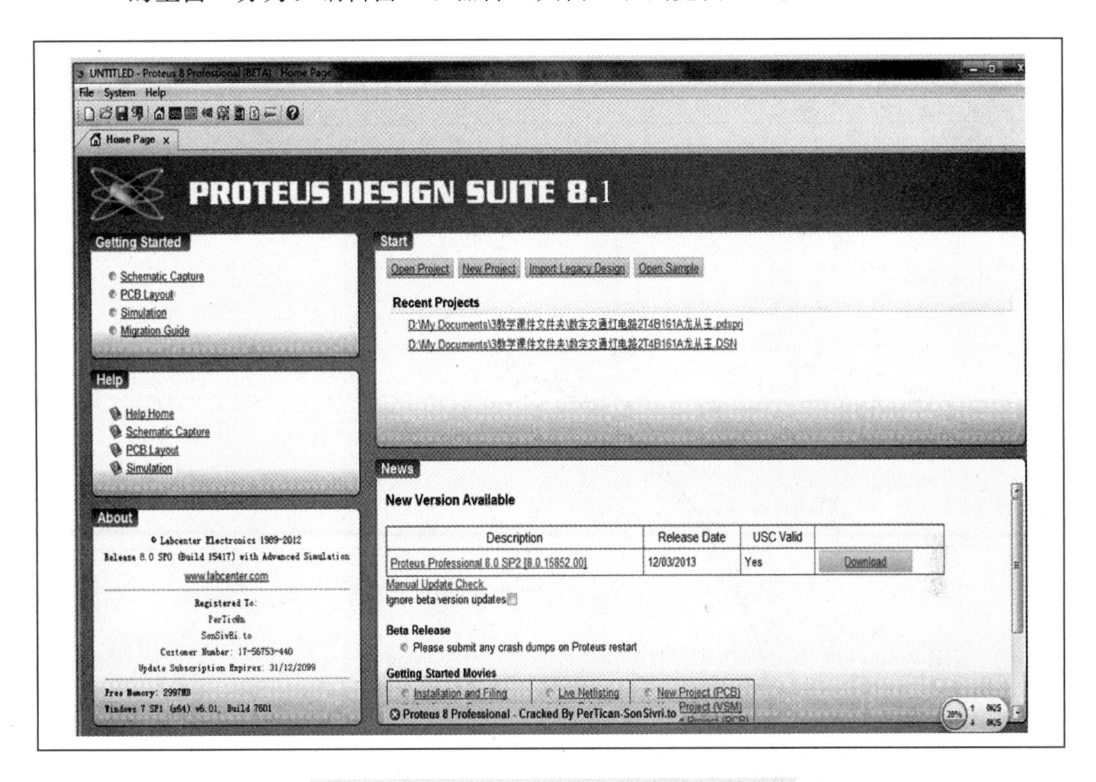

图 1-73　Proteus 8.1 Professional 的主页界面

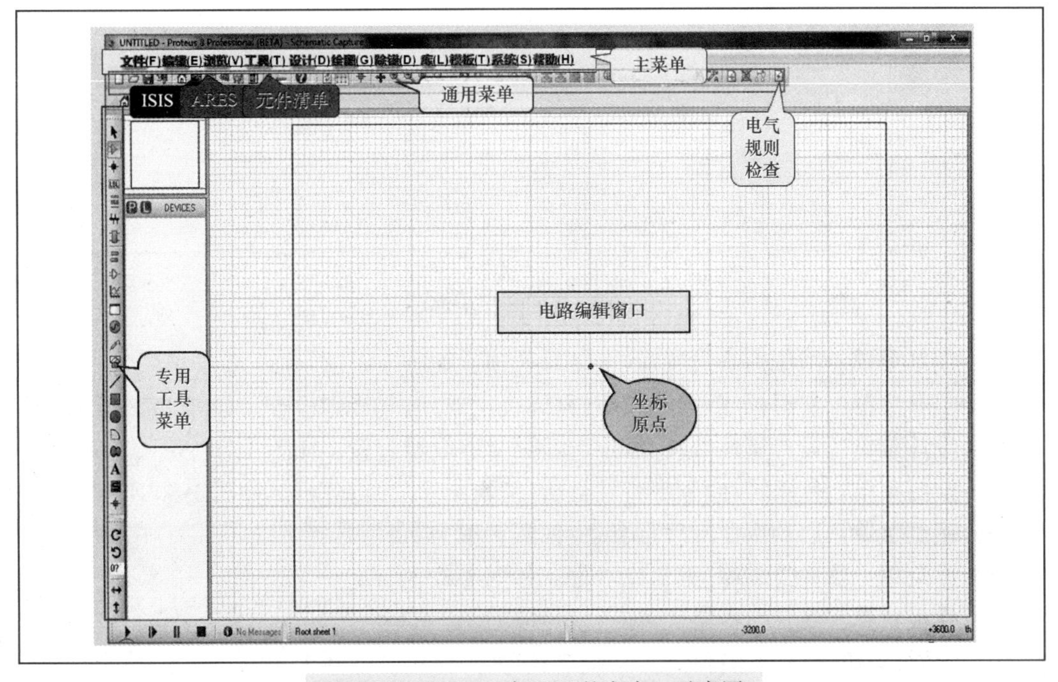

图 1-74　Proteus 中 ISIS 的主窗口示意图

1.6.2 ISIS 的菜单

1 主菜单

主菜单介绍如下。

(1) 文件菜单：新建/加载/保存/打印。如图 1-75 所示。

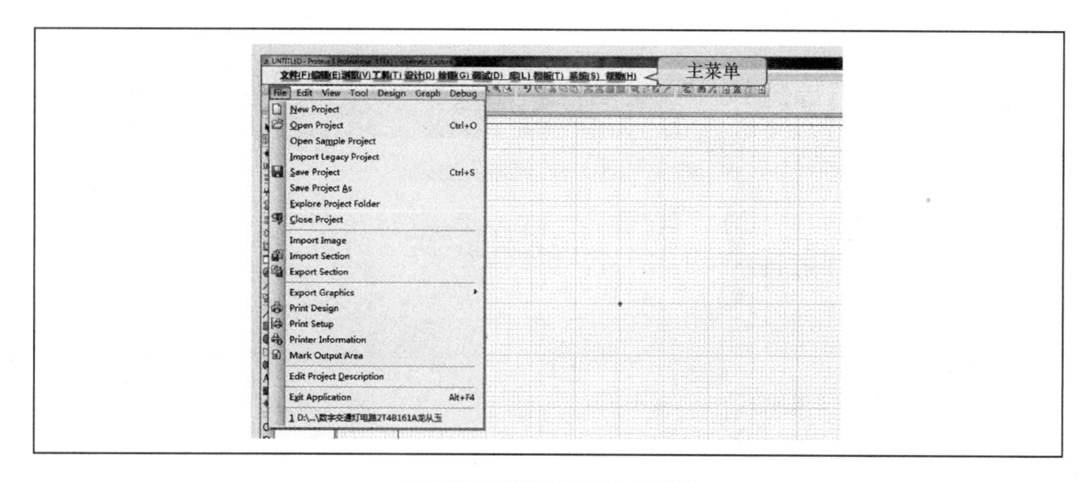

图 1-75 文件菜单示意图

(2) 编辑菜单：取消/剪切/拷贝/粘贴。如图 1-76 所示。

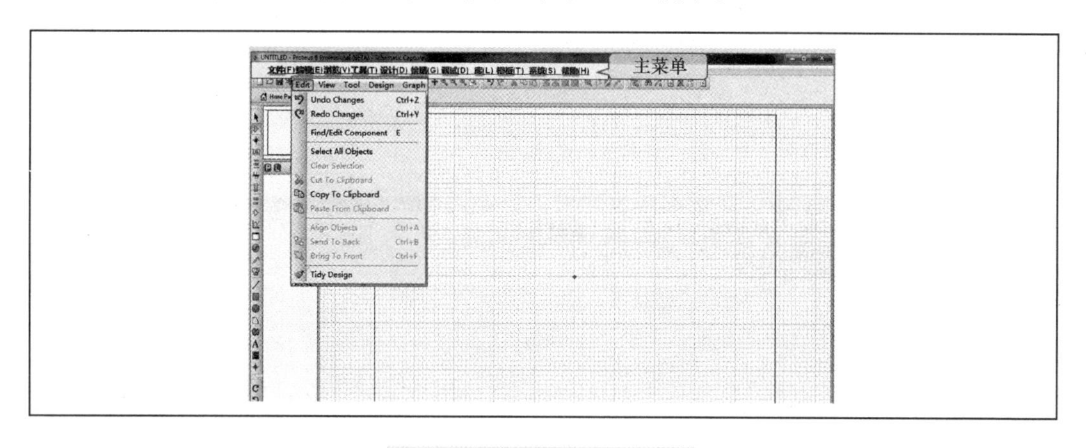

图 1-76 编辑菜单示意图

(3) 浏览菜单：图纸网络设置/快捷工具选项。如图 1-77 所示。

(4) 工具菜单：实时标注/自动放线/网络表生成/电气规则检查。如图 1-78 所示。

(5) 设计菜单：设计属性编辑/添加/删除图纸/电源配置。如图 1-79 所示。

(6) 绘图菜单：传输特性/频率特性分析/编辑图形/运行分析。如图 1-80 所示。

(7) 调试菜单：启动调试/复位调试。如图 1-81 所示。

(8) 库菜单：器件封装库/编辑库管理。如图 1-82 所示。

(9) 模板菜单：设置模板格式/加载模板。如图 1-83 所示。

(10) 系统菜单：设置运行环境/系统信息/文件路径。如图 1-84 所示。

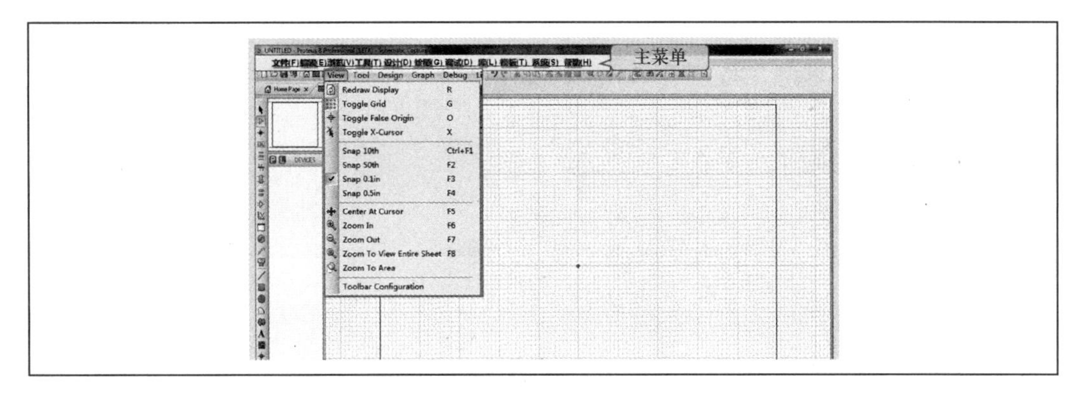

图 1-77 浏览菜单示意图

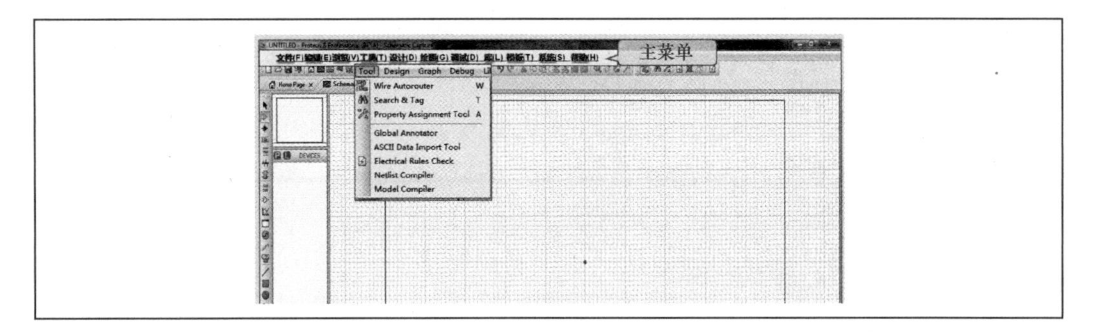

图 1-78 工具菜单示意图

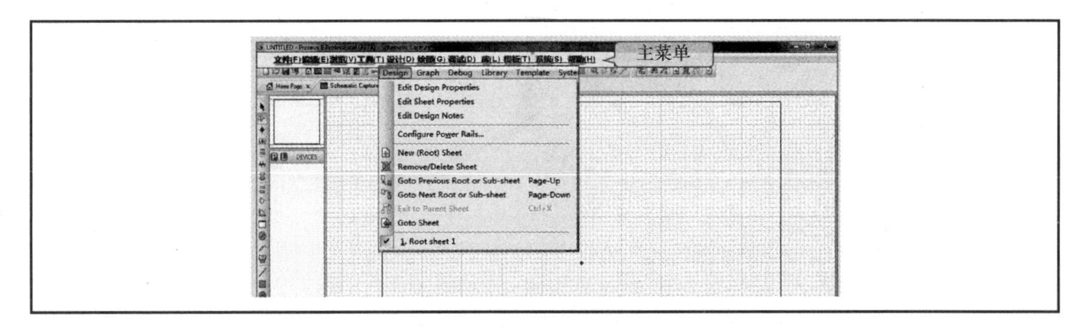

图 1-79 设计菜单示意图

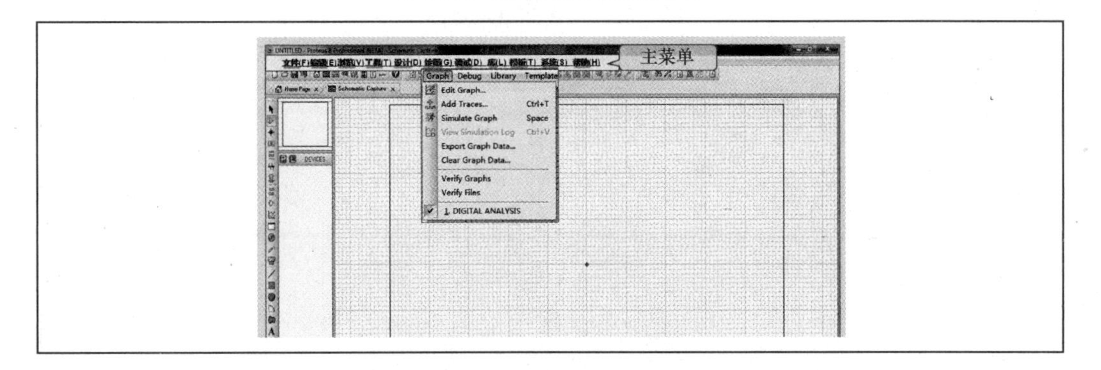

图 1-80 绘图菜单示意图

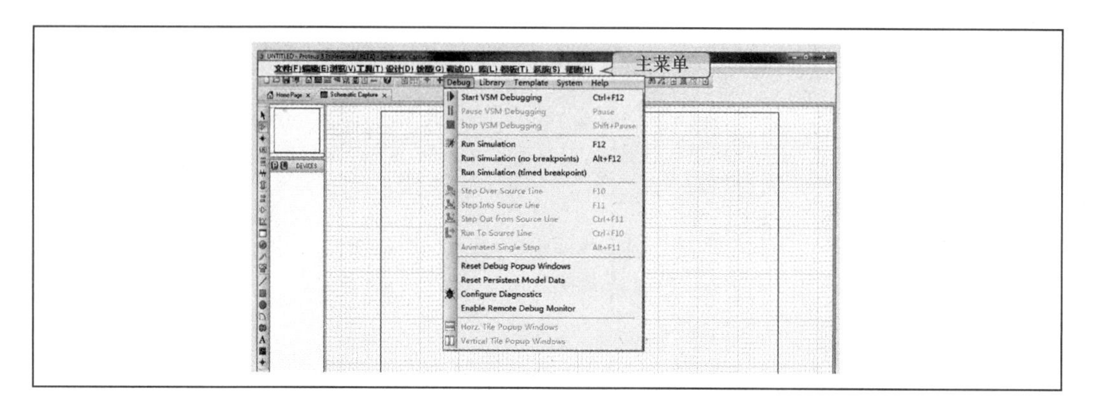

图 1-81　调试菜单示意图

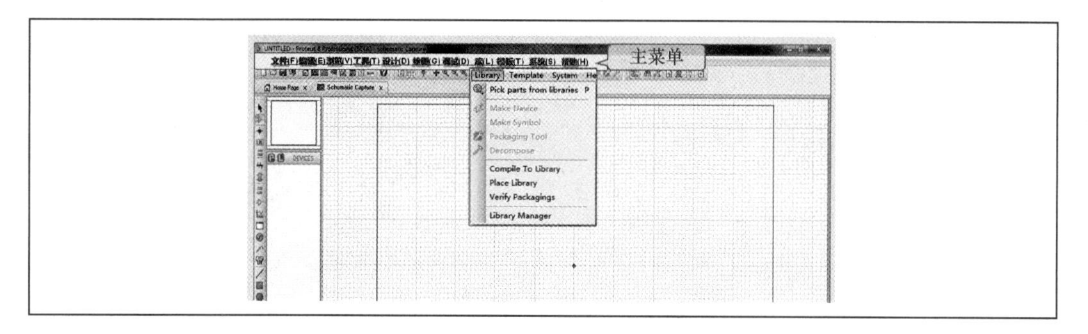

图 1-82　库菜单示意图

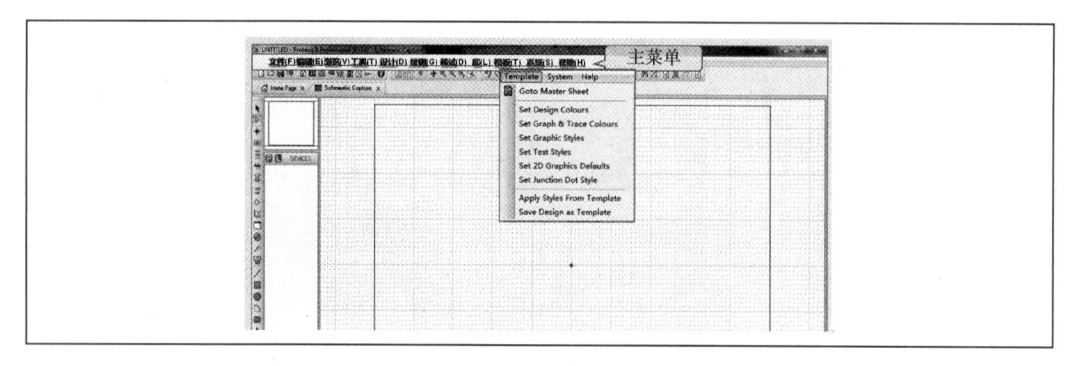

图 1-83　模板菜单示意图

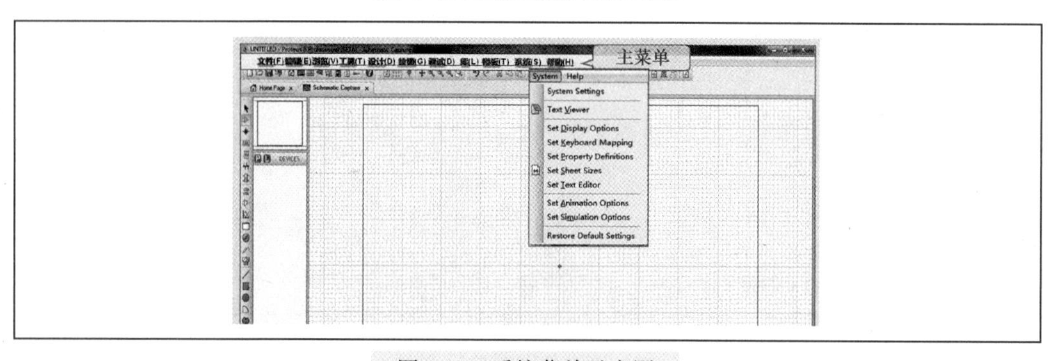

图 1-84　系统菜单示意图

（11）帮助菜单：帮助文件/设计实例。如图 1-85 所示。

图 1-85　帮助菜单示意图

2　Proteus 的辅助菜单

辅助菜单示意图如图 1-86 所示。

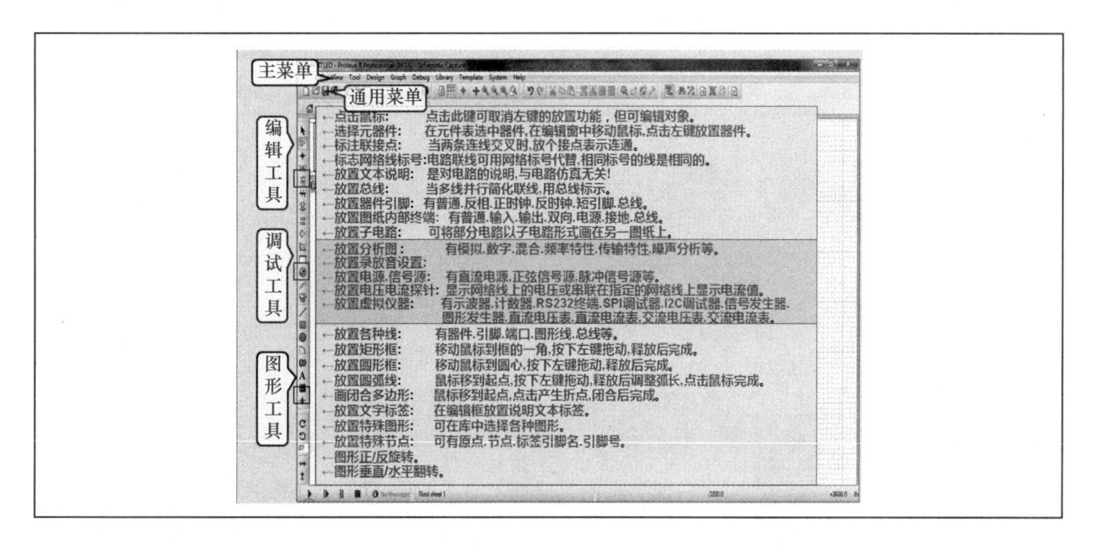

图 1-86　Proteus 辅助工具菜单示意图

1.6.3　元件库操作

元件库操作示意图如图 1-87 所示。

1.6.4　电路原理图设计流程与操作

电路原理图设计流程如图 1-88 所示。

（1）建立设计文件。

打开 ISIS 系统，选择合适（默认）类型，建立无标题文件，并在存储时命名即可。

（2）在模板菜单下设置。

设计默认或修改规则、编辑文本风格、图形风格、图表颜色等模式。如图 1-89 所示。

（3）选择并放置元器件（或编辑调试工具）。

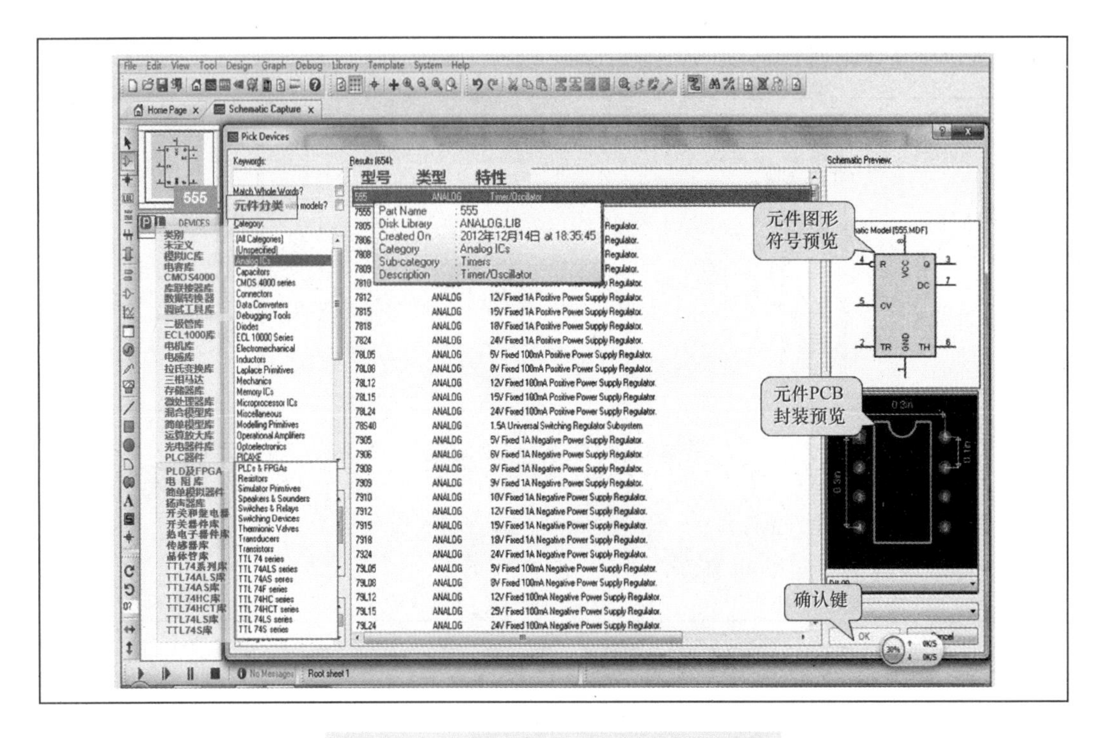

图 1-87　Proteus8.1 元件库操作示意图

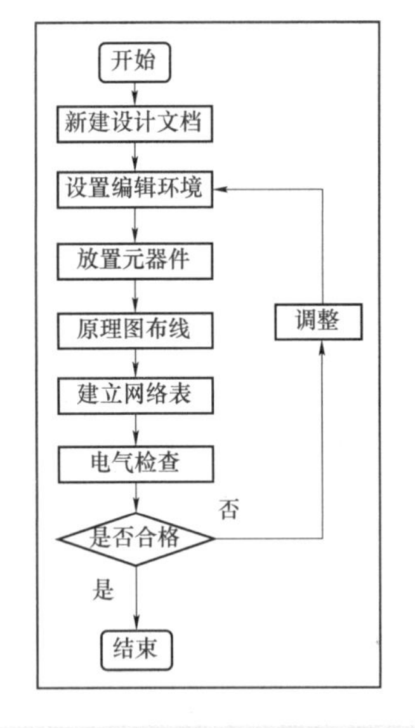

图 1-88　电路原理图设计流程

先从元件库（调试工具）中确认元器件（调试工具）至预览窗口，再在编辑窗口中单击鼠标左键，放置元器件或工具。

1）改变元器件（或调试工具）的放置方向：对象在编辑窗口时，对器件先单击鼠标右键，在弹出菜单中再单击旋转键。

2）删除元器件（或工具）：在编辑窗口对要删除对象双击右键删除。

3）拖曳元器件（或工具）：对要拖动对象，按住左键将对象拖到目的地。如图 1-90 所示。

4）编辑元器件（或编辑调试工具）参数：按右键选中对象，再按左键编辑（修改）元件参数。双击左键，确定并编辑参数。“编辑元件”对话框如图 1-91 所示。

［例 1］编辑电阻参数。

从元件库中选定的电阻值是 1k，可双击左键，在元件参数对话框中将其改为 10k！当然也可选择隐藏器件的部分参数，如图 1-92 所示。

（4）放置连线，绘制电路图。

首先按左键单击第 1 个对象（元件）。再按左键单击第 2 个对象（元件），两者间就有自动连线了。如图 1-93 所示。

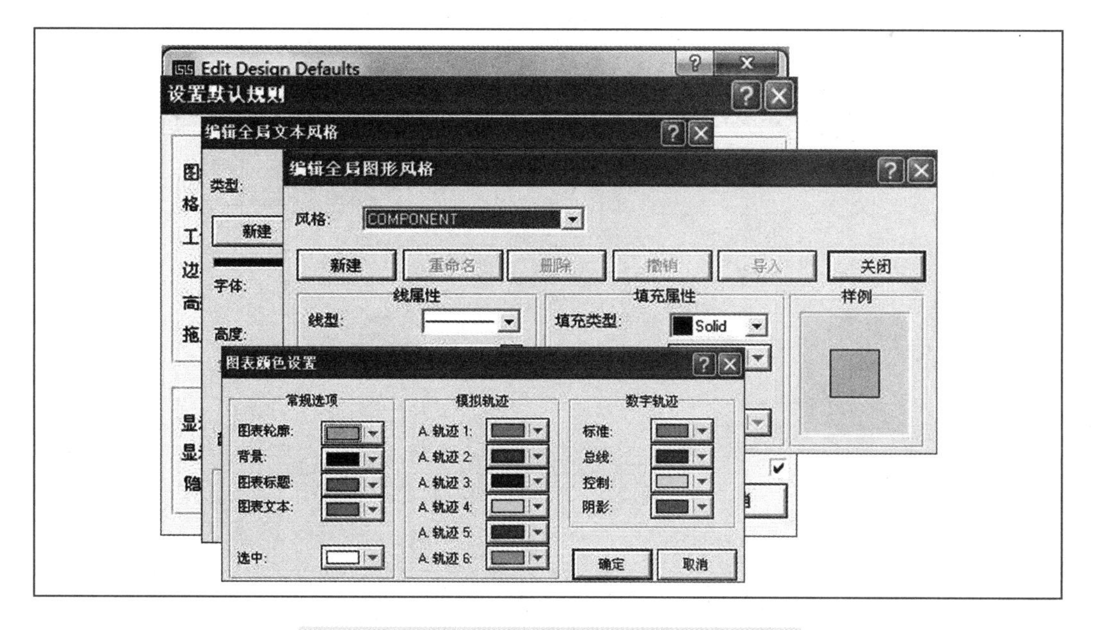

图 1-89　选取并放置元器件与调试工具的操作

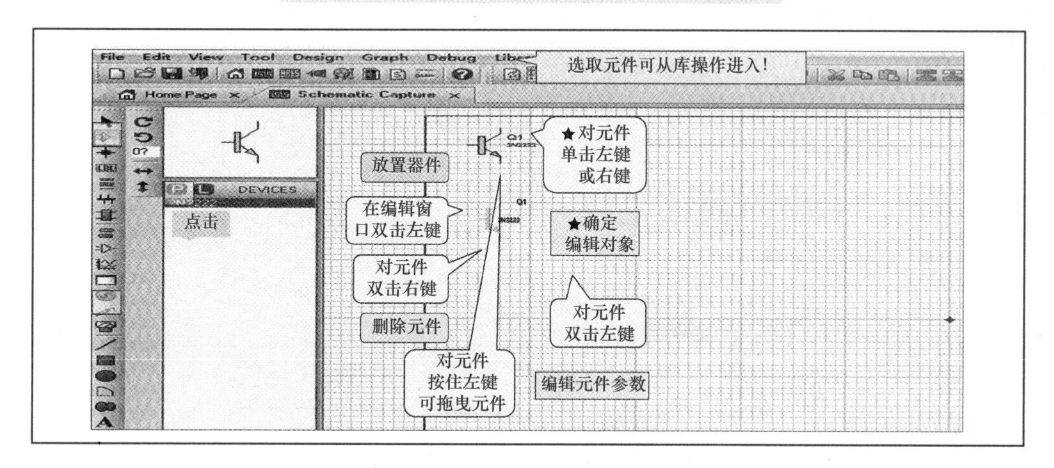

编辑元件

元件参考(R):	Q1	隐藏:	确定(O)
元件值(V):	2N2222	隐藏:	取消(C)
LISA Model:	LX_NPN_SSHF,BIPOLAR	Hide All	
PCB Package:	TO18	Hide All	

Other Properties:

本元件不进行仿真(S)　附加层次模块(M)
本元件不用于PCB制版(L)　隐藏通用引脚(C)
使用文本方式编辑所有属性(A)

图 1-91　“编辑元件”对话框

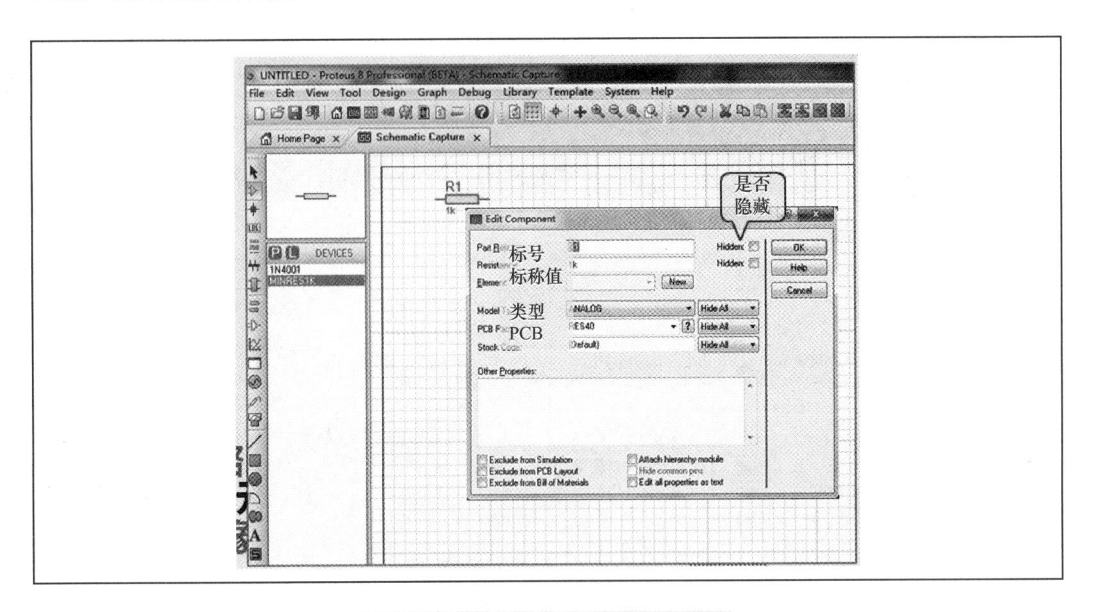

图 1-92 “修改元件参数”对话框

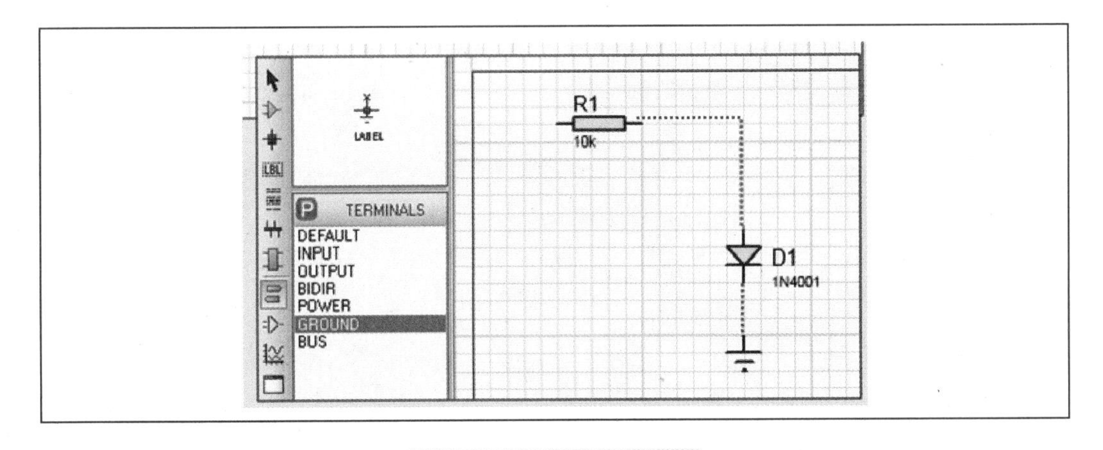

图 1-93 自动连线示意图

（5）对原理图作电气规则检查。

在工具菜单下做电气规则检查，如果有错，则根据错误提示修改，直到通过电气规则检查。

1.6.5 运用 Proteus 8.1 的帮助菜单辅助自学

（1）在 Proteus 8.1 的 ISIS 系统的帮助菜单中，对电路原理图设计与仿真的各部分均有较详细的说明，可以帮助你进行电路原理图的设计。

（2）在 Proteus 8.1 的 ISIS 系统的帮助菜单中，对各种不同的电路原理图都有正确的设计图例可供参考。

（3）只有加强练习，才能掌握电路原理图设计的步骤与方法，学好 Proteus 8.1 的 I-SIS（电路原理图设计与仿真），才能进一步学习并掌握 Proteus 8.1 的 ARES（印刷电路版的设计）。

模拟电路制图、仿真

任务一 RC 低通滤波器

2.1.1 电路频率特性分析

RC 低通滤波器为无源滤波器，图 2-1 为仿真电路原理图。

下面对幅频特性和相频特性进行分析。

放大倍数的计算公式如下：

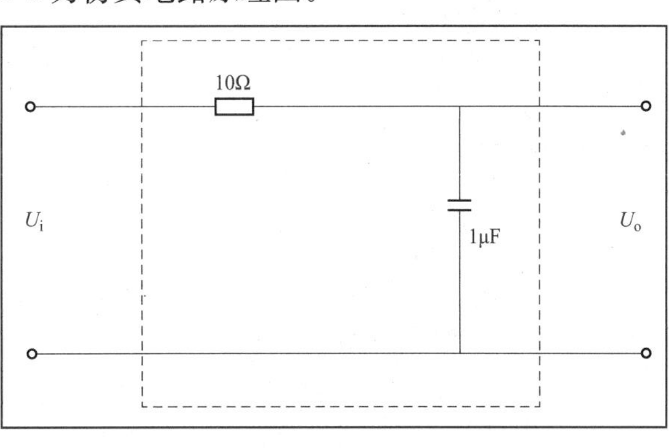

图 2-1 RC 低通滤波器为无源滤波器电路图

$$\dot{A}_u = \frac{\dfrac{U_{R_1} \times \dfrac{1}{j\omega C}}{10 + \dfrac{1}{j\omega C}}}{U_{R_1}} = \frac{1}{10 \times j\omega C + 1}$$

$$|\dot{A}_u| = \frac{1}{\sqrt{1 + (10\omega C)^2}}$$

$$\varphi_u = -\arctan 10\omega C$$

当滤波器输入端的输入信号频率趋于零时，$10 \times \omega C$ 抗趋于 0，故通带放大倍数 $|\dot{A}_u| = 1$；输入信号频率 f 与截止频率 f_p 有如下关系式：

$$f = f_p, |\dot{A}_{up}| = 0.707 |\dot{A}_u|, \varphi_{up} = -45°。$$

截止频率 f_p 的计算关系如下：

因为 $|\dot{A}_{up}|=0.707|\dot{A}_u|=\frac{1}{\sqrt{2}}|\dot{A}_u|$

所以 $10\omega_p C=10\times 2\pi f_p C=1$

$$f_p=\frac{1}{10\times 2\pi C}=\frac{1}{10\times 2\pi\times 10^{-6}}$$

截止频率为 $f_p=15.9\text{kHz}$。

因为 $|\dot{A}_u|=\frac{1}{\sqrt{1+(10\omega C)^2}}=\frac{1}{\sqrt{2}}$

所以 $L_{up}=20\lg|\dot{A}_u|=-3.0\text{dB}$，

$\varphi_{up}=-45°$。

2.1.2 绘制原理图

1 电路仿真元件清单

电路仿真所需元件清单如表 2-1 所示。

表 2-1 元 件 清 单

元件名称	Category
RES（电阻）	Resisters
CAP（电容）	Capacitors

2 仿真

仿真步骤如下：

（1）打开 ISIS 程序 Proteus 8 Professional，单击保存，把文件命名为“RC 低通滤波器”，如图 2-2 所示。

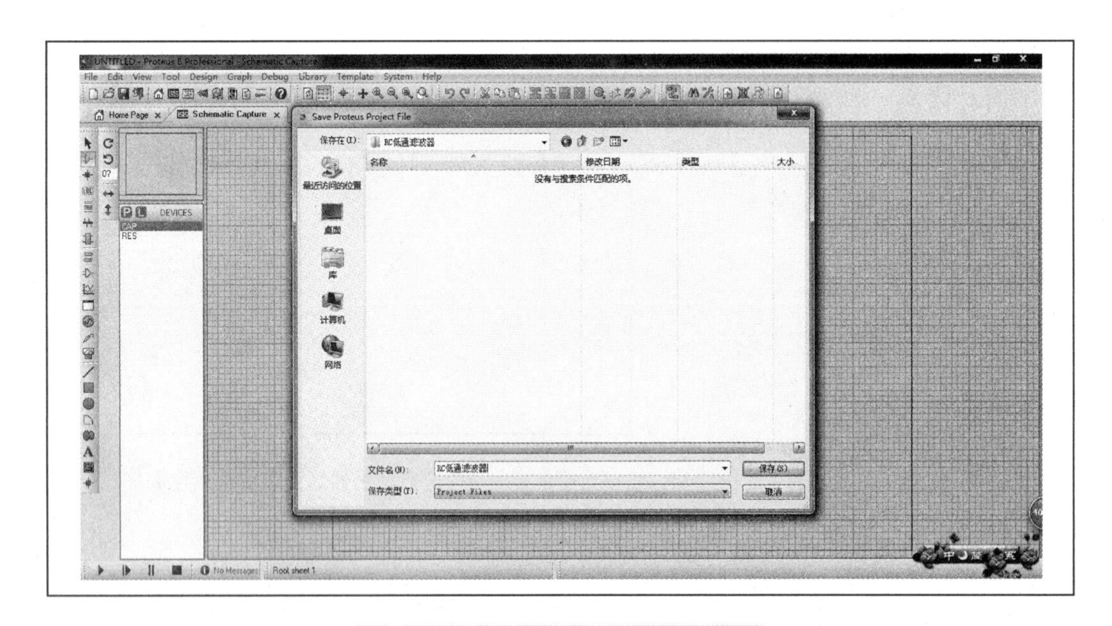

图 2-2 打开仿真软件命名并保存文件

（2）单击切换到元件模式（Component Mode），然后单击对象选择按钮 P（Pick from library），如图 2-3 所示。

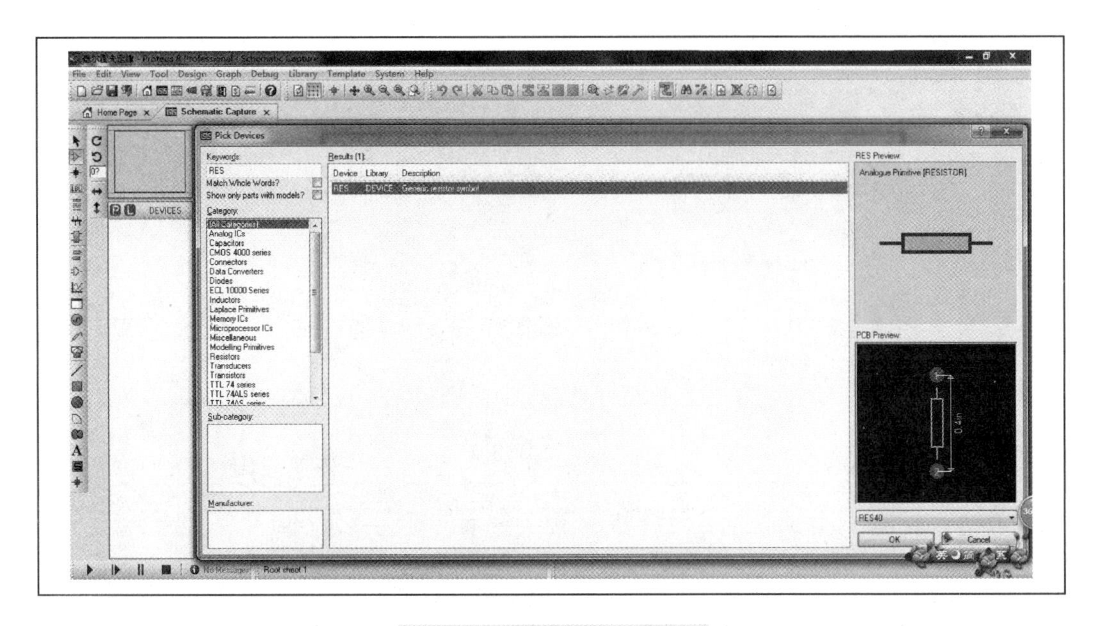

图 2-3　切换到元件示意图

（3）弹出“Pick device”对话框，输入要选择的器件。本节需要的器件为电阻（RES）和电容（CAP），选中并双击，则出现在对象选择窗口中，如图 2-4 所示。

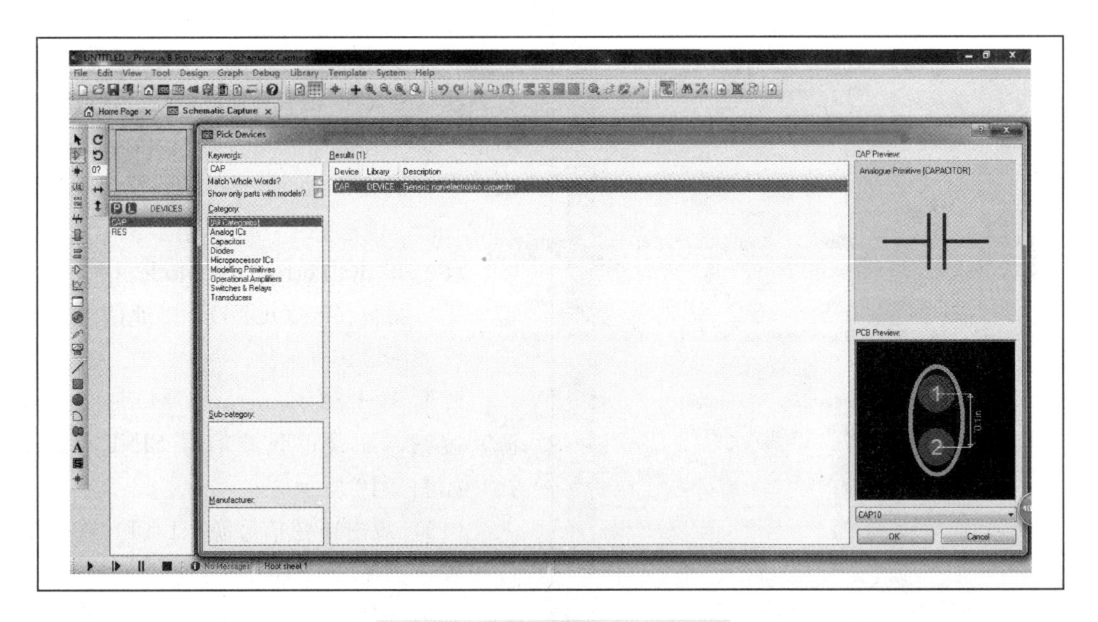

图 2-4　选择需要的器件示意图

（4）在对象选择窗口单击选中的元件，把光标放到编辑区域，单击光标处出现粉红色的图标，即可把元件放置好，元件放置好如图 2-5 所示。

（5）为了便于接线，需要把放置好的电容逆时针旋转 90°，方法是单击电容元件，然后在右键菜单单击选择“rotate anti-clocksize”（逆时针），如图 2-6 所示。

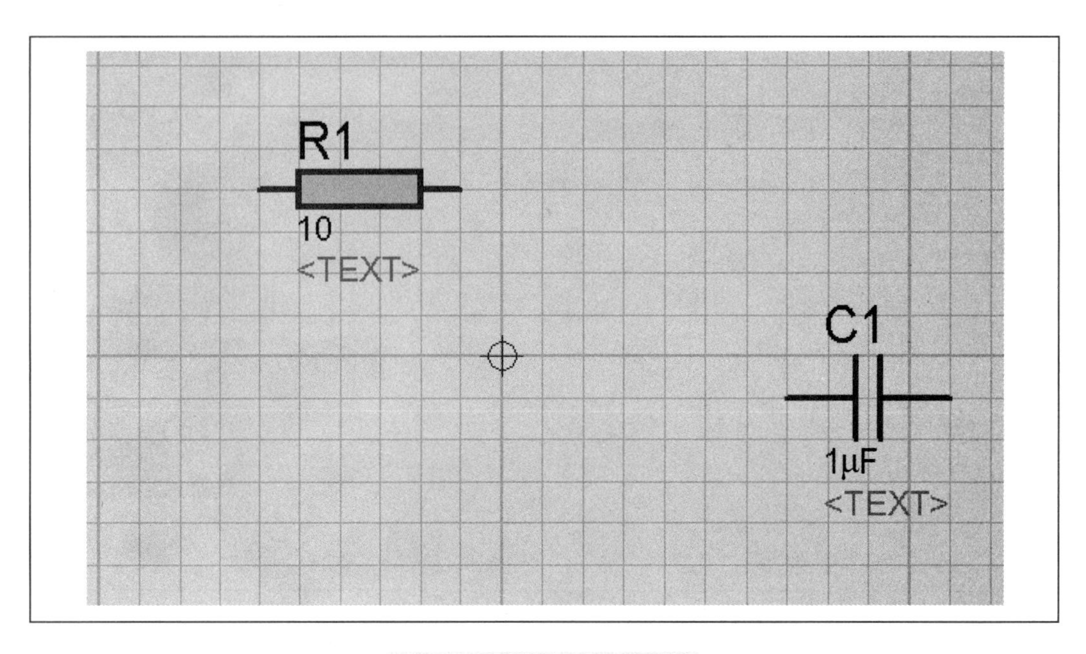

图 2-5　元件放置的示意图

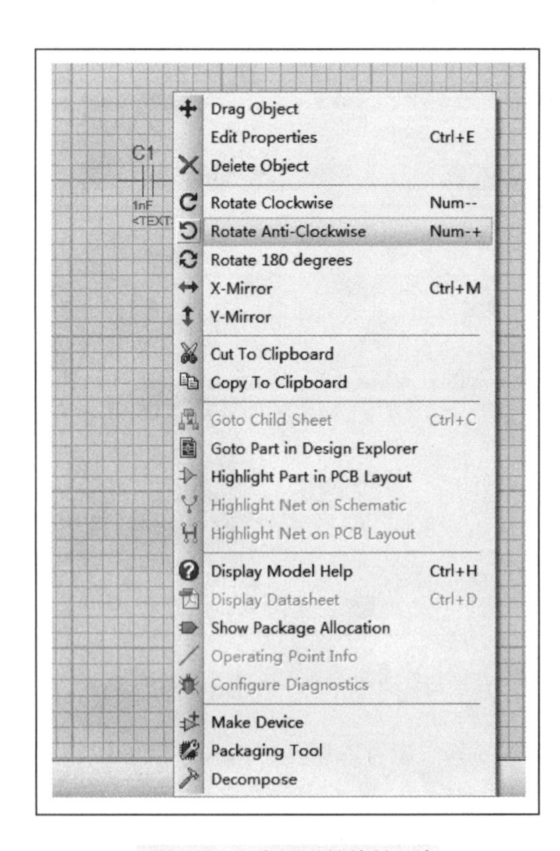

图 2-6　电容逆时针旋转 90°

（6）利用自动接线功能连接元件，如图 2-7 所示。

（7）双击元件，弹出如图 2-8 所示的对话框，对电容阻和电阻值进行编辑。电阻值“Resistance”设置为 10Ω，其他默认。电容值“Capacitance”（单位 F）设置为“1μ” 1 微法。

（8）单击 Terminals Mode（终端模型），加载（GROUND）接地信号，并连接，如图 2-9 所示。

（9）单击 Generator Mode（信号源）按钮，加载正弦波信号 SINE，并连接，如图 2-10 所示。

（10）双击正弦信号源 R1（1）进行属性设置，如图 2-11 所示。

如图 2-12 所示设置正弦波信号的幅度（Amplitude）为 1V，频率（Frequency）为 1Hz，相位（Phase）为 0°。

（11）单击仿真工具按钮，可以检查编辑的电路图是否正确连接，如图 2-12 所示。

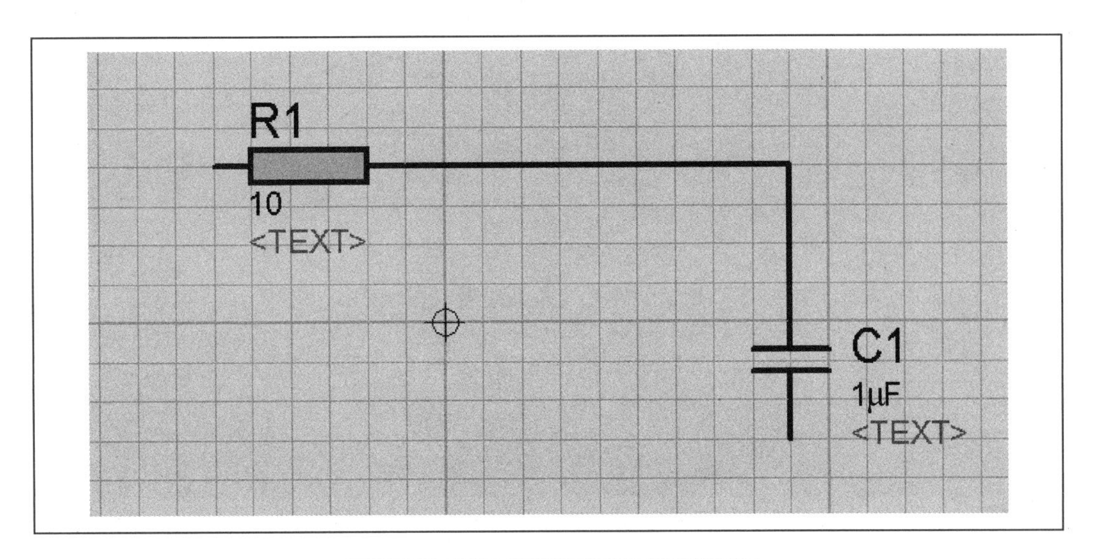

图 2-7　自动接线功能连接元件示意图

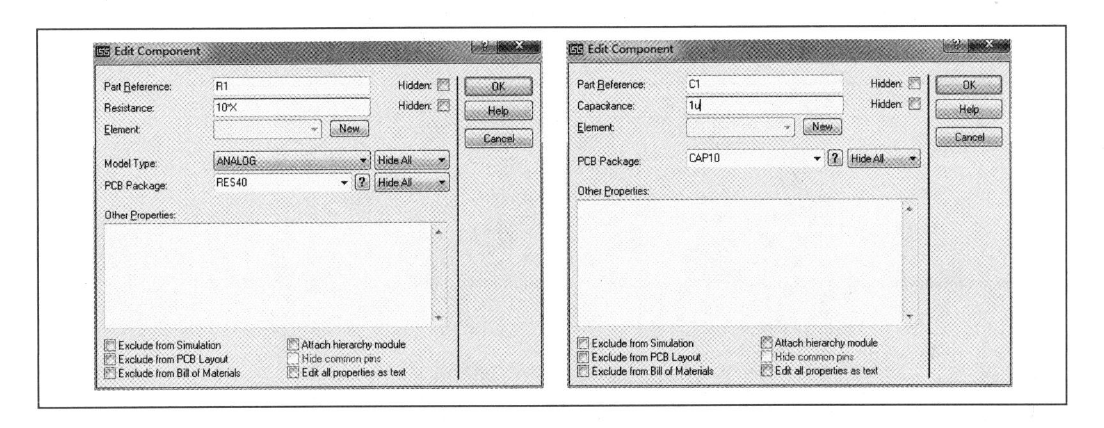

图 2-8　元件赋值对话框

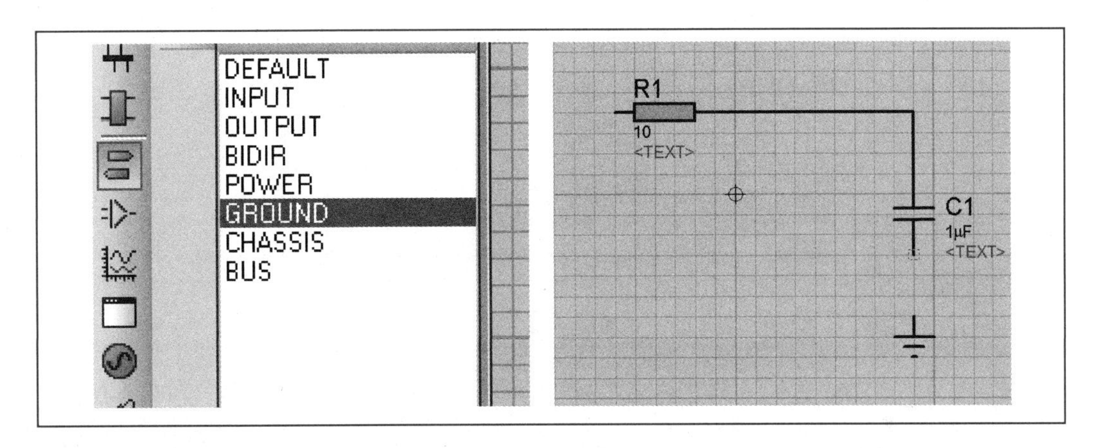

图 2-9　接地点添加示意图

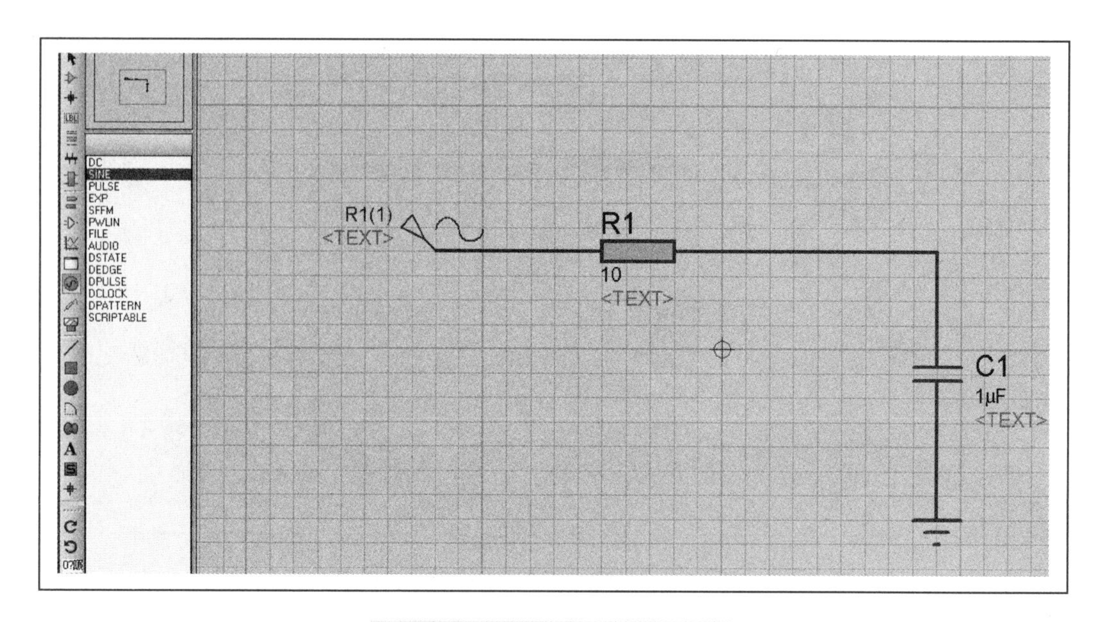

图 2-10　加载正弦波信号示意图

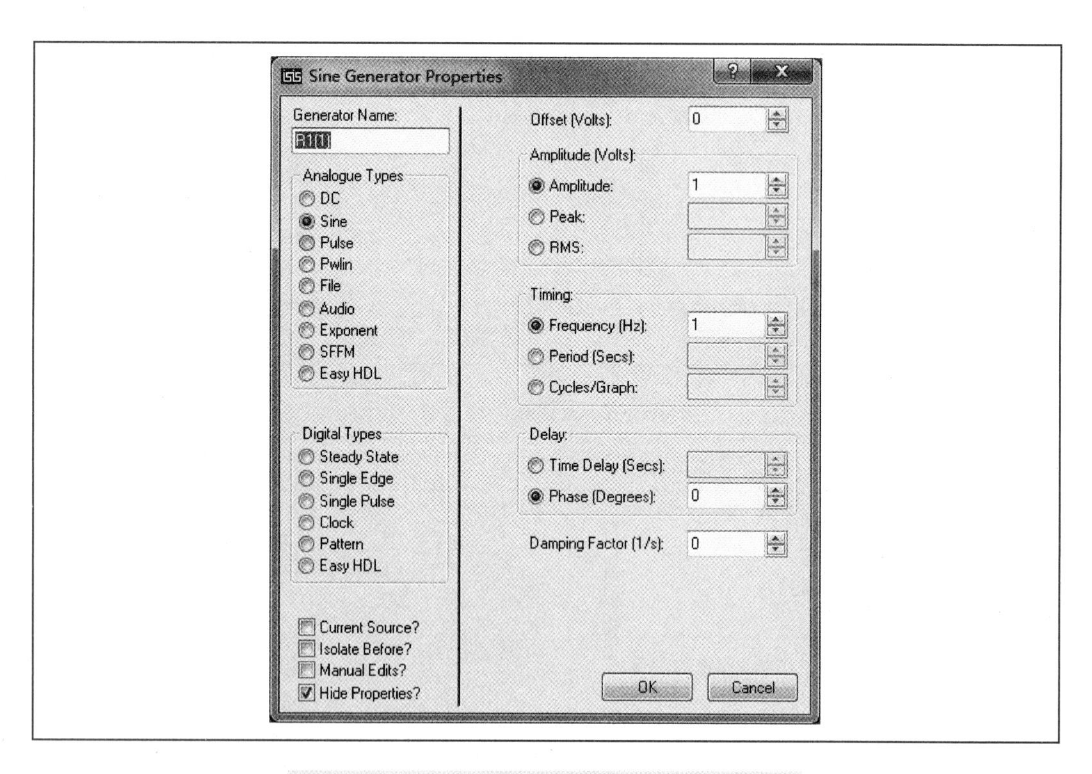

图 2-11　进行正弦波信号源 R1（1）属性设置

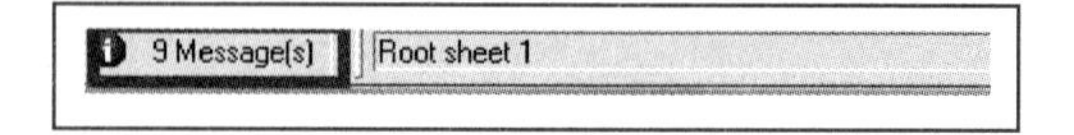

图 2-12　检查编辑的电路图是否正确连接示意图

如果出现绿色图标说明没有错误，如果有错误，在状态栏将会有提示，例如图标 2 Error(s) 表示有两个错误。

（12）为了使编辑区看起来更加简洁，可以把没有用到的<TEXT>标签设置为“hidden（隐藏）”，方法是单击菜单栏“Templates”（模板）→“Set Design Colours…”（设置设计颜色），弹出如图 2-13 所示对话框，取消勾选“Show hidden text?”即可。

图 2-13　去掉没有用到的<TEXT>标签对话框

编辑画面如图 2-14 所示。

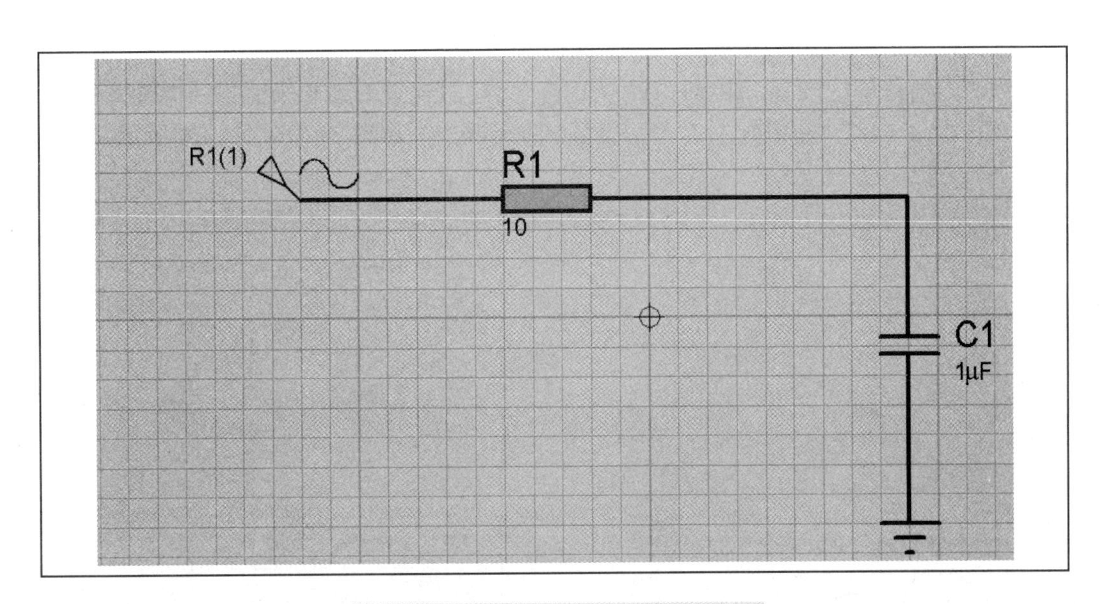

图 2-14　去掉<TEXT>标签后的电路图

2.1.3　电压探针和电流探针在电路中的运用

下面讲述在电路图中放置电压探针和电流探针观测电压、电流变化趋势。

（1）单击电压探针（Voltage Probe Mode）放入电路中，放入测量电压的位置，如图 2-15 所示。单击运行按钮（Play）可以看到电压的瞬时变化趋势，单击暂停按钮

(Pause) ‖可以看到电压的瞬时值。另外，双击电压探针可以给探针重命名。本例中，电压探针的名字（Probe Name）改为了 Uc1。

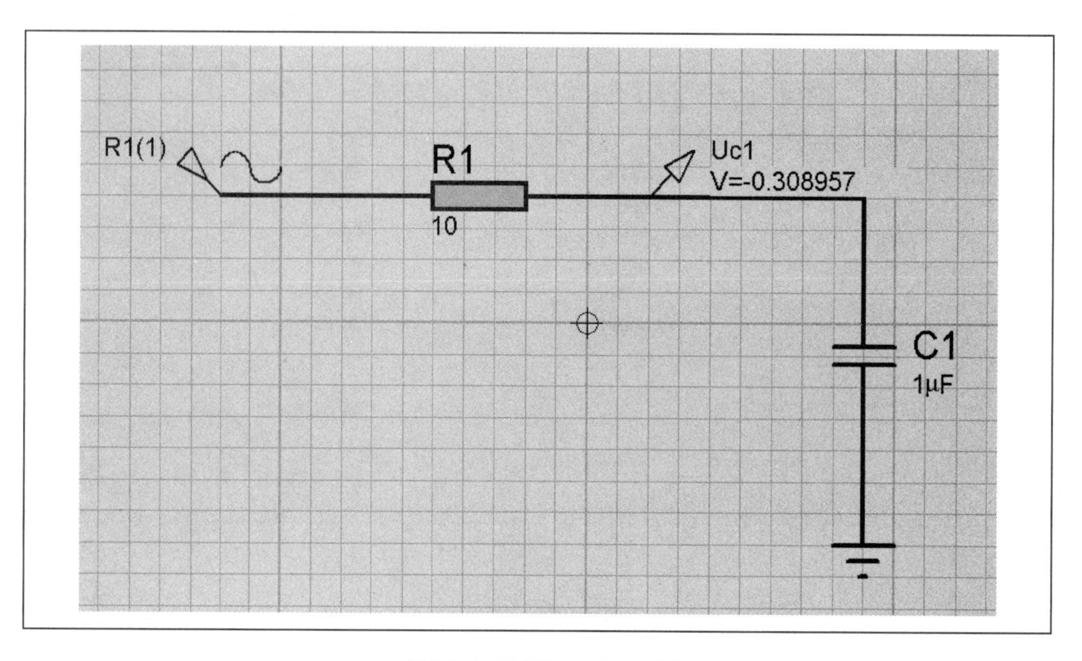

图 2-15　电压探针的放置

（2）电流探针的用法类似电压探针，不同的是电流探针有个小箭头标明电流方向，电流方向的标示方向可通过鼠标右键的快捷菜单进行改变，如图 2-16 和图 2-17 所示。

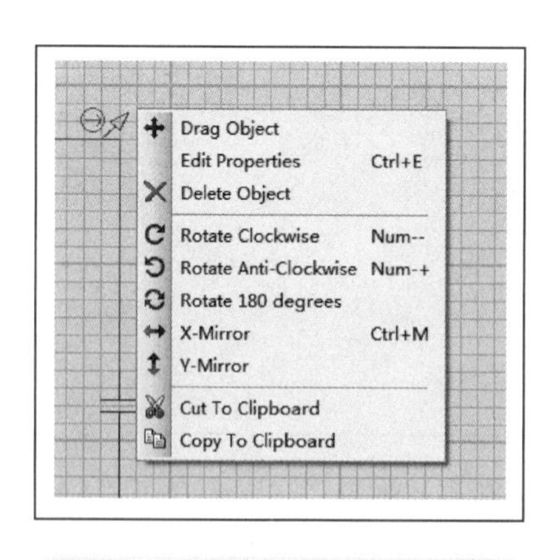

图 2-16　电流探针的右键快捷菜单

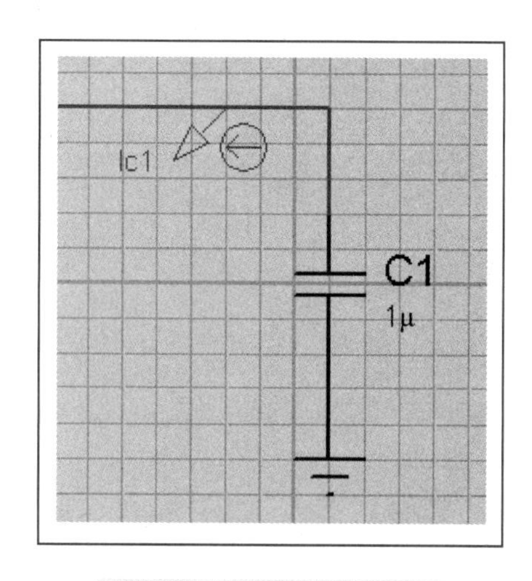

图 2-17　电流探针的用法

电流探针指示的电流方向可以和实际电流方向相同或相反，但不可以与实际电流方向垂直，如图 2-18 所示为错误的电流探针放置方法。

电压探针和电流探针为用户定量分析电路提供了帮助。

2.1.4　Oscilloscope 示波器在电路中的运用

为了能够直观地看到电压，可以通过示波器进行查看。下面讲述在电路图中放置 Oscilloscope 示波器观测电压变化趋势的方法。

（1）单击虚拟仪器仿真模式（Virtual Instruments Mode），选择示波器 Oscilloscope，进行如图 2-19 所示连接线段，表示仿真两个线端处的电压波形。

（2）仿真窗口如图 2-20 所示，本例中主要运用了通道（Channel）A、B，即黄色曲线和蓝色曲线。

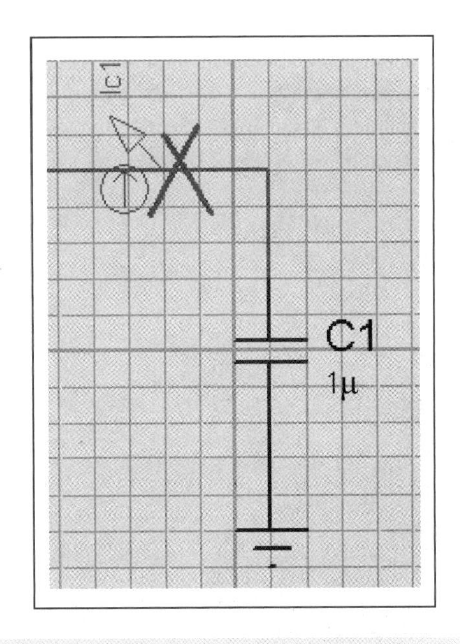

图 2-18　电流探针指示的电流方向错误示意图

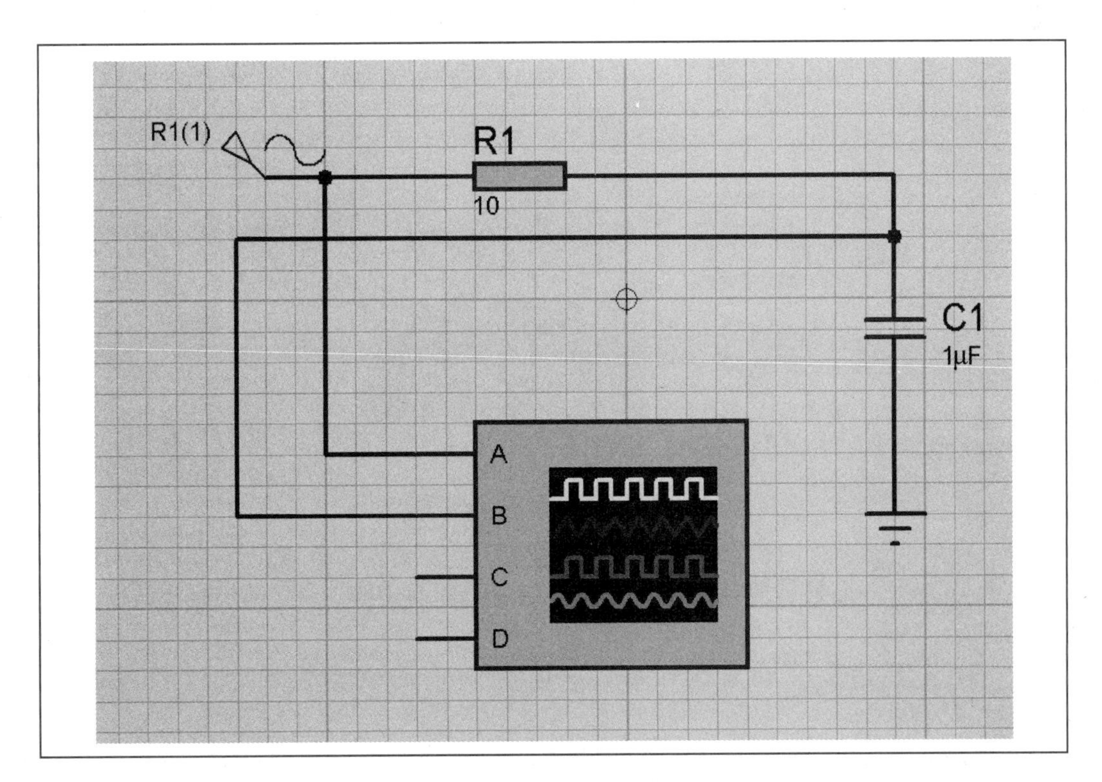

图 2-19　示波器进行查看

2.1.5　FREQUENCY RESPONSE 仿真频率特性曲线

单击 Graph Mode（图标模式）图标，选中频率响应分析仪 FREQUENCY，放置在电路中，如图 2-21 所示。

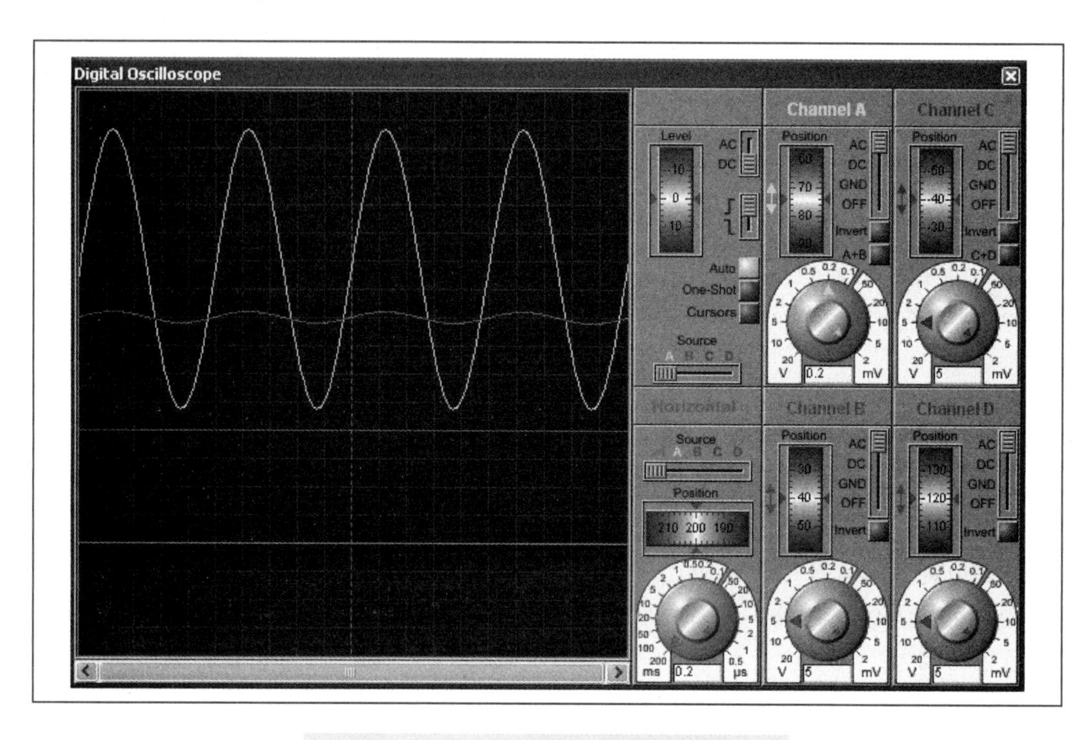

图 2-20　通道（Channel）A、B 的仿真窗口

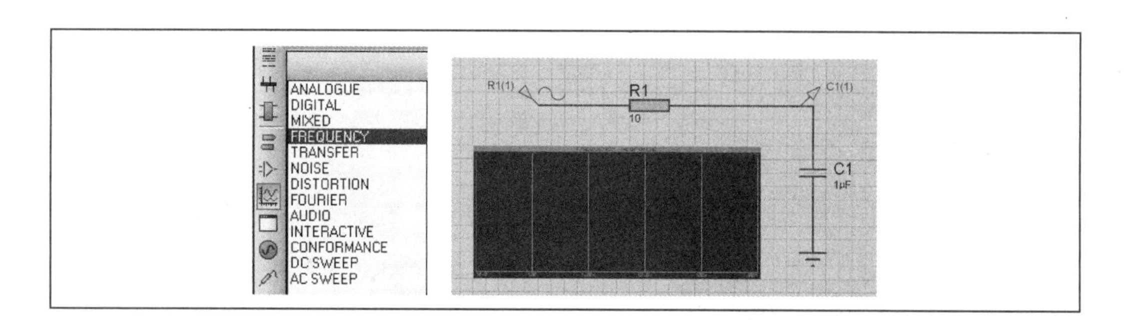

图 2-21　添加频率分析仪示意图

单击 C1（1），拖曳到频率响应分析仪的左上角和右下角（即添加横、纵坐标），如图 2-22 所示。

双击频率分析仪，弹出属性对话框，并依据图 2-23 进行设置，设置完成后单击“OK”按钮。

保存文件，把鼠标放在频率响应分析仪上，单击右键的“Simulate Graph”（仿真图表）图标 Simulate Graph ，仿真曲线如图 2-24 所示。

把鼠标放在频率响应分析仪窗口上，单击右键选择“Maximize（Show Window）”（最大化窗口） Maximize (Show Window) 图标，把频率响应分析仪窗口最大化，如图 2-25 所示。

图 2-22　分析电压放置示意图

Edit Frequency Graph

Graph title: FREQUENCY RESPONSE

Reference: R1(1)　参考电压

Start frequency: 10　横坐标起始频率点

Stop frequency: 1M　横坐标终止频率点

Interval: DECADES　十倍频

No. Steps/Interval: 10　步幅数

Options

Y Scale in dBs:

Always simulate:

Log netlist(s):

SPICE Options

Set Y-Scales

User defined properties:

OK　Cancel

图 2-23　频率分析仪属性对话框

单击图 2-25 中红色的相频特性曲线，在红色的线上会有标示■出现，这时，在对话框的左下角将会有频率指示，右下角为相位指示，当相位等于 45°时，左下角的指示就是截止频率，图 2-26 中正是截止频率的指示点 15.9kHz。

通过用键盘上的↑↓切换到相频特性指示点，也可以单击鼠标完成，如图 2-27 所示。

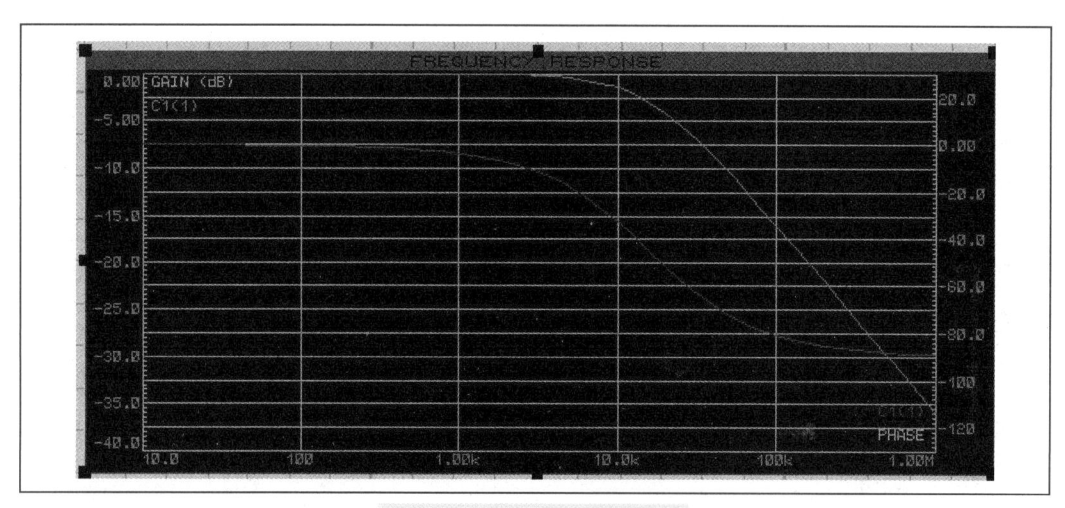

图 2-24　频率仿真曲线图

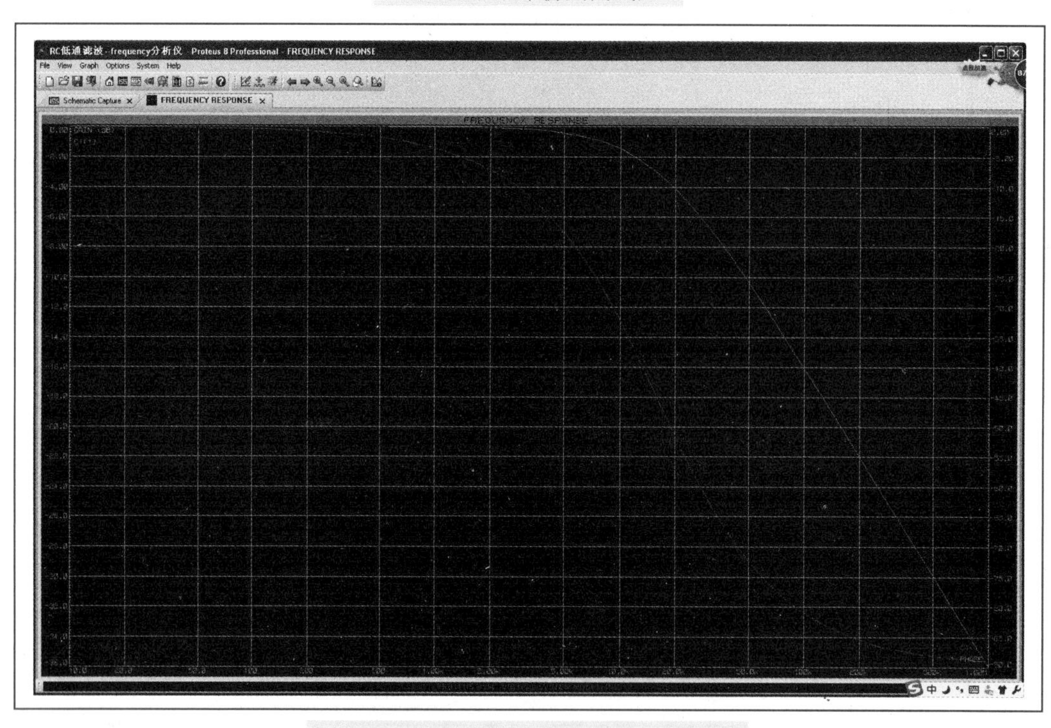

图 2-25　频率特性仿真图形最大化窗口

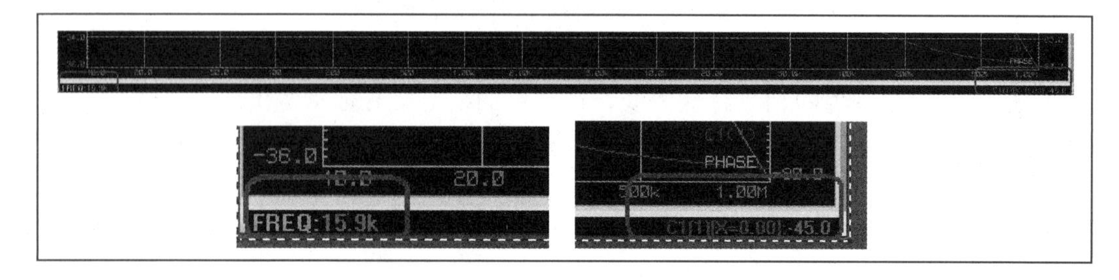

图 2-26　频率特性仿真窗口截止频率和截止相位读取示意图

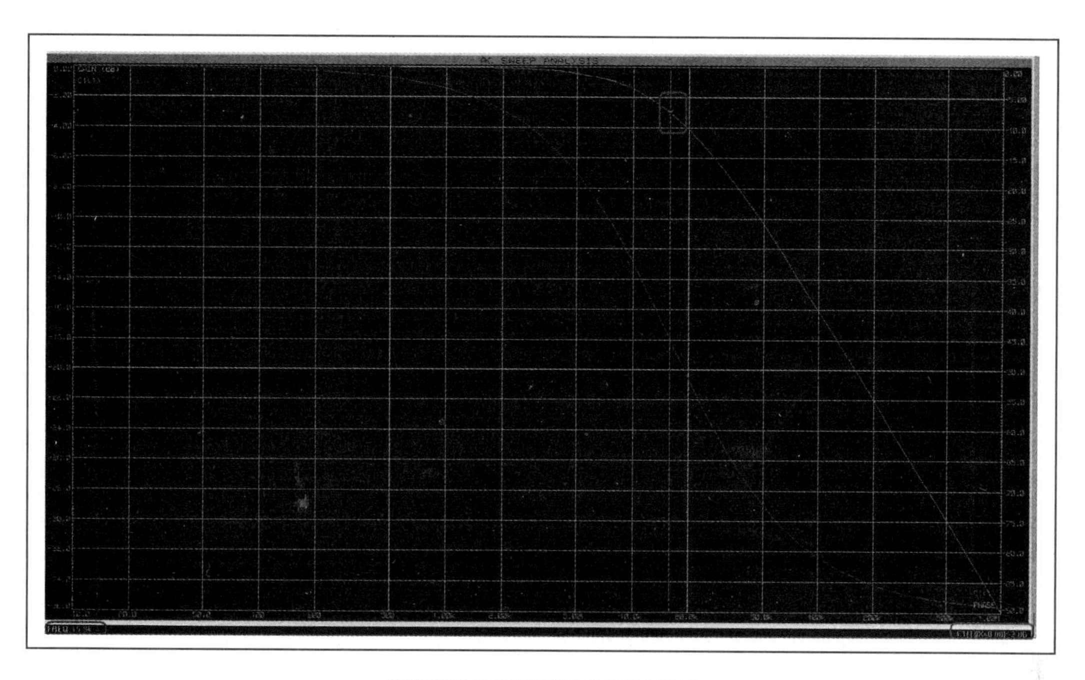

图 2-27　幅频特性读取标示

此时可看到幅频特性的指示，如图 2-28 所示，左下角是截止频率 15.9kHz，右下角为幅值－3dB，与计算相符。

图 2-28　如何切换相频特性指示点

2.1.6　探针及 AC SWEEP ANALYSIS 的运用

当滤波电路中电阻值发生变化时，则需要运用交流参数扫描图表（AC SWEEP ANALYSIS）进行频率响应特性分析。如图 2-29 为电阻值变化的 RC 低通滤波电路图。

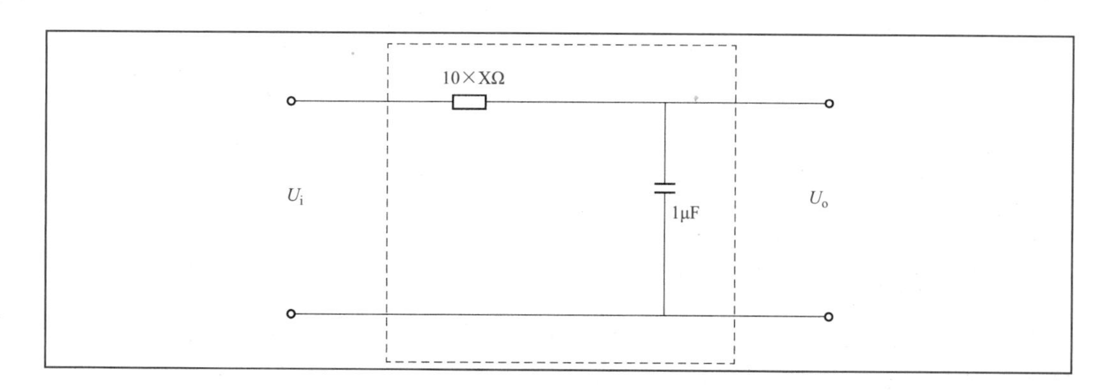

图 2-29　电阻值变化的 RC 低通滤波电路图

首先进行理论计算，如下所示：

$$放大位数\ \dot{A}_u = \frac{\dfrac{U_{R1} \times \dfrac{1}{j\omega C}}{10 \times X + \dfrac{1}{j\omega C}}}{U_{R1}} = \frac{1}{10 \times X \times j\omega C + 1}$$

$$|\dot{A}_u| = \frac{1}{\sqrt{1 + (10 \times X \times \omega C)^2}}$$

$$\varphi_u = -\arctan 10 \times X \times \omega C$$

当滤波器输入端的输入信号频率趋于零时，$10 \times X \times j\omega C$ 抗趋于 0，故通带放大倍数 $|\dot{A}_u|=1$；输入信号频率 f 与截止频率 f_p 有如下关系式：$f=f_p$，$|\dot{A}_{up}|=0.707|\dot{A}_u|$，$\varphi_{up}=-45°$。

f_p 的计算公式如下：

因为 $|\dot{A}_{up}|=0.707|\dot{A}_u|=\frac{1}{\sqrt{2}}|\dot{A}_u|$

所以 $10 \times X \times \omega_p C = 10 \times X \times 2\pi f_p C = 1$

截止频率为：

$$f_p = \frac{1}{10 \times X \times 2\pi C} = \frac{1}{10 \times X \times 2\pi \times 10^{-6}}$$

$$1.59\text{kHz} \leqslant f_p \leqslant 15.9\text{kHz}(1 \leqslant X \leqslant 10),\quad \varphi_{up} = -45°。$$

因为 $|\dot{A}_u|=\frac{1}{\sqrt{1+(10 \times \omega C)^2}}=\frac{1}{\sqrt{2}}$

所以 $L_{up}=20\lg|\dot{A}_u|=-3.0\text{dB}$。

下面介绍交流参数扫描图表（AC SWEEP ANALYSIS）。

（1）交流扫描分析图表。

交流扫描分析图表可以建立一组反映元件在参数值发生线性变化时的频率特性曲线。主要用来观测相关元件参数发生变化时对电路频率特性的影响。

交流扫描分析时，系统内部完全按照普通的频率特性分析计算有关值，不同的是，由于元件参数不固定而增加了运算次数，每次相应地计算一个元件参数值对应的结果。

和频率分析相同，左、右 Y 轴分别表示幅度（dB）、相位值。

（2）信号及图表编辑。

步骤如下：

1）放置测量探针。单击 Voltage Probe Mode（电压探针）放入电路中，如图 2-30 所示。

2）放置交流扫描分析表。单击工具箱中的 GraphMode（图标）模式，在对象选择器中选择“AC SWEEP”仿真图表。在编辑窗口期望放置图表的位置单击鼠标左键，并拖曳鼠标，在期望的结束点单击鼠标左键，放置图表，如图 2-30 所示。图中 X 为大写字母，表示变量。

绘制电路和放置交流参数扫描图表（AC SWEEP ANALYSIS）如图 2-30 所示。

双击设置交流参数扫描分析图表，将弹出如图 2-31 所示的参数设置对话框。

图 2-31 中对话框中红色方框部分是对变量 X 的设定，属性对话框中的参数含义如表 2-2 所示。

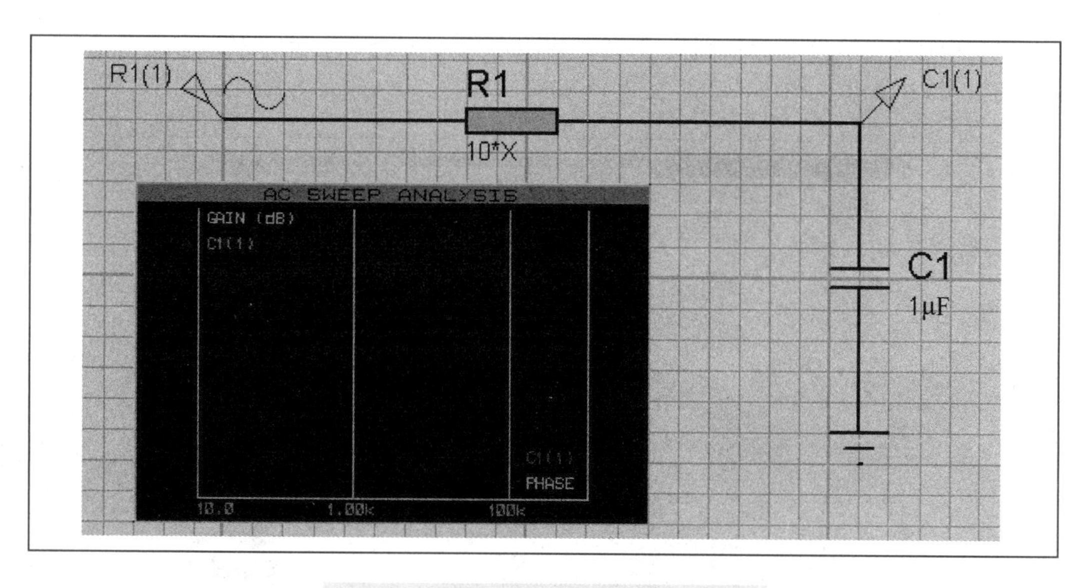

图 2-30　放置电压探针到图表的右轴处

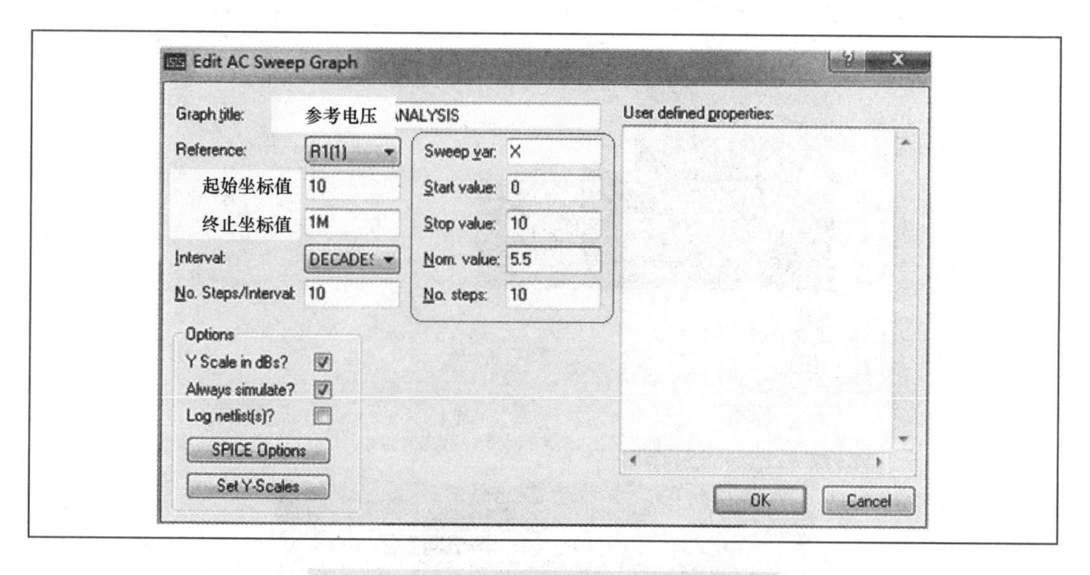

图 2-31　交流参数扫描分析图表编辑对话框

表 2-2　　**交流参数扫描分析图表编辑对话框中参数含义表**

<table>
<tr><th>参数</th><th colspan="2">含　义</th><th>参数</th><th>含　义</th></tr>
<tr><td>Graph title</td><td colspan="2">图表标题</td><td></td><td></td></tr>
<tr><td>Reference</td><td colspan="2">参考信号源</td><td>Sweep variable</td><td>扫描变量</td></tr>
<tr><td>Start frequency</td><td colspan="2">参考信号源仿真起始频率</td><td>Start frequency</td><td>扫描变量仿真起始频率</td></tr>
<tr><td>Stop frequecy</td><td colspan="2">参考信号源仿真终止频率</td><td>Stop frequency</td><td>扫描变量仿真终止频率</td></tr>
<tr><td rowspan="5">Interval</td><td colspan="2">间距取值方式</td><td rowspan="5">Nom. value</td><td rowspan="5">标称值</td></tr>
<tr><td>参数</td><td>含义</td></tr>
<tr><td>DECADES</td><td>十倍频程</td></tr>
<tr><td>OCTAVESL</td><td>八倍频程</td></tr>
<tr><td>INEAR</td><td>线性取值</td></tr>
<tr><td>No. Steps/Interval</td><td colspan="2">步幅数</td><td>No. steps</td><td>步幅数</td></tr>
</table>

把鼠标放在交流参数扫描图表（AC SWEEP ANALYSIS）处，鼠标右键单击 Simulate Graph 则出现仿真图形，如图 2-32 所示。

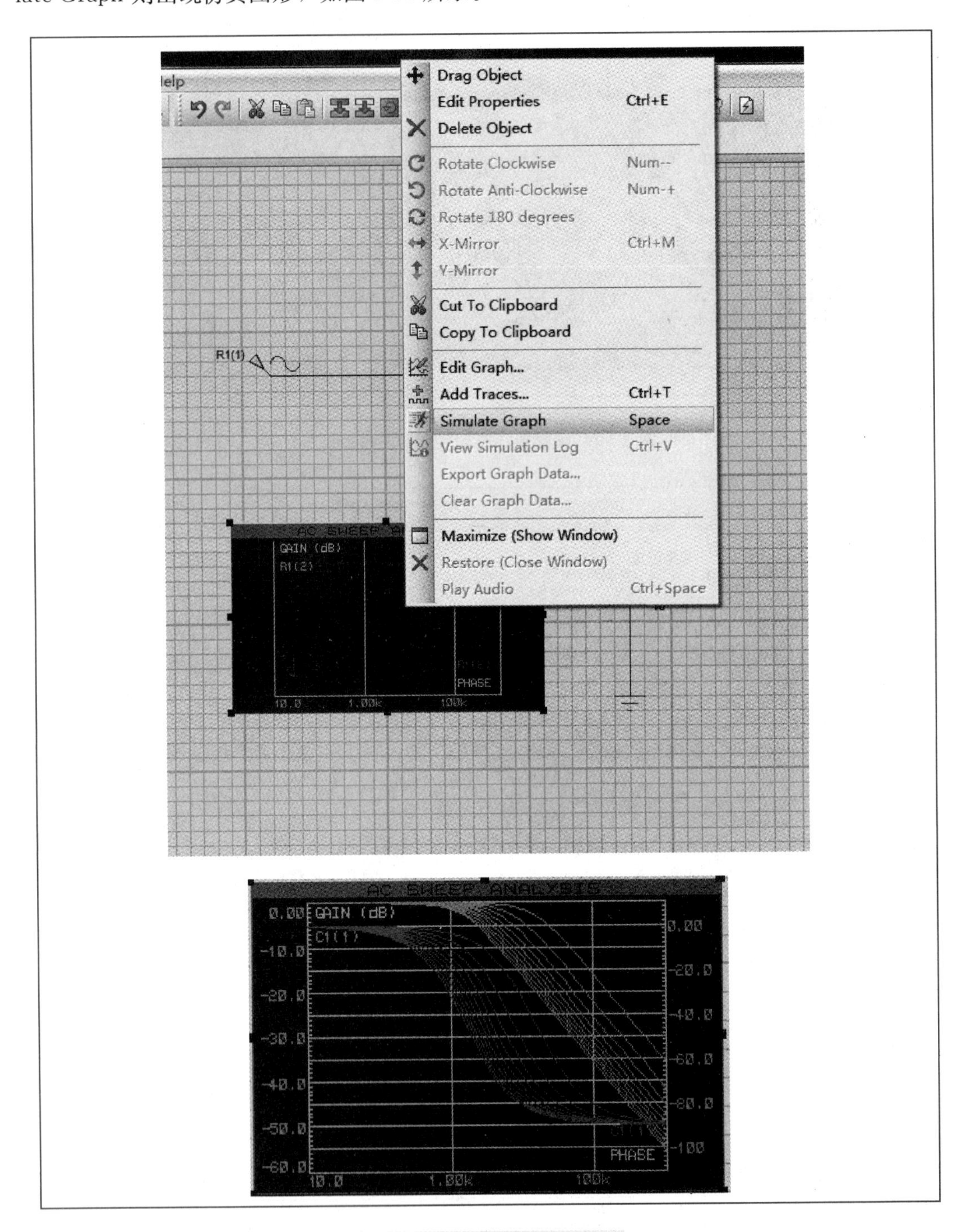

图 2-32　交流参数扫描结果

双击此仿真图形，此图形就可一切换到最大化状态。也可以单击右键菜单最大化窗口[Maximize（show Window）]，再次单击后则在仿真图中出现“X”形状的分析点，分析

仿真图形如图 2-33 所示。

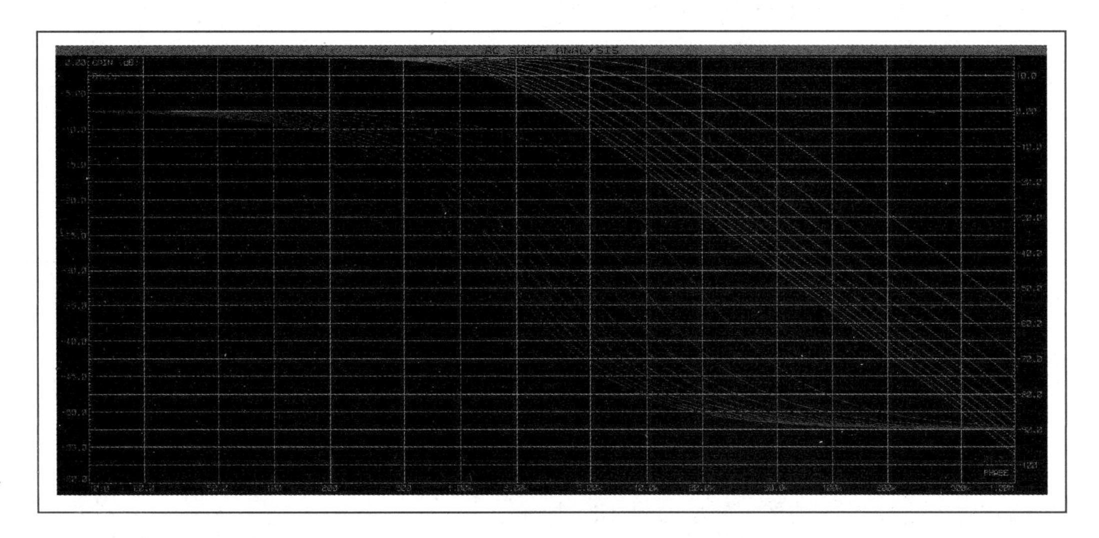

图 2-33　仿真图形最大化

通过用键盘上的 ↑ ↓ 键切换到相频特性指示点，也可以单击鼠标完成，如图 2-34 所示。

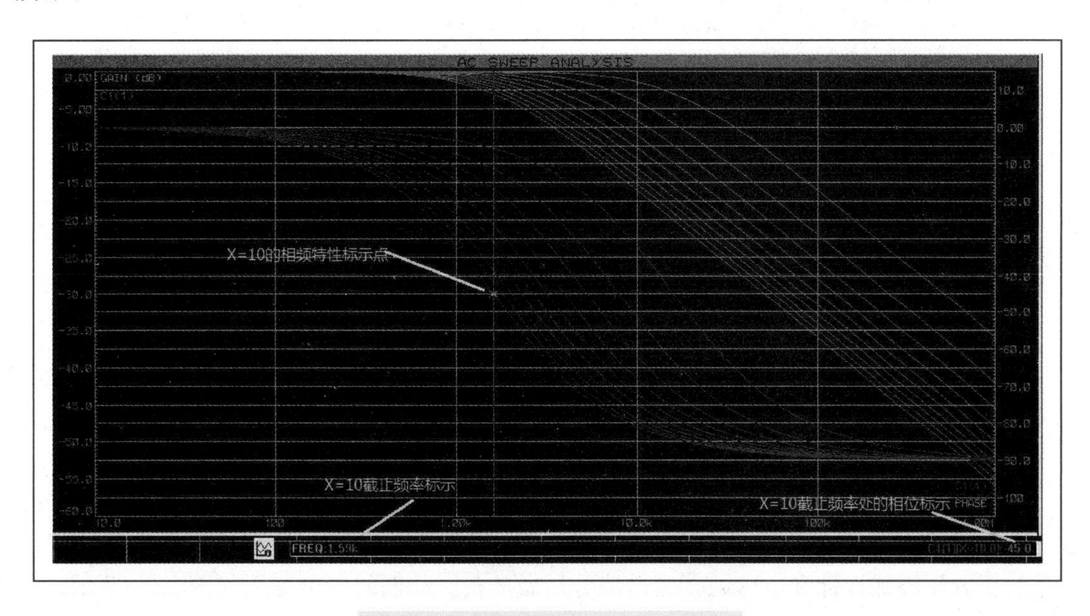

图 2-34　如何切换相频特性指示点

观察频率特性分析仪，可以得出当 $X=1$ 时，截止频率为 15.9kHz，当 $X=10$ 时，截止频率为 1.59kHz。截止频率处，相角为 $-45°$、增益 -3dB，与计算一致。

综上所述，不同的电路参数对应不同的滤波特性。

2.1.7　用 FREQUENCY RESPONSE 进行通频带仿真分析

电路如图 2-35 所示。

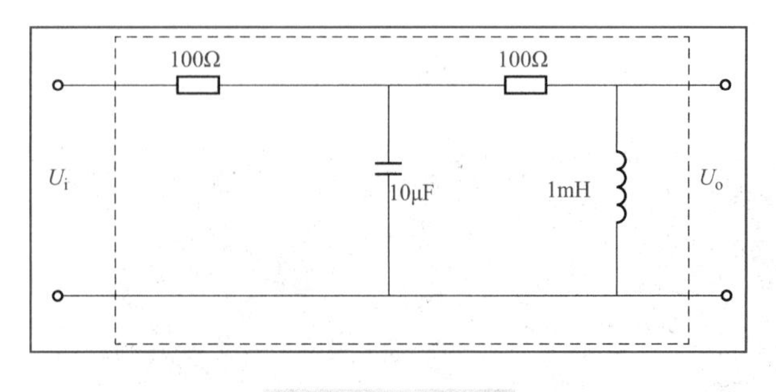

图 2-35　电路图

所需仿真元件清单如表 2-3 所示。

表 2-3　元件清单

元件名称	Category
RES（电阻）	Resisters
CAP（电容）	Capacitors
INDUCTOR（电感）	Inductors

1　绘制原理图并添加仿真元器件

（1）新建并保存 ISIS 文件到文件夹“通频带分析”。

（2）单击 CommponentMode（元件模式）图标，添加元件，如图 2-36 所示。

图 2-36　添加元件图标

（3）放置元件并绘制原理图，如图 2-37 所示。

（4）双击元件，更改元件属性值，如图 2-38 所示。

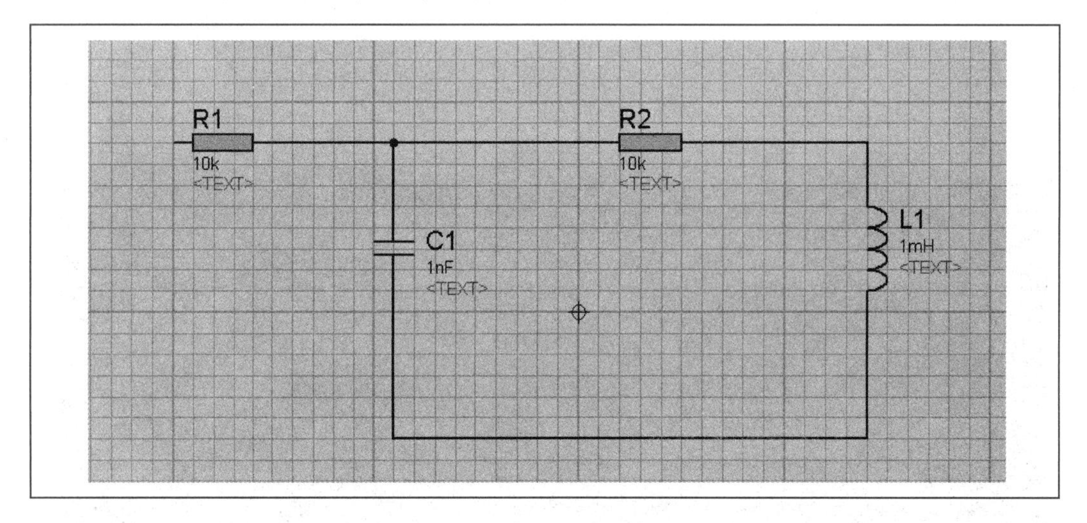

图 2-37　绘制原理图

（5）单击电阻 R1 左端的接线端子，鼠标呈铅笔状，可往左进行延伸，延长一段线段之后，左键双击出现小圆点。同理，在电阻 R2 接线端子的右侧也做延伸线段处理，其目的是为了方便添加探针和电压源，为后续分析做准备。绘制好的电路图如图 2-39 所示。

（6）单击左侧栏的 Terminals Mode（终端模式）图标，添加“GROUND”接地点并连线，如图 2-40 所示。

（7）单击 Generator Mode（发生器）图标，选择 SINE 正弦电压源，放置到电路中，如图 2-41 所示，然后编辑电压源属性如图 2-42 所示。

编辑完成后，把电压源连接到 R1 左侧的接线端子上，如图 2-43 所示。

（8）单击左侧栏中的 Probe Mode（探针模式）图标，放置“VOLTAGE”电压探针如图 2-44 所示。

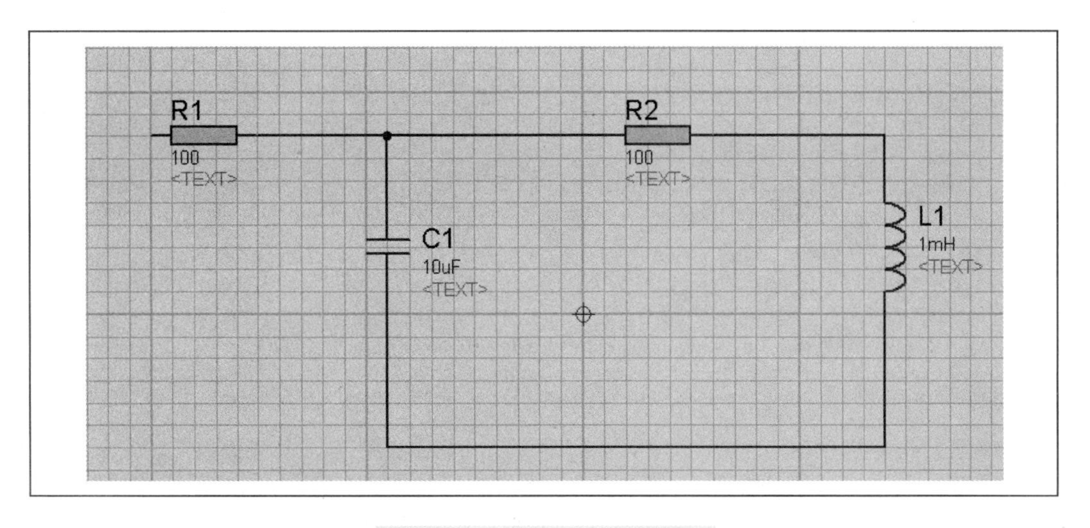

图 2-38　更改元件参数示意图

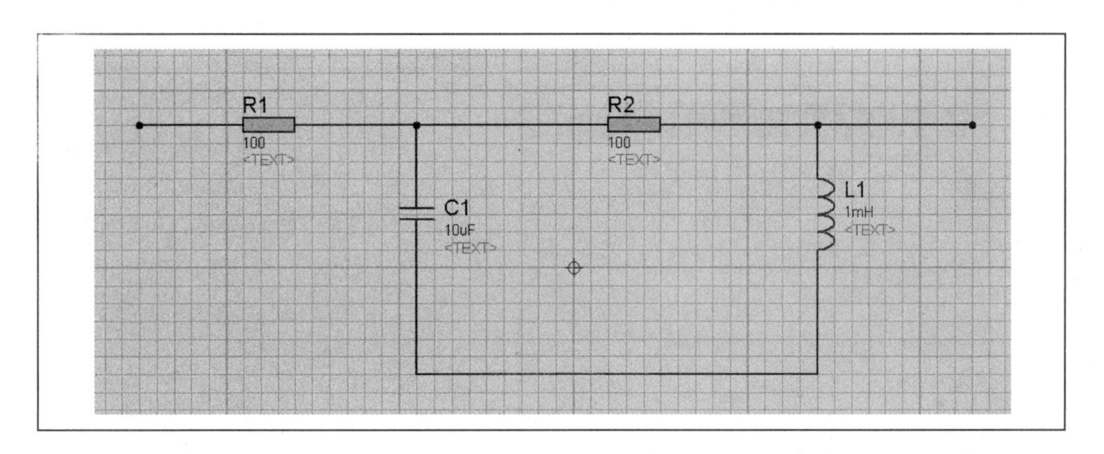

图 2-39　接线端子延伸示意图

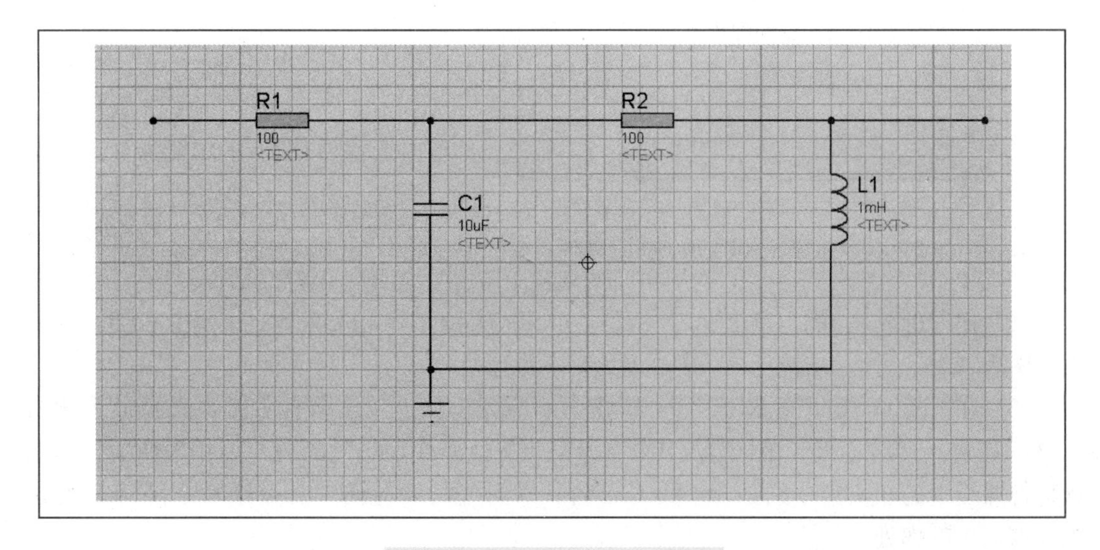

图 2-40　接地点的添加示意图

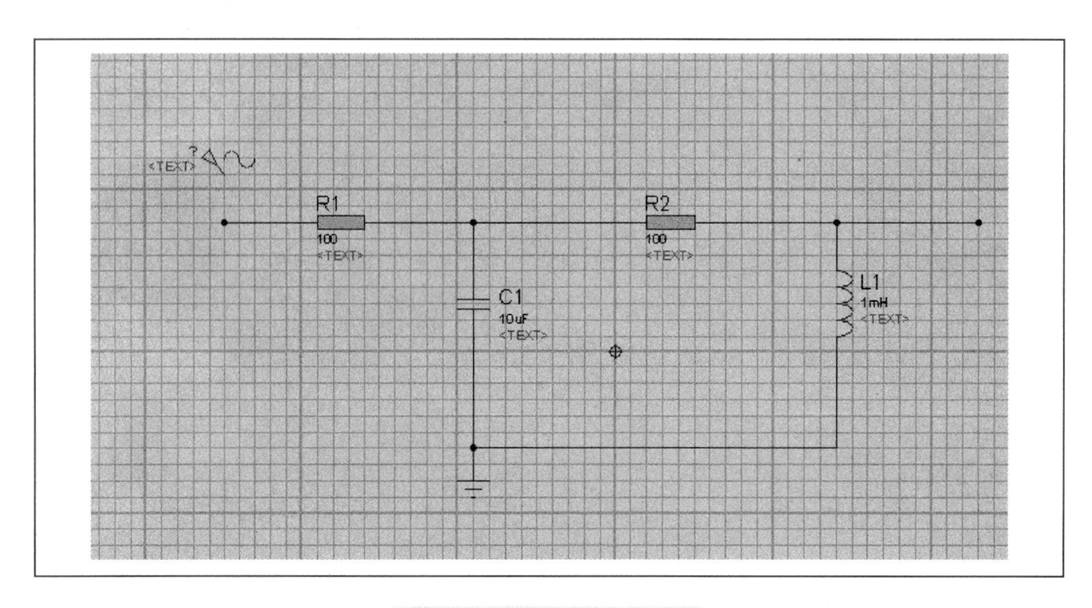

图 2-41　电压源添加示意图

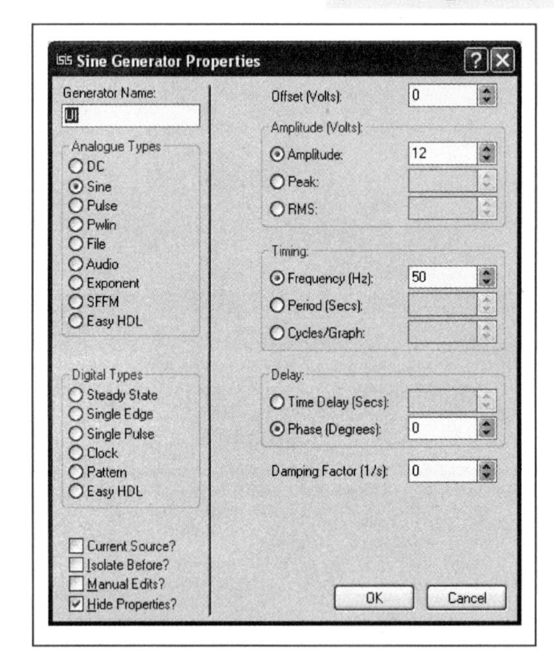

图 2-42　电压源属性对话框编辑示意图

2　频率响应特性仿真

（1）在上述已绘制的电路中，单击左侧 Graph Mode 图表模式图标，选择 FREQUENCY 频率响应分析仪，按下鼠标左键进行拖曳，放置在电路当中。如图 2-45所示。

（2）单击探针 L1（1），拖曳到 FREQUENCY RESPONSE 频率响应分析仪的左上角和右上角，如图 2-46所示。

（3）单击鼠标右键选择“Edit Properties”编辑属性，弹出如图 2-47 所示的对话框，设定完属性值后，单击“OK”按钮。或者可以直接双击该分析仪，也能弹出属性对话框。

（4）把鼠标放在 FREQUENCY RESPONSE 频率响应分析仪上，并单击右键，选择仿真图表 Simulate Graph　Space，开始仿真频率特性曲线。如图 2-48 所示。

（5）在 FREQUENCY RESPONSE 频率响应分析仪上单击鼠标右键，选择最大化窗口 Maximize (Show Window)，图 2-48 中绿色为幅频特性曲线，红色的为相频特性曲线。当相频特性曲线中的相位角分别是 45°和－45°时，其对应的绿色曲线处是增益下降 3dB 的位置，即截止频率处。

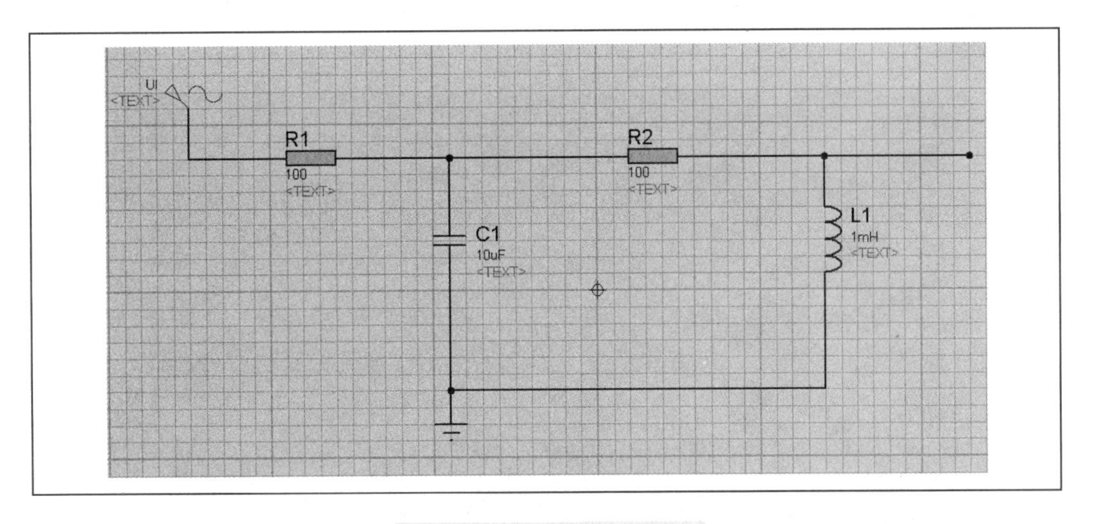

图 2-43　连接电压源示意图

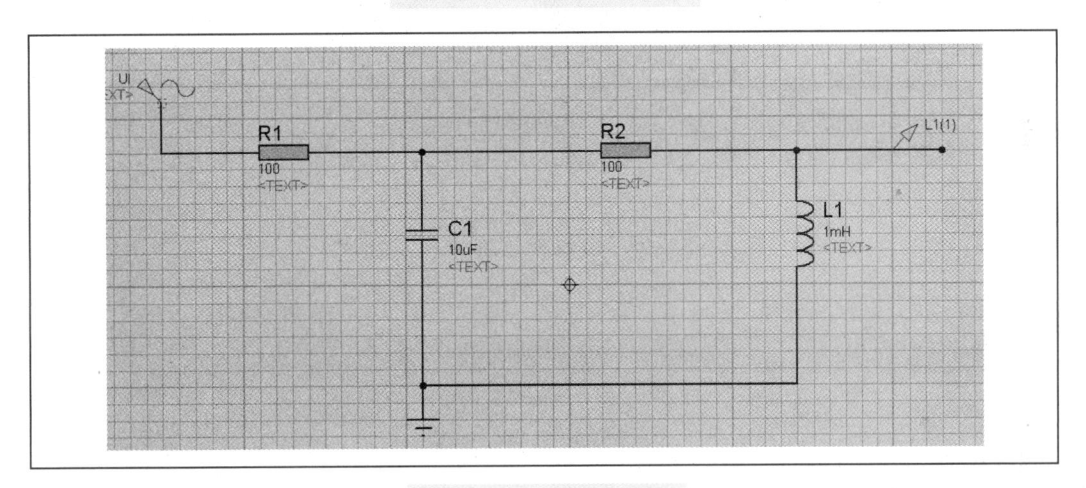

图 2-44　完整的电路图

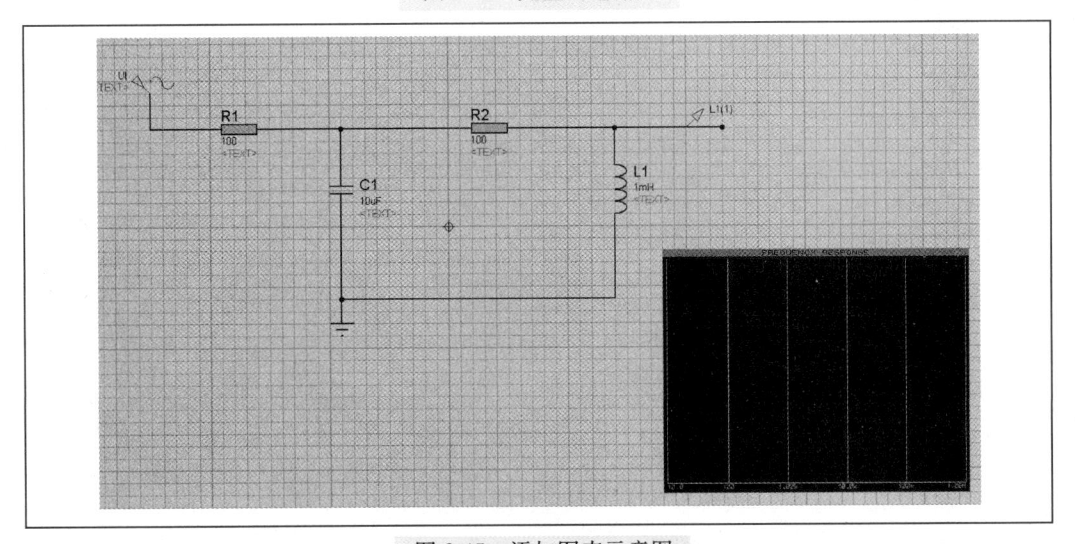

图 2-45　添加图表示意图

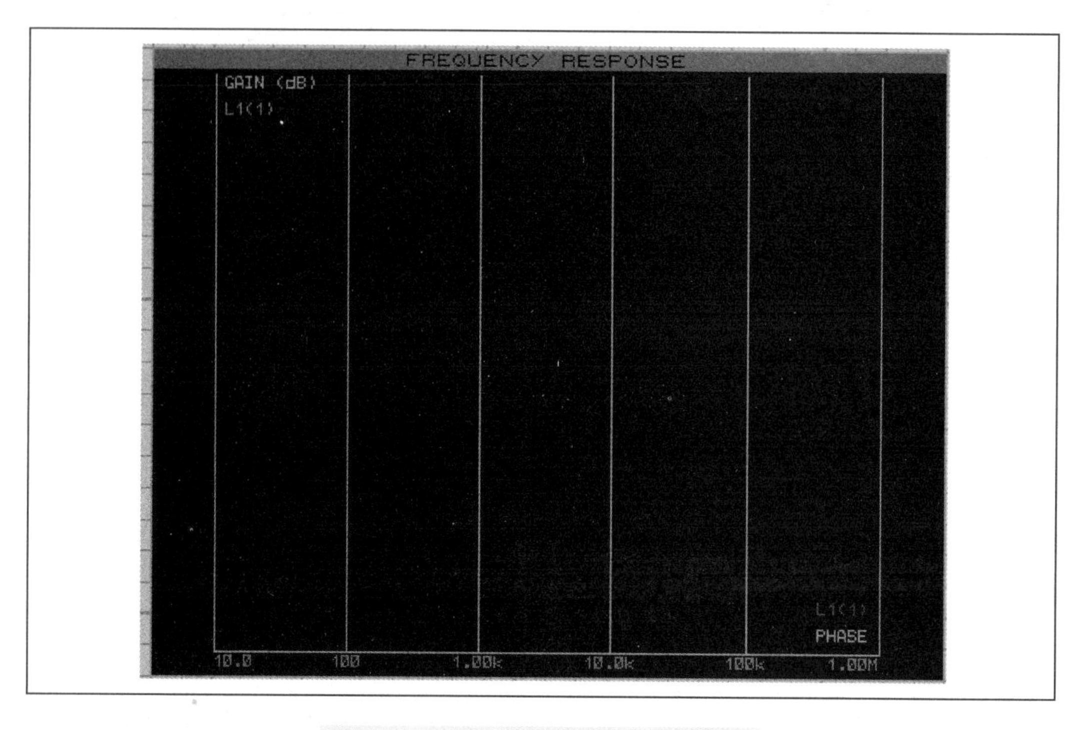

图 2-46　添加仿真参数 L1（1）示意图

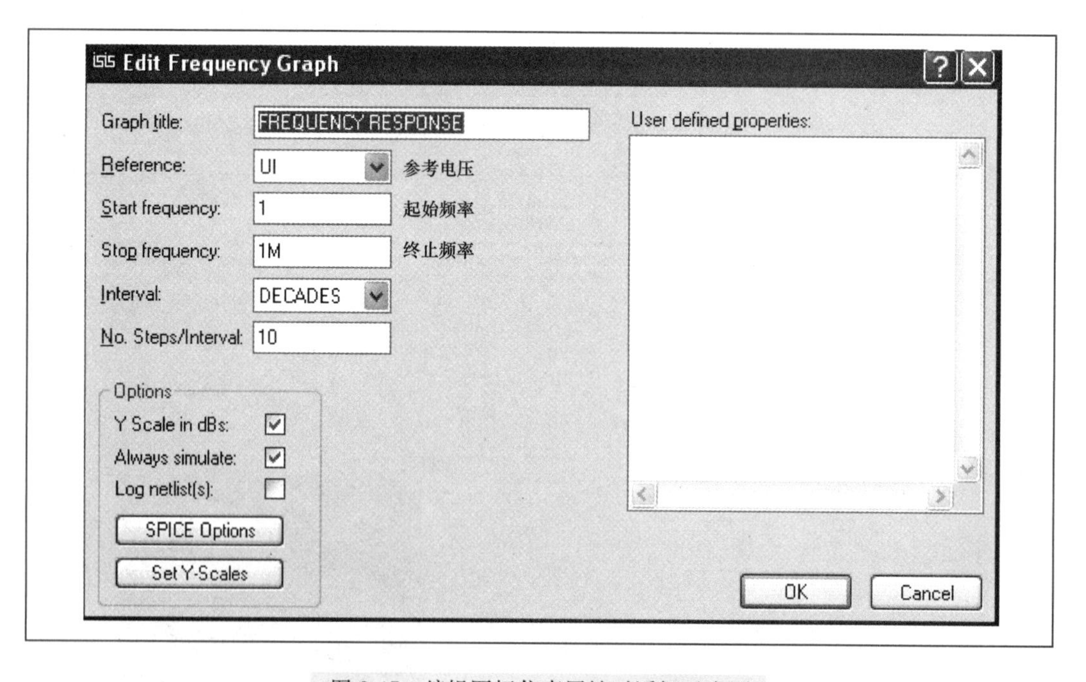

图 2-47　编辑图标仿真属性对话框示意图

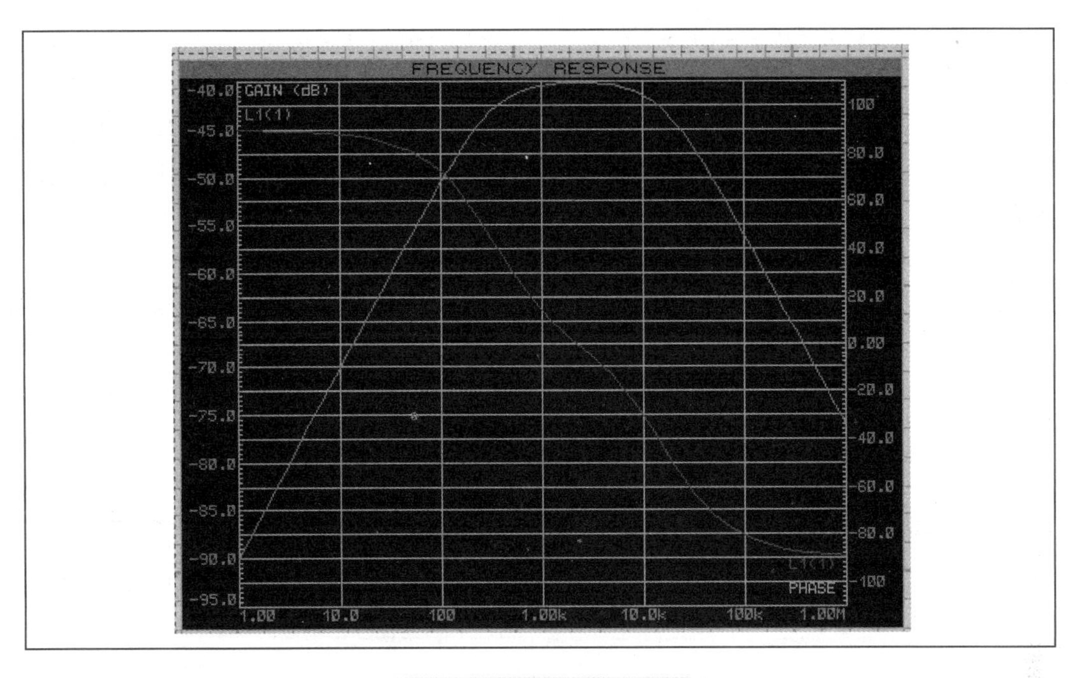

图 2-48　图标仿真结果

观察曲线可以得知，幅频特性最大值为－40dB，当单击红色曲线，找到相位角是 45°的位置，在图上的左侧将会显示频率 FREQ：310，L1（1）45°（即截止频率为 310，相位为 45°），用键盘上的↑↓进行切换到相应绿色曲线处位置，可以看到图 2-48 中右下角的幅值位为－43.1dB，如图 2-49 所示，频率增益约为－3dB。

再次单击红色曲线，找到相位角是－45°的位置，在图 2-48 中的左侧将会显示频率 FREQ：16.5k，L1（1）45°（即截止频率为 16.5k，相位为 45°），用键盘上的↑↓进行切换到相应绿色曲线处位置，可以看到图表右下角的幅值位为－43.1dB，如图 2-50 所示，频率增益约为－3dB。

图 2-49　最低截止频率参数截图　　　　图 2-50　最高截止频率参数截图

由此可知，此电路的通频带为 310Hz$\leqslant f \leqslant$16.5kHz。

任务二　二极管的单向导通特性仿真

2.2.1　二极管概述

在几乎所有的电子电路中，都要用到半导体二极管，它在许多的电路中起着重要的作用，它是诞生最早的半导体器件之一，其应用也非常广泛。

表 2-4　不同材料的二极管的工作特性

材料	开启电压 U_{on}/V	导通电压 U/V	额定工作电流
硅（Si）	约 0.5	0.6～0.8	<1A
锗（Ge）	约 0.1	0.1～0.3	<1A

二极管具有单向导电性。当正向电压足够大时，二极管的正向电流才从零开始随端电压按指数规律增大。使二极管开始导通的临界电压成为开启电压 U_{on}。不同材料的小功率二极管开启电压，正向导通电压范围不同，如表 2-4 所示。

2.2.2　DC SWEEP ANALYSIS 仿真二极管的伏安特性

用电路仿真软件 Proteus 对材料为硅的二极管进行仿真分析，来验证二极管的伏安特性，如图 2-51 所示。

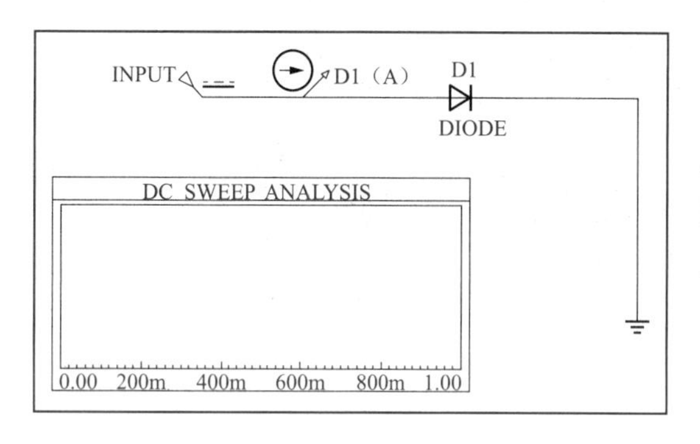

图 2-51　二极管的伏安特性仿真

电路仿真所需元件清单如表 2-5 所示。

表 2-5　元 件 清 单

元件名称	Category
1N4001	Diodes

1　电路图绘制

（1）打开 ISIS 程序 Proteus 8 Professional，单击保存，文件名为“二极管”。

（2）编辑电路如图 2-52 所示。

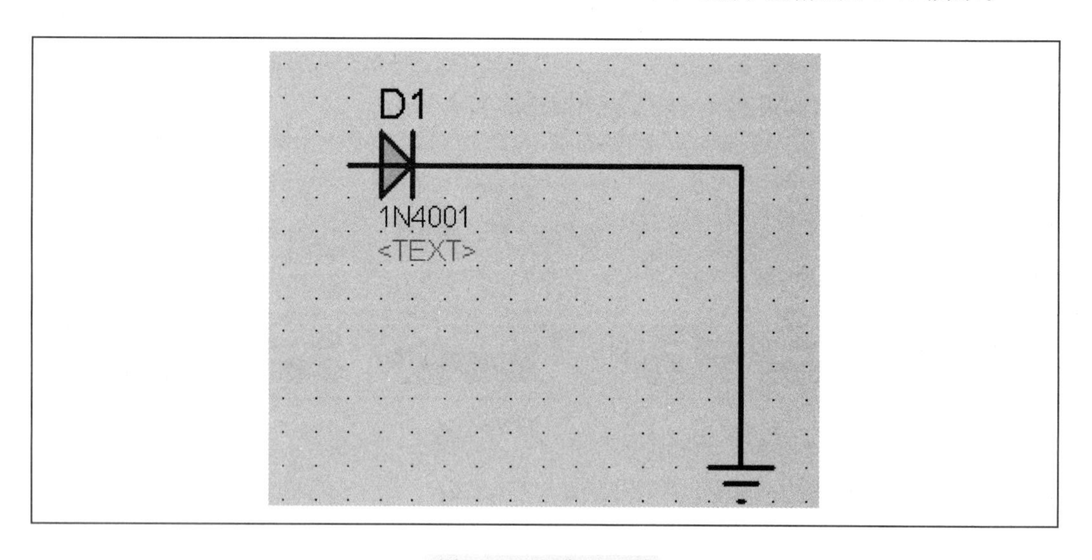

图 2-52　电路原理图

（3）单击，选择 DC 电源，编辑电源属性如图 2-53 所示，电源值为 V，表明是一个可变量。

（4）添加电流探针（注意电流探针的流向要与实际电流的流向平行）。

2　直流扫描分析仪（DC SWEEP ANALYSIS）的添加

（1）单击，选择 DC SWEEP，并放入编辑区域，自定义大小，单击右键，编辑横坐标（即电压源）的属性，设定幅值为－1000mV～1000mV，如图 2-54 所示。

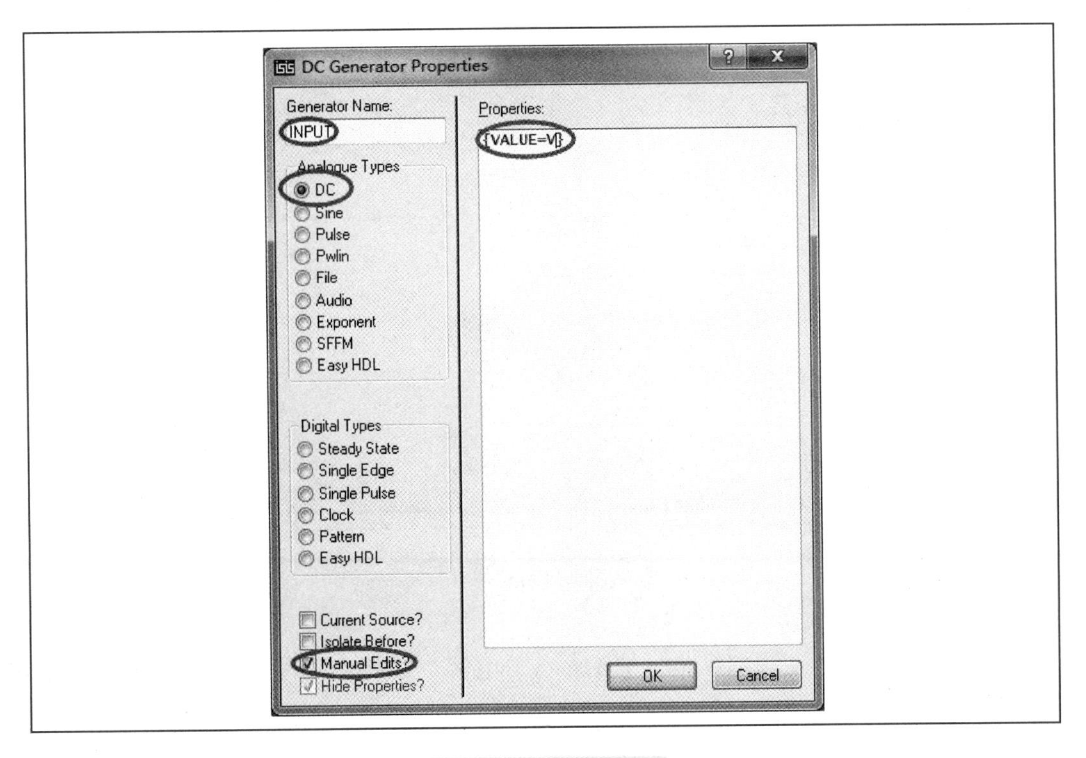

图 2-53　信号源选择

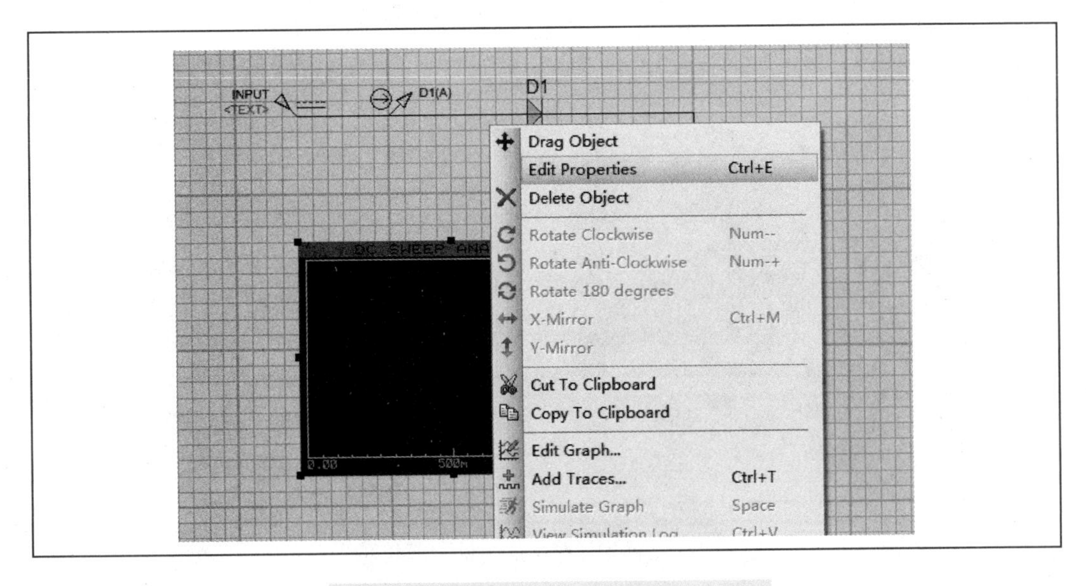

图 2-54　直流扫描分析仪属性设定（一）

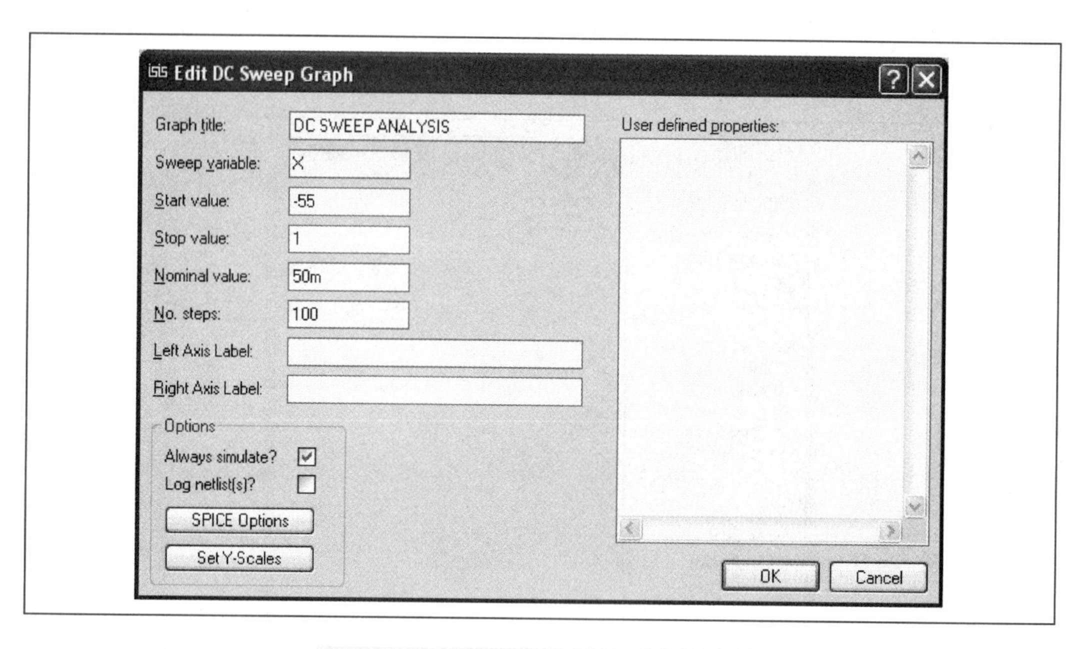

图 2-54　直流扫描分析仪属性设定（二）

（2）单击鼠标右键，添加纵坐标的变量——电流，如图 2-55 所示，并设置电流的属性如 2-56 所示。

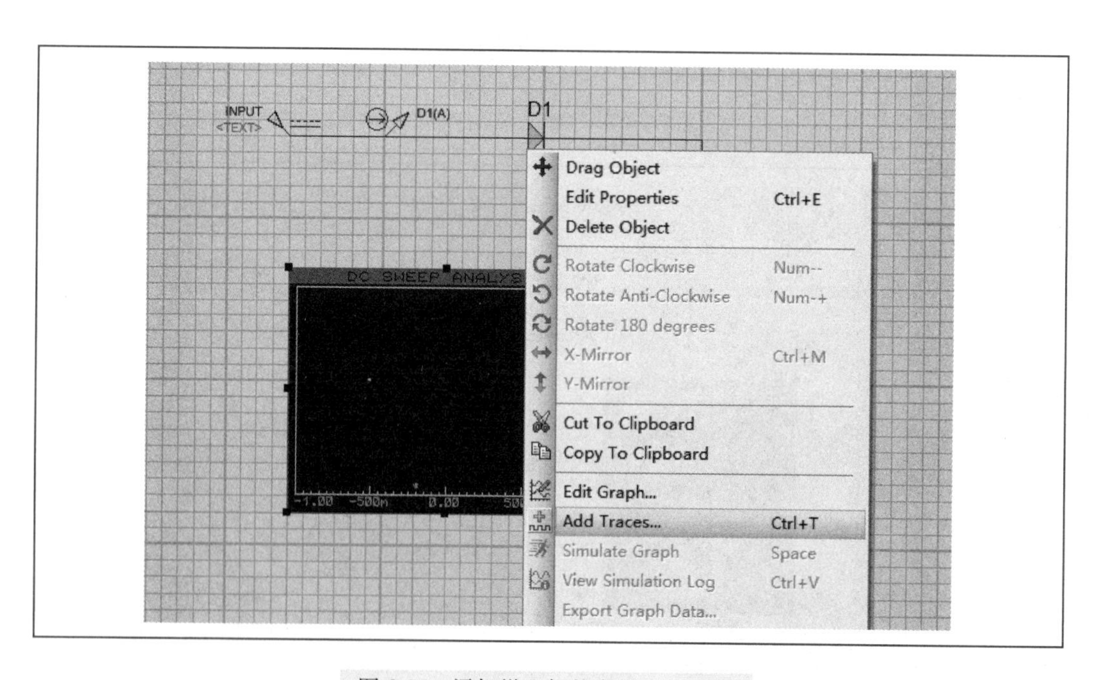

图 2-55　添加纵坐标的变量——电流

3　伏安特性仿真

伏安特性的仿真如图 2-57 所示。

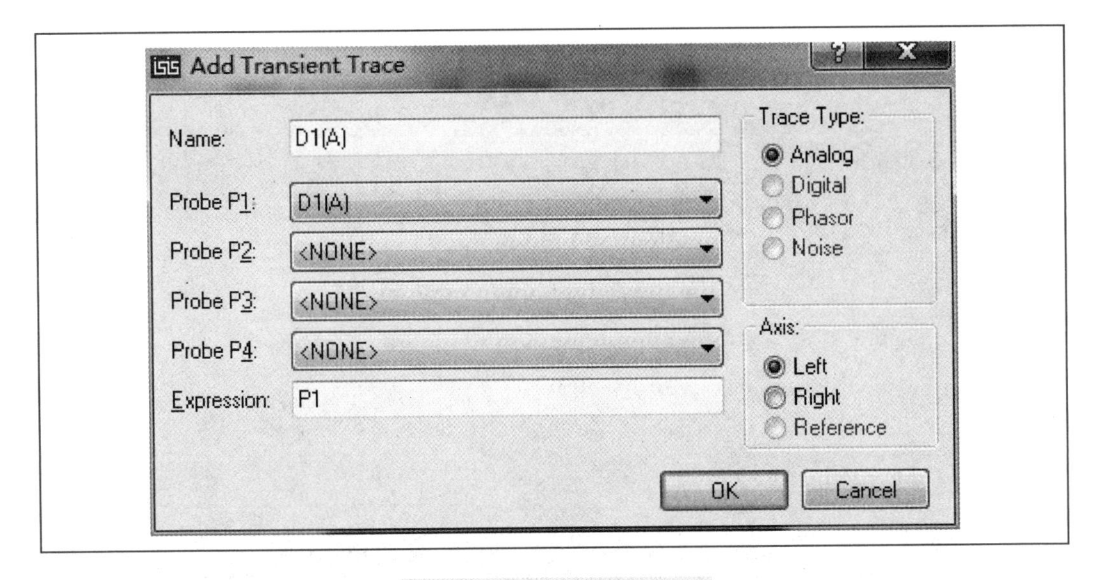

图 2-56　设置电流的属性

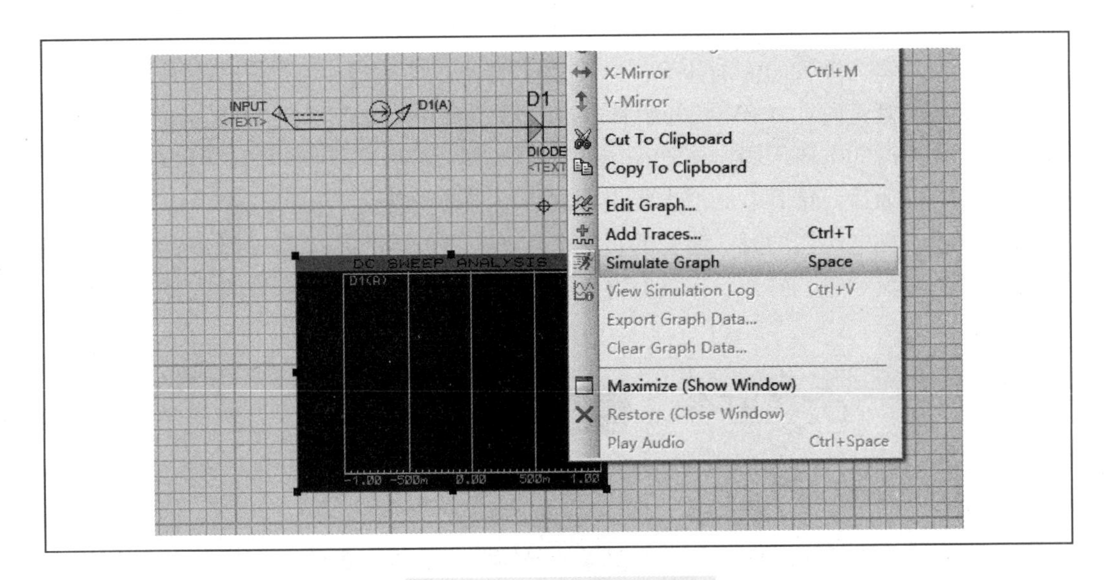

图 2-57　开始仿真示意图

单击放大，使仿真窗口最大化，便于观察仿真结果如图 2-58 所示。

从仿真图像可得以下结论：

(1) 当加载电压在−1000～0mV 时，二极管没有导通，说明二极管是单向导通的。

(2) 当加载电压在 0～50mV 时，二极管依然没有导通，这是因为加载在二极管上的正向电压还没有达到开启电压 U_{on}。

(3) 当加载电压在 50～800mV 时，通过二极管的电流呈指数规律变化，可以看到二极管的导通电压应该在 0.6～0.8V。

(4) 当加载电压为大于−55V 附近，二极管反向击穿。

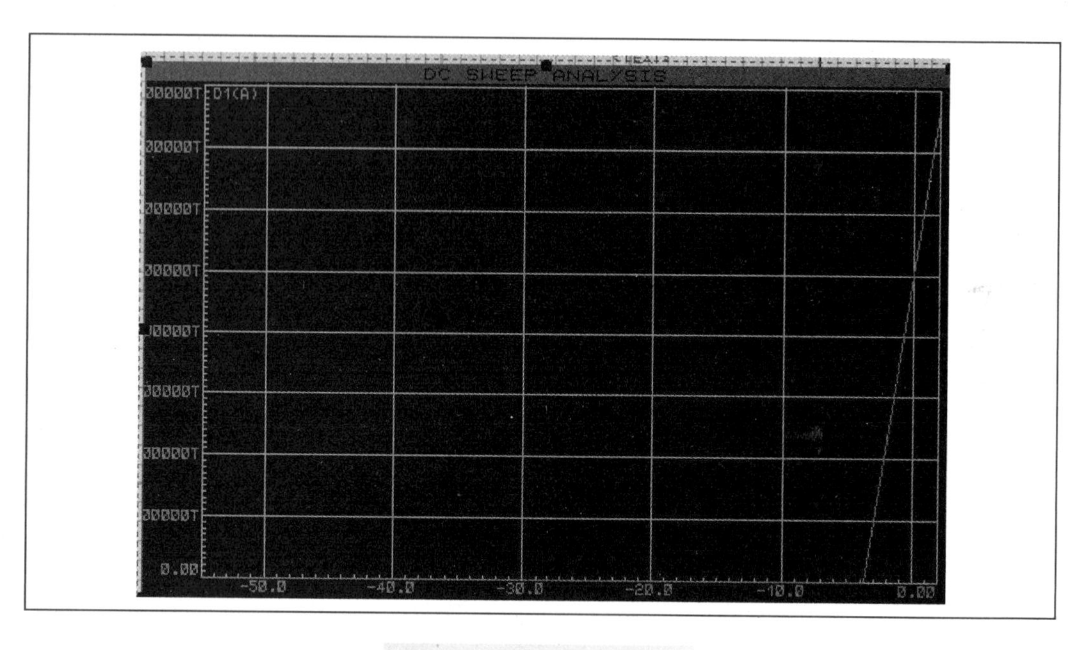

图 2-58　仿真窗口最大化

硅二极管和锗二极管的区别如下：

（1）锗二极管正向在 0.2V 就开始有电流流过，而硅二极管要到 0.5V 才开始有电流，也就是开始导通时的电压不同，锗管小，硅管大。

（2）开始导通后，锗管电流增大得慢，硅管电流增大得快。

综上所述，在电流相同时，锗管的直流电阻小于硅管的直流电阻，但是硅管的交流电阻小于锗管的交流电阻。另外，在反向电压下，硅管的漏电流要比锗管的漏电流小得多。

任务三　三　极　管

三极管全称为半导体三极管，也称双极型晶体管或晶体三极管，它是一个电流控制电流的半导体器件，其作用是把微弱信号放大成幅值较大的电信号，也用作无触点开关。

常用的三极管有 8050（NPN）、8550（PNP）、9013（NPN）和 9014（NPN）等。8050 和 8055 的极限电流一般为 1A，而 9013 和 9014 的极限电流为 100A，其电流放大倍数 β 值都在 100 以上。

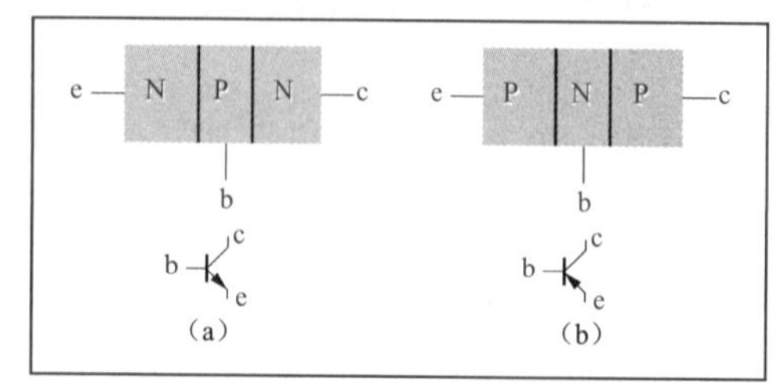

图 2-59　NPN 型和 PNP 型三极管的引脚示意图
（a）NPN 型；（b）PNP 型

NPN 型和 PNP 型三极管的引脚示意图如图 2-59 所示。

对于 NPN 管，它是由 2 块 N 型半导体中间夹着一块 P 型半导体所

组成，发射区与基区之间形成的 PN 结称为发射结，而集电区与基区形成的 PN 结称为集电结，三条引线分别称为发射极 e、基极 b 和集电极 c。

如果使三极管导通的话，都是发射结正偏，集电结反偏。所谓正偏就是 P 结点电势高，N 结点电势低，反偏就相反。

对于 PNP 三极管而言，如果要使 PNP 三极管导通，那么基极与发射极（发射结）正偏，即基极（N）电势要比发射极（P）电势低（即发射结正偏）。还需要基极（N）电势要比集电极（P）电势高（集电结反偏），基极电位高于集电极电位零点几伏（锗材料型，应高于 0.3V；硅材料型，应高于 0.7V，具体数值参考三极管型号）。

对于 NPN 三极管而言，如果要使 NPN 三极管导通，那么基极与发射极（发射结）正偏，即基极（P）电势要比发射极（N）电势高（发射结正偏）。还需要基极（P）电势要比集电极（N）电势低（集电结反偏）。

三极管可以放在电路中，起开关作用，也可以利用三极管的放大原理设计放大电路。

在三极管的开关电路中，要求三极管工作在饱和区（开）和截止区（关），这时三极管的发射结和集电结同时处于正偏或反偏。而在三极管的放大电路中，要求三极管发射结处于正偏，集电结处于反偏。三极管的放大电路主要应用在电台发射等高频放大电路中[按照电气和电子工程师学会（IEEE）制定的频谱划分表，低频频率为 30～300kHz，中频频率为 300～3000kHz，高频频率为 3～30MHz，频率范围在 30～300MHz 的为甚高频，在 300～1000MHz 的为特高频]，这种电路要求输出电流大、输出功率大，而在不要求大电流输出时常采用运算放大电路。

2.3.1 三极管工作特性仿真

1 三极管的三种工作状态工作条件

三极管有三种工作状态：截止状态、放大状态、饱和状态。当三极管用于不同目的时，它的工作状态是不同的，三极管的三种状态也称为三个工作区域，分别是截止区、放大区和饱和区。

（1）截止区。当三极管 b 极无电流时三极管工作在截止状态，c 到 e 之间阻值无穷大，c 到 e 之间无电流通过。

NPN 型三极管要截止的电压条件是发射结电压 $U_{be}<0.7V$，即 $U_b-U_e<0.7V$。PNP 型三极管要截止的电压条件是发射结电压 U_{eb}小于 0.7V，即 $U_e-U_b<0.7V$。

（2）放大区。三极管的 b 极有电流，I_c 和 I_e 都随 I_b 改变而变化，即 c 极电流 I_c 和 e 极电流 I_e 的大小受 b 极电流 I_b 控制。I_b 越大，R_{ce}越小，I_{ce}越大；反之，I_b 越小，R_{ce}越大，I_{ce}越小。

在基极加上一个小信号电流，引起集电极大的信号电流输出。

NPN 三极管要满足放大的电压条件是，发射极加正向电压，集电极加反向电压：$U_{be}=0.7V$，即 $U_e-U_b=0.7V$。

PNP 三极管要满足放大的电压条件是，发射极加正向电压，集电极加反向电压：$U_{eb}=0.7V$，即 $U_e-U_b=0.7V$。

（3）饱和区。当三极管的集电结电流 I_c 增大到一定程度时，即使再增大 I_b，I_c 也不会增大，超出了放大区，就进入了饱和区。饱和时，集电极和发射之间的内阻最小，集电极和发射之间的电流最大。三极管没有放大作用，集电极和发射极相当于短路，常与截止配合于开关电路。

NPN 型三极管要满足饱和的电压条件是，发射结和集电结均处于正向电压：$U_{be}>0.7V$，即 $U_b-U_e>0.7V$。

PNP 型三极管要满足饱和的电压条件是，发射结和集电结均处于正向电压：$U_{eb}>0.7V$，即 $U_e-U_b>0.7V$。

2　三极管的理想工作特性仿真

三极管的理想工作特性仿真电路如图 2-60 所示。

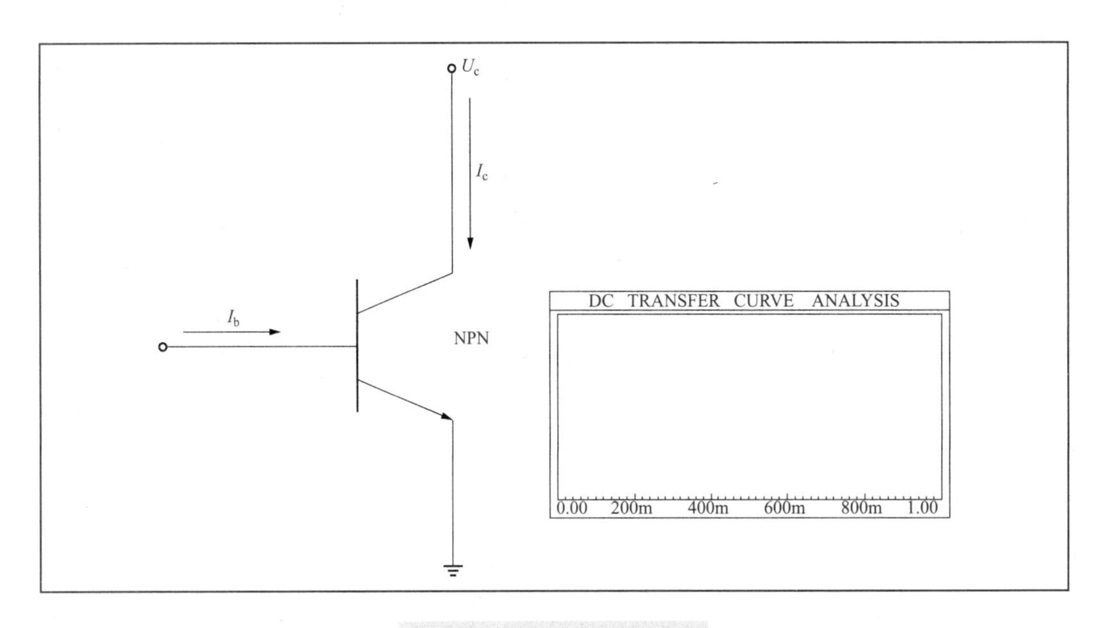

图 2-60　三极管仿真电路图

表 2-6　元 件 清 单

元件名	含义	所在库
NPN	理想三极管	DEVICE

图 2-60 中主要对 I_c 的变化情况进行仿真分析，分析在 I_b、U_c 同时发生变化时的变化情况。仿真需要的元件清单如表 2-6 所示。

三极管仿真步骤如下：

(1) 新建“三极管理想工作曲线分析”文件夹，然后建立名为“三极管理想工作曲线分析”的 ISIS 工程文件。

(2) 绘制电路，并单击左侧栏中的 Generator Mode（发生器）图标，选择“DC”，分别加到 NPN 的基极，并命名为集电极 Q1（B）和集电极 Q1（C），如图 2-61 所示。

(3) 单击 Q1（B）和 Q1（C），分别设置 Q1（B）为电流源，属性对话框如图 2-62 所示；Q1（C）为电压源，属性对话框如图 2-63 所示。

(4) 单击 Probe Mode（探针模式）图标，添加电流探针，如图 2-64 所示。

(5) 单击 Graph Mode（图标曲线）图标，选择 TRANSFER，按住左键进行拖曳，并放置在电路图中要编辑的位置，如图 2-65 所示。

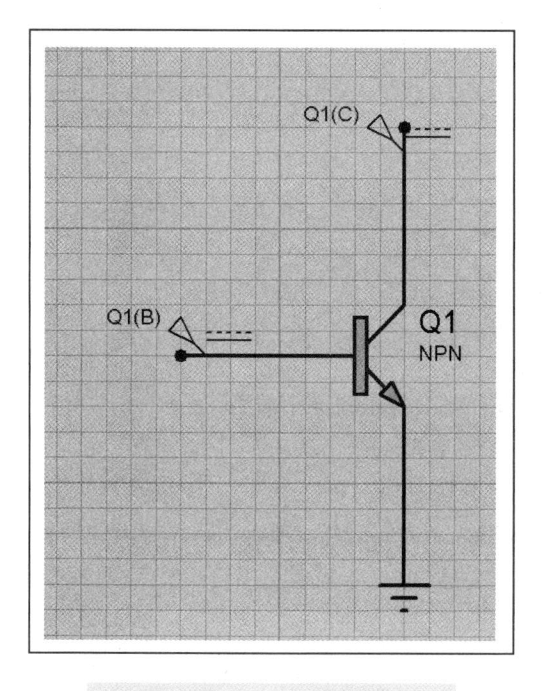

图 2-61　添加直流信号源示意图

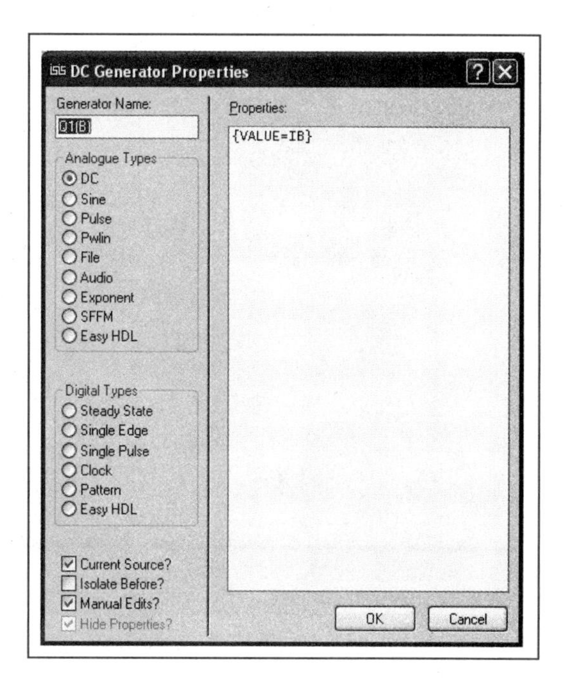

图 2-62　编辑电流信号源

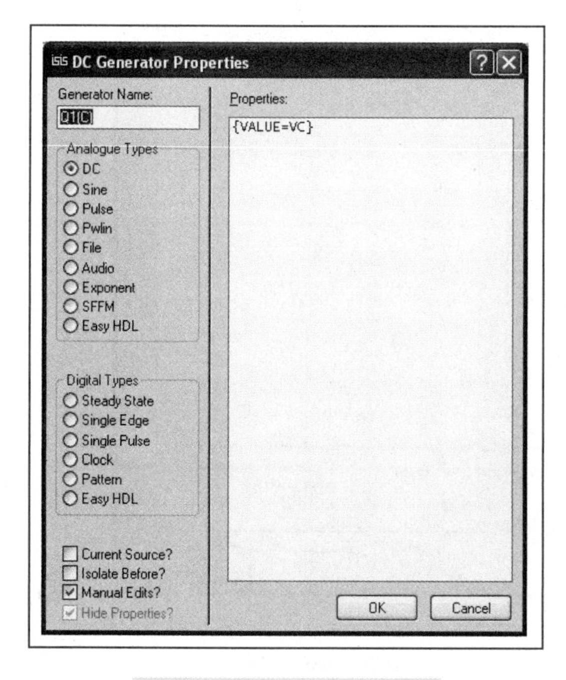

图 2-63　编辑电压信号源

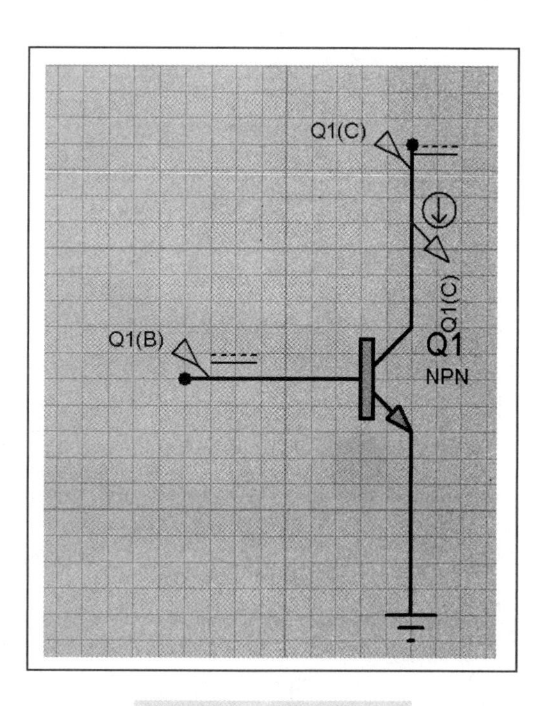

图 2-64　添加电流探针

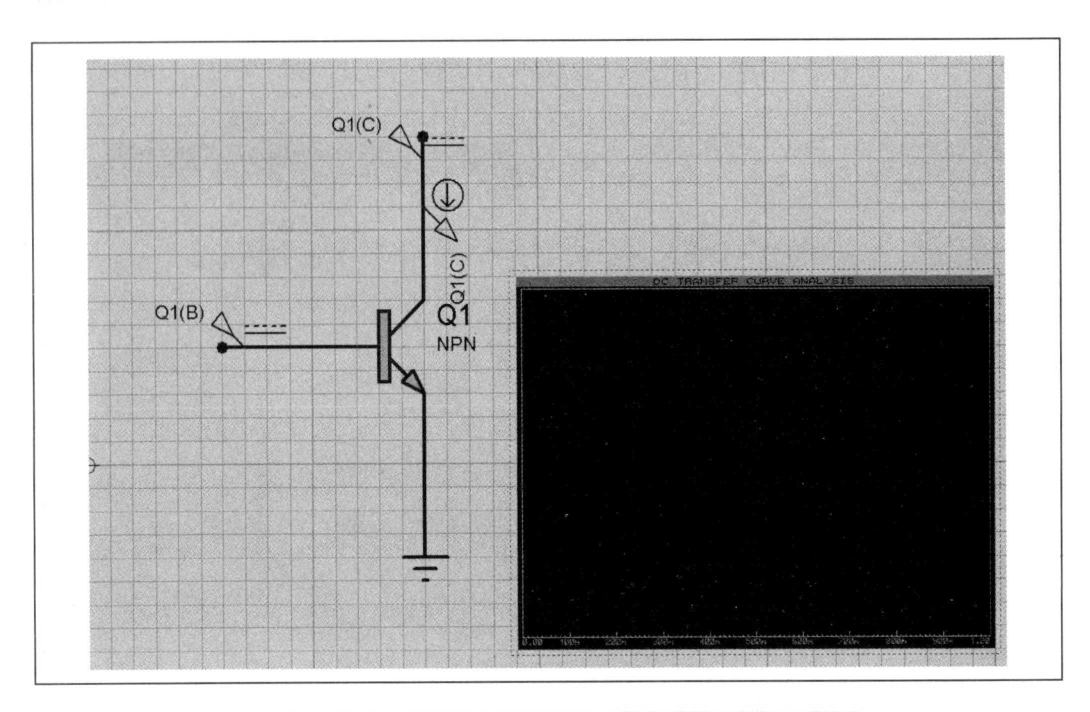

图 2-65 添加 DC TRANSFER CURVE ANALYSIS 分析仪

（6）把鼠标放在曲线分析图标上，双击或右键单击“Edit Properties”（编辑属性），弹出属性编辑对话框并修改参数，如图 2-66 所示。

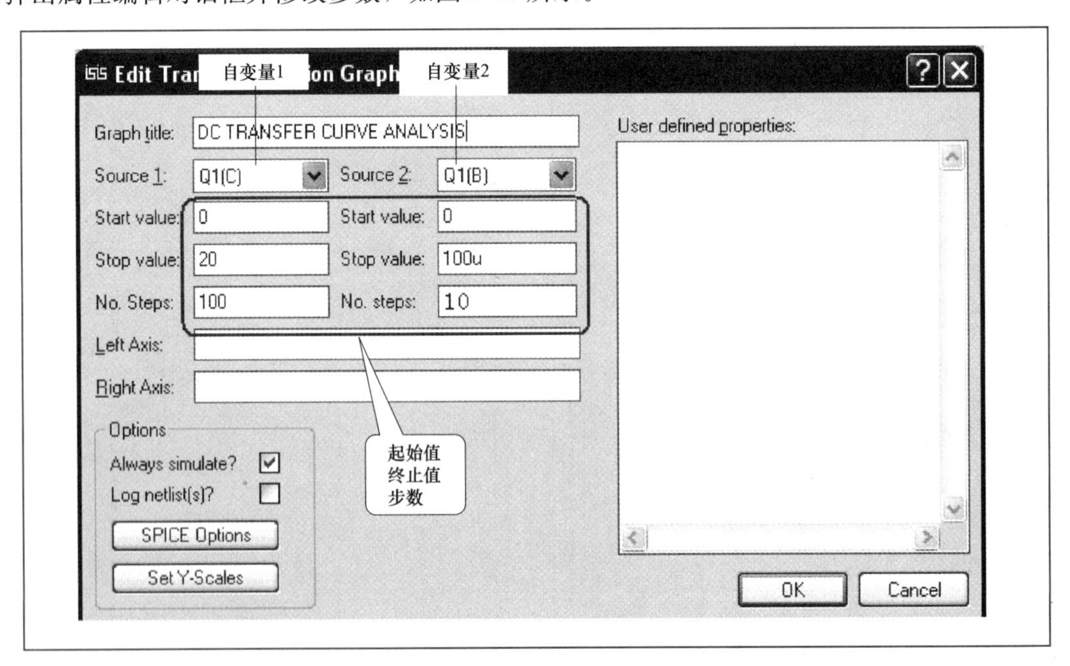

图 2-66 编辑 DC TRANSFER CURVE ANALYSIS 属性对话框

（7）把鼠标放在曲线分析图标上，右键单击“Simulate Graph”（仿真图表）Simulate Graph Space，仿真曲线如图 2-67 所示。

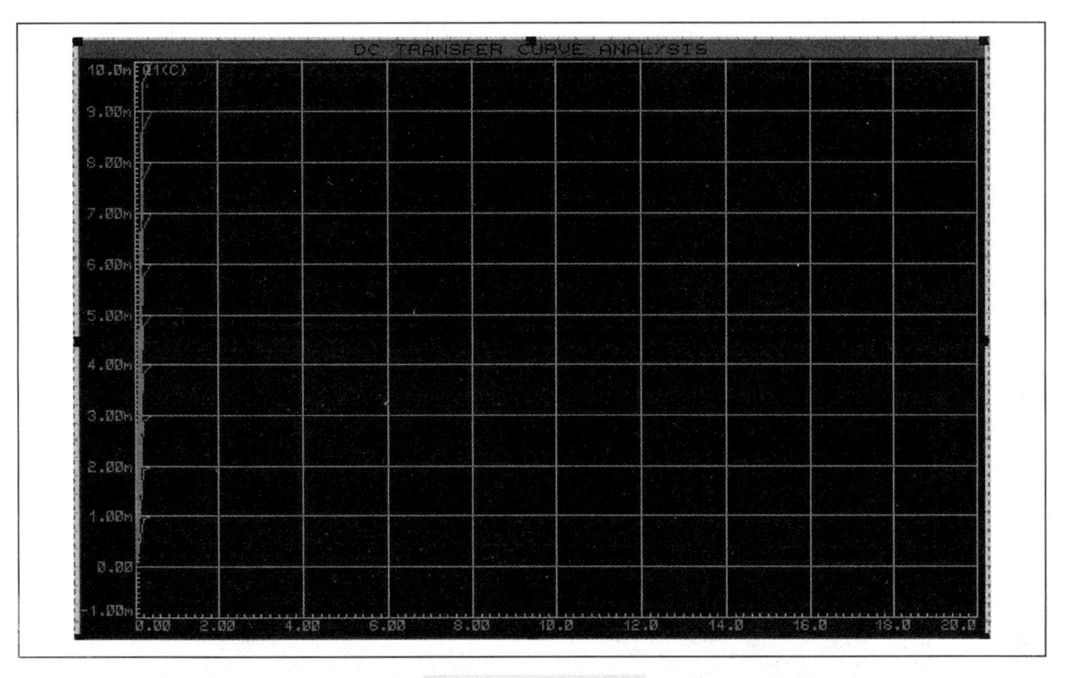

图 2-67　仿真曲线

3　放置实际的 NPN 元件 2N5551

实际三极管仿真电路如图 2-68 所示。

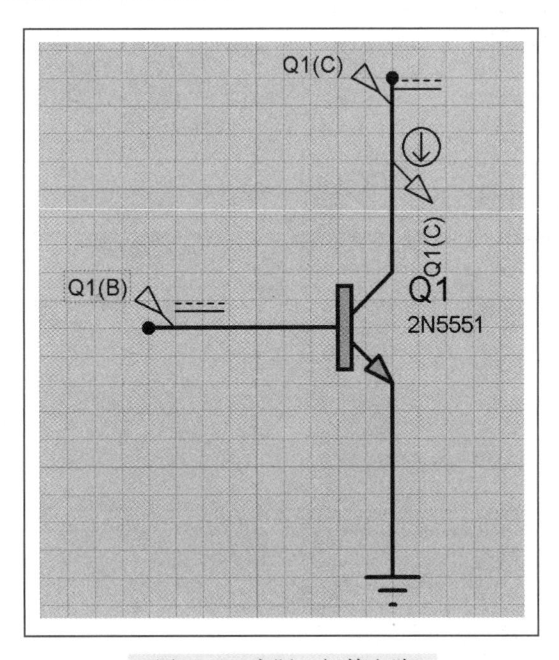

图 2-68　实际三极管电路

重复三极管的理想工作特性中的步骤进行仿真，仿真曲线如图 2-69 所示。

4　理想和实际工作特性曲线分析比较

(1) 理想工作曲线中，当 I_b 不变，I_c 也不变（$I_c = \beta I_b$），U_c 逐渐增大时，纵坐标 I_c

的曲线是水平的。而实际 I_c 的曲线呈上升趋势，这说明在实际应用中，I_c 不仅与 I_b 有关，还会随着 U_c 的增大而增大。

（2）理想工作曲线中，截止区就是 $I_b=0$，$I_c=0$。而实际特性曲线中当 $I_b=0$ 时，随着 U_c 的增大，I_c 呈逐渐增大的趋势。

（3）当 U_c 很大时，I_c 极速增大，出现击穿。

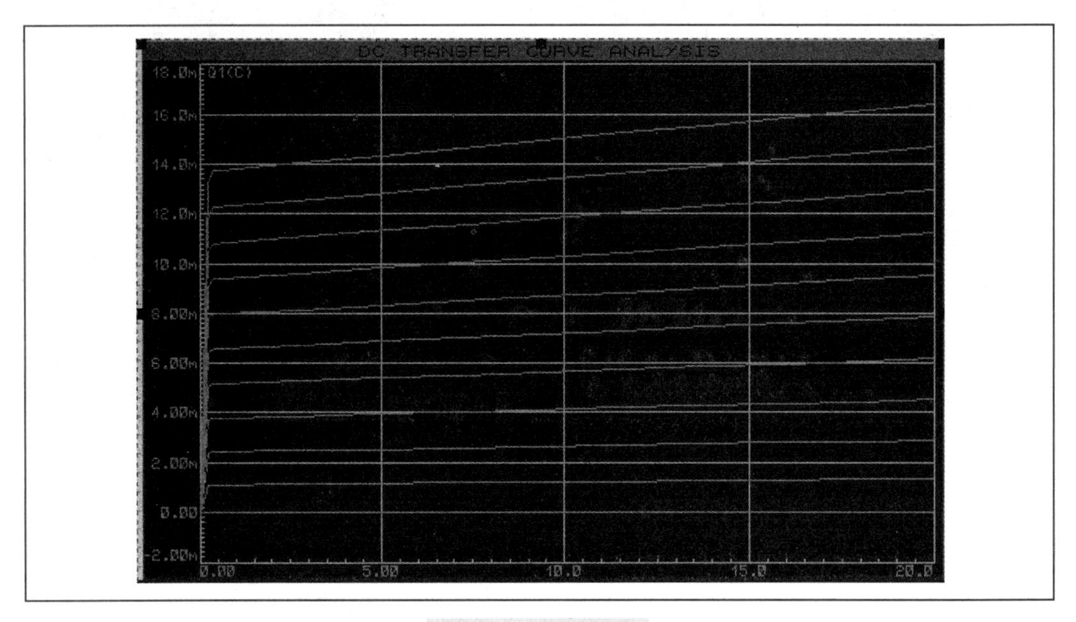

图 2-69　仿真曲线

5　U_c 很大时出现击穿的仿真

仿真图表的属性进行如图 2-70 设置。

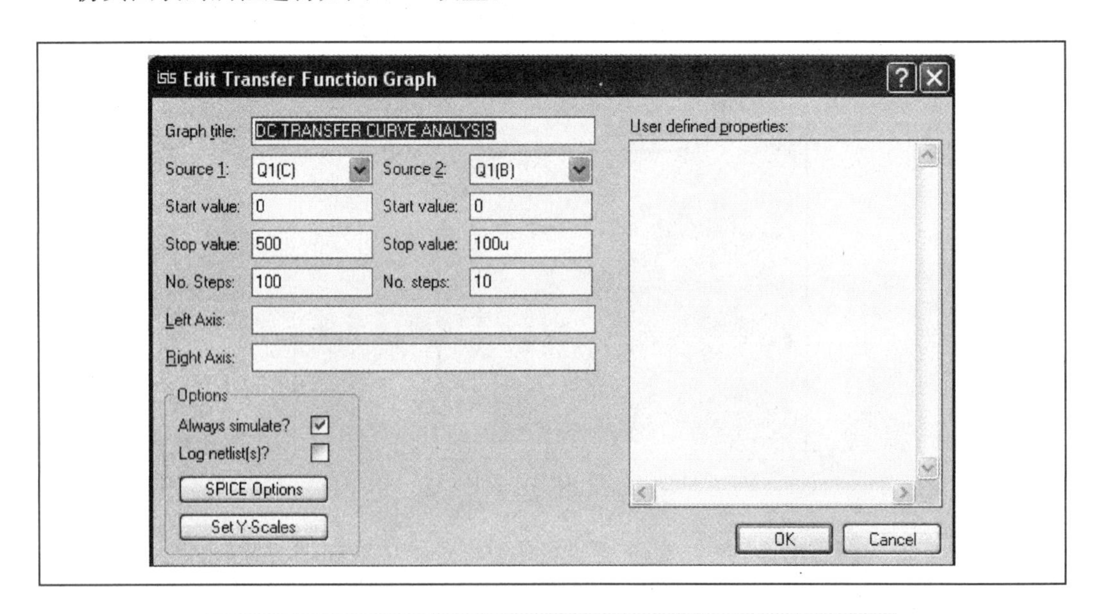

图 2-70　DC TRANSFER CURVE ANALYSIS 属性对话框配置

极速增大，出现击穿现象，如图 2-71 所示。

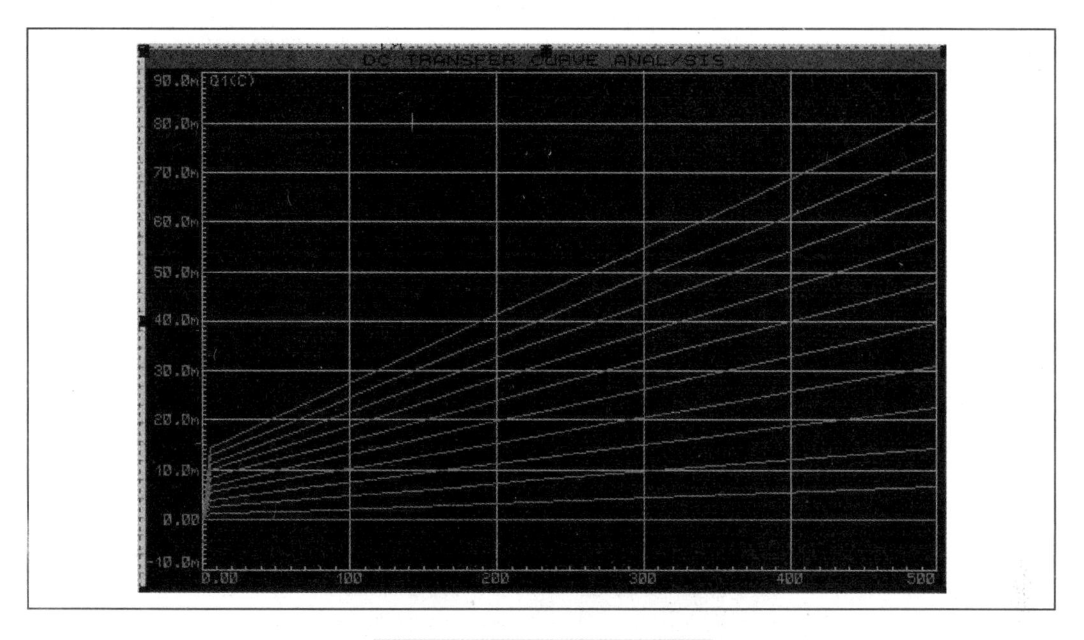

图 2-71　三极管击穿特性曲线

2.3.2　三极管在开关电路中的应用

三极管的开关电路是利用了三极管工作在截止区相当于“关”，而工作在饱和区相当于“开”的原理而设计的。

如图 2-72 所示为仿真电路，2N5551 是一个 NPN 型三极管。在“方波信号”处添加方波信号⎍，那么三极管在方波的高电平处，只要 U_b>0.7V（U_e 约等于 0）则三极管导通，灯泡亮。当信号源为低电平时，三极管截止，灯泡灭。

1　电路仿真及方波发生器的应用

下面我们运用 Protues 软件对开关电路中三极管的工作状态进行仿真验证。

（1）打开 Protues 软件的 ISIS 程序，新建一个文件，命名为“三极管的开关电路”。

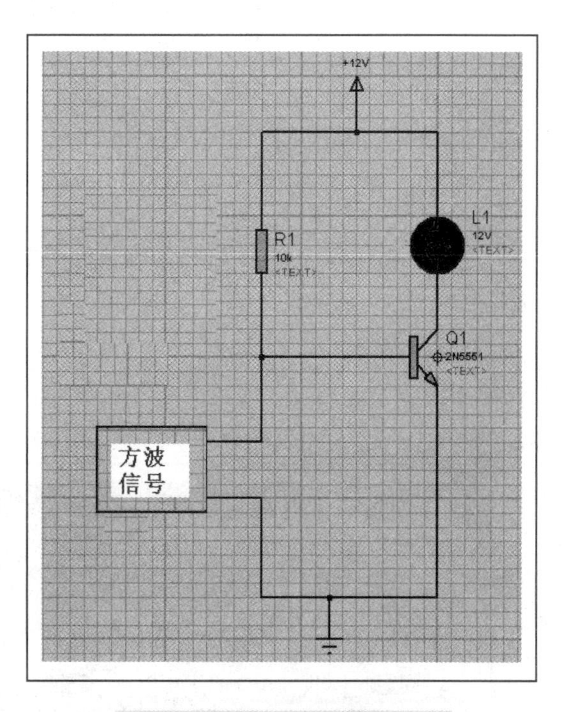

图 2-72　三极管开关电路分析

（2）添加元件。元件清单如表 2-7 所示。

（3）单击左侧工具箱中的图标后，选择“GROUND”作为接地端；选择“POWER”作为电源正极，并修改电源属性为“+12V”。

表 2-7　元 件 清 单

元件名	含 义	所在库	参 数
RES	电阻	DEVICE	1kΩ
LAMP	灯泡	DEVICE	12V
NPN	三极管	DEVICE	2N5551

(4) 单击左侧工具箱中的图标后，选择“Signal Generator”作为信号源。

(5) 调整元件在图形编辑区中的位置，修改元件参数，再将电路连接，如图 2-73 所示。

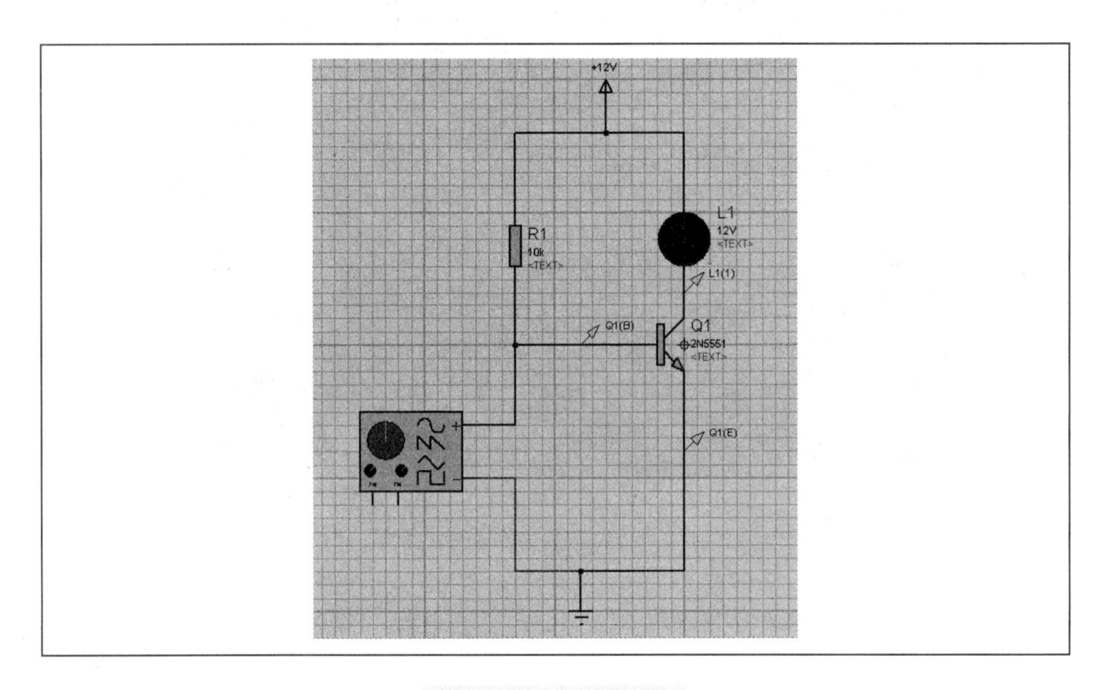

图 2-73　三极管电路

(6) 添加探针并进行仿真。

调整“Signal Generator”的参数（见图 2-74），则该信号源为 10Hz、5V、单极性的方波信号源。

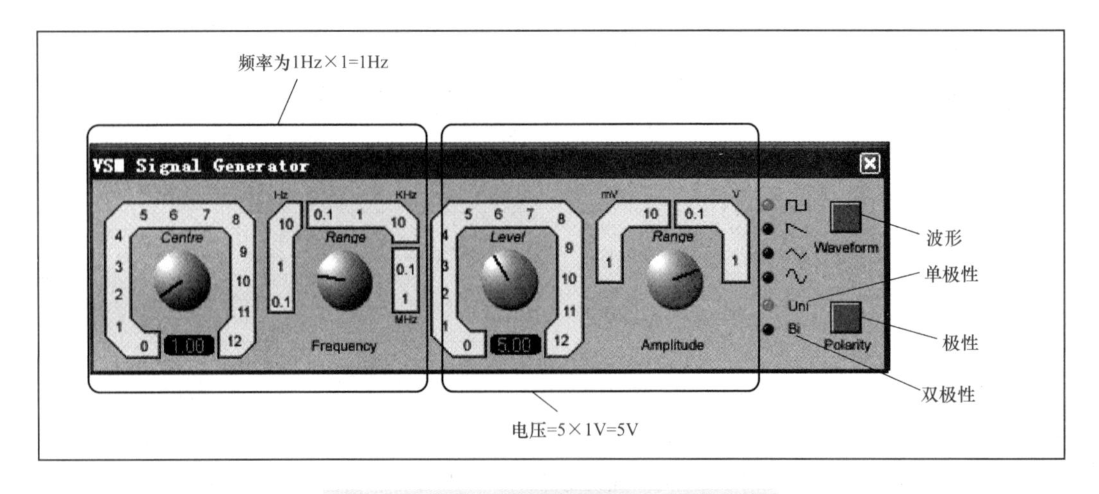

图 2-74　调整“Signal Generator”的参数

（7）单击图标添加示波器元件 Oscilloscope，如图 2-75 所示。可观察信号源的波形情况如图 2-76 所示。

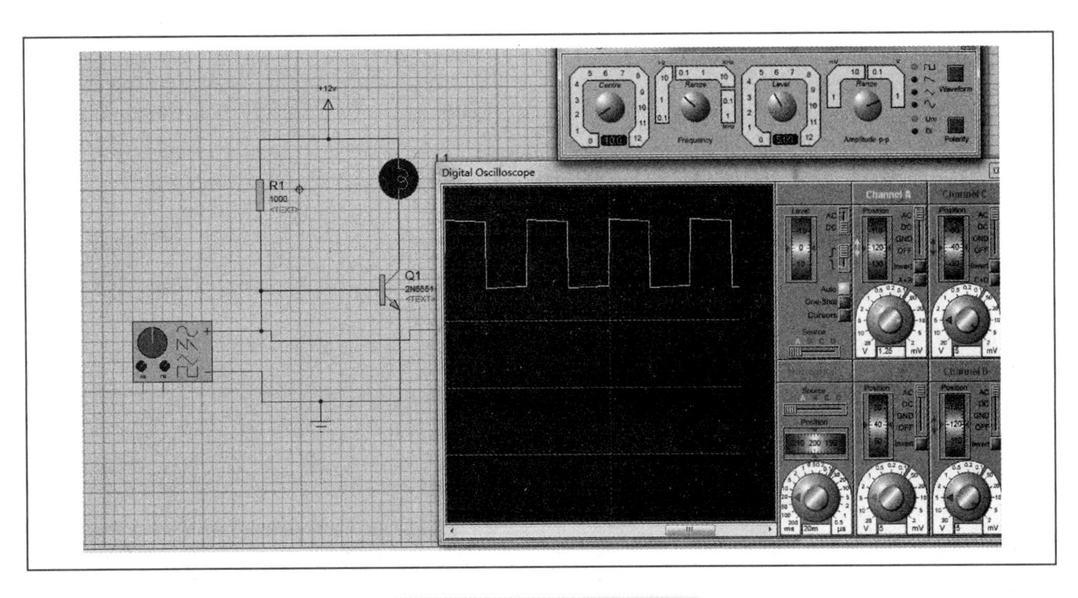

图 2-75　添加示波器元件

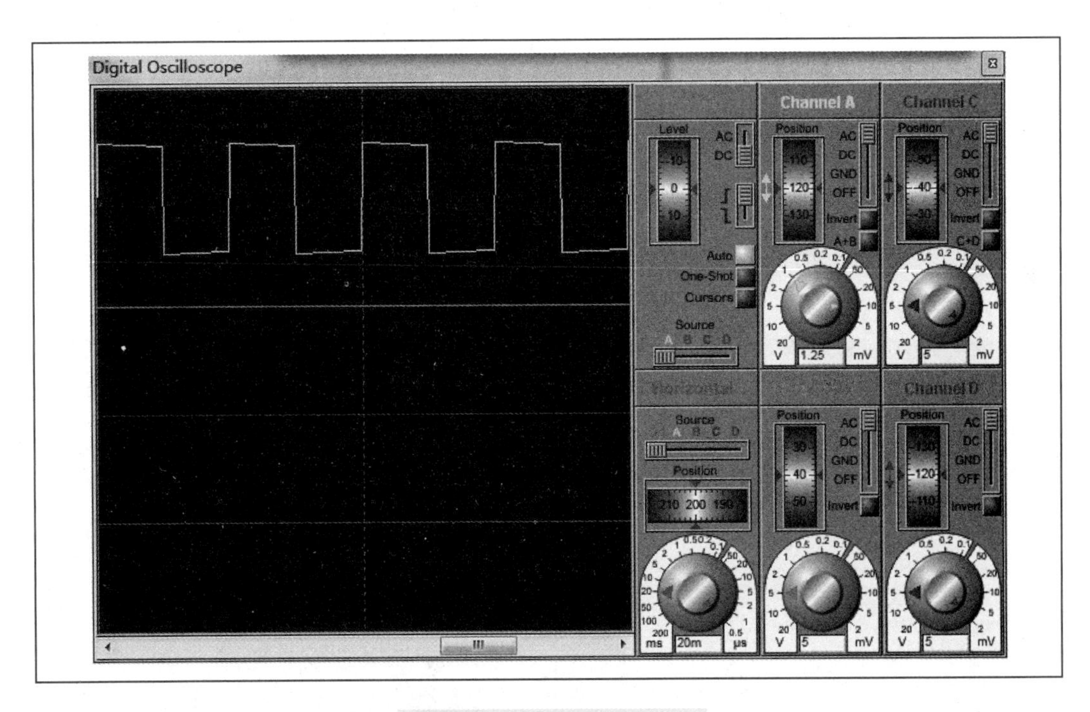

图 2-76　示波器仿真结果

（8）单击暂停，分别观测灯泡闪烁时各极电压的情况。

当灯泡亮的时候，Q1（B）>Q1（C）>Q1（E），三极管处在饱和区，相当于开关的闭合。如图 2-77 所示。

当灯泡熄灭的时候，Q1（C）>Q1（B）=Q1（E），三极管处在截止区，相当于开关的断开。如图2-78所示。

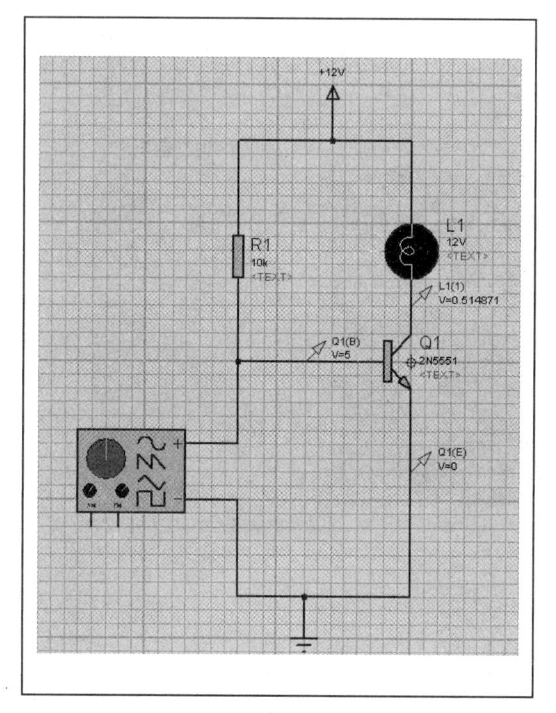

图2-77 三极管处在饱和区示意图

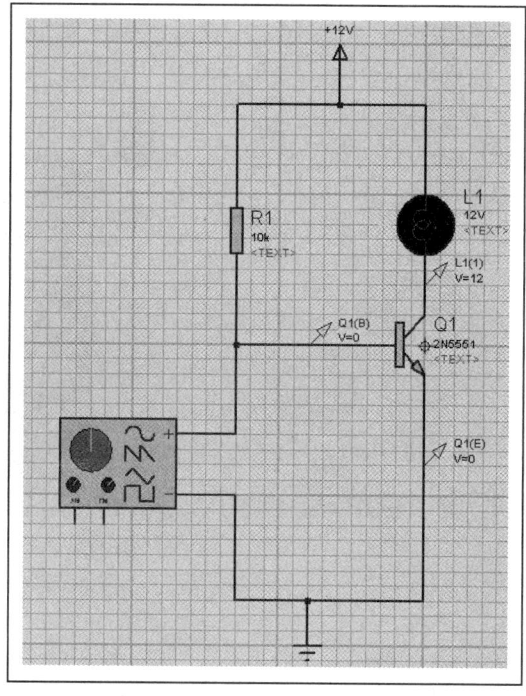

图2-78 三极管处在截止区

2.3.3 三极管在放大电路中的应用

从三极管的伏安特性可知，其工作区域分为截止区、放大区和饱和区。三极管工作在放大区时，可以起到放大信号的作用。

1 三极管放大电路

三极管放大电路如图2-79所示。静态工作电压为12V。交流信号源为10mV，频率为1kHz的正弦信号。在此处，电容不要选择太大，一般为10～100μF。图中C2为电解电容，起隔离直流的作用，影响电路的低频特性。而电路的高频特性取决于放大电路。

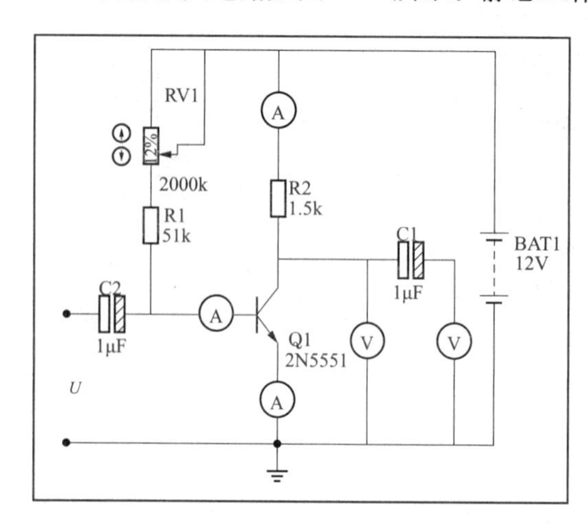

图2-79 三极管放大电路

2 静态工作点的选择

对于三极管放大电路来说，静态工作点的选择非常重要。如果静态工作点不合适，偏向截止或饱和区，放大的信号会进入偏向的区域，其信号会产生失真。

选择工作点时，一般要使U_c约等于静态工作电压的一半。如图2-80所示。

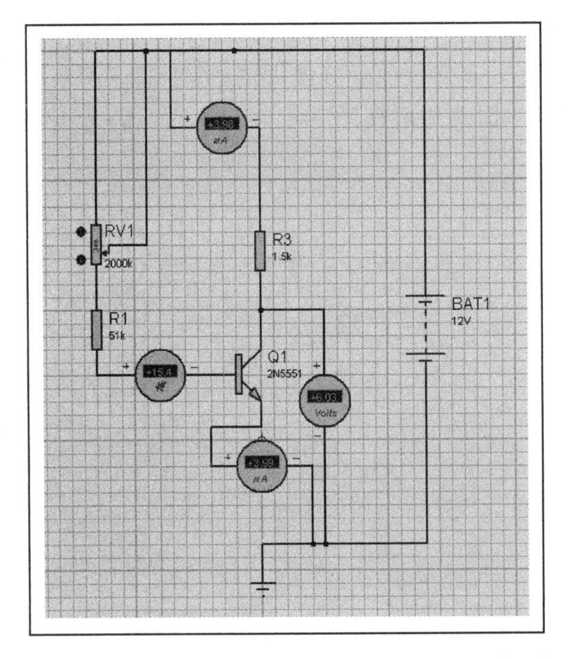

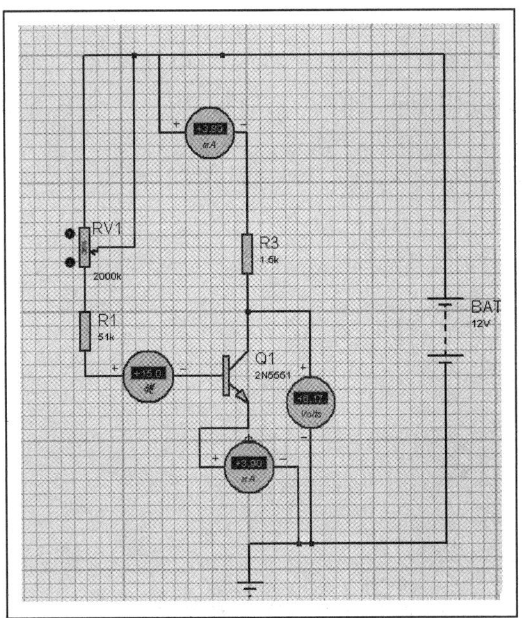

图 2-80　静态工作点的选择

通过以上仿真实验，可以计算出三极管在直流通路中的电流放大倍数 β。通过调节滑动变阻器的阻值改变两端的电压，使其约等于外加电源电压的一半（即工作在静态工作点），在此电压附近微调滑动变阻器，计算 ΔI_c 与 ΔI_b 的比值即可计算出 β 值。

$$\beta=\frac{\Delta I_c}{\Delta I_b}=\frac{(3.99-3.90)\text{mA}}{(15.4-15.0)\mu\text{A}}=225$$

放大倍数的计算如下（I_{EQ}取 mA）：

$$r_{be}=r_{bb}+(1+\beta)\frac{26}{I_{EQ}}=300+(1+225)\frac{26}{3.99}=1766.2\Omega$$

$$A_u=\frac{\beta R'L}{r_{be}}=\frac{225\times1.5\times1000}{1766.2}=191$$

3　放大电路仿真

仿真步骤如下：

（1）打开 Proteus 软件的 ISIS 程序，新建一个文件，命名为“三极管的放大电路”。

（2）添加元件如表 2-8 所示。

表 2-8　　元件明细表

元件名	含　义	所在库	参　数
RES	电阻	DEVICE	1.5、51kΩ
NPN	三极管	DEVICE	2N5551
CAP-ELEC	电解电容	DEVICE	100μF
POT-HG	滑动变阻器	DEVICE	1000kΩ
BATTERY	电池	DEVICE	12V

（3）单击左侧工具箱中的图标后，选择“DCVPLTMETER”和“DCAMMETER”分别添加直流电压表和电流表，通过属性修改，将测量 I_c 的电流表单位改成毫安，测量 I_b 的电流表单位改成微安，测量 U_{ce}的电压表单位改成伏特。

（4）调整元件在图形编辑区中的位置，修改元件参数，再将电路连接，如图 2-81 所示。

（5）调节静态工作点。

通过以上仿真实验，可以计算出三极管在直流通路中的电流放大倍数 β。通过调节滑动变阻器的阻值改变两端的电压，使其约等于外加电源电压的一半（即工作在静态工作点）。如图 2-82 所示。

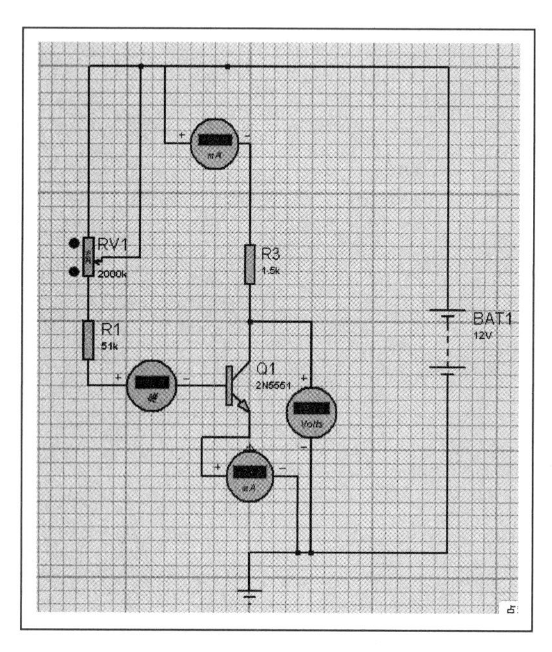

图 2-81　调整元件位置，修改元件参数并进行电路连接

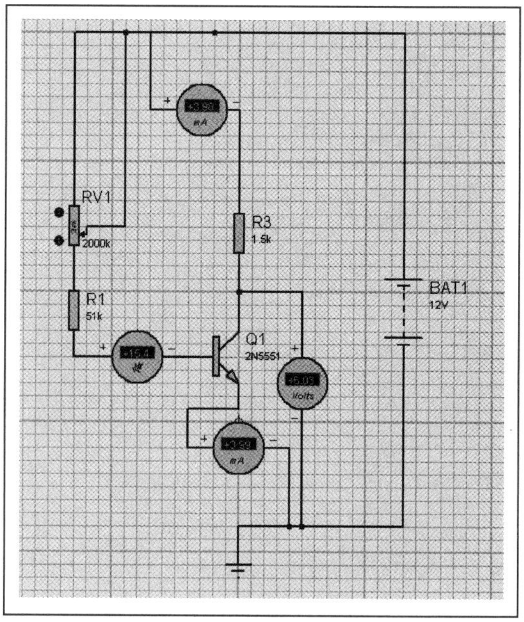

图 2-82　调节静态工作点

经计算，$\beta=225$。

（6）添加电解电容及正弦交流信号源。

添加电解电容，同时单击[icon]，添加 Signal Generator 信号发生器。如图 2-83 所示，所选信号源为正弦波信号源。

双击信号发生器或者单击右键选择“Edit Properties”（编辑属性），弹出如图 2-84 所示的属性对话框，进行属性设定。

（7）单击[icon]，添加 Oscilloscope 示波器，如图 2-85 所示组建电路。

（8）进行电路仿真。波形发生器和示波器的参数设置如图 2-86 所示。示波器设置的信号源为 1kHz、10mV 的双极正弦波信号源。

从图可以看出，黄色通道的线波峰到波谷占了 9.5 个方格，即 $9.5\times0.2=1.9\text{V}$。蓝色通道的线波峰到波谷占了 2 个方格，即 $2\times5\text{mV}=10\text{mV}$。即仿真电路的放大倍数 $A_u=\dfrac{1.9\text{V}}{10\text{mV}}=190$，与之前计算出的放大倍数 191 近似相等。电路的仿真与理论计算相吻合。

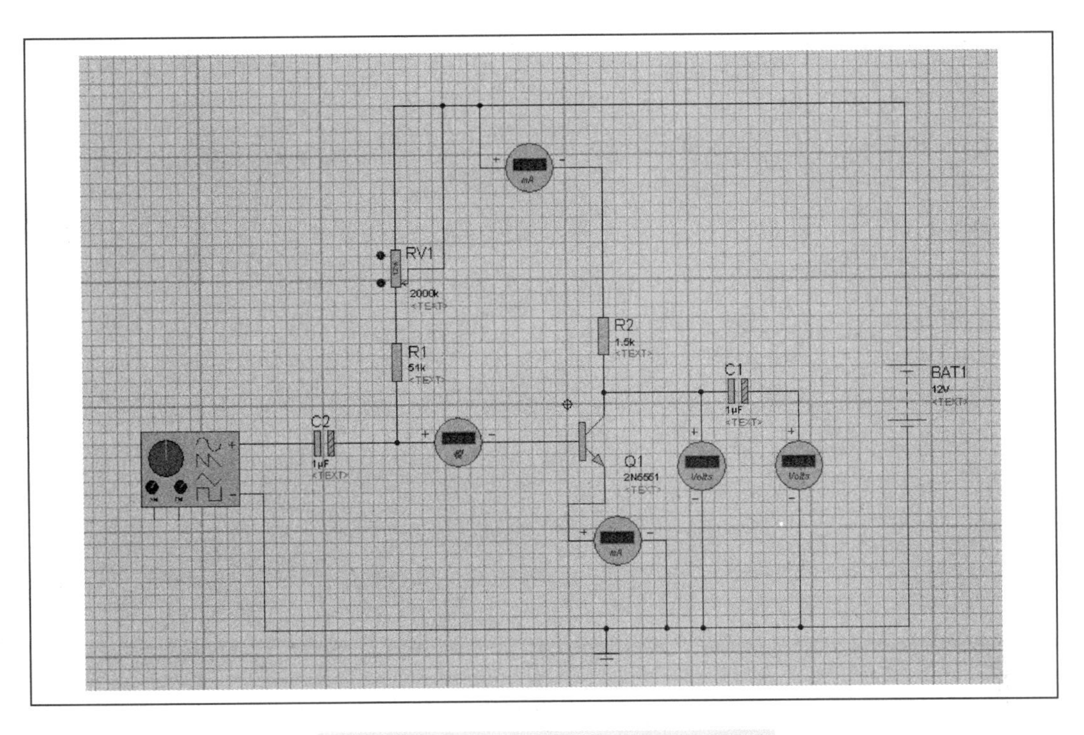

图 2-83　添加电解电容及正弦交流信号源

Edit Component

Part Reference: Hidden:
Part Value: Hidden:
Element: New
VSM Model: SIGGEN.DLL Hide All
Other Properties:
{FREQV=10}
{FREQR=4}
{AMPLV=100}
{AMPLR=0}
{WAVEFORM=0}
{UNIPOLAR=0}

Exclude from Simulation
Exclude from PCB Layout
Exclude from Bill of Materials
Attach hierarchy module
Hide common pins
Edit all properties as text

OK
Help
Cancel

图 2-84　“编辑属性”对话框

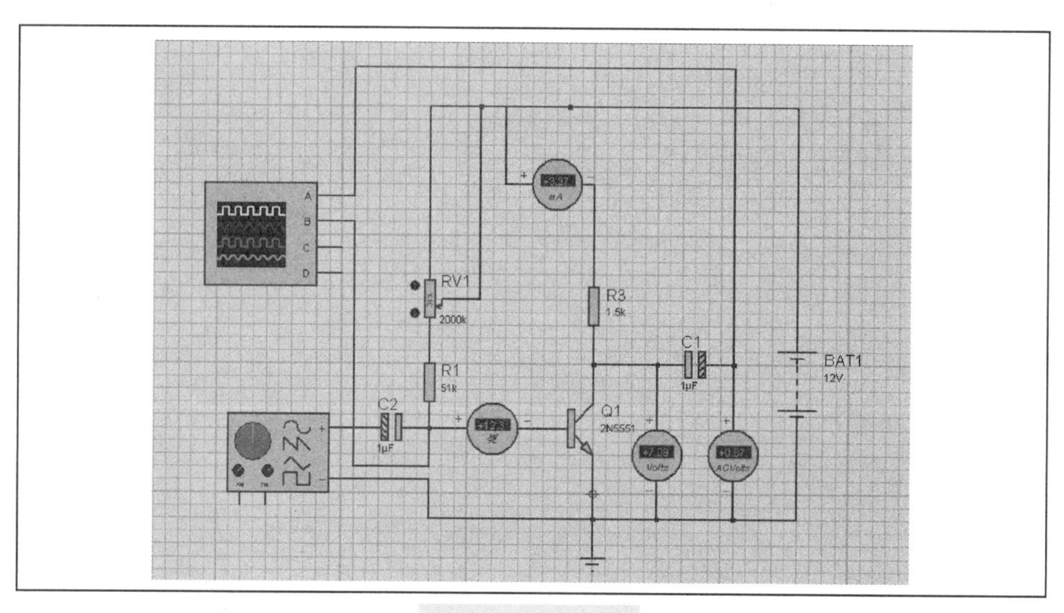

图 2-85　组建电路

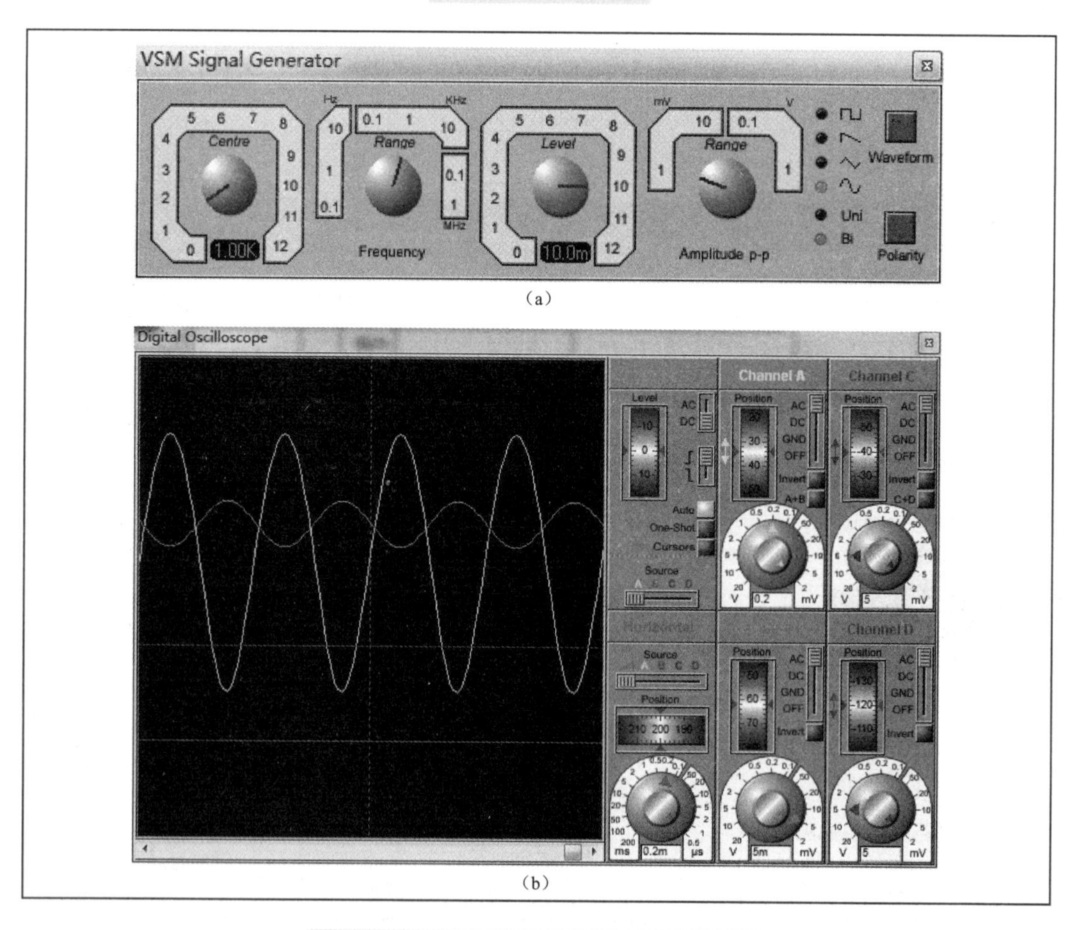

图 2-86　波形发生器和示波器的参数设置

(a) 示波器；(b) 波形发生器

任务四 集 成 运 放

2.4.1　概述

目前市面上常用的运放有单运放 OP07、双运放 LM358 和四运放 LM324，价格也很便宜，其中 OP07 的精度较高。这里我们选用 OP07 来进行运放放大作用的仿真。

OP07 高精度运算放大器具有极低的输入失调电压和失调电压温漂，非常低的输入噪声电压幅度及长期稳定等特点，广泛应用于稳定积分、精密绝对值电路、比较器及微弱信号的精确放大，尤其适用于宇航、军工及要求微型化、高可靠的精密仪器仪表中。如图 2-87 所示。

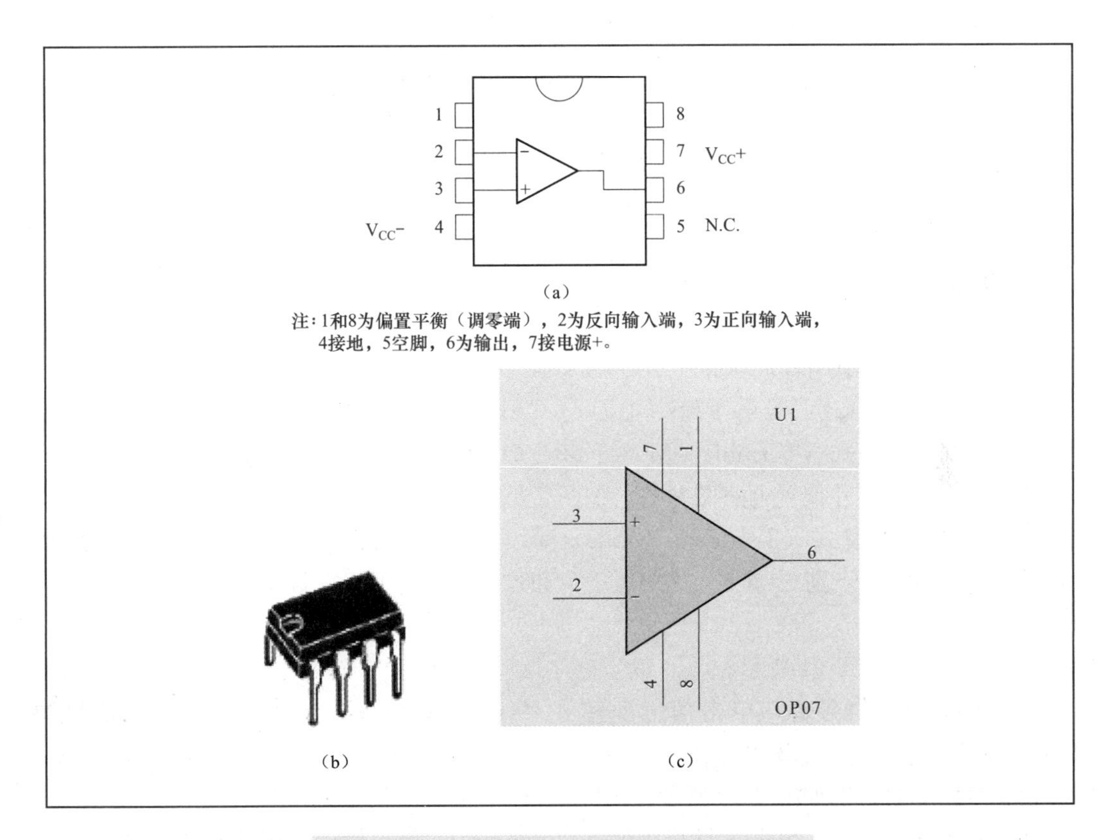

图 2-87　OP07 的引脚原理及外形

(a) OP07 引脚图；(b) OP07 外形；(c) OP07 原理图

2.4.2　OP07 组成的放大电路分析

OP07 组成的放大电路如图 2-88 所示。

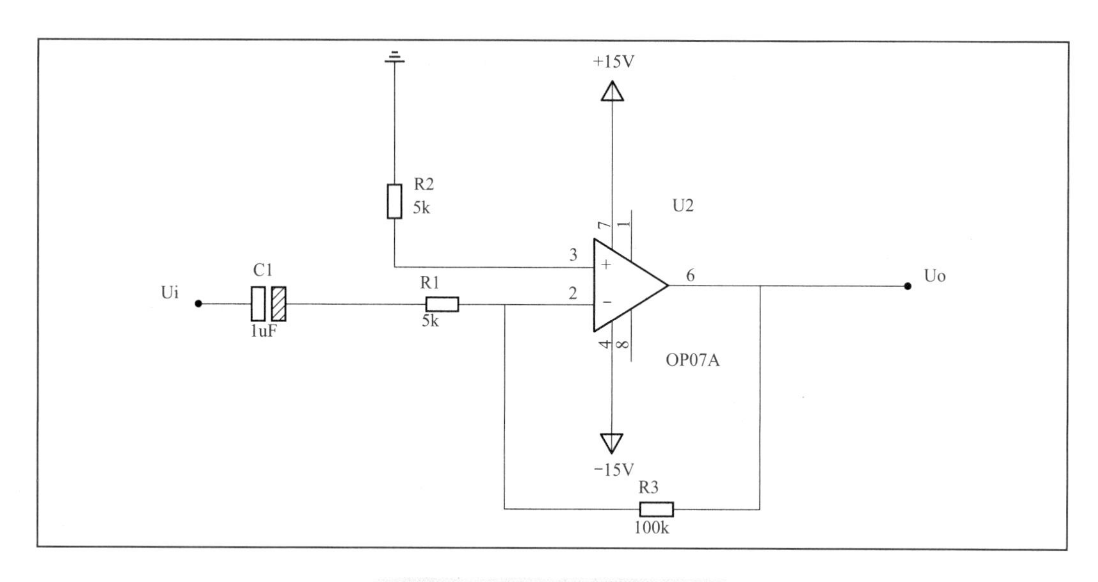

图 2-88 OP07 组成的放大电路

放大倍数为：

$$A_u = -\frac{100k}{5k} = -20$$

2.4.3 集成运放的放大作用仿真

仿真步骤如下：

（1）单击元件模式（Component Mode），单击元件选取按钮（Pick From Library），选择 OP07（运算放大器）、RES（电阻）、CAP-ELEC（电解电容）三种元件。

（2）单击终端模式（Terminals Mode），加载电源（POWER）图标。

（3）绘制电路图并设置电路图参数，如图 2-89 所示。

（4）单击终端模式（Terminals Mode），添加 INPUT 和 OUTPUT 信号，并把终端名设置成分别设置成“INPUT”和“OUTPUT1”，设置对话框如图 2-90 所示。

电路完成后如图 2-91 所示。

（5）添加输入信号源，单击信号源模式（Generator Mode），添加正弦信号源 SINE，放置到输入端，如图 2-92 所示。

设置参数的对话框如图 2-93 所示。

（6）放置测量探针。单击工具箱中的 Voltage probe 图标，使用旋转或镜像按钮调整探针的方向后，在编辑口期望放置探针的位置单击左键，电压探针被放置到电路图中，如图 2-94 所示。

（7）电路输入与输出分析。

单击工具箱中的图表模式（Graph Mode），在对象选择器中选择模拟虚拟仪器图标（ANALOGUE）。双击图表，设置刻度尺等参数，如图 2-95 所示。

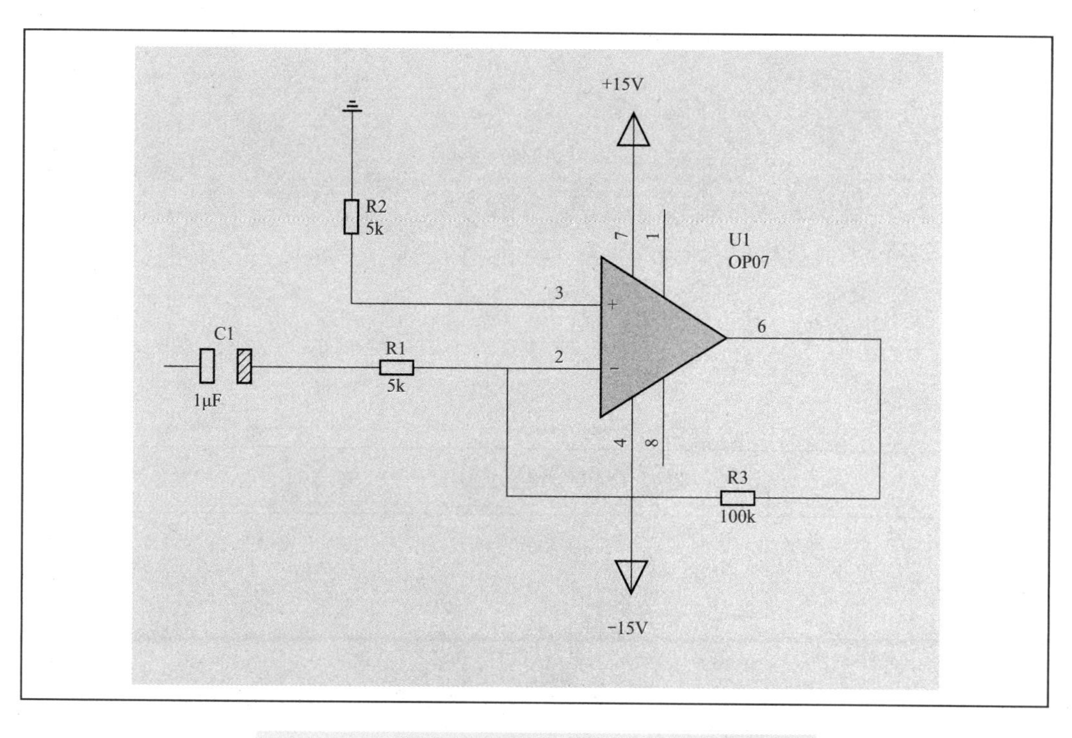

图 2-89　音频功率放大电路前置放大电路（含参数）

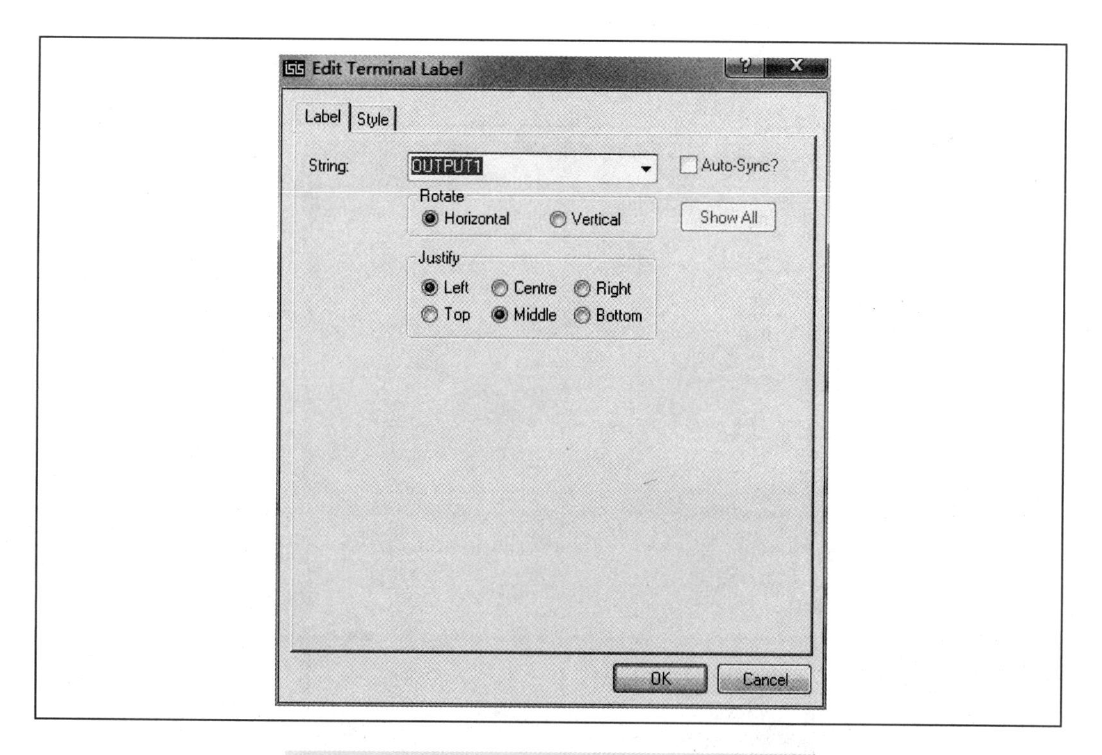

图 2-90　添加信号并进行终端名设置对话框设置

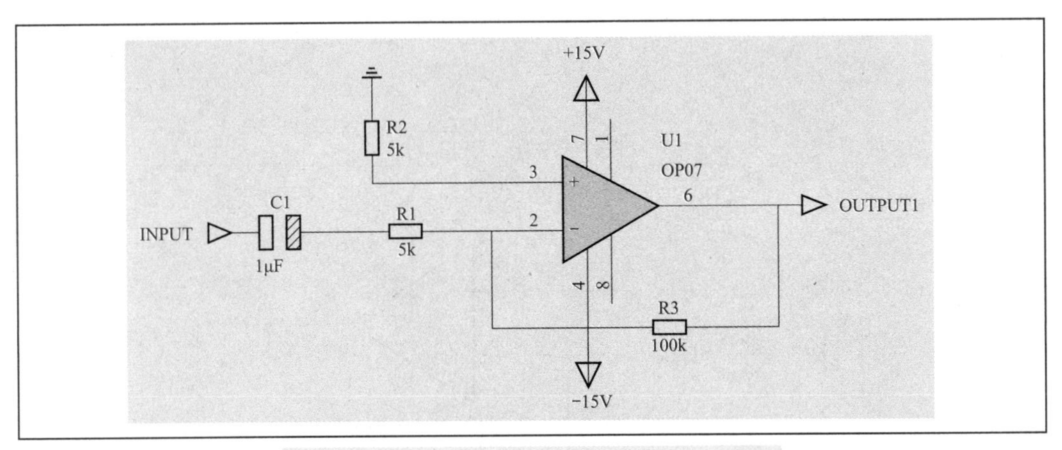

图 2-91　连接 INPUT 终端、OUTPUT1 终端

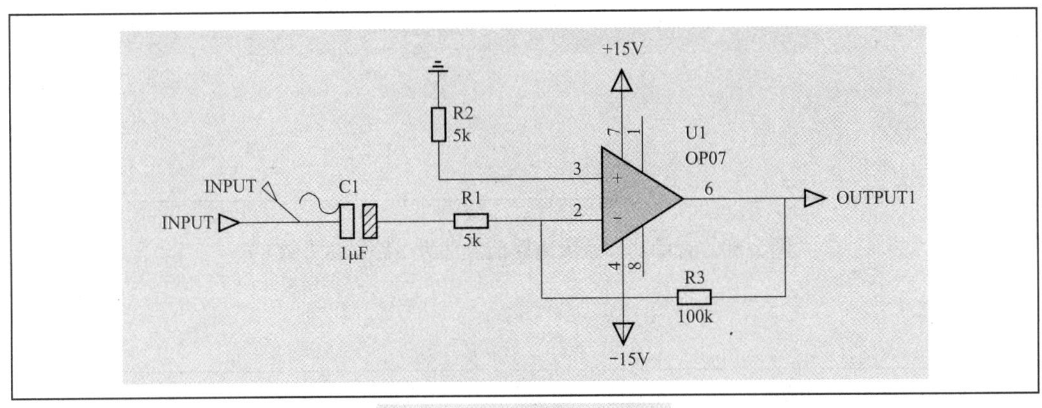

图 2-92　添加输入信号源

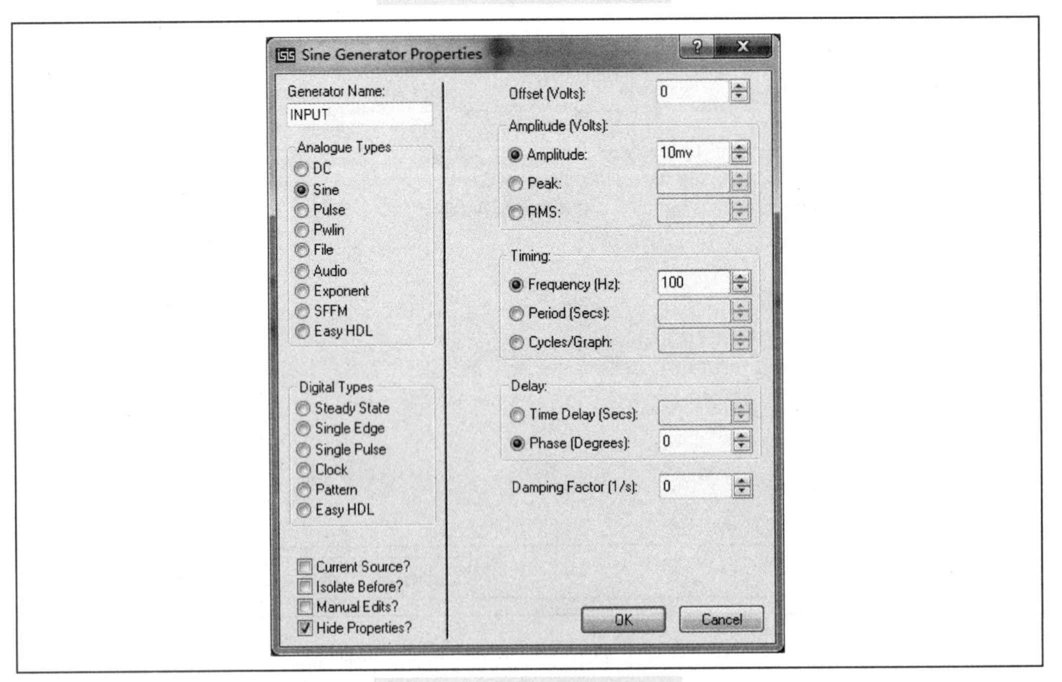

图 2-93　设置参数示意图

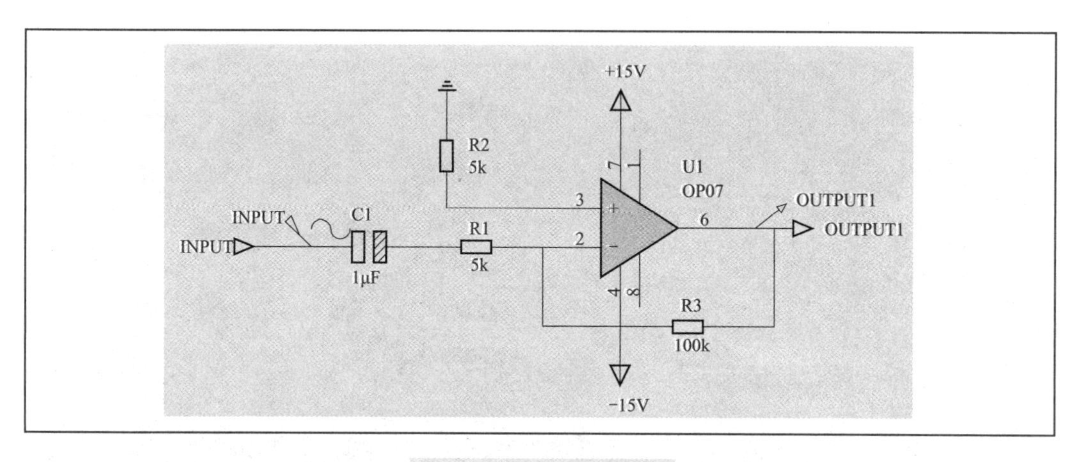

图 2-94　放置测量探针

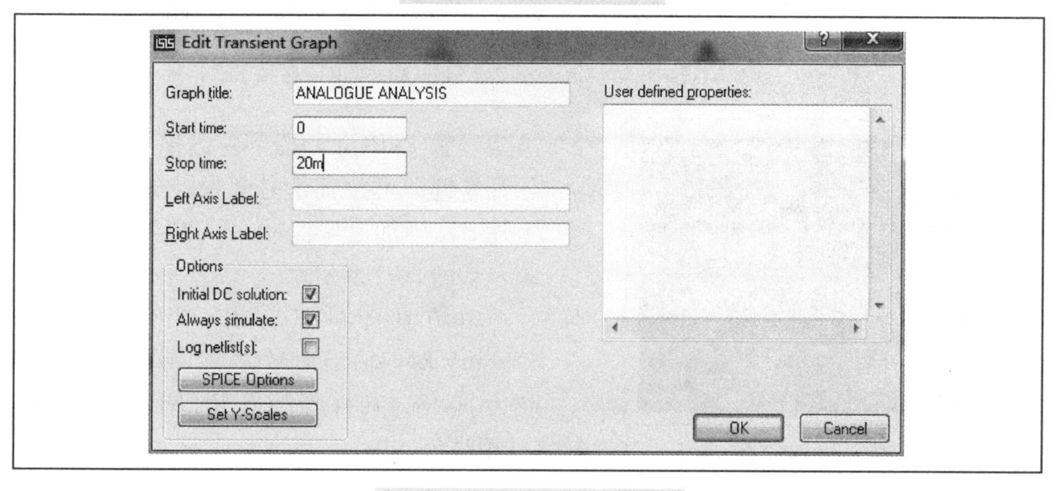

图 2-95　设置刻度尺等参数

在模拟虚拟仪器中放入正弦波信号探针及电压探针（见图 2-96）。选中电路中的正弦

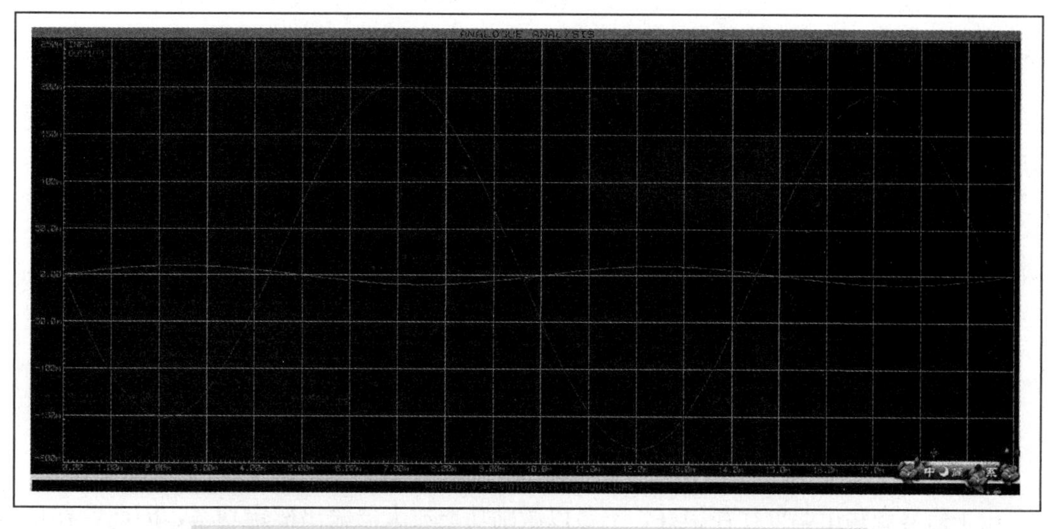

图 2-96　在模拟虚拟仪器中放入正弦波信号探针及电压探针（一）

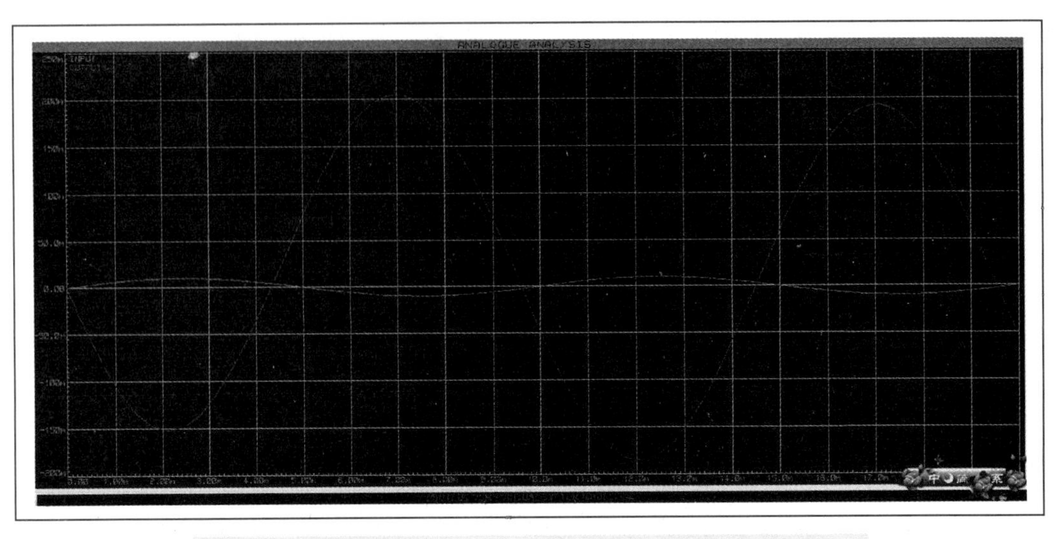

图 2-96　在模拟虚拟仪器中放入正弦波信号探针及电压探针（二）

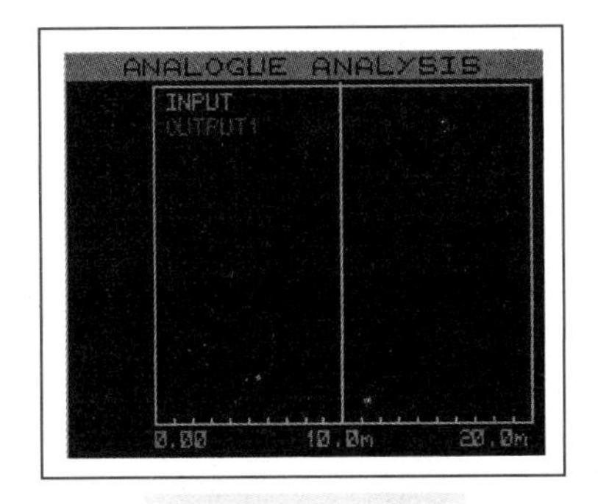

图 2-97　建立图表

波信号源 INPUT，按下左键拖曳到图表中，松开左键即可放置信号源探针到图表。按照上述方法添加电压探针 OUTPUT1 到模拟图表，如图 2-97 所示。

由仿真图可以看出，当输入信号为 9.96mV 时，输出信号为 201mV，放大倍数约为 20 倍，与计算结果 $R_3/R_1=100\text{k}/5\text{k}=20$ 相吻合。

任务五　音频放大器

音频功率放大器是音响系统中的关键部分，其作用是将传声器件获得的微弱信号放大到足够的强度去推动放声系统中的扬声器或其他电声器件，从而使原声响重现。

一个音频放大器一般包括两部分，虚框部分就是音频放大部分。如图 2-98 所示。

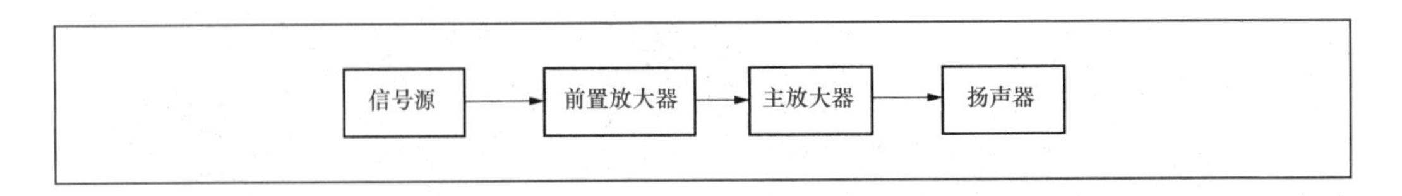

图 2-98　音频放大器

由于信号源输出幅度往往很好，不足以激励功率放大器输出额定功率，因此常在信号

功率放大器之间插入一个前置放大器将信号源输出信号加以放大，同时对信号进行适当的音色处理。

音频放大器如图 2-99 所示。

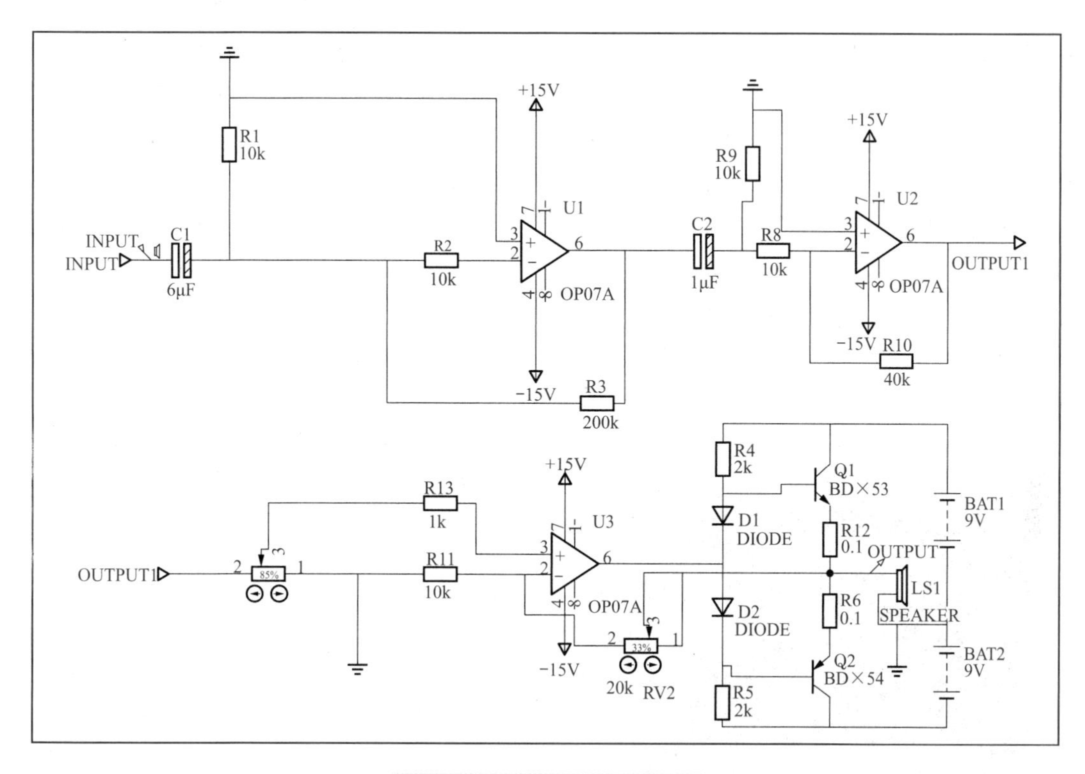

图 2-99　音频放大器电路图

2.5.1　前置放大器

图 2-100 中所示的前置放大器由之前介绍的放大电路组成。

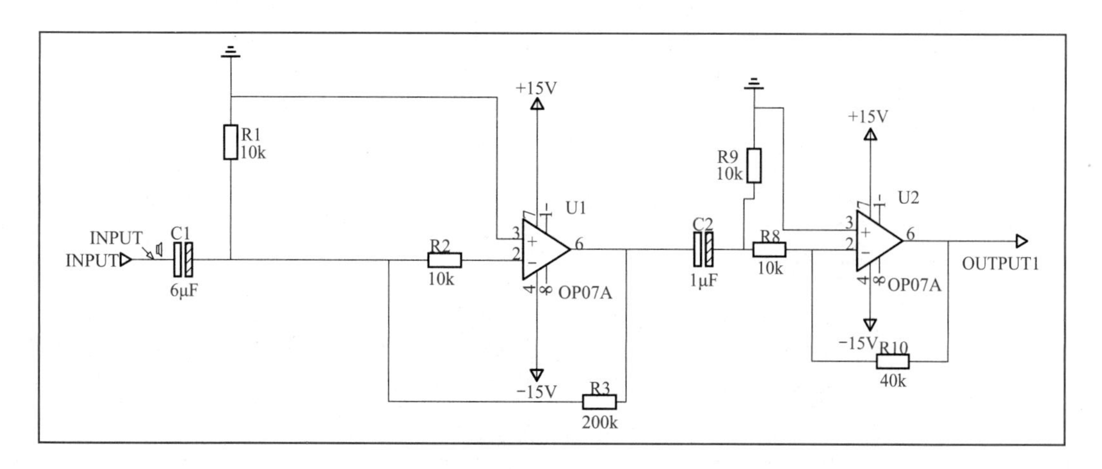

图 2-100　前置放大器

1　前置放大器的频率分析

频率分析的作用是分析电路在不同频率工作状态下的运行情况。但不像频谱分析仪，所有频率一起被考虑，而每次只可分析一个频率。所以，频率特性分析相当于在输入端接一个可改变频率的测试信号，在输出端接一个交流电表测量不同频率所对应的输出，同时可得到输出信号的相位变化情况。频率特性分析还可以用来分析不同频率下的输入/输出阻抗。

此功能在非线性电路中使用时是没有实际意义的。因为频率特性分析的前提是假设电路为线性的。也就是说，如果在输入端加一个标准的正弦波，在输出端也相应地得到一个标准的正弦波。实际中完全线性的电路是不存在的，但是大多数情况下认为线性的电路是在此分析允许范围内的。另外，由于系统是在线性情况下，且引入复数算法（矩阵算法）进行的运算，其分析速度要比瞬态分析快许多。

Proteus ISIS的频率分析用于绘制小信号电压增益或电流增益随频率变化的曲线，即绘制波特图，可描述电路的幅频特性和相频特性，但它们都是以指定的输入发生器为参考。在进行频率分析时，图表的X轴表示频率，两个纵轴可分别显示幅值和相位。

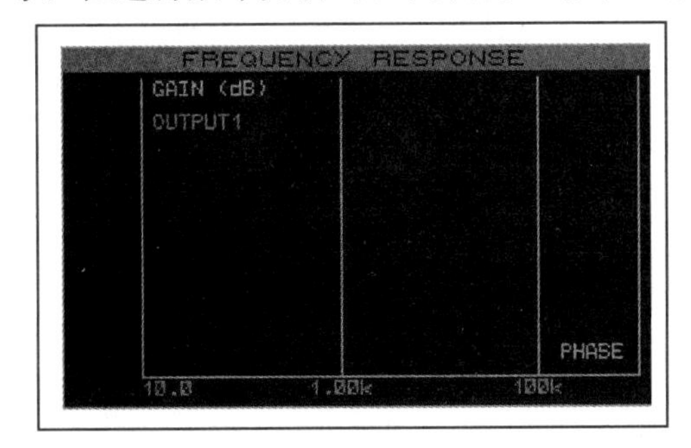

图2-101　放置频率分析表

频率特性的仿真步骤如下：

（1）放置频率分析表。

单击工具箱中的图表模式（Graph Mode），在对象选择器中选择频率分析图标（FREQUENCY）。在编辑区域放置该图表。并且把电压探针OUTPUT1放置到该图表中的横纵坐标中，如图2-101所示。

（2）双击该图标设置图表参数如图2-102所示。

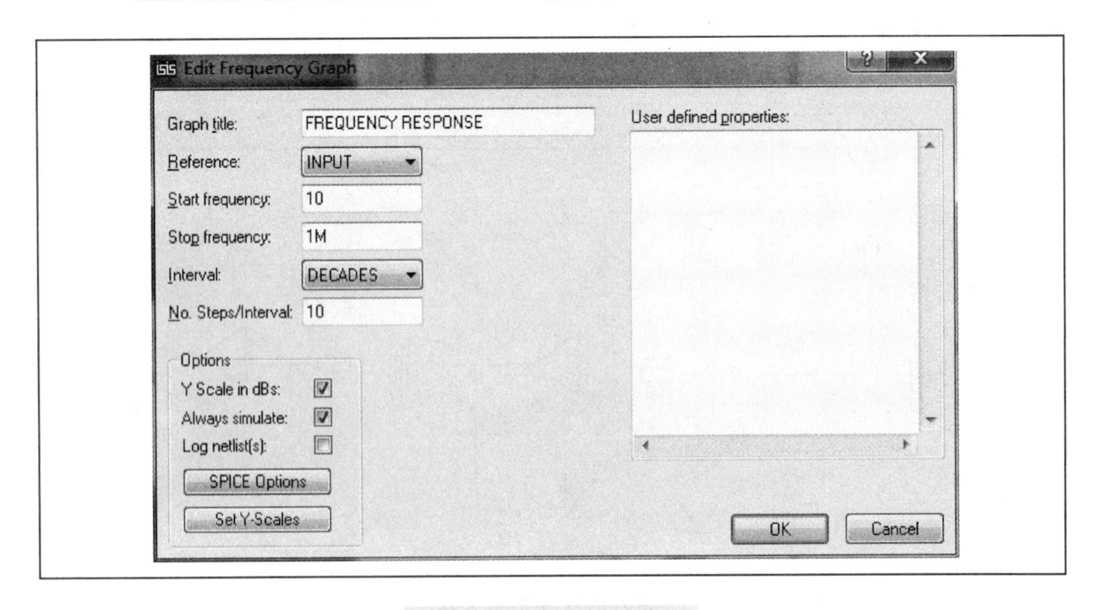

图2-102　设置图表参数

(3) 仿真电路。单击右键选择仿真（Simulate Graph）开始进行仿真。

仿真结果如图 2-103 所示，可以看出测量电路的最大频率增益为 26.0dB，截止处的频率为 26×0.707=18.38dB。

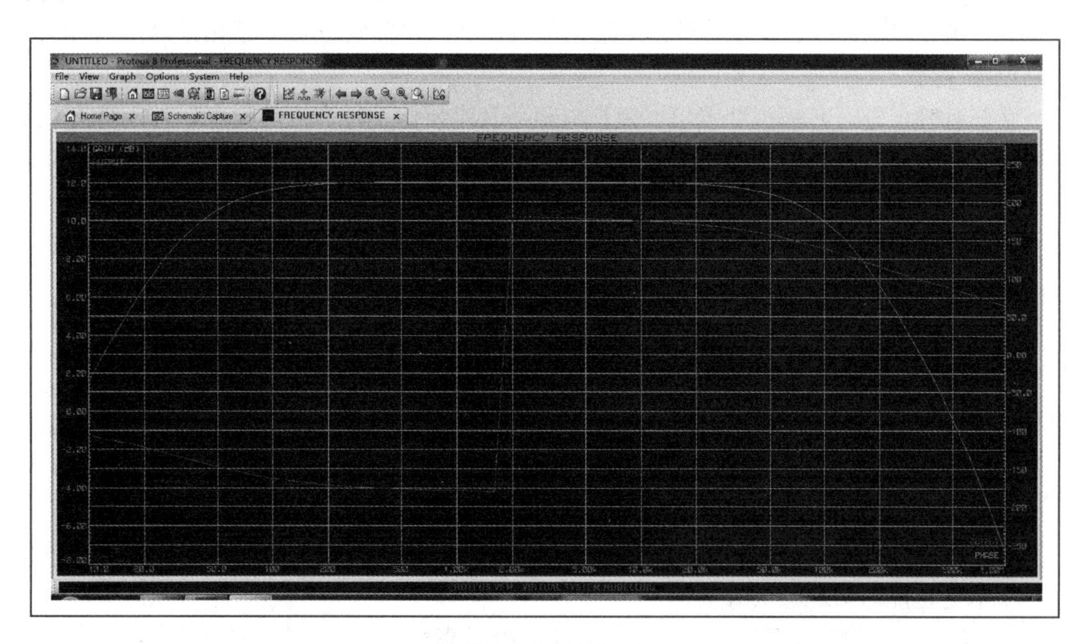

图 2-103　仿真结果

测量点分别是低频和高频测量点如图 2-104 所示。

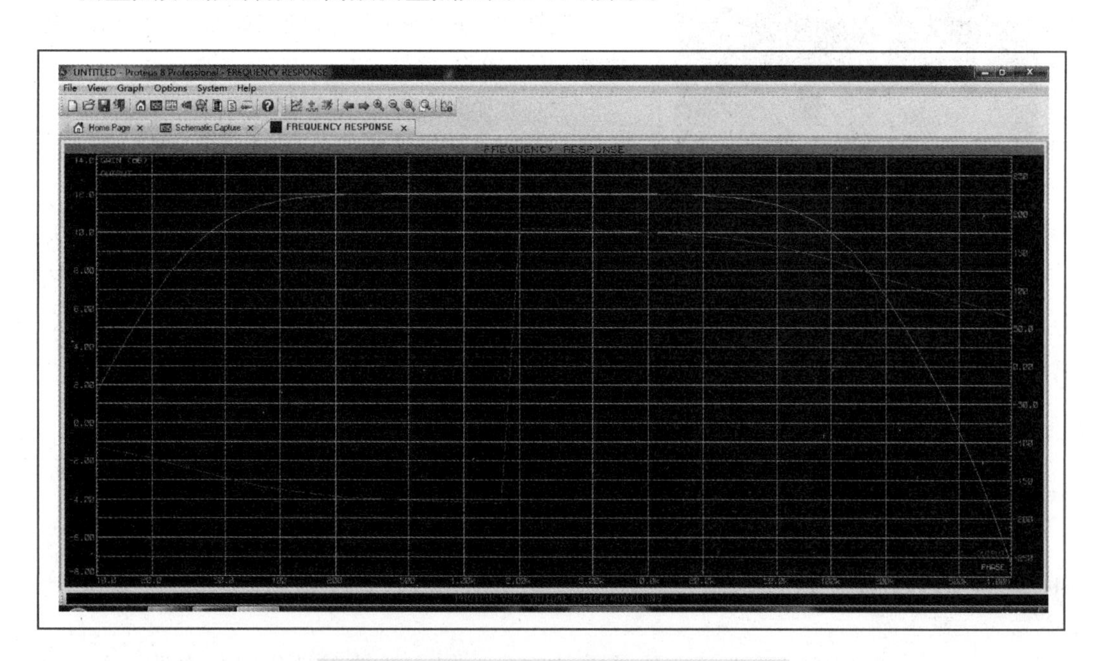

图 2-104　测量点分别是低频和高频测量点

从图 2-103 和图 2-104 中可以看出，系统通带频率范围是 2.45～64.5kHz，已远大于实际声音频率（20～20kHz）。

2　噪声分析

由于电阻或半导体元件会自然而然地产生噪声，这对电路工作当然会产生相当程度的影响。系统提供噪声分析就是将噪声对输出信号所造成的影响进行数字化，以供设计人员评估电路性能。

在分析时，SPICE 模拟装置可以模拟电阻器及半导体元件产生热噪声，各元件在设置电压探针（因为该分析不支持噪声电流，PROSPICE 不考虑电流探针）处产生的噪声将在该点求和，即为该点的总噪声。分析曲线的横坐标表示该分析所在的频率范围，纵坐标表示噪声值（分左、右 Y 轴，左 Y 轴表示输出噪声值，右 Y 轴表示输入噪声值。一般以 $V/\sqrt{Hz}$为单位，也可以通过编辑图标对话框设置为 dB，0dB 对应 $1V/\sqrt{Hz}$）。电路工作点将按照一般处理方法计算，在计算工作点之外的各时间时，除了参考输入信号外，各信号发生装置将不被分析系统考虑，所以分析前不必移除各信号发生装置。Prospice 在分析过程中将计算所有电压探针的噪声，同时考虑了它们相互间的影响，所以无法知道单纯的某个探针的噪声分析结果。分析过程将对每个探针逐一处理，所以仿真时间大概与电压探针的数量成正比。应当注意的是，噪声分析是不考虑外部电、磁对电路的影响。

Proteus ISIS 的噪声分析可显示随频率变化时节点的等效输入、输出噪声电压，同时可产生单个元件的噪声电压清单。

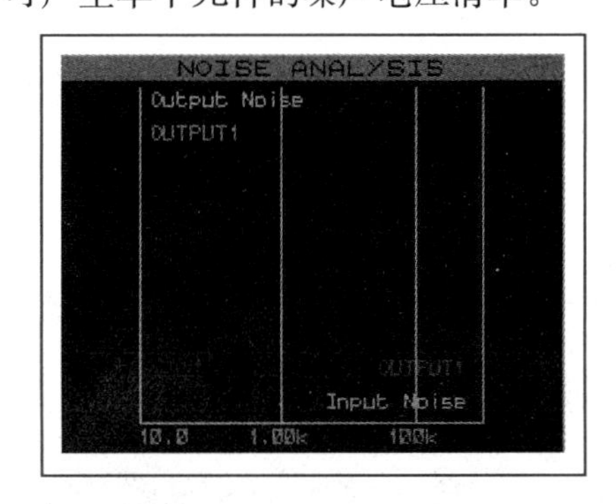

图 2-105　放置 OUTPUT 信号

下面对前置放大电路进行噪声特性分析。

（1）在 OUTPUT 处添加电压探针。

（2）单击图标，选择 NOISE，放置图标。单击右键并选择“Add trace”，分别在如图 2-105 所示位置放置 OUTPUT 信号。

（3）在 NOISE 图表上单击右键并选择“Edit Properties”，编辑图标属性如图 2-106 所示。

其中，参考发生器为 INPUT 信号，起始仿真频率为 10Hz，终止频率为 1MHz。Interval 表示间距取值方式。DECADES 为十倍频程；OCTAVESL 为 8 倍频程；LINEAR 为线性取值。间距取值方式为十倍频。步幅数为 10。单击 OK 完成设置。

（4）单击图表右键“simulate Graph”，仿真结果如图 2-107 所示。

（5）单击图标表头，图表将以窗口形式出现。在窗口单击鼠标左键放置测量探针，测量频率为 10～10000Hz 时系统的噪声电压值。

从系统测量结果可知在音频放大器的工作频率范围内，系统的噪声范围为 512～540$nV/\sqrt{Hz}$，如图 2-108 所示。

3　失真分析

失真是由电路传输函数中的非线性部分产生，仅由线性元件组成的电路（如电阻、电感、线性可控源）不会产生任何失真。失真分析用于检测电路中的谐波失真和互调失真。

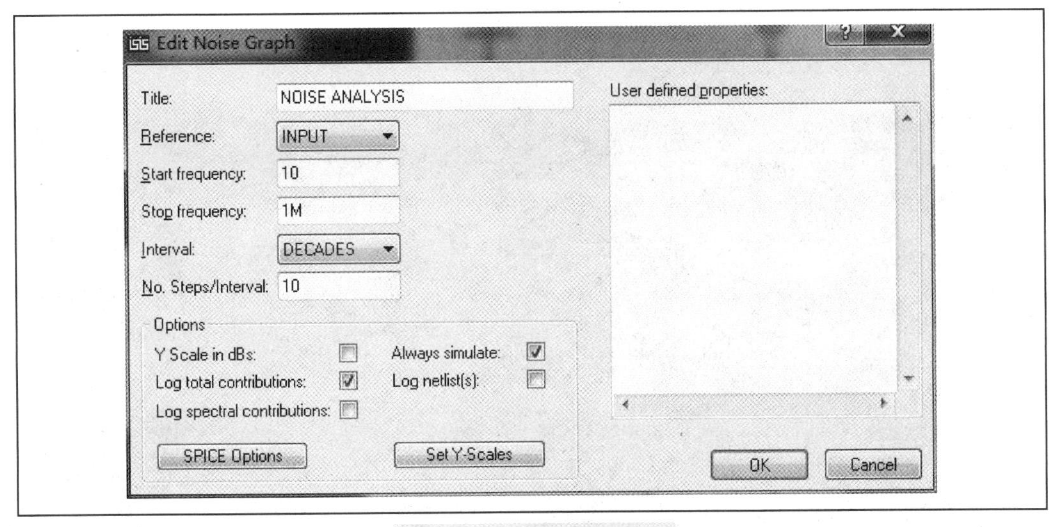

图 2-106　编辑图标属性

Proteus ISIS 的失真分析可以仿真二极管、双极性晶体管、场效应晶体管、面结型场效应晶体管（JFET）和金属氧化物半导体场效应晶体管（MOSFET），用于确定由测试电路所引起的电平失真程度。

对于单频率信号，Proteus ISIS 失真分析可确定电路中每一节点的二次谐波和三次谐波造成的失真；对于互调失真，即电路中有频率分别为 F1、F2 的交流信号源，则 Proteus ISIS 频率分析给出电路节点在 F1+F2、F1-F2 及 2F1-F2 在不同频率上的谐波失真。

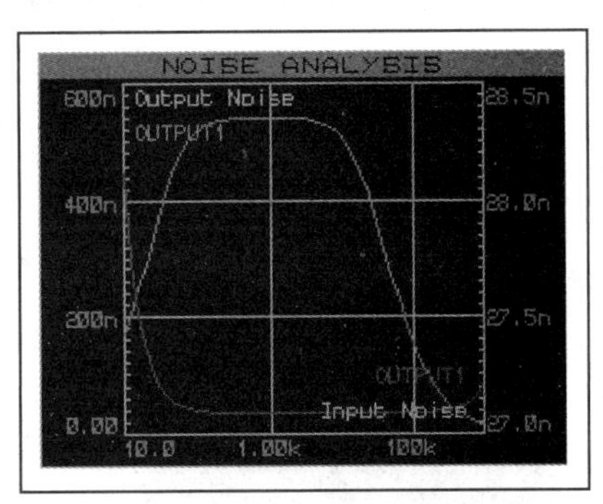

图 2-107　仿真结果

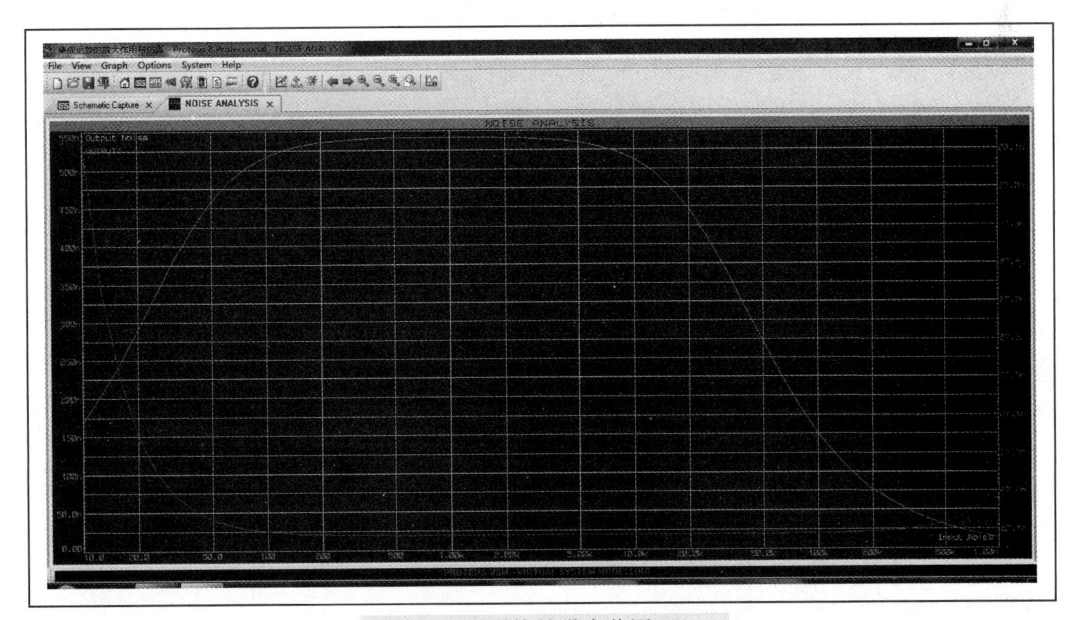

图 2-108　系统的噪声范围（一）

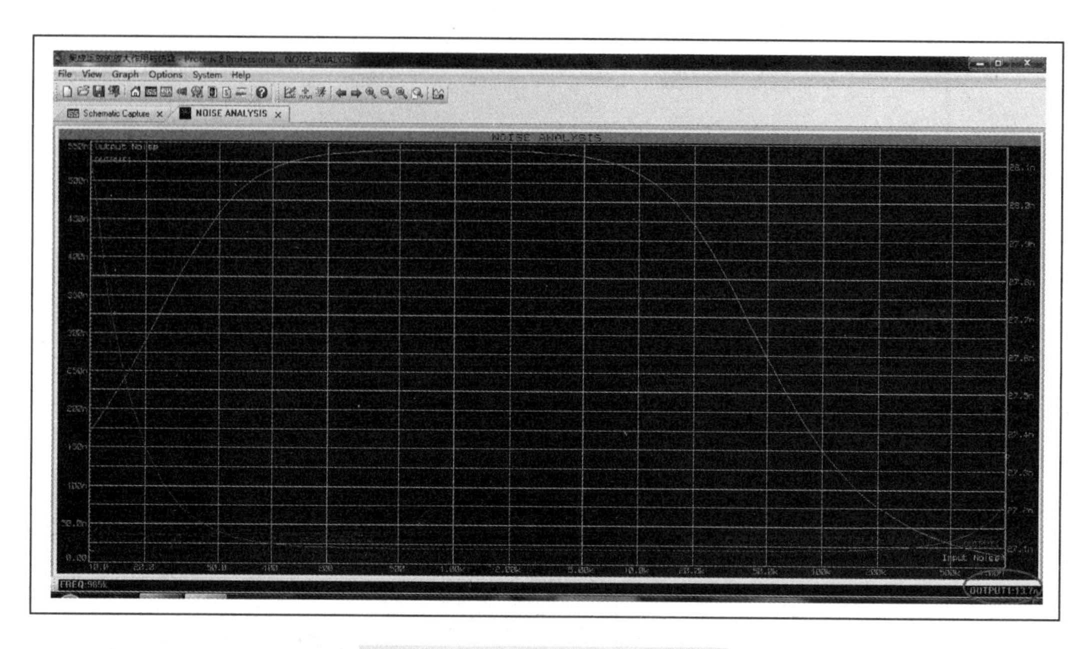

图 2-108　系统的噪声范围（二）

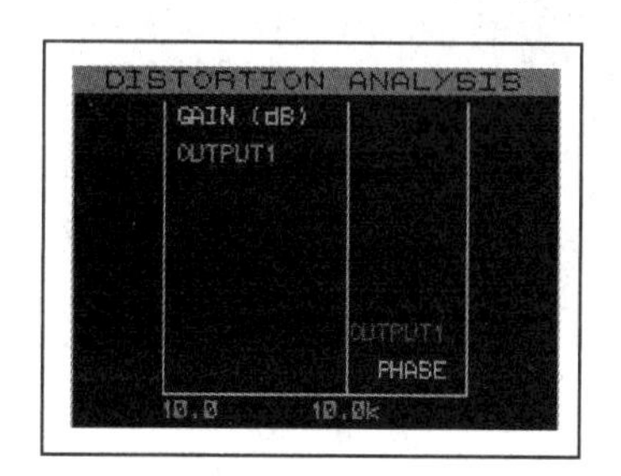

图 2-109　在 left 和 right 侧添加 output 曲线

失真分析对于研究瞬态分析中不易观察到的小失真比较有效。

下面是失真分析仿真步骤。

（1）单击 simulatation Graph 图标，在对象选择器中选择 DISTORITION 仿真图表。在编辑窗口期望放置图标的位置单击鼠标左键，并拖曳鼠标，在期望的结束点单击鼠标左键，放置失真分析图表。

在图表上单击鼠标右键，分别在 left 和 right 侧添加 output 曲线。如图 2-109 所示。

（2）双击图表，编辑图标属性如图 2-110 所示。

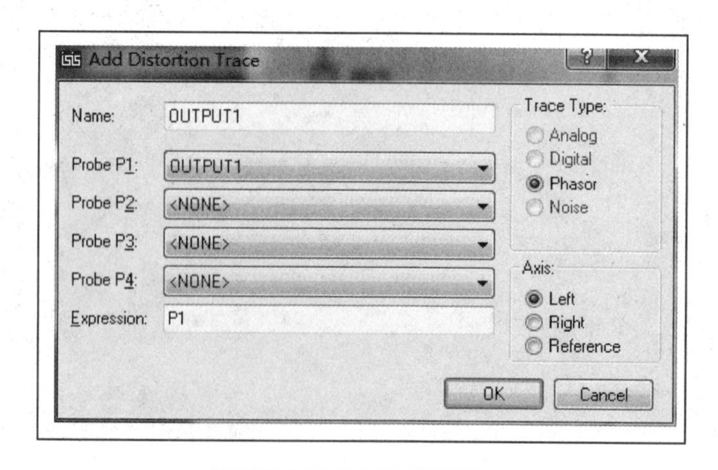

图 2-110　编辑图标属性

其中，Reference 表示频率为 F1 的发生器。IM Ratio 表示 F2 与 F1 的比率。Start time 表示 F1 起始仿真频率。Stop time 表示 F1 终止仿真频率。Interval 表示间距取值方式。DECADES 为十倍频程；OCTAVESL 为 8 倍频程；INEAR 为线性取值。IM Ratio 是在仿真电路的互调失真时用于设置 f_2 和 f_1 的比率。此时设置的频率范围为 f_1 的频率范围，f_2 的频率范围为 f_1 的频率乘以 f_2 和 f_1 的比率；IM Ratio 设置为 0 时，系统仿真电路的谐波失真。

（3）单击右键 Simulate Graph，开始仿真，仿真结果如图 2-111 所示。

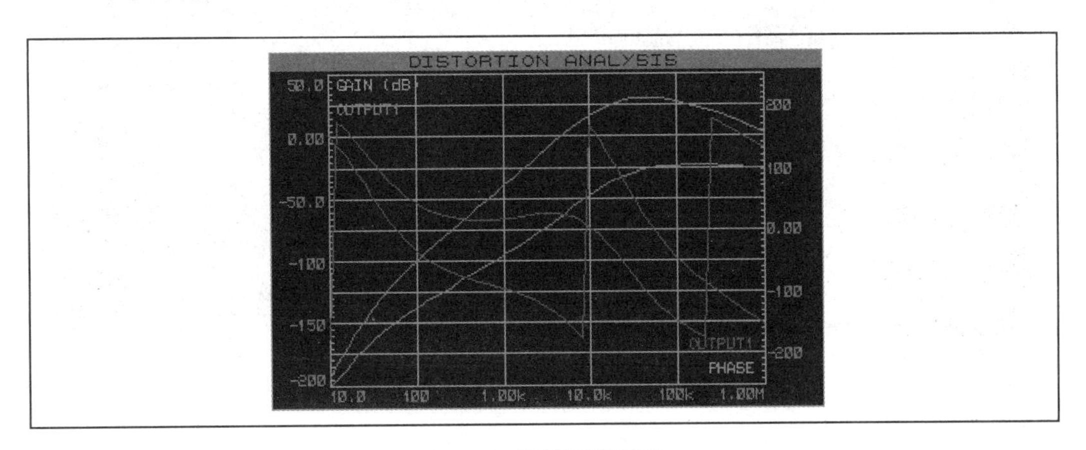

图 2-111　仿真结果

（4）单击图标表头，图标将以窗口形式出现。在窗口单击鼠标左键放置测量探针。测量频率为 50Hz 时系统的二次谐波与三次谐波引起的电路失真。

如图 2-112 所示为频率为 50Hz 时系统的二次谐波的电路失真—148。

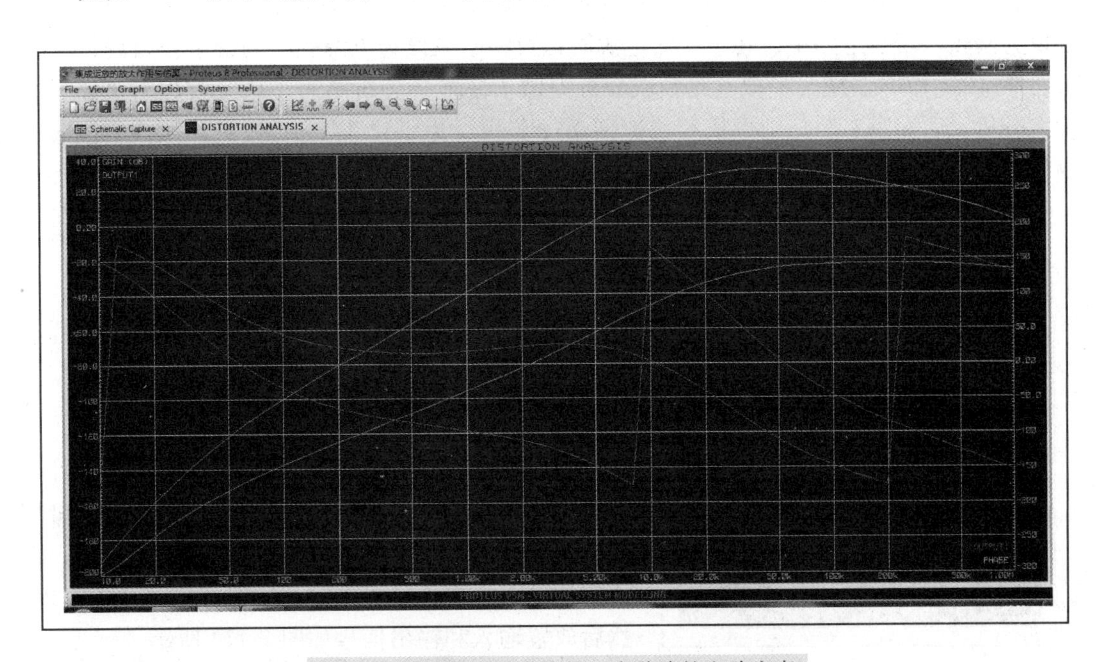

图 2-112　50Hz 时系统的二次谐波的电路失真

如图 2-113 所示为频率为 50Hz 时系统的三次谐波的电路失真—117。

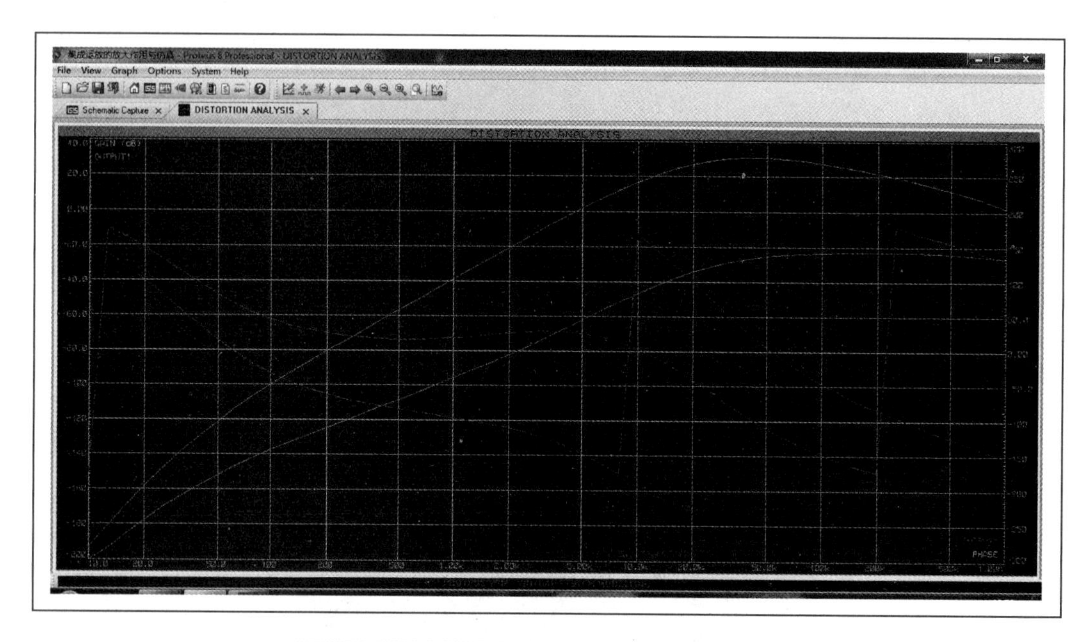

图 2-113　50Hz 时系统的三次谐波的电路失真

4　傅里叶分析

傅里叶分析方法用于分析一个时域信号的直流分量、基波分量和谐波分量。即把被测节点处的时域变化信号作为离散傅里叶变换，求出它的频域变换规律，将被测节点的频谱显示在分析图窗口中。

在进行傅里叶分析时，必须首先选择被分析的节点，一般将电路中的交流激励源的频率设为基频，若在电路中有几个交流电源时，可将基频设为电源频率的最小公因数。

Proteus ISIS 系统为模拟电路频域分析提供了傅里叶分析图表。系统首先对电路进行瞬态分析，后对瞬态分析结果执行快速傅里叶分析。为了优化 FFT 分析，在仿真图表中提供了多种窗函数。

由傅里叶分析计系统失真度（D）的计算公式为：

$$D=\sqrt{\frac{V_{\mathrm{om2}}^2+V_{\mathrm{om3}}^3}{V_{\mathrm{om1}}^2}}$$

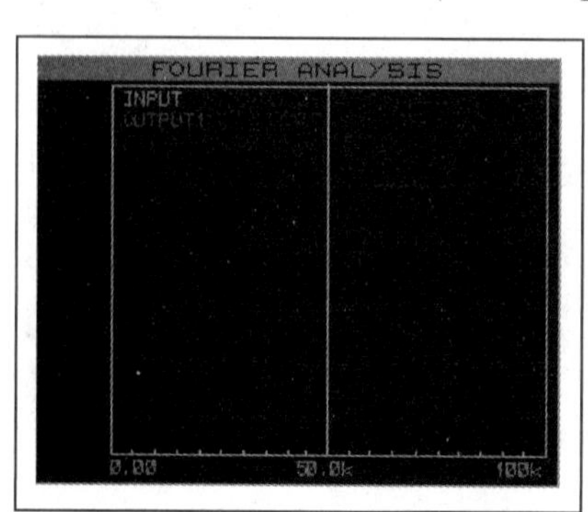

图 2-114　放置输入和输出信号

式中：V_{om1}^2 为基波幅度；V_{om2}^2、V_{om3}^2 分别为二次谐波与三次谐波。

傅里叶分析仿真步骤如下：

（1）单击 simulatation Graph 图标，在对象选择器中选择 FOURIER 仿真图表。在编辑窗口期望放置图标的位置单击鼠标左键，并拖曳鼠标，在期望的结束点单击鼠标左键，放置傅里叶分析图表。然后放置输入和输出信号如图 2-114 所示。

（2）双击图表，编辑图标属性如图 2-115 所示。

图中 Resolution 表示分辨率，Window 表示窗函数，bartlett 表示球形。

（3）单击“Simulate Graph”，仿真图表如图 2-116 所示。

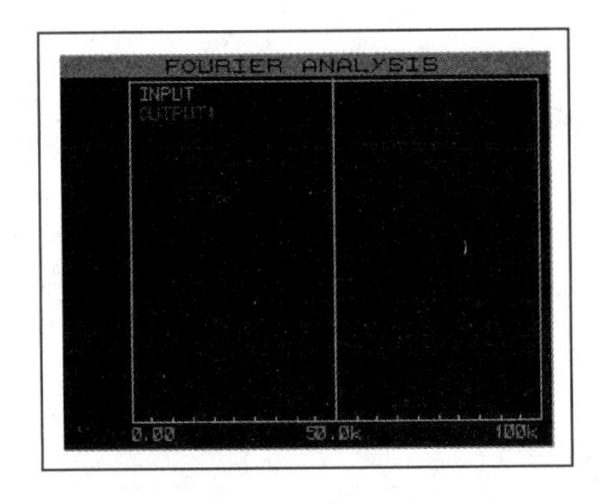

图 2-115 编辑图标属性

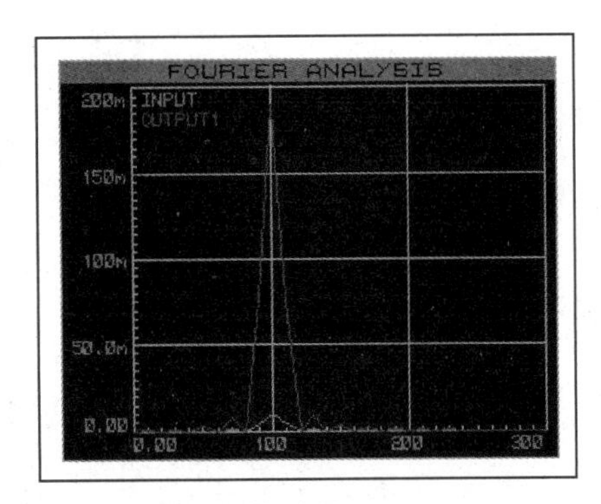

图 2-116 仿真图表

（4）右键单击图表，最大化窗口，单击曲线，观察基波和二次谐波、三次谐波测量点。如图 2-117 所示。

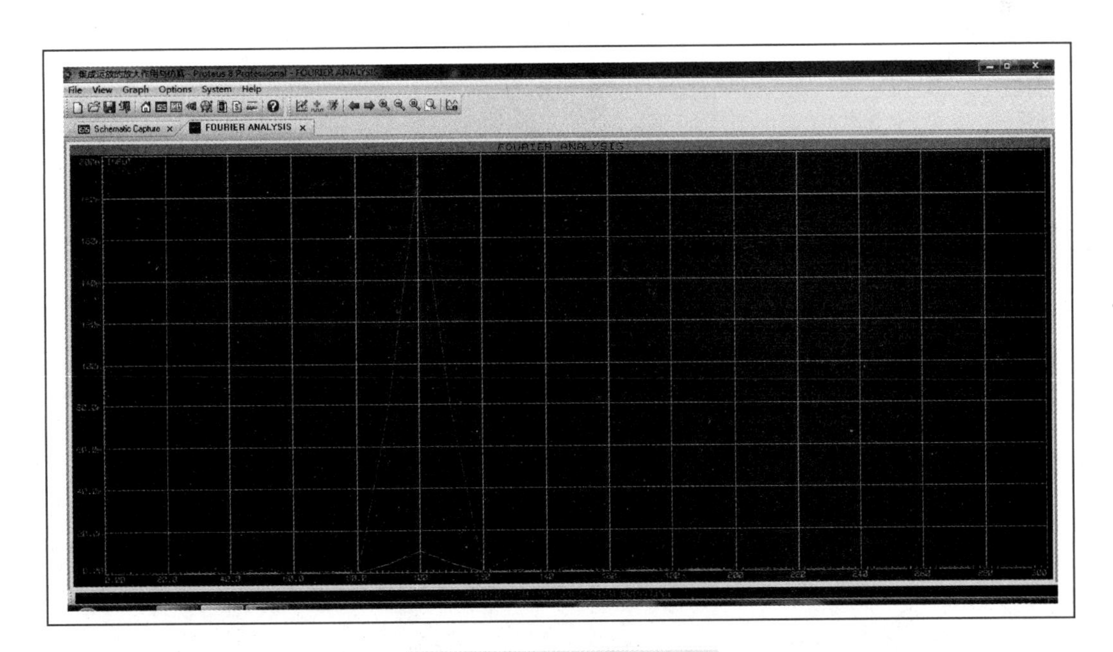

图 2-117 基波增益为 198m

按下组合键 Ctrl＋Alt，再单击鼠标，可选中两个测量点。二次谐波增益为 8.67m，三次谐波为 2.82m。如图 2-118 所示。

此时，系统的失真度为 $D=\sqrt{\frac{8.67^2+2.82^2}{198^2}}\approx 1\%$。

在此次仿真中，信号源的频率为 100Hz，也可以把信号源的频率调成 1kHz 和 10kHz 进行放置，同时观察一下此时的失真度（约为 0.2%）。

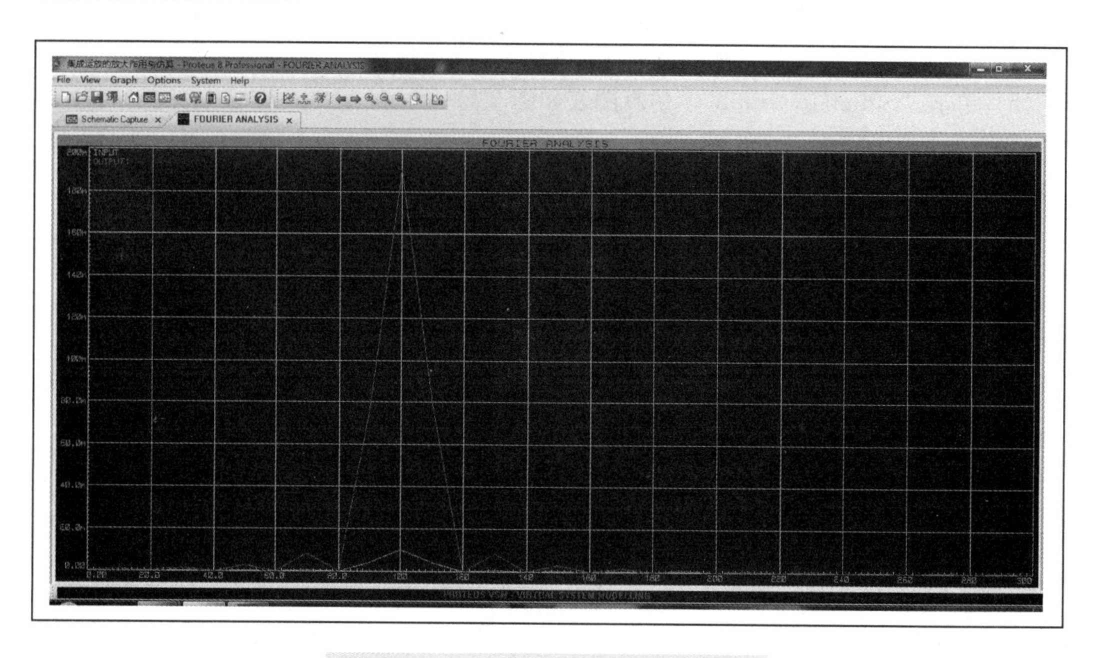

图 2-118　二次谐波和三次谐波的测量点

表 2-9　　元　件　清　单

元件名称	所属库	所属子类
OP07	Operational Amplifiers	Single
RES	Modelling Primitives	Analog
CEP-ELEC	Capacitors	Device

5　二级放大电路

音频功率放大器二级放大用于进一步放大输入信号，并进行适当的音色处理。

仿真步骤如下：

（1）单击图标，添加如表 2-9 所示元件。

（2）将选中的元件进行如图 2-119 所示摆放并设置参数。

（3）放置终端。单击图标，放置 INPUT 输入端、OUTPUT 输出端，如图 2-119 所示。

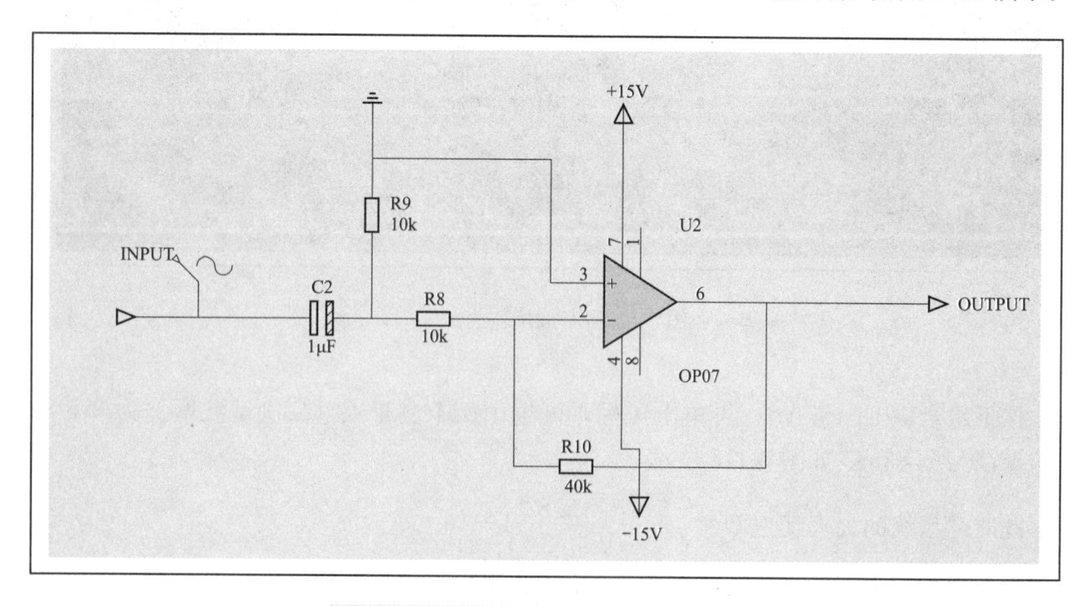

图 2-119　放置输入端、输出端示意图

（4）添加输入信号源。单击图表，单击“Sine”正弦波信号源，并对其参数进行如图 2-120 设置。

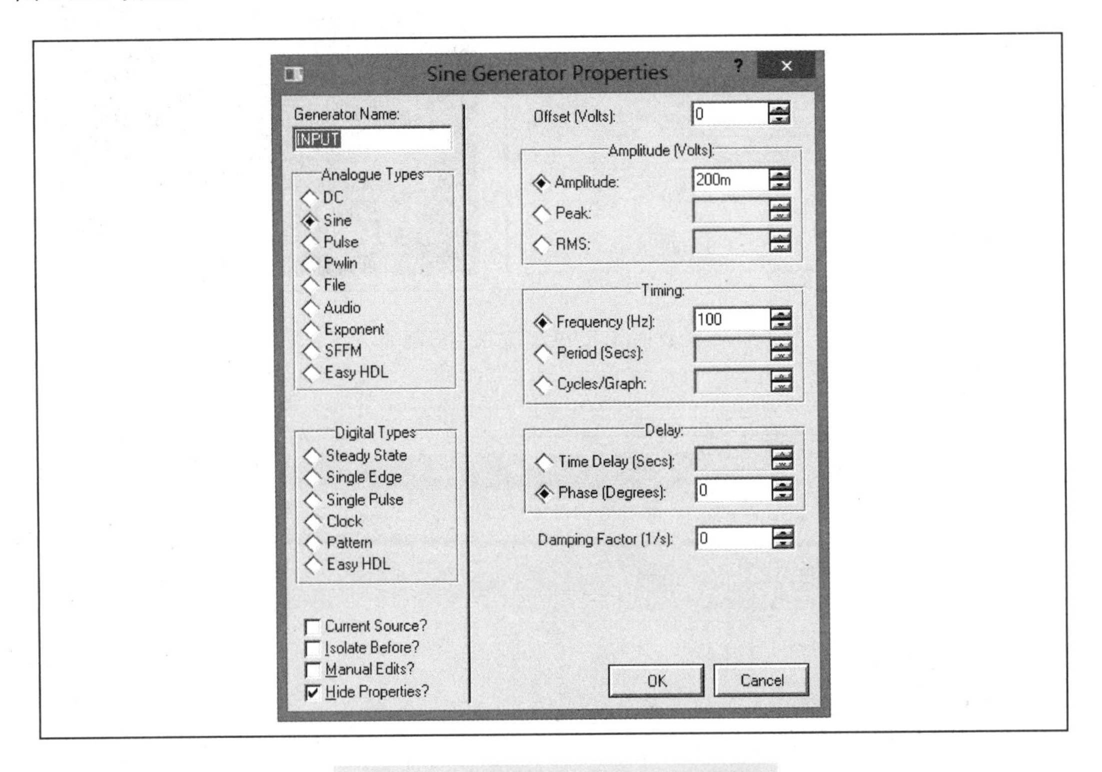

图 2-120　添加输入信号源并设置参数

注：Proteus 仿真中参数设置均用小写字母。

（5）放置测量探针。单击工具箱中的图标，将电压探针放置到电路中去。本电路中应用电压探针的默认设置。

（6）放置模拟仿真图表。单击工具箱中的图标，选择“ANALOGUE”仿真图表。如图 2-121 所示。

（7）在图表中放置正弦信号探针及电压探针。右键单击仿真图表选择 Add Traces...　Ctrl+T，弹出对话框，按图 2-122 所示进行属性设定，然后单击“OK”按钮，即在仿真图表中添加 INPUT 信号。

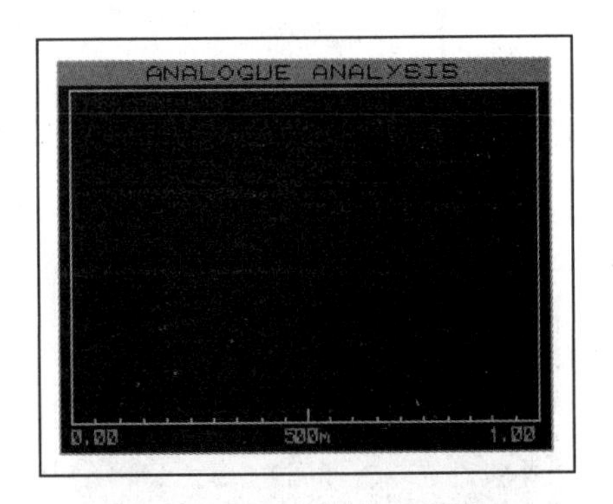

图 2-121　放置模拟仿真图表

（8）双击仿真图表，弹出模拟分析图表编辑对话框，进行如图 2-123 所示的设置。

（9）设置完成后，右键单击仿真图表选择 Simulate Graph　Space 或按下空格键进行模拟。模拟仿真结果图如图 2-124 所示。

（10）双击图表表头，图表将以窗口形式弹出。在窗口单击鼠标左键放置测量探针，测量输入电压与输出电压的关系，如图 2-125 所示。从模拟图表的仿真结果可知，电路对输入信号进行了反向放大，放大倍数为 816/199≈4，同时输出信号相位发生了偏移。

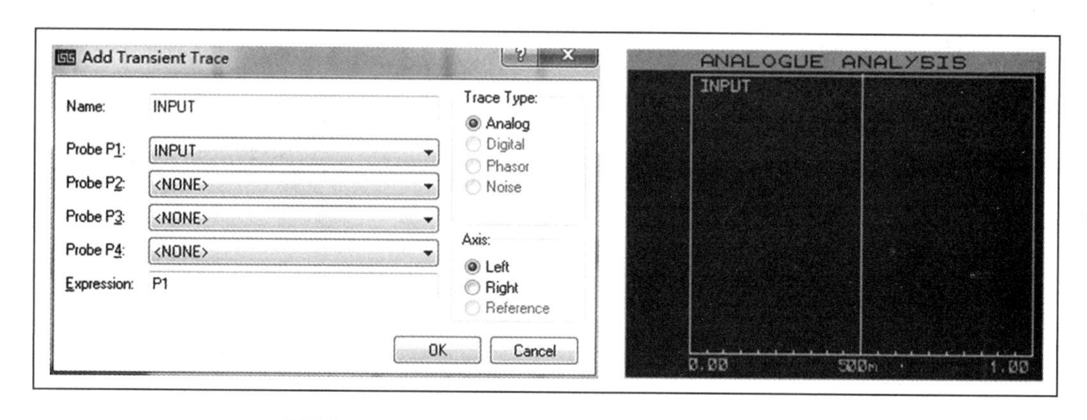

图 2-122　轨迹曲线 INPUT 输入信号添加示意图

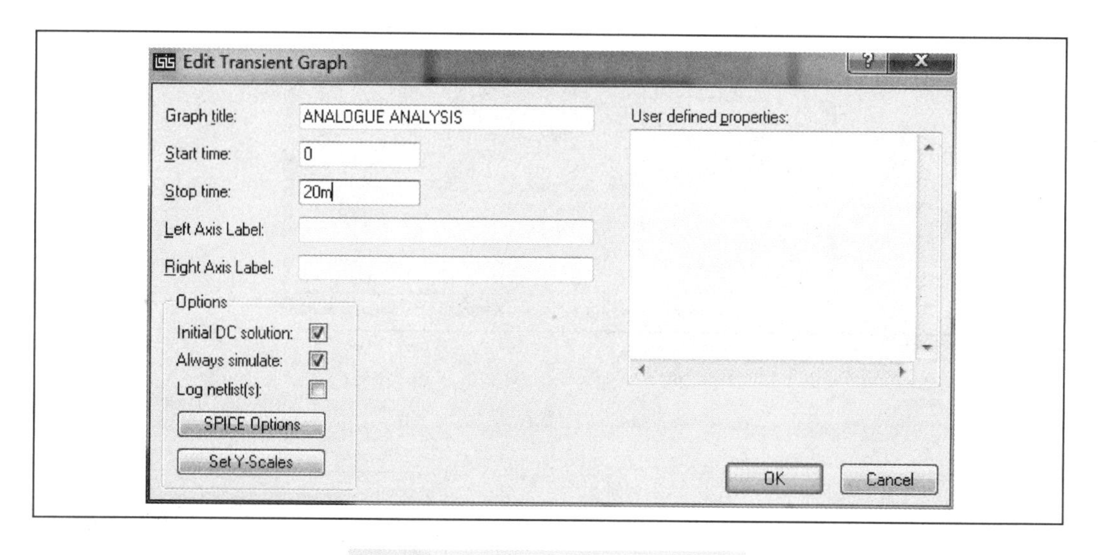

图 2-123　设置分析图表编辑对话框

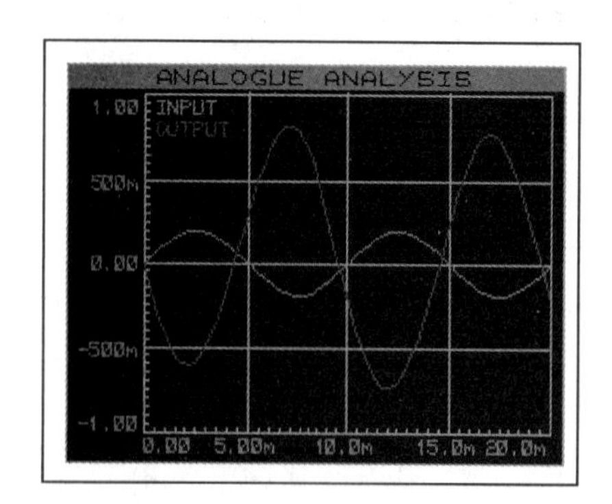

图 2-124　模拟仿真结果图

（11）改变输入信号的频率为 1kHz，仿真电路、仿真结果如图 2-126 所示。从模拟图表的仿真结果可知，电路对输入信号进行了放大，放大倍数为 821/199≈4。

（12）改变输入信号的频率为 10kHz，仿真电路、仿真结果如图 2-127 所示。从模拟图表的仿真结果可知，电路对输入信号进行了放大，放大倍数为 799/199≈4，同时信号相位偏移量减少。

综上所述，从输入信号与输出信号的模拟仿真结果可知，音频功率放大器的二级放大电路对不同输入信号频率有不同的相位偏移。

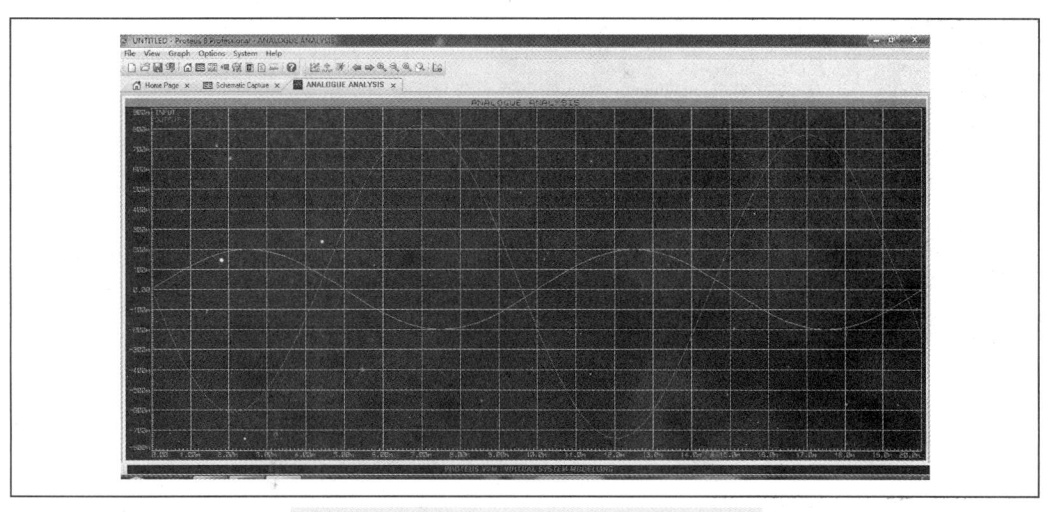

图 2-125　测量输入电压与输出电压的关系

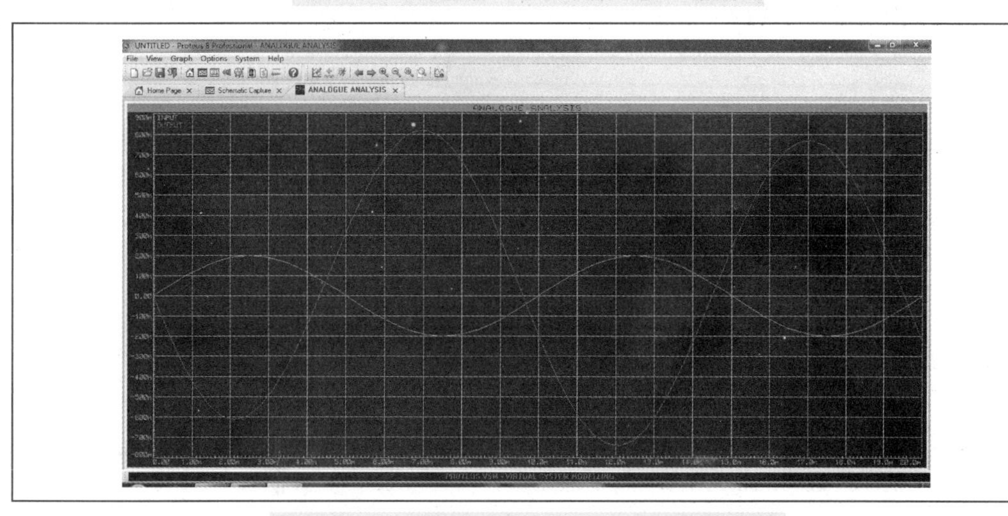

图 2-126　输入信号的频率为 1kHz 时仿真结果

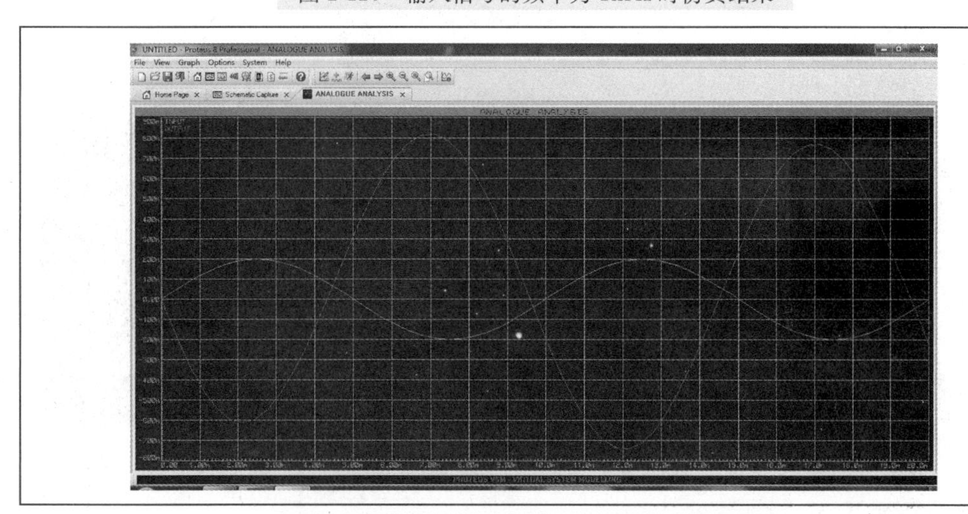

图 2-127　输入信号的频率为 10kHz 时仿真结果

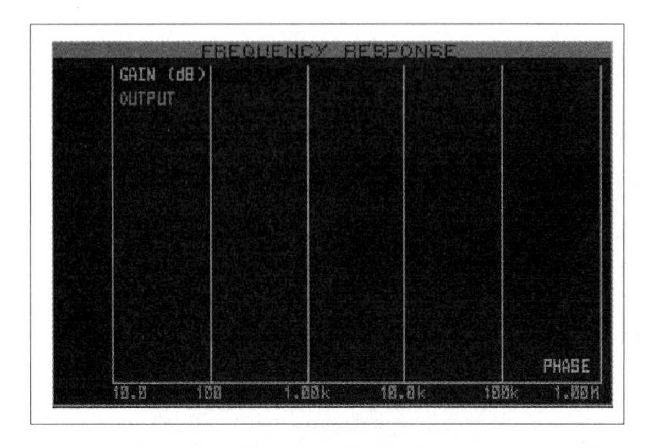

图 2-128 在图表中放置电压探针

6 二级放大电路的频率特性仿真

仿真步骤如下：

（1）放置频率分析图表。在对象选择中选择“FREQUENCY”仿真图表。在编辑窗口放置仿真图表。

（2）在图表中放置电压探针，选中电路中的电压探针，将其拖曳到仿真图表中。结果如图 2-128 所示。

（3）设置频率分析图表。双击图表弹出编辑对话框，按图 2-129 所示设置频率分析图。

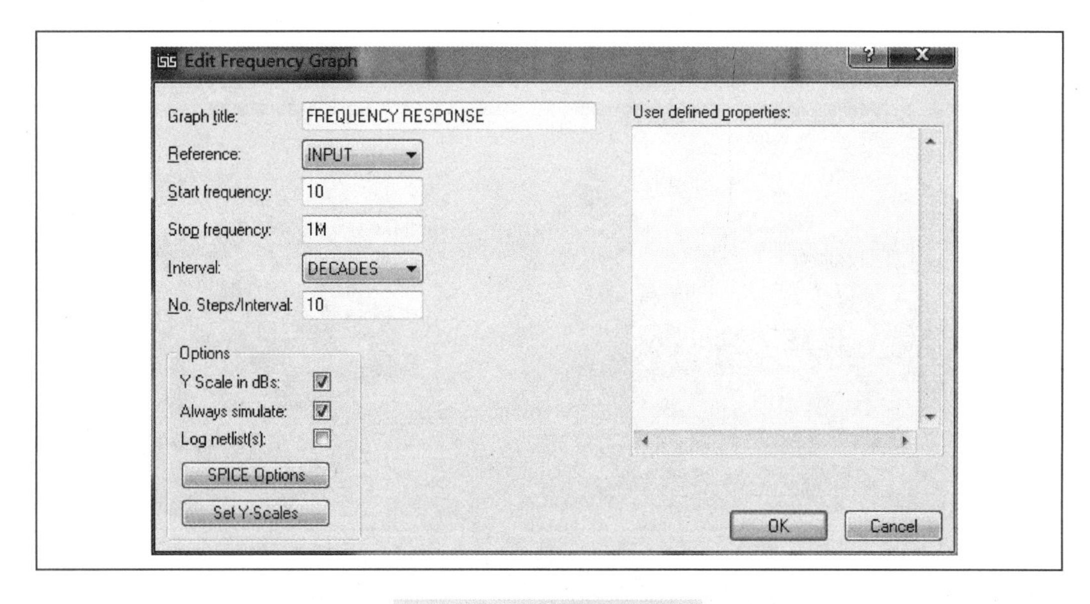

图 2-129 设置频率分析图

（4）仿真电路。右键单击图表，单击 Simulate Graph Space 进行仿真。电路仿真结果如图 2-130 所示。

（5）单击图表表头，图表将以窗口形式弹出，在窗口中放置测量探针，测量电路中最大频率增益如图 2-131 所示。

（6）从图中的测试结果可知系统的最大频率增益为 12.0dB，则截止处增益为 12.0×0.707=8.5dB。

7 二级放大电路的噪声特性仿真

仿真步骤如下：

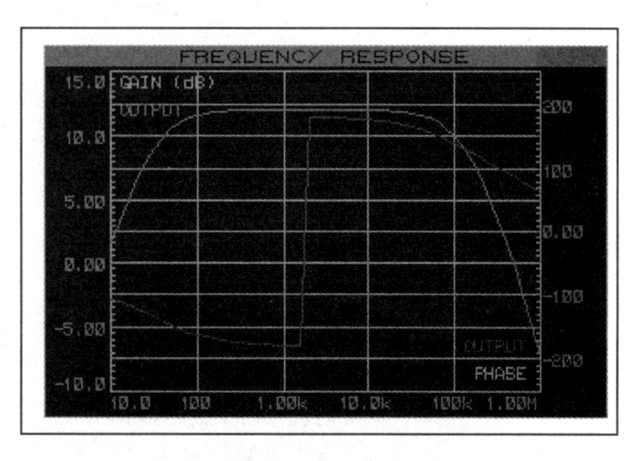

图 2-130 电路仿真结果

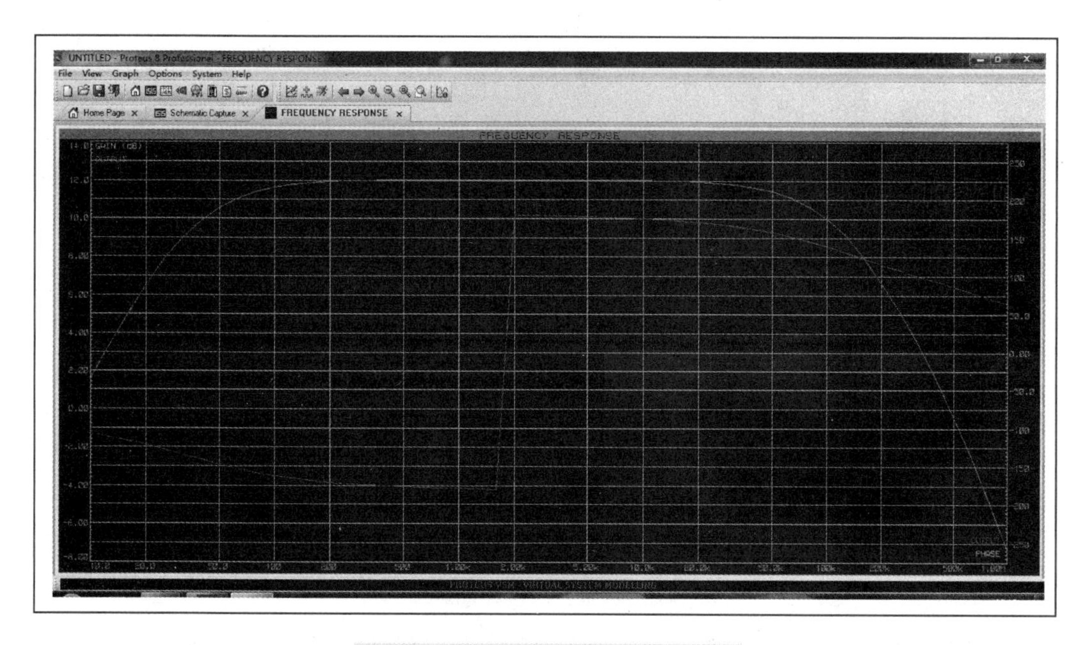

图 2-131 在窗口中放置测量探针

(1) 在 OUTPUT 处添加电压探针。

(2) 单击⊠,选择 NOISE,放置图标。右键单击“Add trace”,分别在如图 2-132 所示位置放置 OUTPUT 信号。

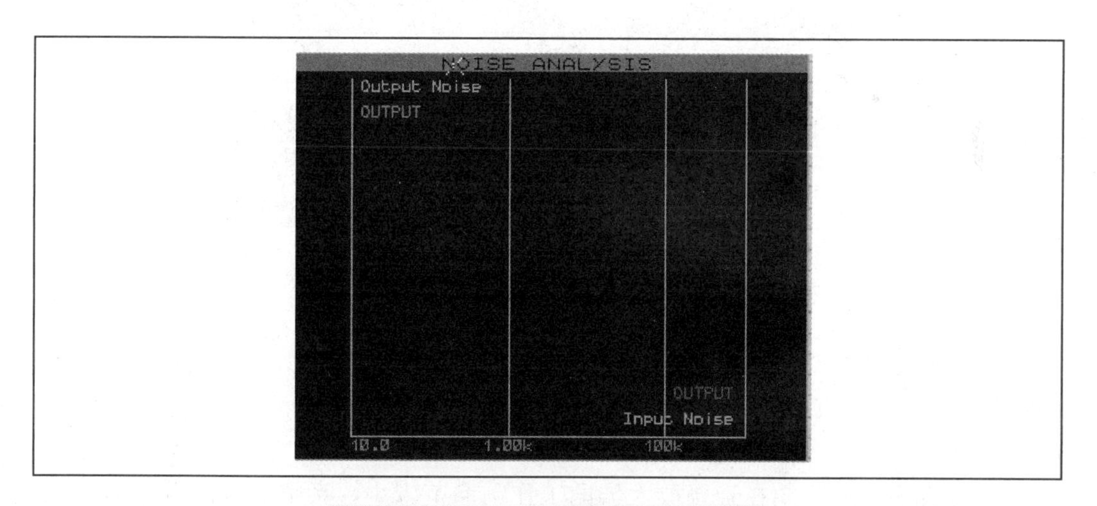

图 2-132 在 OUTPUT 处添加电压探针

(3) 在 NOISE 图表上右键单击“Edit Properties”,编辑图标属性如图 2-133 所示。

其中,参考发生器为 INPUT 信号,起始仿真频率为 10Hz,终止频率为 1MHz。Interval 表示间距取值方式。DECADES 为十倍频程;OCTAVESL 为 8 倍频程;LINEAR 为线性取值。间距取值方式为十倍频。步幅数为 10。单击“OK”按钮完成设置。

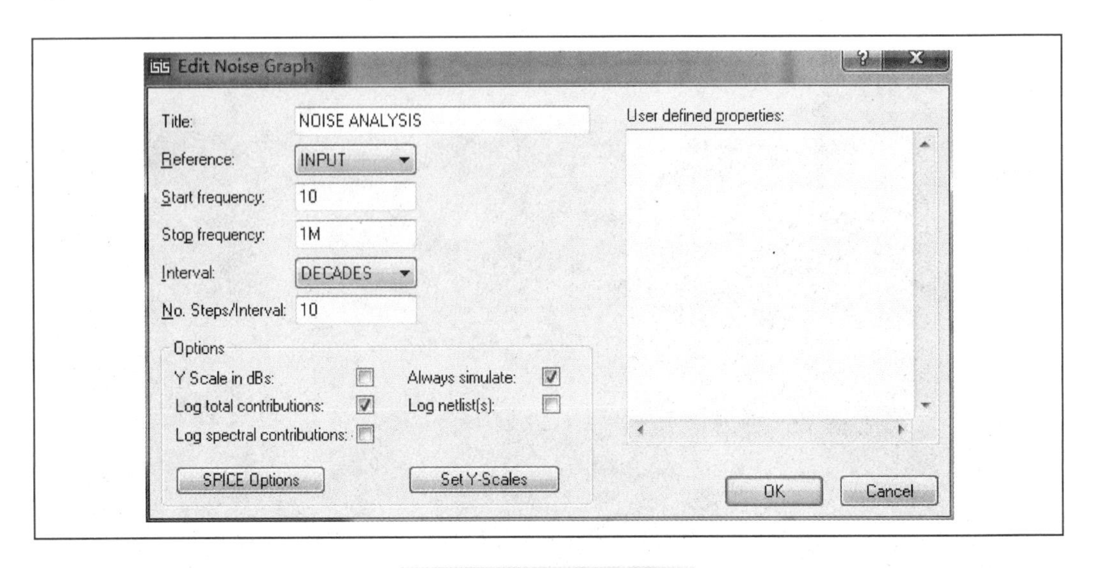

图 2-133　编辑图表属性

（4）右键单击图表“simulate Graph”，仿真结果如图 2-134 所示。

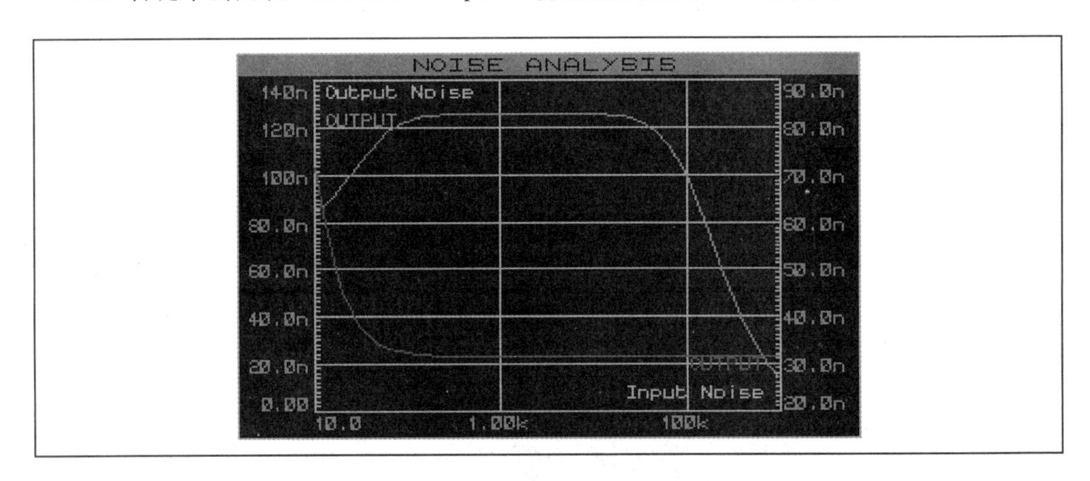

图 2-134　仿真结果

（5）单击图标表头，图表将以窗口形式出现。在窗口单击鼠标左键放置测量探针，测量频率为 10～10000Hz 时系统的噪声电压值（按下组合键 Crtl＋Alt 可连选）。如图 2-135 所示。

从系统测量结果可知在音频放大器的工作频率范围内，系统的噪声范围为 86.1～126nV/$\sqrt{\text{Hz}}$。

8　二级放大电路的失真分析

下面是失真分析仿真步骤。

（1）单击 simulatation Graph 图标，在对象选择器中选择“DISTORITION”仿真图表。在编辑窗口期望放置图标的位置单击鼠标左键，并拖曳鼠标，在期望的结束点单击鼠标左键，放置失真分析图表。

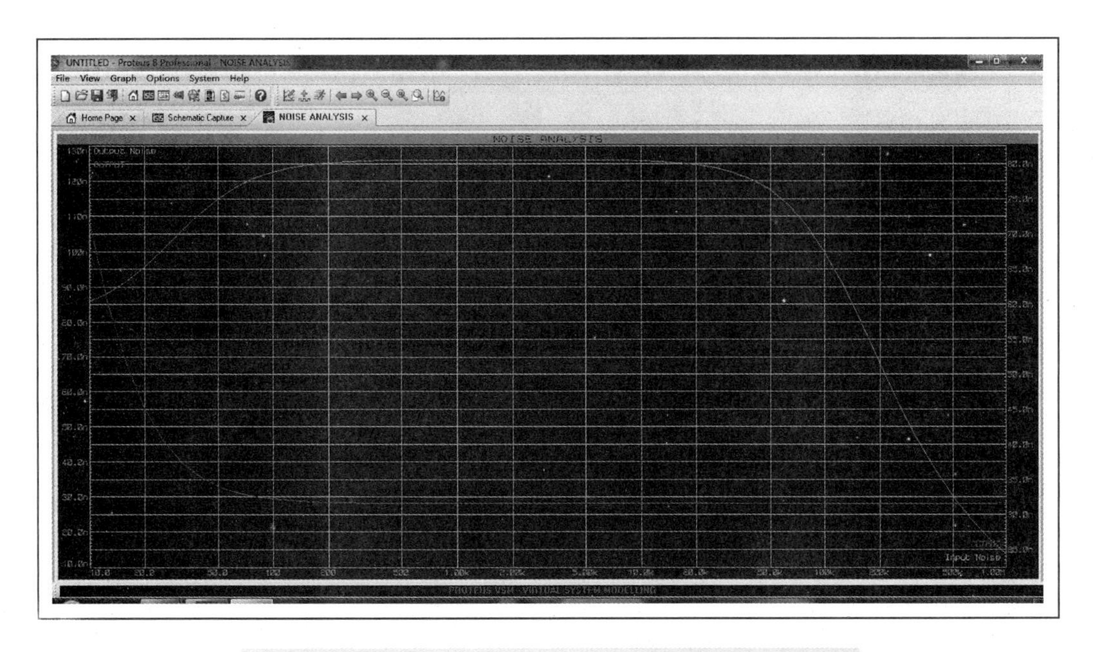

图 2-135　测量频率为 10～10000Hz 时系统的噪声电压值

在图表上单击鼠标右键，分别在 left 和 right 侧添加 output 曲线。如图 2-136 所示。

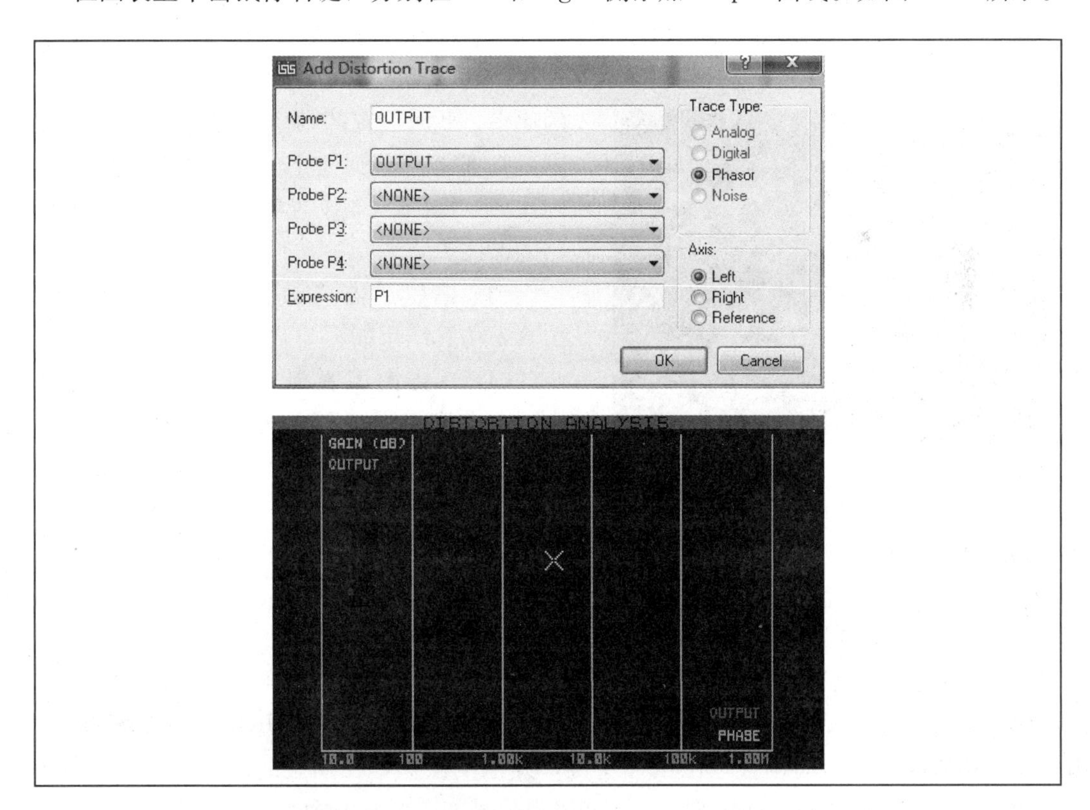

图 2-136　在 left 和 right 侧添加 Output 曲线

（2）双击图表，编辑图表属性如图 2-137 所示。

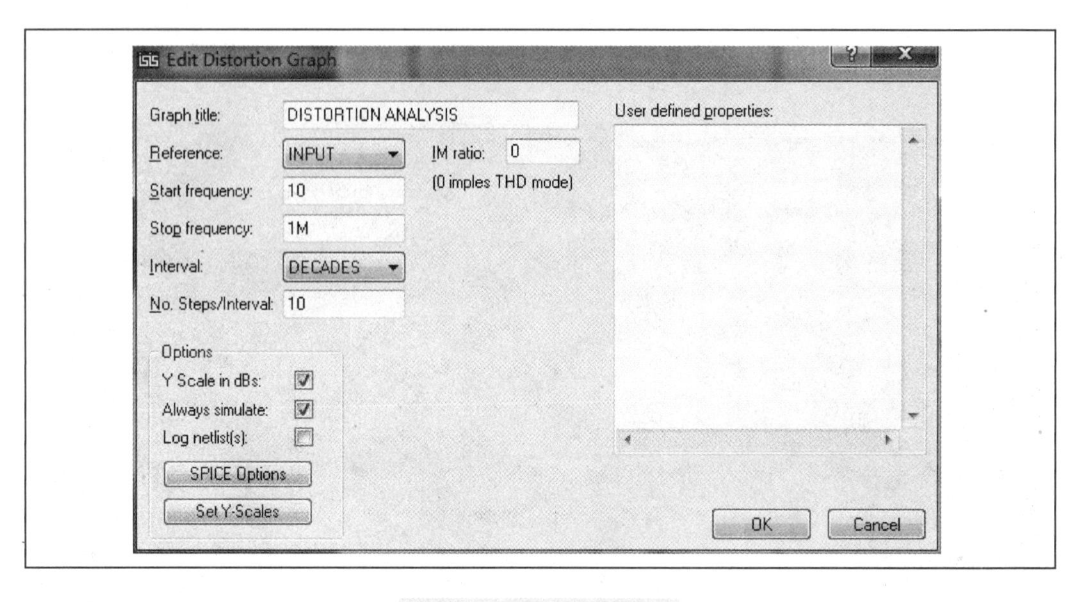

图 2-137　编辑图表属性

其中，Reference 表示频率为 F1 的发生器。IM Ratio 表示 F2 与 F1 的比率。Start time 表示 F1 起始仿真频率。Stop time 表示 F1 终止仿真频率。Interval 表示间距取值方式。DECADES 为十倍频程；OCTAVESL 为 8 倍频程；LINEAR 为线性取值。IM Ratio 是在仿真电路的互调失真时用于设置 f_2 和 f_1 的比率。此时设置的频率范围为 f_1 的频率范围，f_2 的频率范围为 f_1 的频率乘以 f_2 和 f_1 的比率；IM Ratio 设置为 0 时，系统仿真电路的谐波失真。

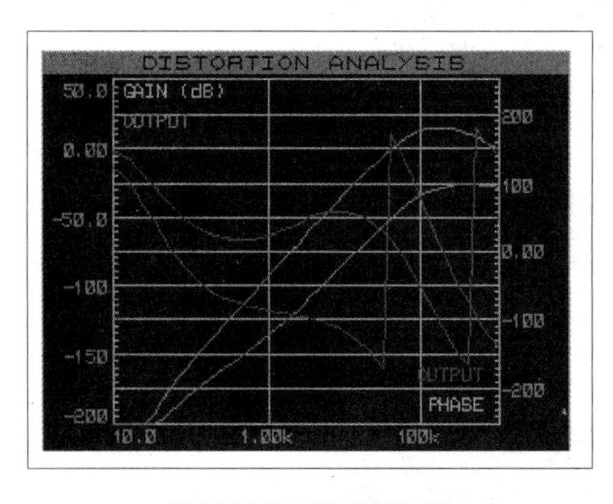

图 2-138　仿真结果

（3）右键单击"Simulate Graph"，开始仿真，仿真结果如图 2-138 所示。

（4）单击图表表头，图表将以窗口形式出现。在窗口单击鼠标左键放置测量探针。测量频率为 50Hz 时系统的二次谐波与三次谐波引起的电路失真，如图 2-139 所示。

如图 2-135 所示为频率为 50Hz 时系统的二次谐波的电路失真－192，以及频率为 50Hz 时系统的三次谐波的电路失真－176。

9　二级放大电路的傅里叶分析

傅里叶分析仿真步骤如下：

（1）单击 simulatation Graph 图标，在对象选择器中选择 FOURIER 仿真图表。在编辑窗口期望放置图标的位置单击鼠标左键，并拖曳鼠标，在期望的结束点单击鼠标左键，放置傅里叶分析图表。然后放置输入和输出信号如图 2-140 所示。

（2）双击图表，编辑图表属性如图 2-141 所示。图中 Resolution 表示分辨率，Window 表示窗函数，bartlett 表示球形。

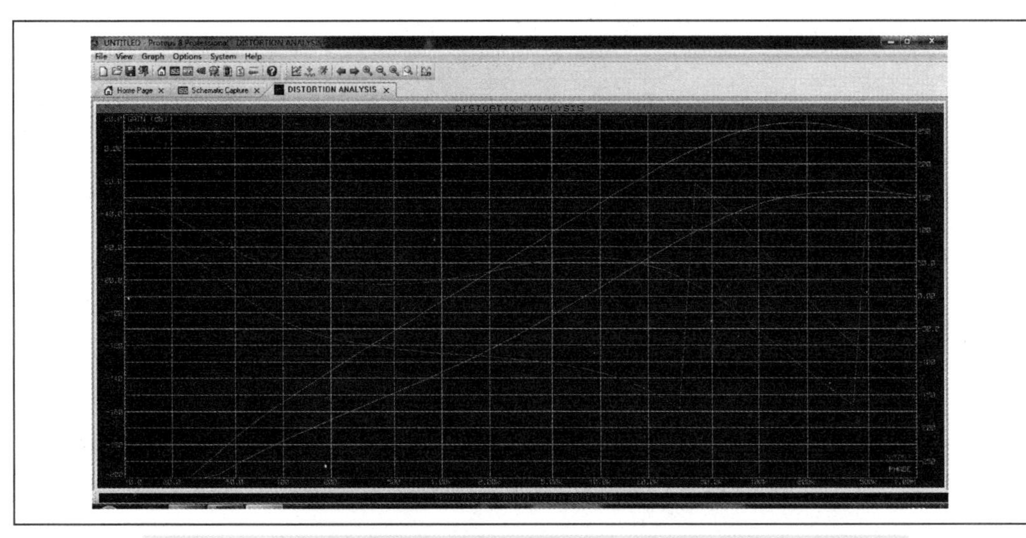

图 2-139　频率为 50Hz 时系统的二次谐波与三次谐波引起的电路失真

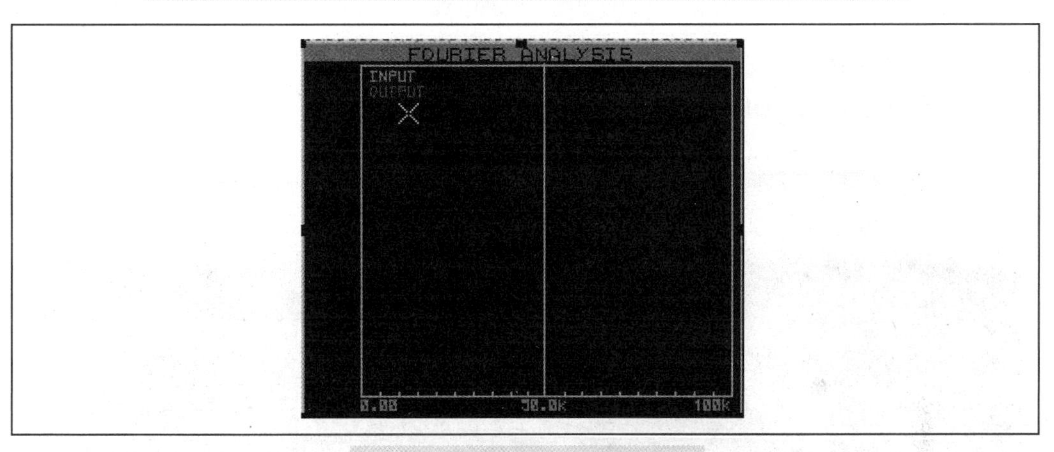

图 2-140　放置傅里叶分析图表

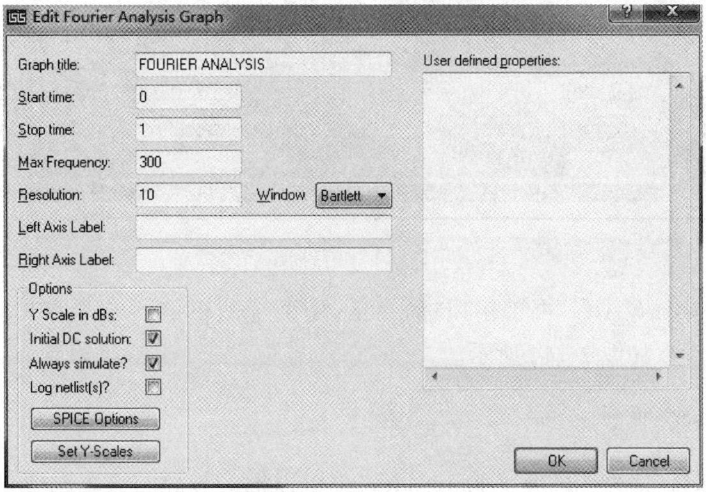

Edit Fourier Analysis Graph

Graph title: FOURIER ANALYSIS
Start time: 0
Stop time: 1
Max Frequency: 300
Resolution: 10　Window Bartlett
Left Axis Label:
Right Axis Label:
Options
Y Scale in dBs:
Initial DC solution:
Always simulate?
Log netlist(s)?
SPICE Options
Set Y-Scales
User defined properties:
OK　Cancel

图 2-141　设置编辑图表属性

（3）单击 simulate graph，仿真图表如图 2-142 所示。

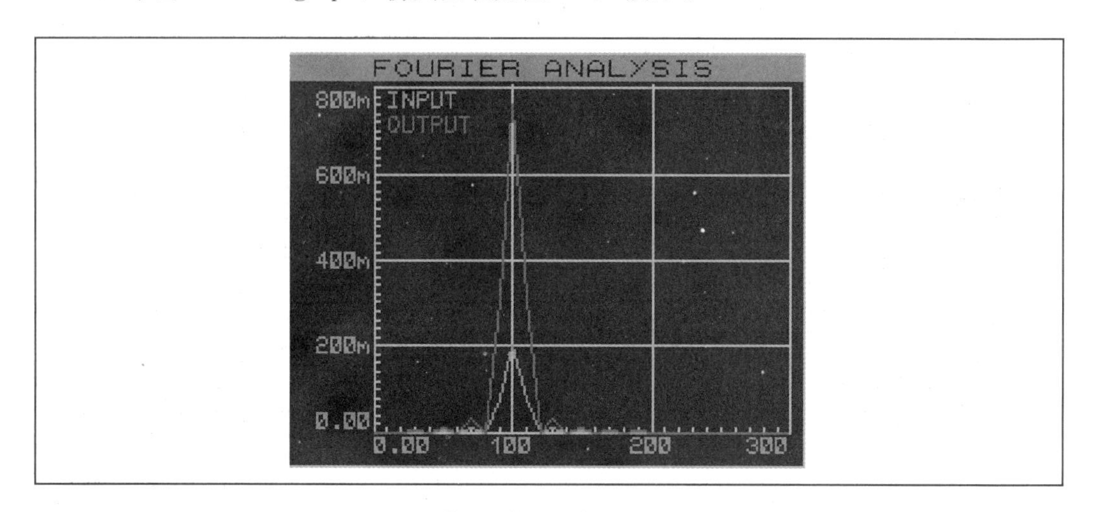

图 2-142 仿真图表

（4）右键单击图表，最大化窗口，单击曲线，观察基波和二次谐波、三次谐波测量点，基波增益为 753m，如图 2-143 所示。

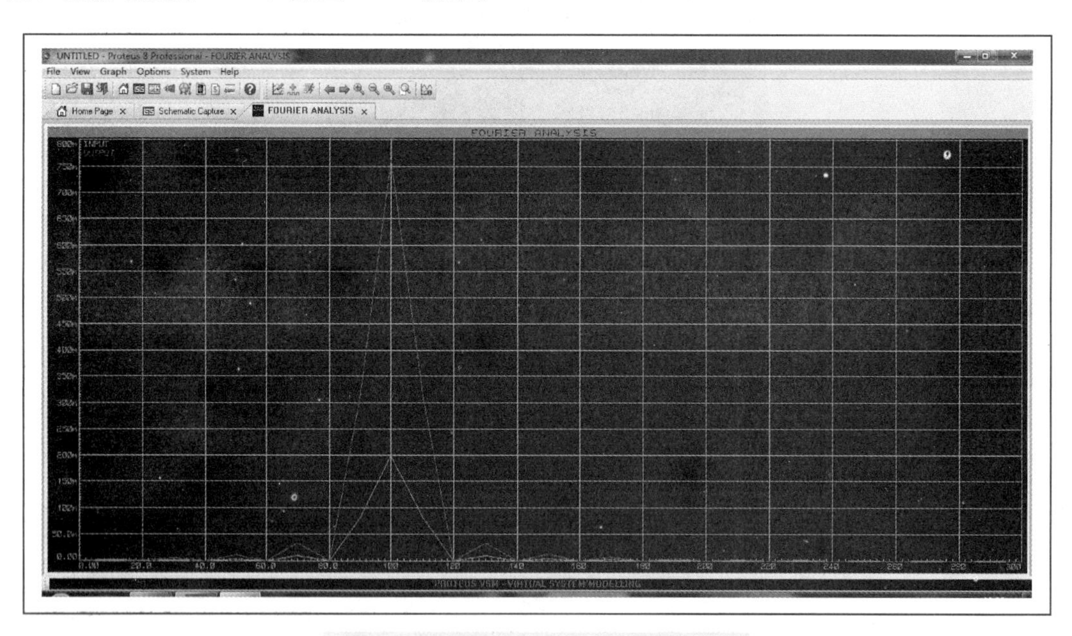

图 2-143 最大化窗口观察基波测量点

按下组合键 Ctrl＋Alt，再单击鼠标，可选中两个测量点。二次谐波增益为 32.5m，三次谐波为 10.8m。如图 2-144 所示。

此时，系统的失真度为 $D=\sqrt{\frac{32.5^2+10.8^2}{753^2}}\approx 4\%$。

在此次仿真时，信号源的频率为 100Hz，也可以把信号源的频率调成 1kHz 和 10kHz 进行放置，同时观察一下此时的失真度。

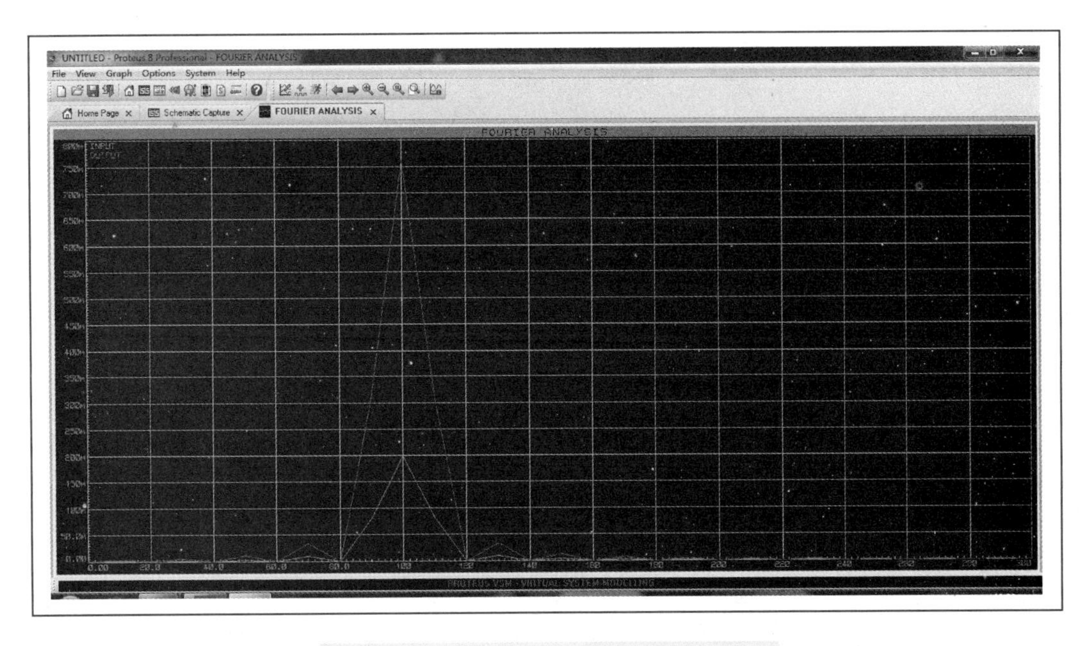

图 2-144　二次谐波和三次谐波的测量点

2.5.2　功率放大电路仿真

音频功率放大电路如图 2-145 所示。

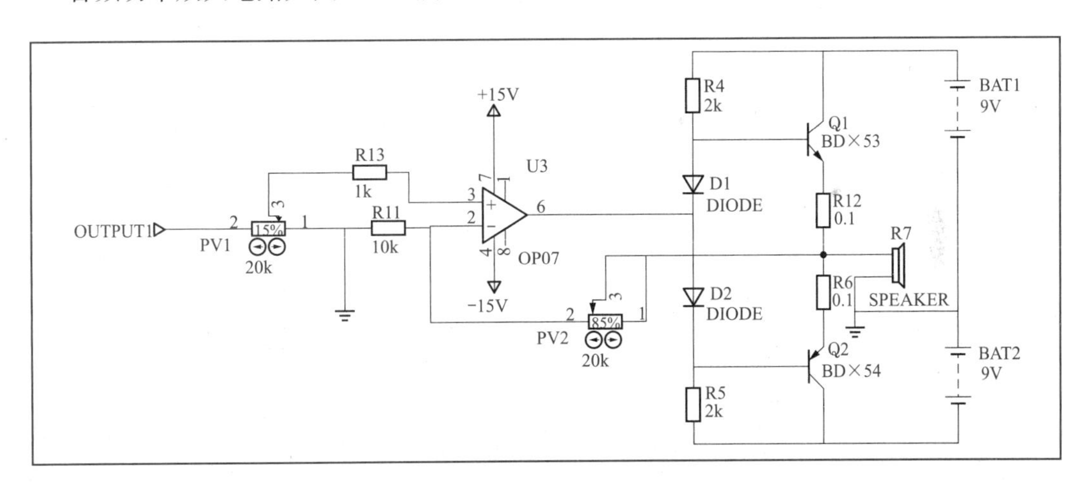

图 2-145　音频功率放大电路图

仿真步骤如下：

（1）添加元件（见图 2-146）。

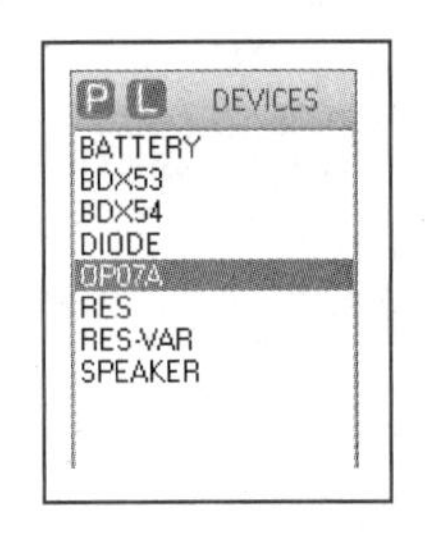

图 2-146　添加元件

（2）绘制电路图，并添加 100Hz、800mV 的正弦波电源信号。添加输出的电压探针。

（3）在输入端添加电流探针（电流探针的方向与电流流向一致）。

（4）单击，放置 ANALOGUE 分析仪。

（5）右键单击图表，选择“Add Trace”，添加输入如图 2-147 所示，输出也同理。

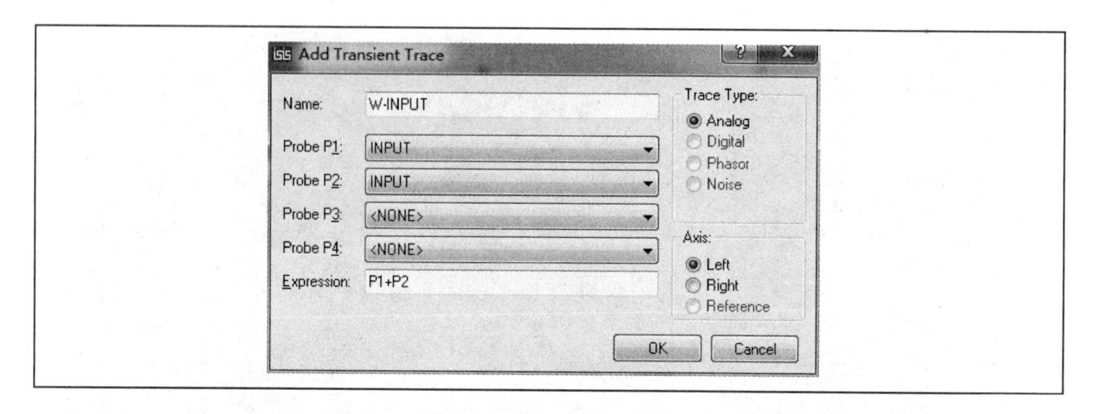

图 2-147　添加输入图表

（6）右键单击图表属性设置如图 2-148 所示。

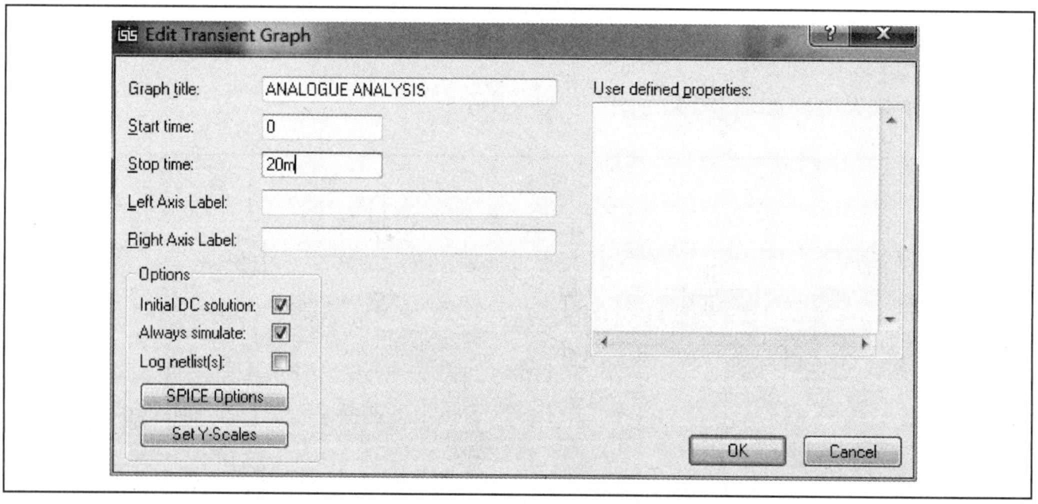

图 2-148　图表属性设置

（7）单击 simulate graph，仿真如图 2-149 所示。

如图 2-150 所示，输出功率的值小于输入功率的值，把 RV1 的电阻调小。此时，输出功率进行了放大。

为了能够通过音频文件观察到音频放大的效果，特把本电路的电阻参数值加大，如图 2-151 所示。

仿真如下：

（1）双击输入信号，在对话框中进行修改如图 2-152 所示，并且在红色圈处加入音频文件（.wav），注意此文件不要太大，否则会造成死机。

（2）单击（图表模式），进行如图 2-153 所示的选择。

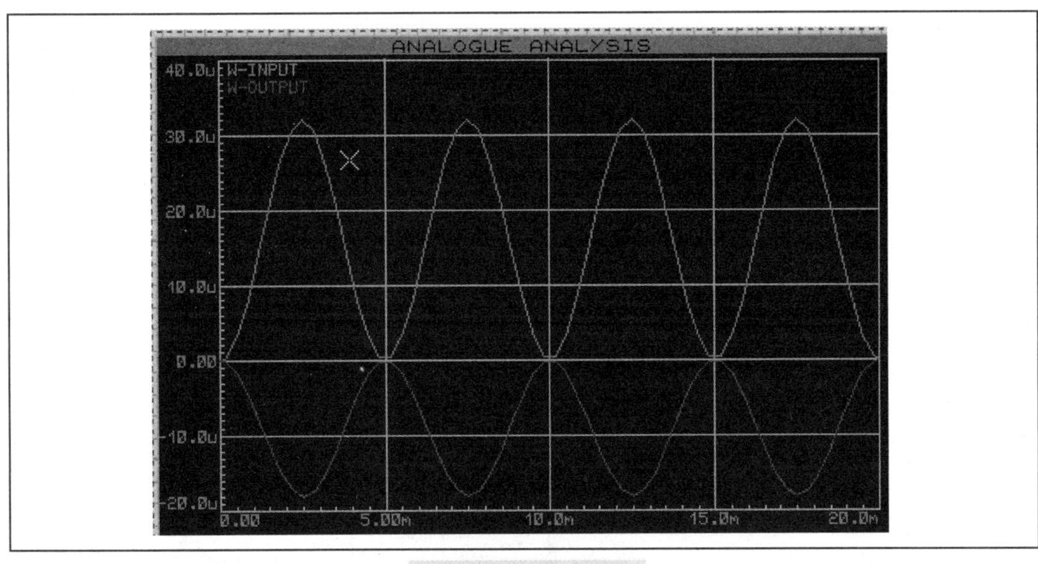

图 2-149　仿真图表

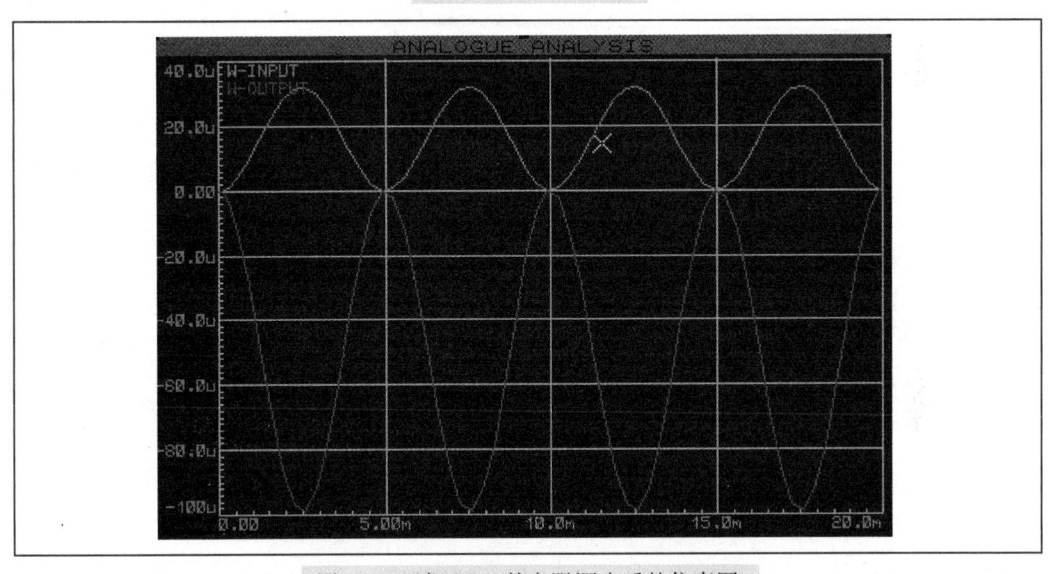

图 2-150　把 RV1 的电阻调小后的仿真图

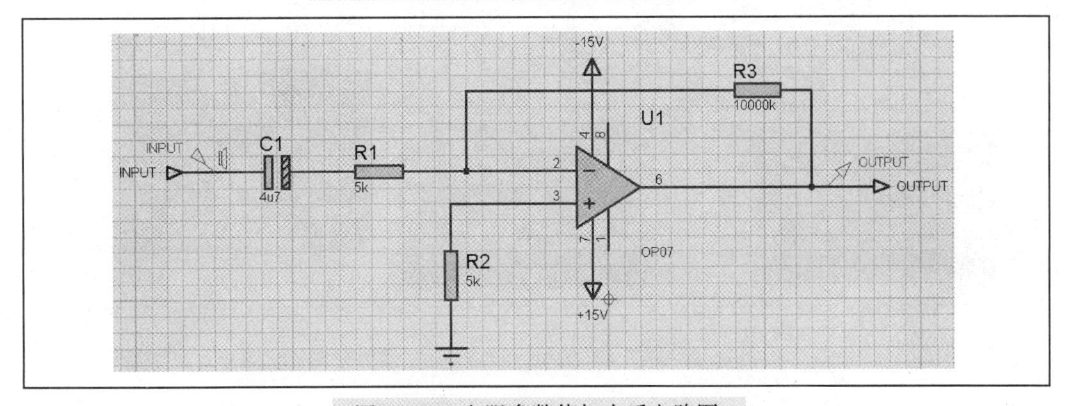

图 2-151　电阻参数值加大后电路图

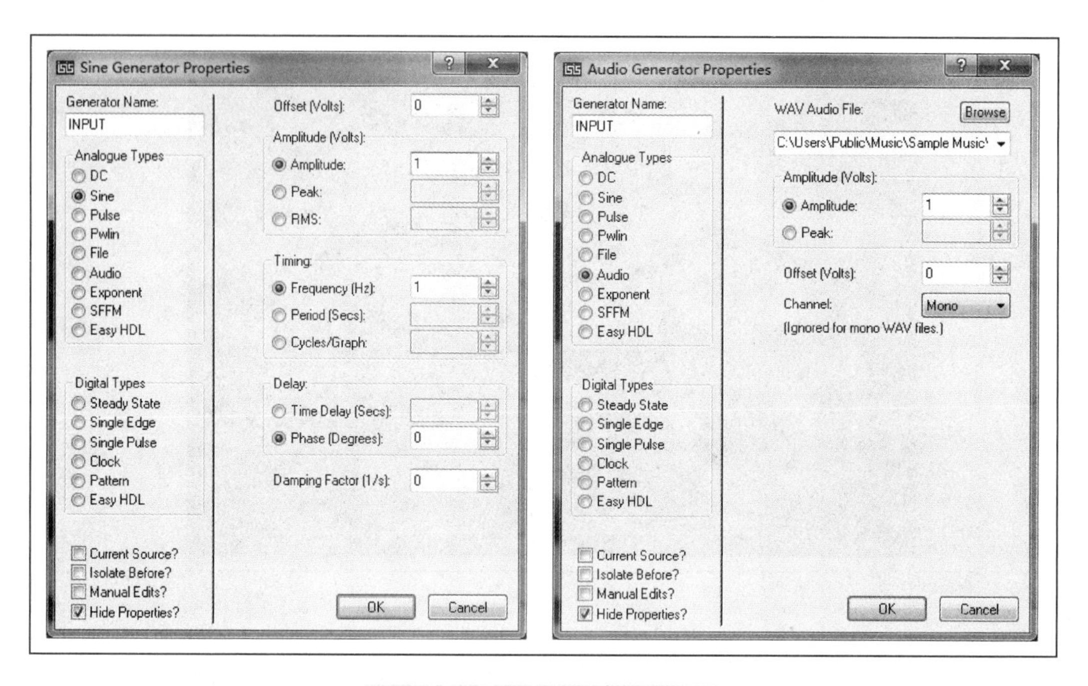

图 2-152　修改对话框内容示意图

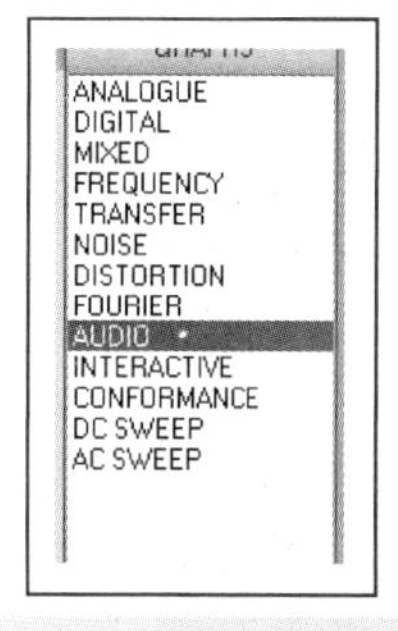

图 2-153　图表模式的选择示意图

（3）此时，鼠标变为“铅笔形状”，拖住左键不动，可在绘图区放置一个 AUDIO 分析器。如图 2-154 所示。

（4）再放置一个 audio 分析器，放置 OUTPUT 信号。如图 2-155 所示。

（5）在“AUDIO ANALYSIS”上单击右键，选择“Simulation Graph”，即可分析 audio 音频。如图 2-156 所示。

同理，可仿真 output 音频，如图 2-157 所示。

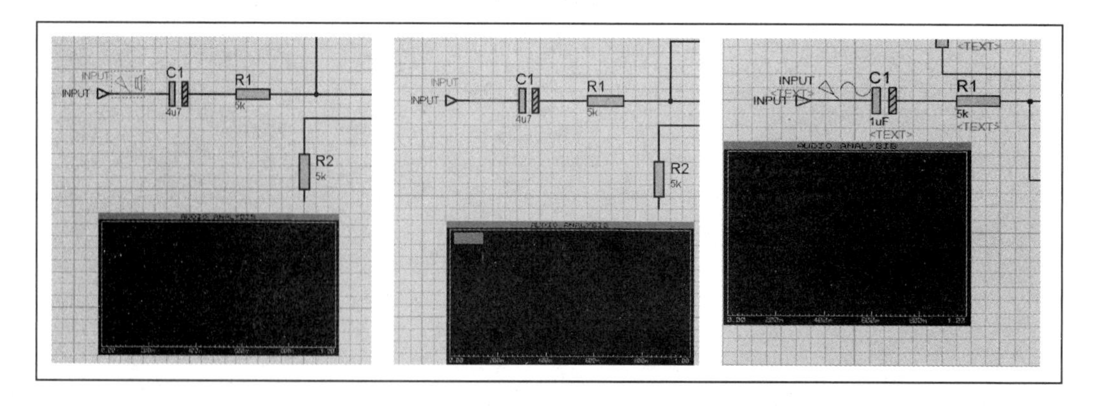

图 2-154　绘图区放置一个 AUDIO 分析器

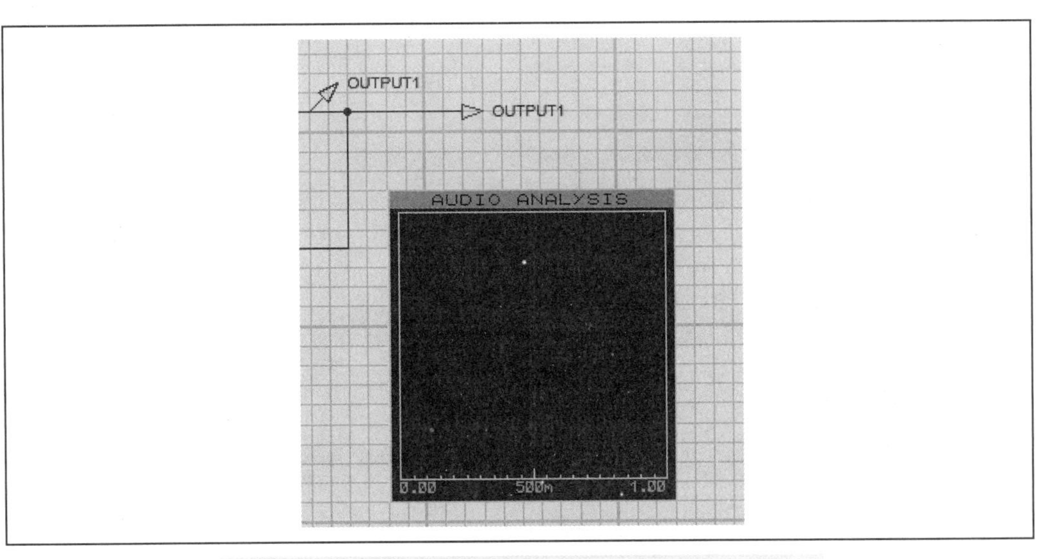

图 2-155 放置一个 audio 分析器，放置 OUTPUT 信号

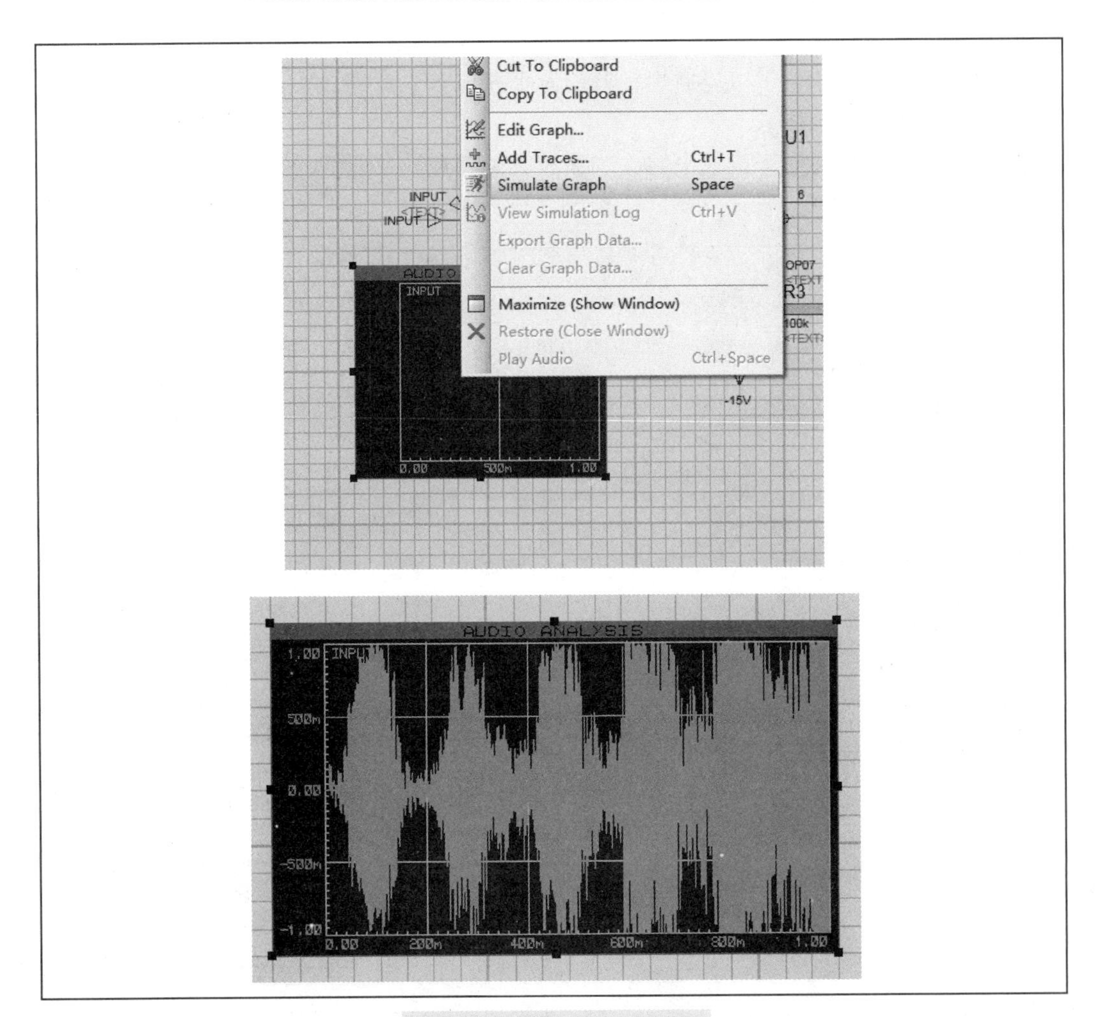

图 2-156 分析 audio 音频

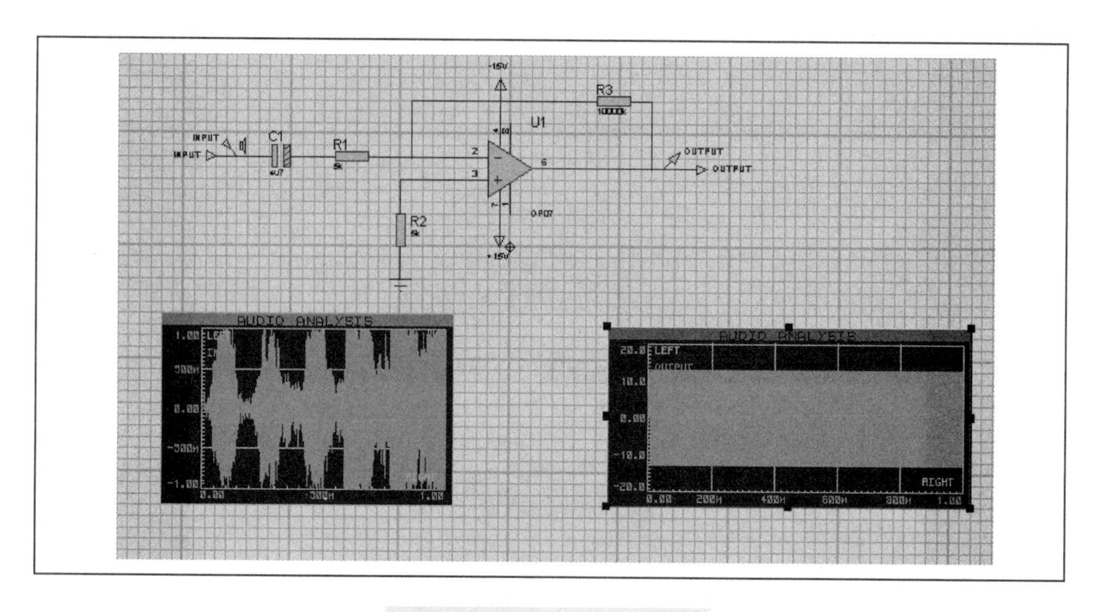

图 2-157　仿真 output 音频

从音频声音的播放音量可以看出，此前置电路放大了音频。

2.5.3　音频放大器电路

将音频功率放大器前置放大电路、二级放大电路和功率放大电路顺序相连，构成了音频放大电路。如图 2-158 所示。

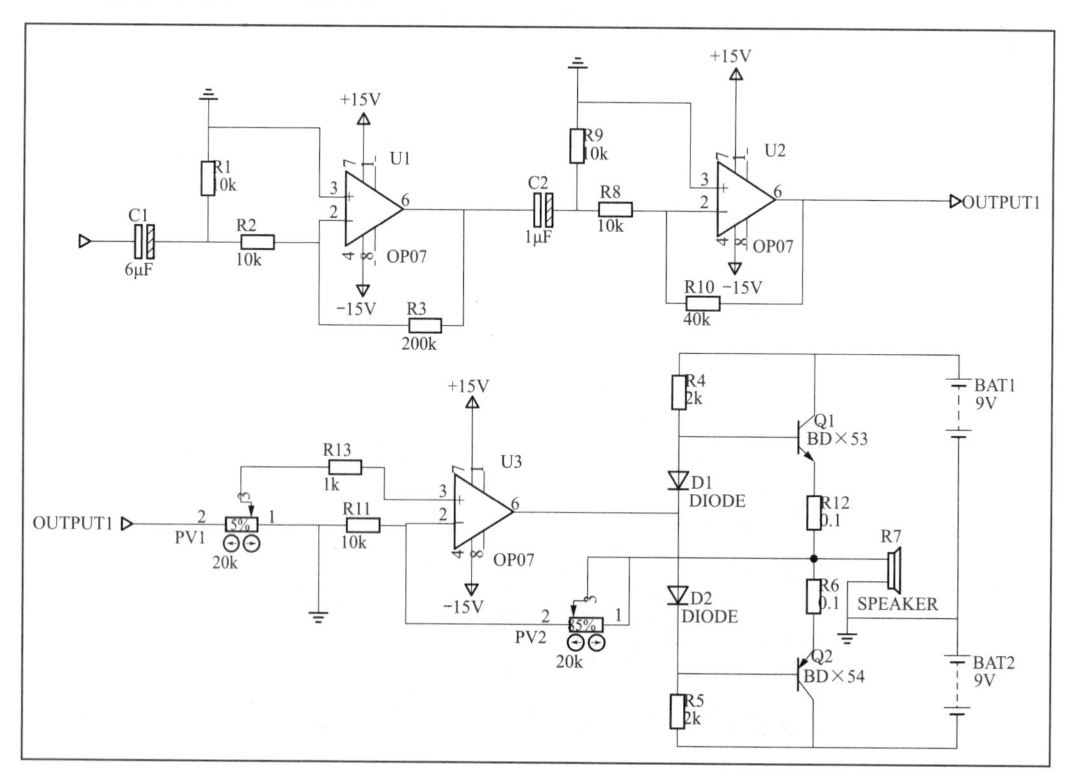

图 2-158　音频放大电路

1　音频放大电路的放大特性仿真

（1）在输入端添加电压幅度为5mV，频率为1kHz的正弦信号。

（2）在喇叭处添加电压探针OUTPUT。

（3）单击，选择“ANALOGUE”图表。在图表上添加INPUT和OUTPUT信号。

（4）右键单击选择“Simulate Graph”，仿真图表如图2-159所示。

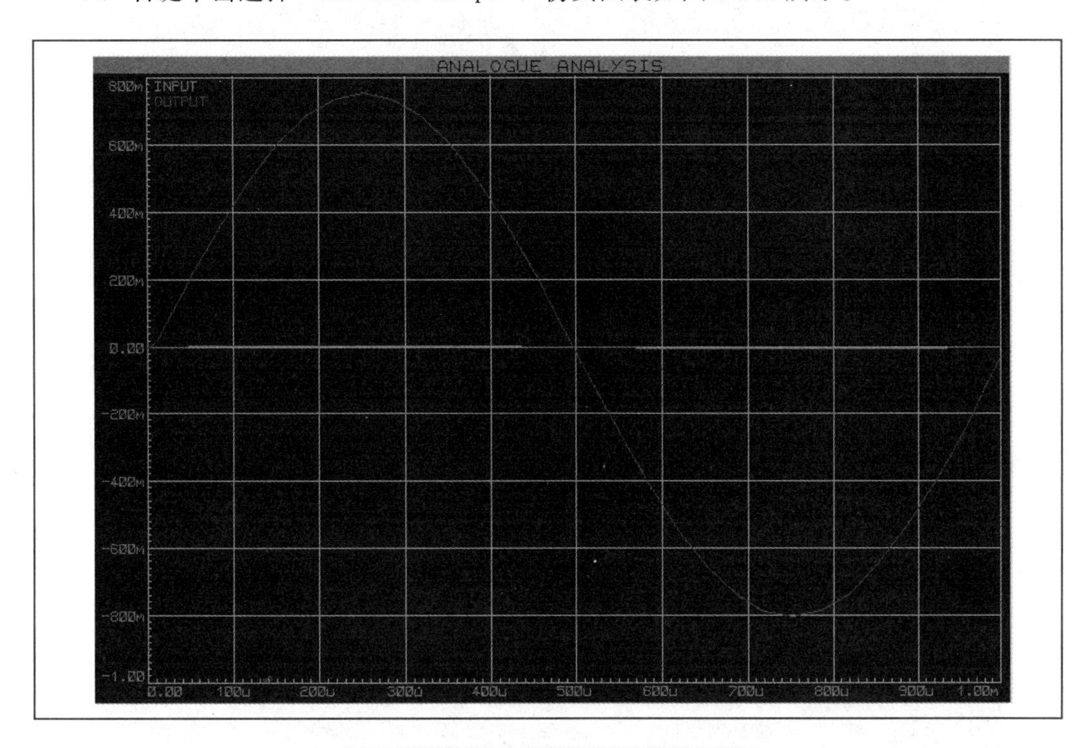

图2-159　音频放大电路的仿真图表

（5）在图标上鼠标选中INPUT或OUTPUT，右键选择“Edit trace properties”，如图2-160所示。勾选“Show data points”选项。

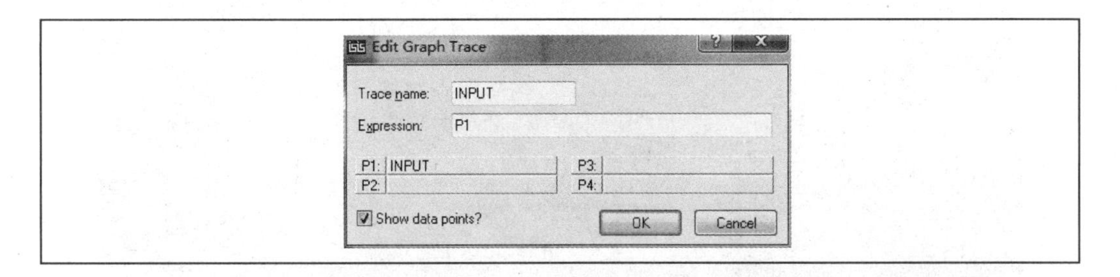

图2-160　图标上鼠标选中INPUT或OUTPUT

同理设置OUTPUT，图表如图2-161所示。

（6）选中峰值，按下组合键CTRL＋ALT，选中INPUT，可看到INPUT信号峰值为5mV，输出为754mV，进行了同相放大。放大倍数为754/5＝150，如图2-162所示。

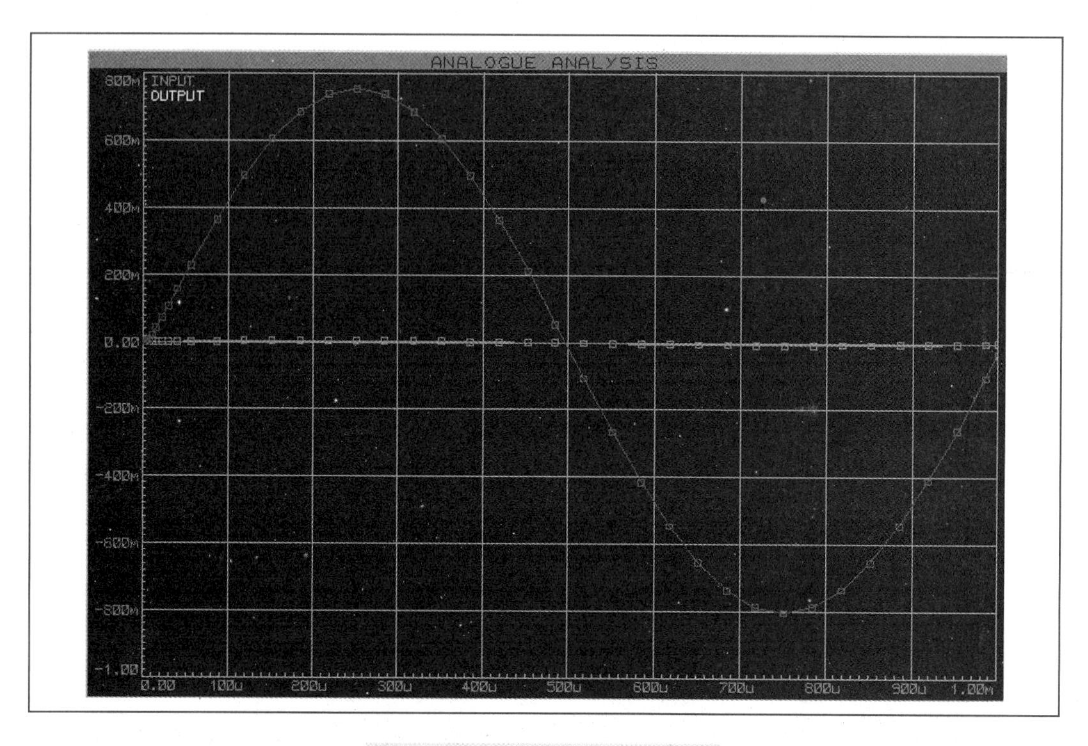

图 2-161　设置 OUTPUT 图表

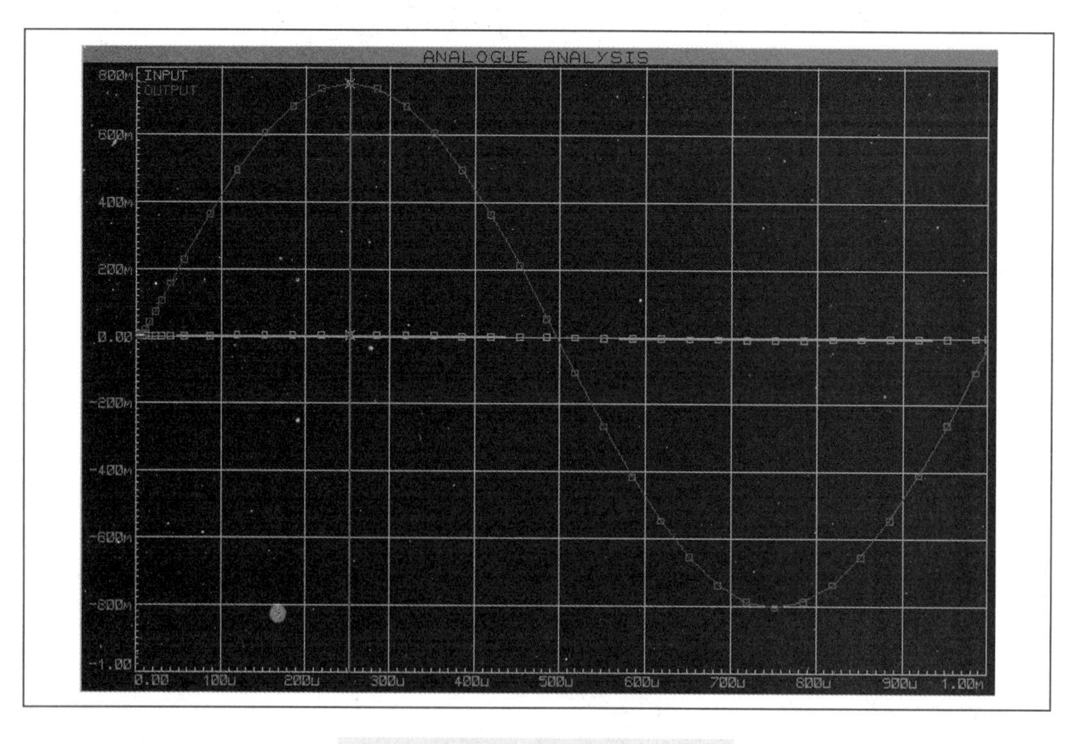

图 2-162　观察并放大图表中的峰值

2　音频放大电路的频率响应特性仿真

（1）单击，选择 FREQUENCY 图表。在图表的左侧和右侧添加 OUTPUT 信号。如图 2-163 所示。

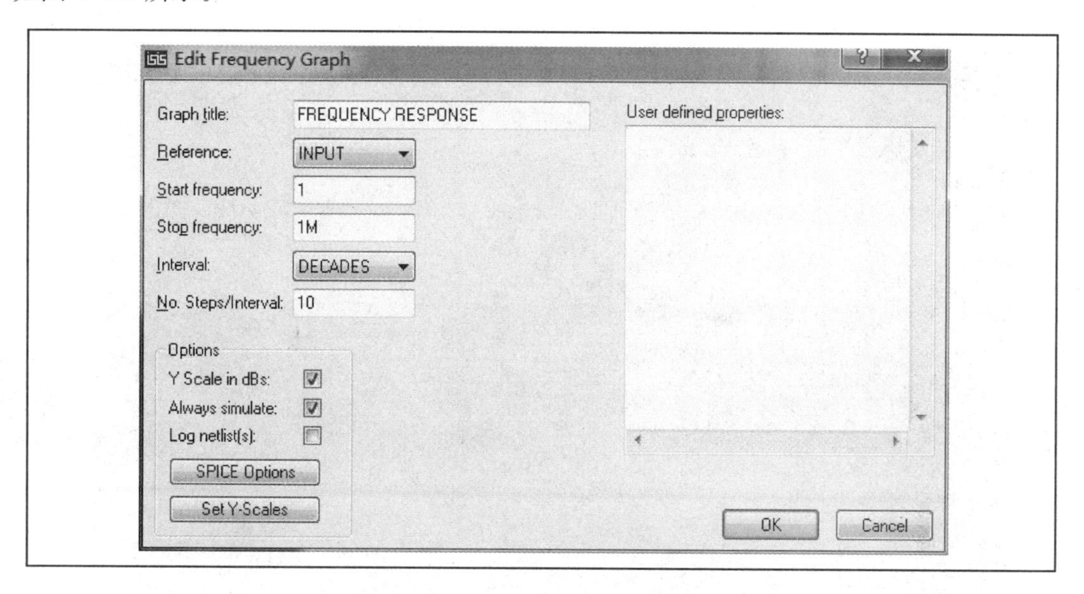

图 2-163　左侧和右侧添加 OUTPUT 信号

（2）右键选择 Simulate Graph，仿真图表如图 2-164 所示。

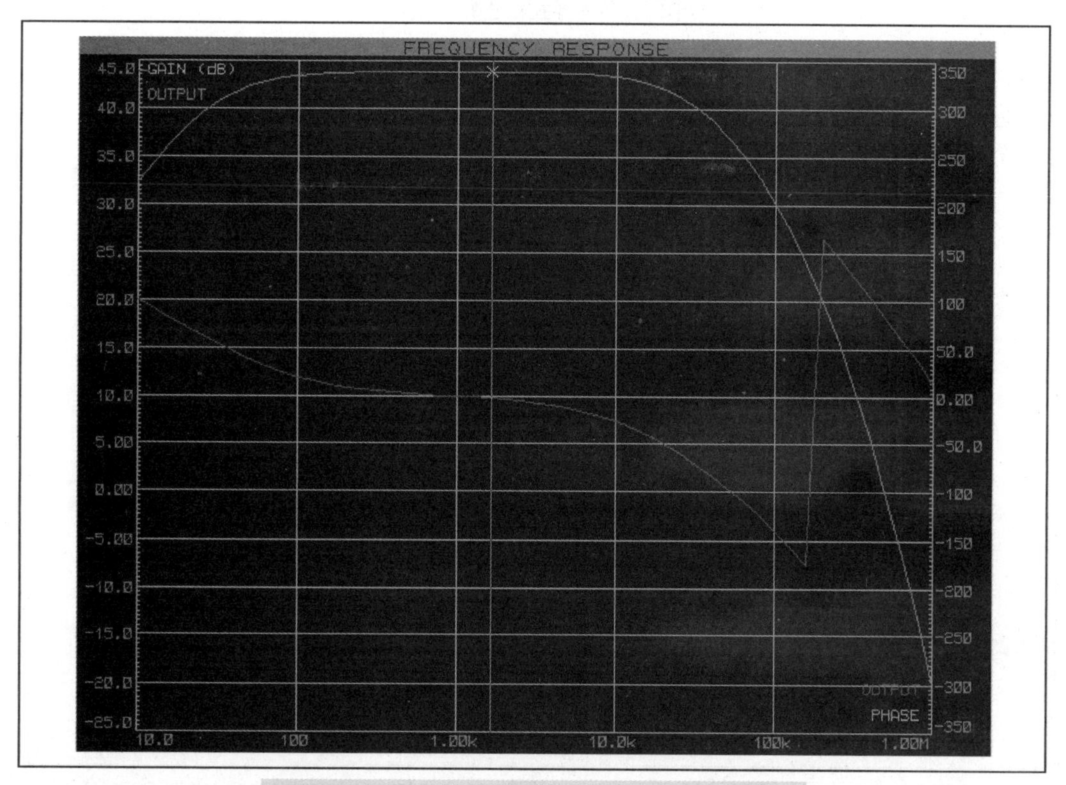

图 2-164　音频放大电路的频率响应特性仿真图表

从测量结果可知，系统的最大频率增益为43.9dB，则截止频率处增益为43.9×0.707=31.0，在图2-165中寻找截止频率点，按下组合键Ctrl+Alt可以选择两个测量点。则系统通带频率宽度为9.07～92.4kHz。

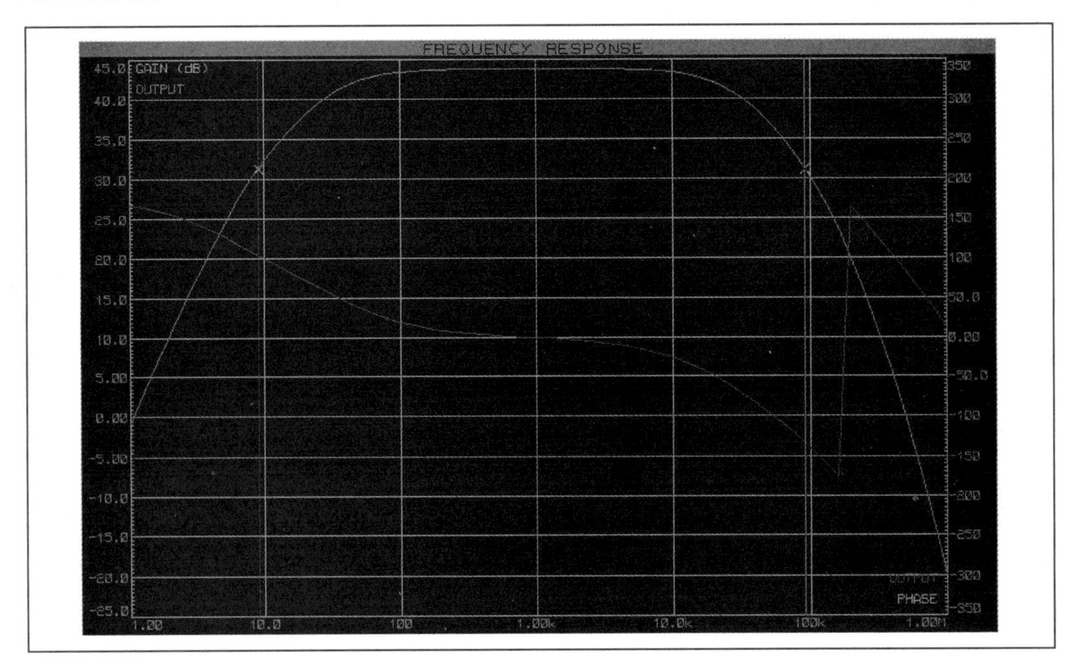

图2-165　寻找截止频率点

3　音频放大电路的电路噪声特性仿真

单击，选择NOISE，放置图标。右键单击“Add trace”，分别在如图2-166所示位置放置OUTPUT信号。

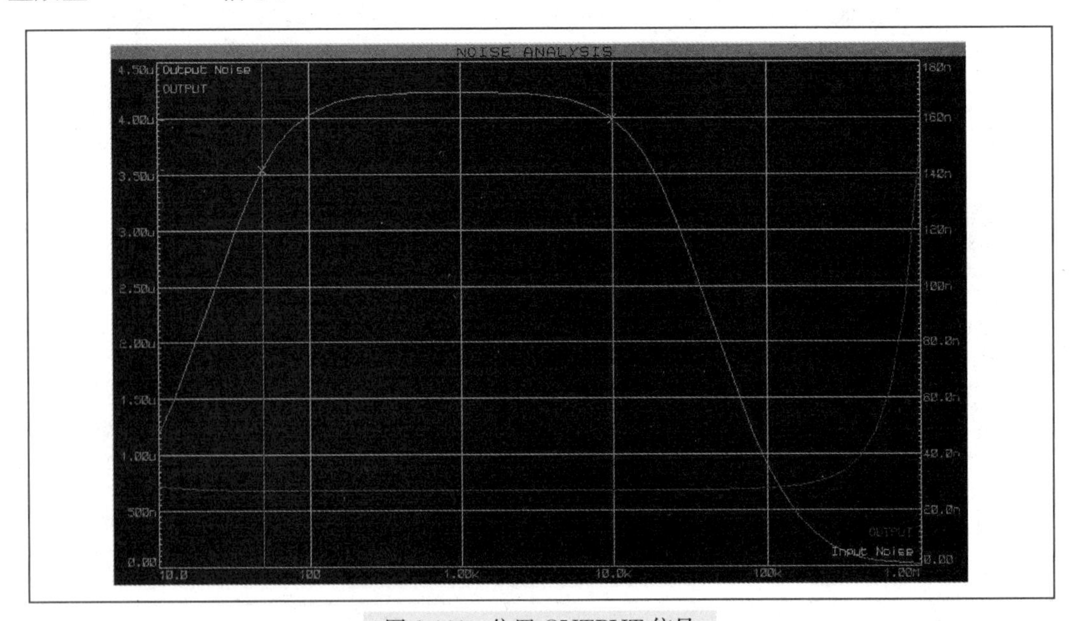

图2-166　位置OUTPUT信号

从图中可以看出，频率 50～10kHz 时系统的噪声电压值为 3.55～3.99μV/$\sqrt{\text{Hz}}$。

4　音频放大电路的失真仿真

（1）单击 Simulatation Graph 图标，在对象选择器中选择 DISTORITION 仿真图表。在编辑窗口期望放置图标的位置单击鼠标左键，并拖曳鼠标，在期望的结束点单击鼠标左键，放置失真分析图表。

（2）单击鼠标右键，分别在 left 和 right 侧添加 output 曲线。如图 2-167 所示。

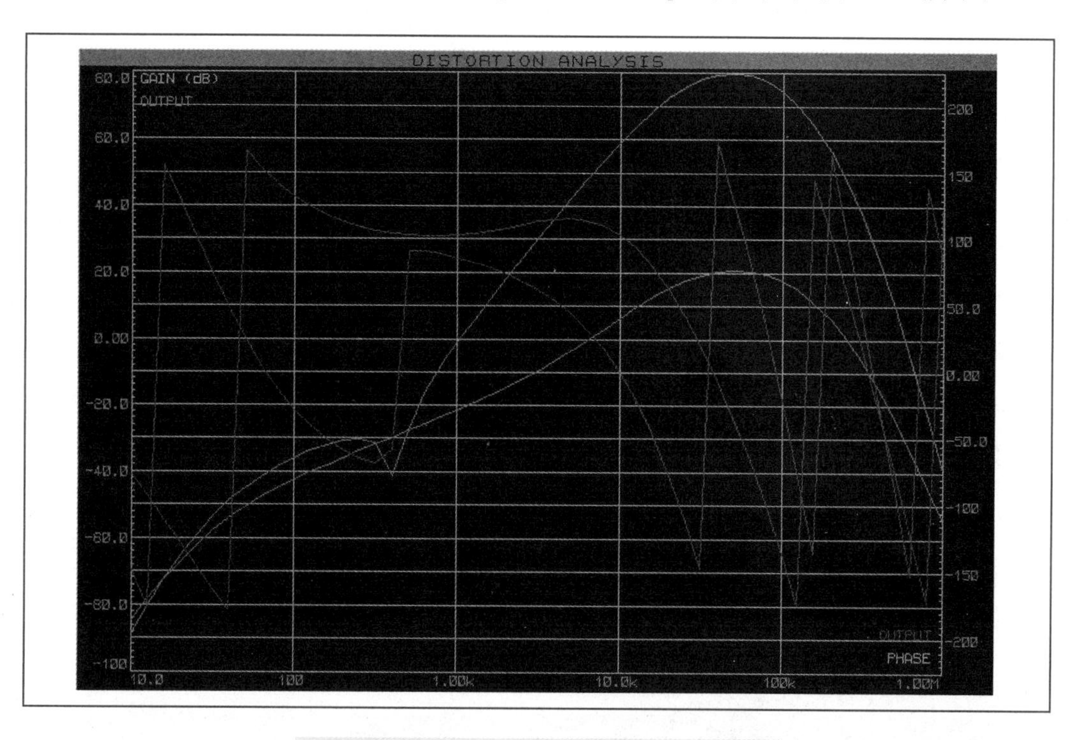

图 2-167　在 left 和 right 侧添加 output 曲线

5　音频放大电路的傅里叶仿真

（1）单击 Simulatation Graph 图标，在对象选择器中选择 FOURIER 仿真图表。在编辑窗口期望放置图标的位置单击鼠标左键，并拖曳鼠标，在期望的结束点单击鼠标左键，放置傅里叶分析图表。然后放置输入和输出信号如图 2-168 所示。

（2）双击图表，编辑图标属性如图 2-169 所示。图中 Resolution 表示分辨率，Window 表示窗函数，bartlett 表示球形。

（3）单击 Simulate Graph，仿真图表如图 2-170 所示。

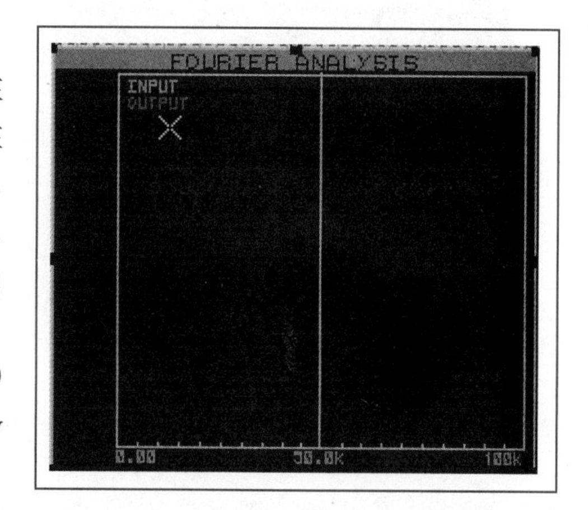

图 2-168　放置输入和输出信号

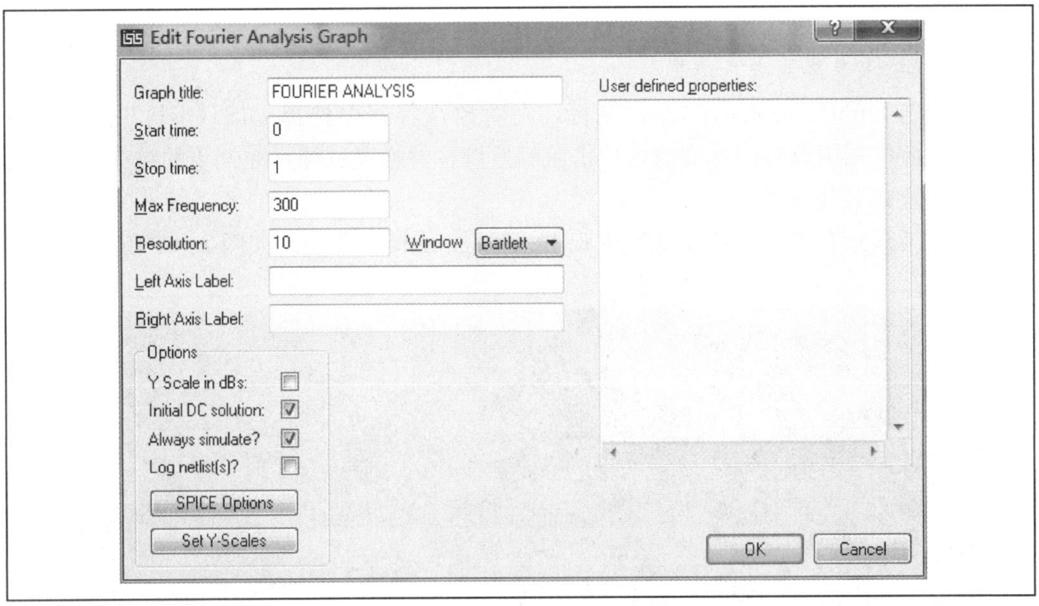

图 2-169　编辑图标属性

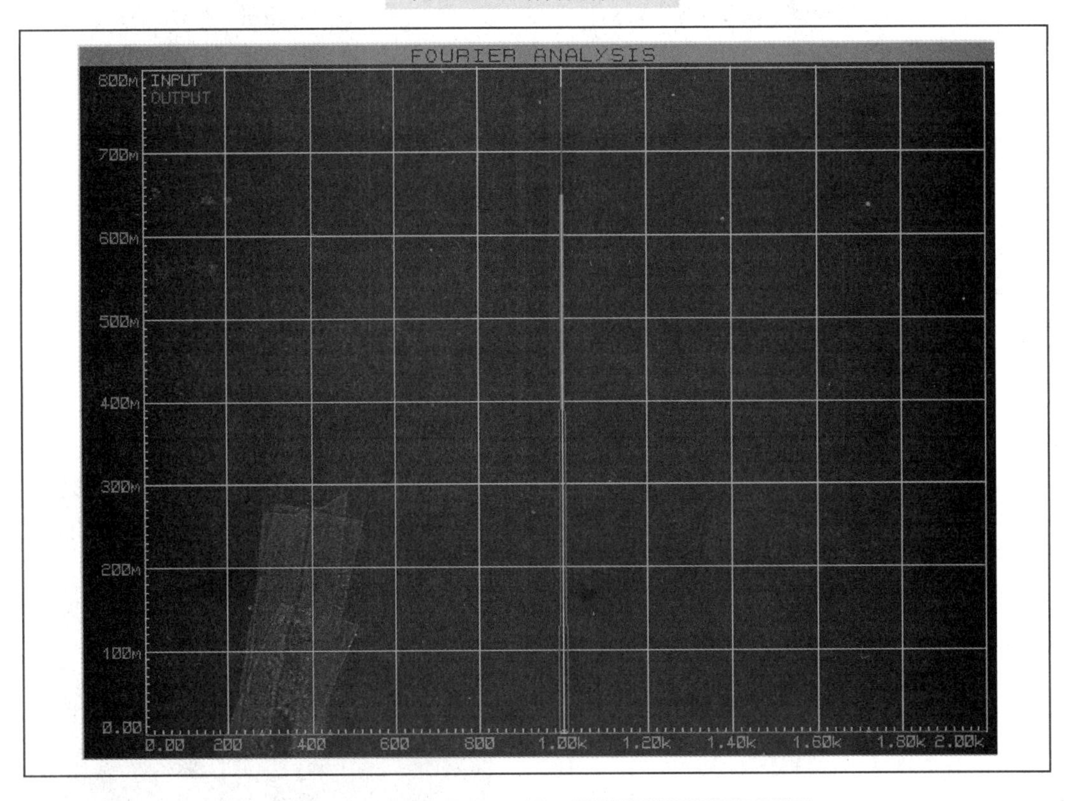

图 2-170　音频放大电路的电路噪声特性仿真图表

从图中可知，谐波分量趋近于 0，失真度趋近于 0，符合设计要求。

6　音频放大电路的音频分析

音频分析用于用户从设计的电路中听电路的输出（要求系统有声卡）。实现这一功能

的主要元件为音频分析图像。这一分析图像与模拟分析图表在本质上是一样的，需要的文件为 WAV 文件。

(1) 双击输入信号，在对话框中进行修改如图 2-171 所示，并且在红色圈处加入音频文件（.wav），注意此文件不要太大，否则会造成死机。

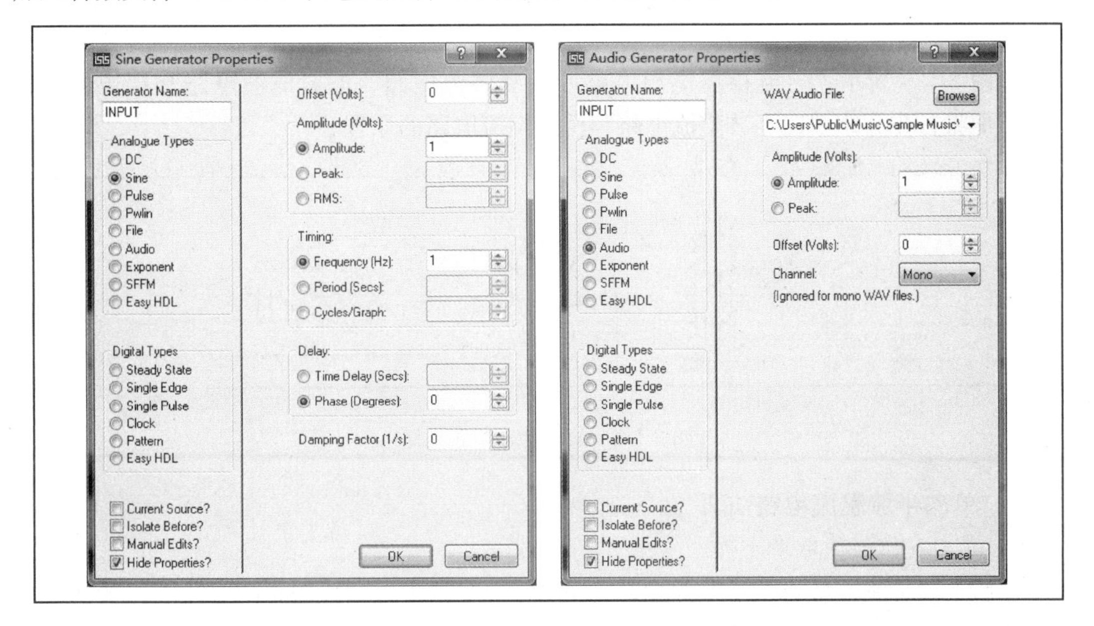

图 2-171　修改对话框内容

(2) 单击（图表模式），进行如图 2-172 所示的选择。

(3) 此时，鼠标变为“铅笔形状”，拖住左键不动，可在绘图区放置一个 AUDIO 分析器。

(4) 再放置一个 audio 分析器，分别放置 INPUT 和 OUTPUT 信号。

(5) 在“AUDIO ANALYSIS”上右键单击，选择“Simulation Graph”，即可分析 audio 音频。如图 2-173 所示。

这时可听到 OUTPUT 的声效声音大，即音频信号被该电路放大了。

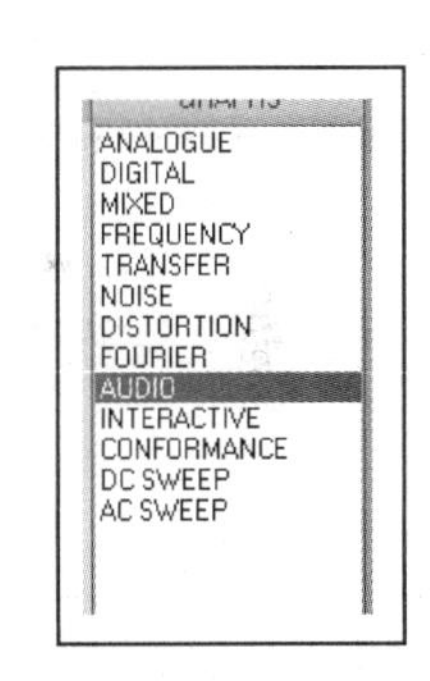

图 2-172　选择图表模式

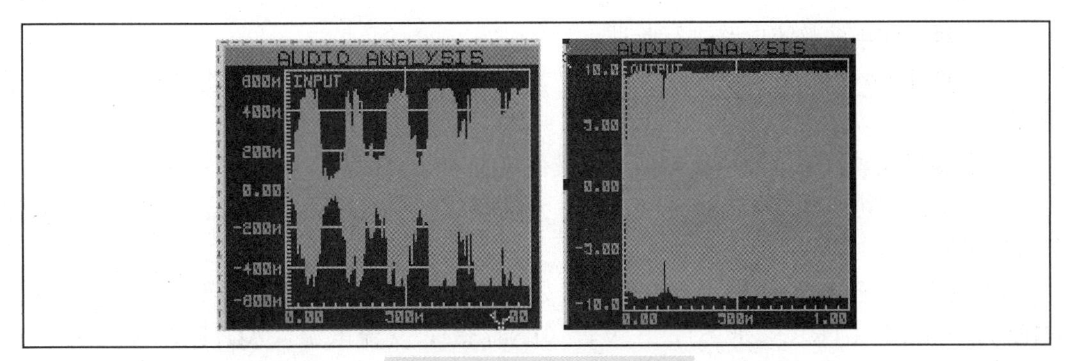

图 2-173　分析 audio 音频

任务六 直流稳压电源

如图 2-174 所示，直流稳压电源电路涉及有整流电路、电容滤波电路和稳压电路组成。下面将首先介绍单向半波整流电路和桥式整流电路的原理。

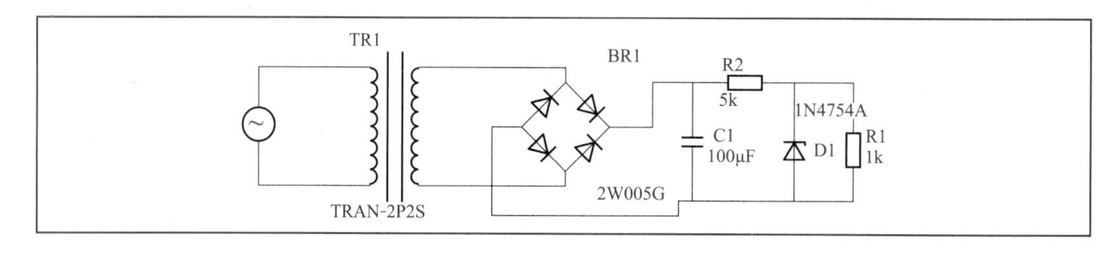

图 2-174 直流稳压电源电路

2.6.1 单向半波整流电路仿真

1 单向半波整流电路分析

单向半波整流电路利用二极管的单向导电特性，将正负交替的正眩交流电压变换成单方向的电压。在变压器次级绕组电压为正半周时，二极管导通，负载上有电压。在负半周时，二极管截止，负载没有压降，如图 2-175 所示。

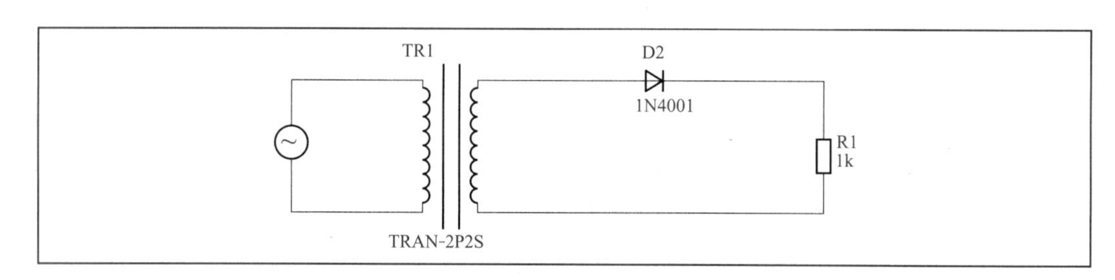

图 2-175 单向半波整流电路

2 电路仿真

下面对单向半波整流电路进行验证。

（1）打开 Protues 8.1 软件的 ISIS 程序，进入图 2-176 主界面后单击红色箭头所指的图标。

单击建立“直流电源稳压电路”的文件（见图 2-177）。

（2）单击切换到 Component Mode（元件模式），单击（Pick from library）添加元件，如图 2-178 所示。

（3）弹出“Pick device”对话框，输入要选择的元件。这里需要的元件为电阻(RES)，变压器（TRAN-2P2S），二极管（1N4733），交流电源（ALTERNATOR）。选中并双击（或者单击右下角的 OK），即出现对象选择窗口，如图 2-179 所示。

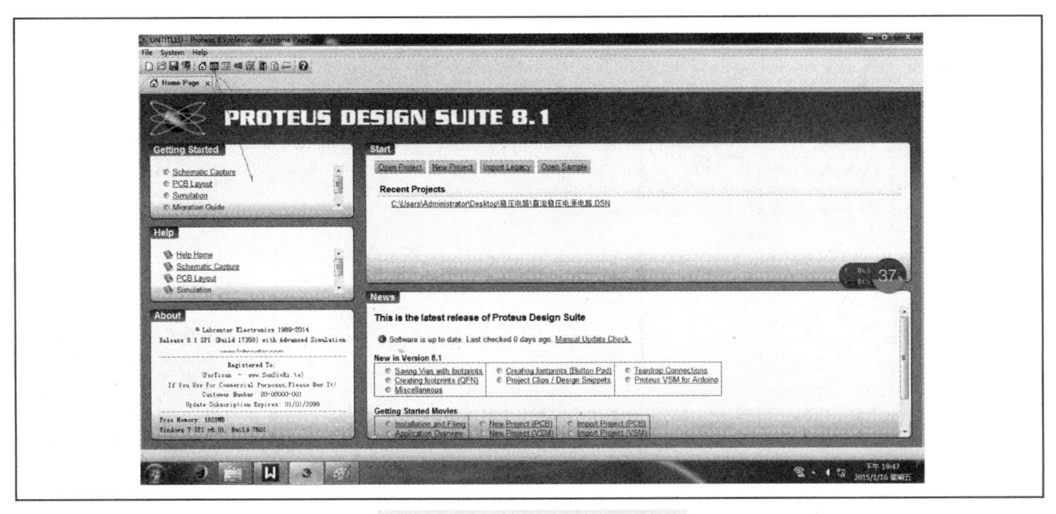

图 2-176 启动界面示意图

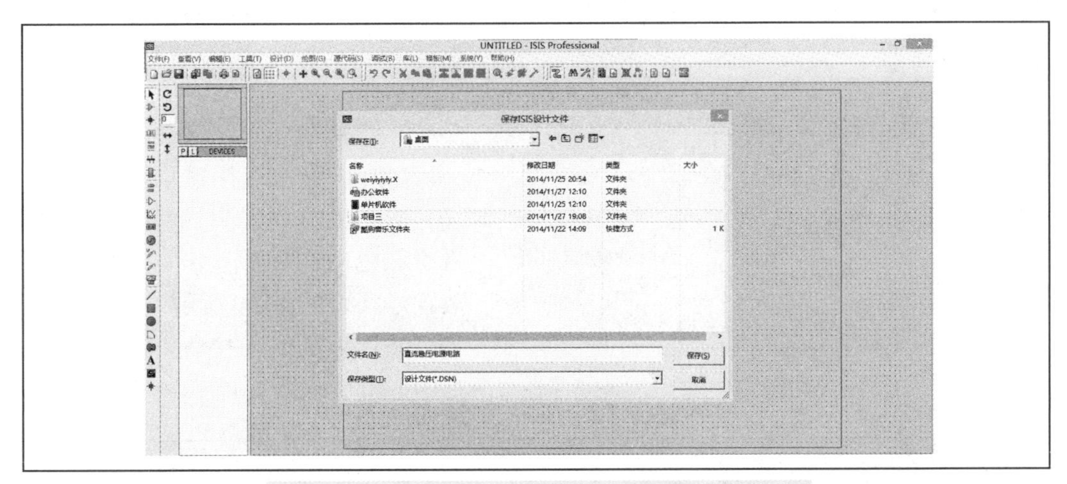

图 2-177 建立名为“直流稳压电源电路”的文件

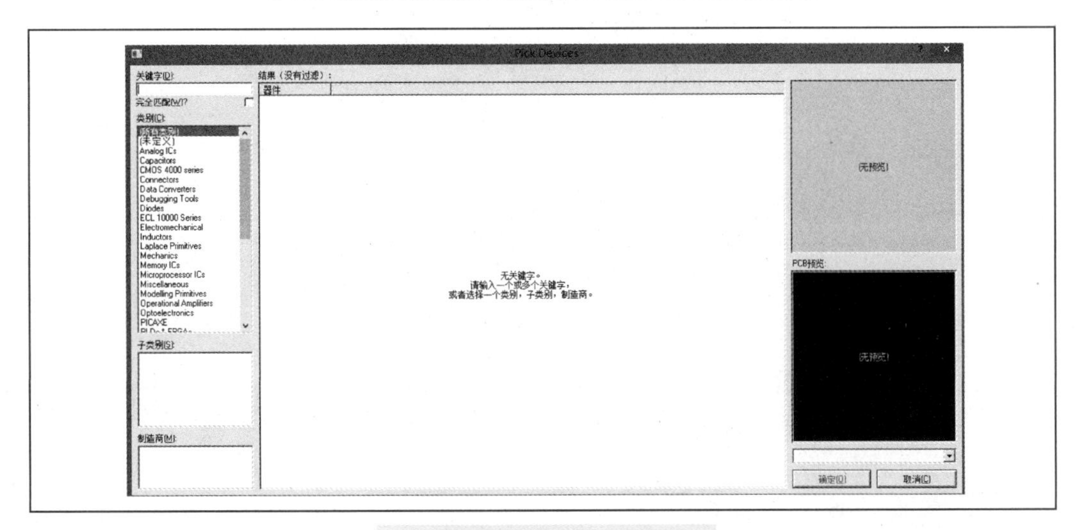

图 2-178 Pick device 对话框

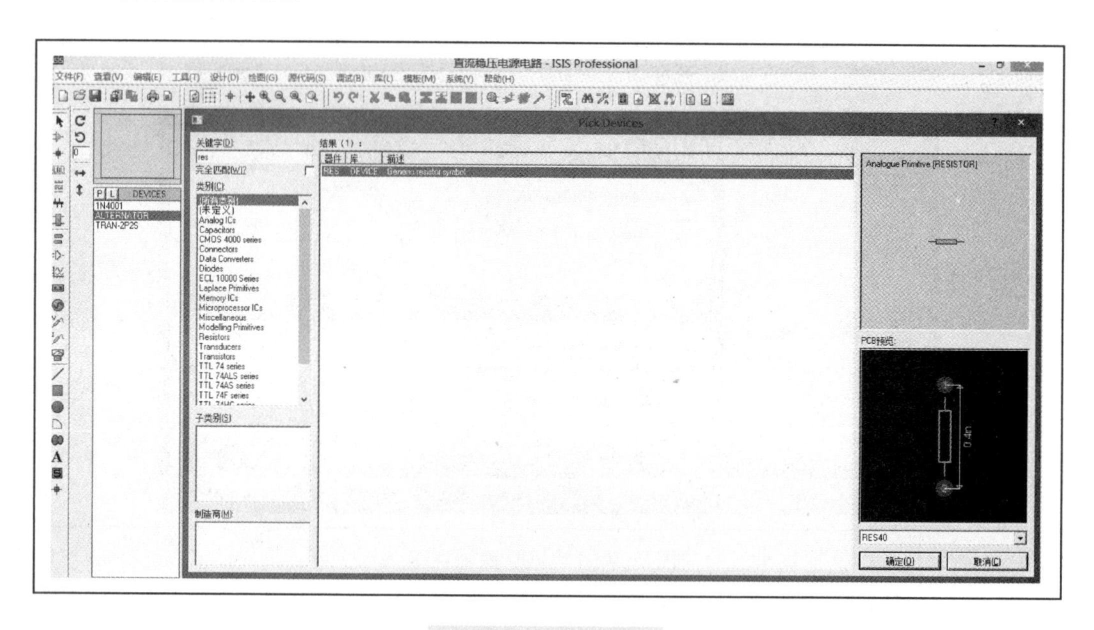

图 2-179　添加元件

表 2-7　　元　件　清　单

元件名	含义	所在库	参数
RES	电阻	DEVICE	1kΩ
TRAN-2P2S	变压器	DEVICE	一次绕组 300H 二次绕组 9H
1N4001	二极管	DEVICE	
ALTERNATOR	交流电源	AVTIVE	312.12V，50Hz

元件清单如表 2-7 所示。

（4）在对象选择窗口单击选中元件，把光标放到编辑区域，光标处出现粉红色的图标后单击，即可把元件放置好，如图 2-180 所示。

（5）为了便于接线，需要把放置好的电阻逆时针旋转 90°。具体方法是

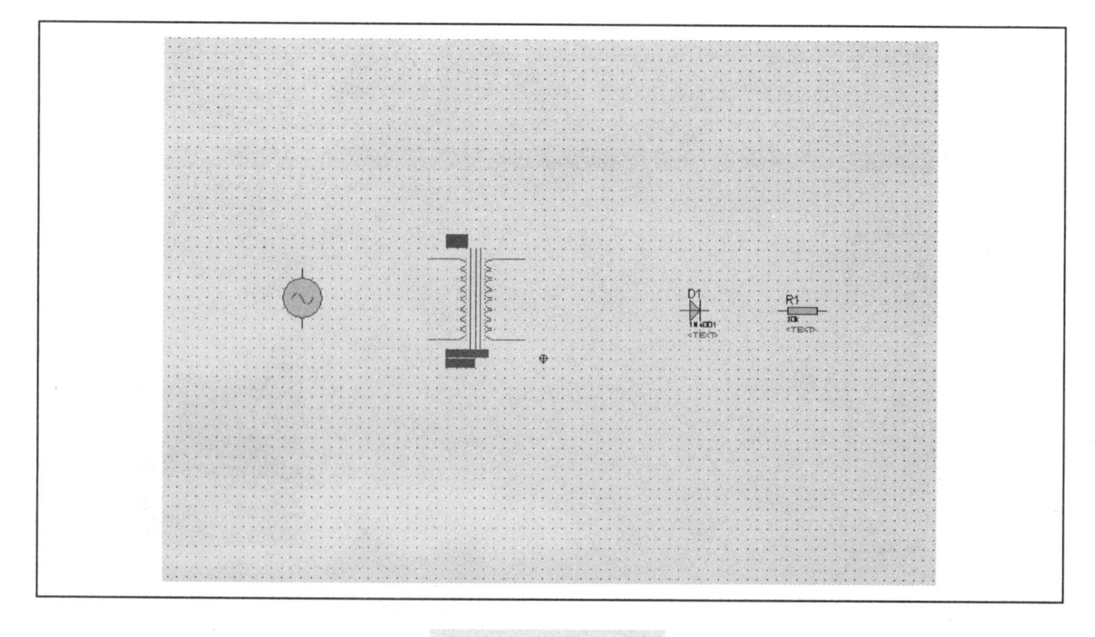

图 2-180　放置元件

单击电阻元件，然后右键单击选择“逆时针旋转”。如图 2-181 所示。其他元件的方向旋转也可用此方法，或者鼠标单击一下元件使其变为粉色，再用鼠标点住，按下键盘上的“+”键，元件逆时针旋转 90°。

（6）单击左侧工具箱中的图标后，选择“GROUND”作为接地端。

（7）利用自动连线功能连接元件。具体方法是移动鼠标到元件的引脚处，屏幕上的铅笔会变成绿色，表示此处可以连线，单击一下鼠标，线就从该引脚处引出，移动鼠标到另一个元件的引脚处，铅笔再次变为绿色，单击鼠标落下导线，一根导线的连接就完成了。如图 2-182 所示。

（8）单击选择示波器“OSCILLOSCOPE”，单击 OSCILLOSCOPE，移动到目标位置，再次单击放下示波器。选择电压表“AC VOLTMETER”用同样方法放到目标位置。利用自动连线将表接好。如图 2-183 所示。

图 2-181　放置好的元件逆时针旋转 90°

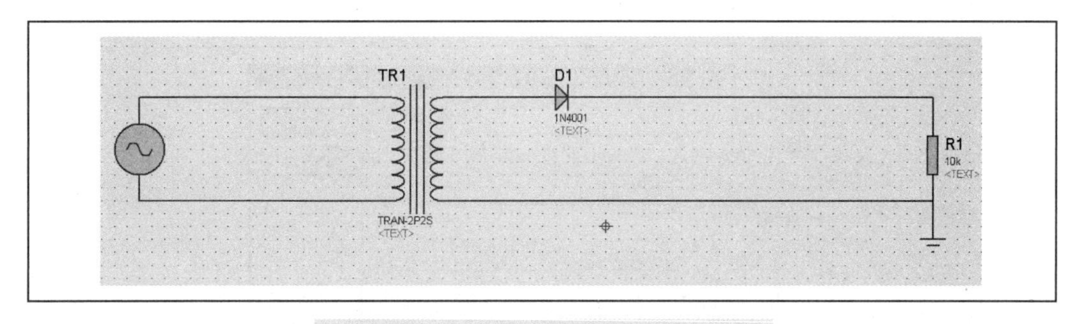

图 2-182　自动连线功能连接元件示意图

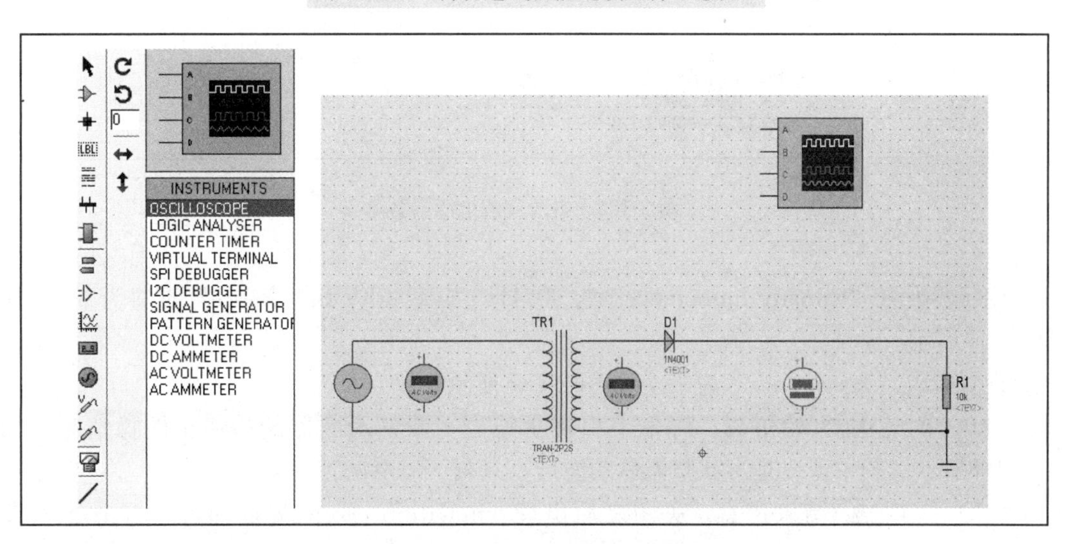

图 2-183　选择电压表和示波器

（9）将所有元件连接完成后得到原理图。如图 2-184 所示。

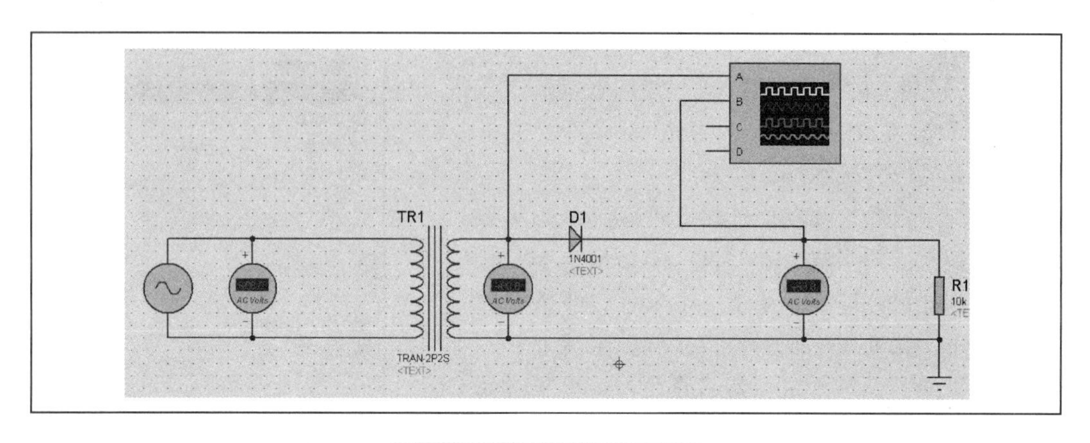

图 2-184 稳压电路原理图

（10）双击元件，弹出如图 2-185 所示的对话框，对电阻、交流电源、变压器的参数进行设置。其中，交流电源设置“Ampuidute”为 312.12V，“Frequency”为 50Hz。

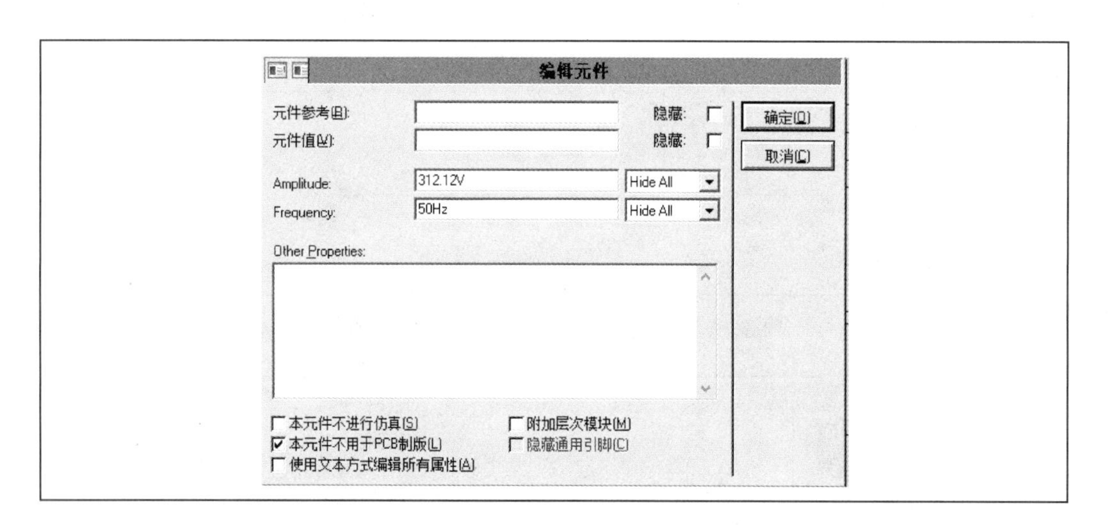

图 2-185 更改交流电源参数

变压器设置“Rimany Inductance”为 300H；“Secondry Inductance”设置为 9H，如图 2-186 所示。

设置电阻“Resestance”为 1k，如图 2-187 所示。

（11）单击 ▶ 开始仿真。屏幕上出现示波器，调整示波器的旋钮至图像清晰。如图 2-188所示。图中蓝线是半波整流后的波形，只剩下波形的正半轴。

（12）单击 ■ 结束仿真，关闭之后出现 simulation errors 界面即可，单击 💾 保存文件。

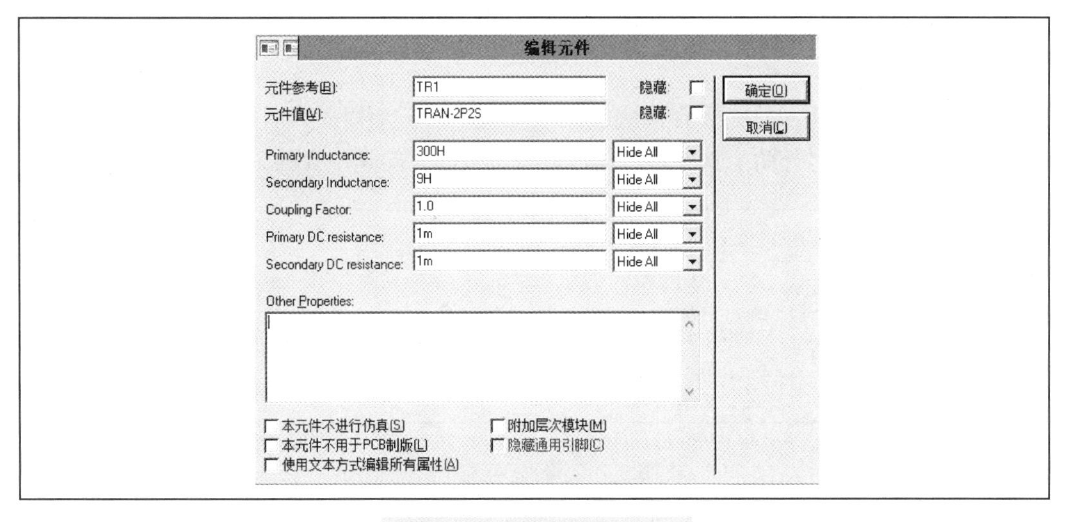

图 2-186 更改变压器参数

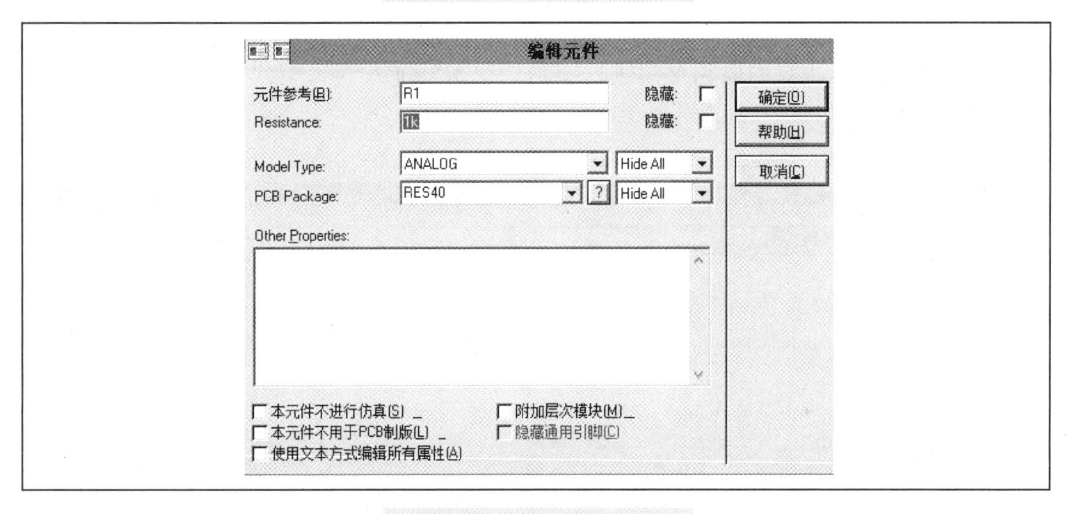

图 2-187 更改电阻参数

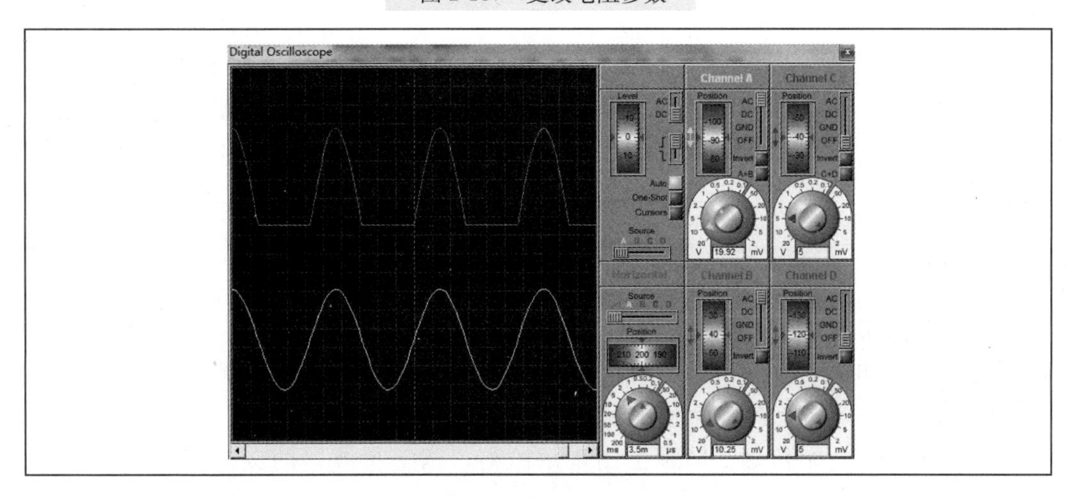

图 2-188 稳压电路波形图

2.6.2 桥式整流电路仿真

1 桥式整流电路分析

桥式整流电路采用四只二极管接成桥式。当电压为正半周时，对应的两个二极管导通；当电压为负半周时，另外两个管导通。使得流过负载的方向是一致的。如图 2-189 所示。

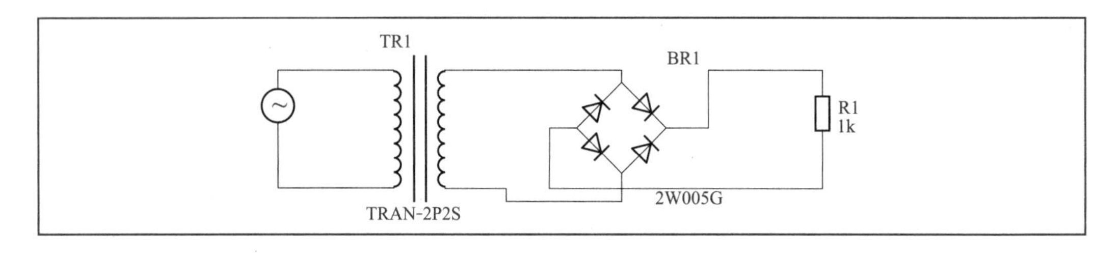

图 2-189 桥式整流电路

2 电路仿真

下面对桥式整流电路进行验证。

(1) 打开上节所仿真的电路继续进行编辑。单击进入编辑模式，按添加元件整流桥 2W005G，如图 2-190 所示。

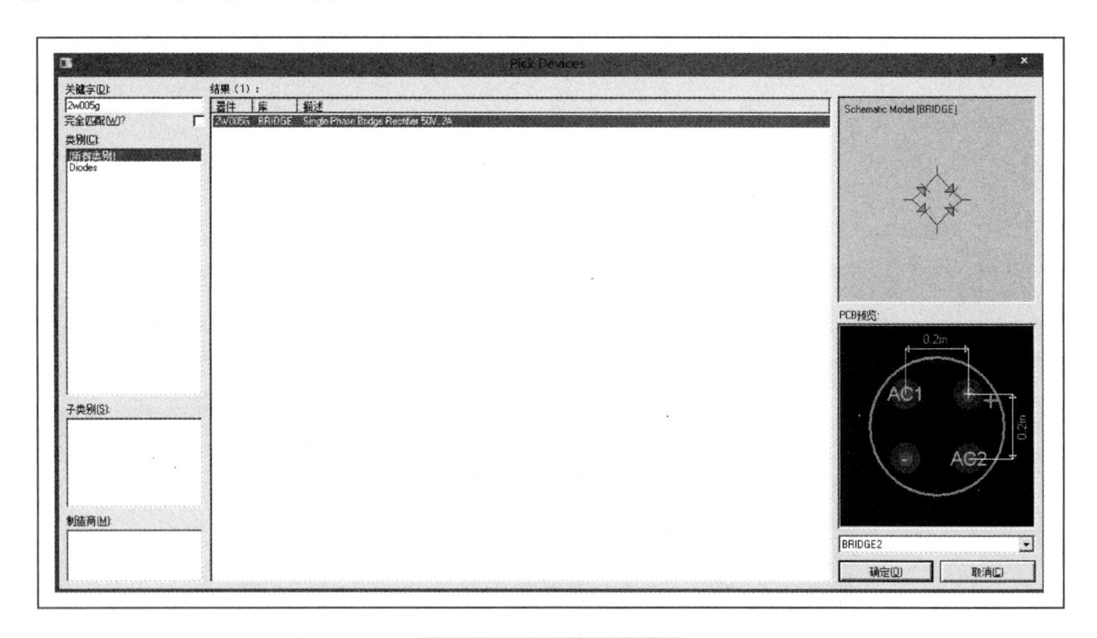

图 2-190 添加整流桥

(2) 单击编辑区的二极管，单击右键，选择“删除对象”，删除二极管。用同样的方法将接地去掉，如图 2-191 所示。

(3) 用自动连线功能连接整流桥，如图 2-192 所示。

(4) 单击开始仿真。屏幕上出现示波器，调整示波器的旋钮至图像清晰。如图 2-193 所示。

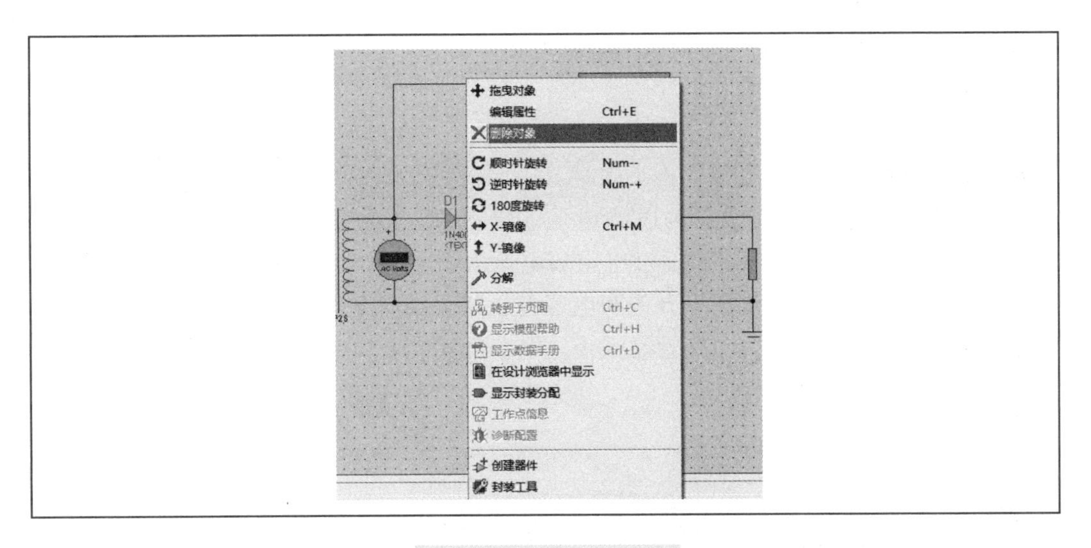

图 2-191　删除二极管

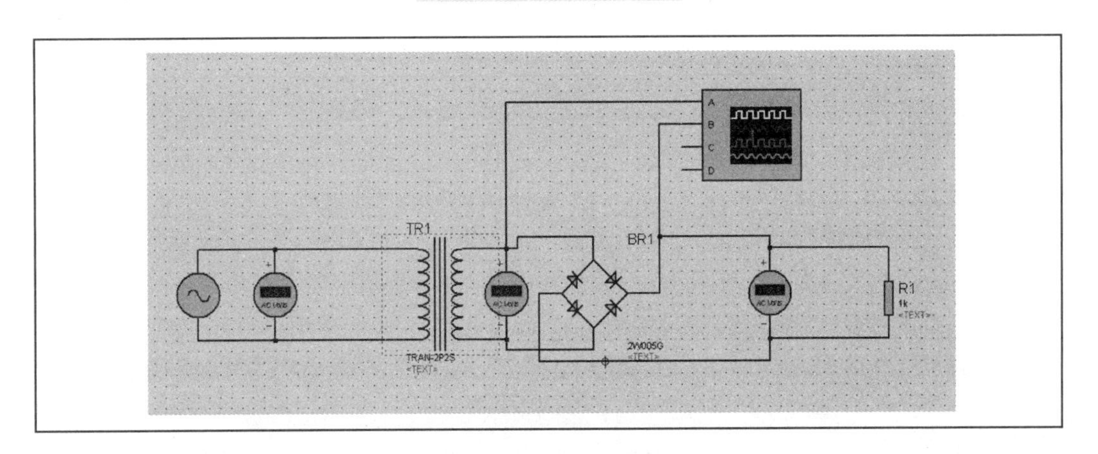

图 2-192　连接整流桥

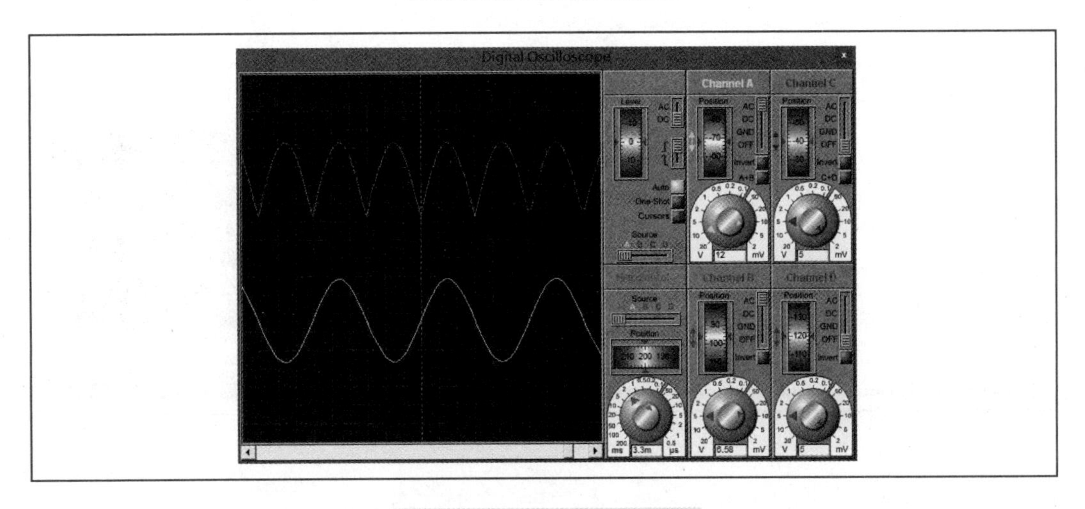

图 2-193　桥式整流波形图

（5）单击■结束仿真，关闭 simulation error 的界面，单击保存文件。

2.6.3 电容滤波电路仿真

1 电容滤波电路分析

在带负载的情况下，当电压在正半周时，U_2 通过 VD1、VD2 对电容充电。由于等效电阻小，电容两端电压可近似看为电源电压。之后 U_2 下降，由于电容电压不能突变，V1～V4 均处于反向偏置，故电容通过电阻放电。由于电阻较大，故放电时间常数 RC 较大。放电过程直至下一周期电压上升到和电容电压相等的时刻，U_2 通过 VD3、VD4 对电容充电，直至两个时间相等，二极管又截止，电容再次放电。如此循环，形成周期性的电容充放电过程。如图 2-194 所示。

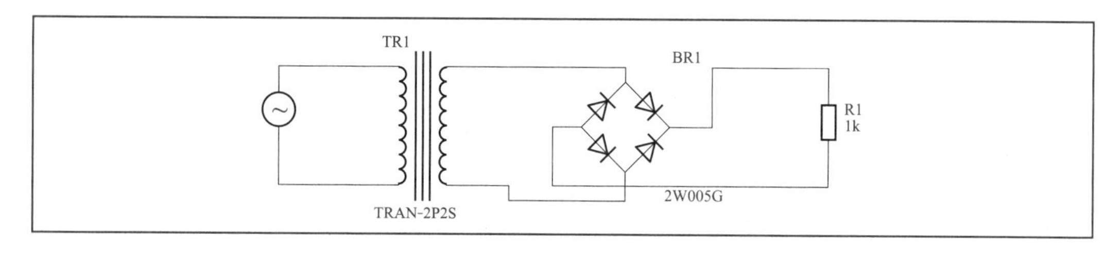

图 2-194 电容滤波电路

2 仿真

（1）打开上节的桥式整流电路继续编辑。单击进入编辑模式，按P添加元件电容 CAP。双击添加。如图 2-195 所示。

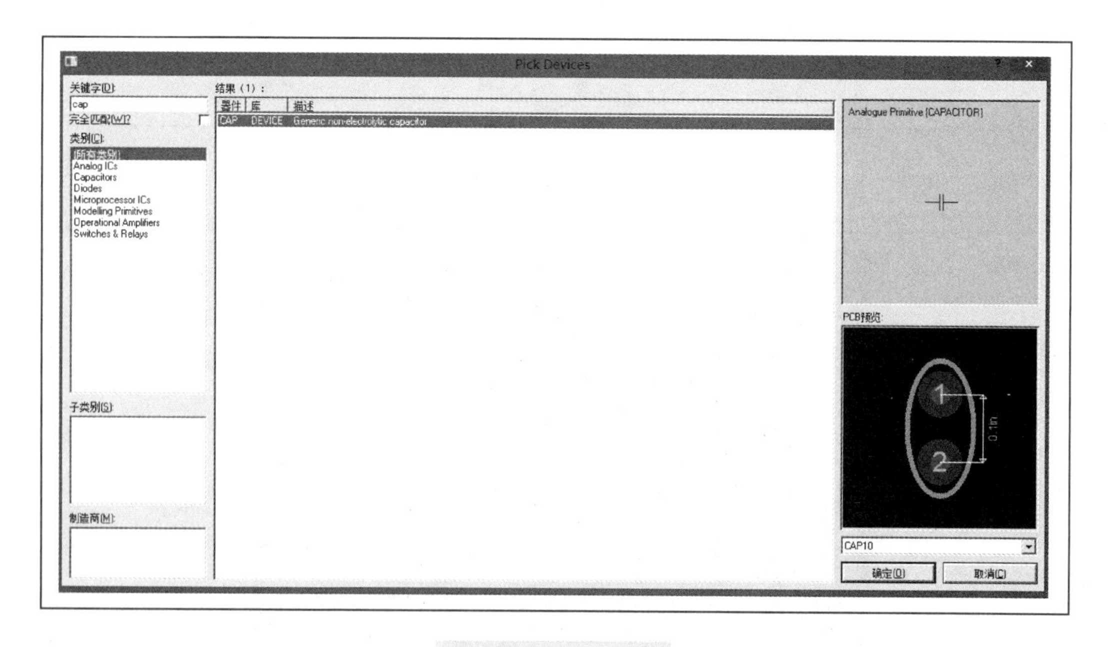

图 2-195 添加电容

（2）将电容放到编辑区内，并修改方向，利用自动连线功能连线。如图 2-196 所示。

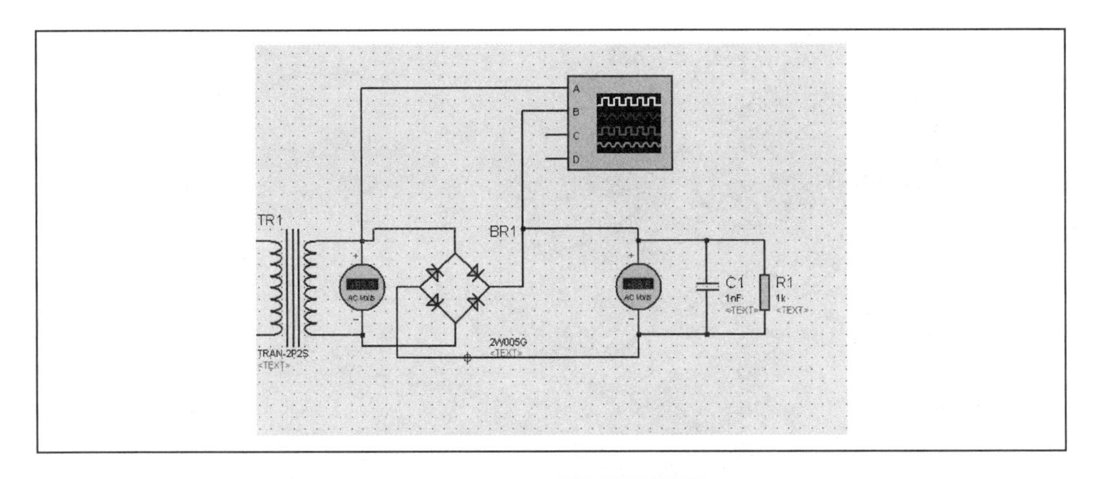

图 2-196　添加电容并连线

(3) 修改电容参数，双击电容元件，将电容改为 100μF。如图 2-197 所示。

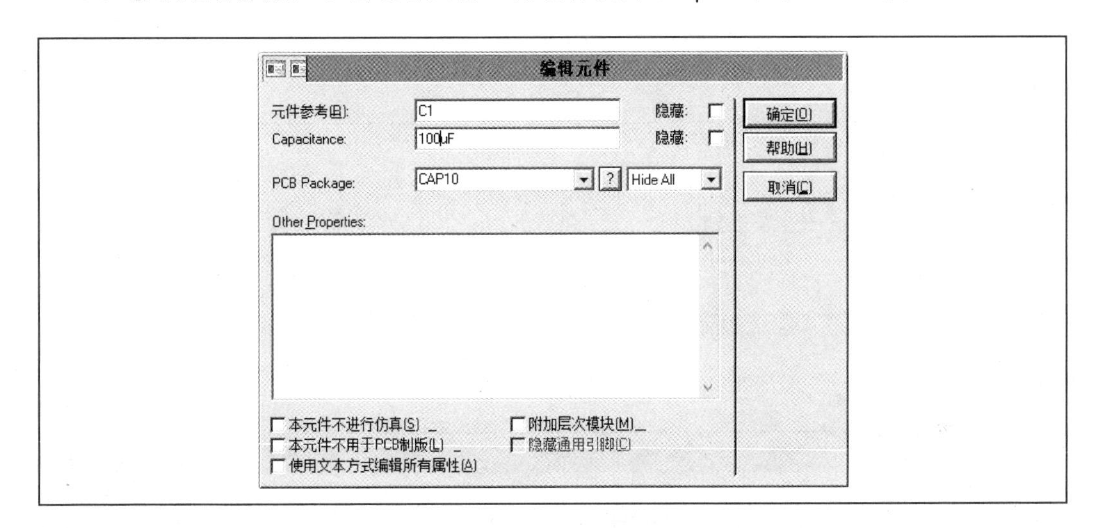

图 2-197　修改电容参数

(4) 单击▶开始仿真。屏幕上出现示波器画面，调节示波器，得到图 2-198 所示波形。

(5) 单击■结束仿真，关闭 simulation error 界面，点击保存文件。

2.6.4　直流稳压电源电路仿真

1　二极管稳压电路分析

稳压二极管的特点就是击穿后，其两端的电压基本保持不变。这样，当把稳压管接入电路以后，如果因为电源电压发生波动，或其他原因造成电路中各点电压变动时，负载两端的电压将基本保持不变，如图 2-199 所示。

2　仿真

(1) 打开上节的桥式整流电路。单击进入编辑模式，按P添加元件电容 1N4754A。双击添加。如图 2-200 所示。

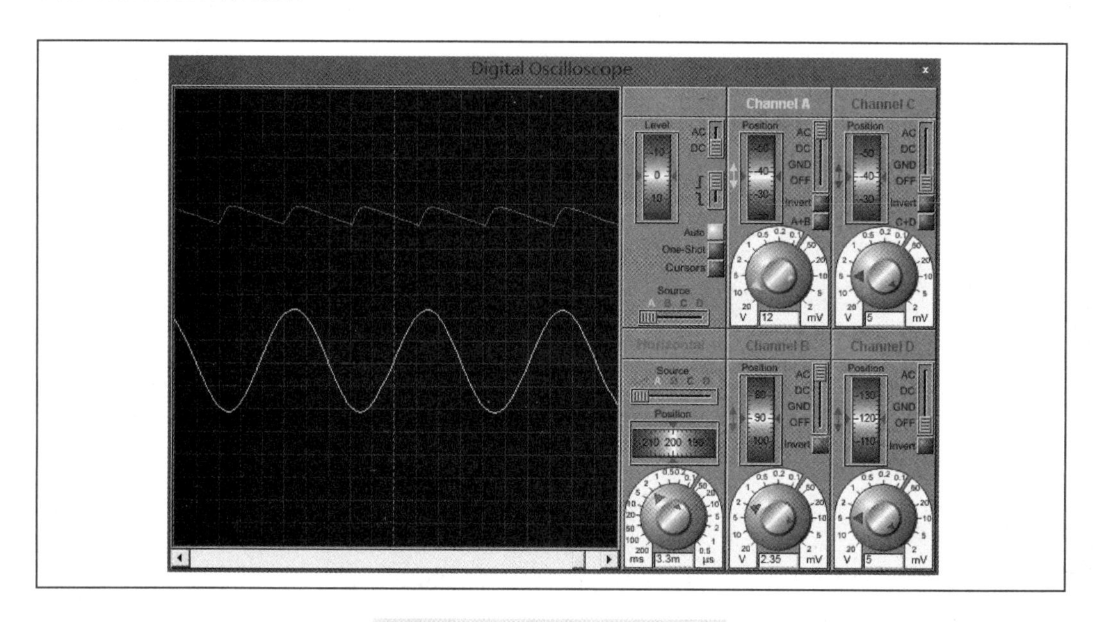

图 2-198　电容滤波电路波形图

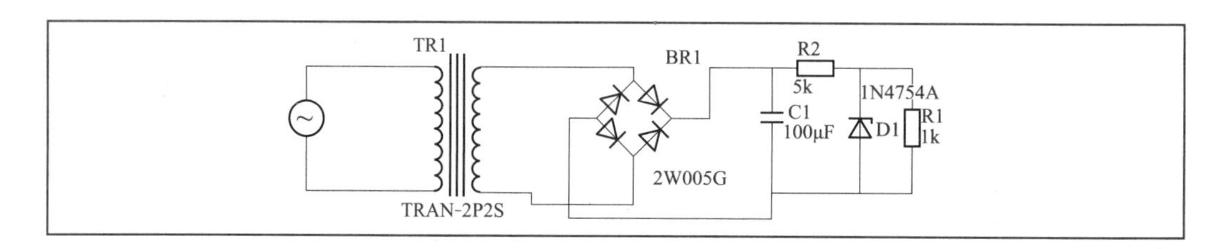

图 2-199　稳压电路

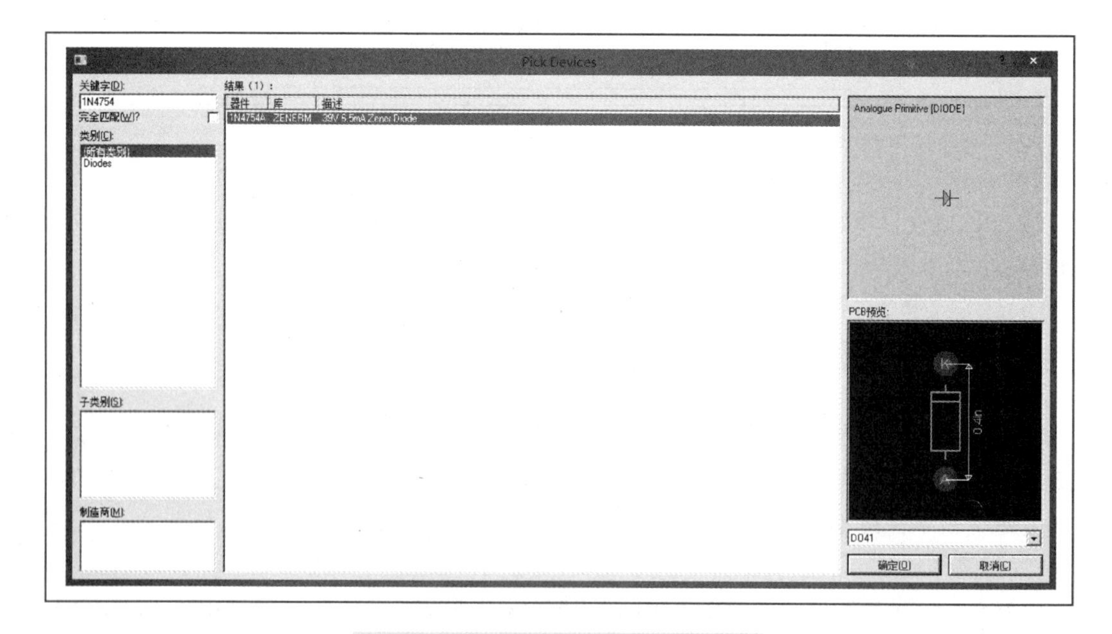

图 2-200　添加稳压二极管 1N4754A

（2）在编辑区放置电阻、稳压管，并将稳压管逆时针方向旋转 90°，利用自动连线功能连接二极管和电阻。如图 2-201 所示。

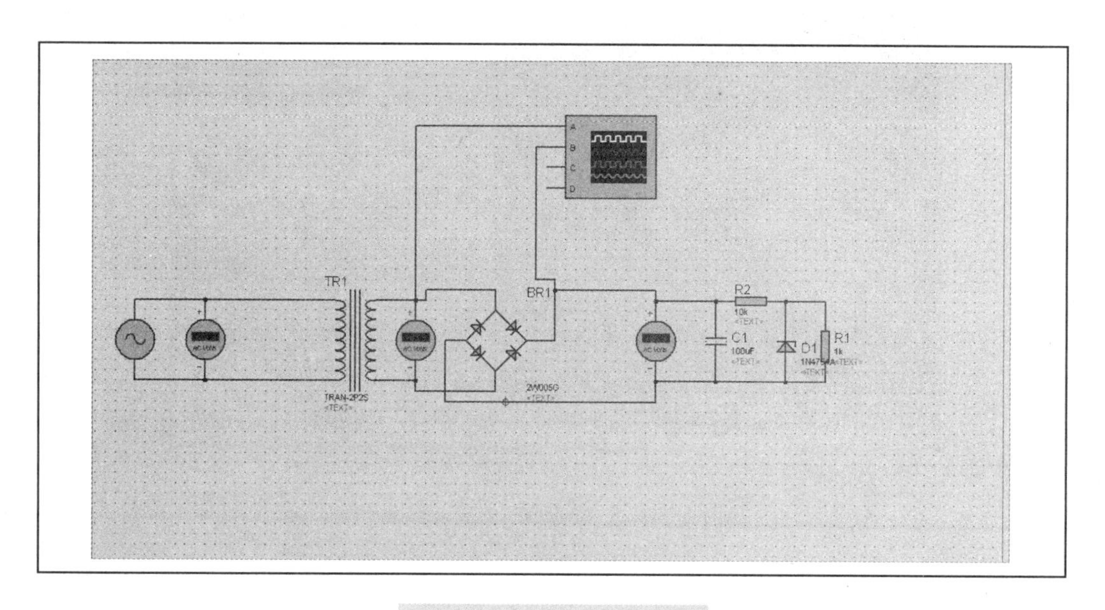

图 2-201 连接稳压二极管

（3）双击编辑区内的电阻 R2，更改参数为 5k。如图 2-202 所示。

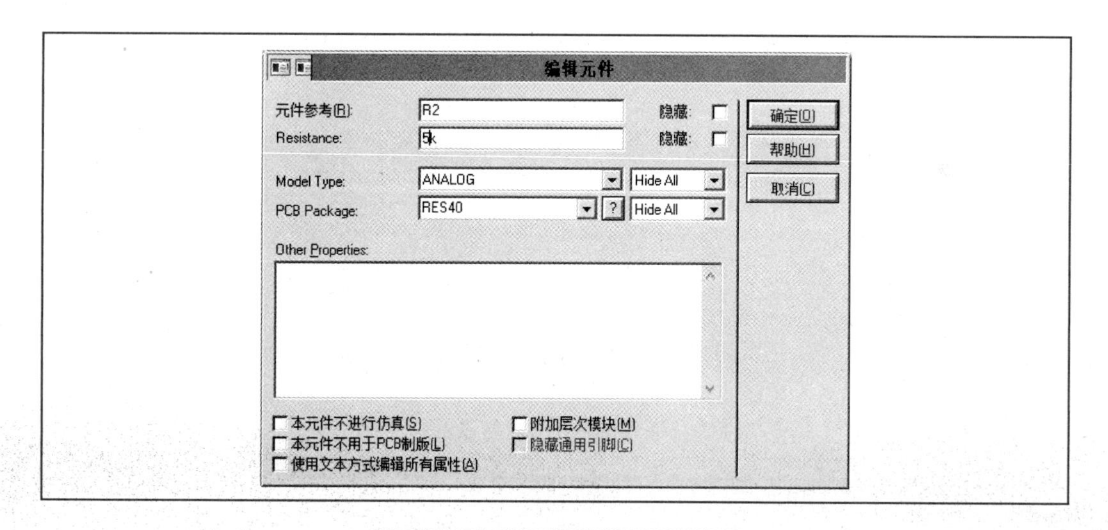

图 2-202 电阻属性设置对话框

（4）单击▶开始仿真。屏幕上出现示波器画面，调节示波器，得到图 2-203 所示波形。蓝色曲线为直流稳压电源的最后输出直流电压的输出波形，波动较小。

（5）单击■结束仿真，关闭 simulation error 界面，单击保存文件。

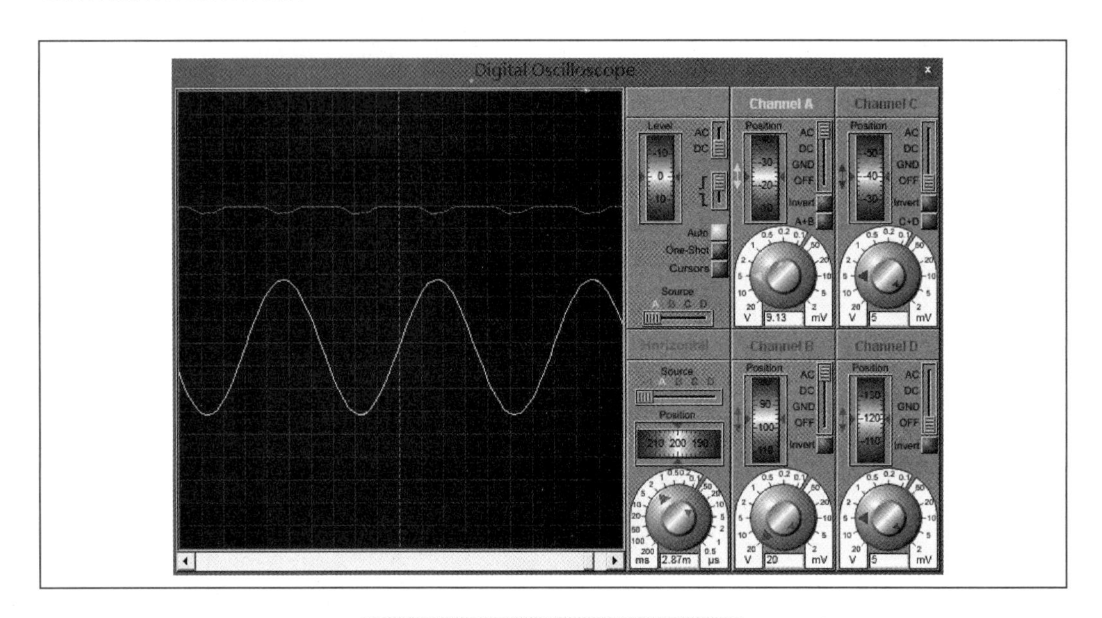

图 2-203　二极管稳压电路波形图

数字电路仿真与设计

任务一 复合逻辑仿真

3.1.1 基本逻辑运算

1 与逻辑（与运算、逻辑乘）

决定某一结论的所有条件同时成立，结论才成立，这种因果关系叫与逻辑，也叫与运算或叫逻辑乘。如图 3-1 所示。

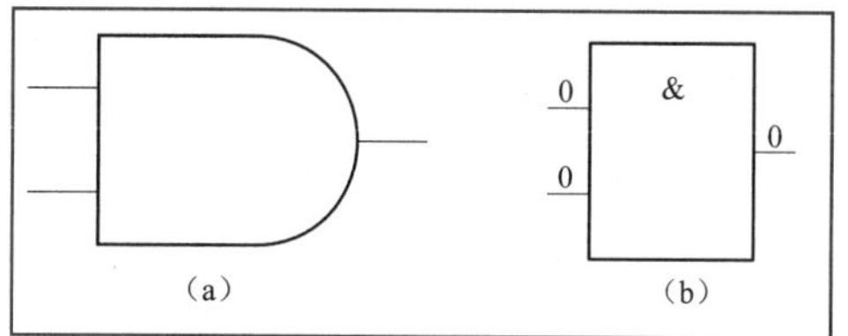

图 3-1 与运算
(a) 国家标准符号；(b) 国外流行符号

2 或逻辑（或运算、逻辑加）

决定某一结论的所有条件中，只要有一个成立，则结论就成立，这种因果关系叫或逻辑，如图 3-2 所示。

3 非逻辑（非运算、逻辑反）

若前提条件为“真”，则结论为“假”；若前提条件为“假”，则结论为“真”，即结论是对前提条件的否定，这种因果关系叫非逻辑。如图 3-3 所示。

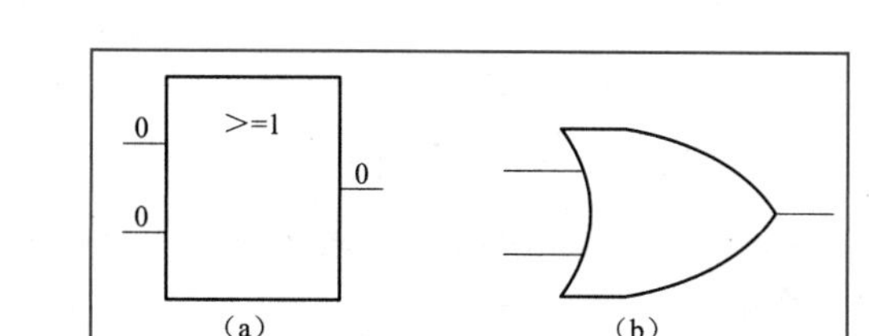

图 3-2 或逻辑
(a) 国家标准符号；(b) 国外流行符号

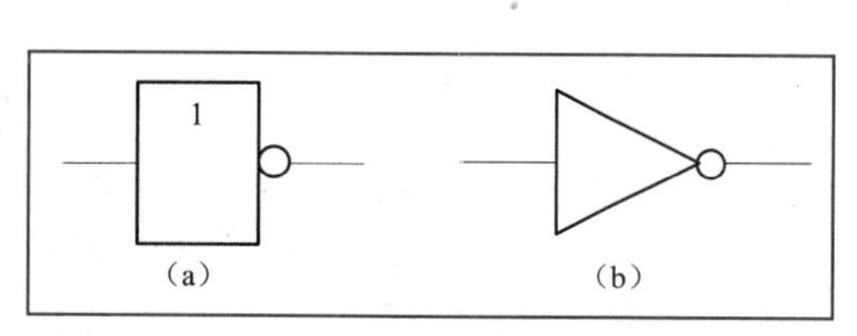

图 3-3 非逻辑
(a) 国家标准符号；(b) 国外流行符号

3.1.2 常用复合逻辑

基本逻辑的简单组合叫复合逻辑。实现复合逻辑的电路叫复合门。

1 “与非”逻辑

“与非”逻辑是“与”逻辑和“非”逻辑的组合，先“与”后再“非”。如图 3-4 所示。

2 “或非”逻辑

“或非”逻辑是“或”逻辑和“非”逻辑的组合，先“或”后“非”。如图 3-5 所示。

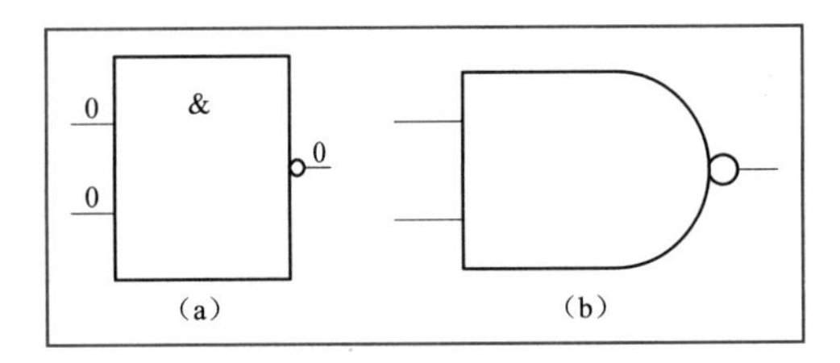

图 3-4 “与非”逻辑
（a）国家标准符号；（b）国外流行符号

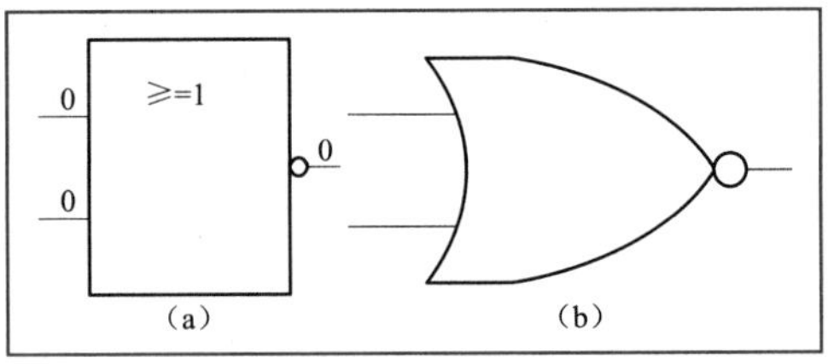

图 3-5 “或非”逻辑
（a）国家标准符号；（b）国外流行符号

3 “与或非”逻辑

“与或非”逻辑是“与”、“或”、“非”三种基本逻辑的组合，先“与”后再“或”，最后“非”，如图 3-6 所示。

4 “异或”逻辑及“同或”逻辑

若两个输入变量 A、B 的取值相异，则输出变量 F 为 1；若 A、B 的取值相同，则 F 为 0，这种逻辑关系叫“异或”逻辑，如图 3-7 所示。

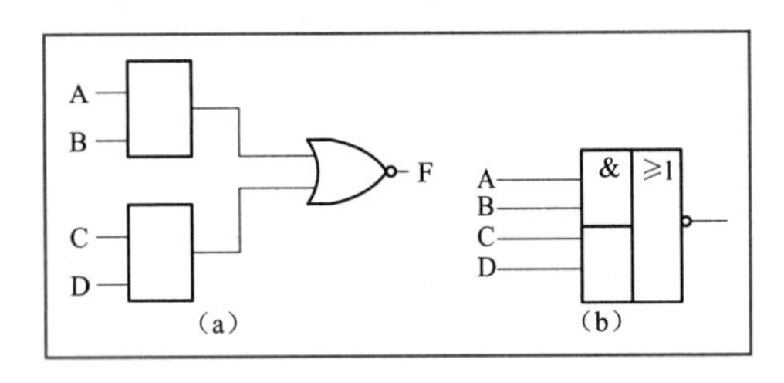

图 3-6 “与或非”逻辑
（a）国家标准符号；（b）国外流行符号

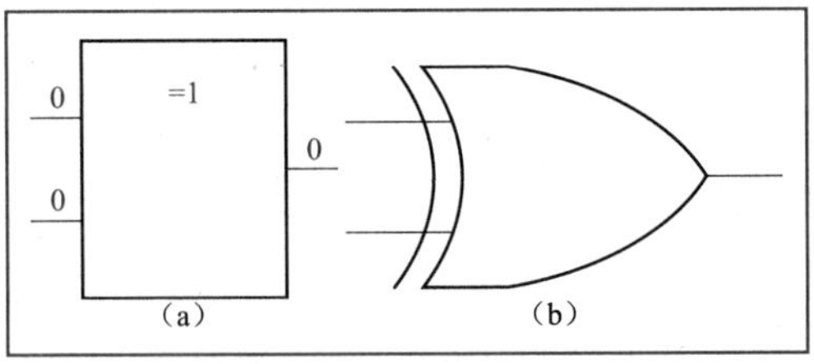

图 3-7 “异或”逻辑
（a）国家标准符号；（b）国外流行符号

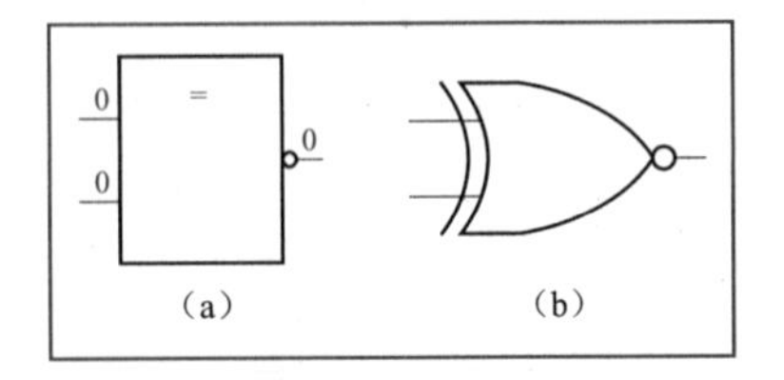

图 3-8 “同或”逻辑
（a）国家标准符号；（b）国外流行符号

若两个输入变量 A、B 的取值相同，则输出变量 F 为 1；若 A、B 的取值相异，则 F 为 0，这种逻辑关系叫“同或”逻辑，也叫“符合”逻辑，如图 3-8 所示。

3.1.3 Digital Analysis 的运用

电路如图 3-9 所示。

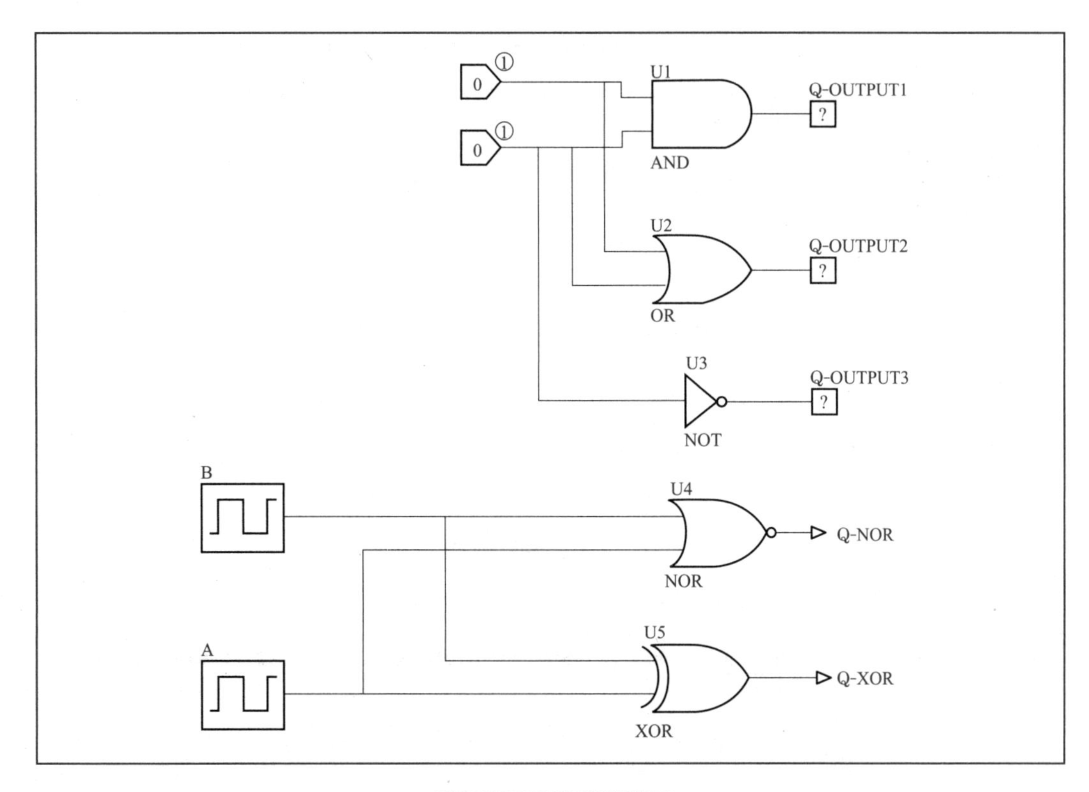

图 3-9　电路原理图

1　仿真元件信息

仿真元件信息表如表 3-1 所示。

表 3-1　　仿真元件信息表

元件名称	所属子类
AND（与门）	Gates
OR（或门）	Gates
NOT（非门）	Gates
NOR（异或门）	Gates
XOR（或非门）	Gates
CLOCK（时钟源）	Sources
ALTERNATOR（交流信号源）	Sources
LOGICPROBE（BIG）（终端探针）	Logic Probes
LOGICTOGGLE（输入端子）	Logic Stimuli

2　建立逻辑电路

（1）建立文件夹，命名为“复合逻辑仿真”，如图 3-10 所示。

（2）打开 Proteus 8 Professional 的 ISIS 程序，单击保存，命名文件为“复合逻辑仿真”，如图 3-11所示。

图 3-10　建立“复合逻辑仿真”文件夹

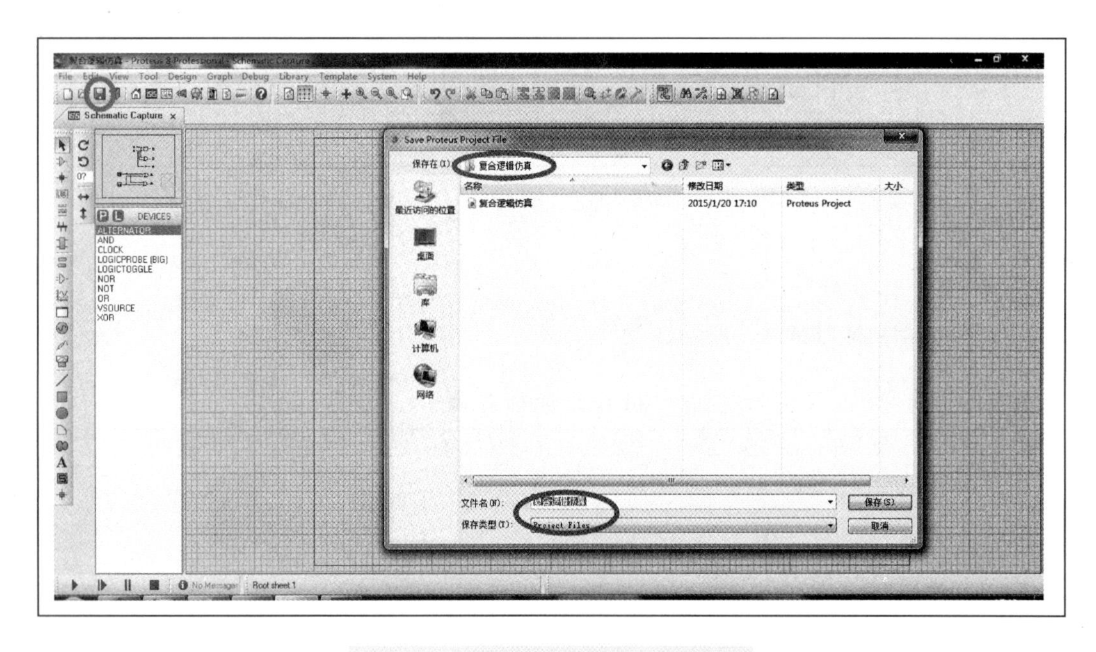

图 3-11　创建“复合逻辑仿真”文件

（3）单击切换到元件模式（Component Mode），单击对象选择按钮（Pick from library），弹出“Pick device（拾取元件）”对话框，输入要选择的器件。这里需要的器件为AND（与门）、OR（或门）、NOT（非门）、NOR 或非门、XOR 异或门、CLOCK，VSOURCE、ALTERNATOR、LOGICPROB0E（BIG）、LOGICTOGGLE，选中后双击，即出现在对象选择窗口中，如图 3-12 所示。

（4）单击终端模型（Terminals Mode），加载输出信号（OUTPUT），绘制电路图，如图 3-13 所示。

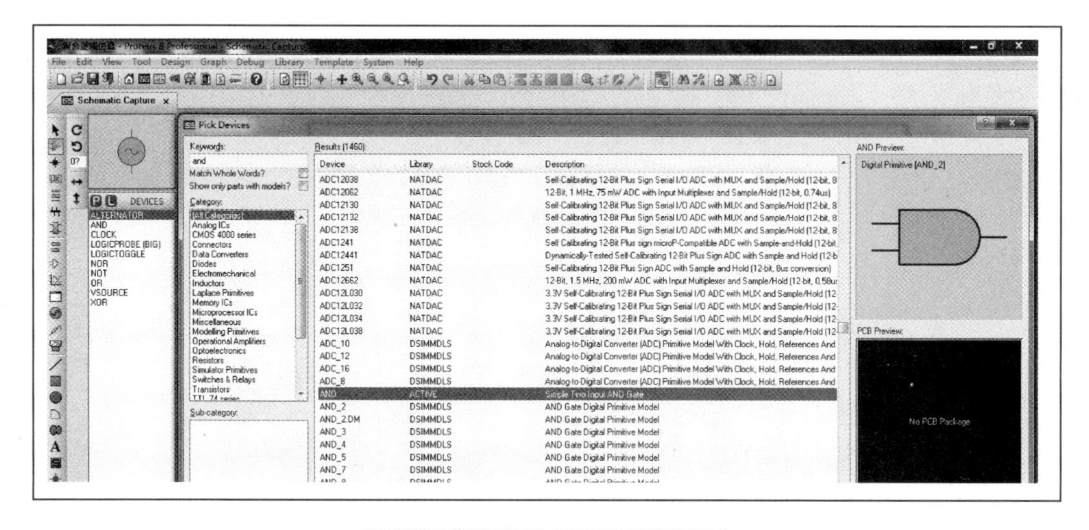

图 3-12　“Pick device”对话框

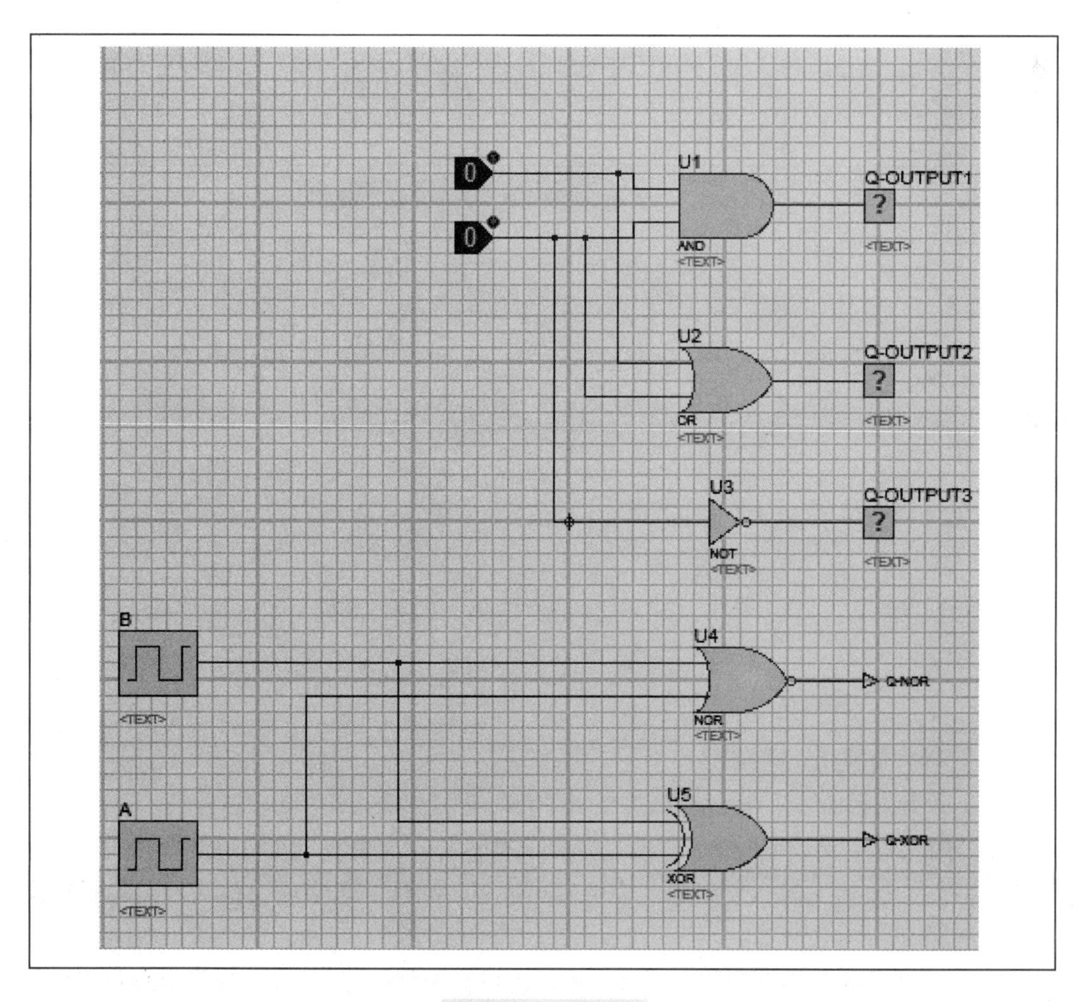

图 3-13　电路图

（5）右键单击任一元件，出现如图 3-14 所示的菜单。

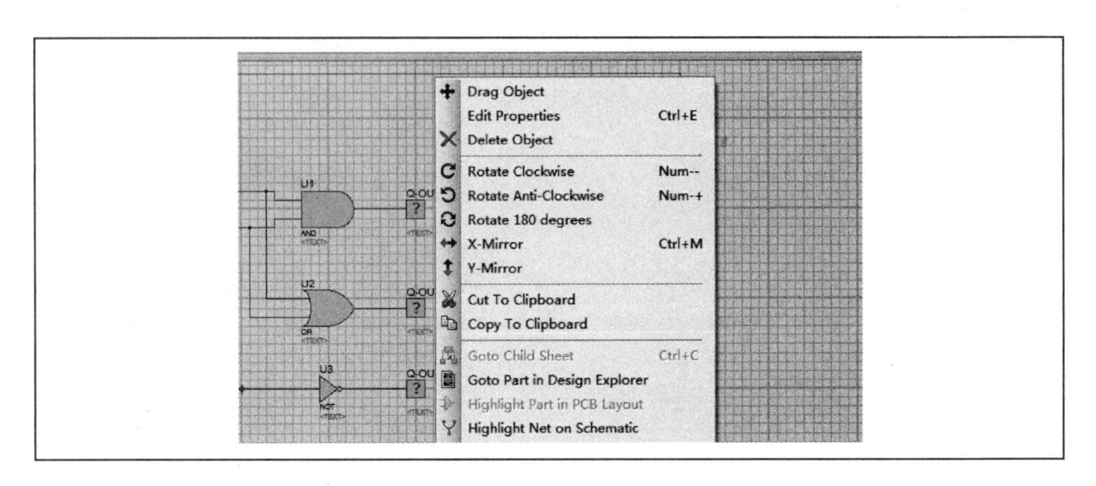

图 3-14　单击右键出现的菜单示意图

选中“Edit Properties”会弹出一个如图 3-15、图 3-16 的对话框，其他元件设置与此类似，故就不再介绍。

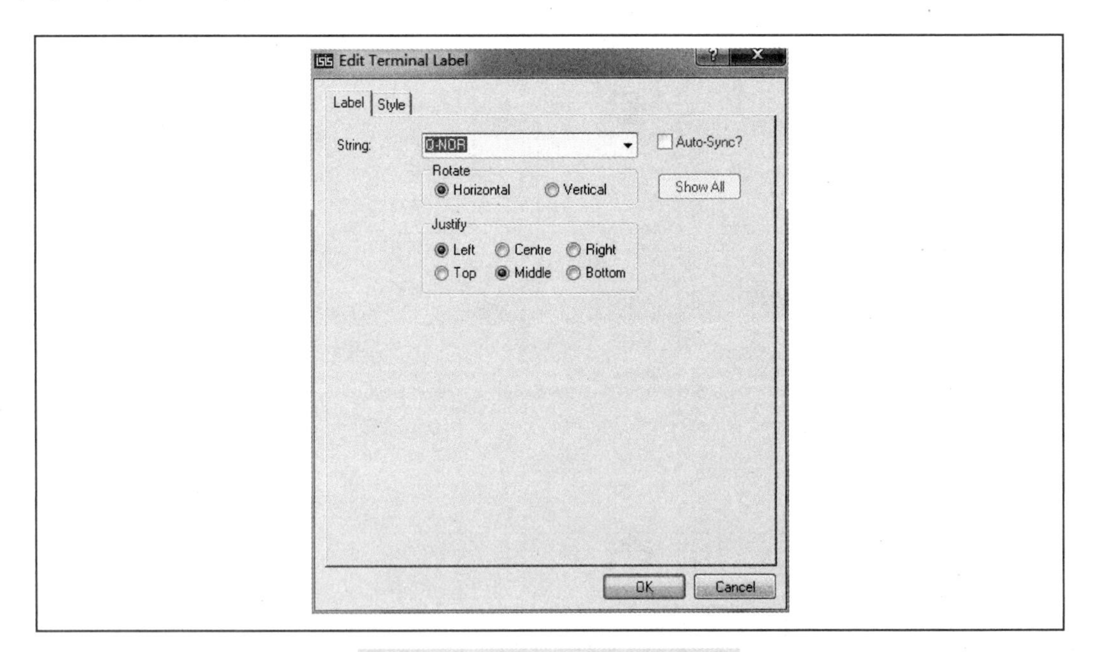

图 3-15　Q-NOR 端子命名对话框

（6）单击▶按钮，如果没有错误，说明电路正确；如果提示 DUPLICATE＊＊＊的错误，这是由于元件名称重复引起的，可以通过更改元件的名字或去掉元件名称来解决。编译成功后的显示如图 3-17 所示。

（7）为了使编辑区看起来更加简洁，可以把没有用到的<TEXT>标签设置为“隐藏”(hidden)，方法是单击菜单栏“Templates”→“Set Design Colours...”，弹出如图 3-18 所示对话框，把圆圈中的对勾划掉即可。

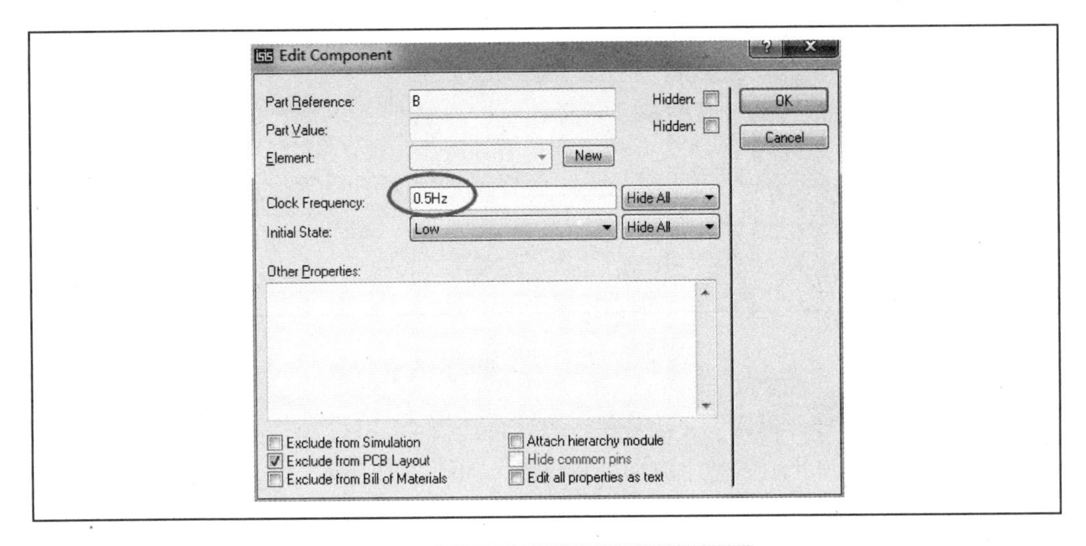

图 3-16 B 时钟信号属性设置对话框

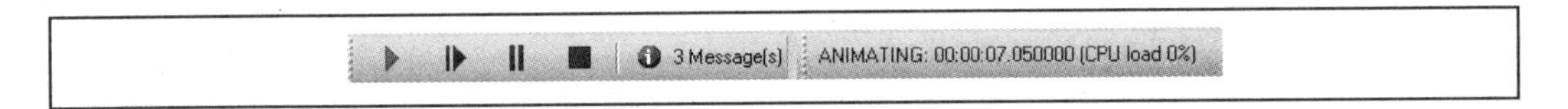

图 3-17 单击开始按钮

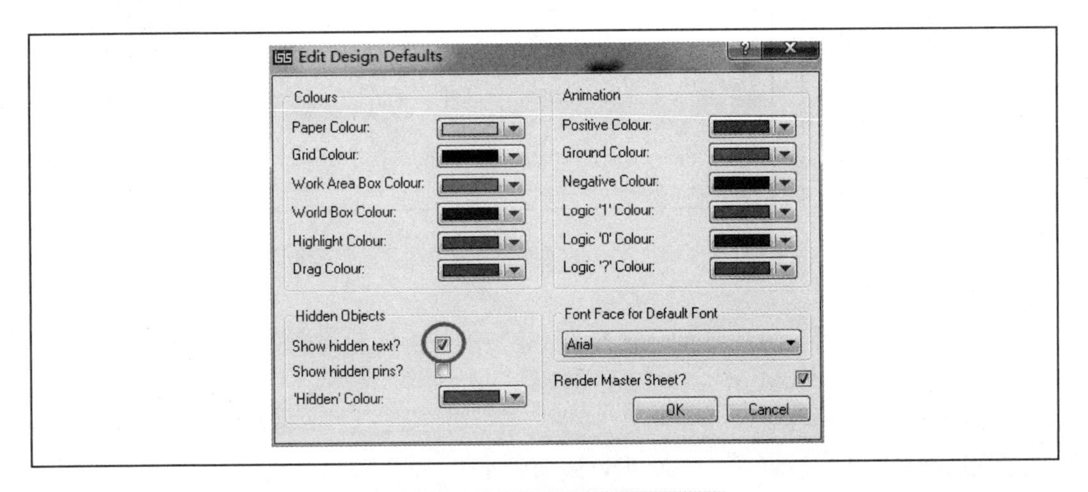

图 3-18 文本隐藏设置对话框

3 数字分析仪（Digital Analysis）的应用

（1）在输出端加入探针。方法是单击，放到输出端处，单击鼠标左键即可添加。如图 3-19 所示。

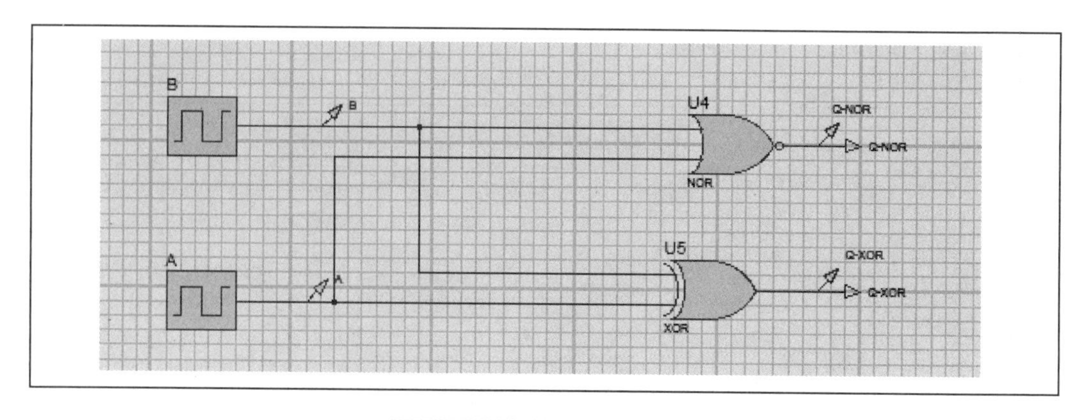

图 3-19　探针的添加示意图

（2）放置数字信号分析器。方法是单击，再选择“DIGITAL”，如图 3-20 所示。通过左键进行拖曳来放置数字波形分析仪器，如图 3-21 所示。

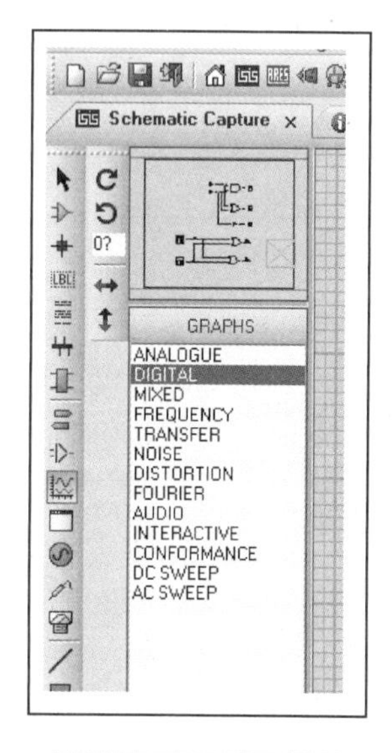

图 3-20　选择数字信号分析器

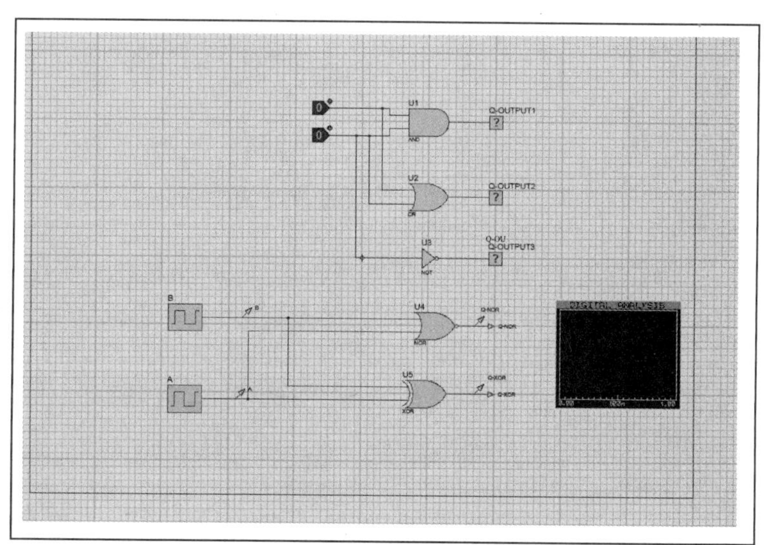

图 3-21　放置数字波形分析仪器

（3）添加变量探针。方法是鼠标放置在数字波形分析仪上，单击右键，出现如图 3-22 所示的对话框，选择“Add trace”（添加图线）。

弹出的对话框如图 3-23 所示。

依次选择 A \ B \ Q-NOR \ Q-XOR，添加后如图 3-24 所示。

（4）仿真曲线。方法是单击右键选择“Simulate Graph”（仿真曲线），如图 3-25 所示。

（5）最后结果如图 3-26 所示。

单击右键选择“Edit Proper ties”，如图 3-27 所示，修改数字分析仪器的属性如图 3-28 所示。

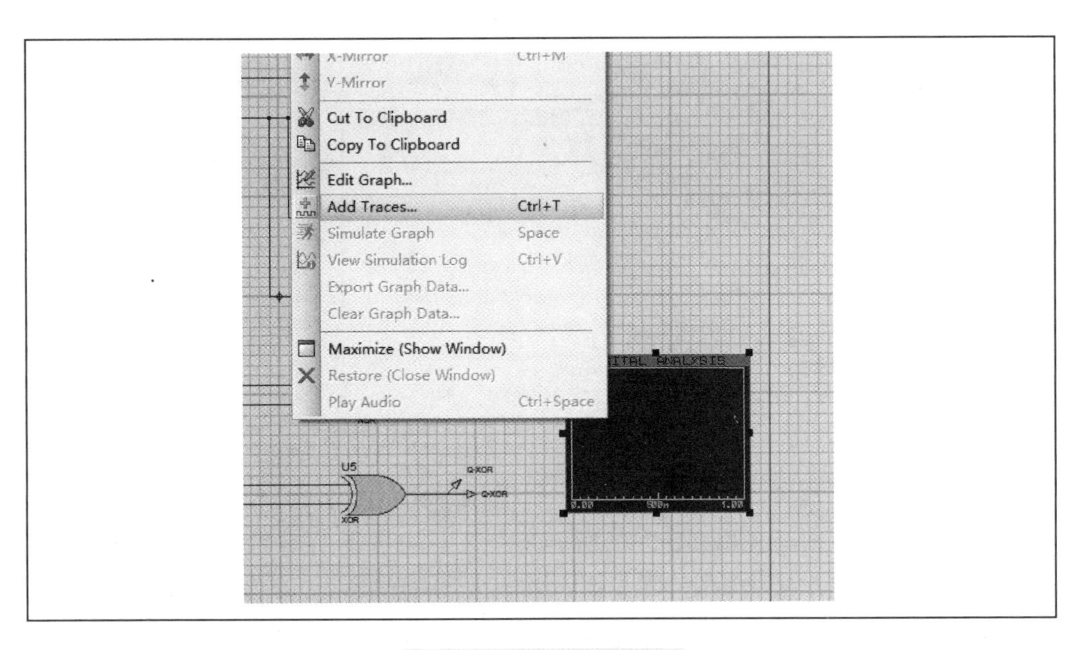

图 3-22　添加仿真曲线

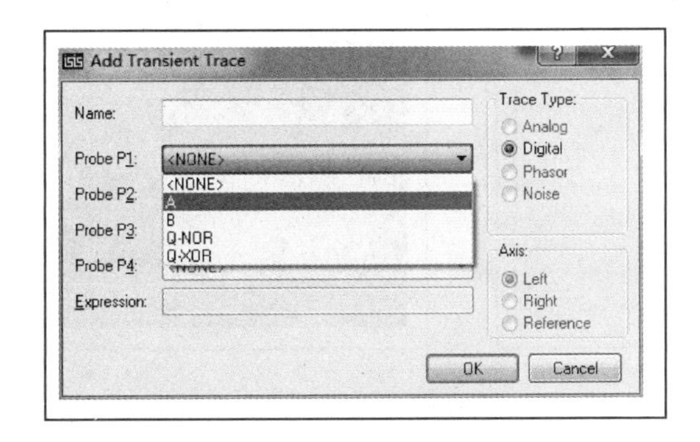

图 3-23　添加“A”仿真线

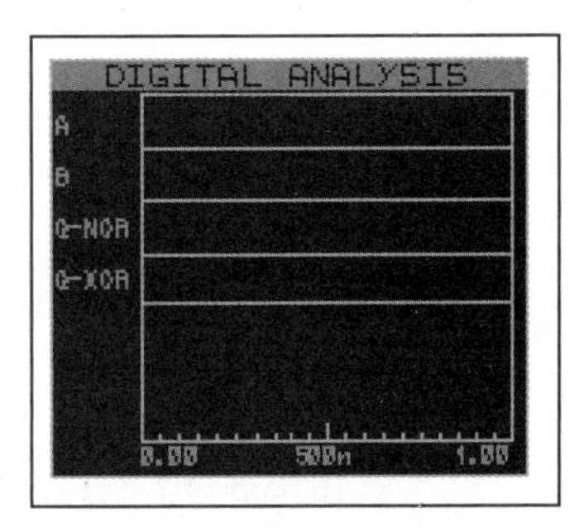

图 3-24　依次选择 A \ B \ Q-NOR \ Q-XOR

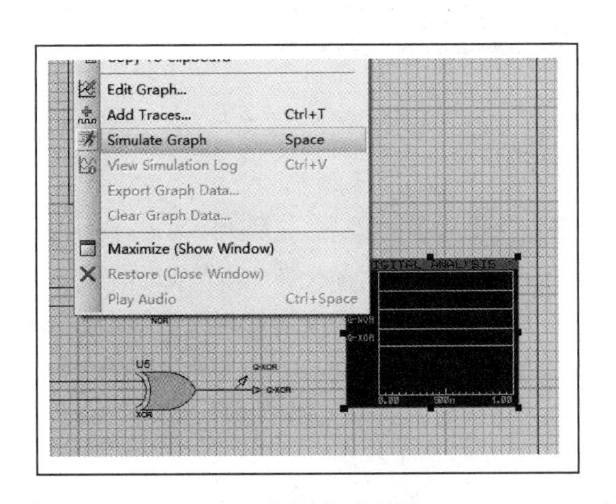

图 3-25　仿真曲线

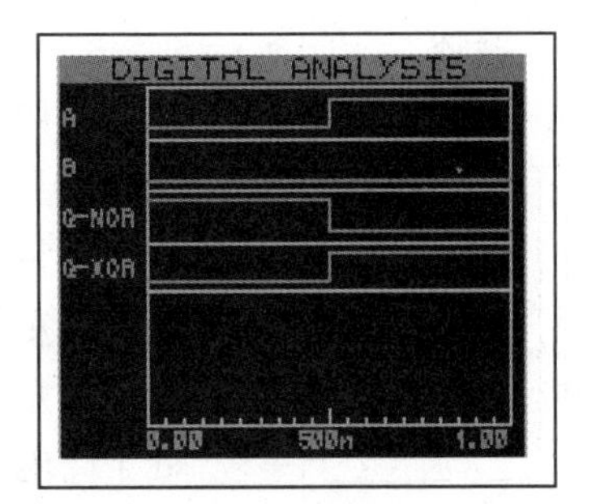

图 3-26　最后结果

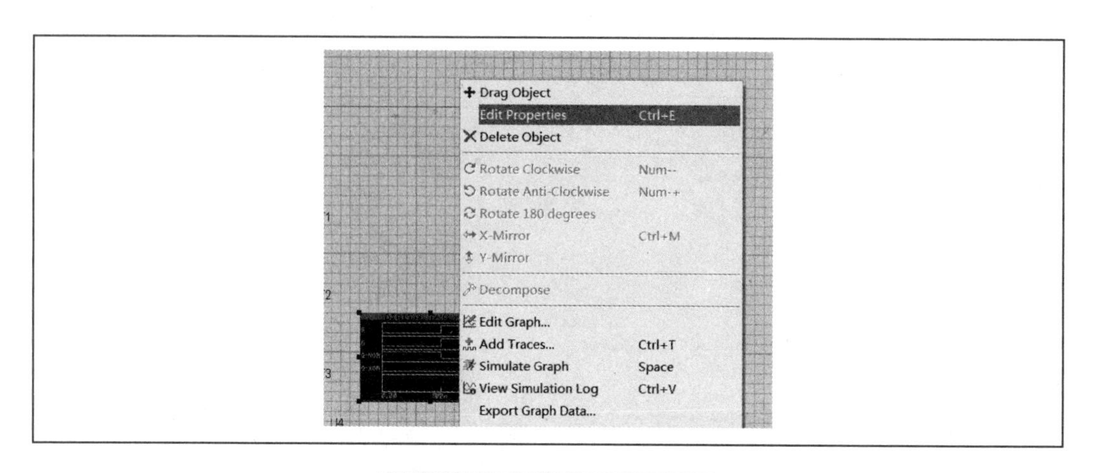

图 3-27 数字分析仪器的属性

(6) 重新进行仿真，结果如图 3-29 所示。

至此仿真完成，各逻辑关系请读者自行分析。

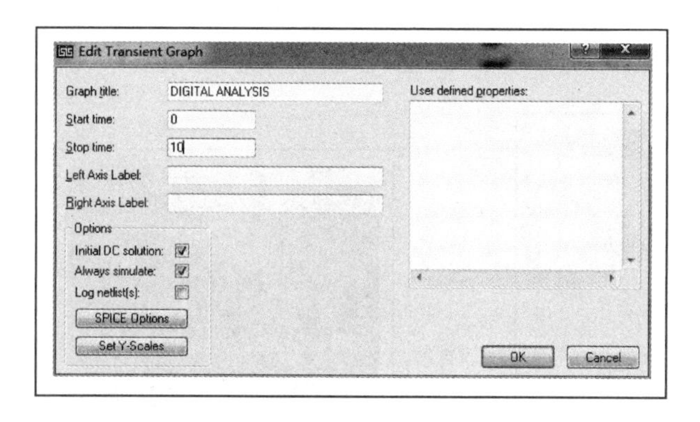

图 3-28 数字分析仪器的属性

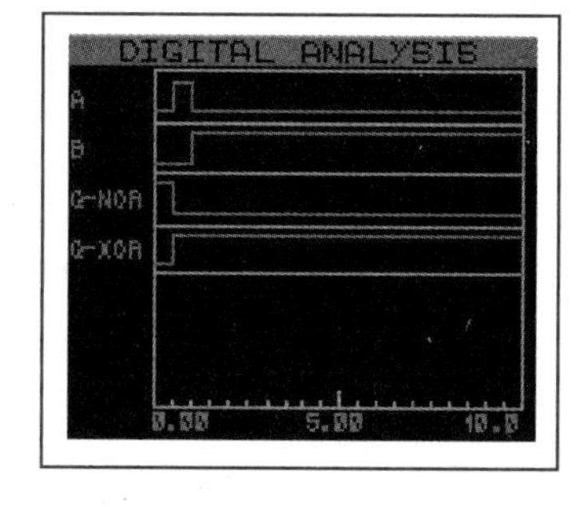

图 3-29 仿真结果

任务二 RS 触发器电路

3.2.1 概述

基本 RS 触发器是构成各种功能触发器的最基本的单元，所以称为基本触发器。如图 3-30所示。图中 R、S 是两个输入端，Q 及$\overline{Q}$是两个输出端。

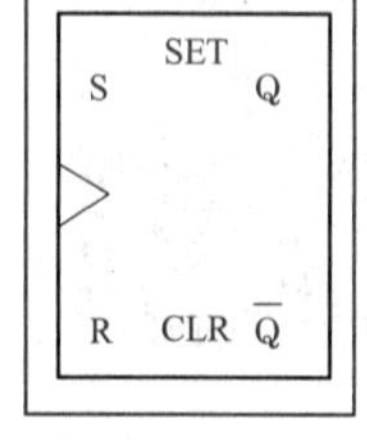

图 3-30 基本 RS 触发器

正常工作时，触发器的 Q 和$\overline{Q}$应保持相反，因而触发器具有两个稳定状态：

(1) Q=1，$\overline{Q}$=0。通常将 Q 端作为触发器的状态。若 Q 端处于高电平，就说触发器是 1 状态。

(2) Q=0，$\overline{Q}$=1。Q 端处于低电平，就说触发器是 0 状态；Q 端称为触发器的原端或 1 端，$\overline{Q}$ 端称为触发器的非端或 0 端。

如果 Q 端的初始状态设为 1，R、S 端都作用于高电平（逻辑 1），则 $\overline{Q}$ 定为 0。如果 R、S 状态不变，则 Q 及 $\overline{Q}$ 的状态也不会改变。这是一个稳定状态。

同理，若触发器的初始状态 Q 为 0 而 $\overline{Q}$ 为 1，在 R、S 为 1 的情况下这种状态也不会改变。这又是一个稳定状态。可见，它具有两个稳定状态。输入与输出之间的逻辑关系可以用真值表、状态转换真值表及特征方程来描述。

3.2.2　DPATTEN 和 DCLOCK 的运用

触发器仿真电路图如图 3-31 所示。

1　仿真元件

触发器仿真电路需要的元件为 NAND（与非门），所属类为 Simulator Primitives，所属子类 Gates。

2　建立逻辑电路

（1）建立文件夹，命名为“RS 触发电路”，如图 3-32 所示。

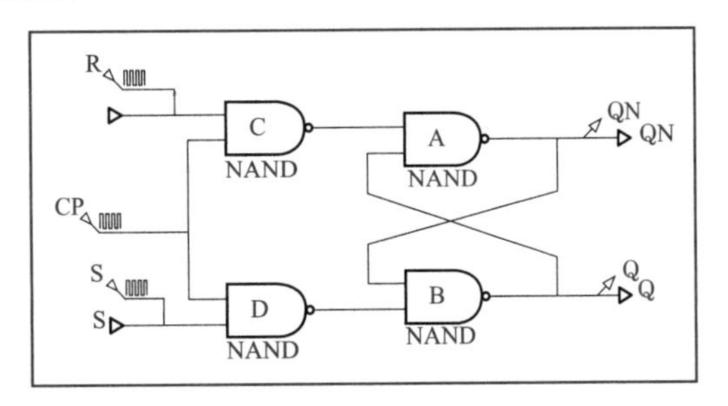

图 3-31　仿真原理图

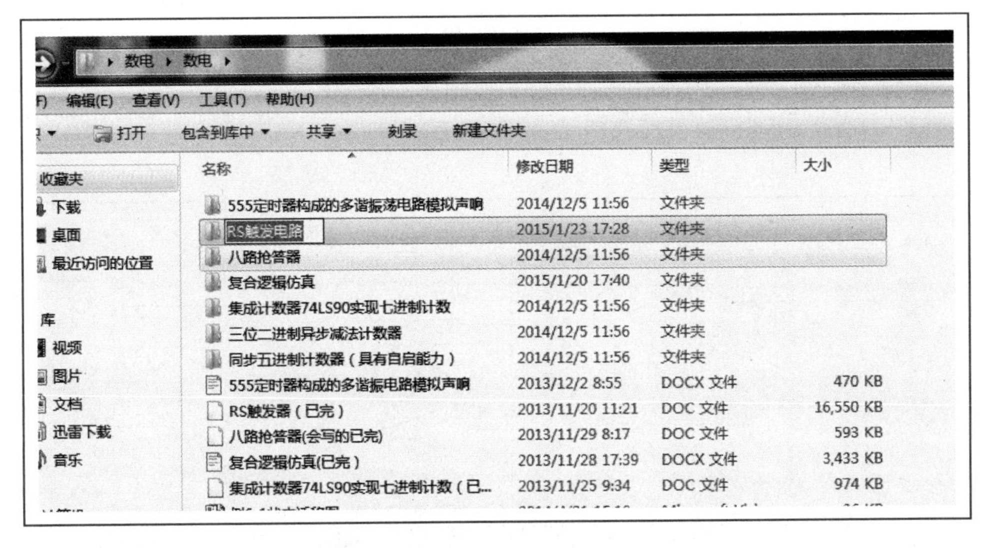

图 3-32　“RS 触发电路”文件夹

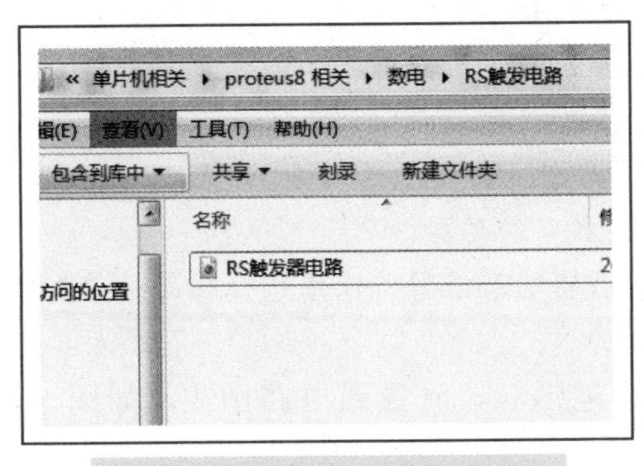

图 3-33　RS 触发电路文件存储

（2）打开 Proteus 8 Professional 的 ISIS 程序，单击保存，命名文件为“RS 触发电路”，如图 3-33所示。

（3）单击切换到元件模式（Component Mode）。单击对象选择按钮 P（Pick from library），弹出“Pick device”对话框，输入要选择的元件。这里需要的元件为“NAND”（与非门），选中双击，即出现在对象选择窗口中，如图 3-34 所示。

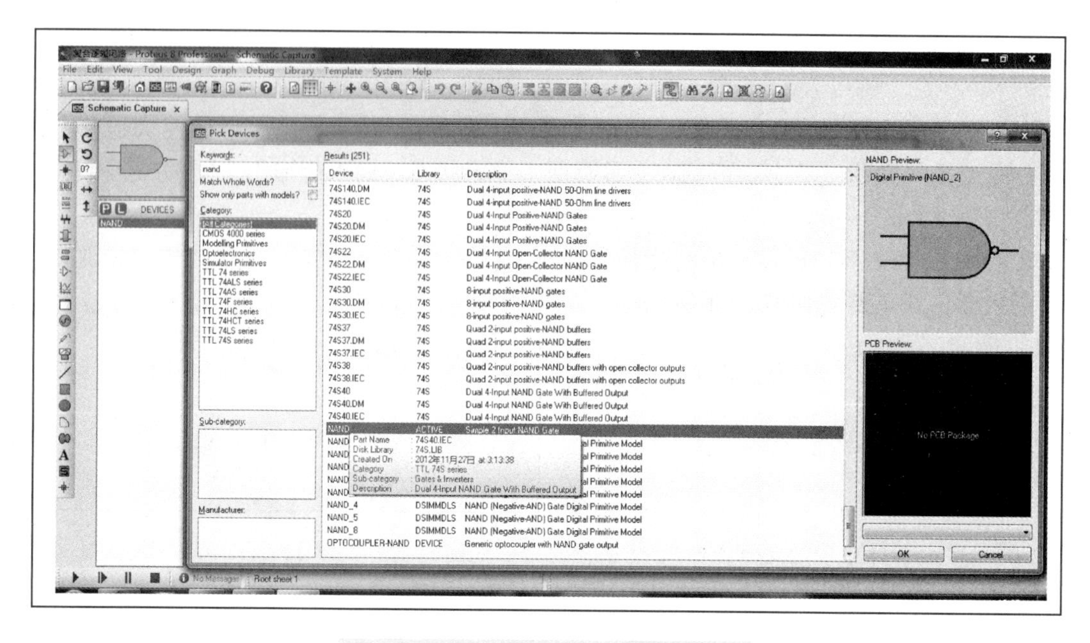

图 3-34　添加元件“NAND”（与非门）

（4）绘制电路图，并选择终端模式，添加 INPUT 和 OUTPUT 信号，如图 3-35 所示。

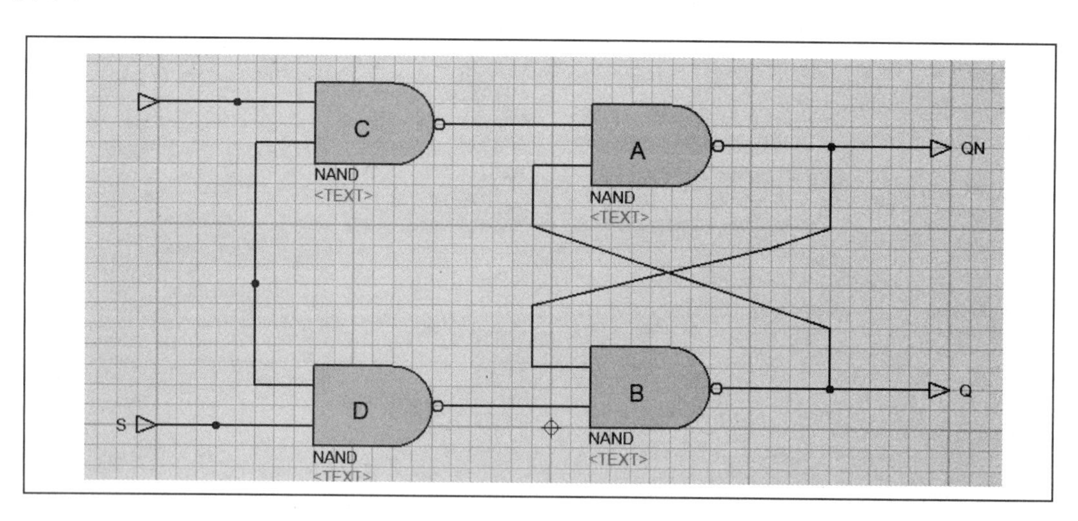

图 3-35　绘制电路图

3　电路图的数字仿真图

（1）对电路放置驱动信号，这里选择脉冲。单击，再单击 DPATTERN。

鼠标变为铅笔形状，放置到电路图中，如图 3-36 所示。

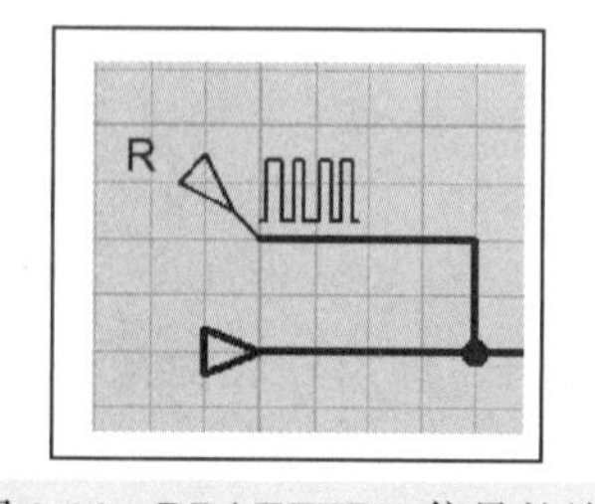

图 3-36　DPATTERN 信号的放置

用同样的方法把其他的驱动信号加上。如图 3-37

所示。

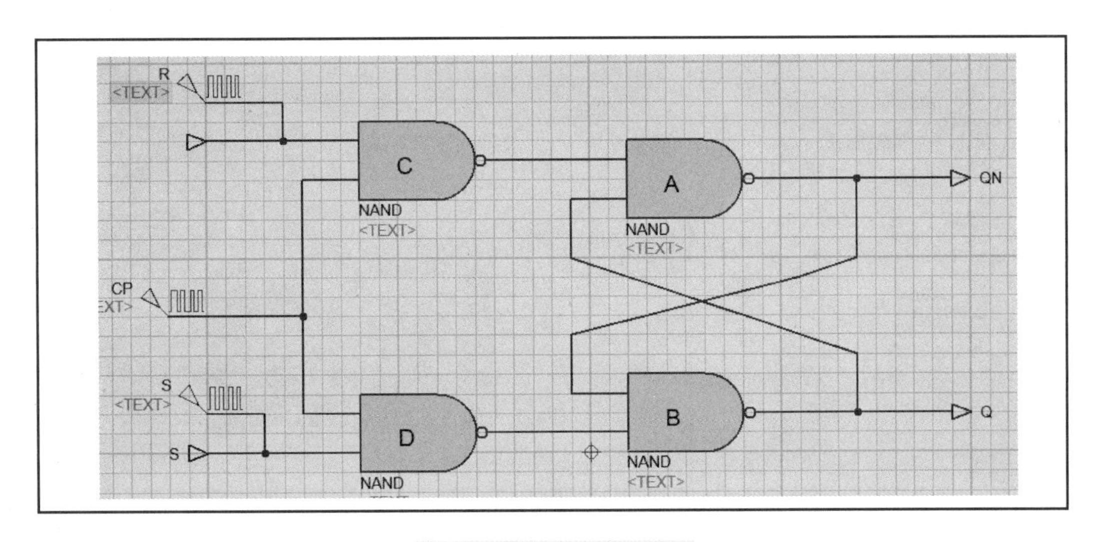

图 3-37　驱动信号添加

(2) 在输出端加入探针。方法是单击，放到输出端处单击鼠标左键即可添加。如图 3-38所示。

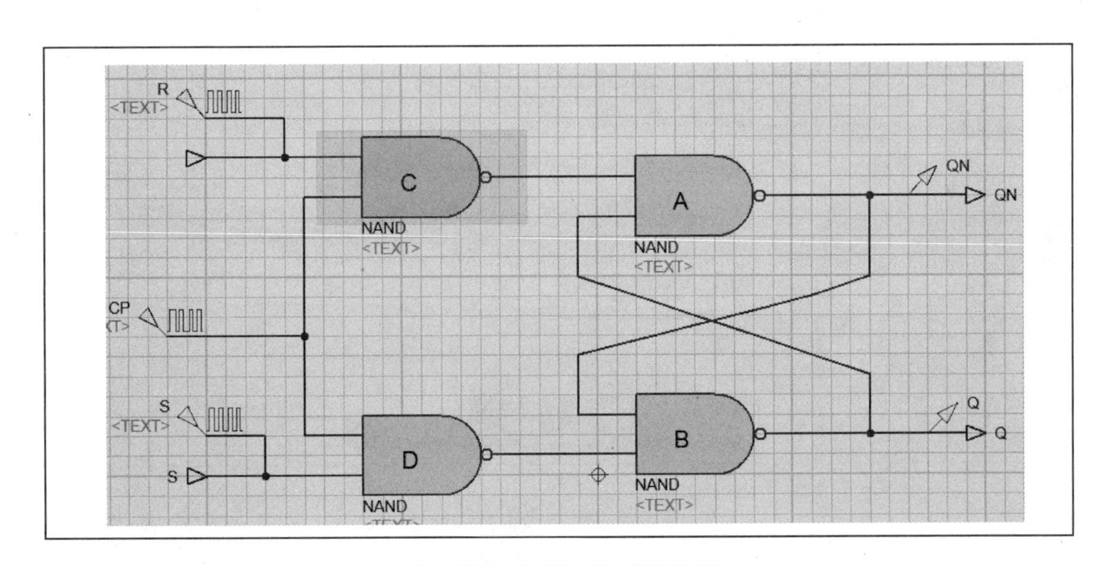

图 3-38　输出端加入探针

(3) 放置数字信号分析器。方法是单击，再选择 DIGITAL，如图 3-39 所示。

通过左键拖曳放置数字波形分析仪器。如图 3-40 所示。

(4) 添加变量探针。方法是单击右键，出现如图 3-41、图 3-42 所示的对话框，选择添加图线。

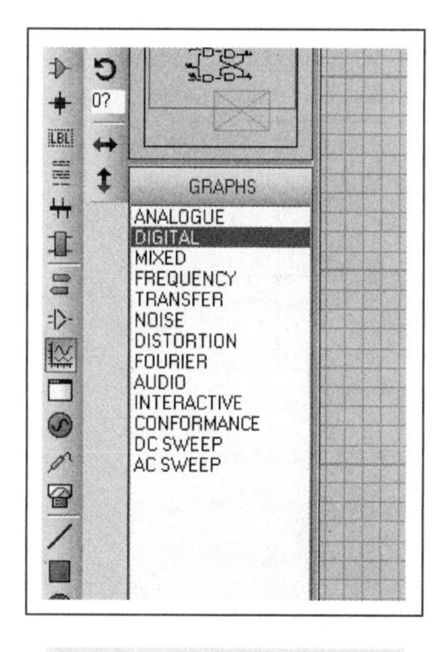

图 3-39　放置数字信号分析器

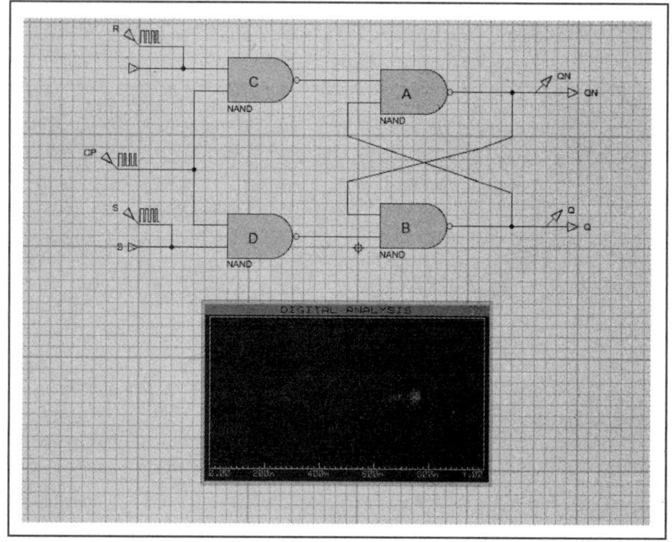

图 3-40　放置数字波形分析仪器

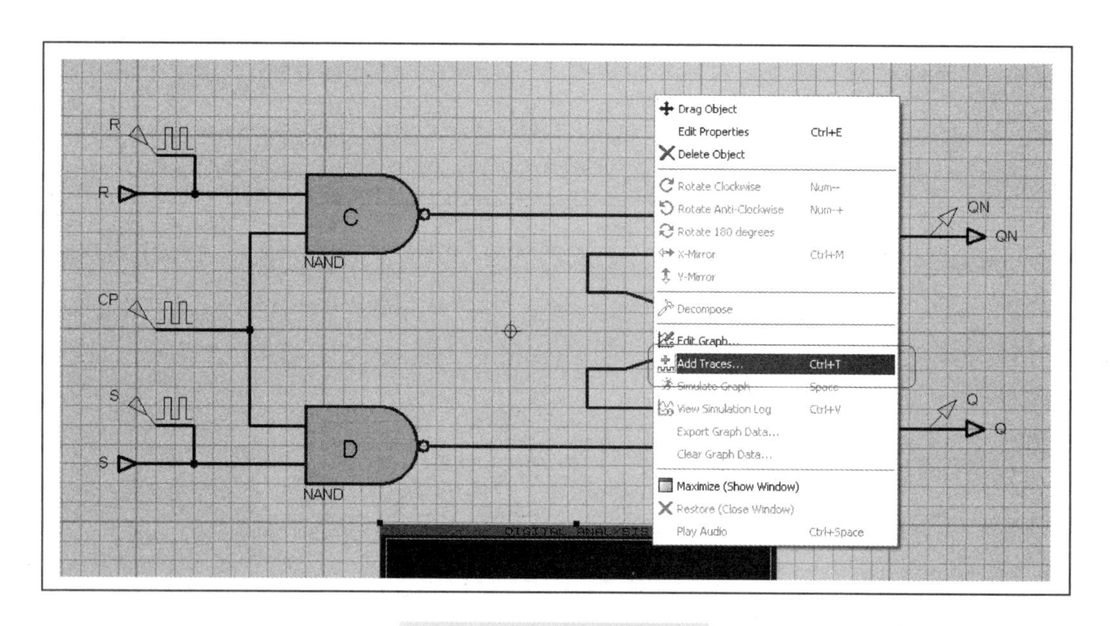

图 3-41　添加变量探针

依次选择 CP\R\S\Q\QN，添加完成后如图 3-43 所示。

与此同时，双击 R，出现属性对话框，编辑属性如图 3-44 所示。

用同样的方法对 CP、S 进行设置。

（5）编辑数字分析仪属性。方法是右键单击“Edit Graph...”，如图 3-45、图 3-46 所示。

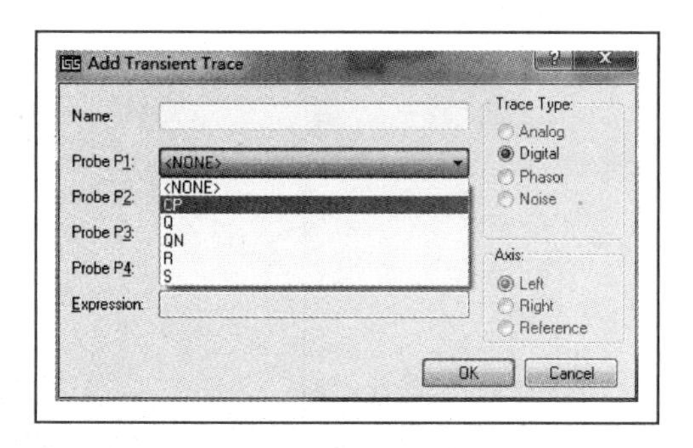

图 3-42　“添加变量探针”对话框

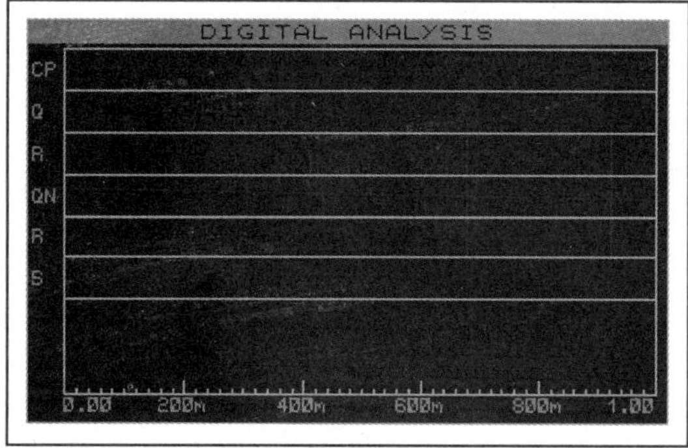

图 3-43　放置仿真曲线 CP\R\S\Q\QN

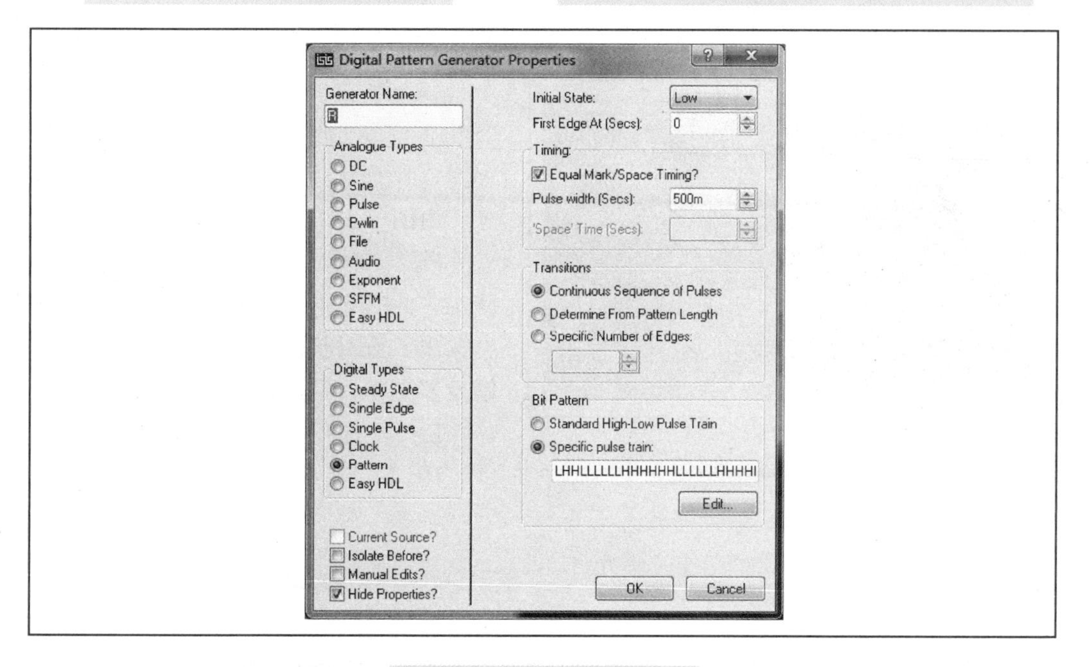

图 3-44　“R”信号的设定

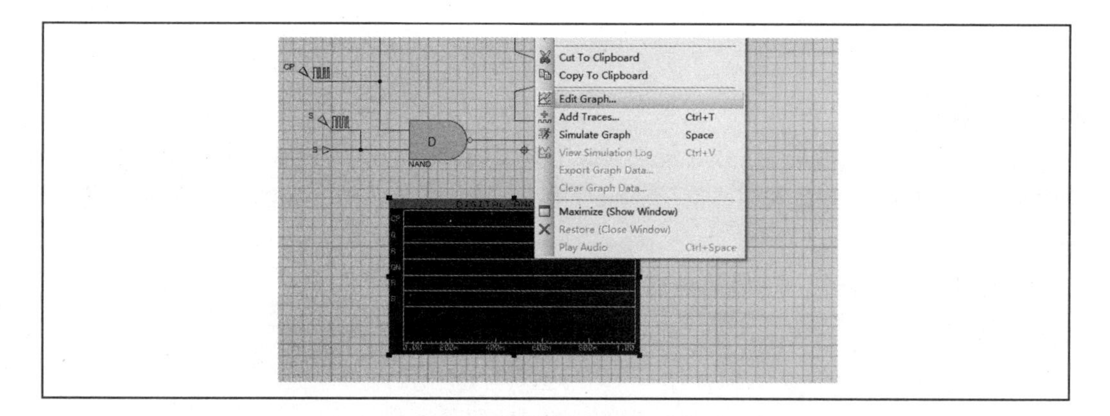

图 3-45　右键选择添加曲线菜单

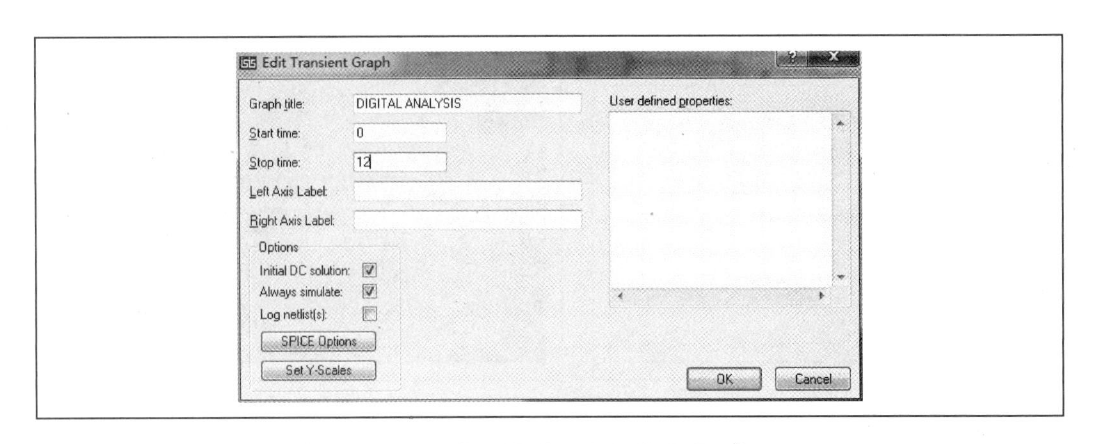

图 3-46 仿真曲线

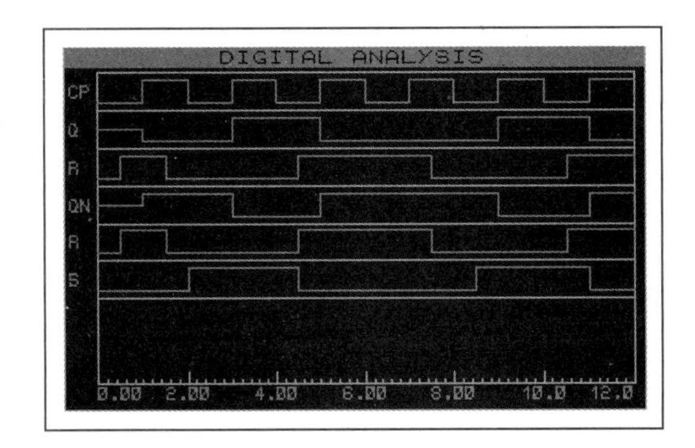

图 3-47 RS 触发器电路仿真结果

（6）仿真。方法是右键单击并选择"Simulate Graph"（仿真曲线），最后结果如图 3-47 所示。

由图 3-47 可以得出，当 CP=0 时，触发器不工作，基本 RS 触发器处于保持状态，此时无论 R、S 如何变化均不会改变输出，故对状态无影响。当 CP=1 时，触发器工作，其逻辑功能如下；

R=0，S=1，$Q^{n+1}=1$，触发器置 1。

R=1，S=0，$Q^{n+1}=0$，触发器置 0。

R=S=0，$Q^{n+1}=Q^n$，触发器状态不变。

R=S=1，触发器失效，工作时不允许。

任务三 同步五进制计数器电路仿真

3.3.1 概述

计数器对时钟脉冲进行计数，每来一次上升沿时钟脉冲，计数器状态改变一次，每五个时钟脉冲完成一个计数周期。信号源同时接入三个 JK 触发器。如图 3-48 所示为仿真电路原理图。

从电路图 3-48 得到每一级的激励方程如下：

$$J_1 = \bar{Q}_3^n,\quad K_1 = 1$$

$$J_2 = Q_1^n,\quad K_2 = Q_1^n$$

$$J_3 = Q_1^n Q_2^n,\quad K_3 = 1$$

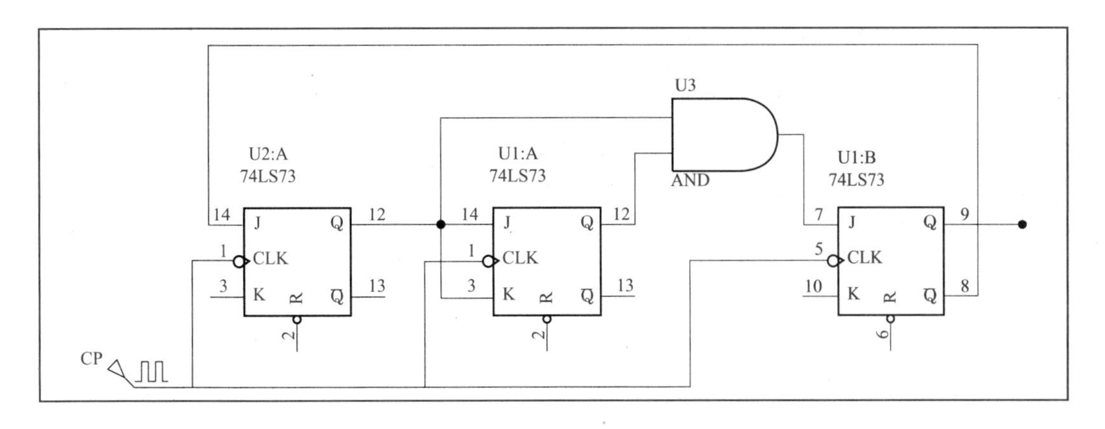

图 3-48　同步五进制计数器电路原理图

其次态方程为：

$$Q_1^{n+1}=\overline{Q_3^n Q_1^n},$$

$$Q_2^{n+1}=\bar{Q}_1^n Q_2^n+Q_1^n\bar{Q}_2^n,$$

$$Q_3^{n+1}=Q_1^n Q_2^n\bar{Q}_3^n,$$

$$C=Q_3^n$$

状态迁移图如图 3-49 所示。

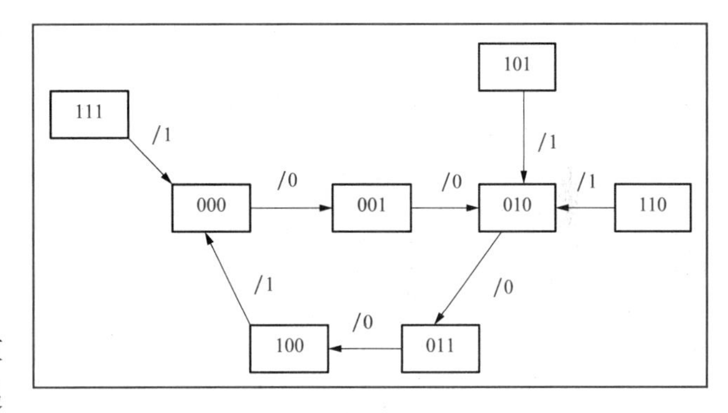

图 3-49　状态图

由图 3-49 可以看出，该计数器为具有自启动能力的五进制递增计数器。

3.3.2　电路原理图绘制

1　仿真元件信息

仿真元件信息如表 3-2 所示。

表 3-2　　仿真元件信息

元件名称	所属类	所属子类
74LS73	TTL 74LS series	Flip-Flop & Latches
AND	Simulator Primitives	Gates

2　建立逻辑电路

(1) 建立文件夹，命名为“同步五进制计数器”。

(2) 打开 Proteus ISIS 程序，单击保存，文件命名为“同步五进制计数器”。

(3) 单击切换到元件模式（Component Mode），单击对象选择按钮 P (Pick from library)，弹出“Pick device”对话框，输入要选择的元件。这里需要的元件为 74LS73、AND，选中双击，即出现在对象选择窗口中。

(4) 绘制电路图，如图 3-50 所示。

(5) 单击按钮，如果没有错误，说明电路正确；如果提示 DUPLICATE * * * 的错误，可以通过更改元件的名字或去掉元件名称来解决。如图 3-51 所示。

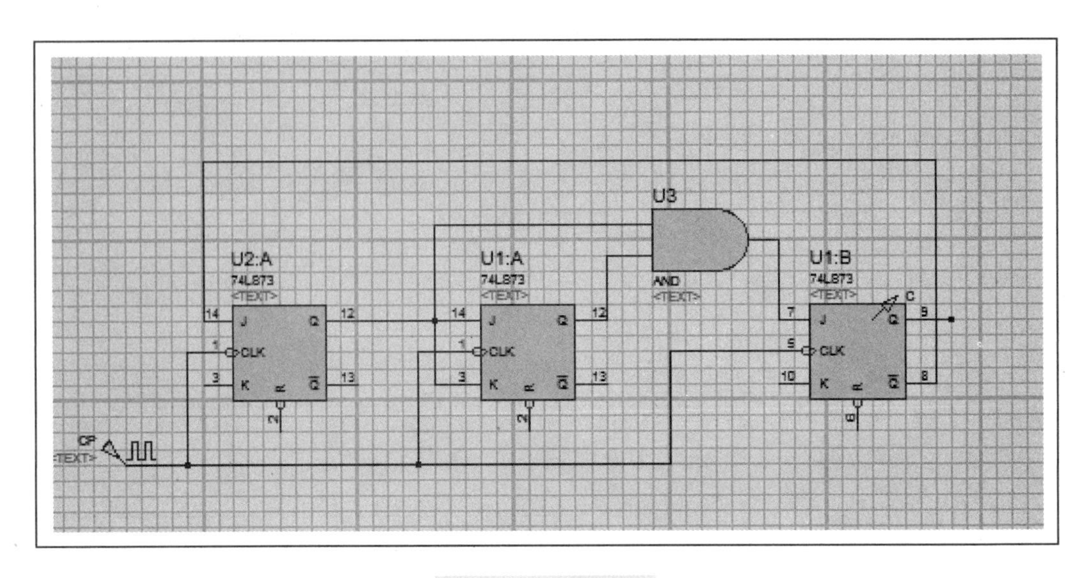

图 3-50　电路图绘制

图 3-51　单击开始按钮

（6）为了使编辑区看起来更加简洁，可以把没有用到的<TEXT>标签设置为“隐藏”（hidden），方法是单击菜单栏“Templates”→“Set Design Colours...”，弹出如图 3-52 所示对话框，把圆圈的对勾划掉即可。

3.3.3　Digital Analysis 的运用

（1）对电路放置驱动信号，这里选择时钟脉冲。单击，再单击选择 DCLOCK 时钟信号源，如图 3-53 所示。

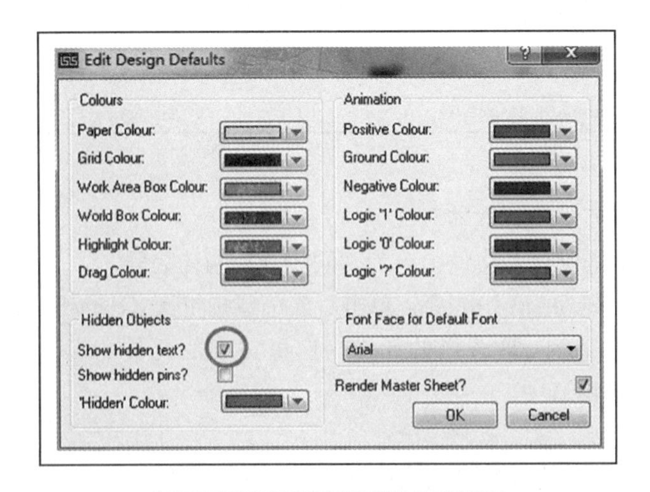

图 3-52　文本隐藏设置对话框

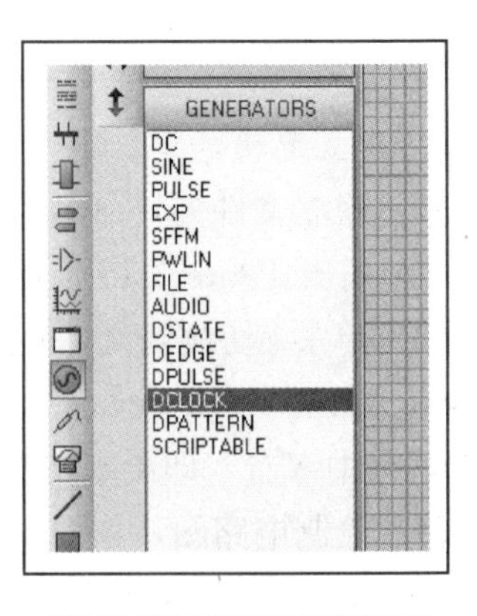

图 3-53　放置驱动信号

鼠标变为铅笔形状，放置到电路图中，如图 3-54 所示。

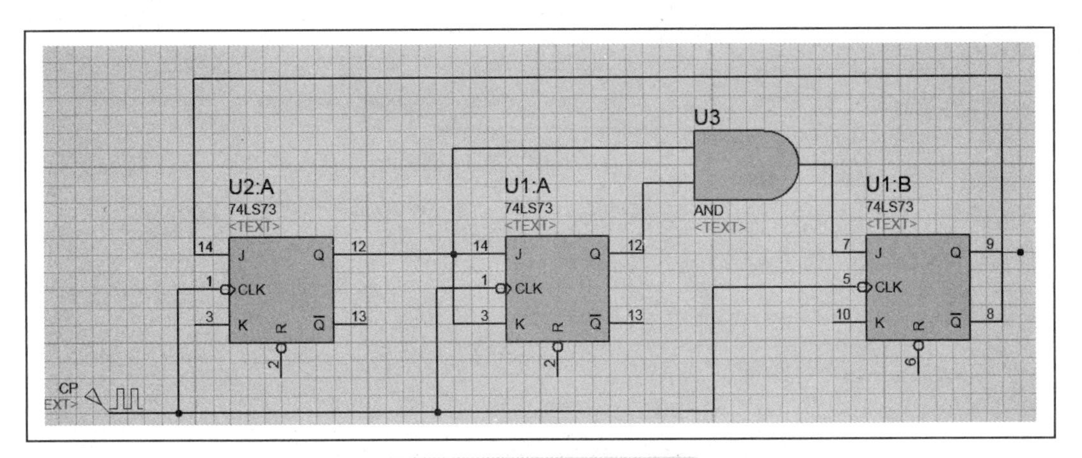

图 3-54　放置时钟信号源

(2) 在输出端加入探针。方法是单击，放到输出端处单击鼠标左键即可完成添加。如图 3-55 所示。

(3) 放置数字信号分析器。方法是单击，再选择 DIGITAL，如图 3-56 所示。

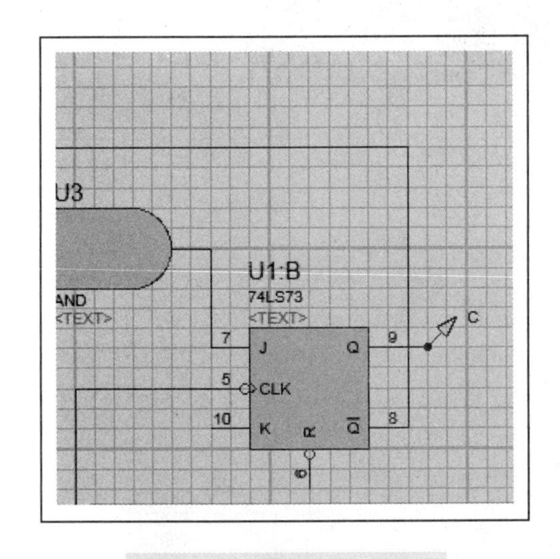

图 3-55　在输出端加入探针

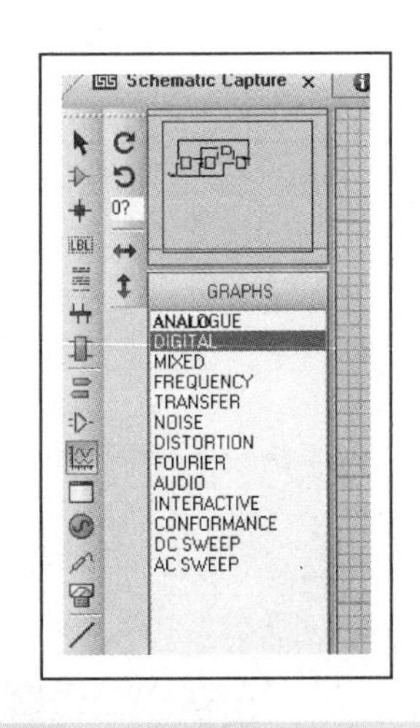

图 3-56　选择数字信号分析器

通过左键拖曳放置数字波形分析仪器。如图 3-57所示。

(4) 添加变量探针。方法是单击右键选择“Add Traces…”（添加图线），如图 3-58 所示，弹出如图 3-59 所示的对话框。

依次选择 CP \ C，添加完成后如图 3-60 所示。

(5) 仿真曲线。方法是单击右键选择“Simulate Graph”（仿真曲线），如图 3-61 所示。

(6) 最后结果如图 3-62 所示。经过脉冲的 5 个下降沿，进位位 1，即五进制计数器。

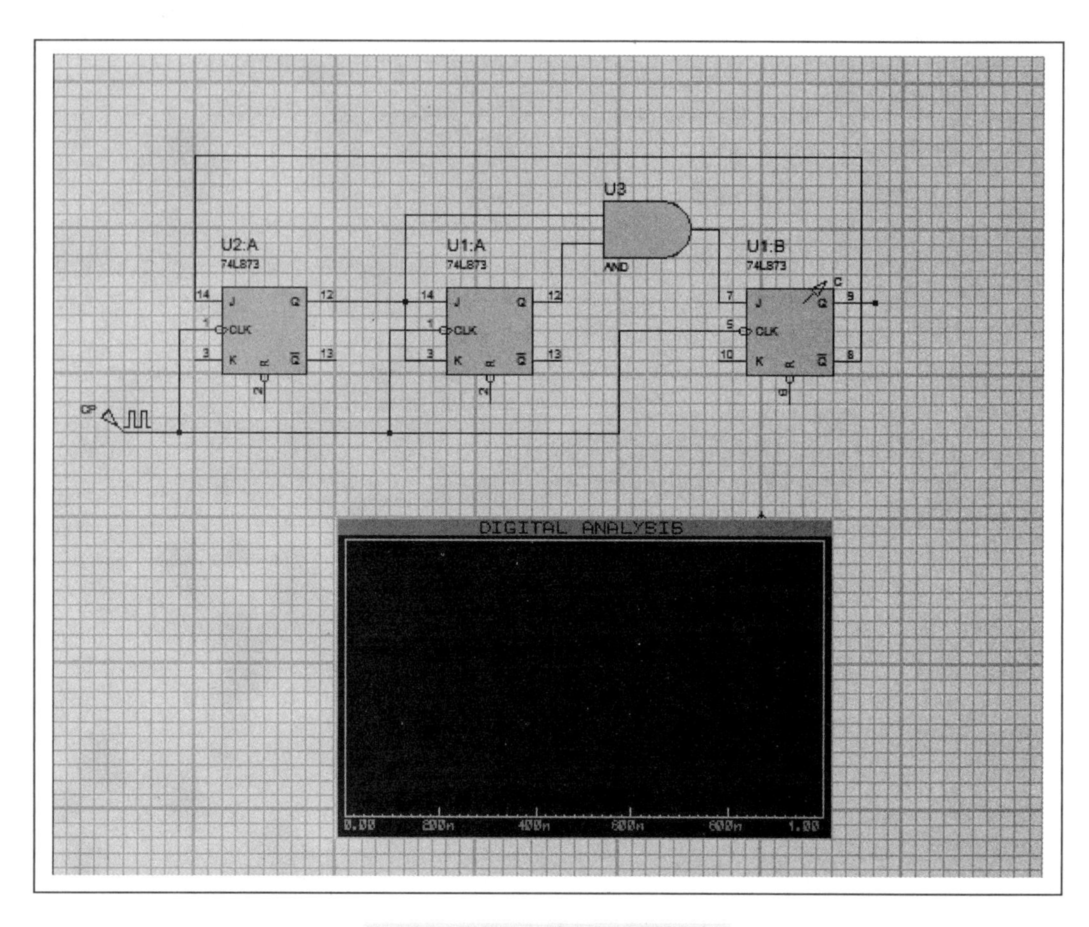

图 3-57　放置数字波形分析仪器

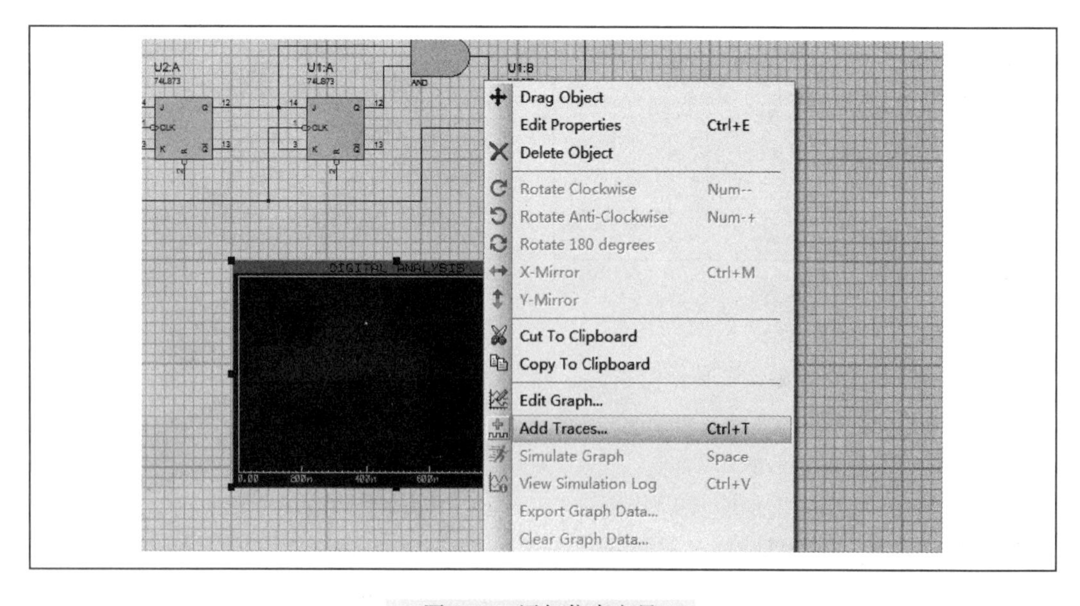

图 3-58　添加仿真变量

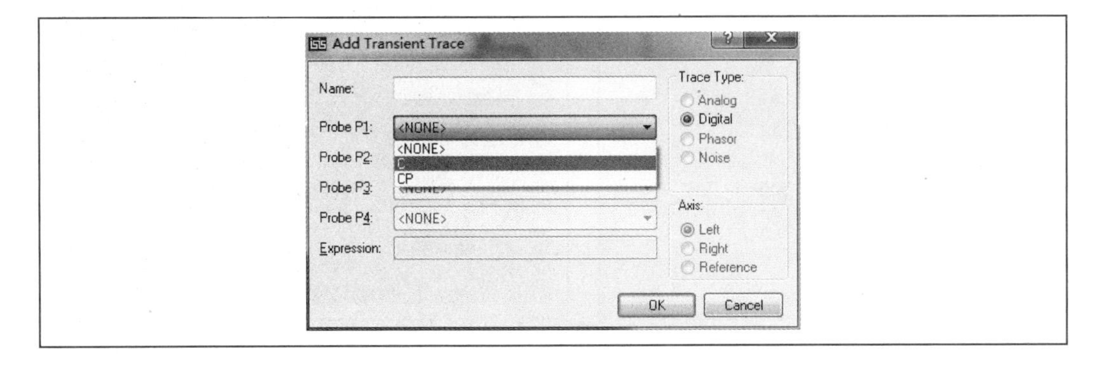

图 3-59　“添加仿真曲线”对话框

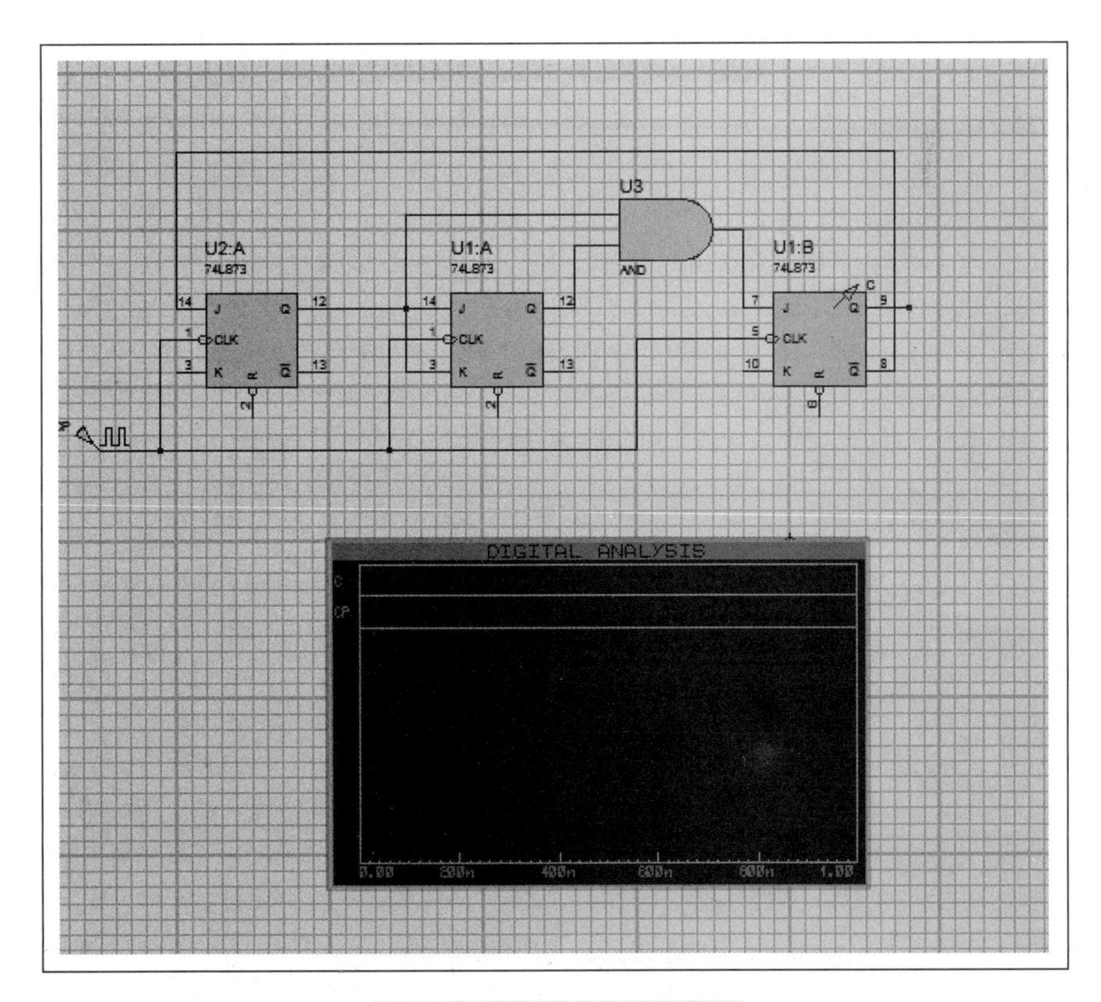

图 3-60　添加 CP\C 仿真曲线

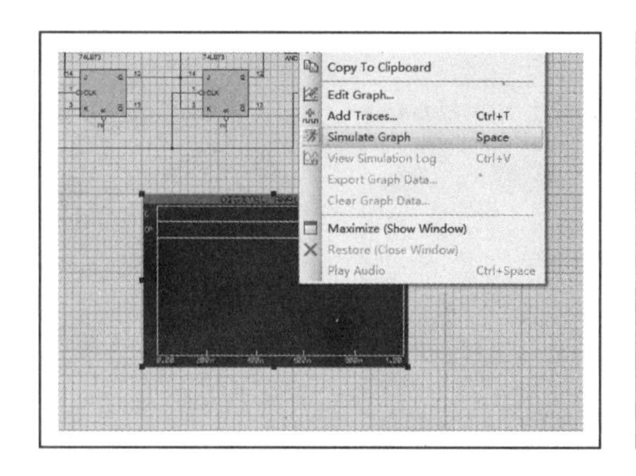

图 3-61　仿真曲线菜单选择

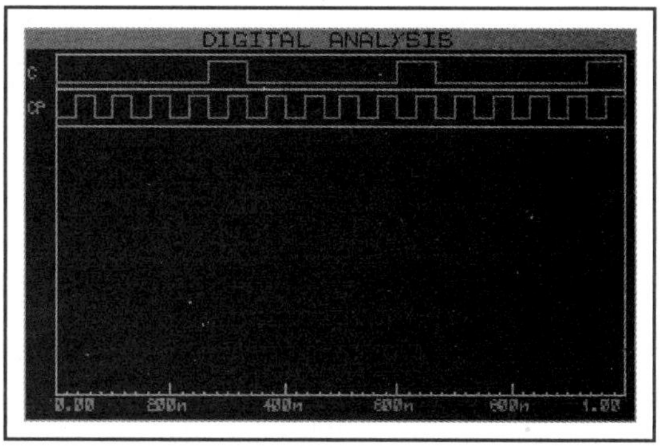

图 3-62　同步五进制计数器仿真结果

任务四　三位二进制异步减法计数器电路仿真

3.4.1　概述

三位二进制异步减法计数器电路仿真电路如图 3-63 所示。

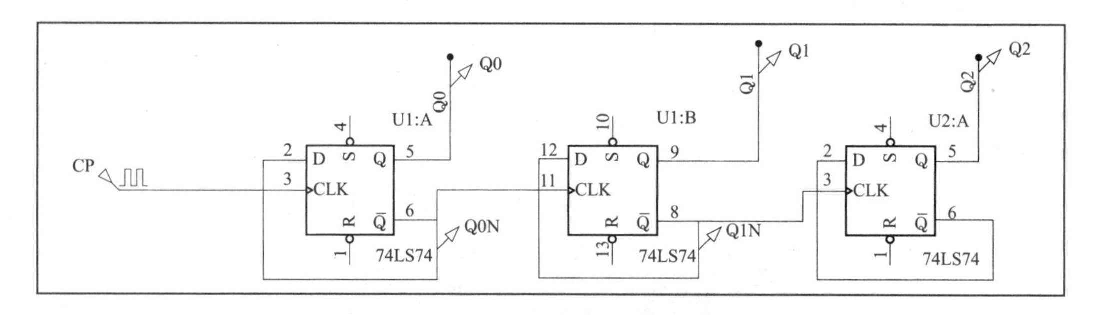

图 3-63　三位二进制异步减法计数器电路原理图

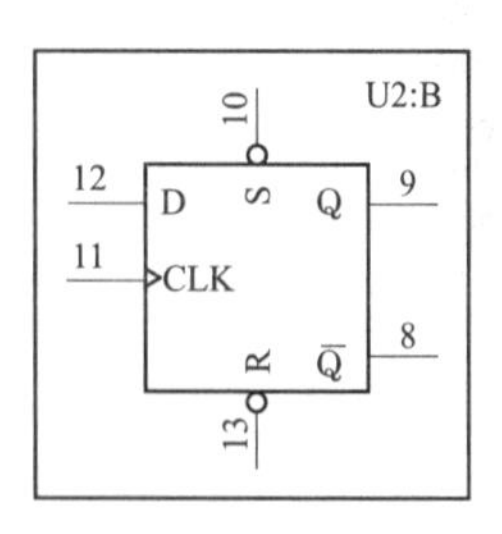

图 3-64　74LS74 引脚图

三位二进制计数器由如图 3-64 所示的 D 触发器组成。

D 触发器工作原理：S（10 端口）和 R（13 端口）接至基本 RS 触发器的输入端，它们分别是预置和清零端，低电平有效。将它们悬空，即置高电平，这样就不会影响电路的工作。D 触发器输入和输出的关系见式（3-1）：

$$Q = D \tag{3-1}$$

图 3-64 所示为上升沿触发电路，并且由 D 触发器组成，状态方程为 $Q^{n+1}=\overline{Q^n}$。

3.4.2　电路原理图绘制

1　仿真元件

仿真元件为 74LS74（D 触发器），所属类为 TTL 74LS series，所属子类为 Flip-Flop & Latches。

2　绘制电路

（1）建立文件夹，命名为“三位二进制异步减法计数器”。

（2）打开 Proteus ISIS 程序，单击保存，文件命名为“三位二进制异步减法计数器”。

（3）单击切换到元件模式（Component Mode），单击对象选择按钮P（Pick from library），弹出“Pick device”对话框，输入要选择的元件。这里需要的元件为 74LS74，选中双击，即出现在对象选择窗口中。

（4）绘制电路，如图 3-65 所示。

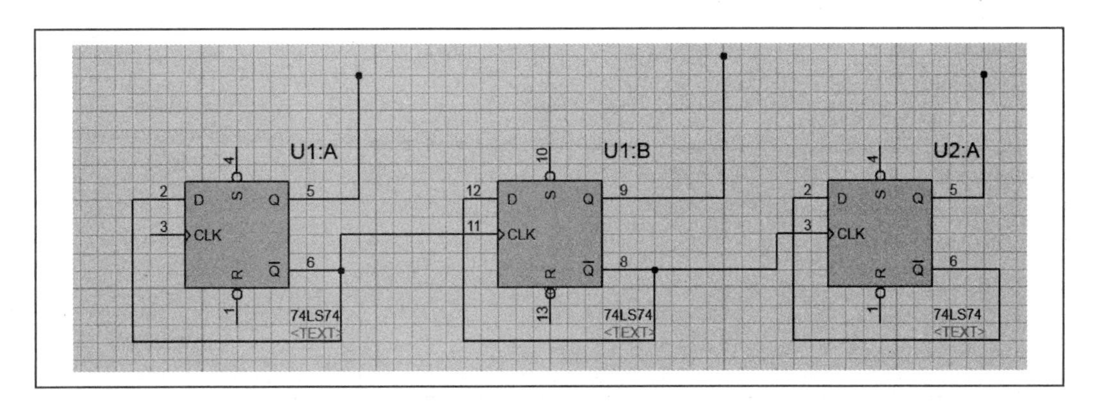

图 3-65　电路原理图

（5）给线段编辑标签。如图 3-66 所示，选中想要标记的线段，单击右键选择“Place Wire Lable”（放置线段标签），弹出如图 3-67 的对话框，进行名称设定就可以了。

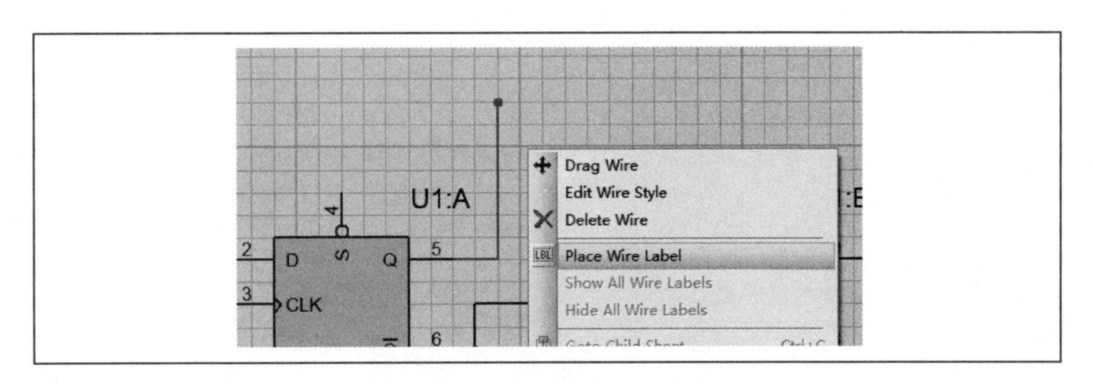

图 3-66　标签编辑选择菜单

编辑好标签的电路图如图 3-68 所示。

3.4.3　Digital Analysis 的运用

仿真步骤如下：

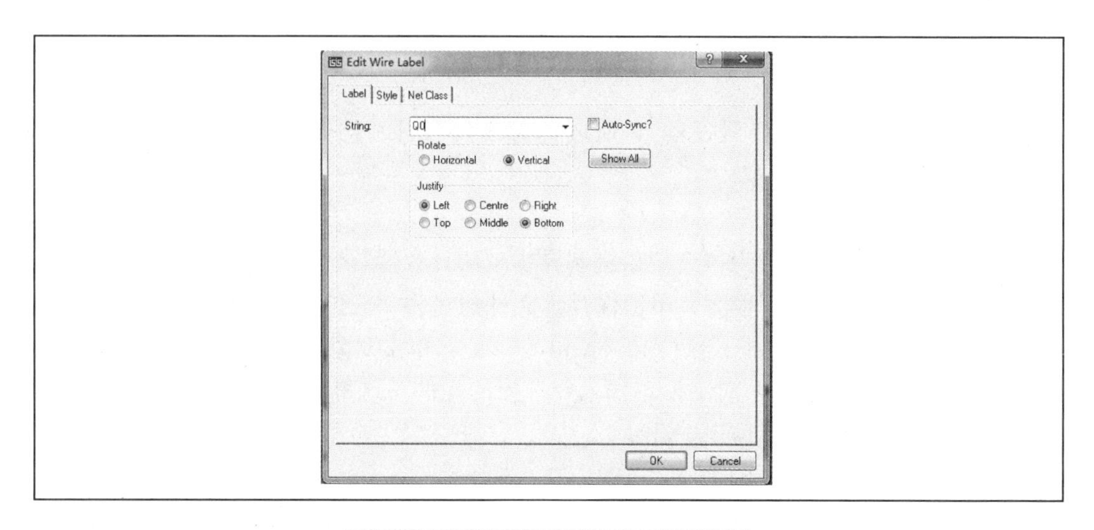

图 3-67　标签名称及属性编辑对话框

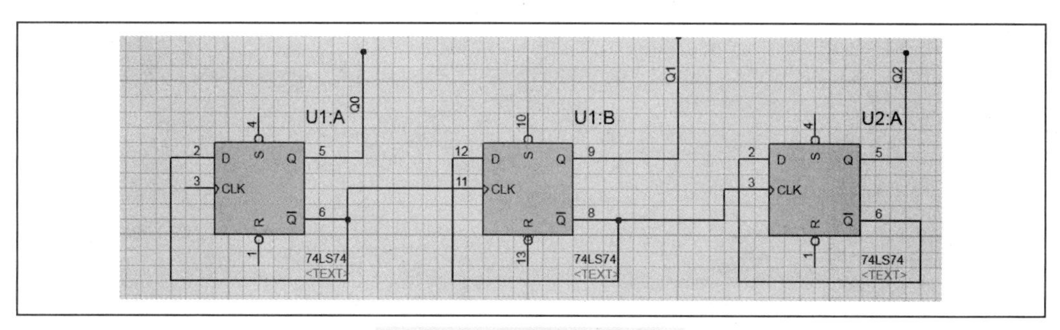

图 3-68　放置三个线号

（1）对电路放置驱动信号，这里选择时钟脉冲。单击，选择 DCLOCK 信号源，如图 3-69 所示。

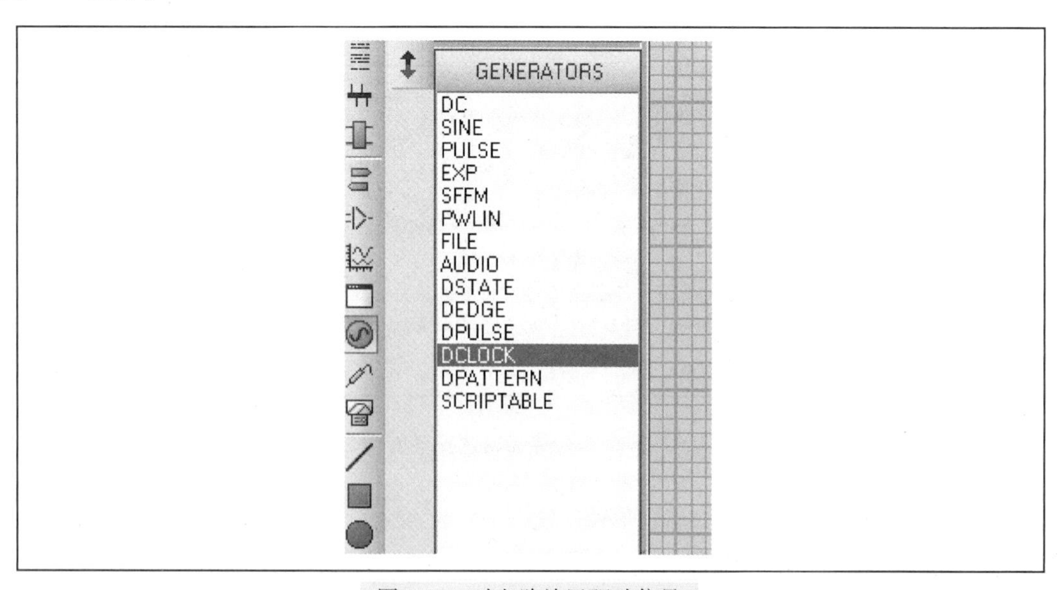

图 3-69　对电路放置驱动信号

鼠标变为铅笔形状，放置到电路图中，如图 3-70、图 3-71 所示。

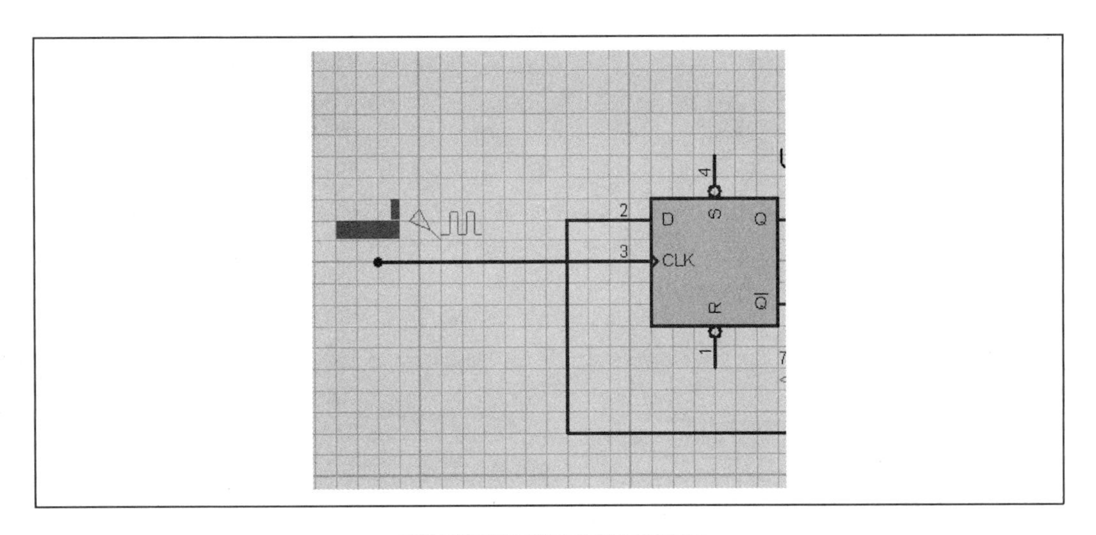

图 3-70　放置 CP 信号

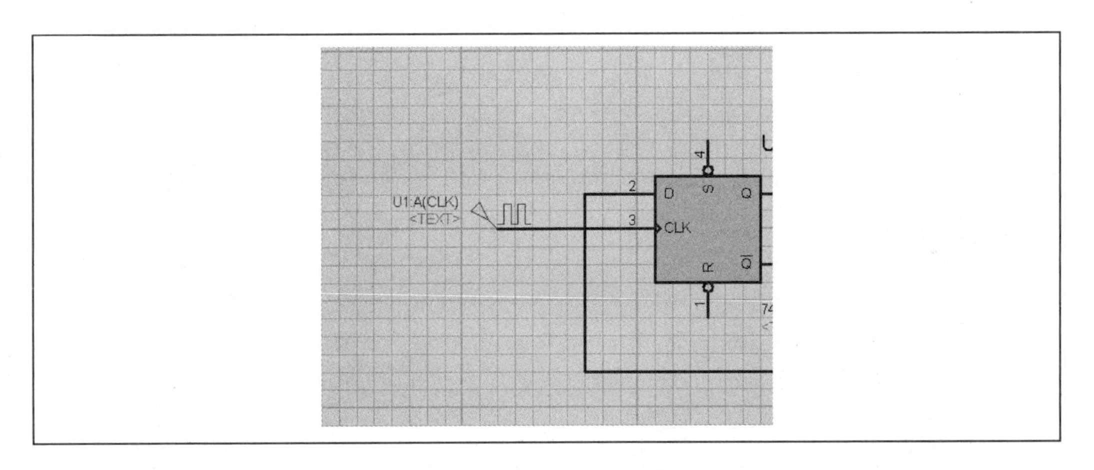

图 3-71　鼠标变为铅笔形状

编辑属性如图 3-72 所示。

（2）在输出端加入探针。方法是单击，放到输出端处单击鼠标左键即可完成添加。如图 3-73 所示。

（3）放置数字信号分析器。方法是单击，再选择 DIGITAL，如图 3-74所示。

通过左键拖曳放置数字波形分析仪器。如图 3-75 所示。

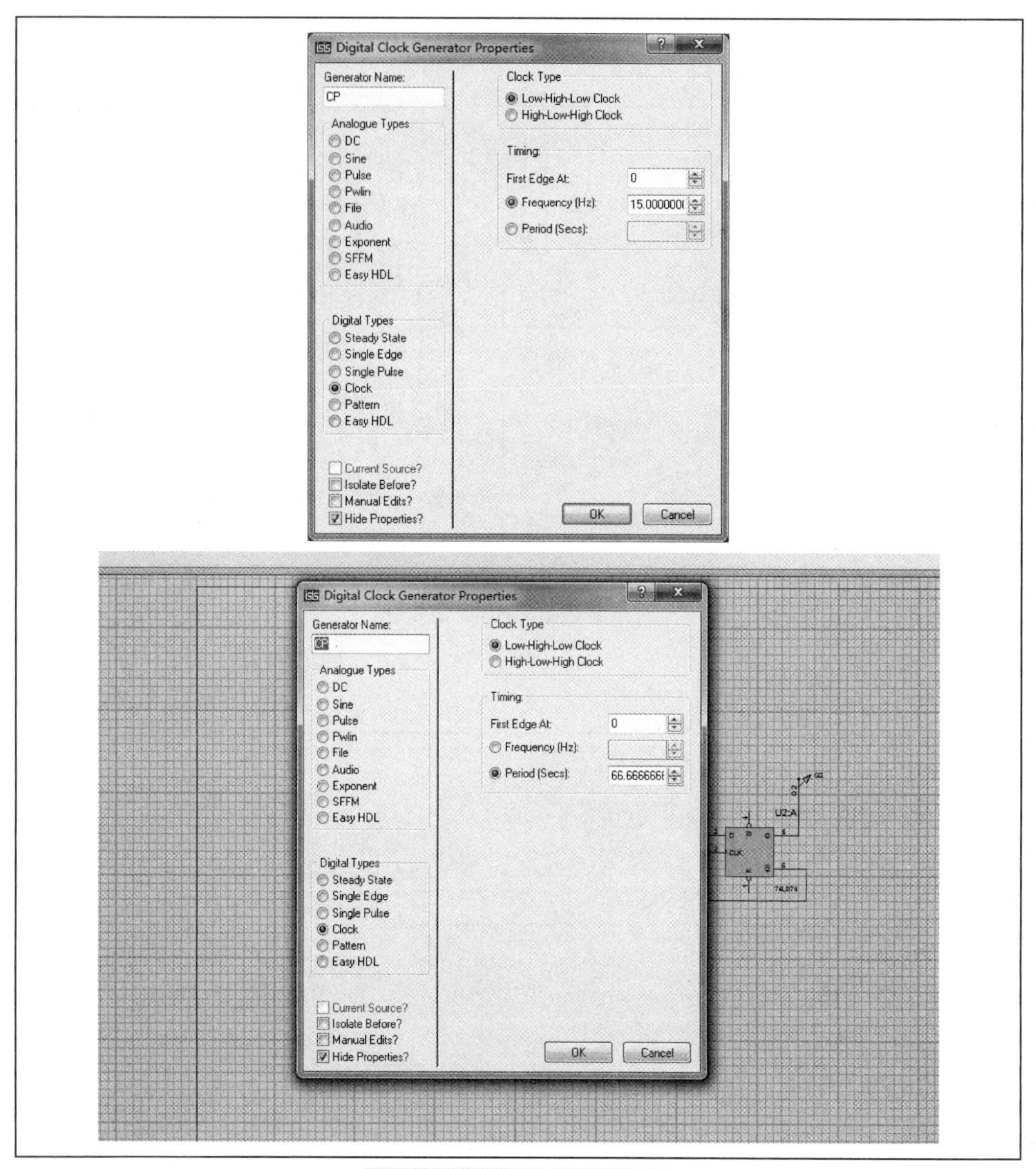

图 3-72 脉冲信号源属性设置

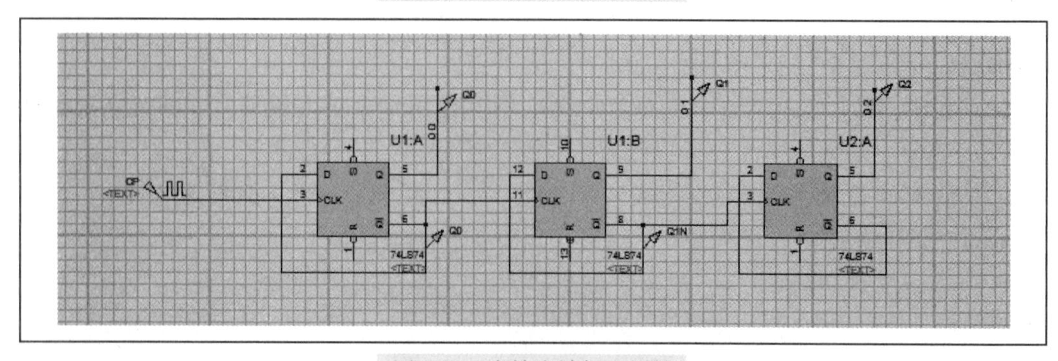

图 3-73 在输出端加入探针

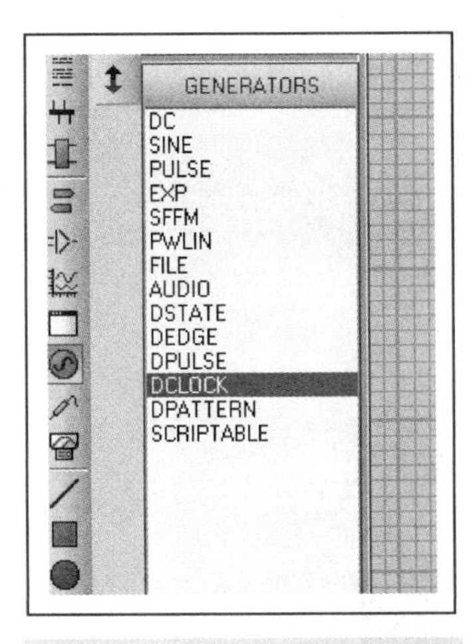

图 3-74　选择数字信号分析器

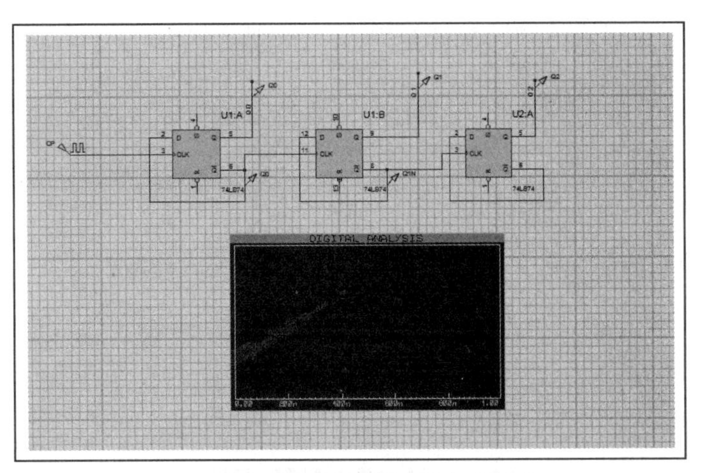

图 3-75　放置数字波形分析仪器

(4) 添加变量探针。方法是单击右键，出现如图 3-76 所示的菜单选项。

选择“Add Trace…”（添加图线），弹出如图 3-77 所示的仿真变量选择对话框。

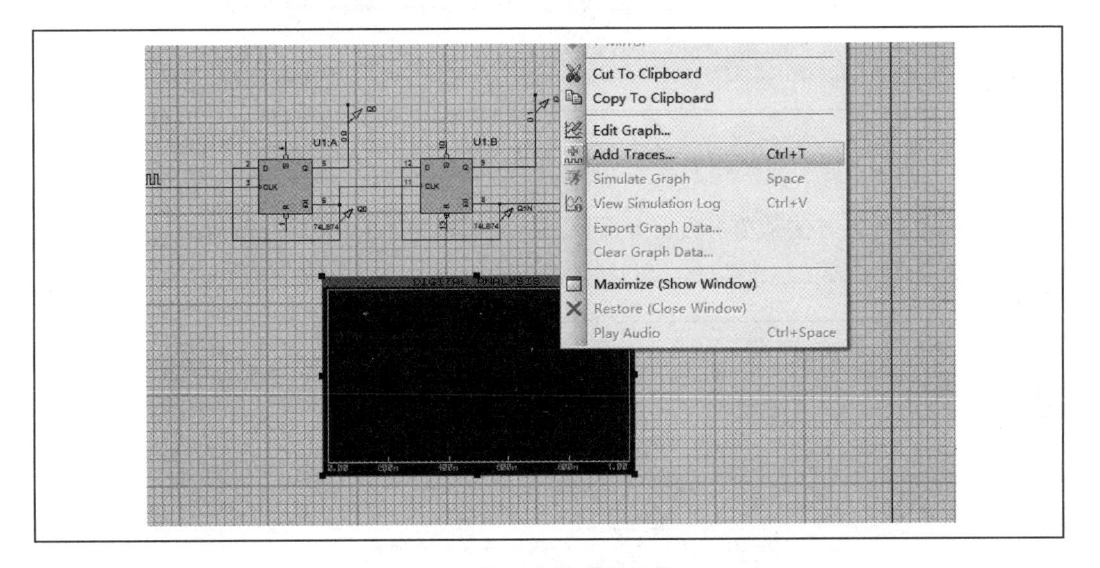

图 3-76　添加仿真变量

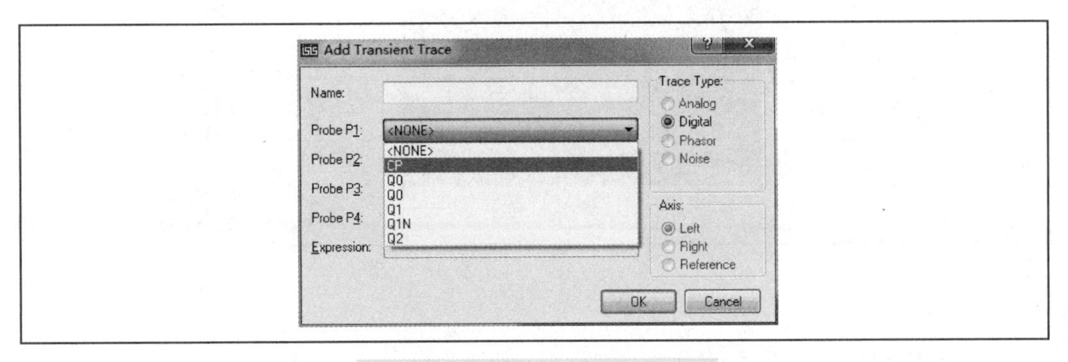

图 3-77　“添加仿真变量”对话框

依次选择 CP \ Q0 \ Q1 \ Q2，添加完成后如图 3-78 所示。

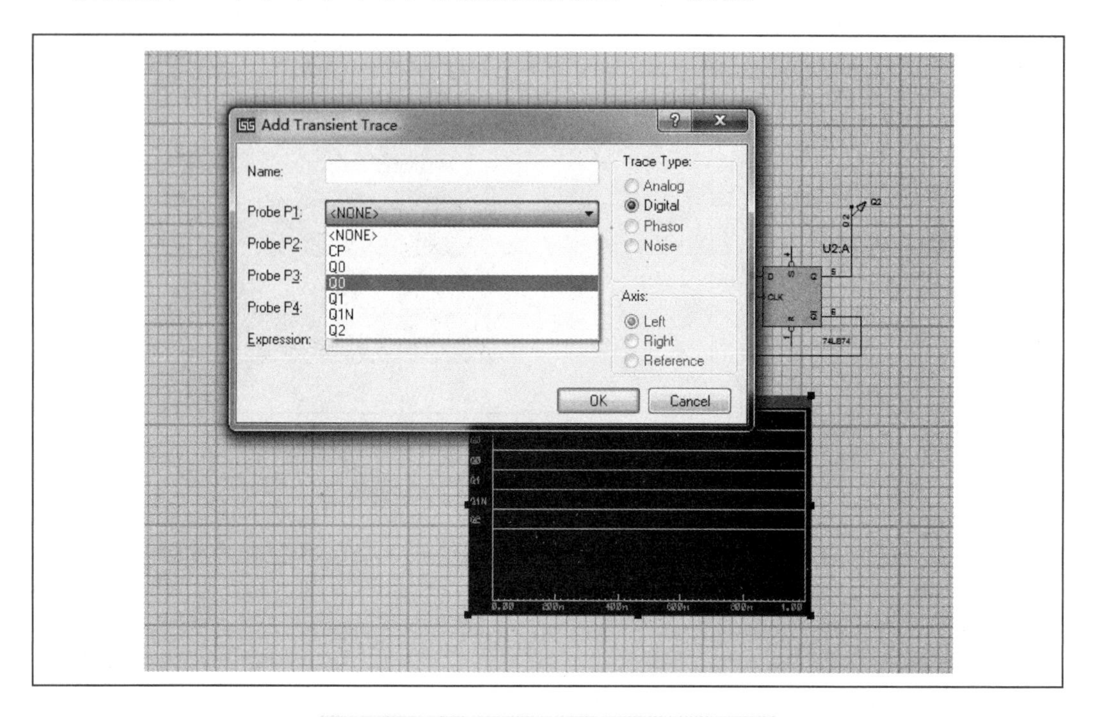

图 3-78　添加仿真变量 CP \ Q0 \ Q1 \ Q2

（5）仿真曲线。方法是单击数字分析仪图标，右键单击选择“Simulate Graph”（仿真图表），如图 3-79 所示。

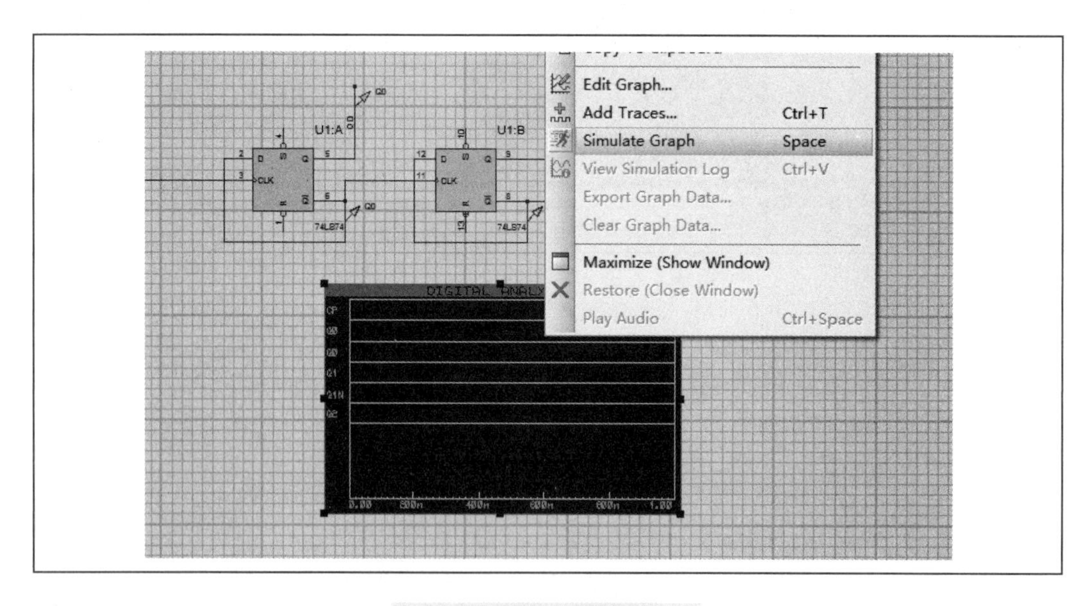

图 3-79　仿真曲线

最后结果如图 3-80 所示。

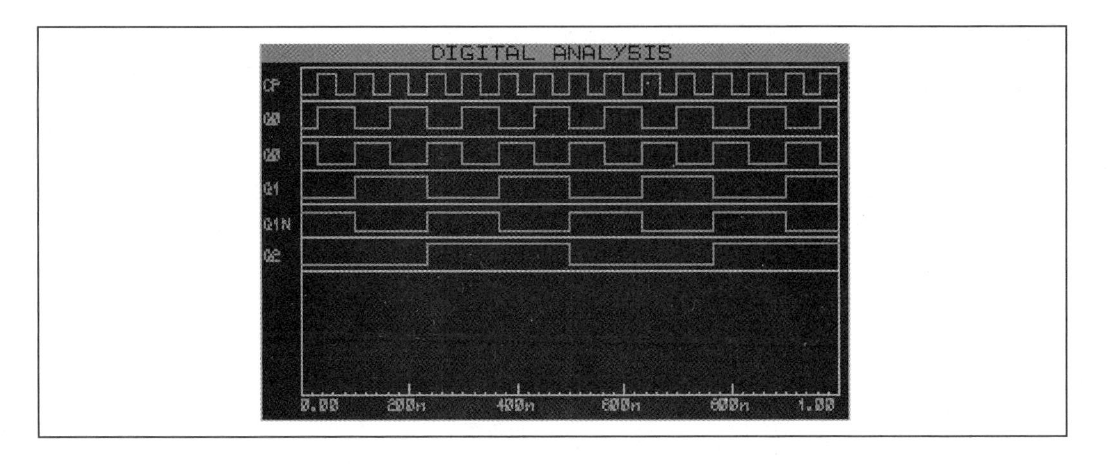

图 3-80 最后结果

从仿真结果可知，在每个 D 触发器的输入端的上升沿开始翻转一次，最后的 Q2 为最终输出，每经过三个 CP 的上升沿翻转一次。即三位二进制加法计数器。因为每次的翻转信号是上次的输出端信号，所以为异步。

任务五 集成计数器 74LS90 组成七进制计数器的仿真

3.5.1 概述

74LS90 组成七进制计数器的电路图如图 3-81 所示。

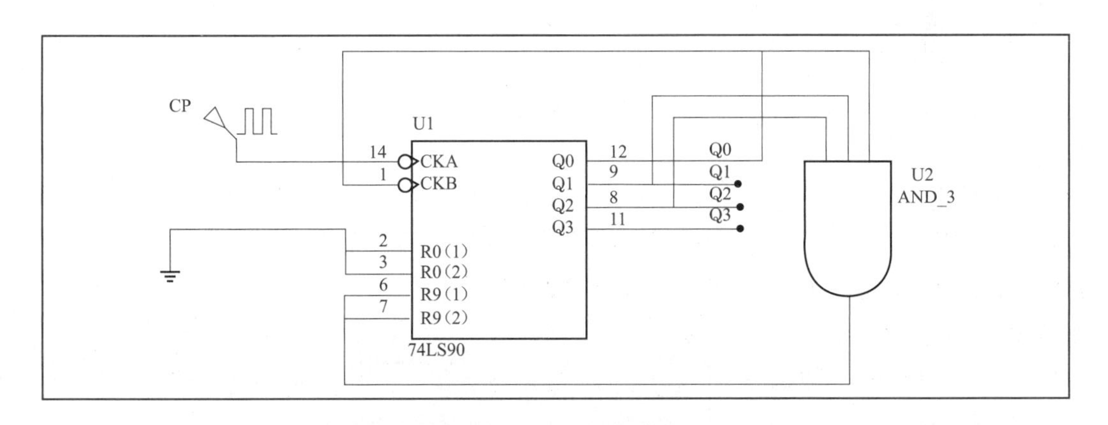

图 3-81 74LS90 组成七进制计数器的电路图

集成计数器 74LS90 七进制计数器有 7 个独立状态，可由十进制计数器采用一定的方法使它跳跃 3 个无效状态而得到，即反馈归零法。

若选用 8421BCD 十进制计数器，其反馈归零过程图表如表 3-3 所示。

表 3-3　　　　反馈归零过程图表

Q_d	Q_c	Q_b	Q_a	Q_d	Q_c	Q_b	Q_a
0	0	0	0	0	1	0	0
0	0	0	1	0	1	0	1
0	0	1	0	0	1	1	0
0	0	1	1	0	1	1	1

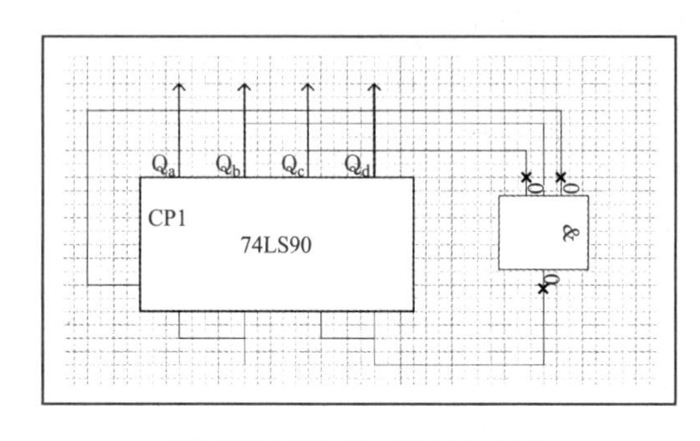

图 3-82　电路连接图

当第 7 个 CP 脉冲作用时按技术要求应返回 0000 态，向高位产生进位。但按 74LS90 的状态迁移规律，它的状态由 0110 迁移至 0111，不可能返回至 0000 态。因此在电路上采用反馈归零法，使电路强迫归零，反馈归零信号由 0111 引回，即 $R=Q_cQ_bQ_a$。当在第 7 个 CP 脉冲作用下，状态由 0110→0111→0000，显然 0111 仅是由 0110→0000 的过渡状态。其电路连接图如图 3-82 所示。

3.5.2　电路原理图绘制

1　仿真元件

仿真元件信息如表 3-4 所示。

表 3-4　　　　仿真元件信息

元件名称	所属类	所属子类
74LS90	TTL 74series	Counters
AND _ 3	Modelling Primitives	Digital（Buffers & Gates）

2　建立逻辑电路

（1）建立文件夹，命名为“集成计数 74LS90 实现七进制计数”。

（2）打开 Proteus ISIS 程序，单击保存，文件命名为“集成计数 74LS90 实现七进制计数”。

（3）单击切换到元件模式（Component Mode），单击对象选择按钮 P（Pick from library）弹出“Pick device”对话框，输入要选择的元件。这里需要的元件为 AND _ 3、74LS90，选中双击，即出现在对象选择窗口中。

（4）绘制电路图，如图 3-83所示。

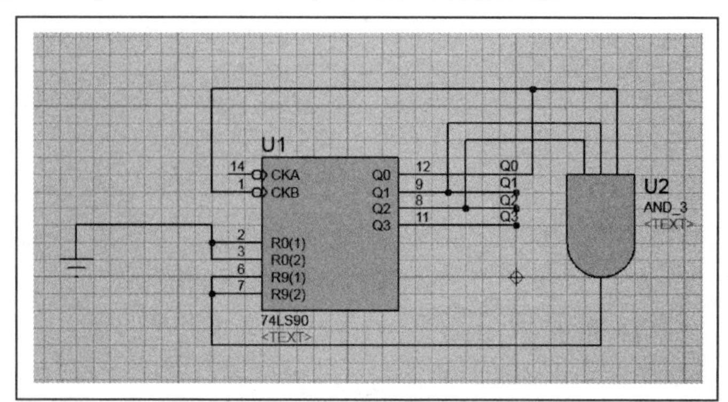

图 3-83　绘制电路图

（5）单击按钮，如果没有错误，说明电路正确；如果提示 DUPLICATE ＊ ＊ ＊

的错误，可以通过更改元件的名字或去掉元件名称来解决。

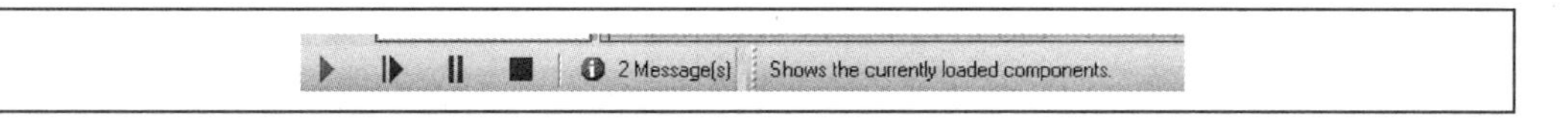

图 3-84 点击开始按钮

3.5.3 Digital Analysis 的应用

（1）对电路放置驱动信号，这里选择时钟脉冲。单击，再选择 DCLOCK，如图 3-85 所示。

鼠标变为铅笔形状，放置到电路图中，如图 3-86 所示。

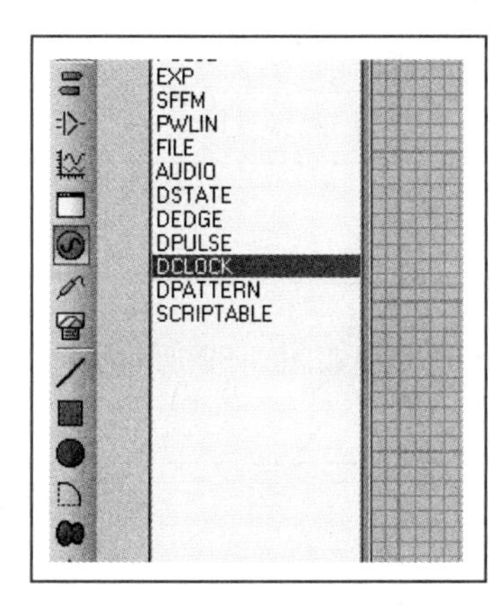

图 3-85 放置驱动信号

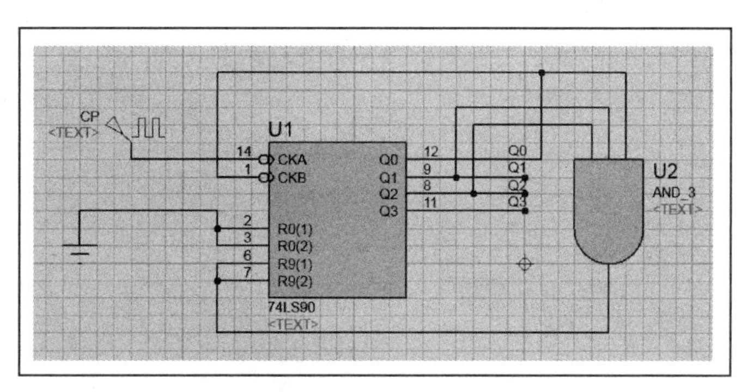

图 3-86 放置 DCLOCK 信号

编辑信号属性如图 3-87 所示。

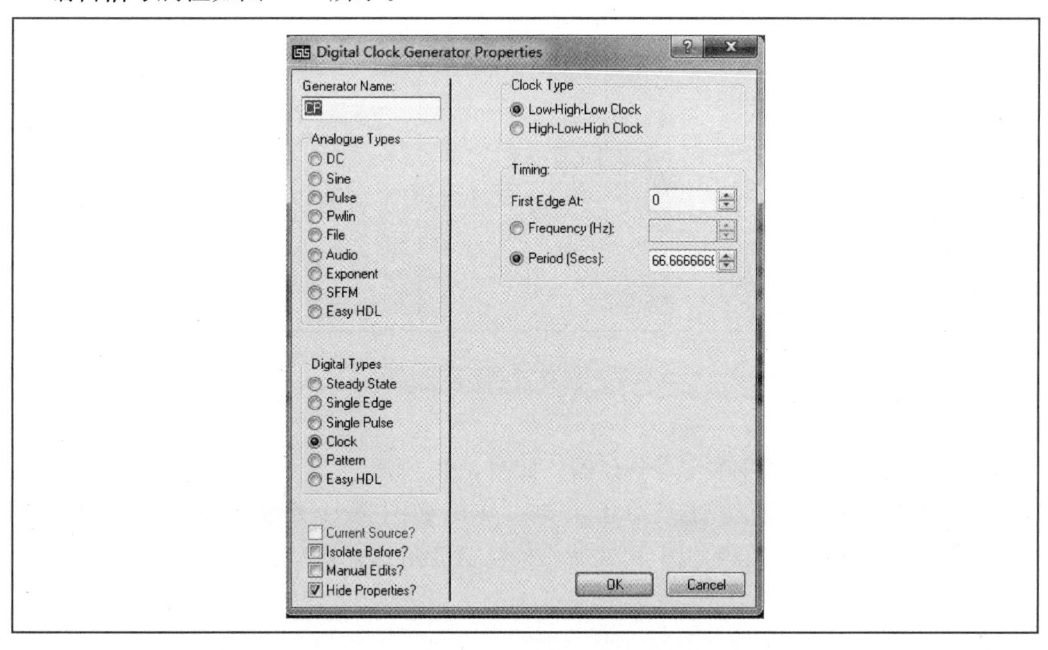

图 3-87 时钟信号属性编辑

（2）在输出端加入探针。方法是单击 ，放到输出端处单击鼠标左键即可完成添加。如图 3-88 所示。

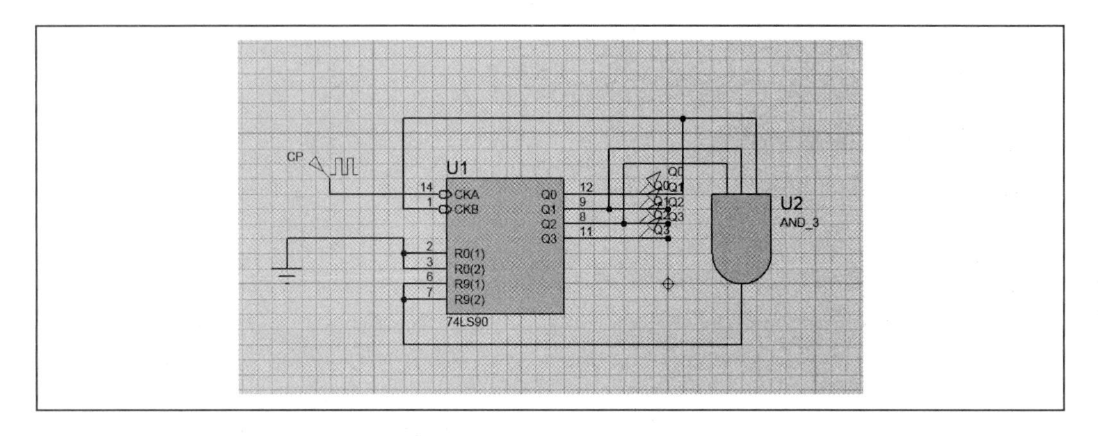

图 3-88　在输出端加入探针

（3）放置数字信号分析器。方法是单击 ，再选择 DIGITAL，如图 3-89 所示。

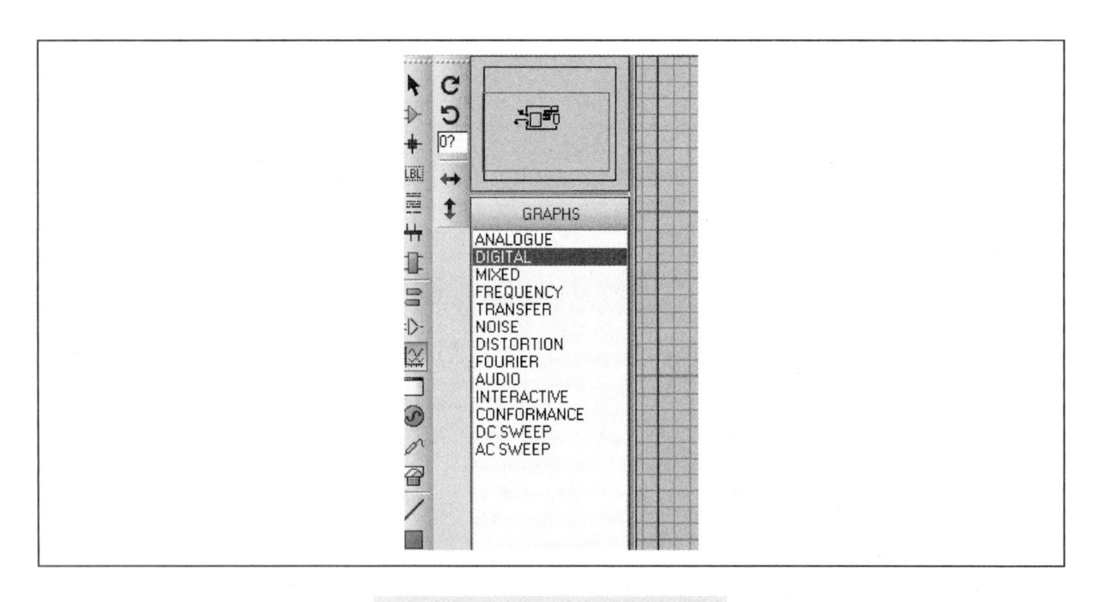

图 3-89　选择数字信号分析器

通过左键拖曳放置数字波形分析仪器。如图 3-90 所示。

（4）添加变量探针。方法是单击右键，弹出如图 3-91 所示的菜单，选择“Add Trace…”（添加图线），出现如图 3-92 所示的仿真变量选择窗口。

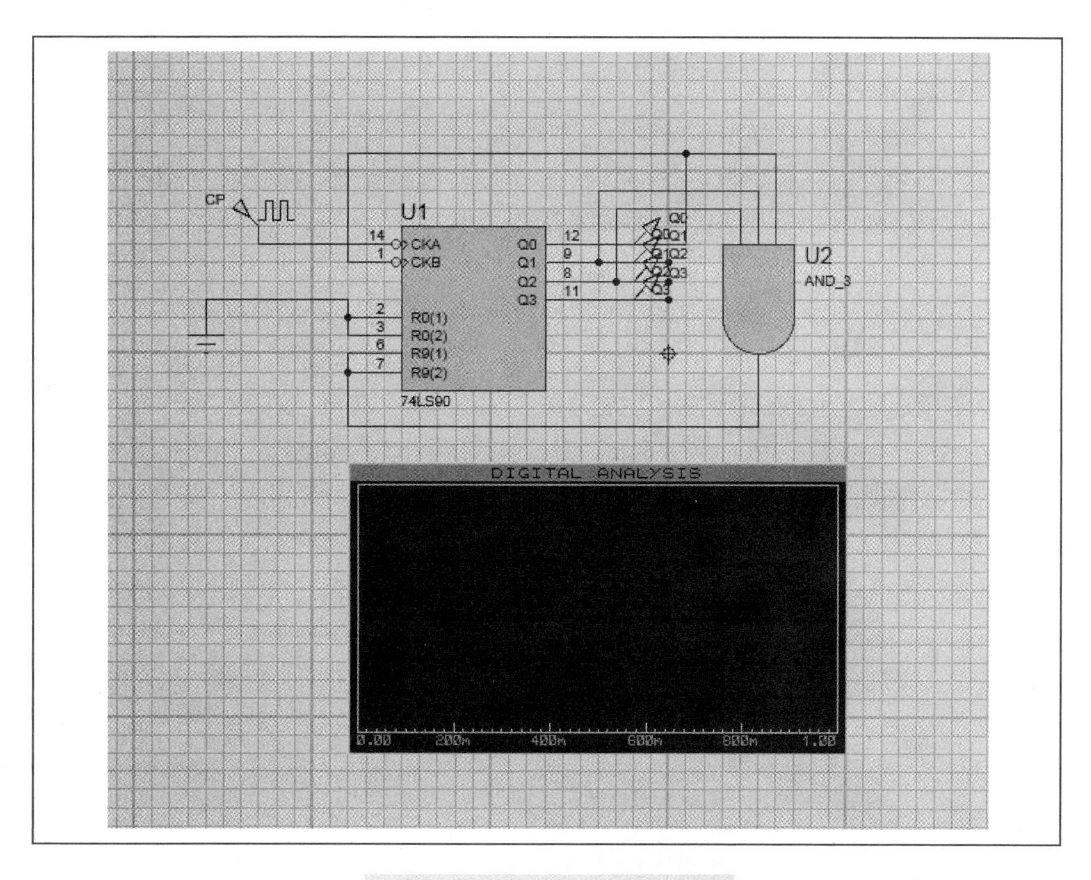

图 3-90　放置数字波形分析仪器

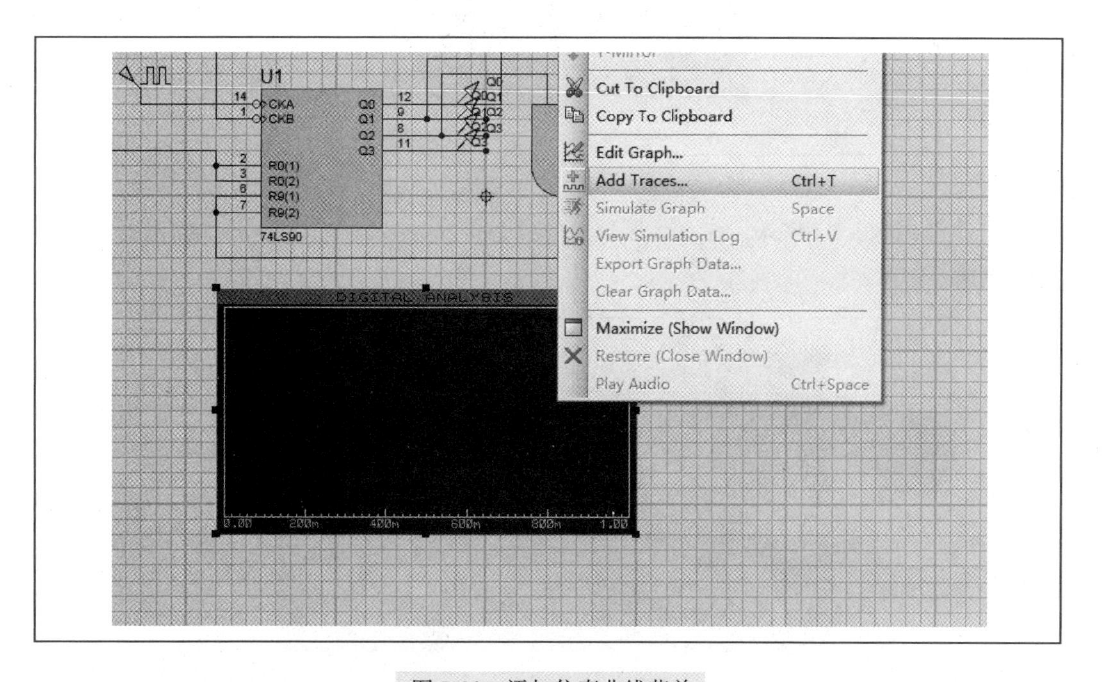

图 3-91　添加仿真曲线菜单

依次添加 CP \ Q0 \ Q1 \ Q2 \ Q3，如图 3-92 所示。

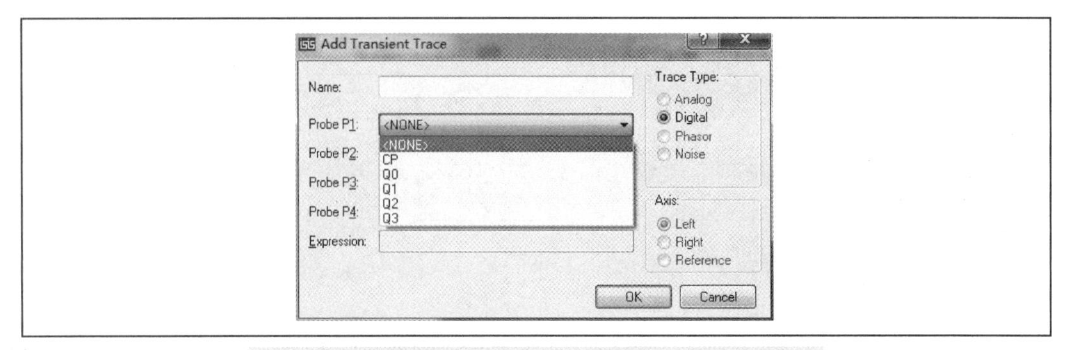

图 3-92　依次添加 CP \ Q0 \ Q1 \ Q2 \ Q3 仿真变量

（5）仿真曲线。方法是单击鼠标右键，选择“Simulate Graph”（仿真图表），如图 3-93所示。

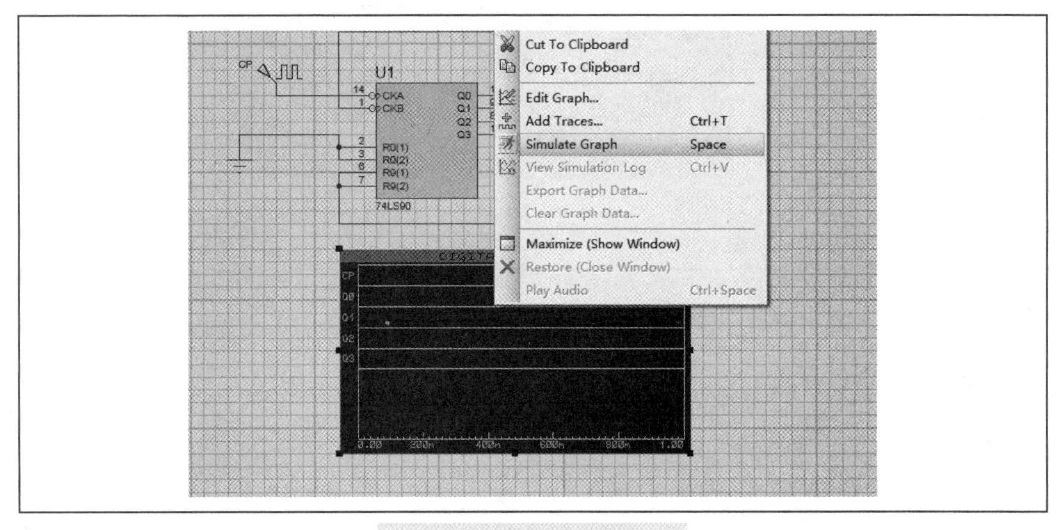

图 3-93　仿真曲线

最后结果如图 3-94 所示。图中 Q3 为最终输出，CP 经过 7 个下降沿，输出 Q3，即七进制计数器。

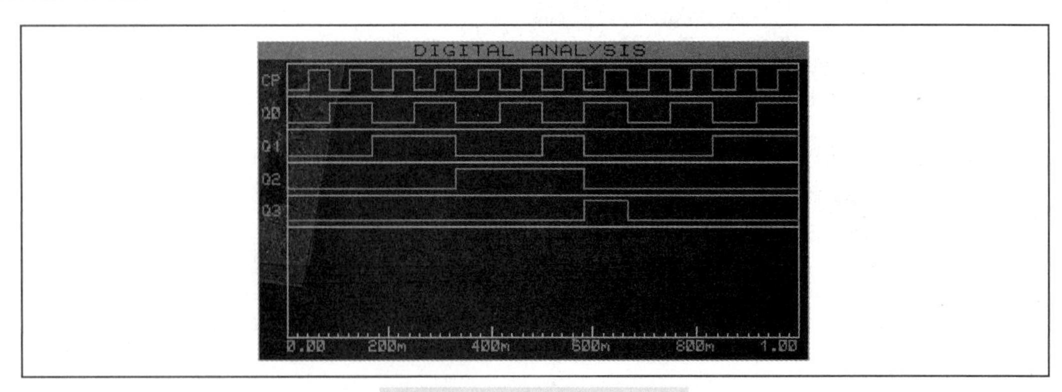

图 3-94　最后结果

任务六　555 定时器构成的多谐振荡电路模拟声响

3.6.1　555 定时器基本组成原理

555 定时电路是目前应用十分广泛的一种元件。555 定时电路有 TTL 集成定时电路和 COMS 集成定时电路两类，功能完全一样，不同的是前者的驱动能力大于后者。

可利用 555 定时器构成自由多谐振荡器组成模拟声响电路。如图 3-95 所示，A、B 两个 555 电路均为多振荡器。如调节振荡器 A 振荡频率 $f_A=1\text{Hz}$，振荡器 B 振荡频率为 $f_B=1\text{kHz}$，由于 A 输出接至 B 的 R 端，故只有 u_{o1} 输出为高电平时，B 振荡器才震荡，u_{o1} 输出为 0 时，B 停止震荡，使扬声器发出 1kHz 的间歇响声。如将 u_{o1} 改接至 5 脚，则 B 将产生两种频率的信号。当 u_{o1} 为高电平时，u_{o2} 为较低频率信号；当 u_{o1} 为低电平时，u_{o2} 为较高频率信号。这样就会产生双频音响电路。

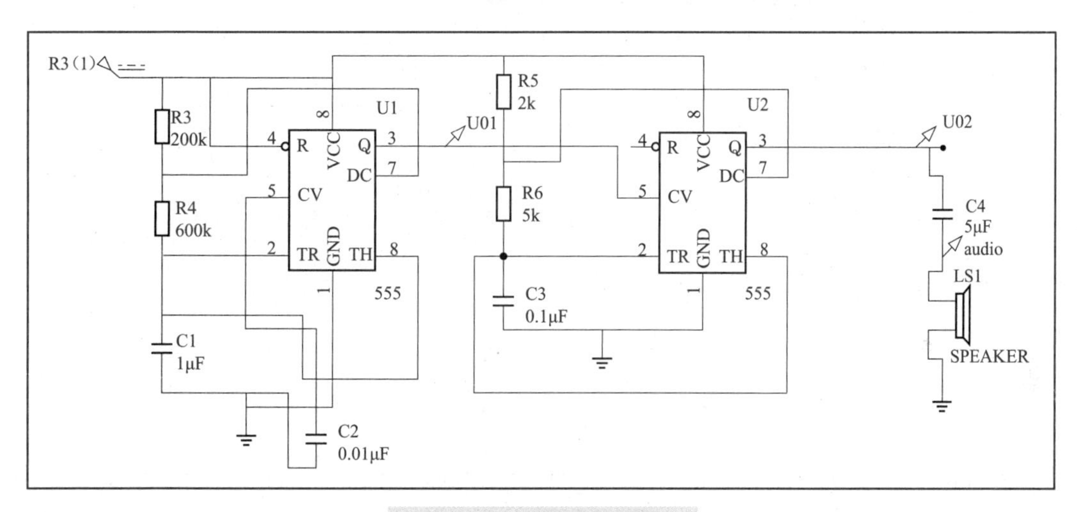

图 3-95　模拟声响电路

仿真元件信息表如表 3-5 所示。

表 3-5　仿真元件信息表

元件名称	所属类	所属子类
555	Analog ICs	Timers
7555	Analog ICs	Timers
CAP	Capacitors	Generic
OPAMP	Operational	Ideal
RES	Resistors	Generic
SPEAKER	Speakers & Sounders	

3.6.2 电路图绘制

（1）建立文件夹，命名为“555定时器构成的多谐振电路模拟声响”。

（2）打开Proteus ISIS程序，单击保存，文件命名为“555定时器构成的多谐振电路模拟声响”。

（3）单击切换到元件模式（Component Mode），单击对象选择按钮P（Pick from library），弹出“Pick device”对话框，输入要选择的元件。这里需要的元件为555、7555、CAP、OPAMP、RES、SPEAKER，选中双击，即出现在对象选择窗口中。

（4）绘制电路图，如图3-96所示。

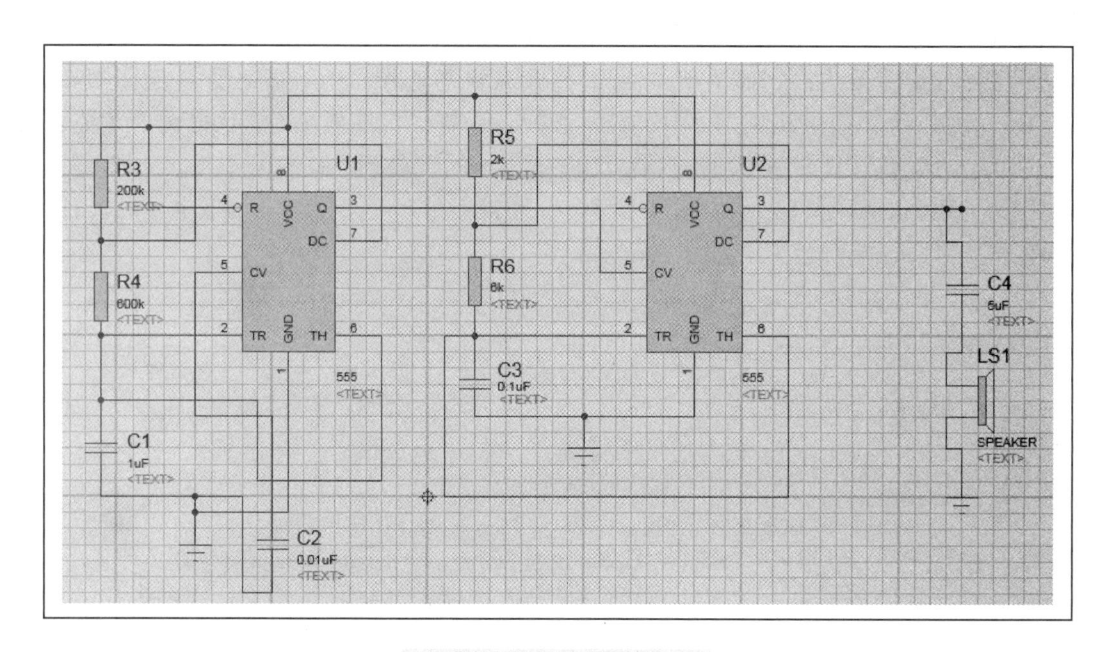

图3-96 绘制电路图

（5）单击按钮，如果没有错误，说明电路正确；如果提示DUPLICATE＊＊＊的错误，可以通过更改元件的名字或去掉元件名称来解决。如图3-97所示。

图3-97 仿真结果查看

3.6.3 Audio Analysis的运用

（1）对电路放置驱动信号，这里选择直流电源。单击，选择DC，如图3-98所示。鼠标变为铅笔形状，放置到电路图中，如图3-99所示。

（2）在输出端加入探针。方法是单击，放到输出端处单击鼠标左键即可完成添加。如图3-100所示。

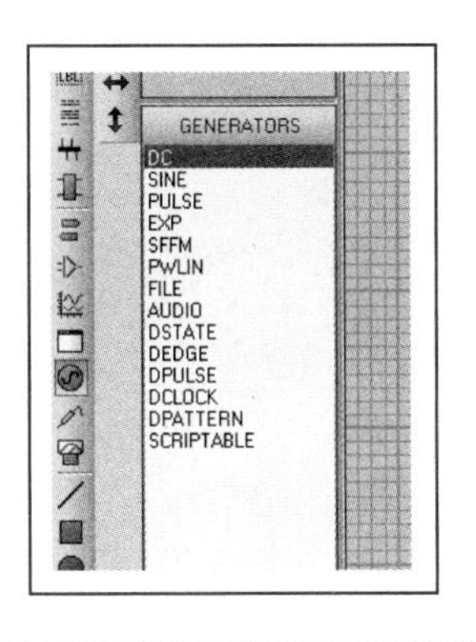

图 3-98　对电路放置驱动信号

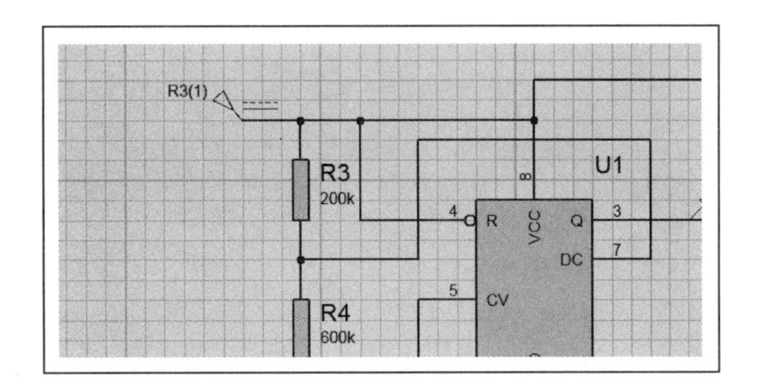

图 3-99　放置直流电源信号

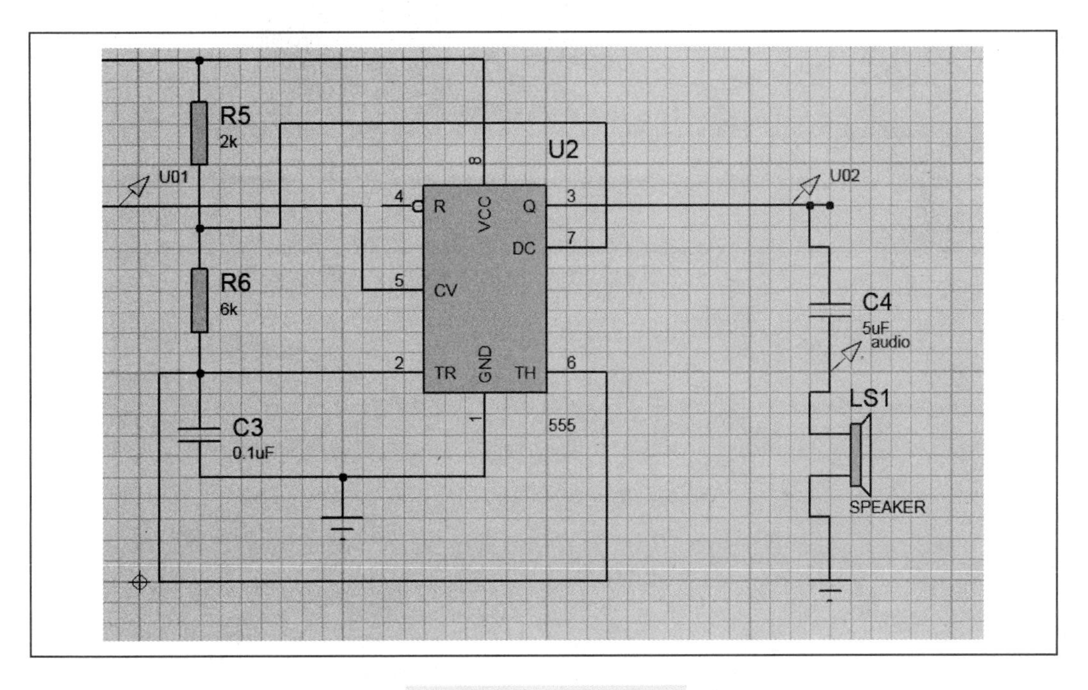

图 3-100　放置探针

(3) 放置声音信号分析器。方法是单击，再选择 AUDIO，如图 3-101 所示。

通过左键拖曳放置音频分析仪器。如图 3-102 所示。

双击音频分析仪，弹出属性对话框，编辑属性如图 3-103所示。

(4) 添加变量探针。方法是单击鼠标右键，弹出如图 3-104所示的对话框，选择“Add Trace…” (添加图线)。

添加变量探针后如图 3-105 所示。

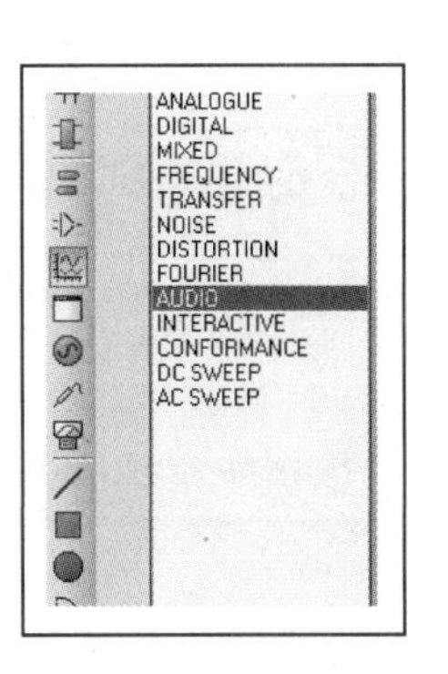

图 3-101　选择音频分析器

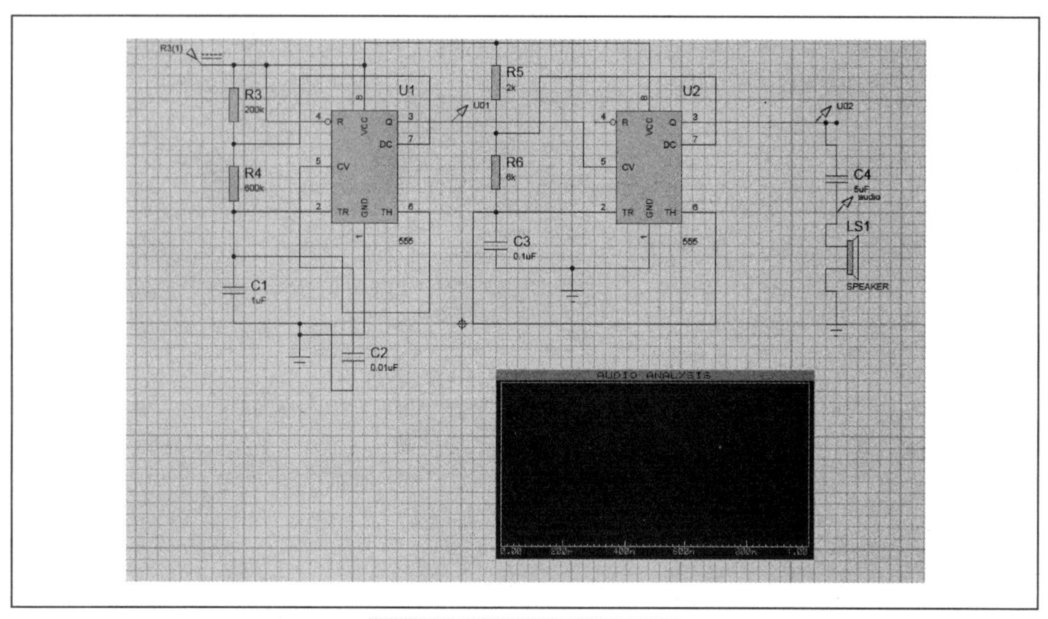

图 3-102　放置音频分析仪器

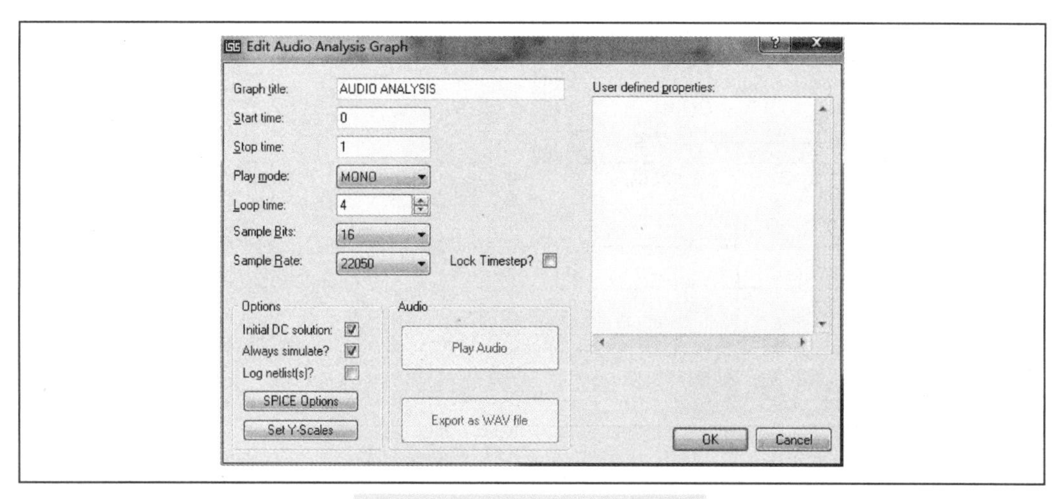

图 3-103　音频分析仪属性设置

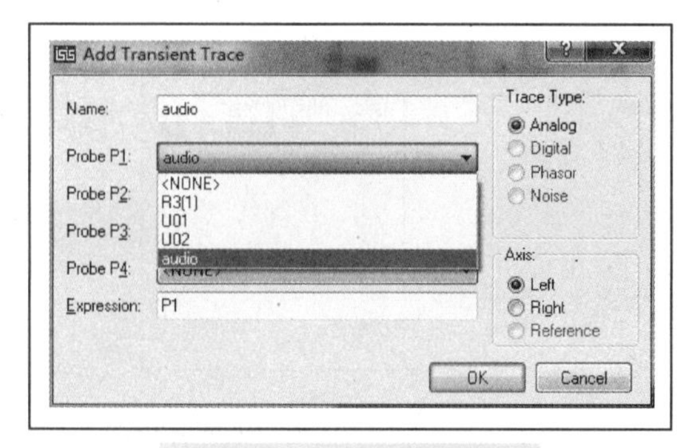

图 3-104　添加变量探针

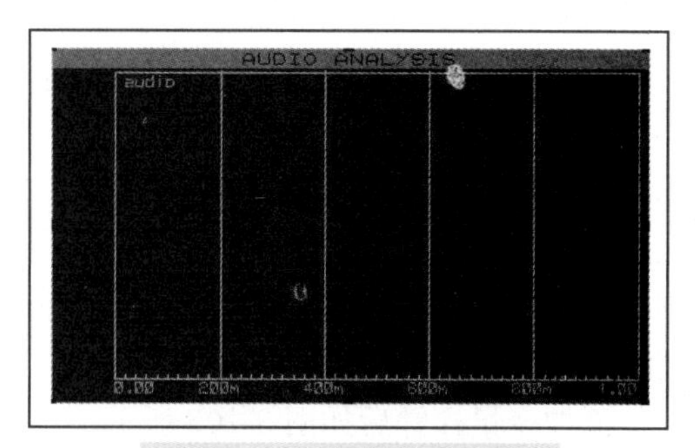

图 3-105　添加仿真变量

（5）仿真曲线。方法是单击鼠标右键，选择“Simulate Graph”（仿真图表），如图 3-106 所示。

仿真最后结果如图 3-107 所示。

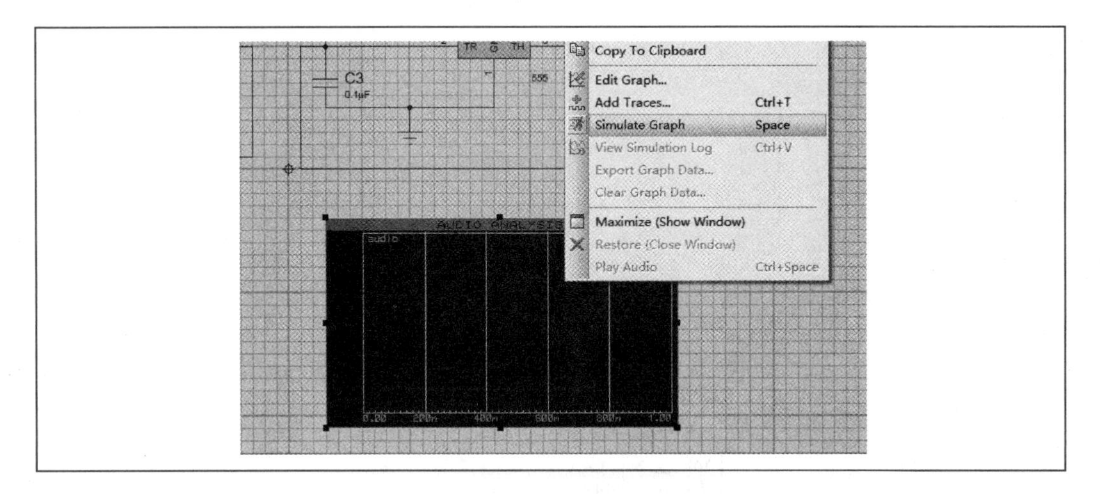

图 3-106　仿真菜单选择

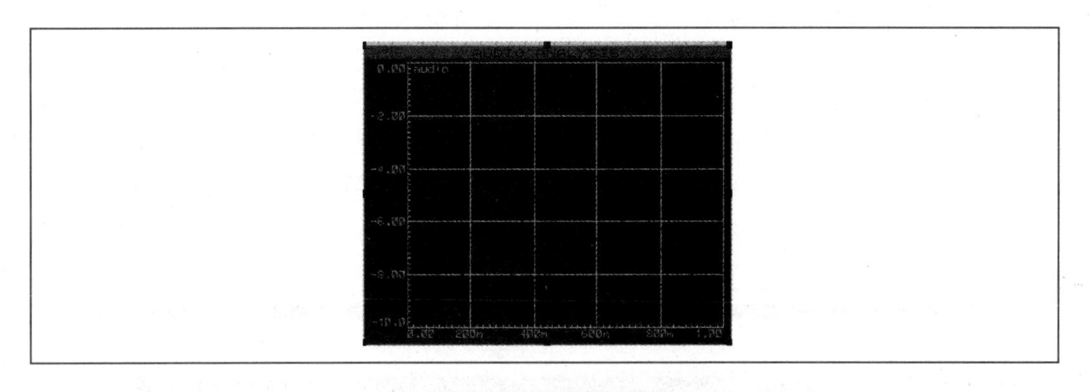

图 3-107　最后结果

任务七　简单 60 秒计数器的设计

利用数电中时序逻辑电路的计数器，组合逻辑电路中的译码器和七段式数码管在 Proteus 中实现 60 秒循环显示。电路原理图如图 3-109 所示。

3.7.1　电路原理图绘制

（1）新建一个文件夹，命名为“60 秒循环计数器”。

（2）打开 Proteus 8.1 中的 ISIS 软件，如图 3-110 所示。

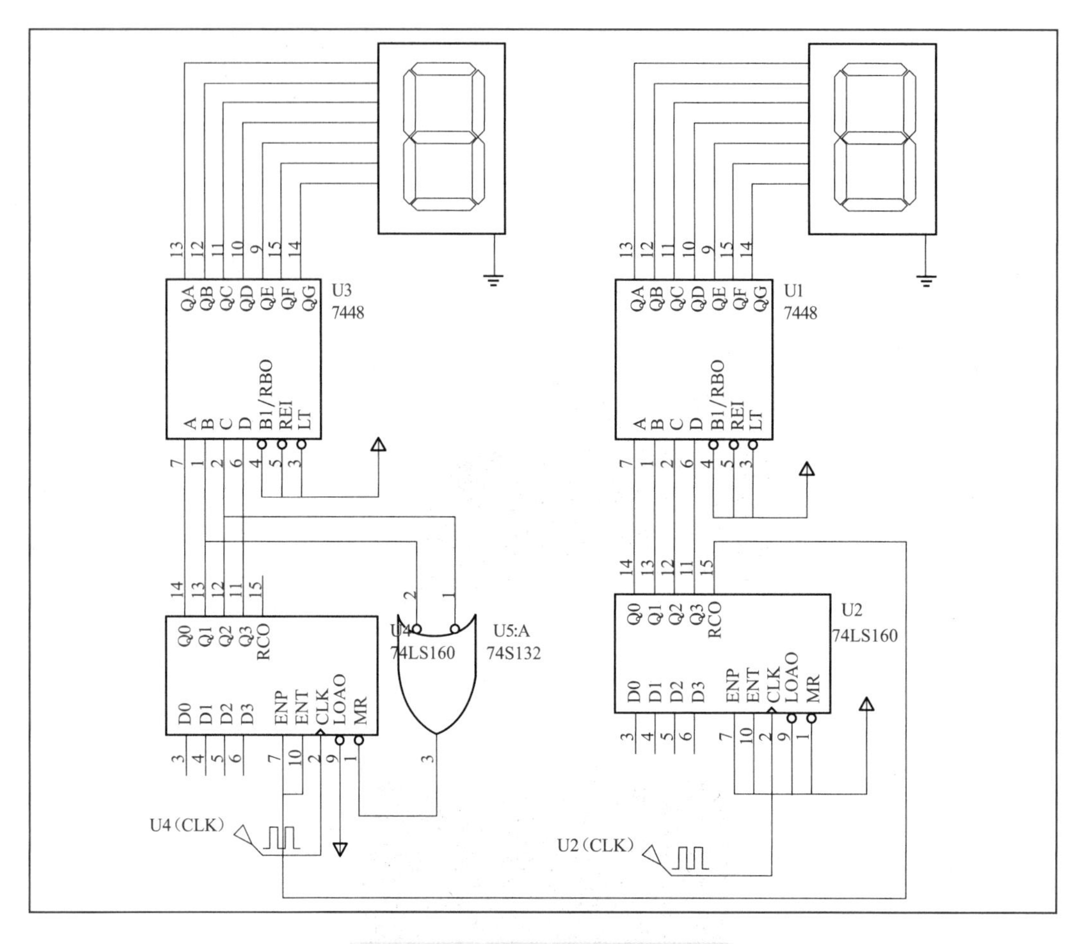

图 3-109　60 秒计数器电路原理图

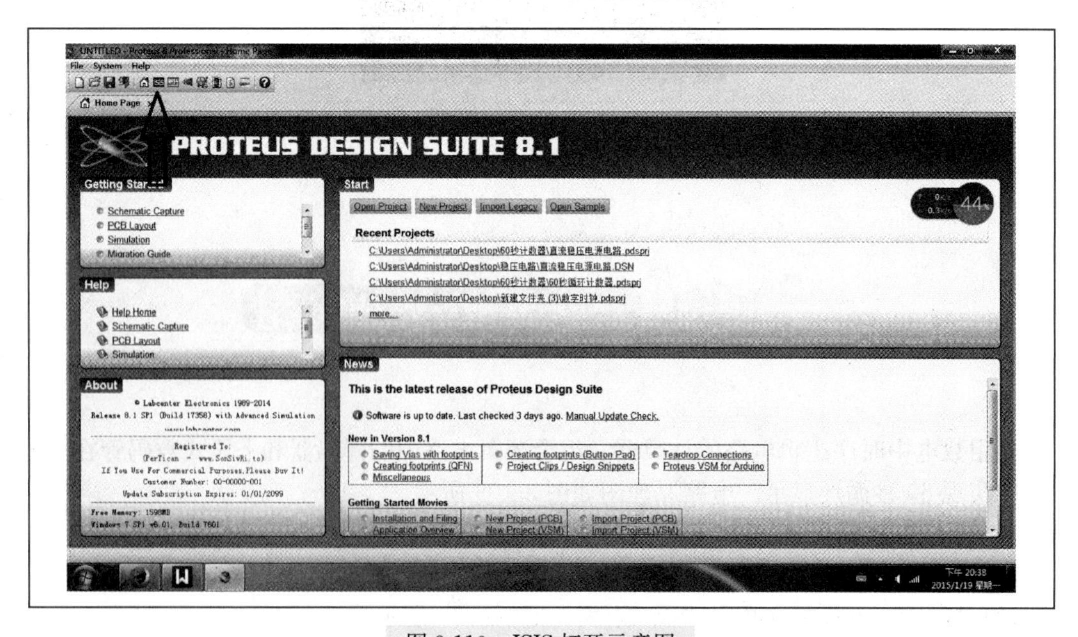

图 3-110　ISIS 打开示意图

（3）单击切换到元件模式（Component Mode），单击（Pick from library）添加元件，如图 3-111 所示。

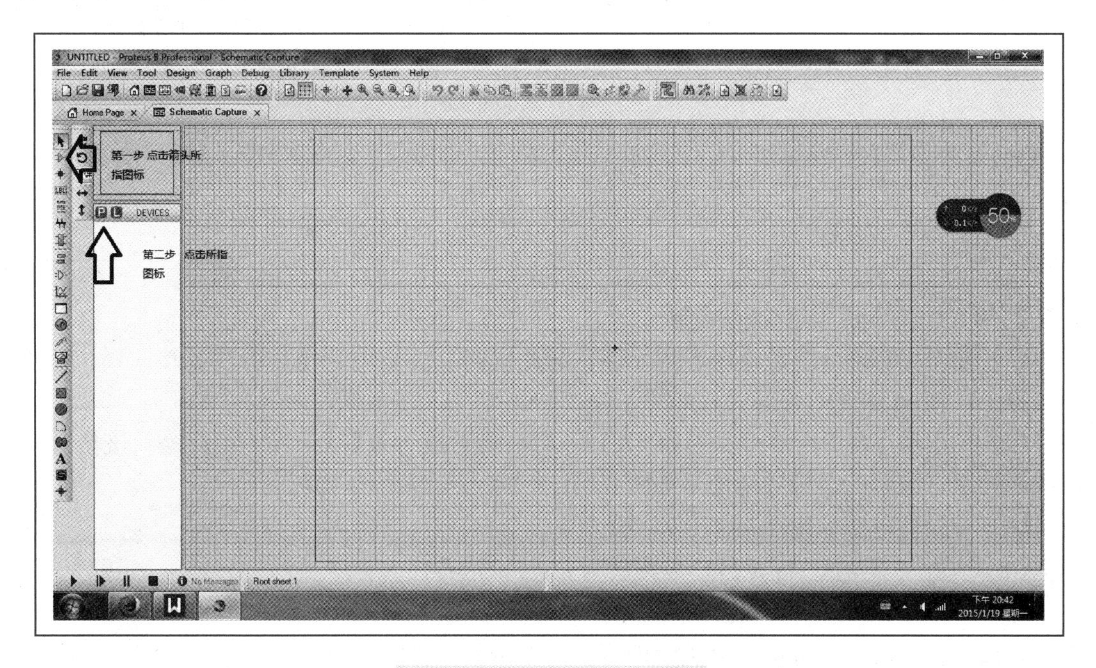

图 3-111　元件添加示意图

（4）进入如图 3-112 所示界面（Pick Device）。请在箭头所指处（即 Keywords）分别选择如表 3-6 所示的元件。

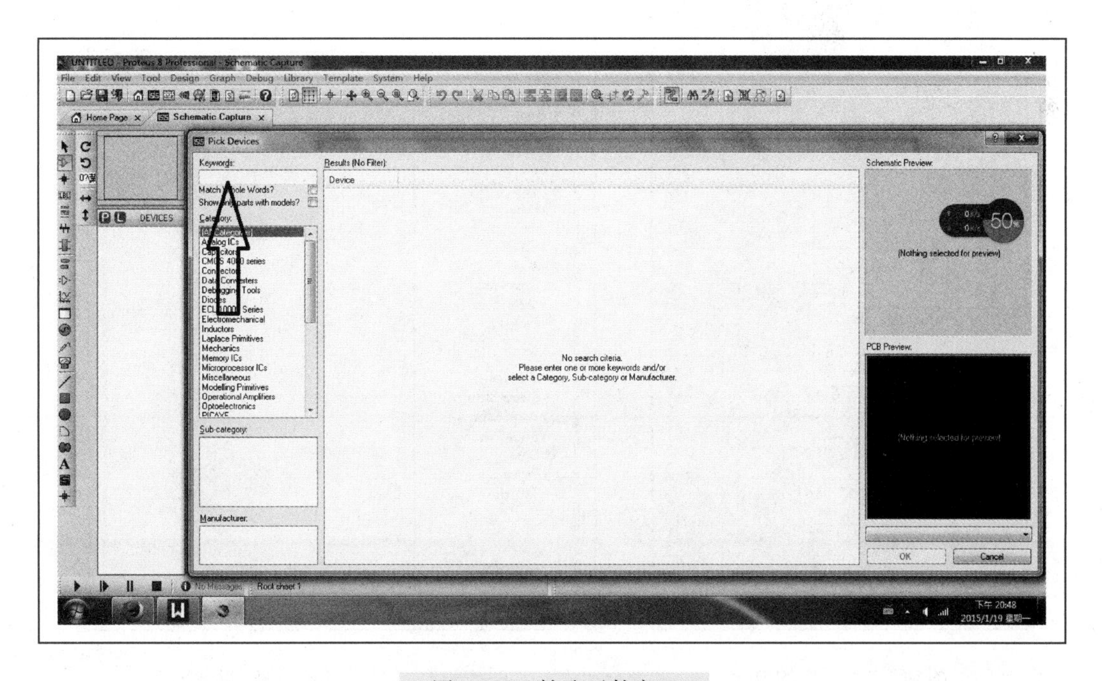

图 3-112　捡取元件窗口

表 3-6　　元件列表

元件名	含义
74LS160 7448	计数器（十进制 同步置数 异步清零） 译码器
7SEG-COM-CAT-GRN（绿）， 7SEG-COM-CAT-BLUE（蓝）， 7SEG-COM-CATHONE 红	共阴极 7 段数码管（可自由选色）。 请注意，不要选错数码管，选成共阳极
74S132. DS	与非门

3.7.2　0～9 循环显示电路的绘制

（1）单击图标，单击将放置的元件，与此同时，添加电源，方法是单击，在所给信号中选择 POWER。如图 3-113 所示。

（2）单击，在所给信号中选择 DCLOLK，然后放置该信号，图标是。该信号可以改变频率，所给的时钟脉冲信号如图 3-114。

（3）将元件连接如图 3-115 所示。

（4）单击左下角（运行），最大数为 9，如图 3-116 所示。

（5）单击■（结束）后，会出现如图 3-117 所示的“simulate error”（仿真错误）显示窗口，绿色对勾表示没有错误，关闭即可，并单击保存。

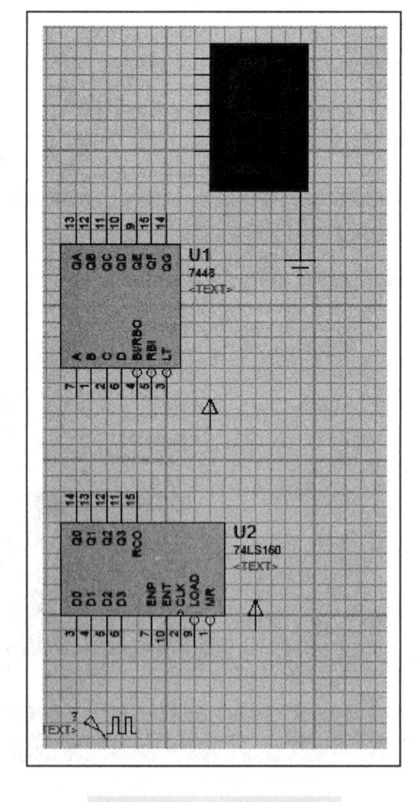

图 3-113　元件的放置

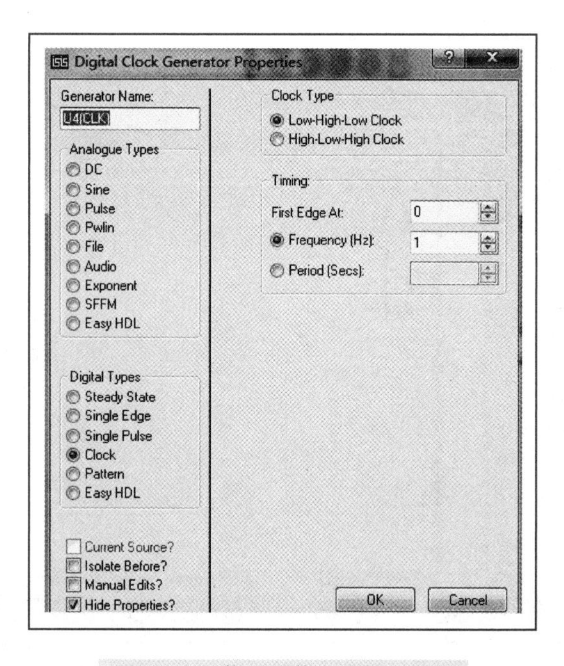

图 3-114　信号源信息编辑对话框

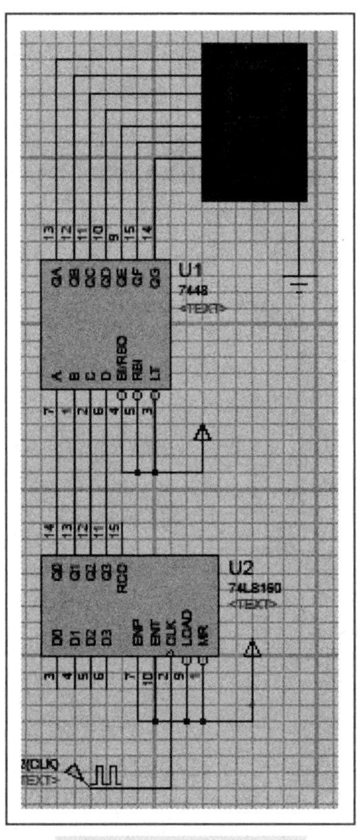

图 3-115　电路连接图

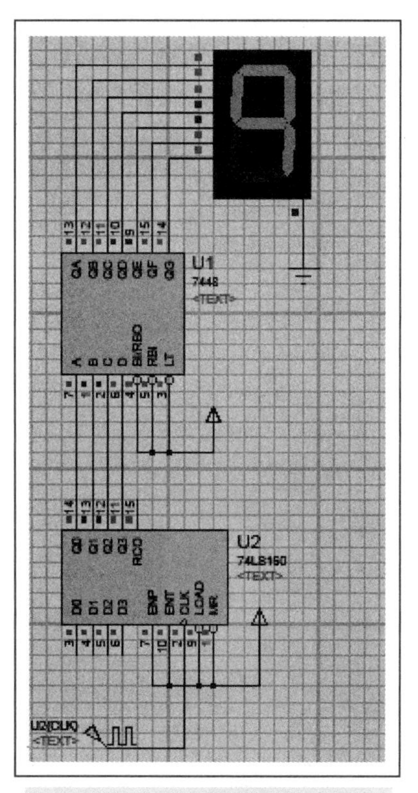

图 3-116　单个数码管运行仿真

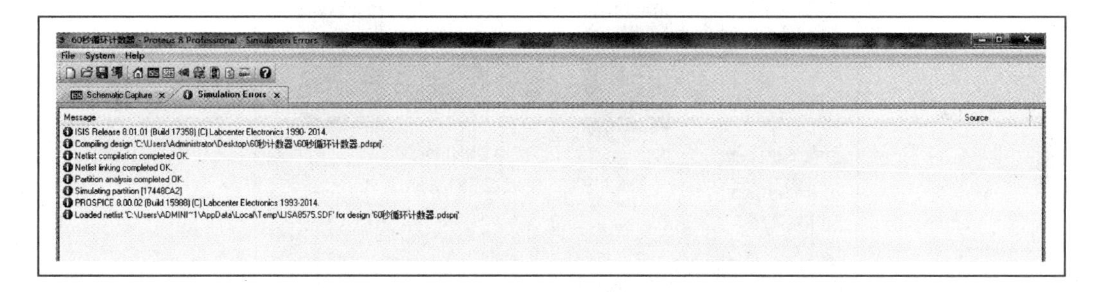

图 3-117　仿真结果

3.7.3　60 秒计数器电路的绘制

（1）在之前的基础上，再做一个 0～5 循环的数码管显示，连接如图 3-118 所示。

（2）单击▶运行，结果如图 3-119 所示，最大数为 5。

（3）单击■（结束）后，会出现“simulate error”（仿真错误）窗口，关闭即可，并单击💾保存。

（4）在此基础上利用 74LS160 的 RCO 端进行进位，依照图 3-120 进行连接。

（5）单击▶运行，结果如图 3-121 所示，最大数为 59。

（6）单击■（结束）后，会出现“simulate error”（仿真错误）显示窗口，关闭即可，并单击💾保存。

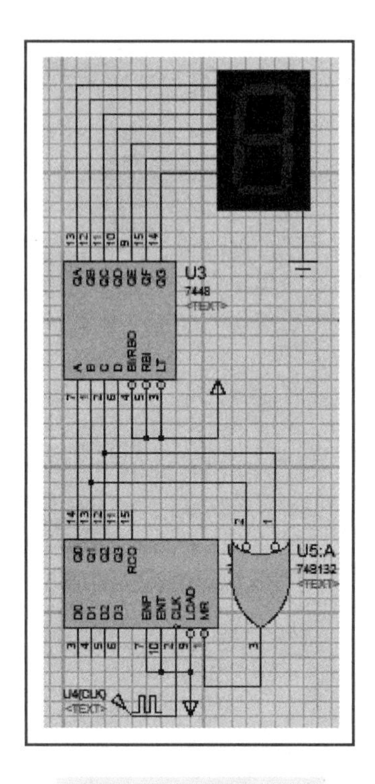

图 3-118　电路连接图

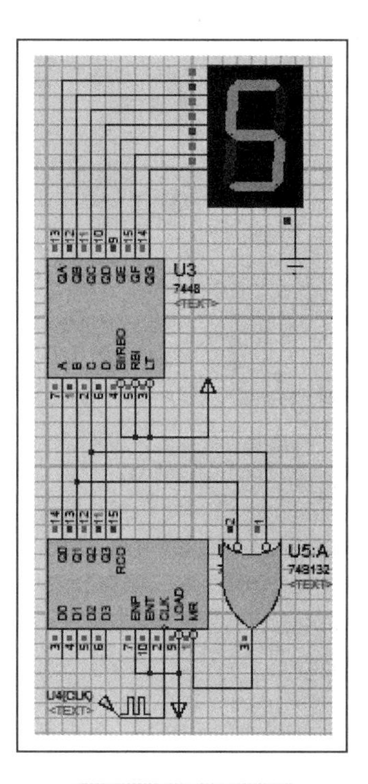

图 3-119　仿真图

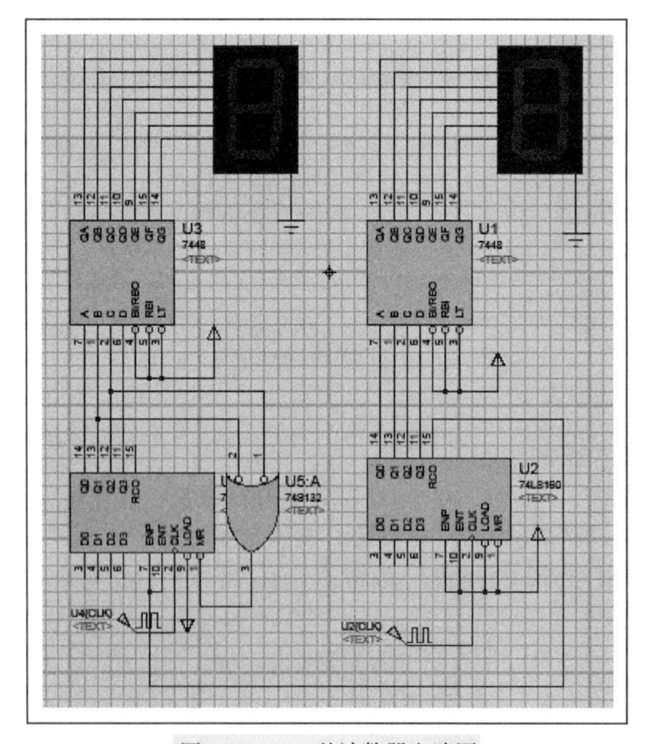

图 3-120　60 秒计数器电路图

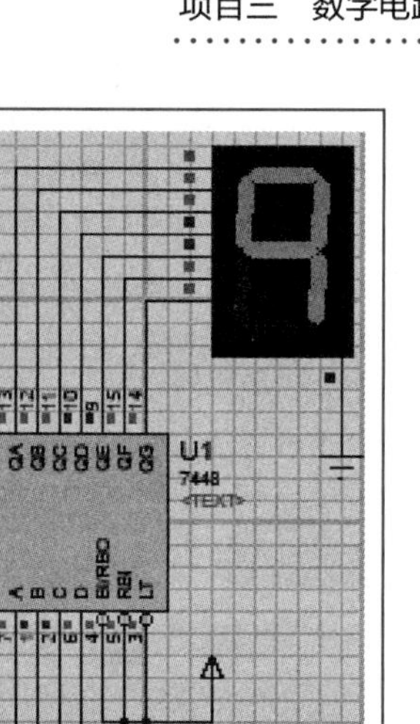

图 3-121　60 秒计数器电路仿真

项目四

单片机系统仿真

任务一 单片机流水灯程序的仿真（汇编代码）

下面以流水灯为例，来说明 Proteus8.1 的用法，要求实现 LED 的顺序点亮控制的仿真。

本项目中使用的灯是发光二极管 LED，当其阳极端通入高电平时，发光二极管亮。电路原理图如图 4-1 所示。

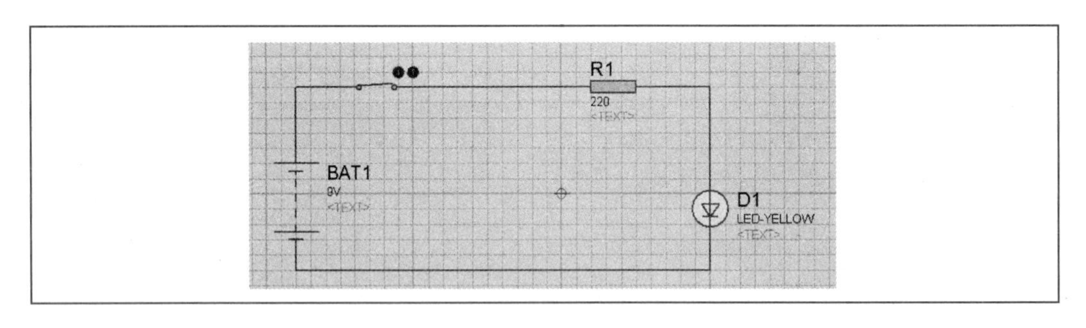

图 4-1 原理图

4.1.1 仿真电路原理

流水灯的单片机仿真原理图如图 4-2 所示。图中 P1 端口为低电平时，LED 灯亮。

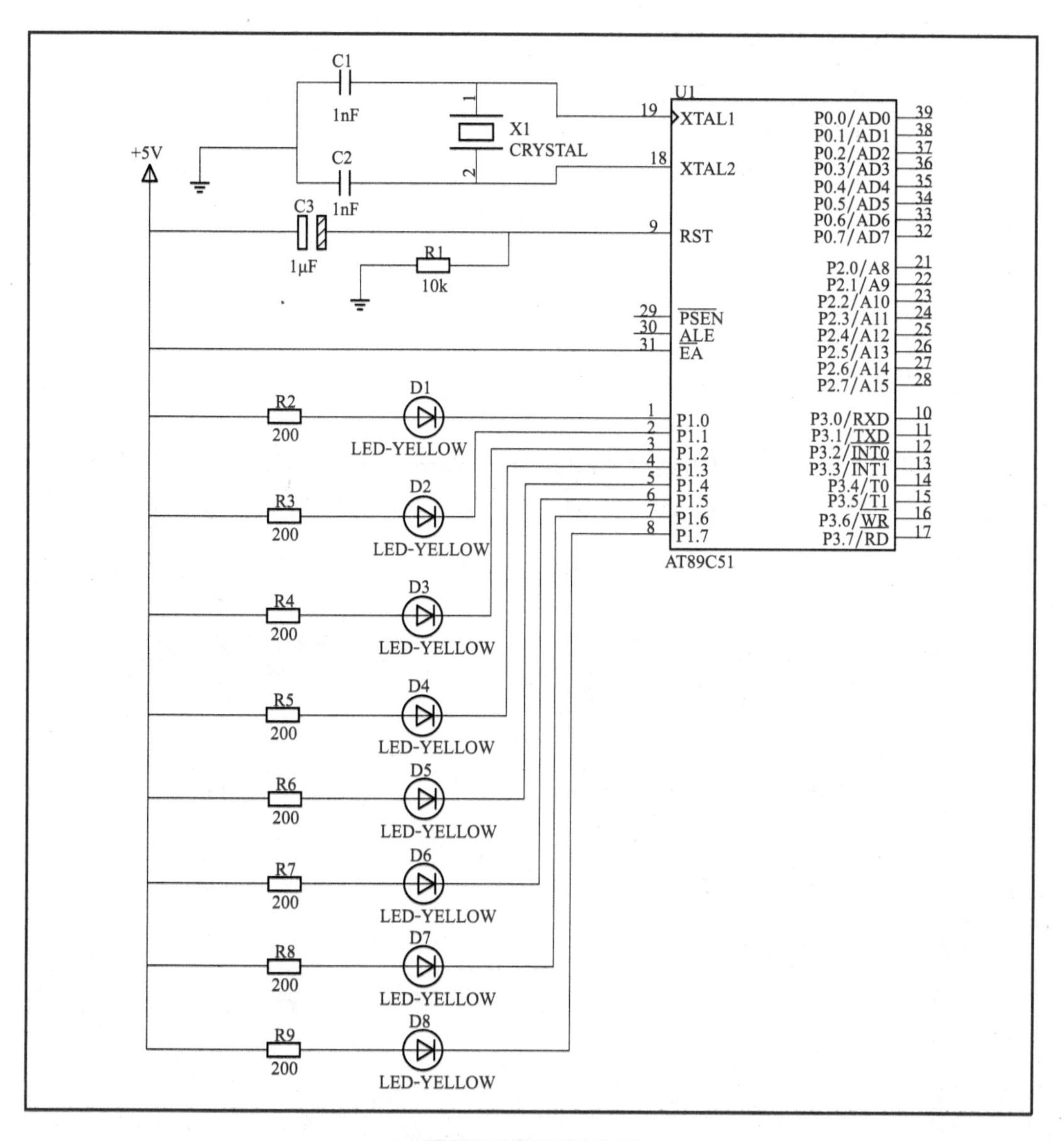

图 4-2　仿真原理图

流水灯程序如下：

```
        ORG     00h
START:  MOV     R2, #8
        MOV     A, #0FEH
LOOP:   MOV     P1, A
        LCALL   DELAY
        RL      A                   ；循环左
        DJNZ    R2, LOOP            ；判断移动是否超过 8 位
        LJMP    START
DELAY:  MOV     R5, #20             ；延时程序，延时 0.2s
```

```
D1:     MOV     R6, #20
D2:     MOV     R7, #248
        DJNZ    R7, $
        DJNZ    R6, D2
        DJNZ    R5, D1
        RET
        END
```

4.1.2 绘制电路原理图

仿真步骤如下：

（1）新建文件夹命名为“proteus8-51-project”。

（2）打开 Proteus8.1，单击菜单“File”→“New Project”新建工程，弹出如图 4-3 所示的对话框，新建名为“lsd.pdsprj”的工程，保存在之前创建的“proteus8-51-project”文件夹中。

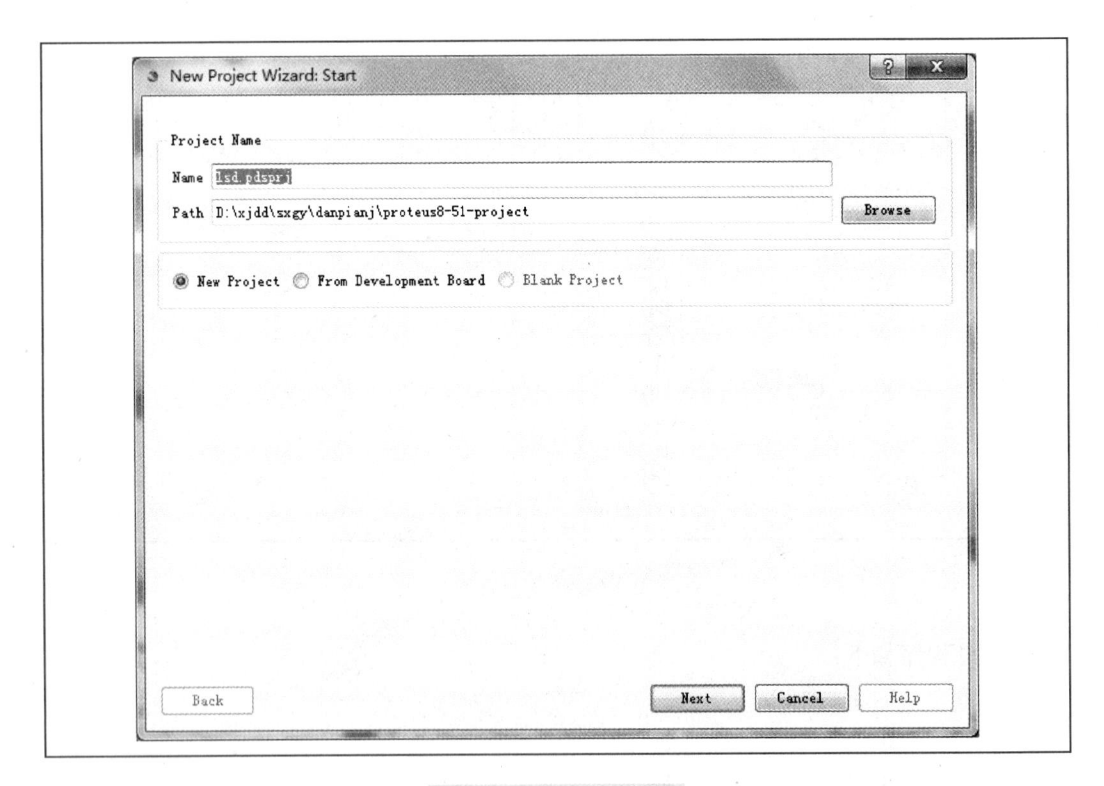

图 4-3 新建工程对话框

（3）单击 NEXT 按钮，弹出如图 4-4 所示的框图搭建对话框，选择不搭建框图。

（4）单击 NEXT 按钮，弹出如图 4-5 所示的 PCB 样式创建对话框，选择不创建任何 PCB 样式。

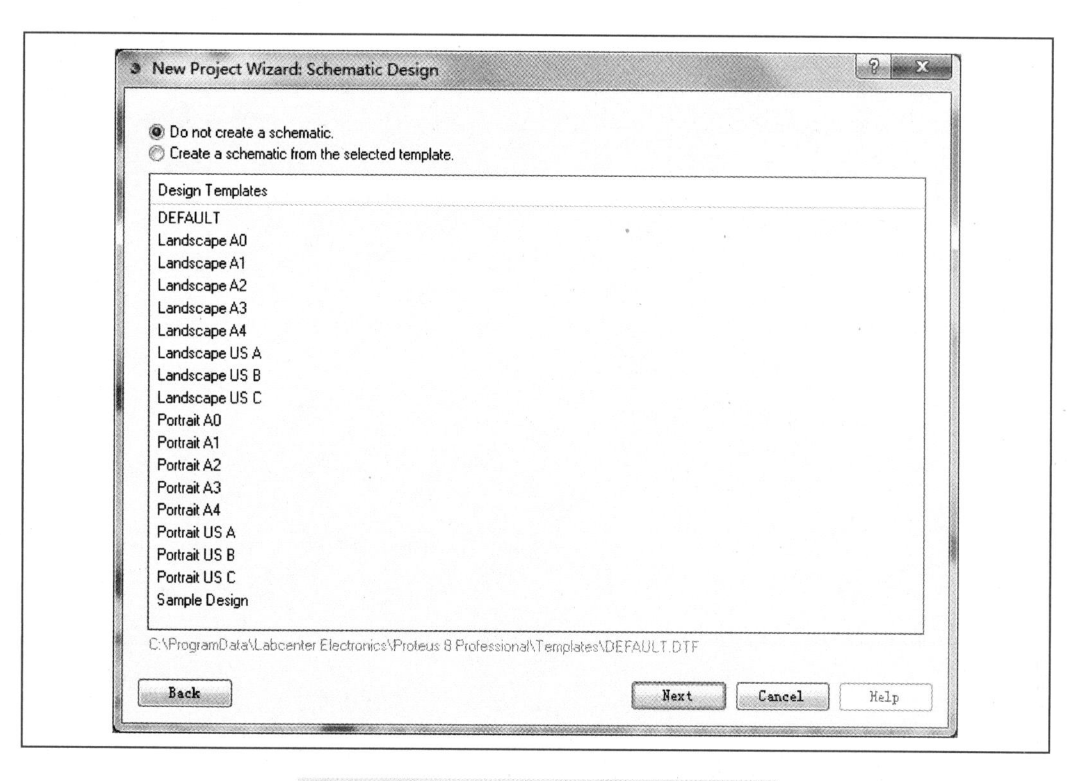

图 4-4　新建工程的原理框图预设选择对话框

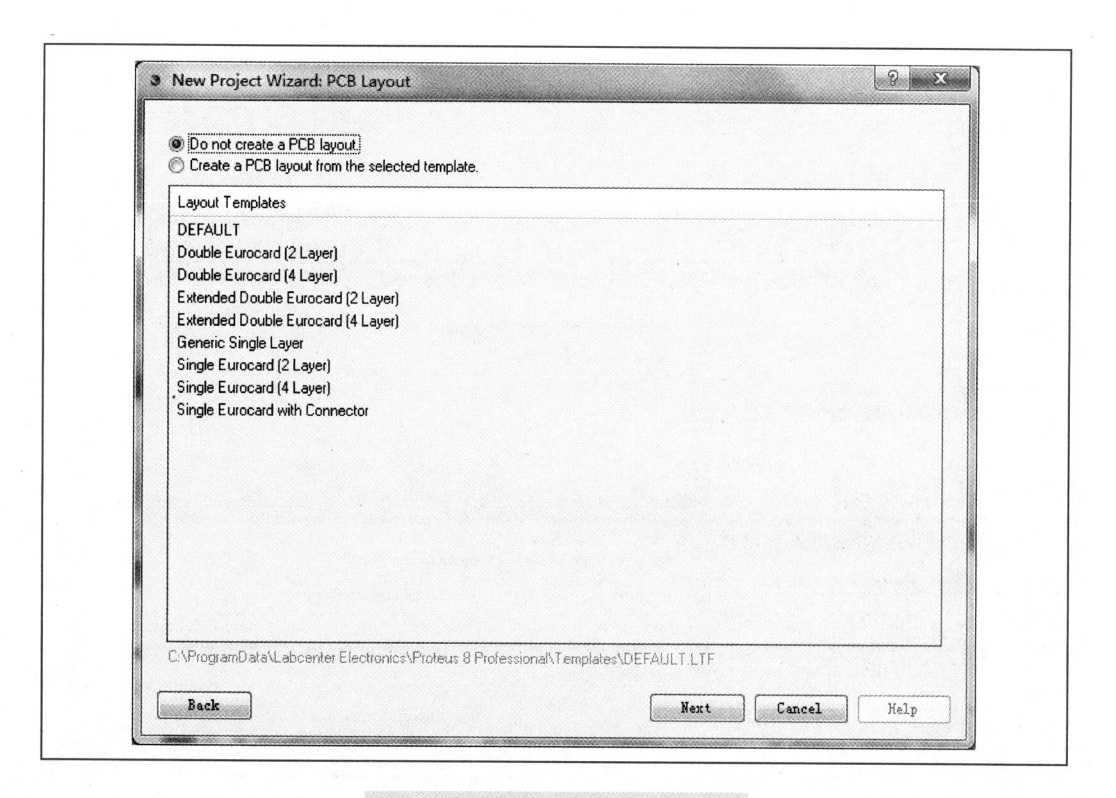

图 4-5　新建工程的 PCB 选择对话框

（5）单击 NEXT 按钮，弹出如图 4-6 所示的控制元件类型对话框，选择默认的不创建。

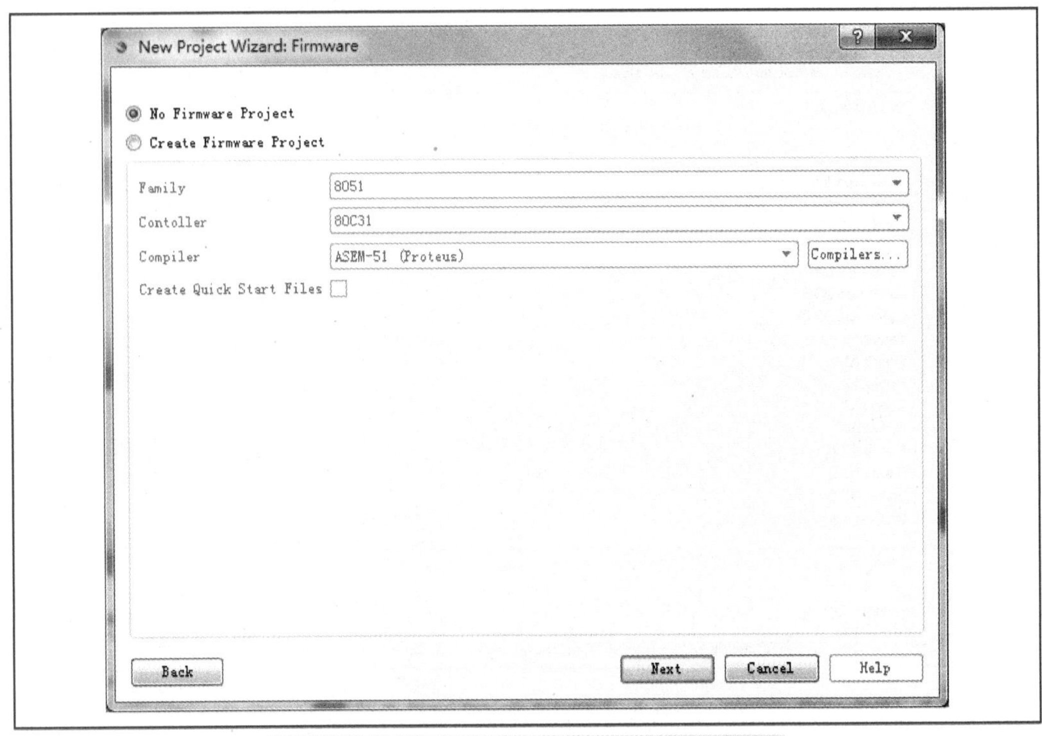

图 4-6　新建工程的编译元件种类选择对话框

（6）单击 NEXT 按钮，再单击 FINISH 按钮，进入主界面，如图 4-7 所示。

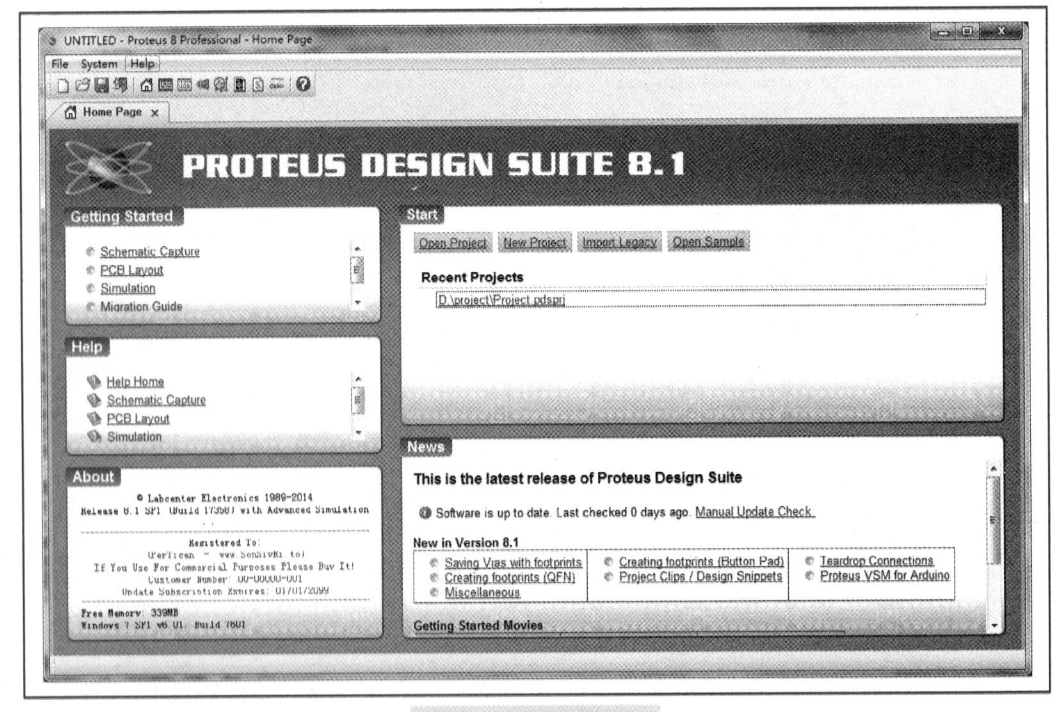

图 4-7　新建工程界面

（7）绘制最小系统，其各元件参数参照图 4-8。

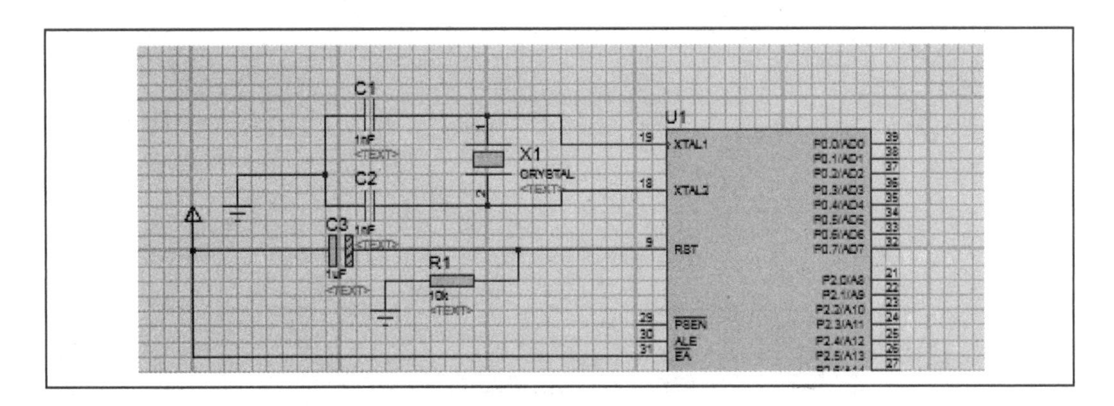

图 4-8　最小系统

（8）绘制 LED 相关电路，其各元件参数参照图 4-9。

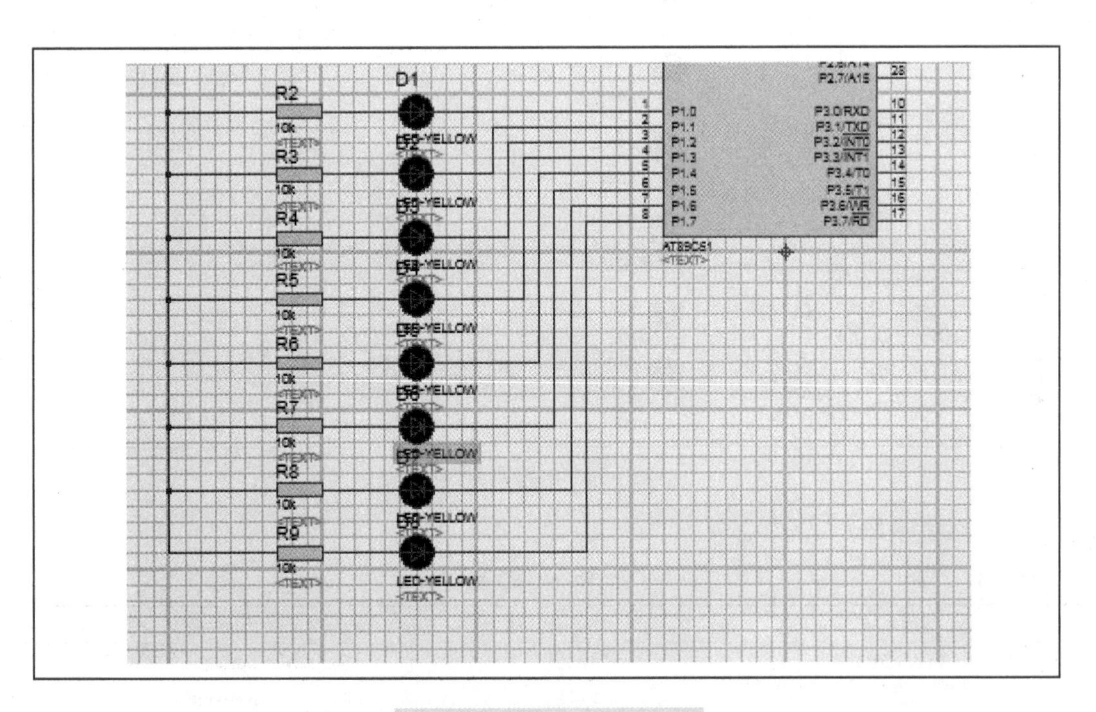

图 4-9　绘制 LED 相关电路

（9）单击菜单下方的▣，弹出如图 4-10 所示的原理图绘制对话框，修改元件值。

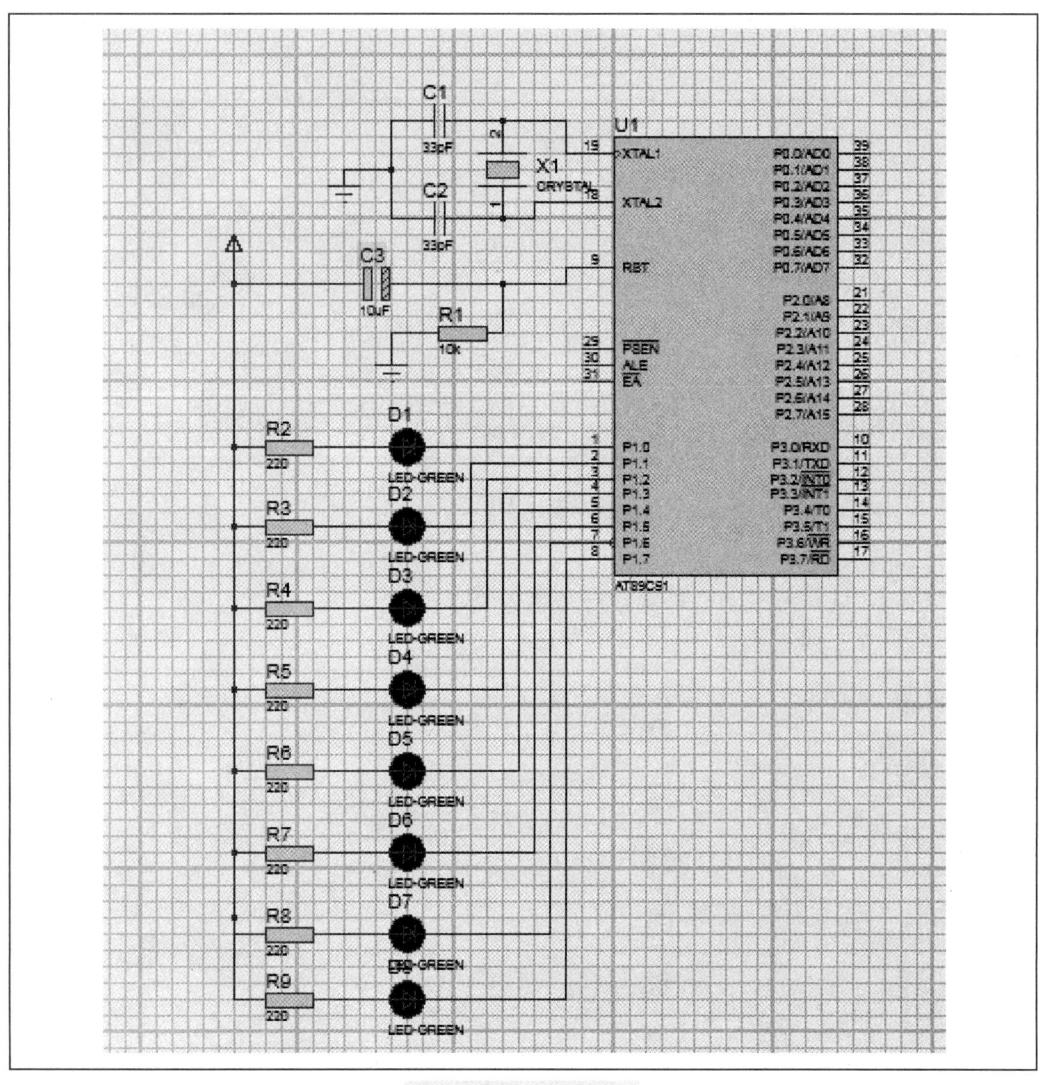

图 4-10　电路原理图

所需元件如表 4-1 所示。

表 4-1　　　　元 件 一 览 表

Name	元 件 名 称	Category
AT89C51	51 单片机	Microprocessor ICs
RES	电阻	Resistance
CAP	电容	Capacitors
CAP-ELEC	电解电容	Capacitors
LED-GREEN	LED	Optoelectronics
CRYSTAL	晶振	Miscellaneous

4.1.3　代码添加及编译

仿真步骤如下：

（1）单击图标，打开代码添加对话框，如图 4-11 所示。

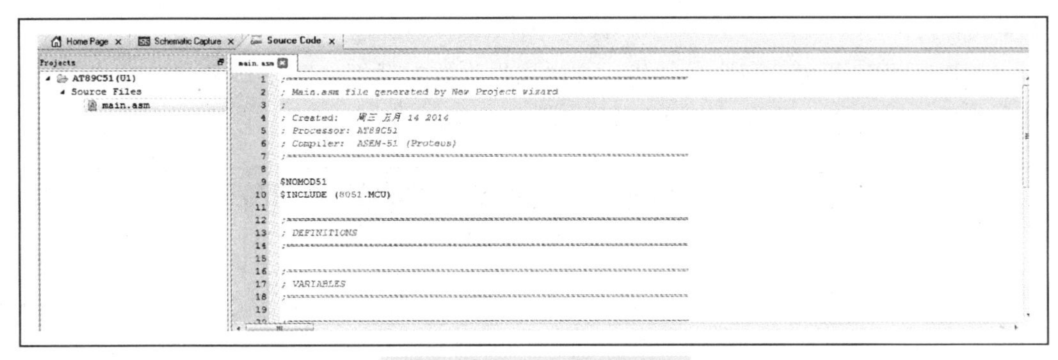

图 4-11　代码编辑对话框

（2）把 $NOMOD51 $INCLUDE (8051.MCU) 代码后面自动生成的代码删掉，并在 $NOMOD51 $INCLUDE (8051.MCU) 添加相应的代码（这样处理后在进行 debug 调试时才会出现调试信息），添加代码如图 4-12 所示。

```
; Main.asm file generated by New Project wizard
;
; Created:    周一 四月 13 2015
; Processor: AT89C51
; Compiler:  ASEM-51 (Proteus)
;====================================================================

$NOMOD51
$INCLUDE (8051.MCU)

            ORG        00h
START:      MOV        R2,#8
            MOV        A,#0FEH
LOOP:       MOV        P1,A
            LCALL      DELAY
            RL         A                 ;循环左
            DJNZ       R2,LOOP           ;判断移动是否超过8 位
            LJMP       START
DELAY:      MOV        R5,#20            ;延时程序，延时0.2s
D1:         MOV        R6,#20
D2:         MOV        R7,#248
            DJNZ       R7,$
            DJNZ       R6,D2
            DJNZ       R5,D1
            RET
            END
```

图 4-12　代码添加界面

（3）单击“Build Project”（编译修改过的工程代码）图标或“Rebuild Project”（重新编译全部工程代码），编译的方式选择“Release”（即发布版，没有调试信息），如图 4-13 为编译成功的对话框，在左下方将会显示编译成功。编译好后，就会在如图 4-13 所示的路径下出现“AT89C51_.HEX”文件 AT89C51_.HEX。

```
VSM Studio Output
cp "Release.HEX" "G:/项目四/流水灯/AT89C51_.HEX"
Compiled successfully.
```

图 4-13　编译成功后的对话框

4.1.4 仿真

（1）返回 ISIS 界面，双击单片机，弹出属性设置对话框如图 4-14 所示。单击▣，添加之前编译完成的“AT89C51 _ . HEX”文件。

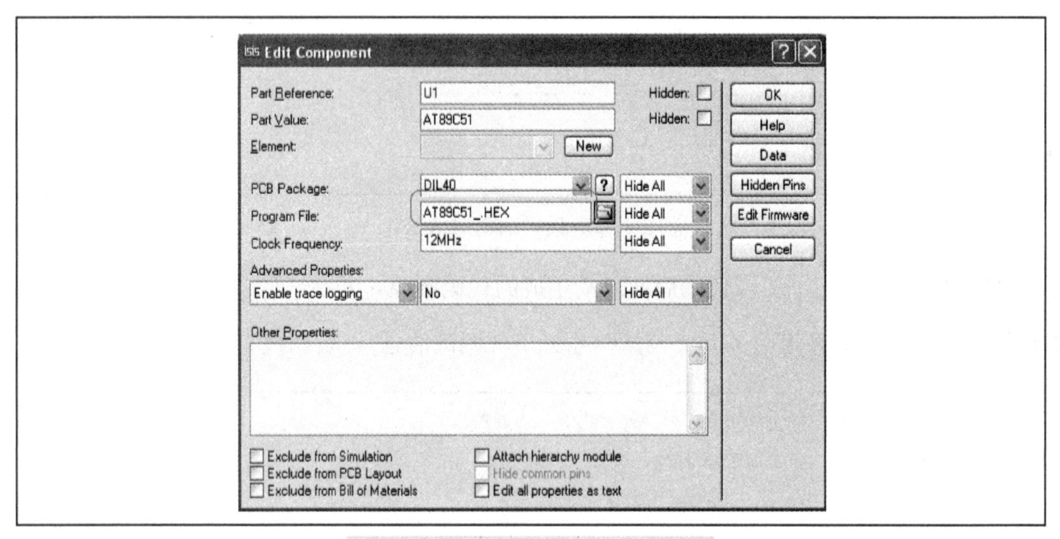

图 4-14　HEX 文件添加示意图

（2）返回 ISIS 界面，单击运行按钮▶，运行后如图 4-15 所示。

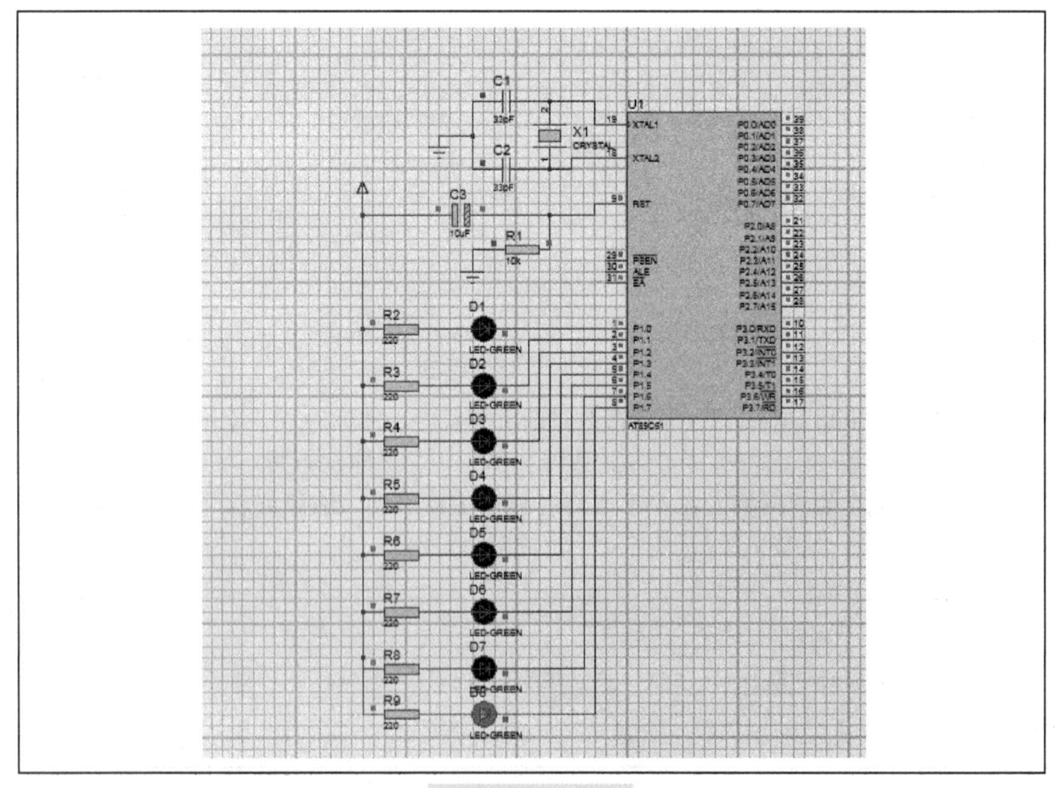

图 4-15　运行图

任务二　单片机数码管程序的仿真（汇编代码）

4.2.1　概述

数码管内部由七个条形的发光二极管和一个小圆点发光二极管组成，如图 4-16 所示。

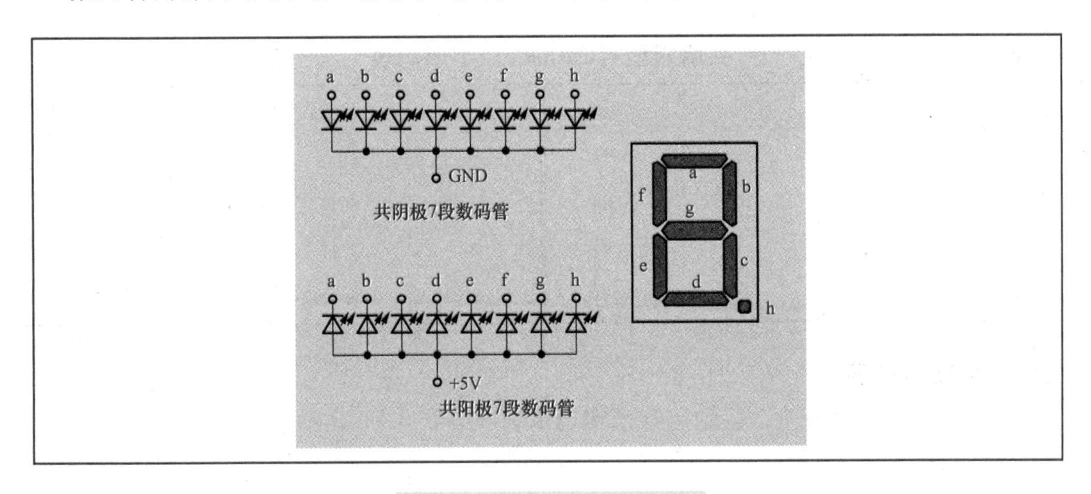

图 4-16　数码管的组成结构

若要显示数字 7，如图 4-17 所示。则 a、b、c 段数码管亮。

在图 4-18 中，a、b、c 端置为低电平，则相应发光二极管发光。

把 8 发光二极管的阴极看成是 8 个位，从高到低依次排列如图 4-18 所示。则可得出一个二进制数“11111000”，便于书写，可记做“F8H”，这个数被称作数码管的“字形码”。

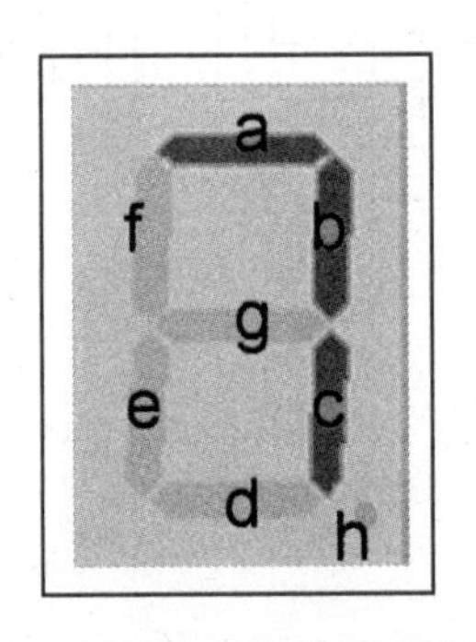

图 4-17　七段数码管显示数字 7

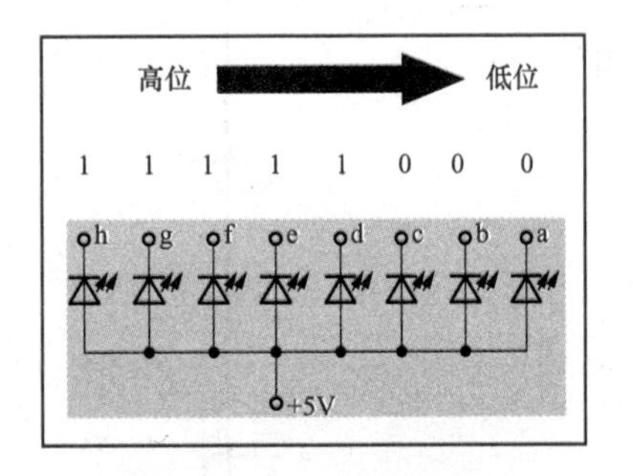

图 4-18　数码管字显示数字 7 的高低位配置

由此可知，数码管的字形码是数码管显示不同数字的依据，而共阴极和共阳极型数码管的字形码有所区别。表 4-2 和表 4-3 分别给出了共阳极型和共阴极型数码管所对应的字形码。

表 4-2　　共阳极型（Anode）字形码表

字符	字形码	字符	字形码	字符	字形码	字符	字形码
0	C0H	4	99H	8	80H	C	0C6H
1	F9H	5	92H	9	90H	d	5EH
2	A4H	6	82H	A	88H	E	86H
3	0B0H	7	F8H	b	83H	F	8EH

表 4-3　　共阴极型（Cathode）字形码表

字符	字形码	字符	字形码	字符	字形码	字符	字形码
0	3FH	4	66H	8	7FH	C	39H
1	06H	5	6DH	9	6FH	d	A1H
2	5BH	6	7DH	A	77H	E	79H
3	4FH	7	07H	b	7CH	F	71H

4.2.2　电路原理图

利用 51 单片机和一个 7 段数码管来实现单个数码管 0～9 显示控制，电路图如图 4-19 所示。

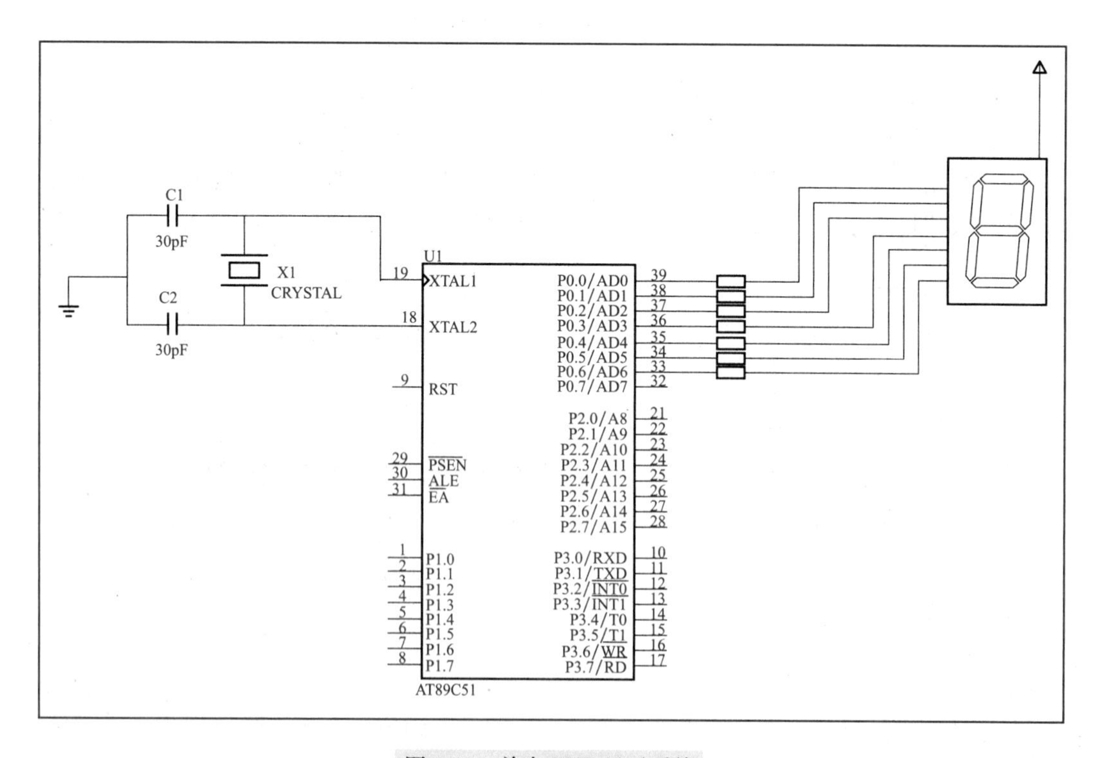

图 4-19　单个 LED 显示系统

流程图如图 4-20 所示。

数码管汇编程序如下：

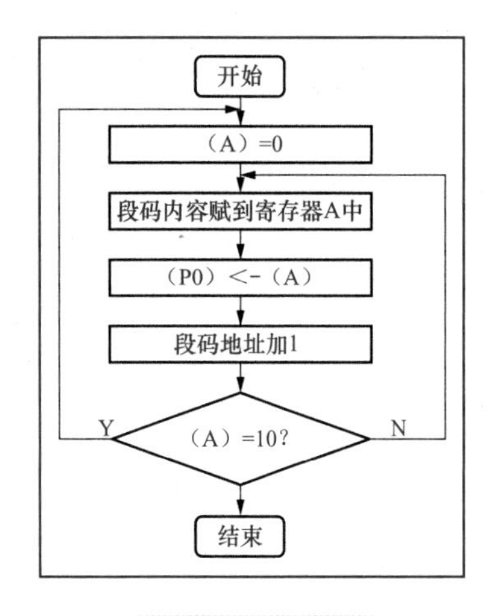

图 4-20　流程图

```
         ORG 0000H
START：  MOV DPTR，#TABLE
         MOV B，#00H
S1：     MOV A，B
         MOVC A，@A+DPTR
         CJNE A，#01H，S2
         LJMP START
S2：     MOV P0，A
         LCALL DELAY
         INC B
         LJMP S1
DELAY：  MOV R5，#20
D2：     MOV R6，#20
D1：     MOV R7，#248
         DJNZ R7，$
         DJNZ R6，D1
         DJNZ R5，D2
         RET
TABLE：  DB  0C0H，0F9H，0A4H，0B0H，99H，92H，82H，0F8H，80H，90H
         DB  01H
         END
```

4.2.3　绘制电路原理图

仿真步骤如下：

(1) 新建文件夹，命名为“proteus8-51-project”。

(2) 打开 Proteus8.1，单击菜单“File”→“New Project”来新建工程，弹出如图 4-21 所示对话框，新建名为“lsd.pdsprj”的工程，保存在之前创建的“proteus8-51-project”文件夹中。

(3) 单击 NEXT 按钮，弹出如图 4-22 所示的框图搭建对话框，选择不搭建框图。

(4) 单击 NEXT 按钮，弹出如图 4-23 所示的 PCB 样式创建对话框，选择不创建任何 PCB 样式。

(5) 单击 NEXT 按钮，弹出如图 4-24 所示的控制元件类型对话框，选择默认的不创建。

(6) 单击 NEXT 按钮，再单击 FINISH 按钮，进入主界面，如图 4-25 所示。

(7) 单击菜单下方的▣，进入原理图绘制对话框，绘制原理图并修改元件值如图 4-26 所示。

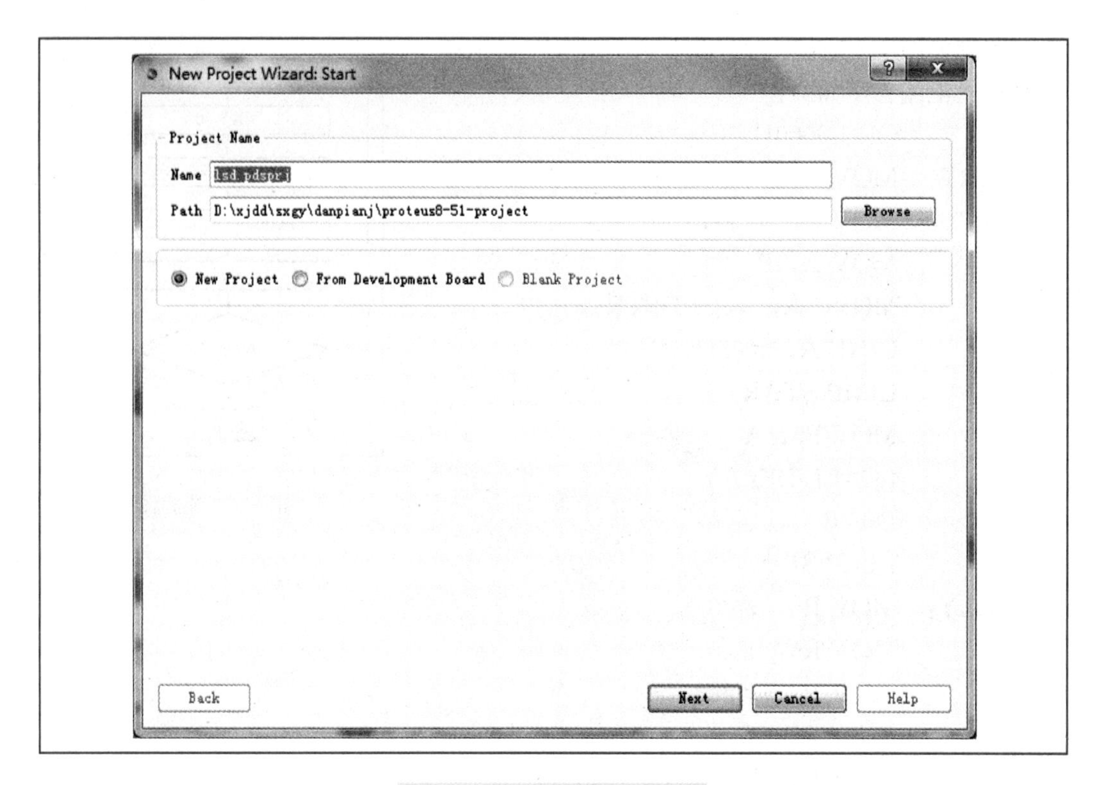

图 4-21　新建工程对话框

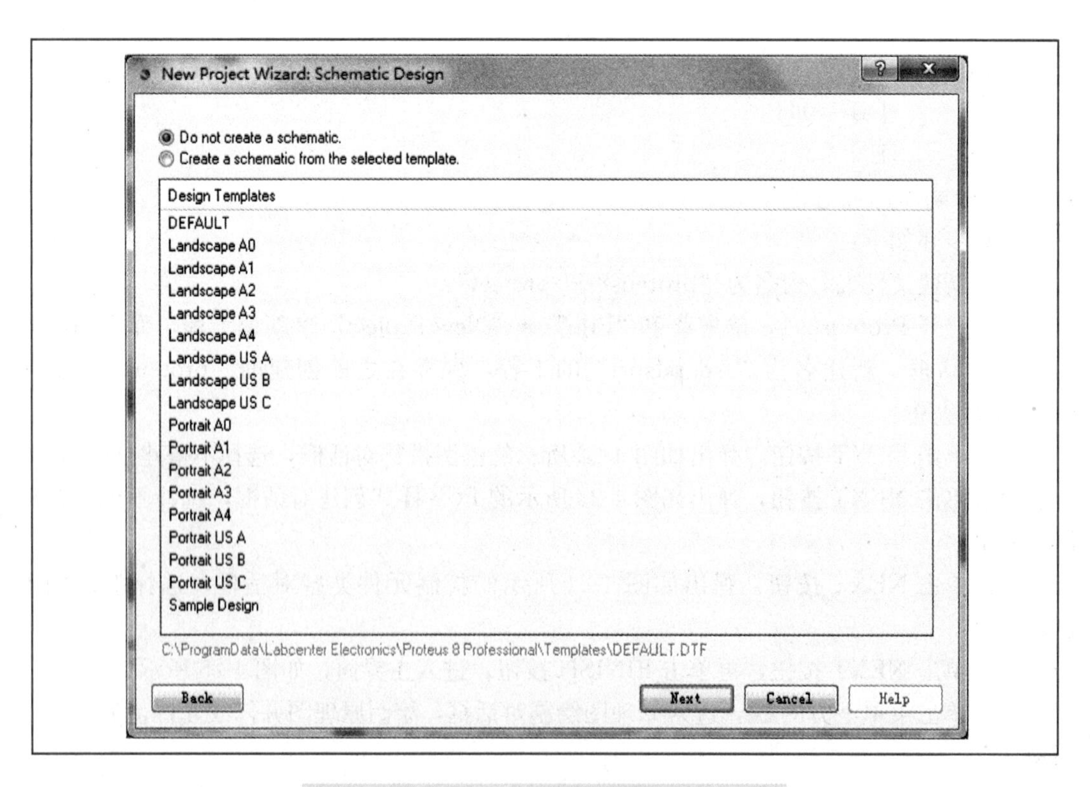

图 4-22　新建工程的原理框图预设选择对话框

New Project Wizard: PCB Layout
Do not create a PCB layout.
Create a PCB layout from the selected template.
Layout Templates
DEFAULT
Double Eurocard (2 Layer)
Double Eurocard (4 Layer)
Extended Double Eurocard (2 Layer)
Extended Double Eurocard (4 Layer)
Generic Single Layer
Single Eurocard (2 Layer)
Single Eurocard (4 Layer)
Single Eurocard with Connector
C:\ProgramData\Labcenter Electronics\Proteus 8 Professional\Templates\DEFAULT.LTF
Back
Next
Cancel
Help

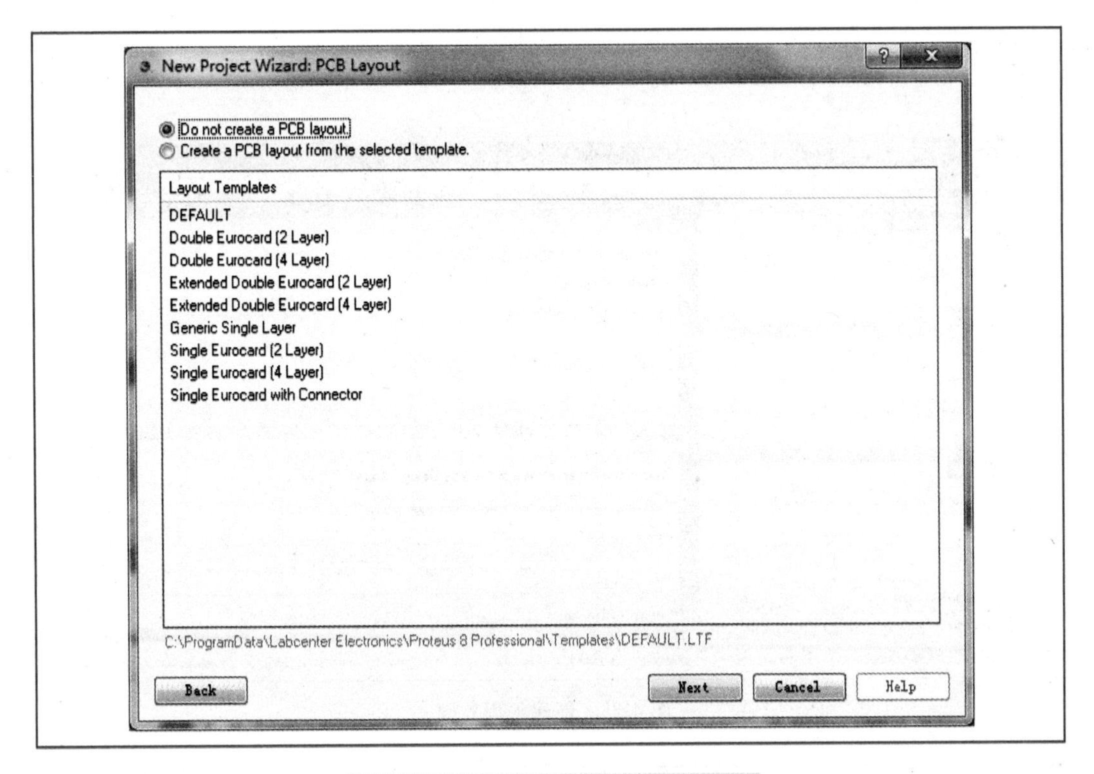

图 4-23　新建工程的 PCB 选择对话框

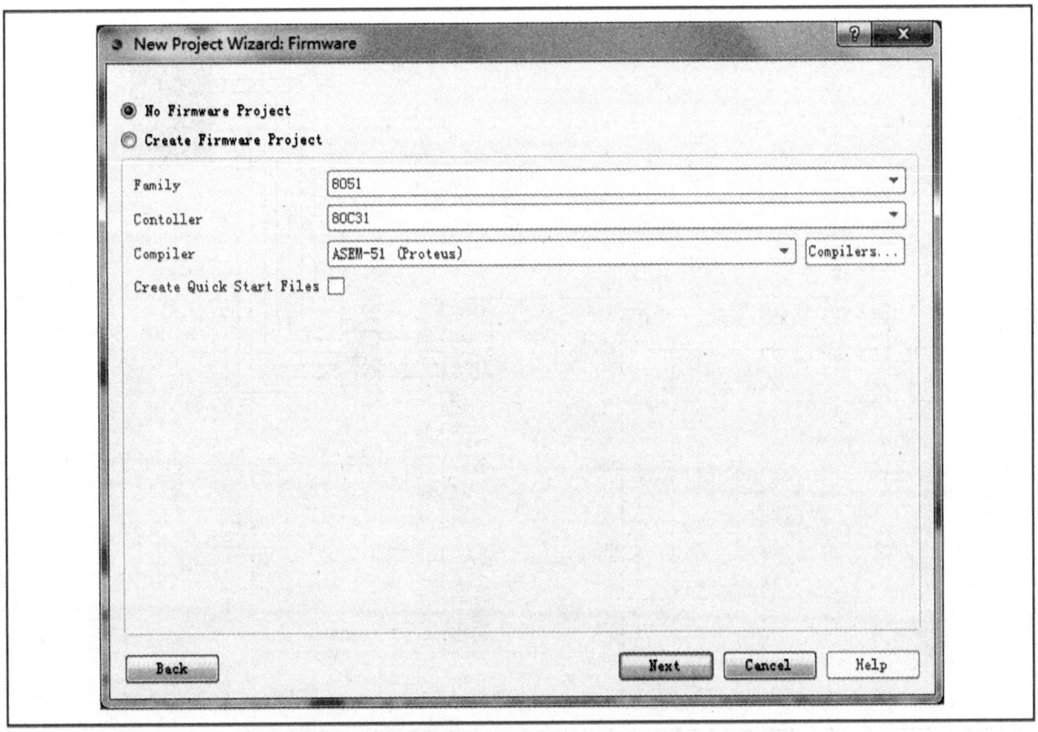

New Project Wizard: Firmware
No Firmware Project
Create Firmware Project
Family
8051
Contoller
80C31
Compiler
ASEM-51 (Proteus)
Compilers...
Create Quick Start Files
Back
Next
Cancel
Help

图 4-24　新建工程的编译元件种类选择对话框

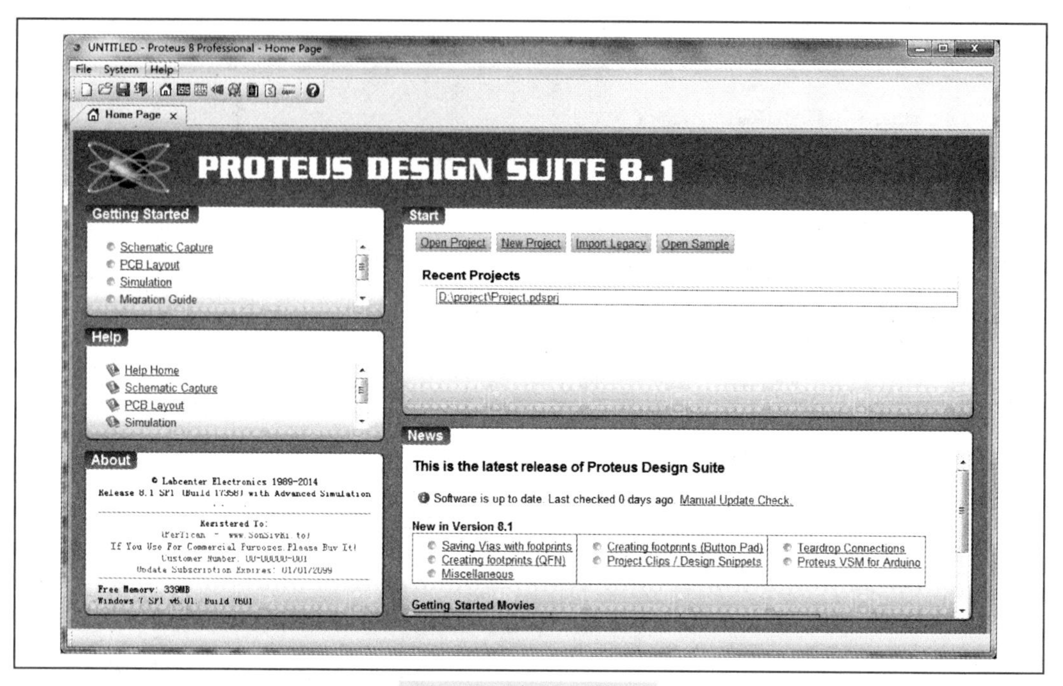

图 4-25　新建工程界面

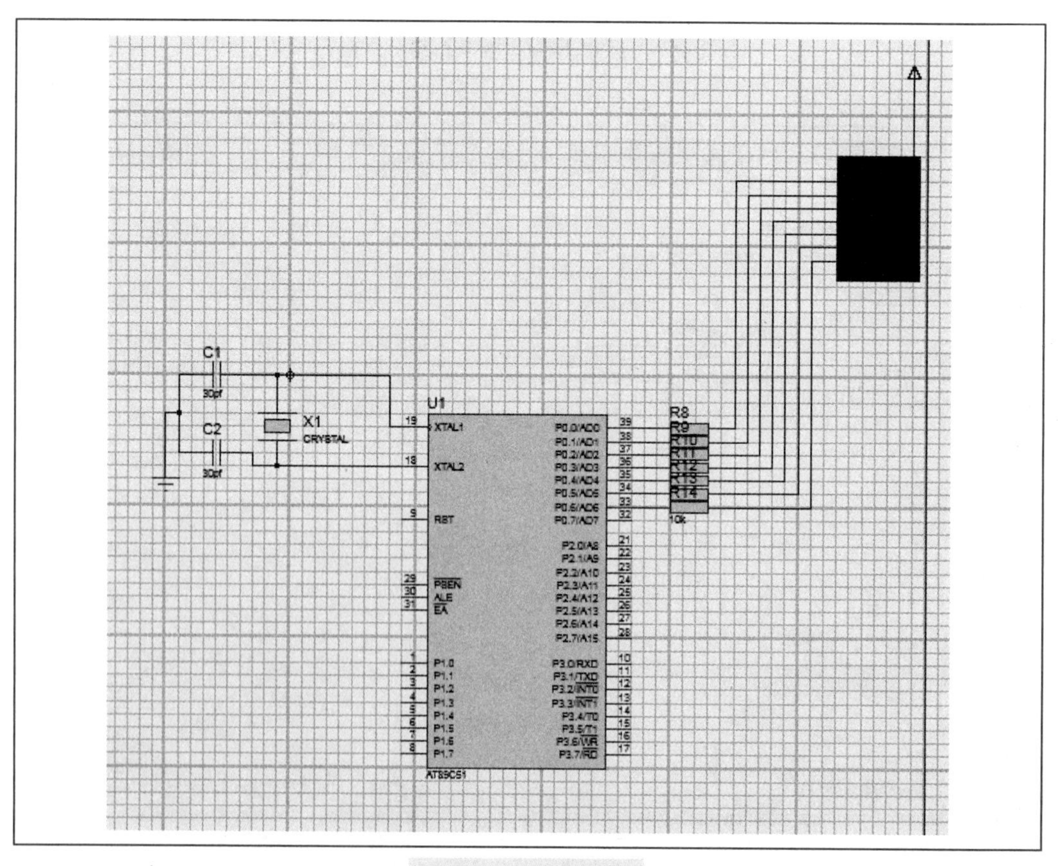

图 4-26　电路原理图

所需元件如表 4-4 所示。

表 4-4　　　　　　　　**元 件 一 览 表**

Name	Category	名　　称
AT89C51	Microprocessor ICs	单片机
RES	Resistance	电阻
CAP	Capacitors	电容
7SEG-COM-ANODE	Optoelectronics	7 段共阳极型数码管
CRYSTAL	Miscellaneous	晶振

4.2.4　汇编代码添加

步骤如下：

（1）单击图标，打开代码添加对话框，如图 4-27 所示。

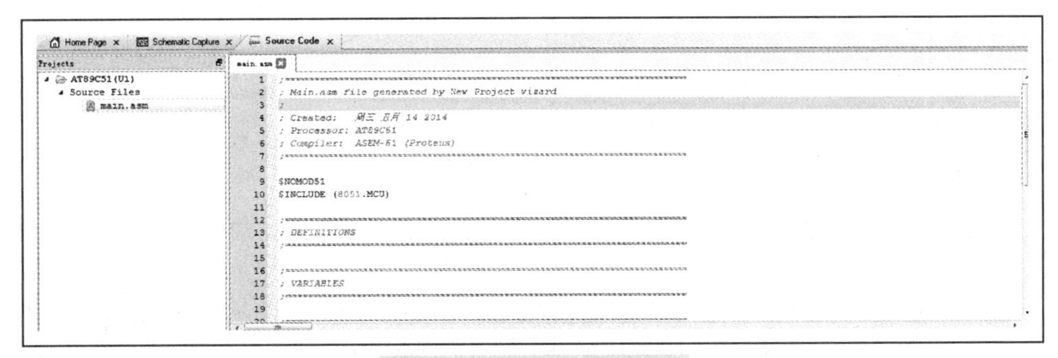

图 4-27　代码编辑对话框

（2）在 `$NOMOD51 $INCLUDE (8051.MCU)` 代码的后面添加源代码，这样在进行 debug 调试时才会出现调试信息，如图 4-28 所示。

```
$NOMOD51
$INCLUDE (8051.MCU)


                ORG 0000H
START:          MOV DPTR,#TABLE
                MOV B,#00H
S1:             MOV A,B
                MOVC A,@A+DPTR
                CJNE A,#01H,S2
                LJMP START
S2:             MOV P0,A
                LCALL DELAY
                INC B
                LJMP S1
DELAY:          MOV R5,#20
D2:             MOV R6,#20
D1:             MOV R7,#248
                DJNZ R7,$
                DJNZ R6,D1
                DJNZ R5,D2
                RET
TABLE           DB  0C0H,0F9H,0A4H,0B0H,99H,92H,82H,0F8H,80H,90H
                DB  01H
                END
```

图 4-28　代码添加界面

4.2.5 编译与调试

1 编译

单击“Build Project”（编译修改过的工程代码）图标或“Rebuild Project”（重新编译全部工程代码），选择“Debug”（调试版）Debug，最下面的调试窗口将会出现编译信息，如图4-29所示。

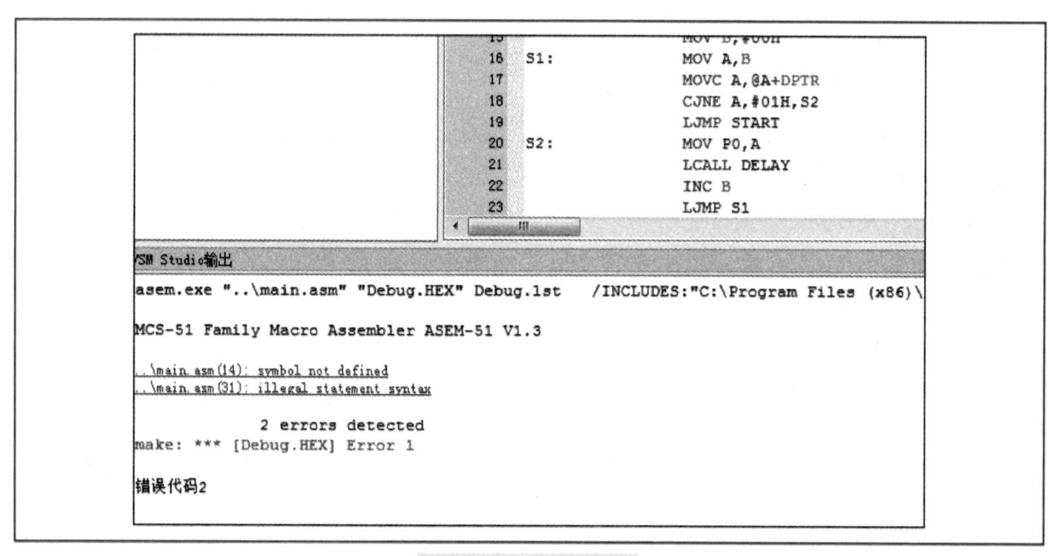

图4-29 编译窗口

如图4-29所示，红色字体提示有Error1，即有1个错误。蓝色字体提示错误所在，“\main.asm（14）：symbol not defined”表示第14行的符号没有定义，实际上是指TABLE没有定义；“\main.asm（31）：illegal statement syntax”表示第31行有非法的语句，即变量定义不符合语法规则，TABLE后面少了冒号‘：’。

双击蓝色错误提示部分，将会跳转到错误代码行，如图4-30所示。

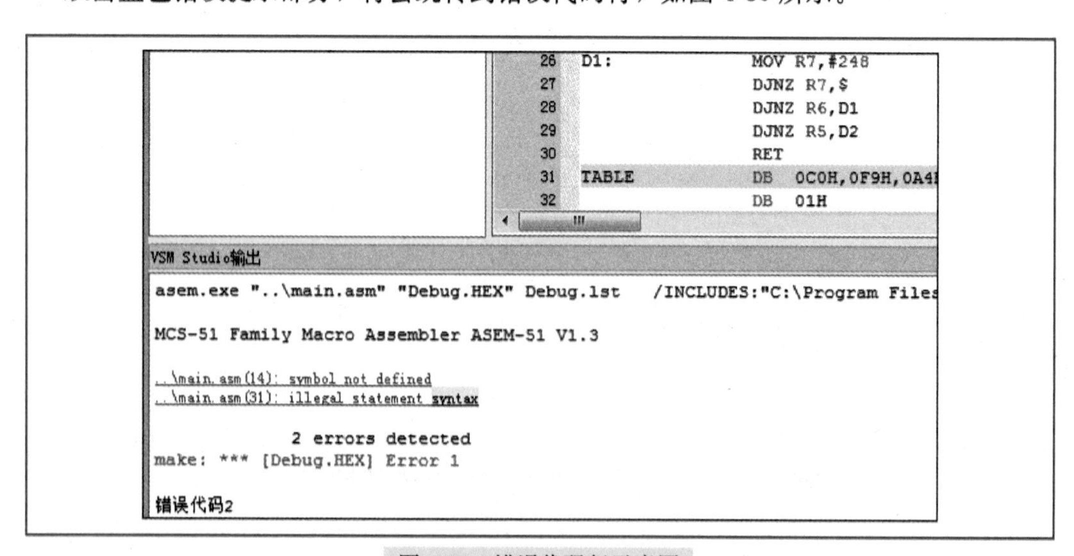

图4-30 错误代码行示意图

如图 4-30 所示，按照错误提示进行修改，在 TABLE 变量的后面添加英文输入法中的冒号“:”，单击菜单的保存图标，保存代码。再次单击编译按钮（任选一个编译图标即可），进行代码编译，选择 debug（调试）方式编译代码，如图 4-31所示为编译成功的对话框，在左下方将会显示编译成功。

```
VSM Studio输出
asem.exe "..\main.asm" "Debug.HEX" Debug.lst

MCS-51 Family Macro Assembler ASEM-51 V1.3

                no errors
ASEMDDX.EXE   Debug.lst
Processed 165 lines.
编译成功。
```

图 4-31　编译成功后的对话框

编译完成后，就可以对其进行调试及查看寄存器。

2　调试

编译成功后，即可设置断点进行调试。方法如下：

（1）单击菜单“Debug”（调试）→“Start VSM Debugging”（开始 VSM 调试），进入调试界面。

（2）如果要想查看某个程序段的执行情况，就可以单击选中此程序段，单击右键添加断点。如图 4-32 所示。

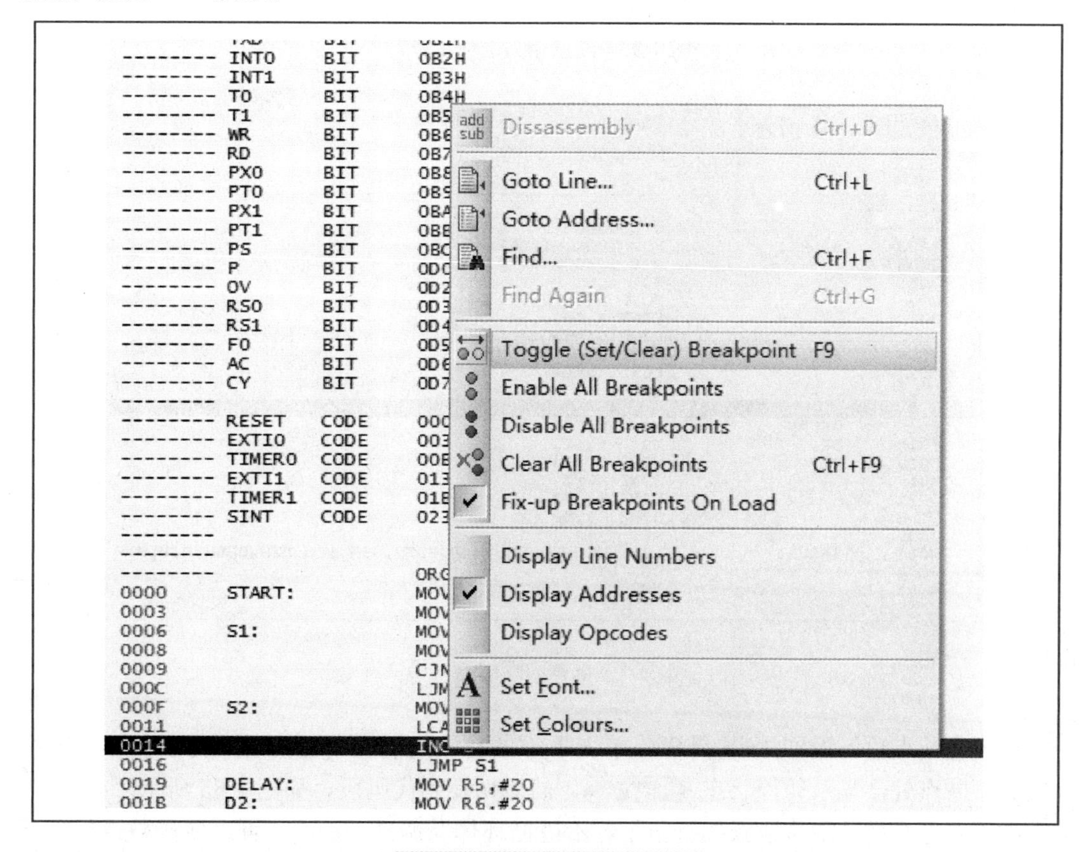

图 4-32　添加断点示意图

有关断点操作的菜单含义解释如图 4-33 所示。

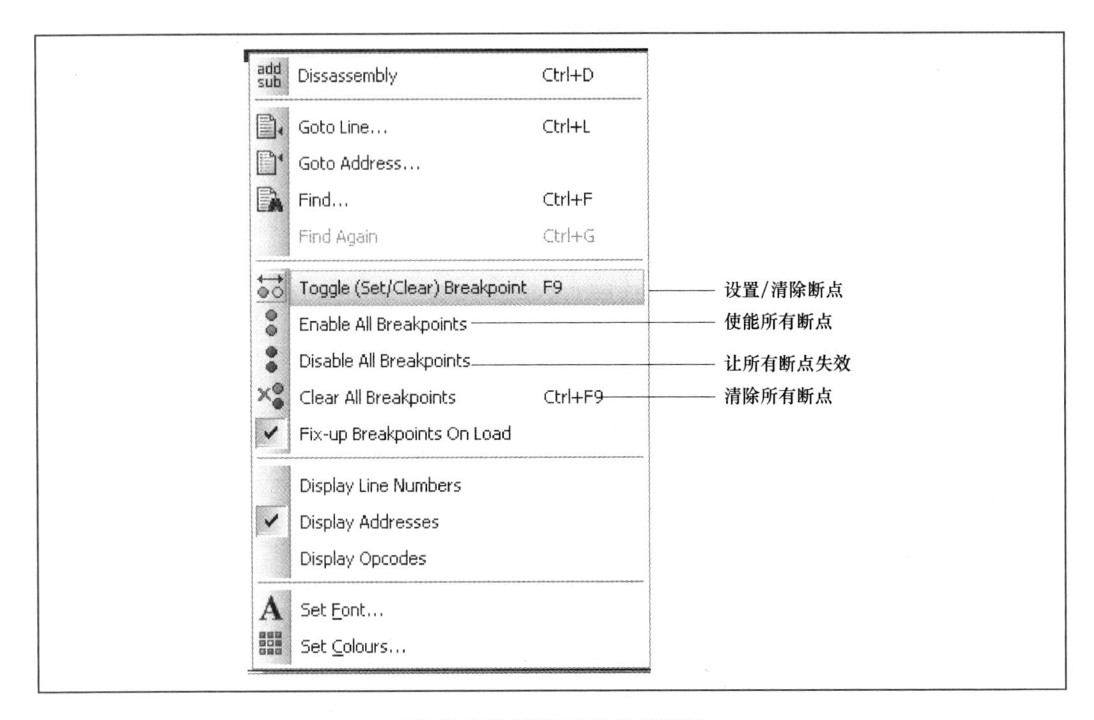

图 4-33 断点相关选项注释

设置断点如图 4-34 所示。

```
--------
--------                     ORG 0000H
0000        START:           MOV DPTR,#TABLE
0003                         MOV B,#00H
0006        S1:              MOV A,B
0008                         MOVC A,@A+DPTR
0009                         CJNE A,#01H,S2
000C                         LJMP START
000F        S2:              MOV P0,A
0011                         LCALL DELAY
0014                         INC B
0016                         LJMP S1
0019        DELAY:           MOV R5,#20
001B        D2:              MOV R6,#20
001D        D1:              MOV R7,#248
001F                         DJNZ R7,$
0021                         DJNZ R6,D1
0023                         DJNZ R5,D2
0025                         RET
0026        TABLE:            DB   0C0H,0F9H,0A4H,0B0H,99H,92H,82H,0F8H,80H,90H
0030                         DB  01H
000E                         END
```

图 4-34 设置断点后的代码

设置完断点后，返回 ISIS 界面，单击下方的仿真运行图标▶，将会执行代码程序，并且到了断点处会显示暂停状态，然后切换到代码段，如图 4-35 所示。

按下右上方的“单步跳跃执行指令，不进循环体”调试图标，可以使函数继续往下执行，同时在监控窗口会显示出运行结果。如图 4-36 所示。

```
--------                  ORG 0000H
0000      START:          MOV DPTR,#TABLE
0003                      MOV B,#00H
0006      S1:             MOV A,B
0008                      MOVC A,@A+DPTR
0009                      CJNE A,#01H,S2
000C                      LJMP START
000F      S2:             MOV P0,A
0011                      LCALL DELAY
0014                      INC B
●0016                     LJMP S1
0019      DELAY:          MOV R5,#20
001B      D2:             MOV R6,#20
001D      D1:             MOV R7,#248
001F                      DJNZ R7,$
0021                      DJNZ R6,D1
0023                      DJNZ R5,D2
0025                      RET
0026      TABLE:           DB  0C0H,0F9H,0A4H,0B0H,99H,92H,82H,0F8H,80H,90H
0030                      DB  01H
000E                      END
```

图 4-35　程序运行到断点处示意图

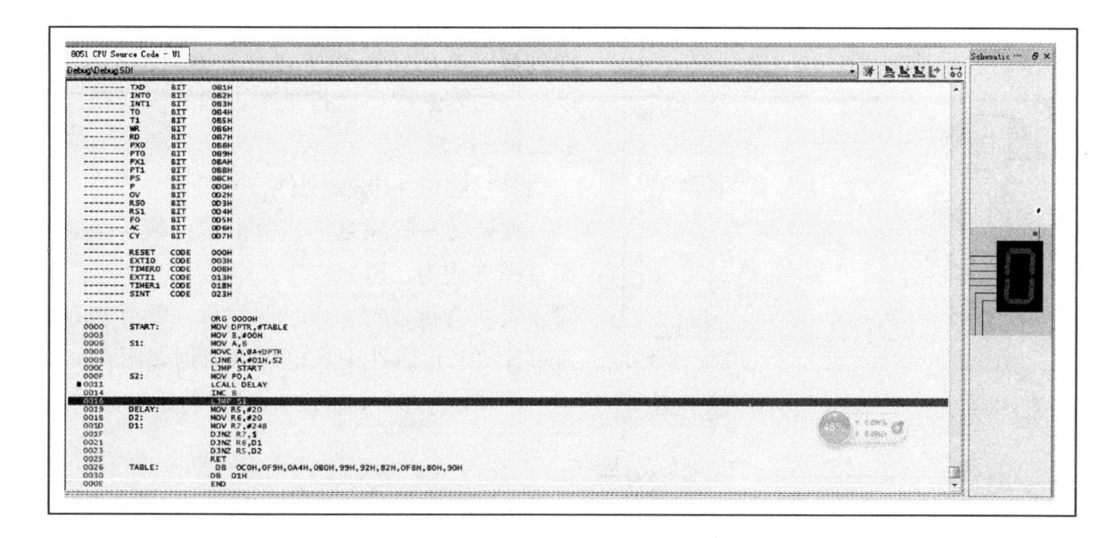

图 4-36　断点的切换及调试状态显示

如果要进行其他调试的话，可以选择进行调试。如表 4-5 所示。

表 4-5　　仿真图标及含义

图标	含义	
	英文	中文
	Run Simulation	运行仿真
	Step Over Source Line	单步跳跃执行指令，不进循环体
	Step Into Source Line	单步执行命令行，进循环体
	Step Out From Source Line	单步跳出命令行，如在循环体内，则跳出循环体，如在当前程序内，则跳出当前程序执行
	Run toSource Line	运行到命令行
	Toggle Breakpoint	切换断点

注　每一个命令行在程序执行时算一步。

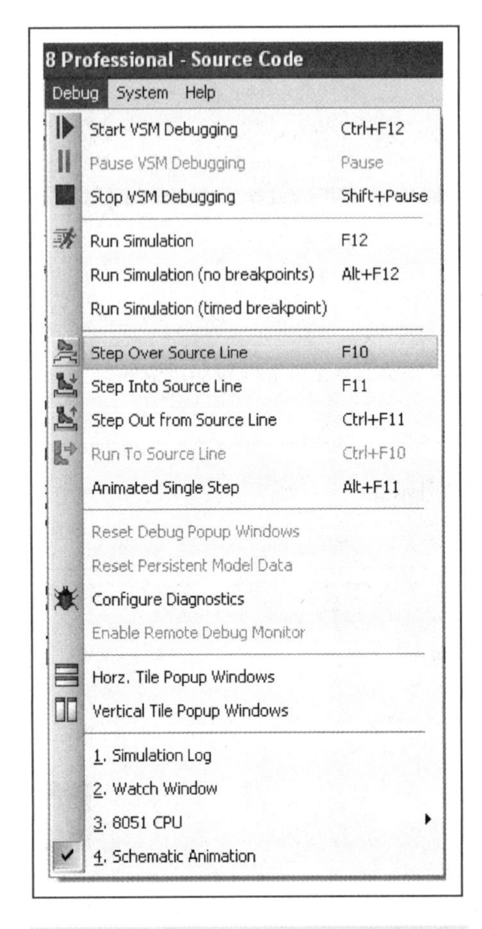

图 4-37 菜单中的调试选项及其快捷方式

这些命令也可以通过菜单进行调用。方法是单击菜单“Debug”（调试），则会出现如图 4-37的菜单及其快捷方式。

（3）在调试过程中，可以观察各个寄存器的工作状态。方法是单击菜单“Debug”（调试）→“8051 CPU”，就会出现如图 4-38 所示的变量查看窗口。可以通过此菜单查看 Register（寄存器）、SFR Memory（SFR 存储器）、Internal（IDATA）Memory（内部存储器）值，并且在窗口的下方将会显示出数值的大小。

从图中 4-38 可以看出当前寄存器 A 的值为 12，B 的值为 1。反复地按照上述步骤（2）进行程序调试，可观察到寄存器数值的变化，以此作为判断程序运行是否正确的依据。

4.2.6 仿真

（1）编译 *.hex 文件。

在调试好程序之后，单击编译图标，选择编译方式为“Release”（发布版），编译成功会生成“*.hex”文件，并会自动加入单片机芯片属性中，也可以依据如图 4-39 所示的编译信息中 *.hex 的位置进行手动添加。

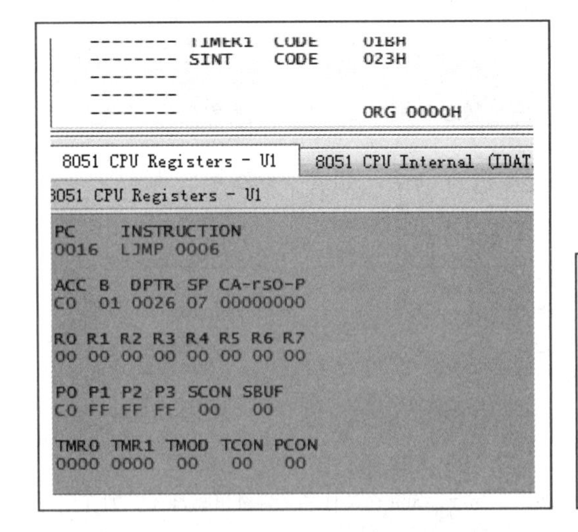

图 4-38 寄存器查看图

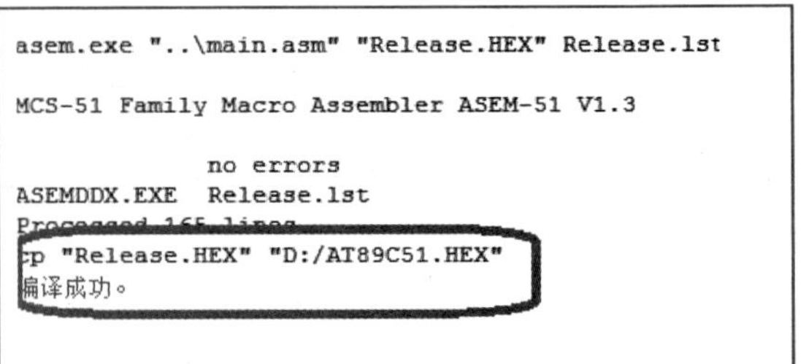

图 4-39 编译信息窗口

手动添加＊.hex的方法是，返回ISIS主界面，双击AT89C51芯片，出现如图4-40所示的属性对话框，蓝色方框中部分即为添加＊.hex的示意图。

编辑元件

元件位号(R): U1　隐藏:
元件值(V): AT89C51　隐藏:
组件(E):　新建(N)
PCB Package: DIL40　Hide All
Program File: ..\AT89C51.HEX　Hide All
Clock Frequency: 12MHz　Hide All
Advanced Properties:
Enable trace logging　No　Hide All
Other Properties:
不进行仿真(S)
不进行PCB布版(L)
不放入物料清单(B)
附加层次模块(M)
隐藏通用管脚(C)
使用文本方式编辑所有属性(A)
确定(O)
帮助(H)
数据手册(D)
隐藏引脚(P)
编辑固件(F)
取消(C)

图4-40　＊.hex添加示意图

（2）单击运行按钮▶，运行如图4-41所示。

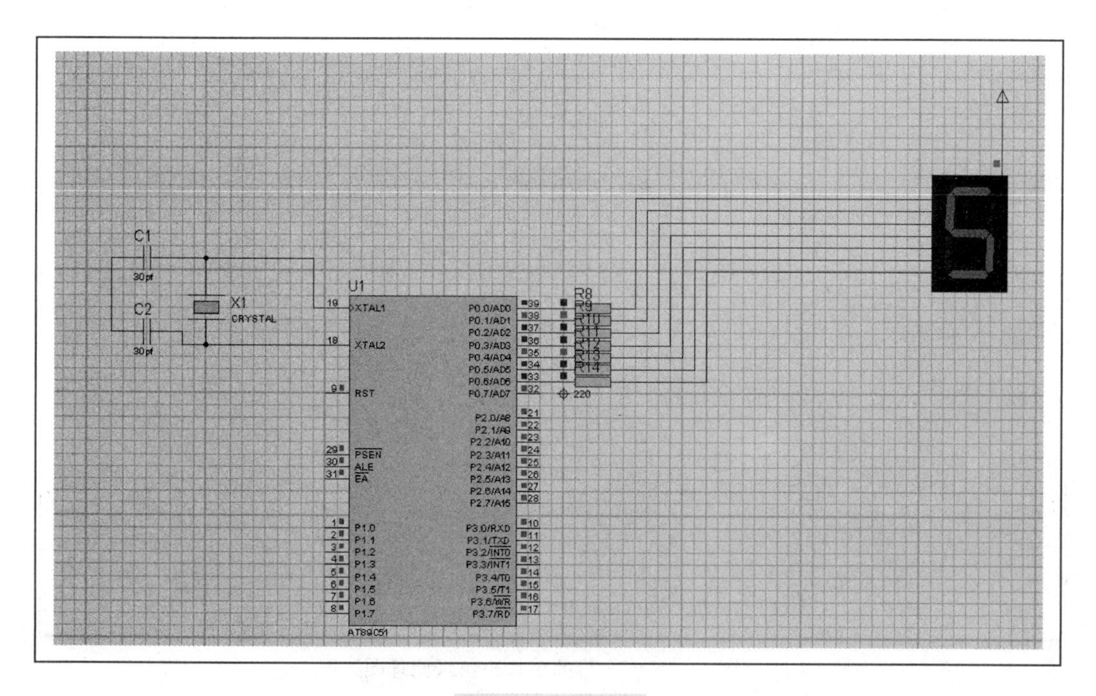

图4-41　仿真图

任务三 流水灯的单片机仿真（C代码）

4.3.1 流水灯电路原理

流水灯的单片机仿真原理图如图 4-42 所示。

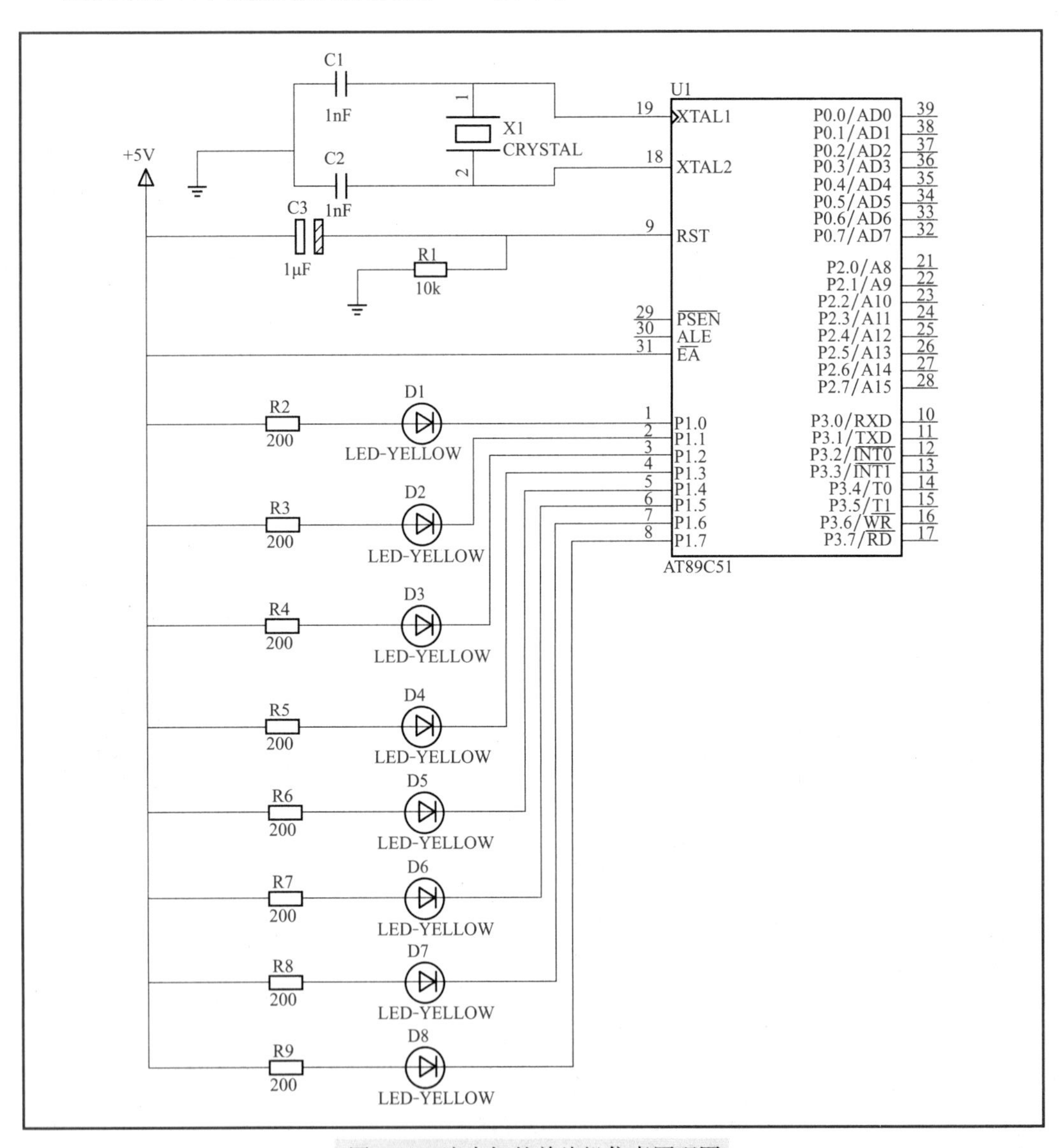

图 4-42 流水灯的单片机仿真原理图

流水灯的 C 语言程序如下：

```
#include <reg51.h>
#include"intrins.h"
```

```
#define uint unsigned int
#define uchar unsigned char
void delayms(uint i)
{
  uchar j;
  for(i;i>0;i--)
  for(j=500;j>0;j--);
}
void main()
{
  uchar i,temp;
  for(i=0;i<8;i+ + )
  {
      temp=0xfe;
      P1=_crol_(temp,i);
      delayms(100);
  }
}
```

4.3.2　电路原理图绘制

(1) 新建“流水灯实验”文件夹，打开 Proteus ISIS，单击保存，命名为“流水灯.dsn”。

(2) 在 ISIS 界面中，单击左侧工具栏上的 ，再单击 ，输入元件名称，开始添加元件。如表 4-6 所示。

表 4-6　　　　　　　　　　　　元 件 一 览 表

Name	Category	元　件　名　称
AT89C51	Microprocessor ICs	51 单片机
RES	Resistance	电阻
CAP	Capacitors	电容
CAP-ELEC	Capacitors	电解电容
LED-YELLOW	Optoelectronics	LED
CRYSTAL	Miscellaneous	晶振

在左侧元件预览框的下面将会出现所添加的元件信息，如图 4-43 所示。

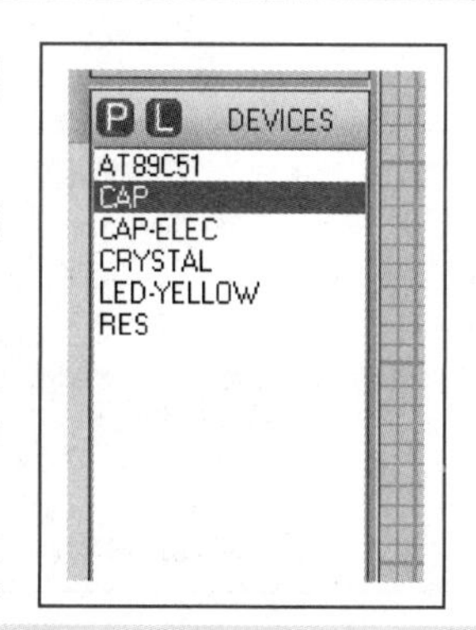

图 4-43　所添加的元件信息

如果选中某个元件，鼠标变为铅笔形状，在右边编辑区域单击左键，则可把元件放置到适当位置。选中元件单击右键，可对元件进行删除、旋转等操作。双击可显示出元件的属性，可对其进行名称、数值的修改。元件放置好之后，单击元件的接线端，可以与任意元件进行连线。

(3) 单击菜单下方的 ，进入原理图绘制对话框，绘制原理图及修改元件值如图 4-44 所示。

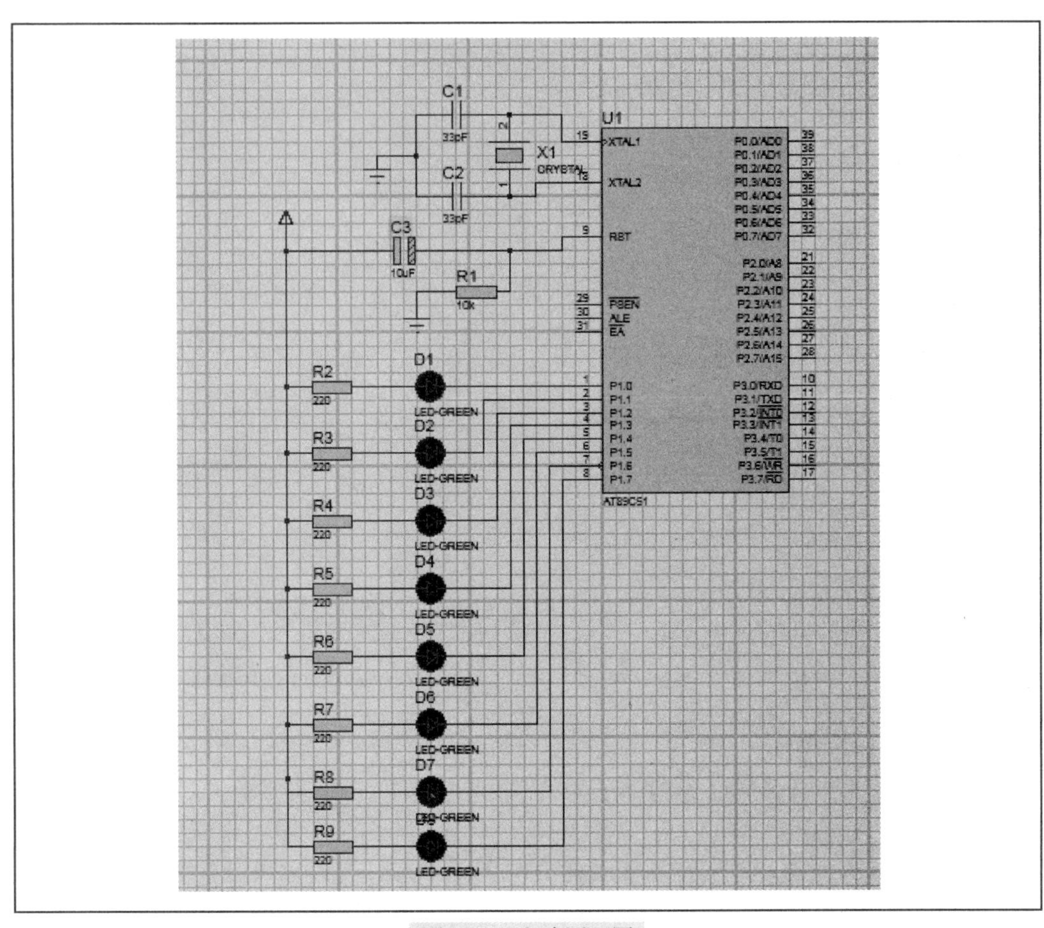

图 4-44　电路原理图

4.3.3　C 代码添加及编译

步骤如下：

（1）打开流水灯工程，如图 4-45 所示。

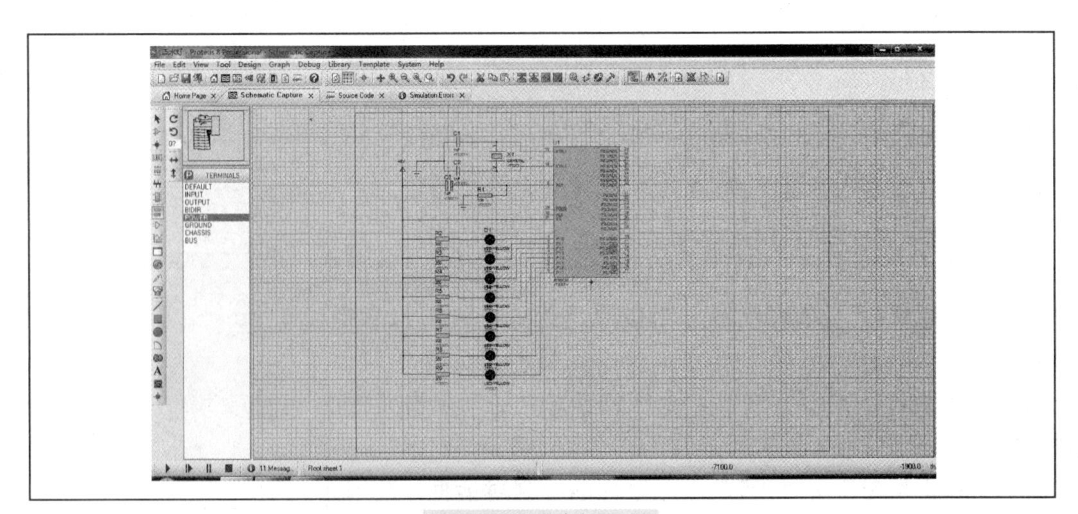

图 4-45　流水灯工程

（2）单击进入程序编辑，如图 4-46 所示。

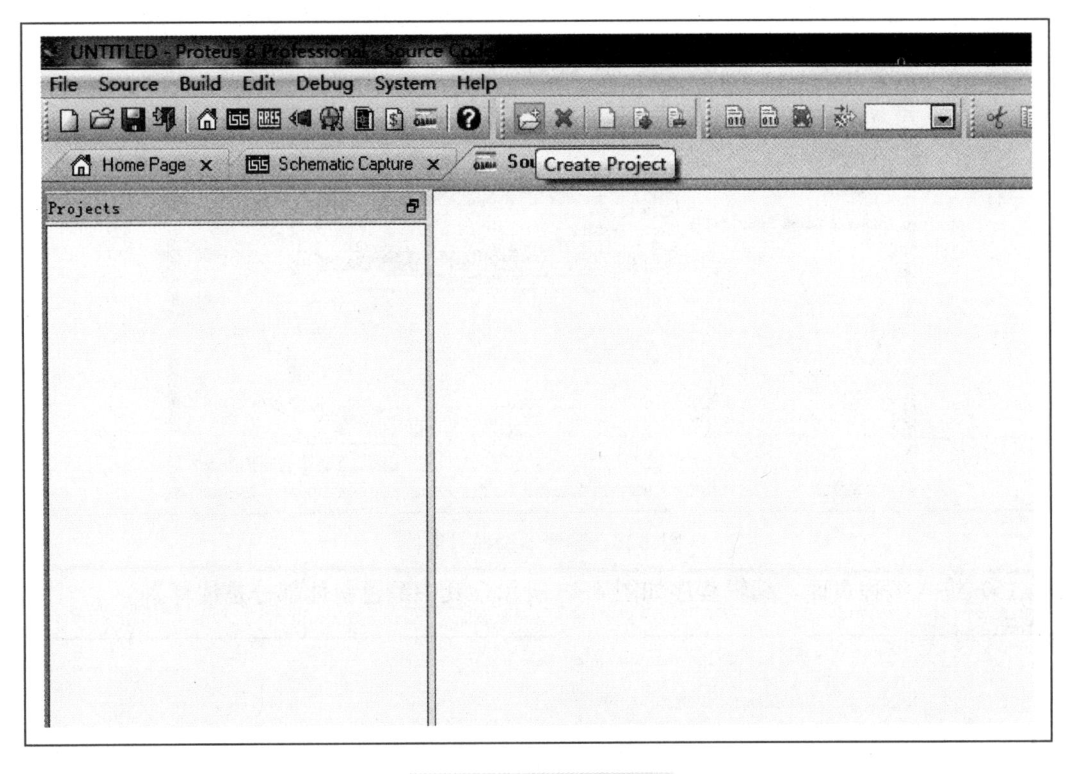

图 4-46　程序编辑界面

（3）单击新建程序文件出现如图 4-47 所示的窗口，选择 Contoller（控制器）为“AT89C51keil for 8051C”。

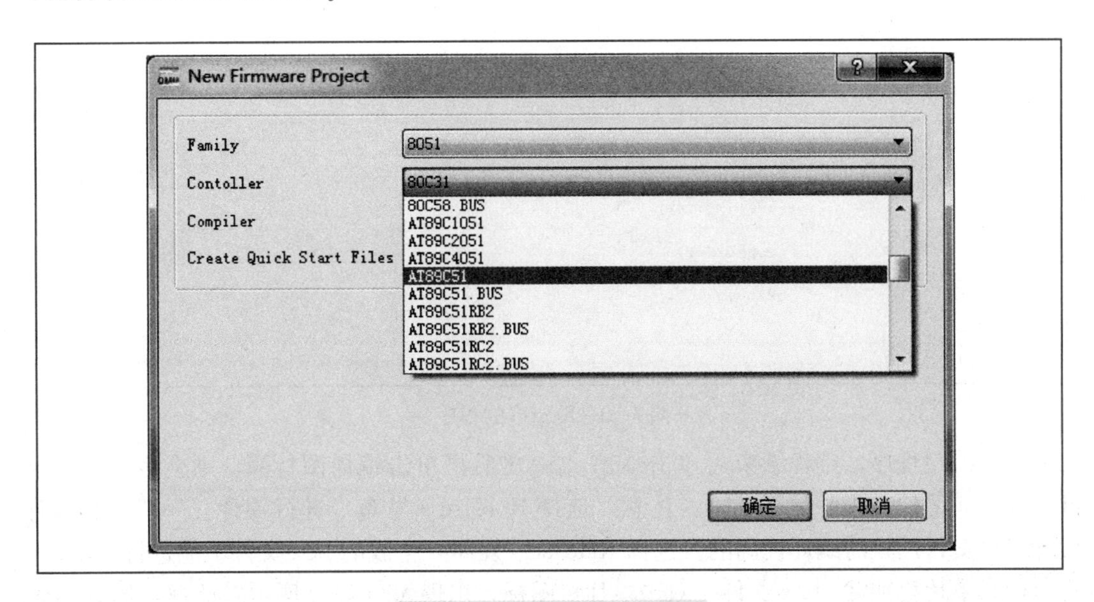

图 4-47　控制器选择对话框

（4）选择 Compiler 编译器为“AT89C51keil for 8051C”，如图 4-48 所示。

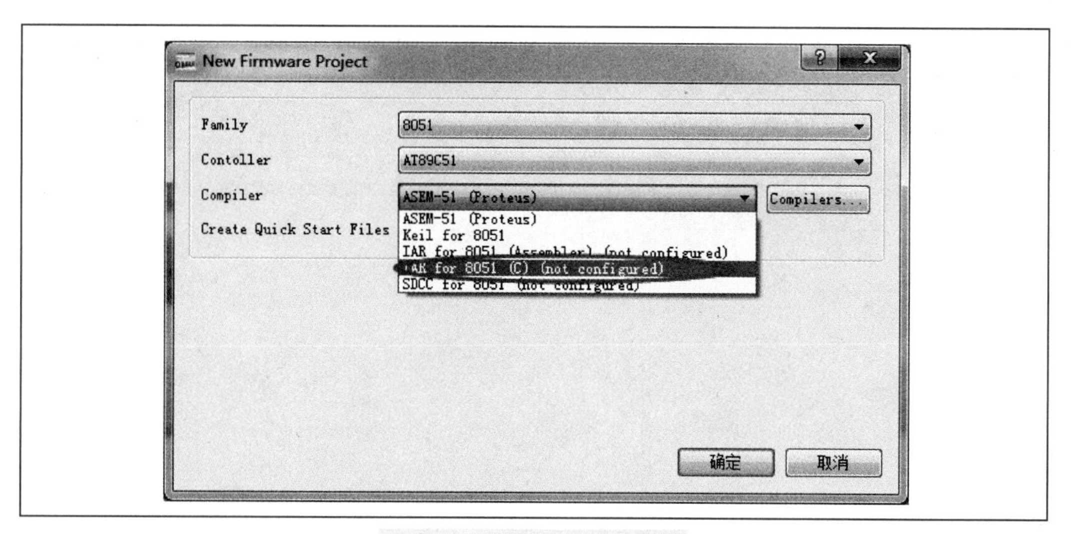

图 4-48　编译器选择对话框

（5）进入编程页面，编辑程序如图 4-49 所示，其中绿色斜体部分是注释。

```
/* Main.c file generated by New Project wizard
 *
 * Created:   周二 十二月 30 2014
 * Processor: AT89C51
 * Compiler:  Keil for 8051
 */
#include <reg51.h>
#include "intrins.h"
#define uint unsigned int
#define uchar unsigned char

void delayms(uint i)
{
  uchar j;
 for(i;i>0;i--)
 for(j=500;j>0;j--);
}

void main()
{
    uchar i,temp;
   for(i=0;i<8;i++)
   {
      temp=0xfe;
      P1=_crol_(temp,i);
      delayms(100);
   }
}
```

图 4-49　编辑好的程序

（6）编写程序，编程结束后单击 Release 之后再单击编译图标，则会生成 hex 文件，如不能请检查程序是否正确。注意，选择 Release（发布）进行编译，一般是在程序设计者要交付用户时编译代码的。选择 Release（发布）生成的 hex 文件不能进行调试。

（7）单片机加载 . hex 文件。双击单片机图标，出现如图 4-50 所示对话框，加载 . hex 文件。

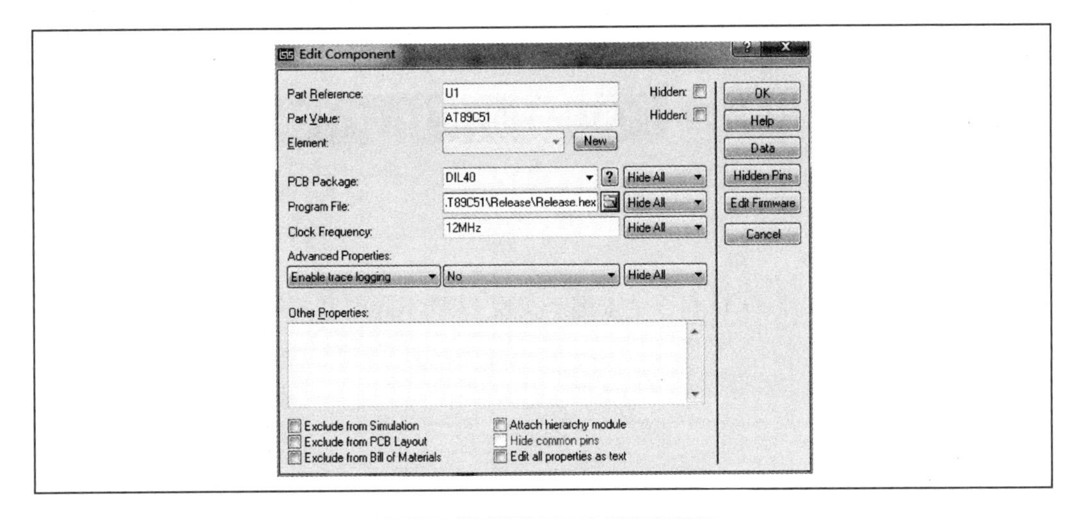

图 4-50　单片机加载 . hex 文件

4.3.4　仿真

单击左下角的运行图标，运行状态截图如图 4-51 所示。

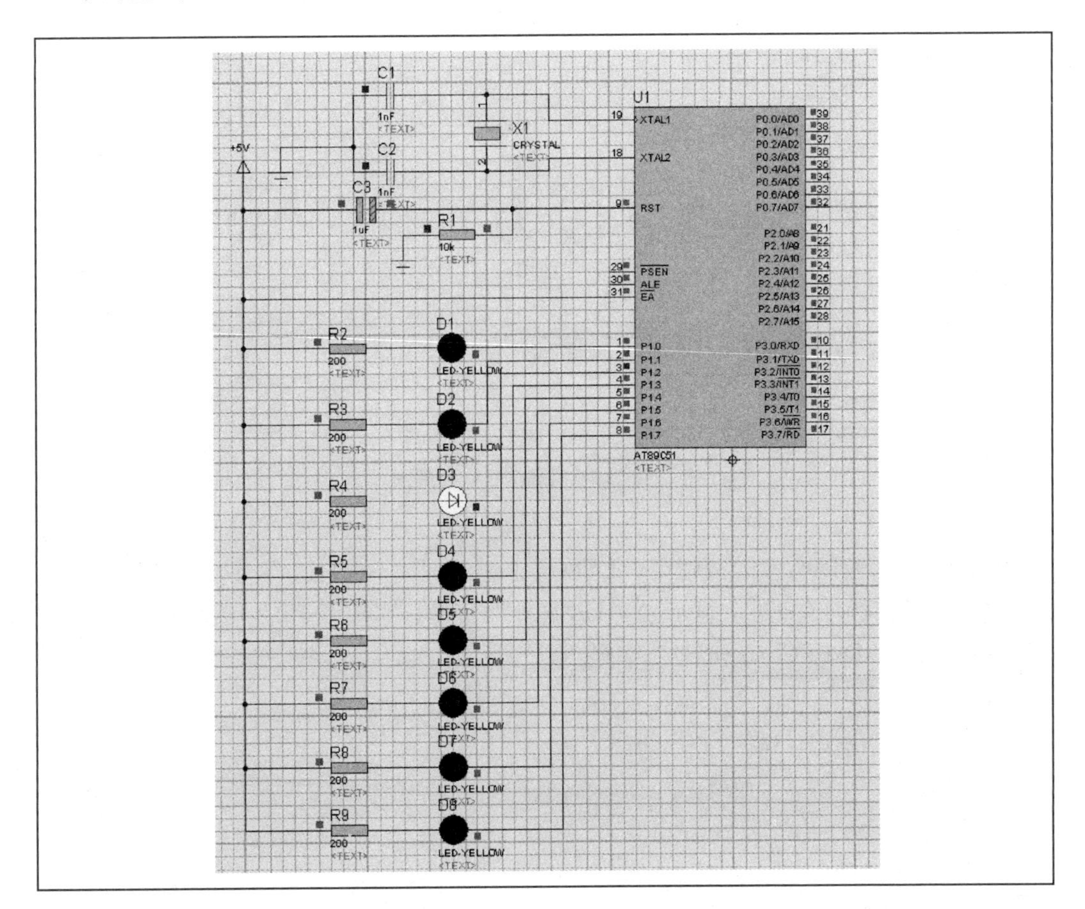

图 4-51　运行状态截图

任务四 LCD1602的仿真（C代码）

4.4.1 电路原理图

利用51单片机、一个LCD和三个按键来实现LCD不同内容的显示，电路图如图4-52所示。

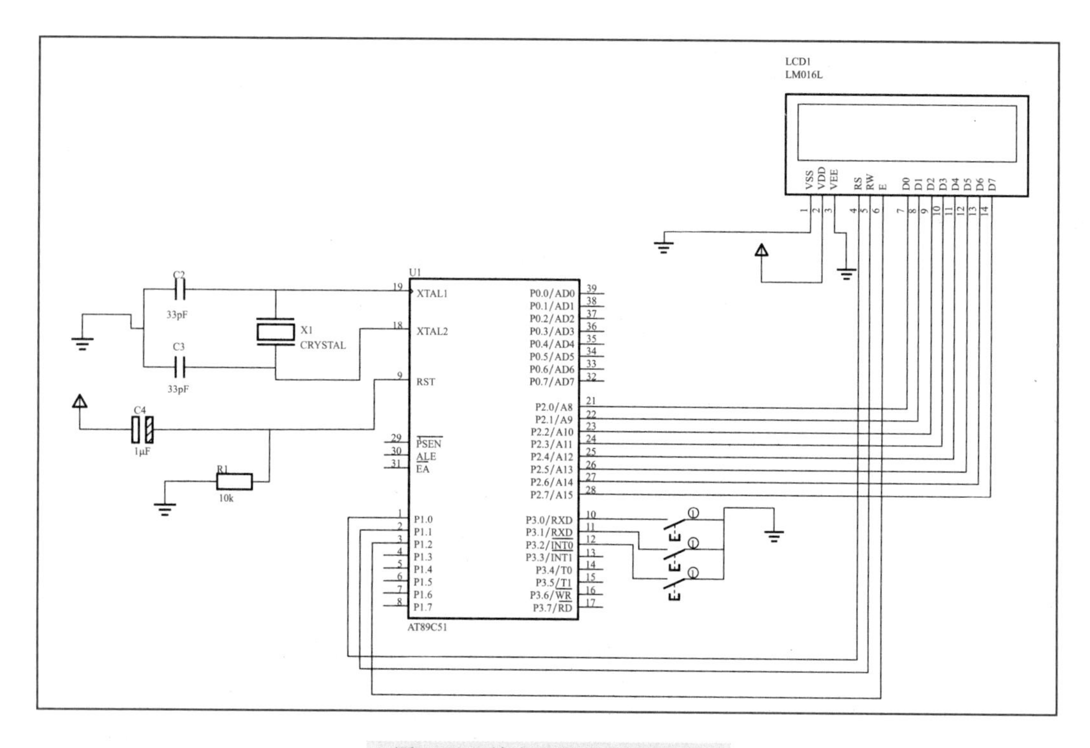

图4-52 单个LED电路原理图

当按下P3.0端口所接的按钮时，LCD屏上显示“^-^ key1! ^-^”字样；当按下P3.1端口所接的按钮时，LCD屏上显示“^-^ key2! ^-^”字样；当按下P3.2端口所接的按钮时，LCD屏上显示“Merry Christmas!”字样。

程序如下：

```
#include<reg51.h>
#define uint unsigned int
#define uchar unsigned char
sbit rs=P1^0;
sbit rw=P1^1;
sbit e=P1^2;
```

```
sbit  key1=P3^0;
sbit  key2=P3^1;
sbit  key3=P3^2;
/* 延时函数* /
void delay(uint i)
{
  uint j;
    for(i;i>0;i--)
    for(j=110;j>0;j--);
}
/* 写指令函数* /
void  write_com(uchar com)
{
 rs=0;
 rw=0;
 P2=com;
 e=0;
 delay(5);
 e=1;
 delay(5);
 e=0;
}
/* 写入数据函数* /
void  write_dat(uchar dat)
{
 rs=1;
 rw=0;
 P2=dat;
 e=0;
 delay(50);
 e=1;
 delay(50);
 e=0;
}
/* 1602 初始化* /
void  csh()
{
  write_com(0x38);
```

```
  write_com(0x0e);
  write_com(0x01);//清屏指令
  write_com(0x0c);//关闭光标
// write_com(0x1c);//移屏指令
}
/* 写入字符串函数* /
void write_word(uchar*s)
{
  while(*s>0)
  {
  write_dat(*s);
  s++;
  }
}
main()
{
 csh();
 write_com(0x01);//清屏指令
 while(1)
  {
if(key1= = 0)
  {
    write_com(0x80);
    write_word(" ^-^ key1! ^-^ ");
    if(key2==0)break;
    if(key3==0)break;
  }
   if(key2==0)
  {
    write_com(0x80);
    write_word(" ^-^ key2! ^-^ ");
    if(key3==0)break;

    if(key1==0)break;
  }
   if(key3==0)
  {
    write_com(0x80);
```

```
    write_word("Merry Christmas!");
    if(key1==0)break;
    if(key2==0)break;
  }
 }
}
```

4.4.2　原理图绘制

步骤如下：

（1）新建一个文件夹，命名为“lcd1602”，用于存放仿真文件，如图 4-53 所示。

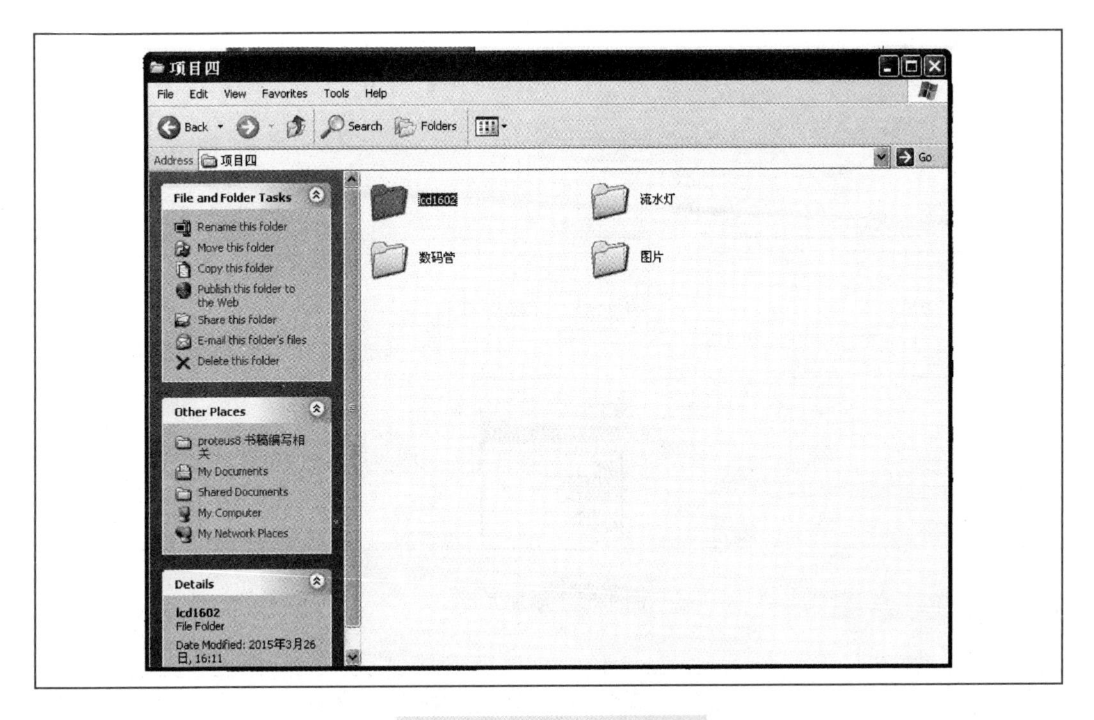

图 4-53　新建一个文件夹

（2）保存设计，如图 4-54 所示。

（3）添加元件。

1）单击元件模式按钮，添加元件并双击后会出现在主窗口处。分别添加元件 AT89C51（51 单片机）、晶振（CRYSTAL）、电容（CAP）、电解电容（CAP-ELEC）、电阻（RES）、按钮（BUTTON）、LCD1602（LM016L）如图 4-55 所示。

2）单击元件，鼠标变为铅笔形状，在编辑区域单击，即可放置元件。放置晶振，需要旋转（单击右键进行选择）。如图 4-56 所示。

3）绘制原理图并修改元件参数，如图 4-57 所示。

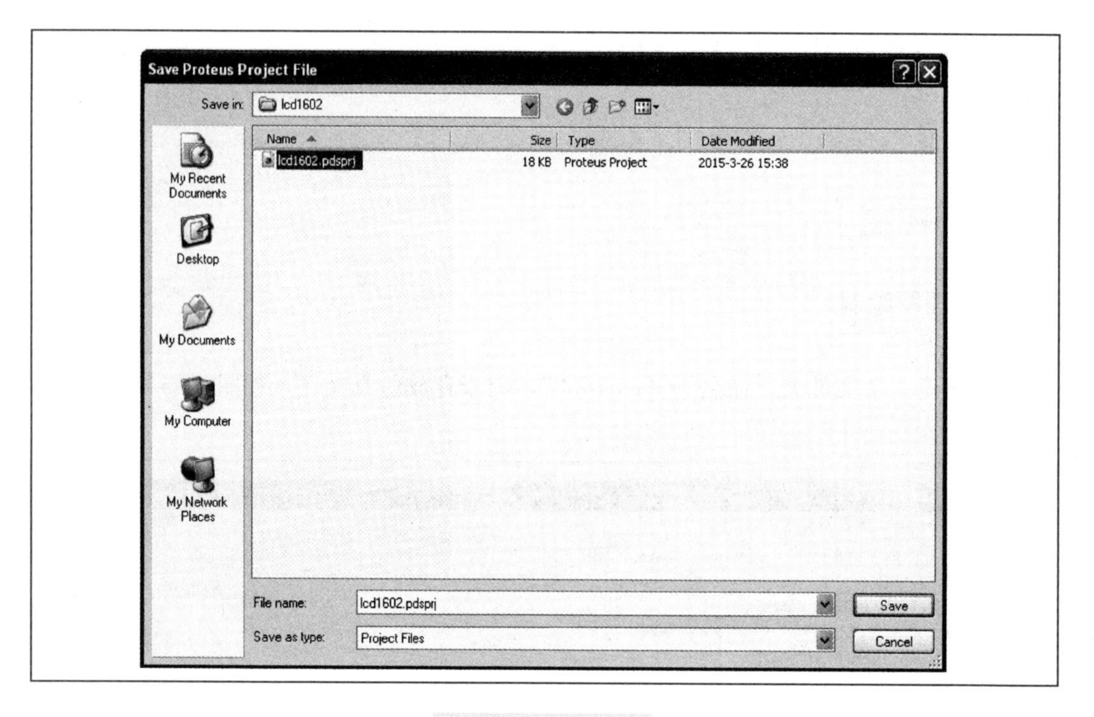

图 4-54　保存设计

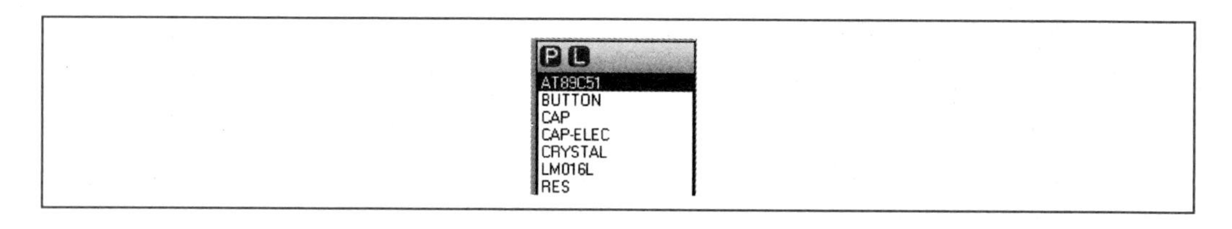

图 4-55　添加元件

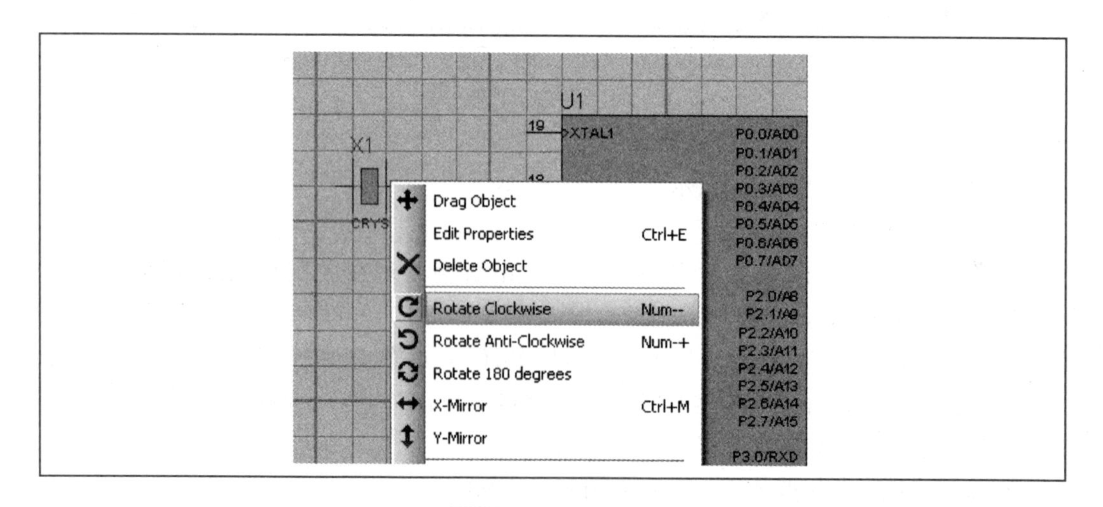

图 4-56　放置元件

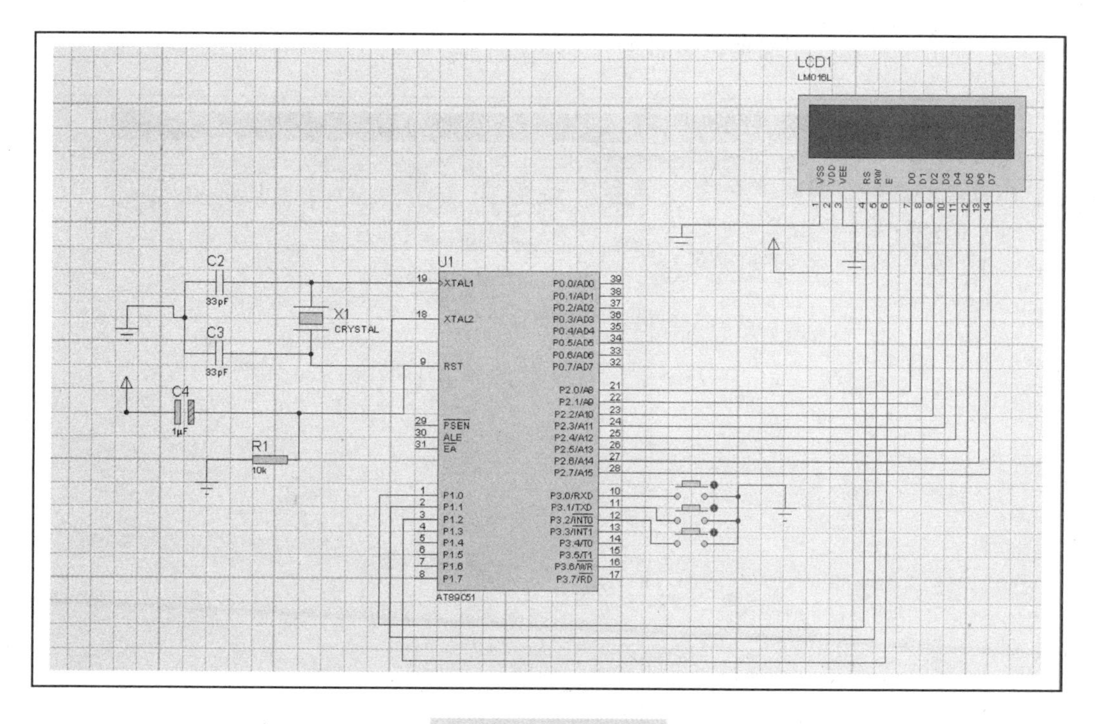

图 4-57　原理图绘制

4.4.3　代码添加

（1）打开已建好的工程文件，如图 4-58 所示。

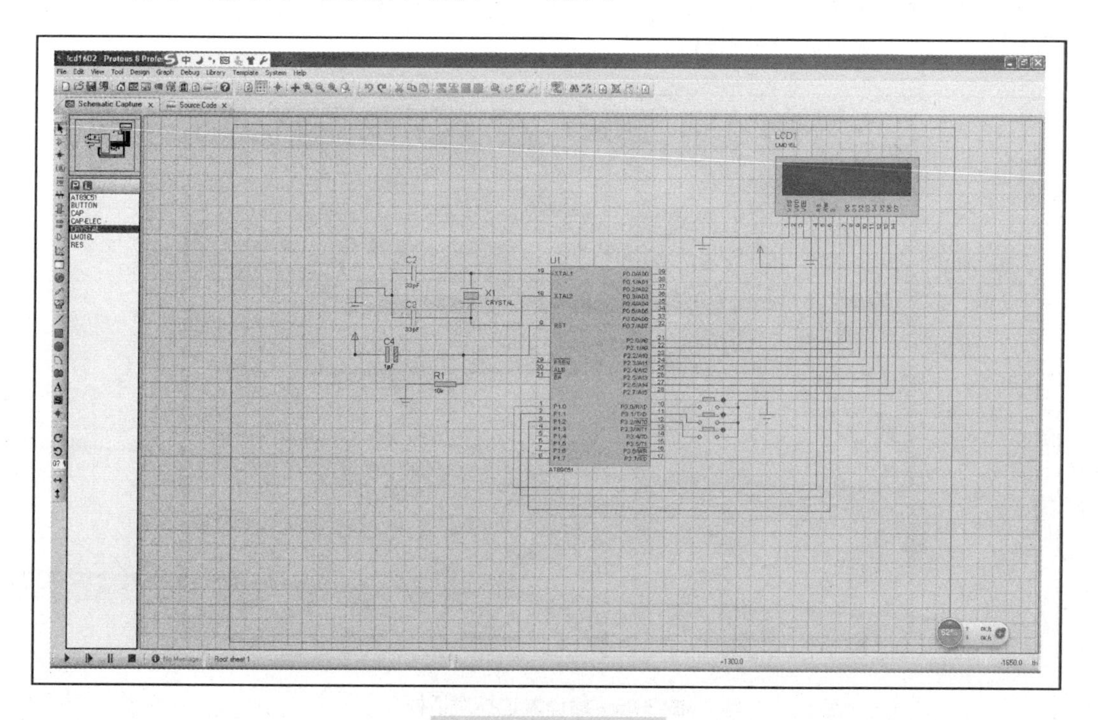

图 4-58　数码管工程

（2）单击进入程序编辑，如图4-59所示。

图4-59　代码编辑画面

（3）单击，新建程序文件，出现如图4-60所示的窗口，选择“AT89C51和keil for 8051C”。

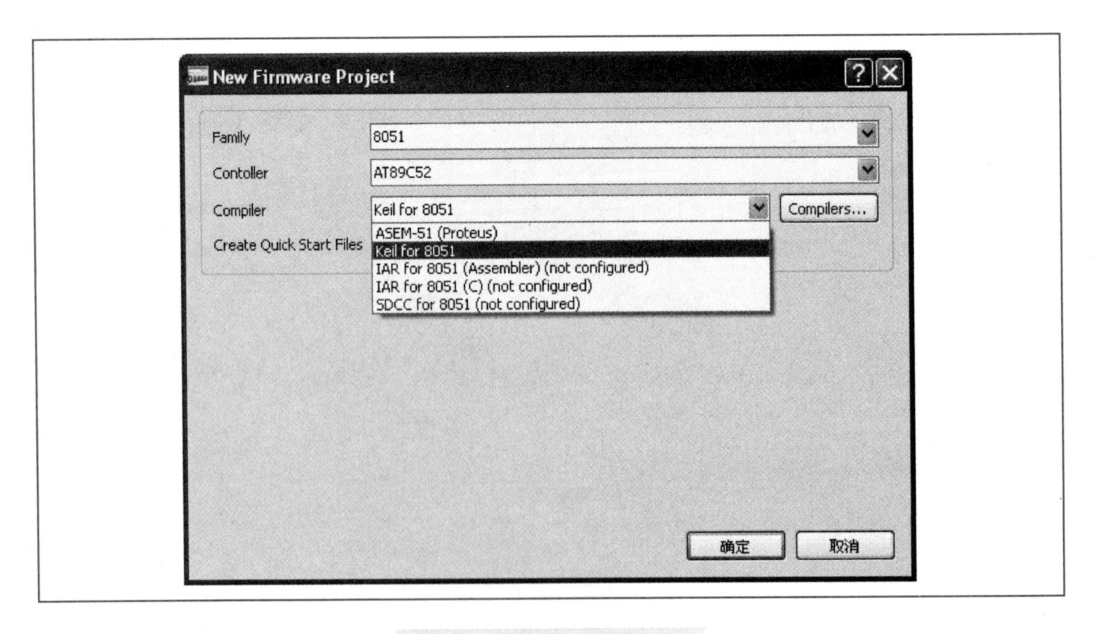

图4-60　编译器选择对话框

（4）进入编程页面，编辑代码如图4-61所示。

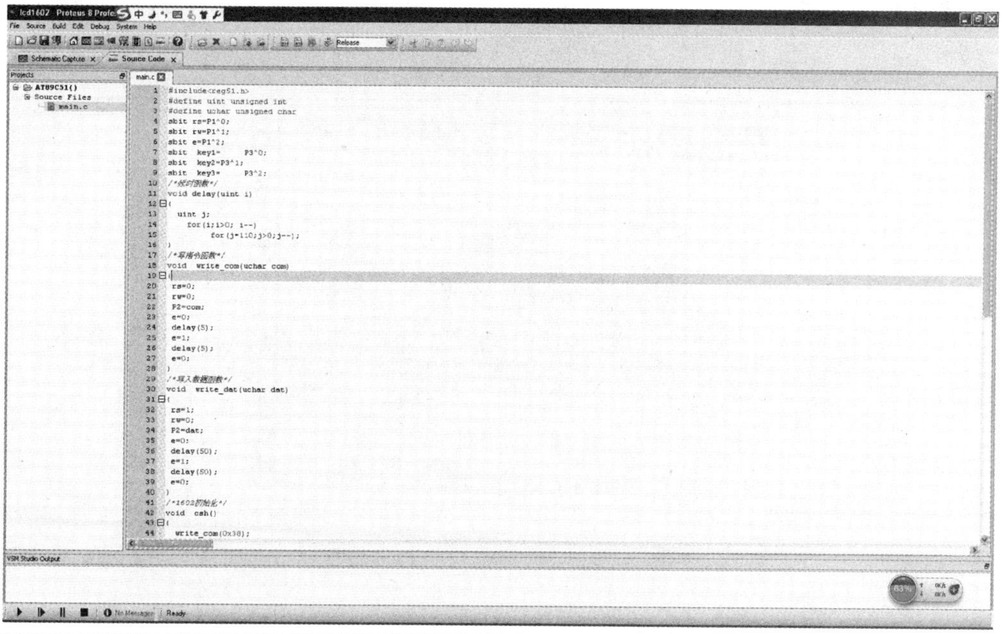

```
1  #include<reg51.h>
2  #define uint unsigned int
3  #define uchar unsigned char
4  sbit rs=P1^0;
5  sbit rw=P1^1;
6  sbit e=P1^2;
7  sbit  key1=     P3^0;
8  sbit  key2=P3^1;
9  sbit  key3=     P3^2;
10 /*延时函数*/
11 void delay(uint i)
12 {
13   uint j;
14     for(i;i>0; i--)
15          for(j=110;j>0;j--);
16 }
17 /*写指令函数*/
18 void  write_com(uchar com)
19 {
20  rs=0;
21  rw=0;
22  P2=com;
23  e=0;
24  delay(5);
25  e=1;
26  delay(5);
27  e=0;
28 }
29 /*写入数据函数*/
30 void  write_dat(uchar dat)
31 {
32  rs=1;
33  rw=0;
34  P2=dat;
35  e=0;
36  delay(50);
37  e=1;
38  delay(50);
39  e=0;
40 }
41 /*1602初始化*/
42 void  csh()
43 {
44   write_com(0x38);
```

图 4-61　代码编辑画面

4.4.4　编译和调试

在编写程序后，调试程序是程序设计人员检查程序正确与否所依据的重要手段。调试程序时，编译文件需要调试 Debug 文件，在调试代码窗口选择“Debug（调试版）”图标，之后再单击编译图标，则会生成 Debug 编译文件，但是不会生成 *.hex 文件。

本项目中使用的外部显示设备为 LCD1602，调试过程需要观察 LCD1602 的动态显示过程。所以要把 LCD1602 进行框定，单击暂停图标，就会出现代码行，右侧则会出现 LCD1602 显示窗口，如图 4-62 所示。

```
08B3        P2=dat;
08B5        e=0;
08B7        delay(50);
08BD        e=1;
08BF        delay(50);
08C5        e=0;
08C7      }
--------  /*1602初始化*/
--------  void  csh()
--------  {
08F5        write_com(0x38);
08F9        write_com(0x0e);
08FD        write_com(0x01);//清屏指令
0901        write_com(0x0c);//关闭光标
--------   // write_com(0x1c);//移屏指令
--------  }
--------  /*写入字符串函数*/
--------  void write_word(uchar*s)
--------  {
08E1        while(*s>0)
--------     {
08E9          write_dat(*s);
08EB          s++;
08F2         }
08F4      }
--------  main()
--------  {
0800       csh();
0802       write_com(0x01);//清屏指令
--------   while(1)
--------     {
0806         if(key1==0)
--------     {
0809          write_com(0x80);
080D          write_word(" ^-^ key1! ^-^ ");
0815          if(key2==0) break;
0818          if(key3==0) break;
--------   }
081B         if(key2==0)
--------     {
081F          write_com(0x80);
0822          write_word(" ^-^ key2! ^-^ ");
082A          if(key3==0) break;
--------
082D          if(key1==0) break;
--------   }
0830         if(key3==0)
--------     {
0832          write_com(0x80);
0837          write_word("Merry Christmas!");
083F          if(key1==0) break;
0842          if(key2==0) break;
--------      }
--------    }
0846      }
```

图 4-62　C 代码调试窗口

（1）添加数码管监控窗口。

在工具栏上选择“active popup mode”（主动弹出模式）图标，选择数码管，如图4-63所示。

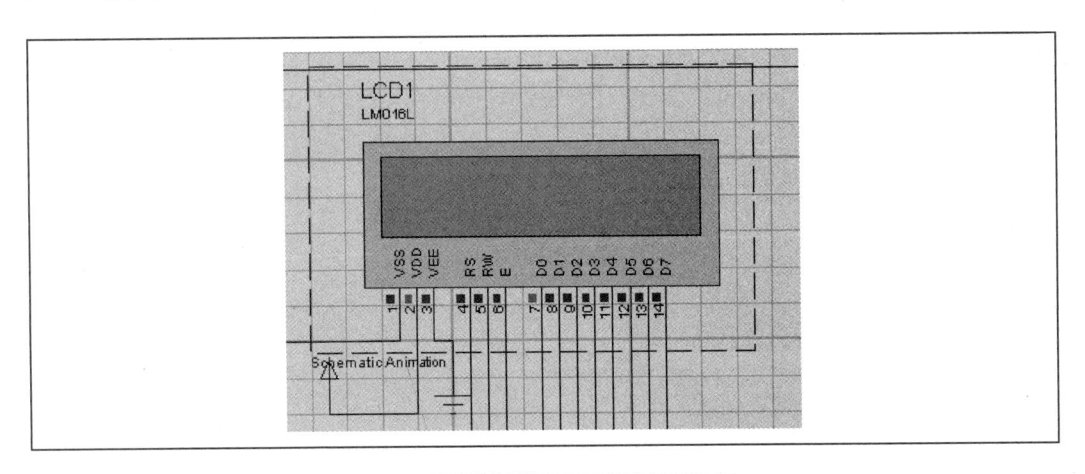

图4-63 被选中要监控的LCD1602

这样，想要监控的数码管就出现在调试窗口。

（2）调试代码的生成。

首先单击工具栏的“Source Code”（源代码）图标，切换到源代码窗口。其次要进行编译。

如果要想使程序能够进行调试，在编译时需要选择“Debug”模式。方法是单击“Compile”编译图标，选择Debug（调试版）Debug，Debug版本只会生成一个临时文件，存在C盘，不会产生 *.hex 文件，如图4-64所示为编译文件。

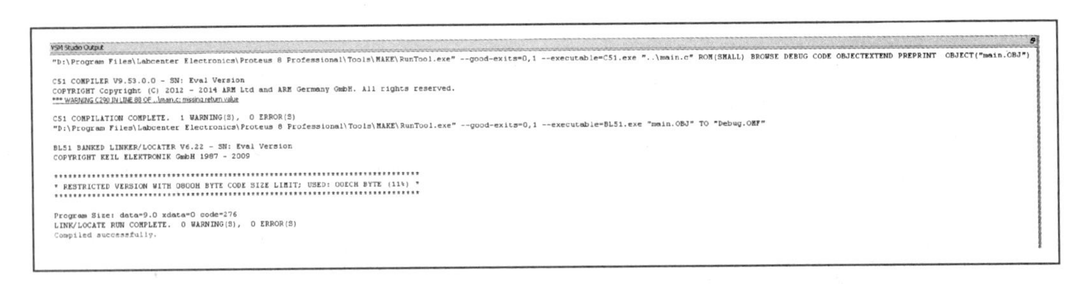

图4-64 debug编译信息

返回ISIS界面，双击单片机属性，就会发现Debug编译后自动加载的编译文件是一个临时文件，存放路径是“C:\DOCUME~1\SXGY\LOCALS~1\Temp\331ee75b20d74c6b910ee3c866d2c783\AT89C51\Debug\Debug.OMF”。如图4-65所示。

（3）调试。

调试方法如下：

1）单击菜单“Debug”（调试）→“Start VSM Debugging”（开始VSM调试），进入调试状态。

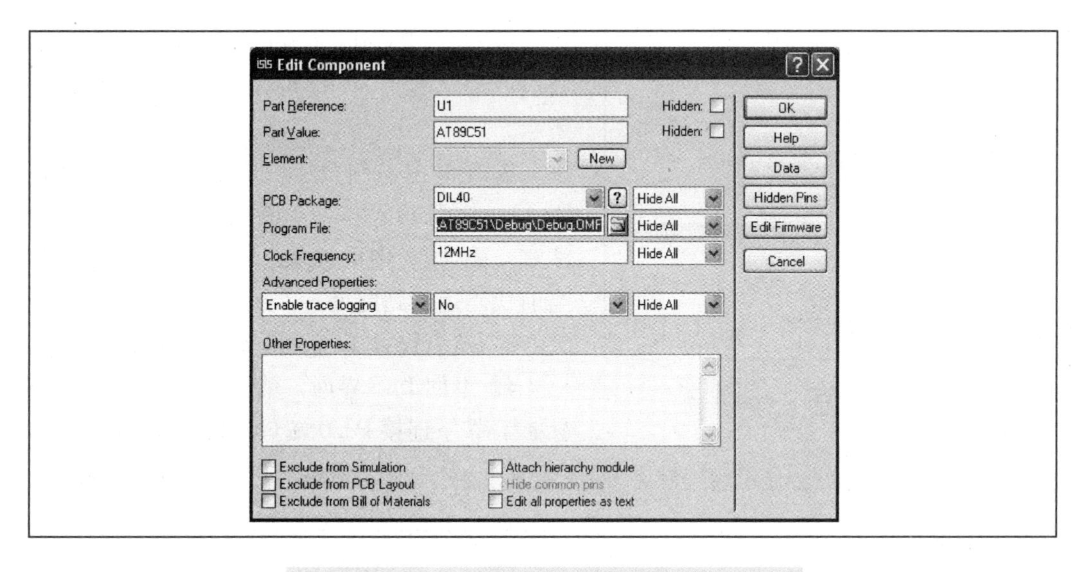

图 4-65　debug 编译后自动加载的编译文件示意图

2）如果要想查看某个程序段的执行情况，就可以单击选中此程序段，单击右键添加断点。如图 4-66 所示。

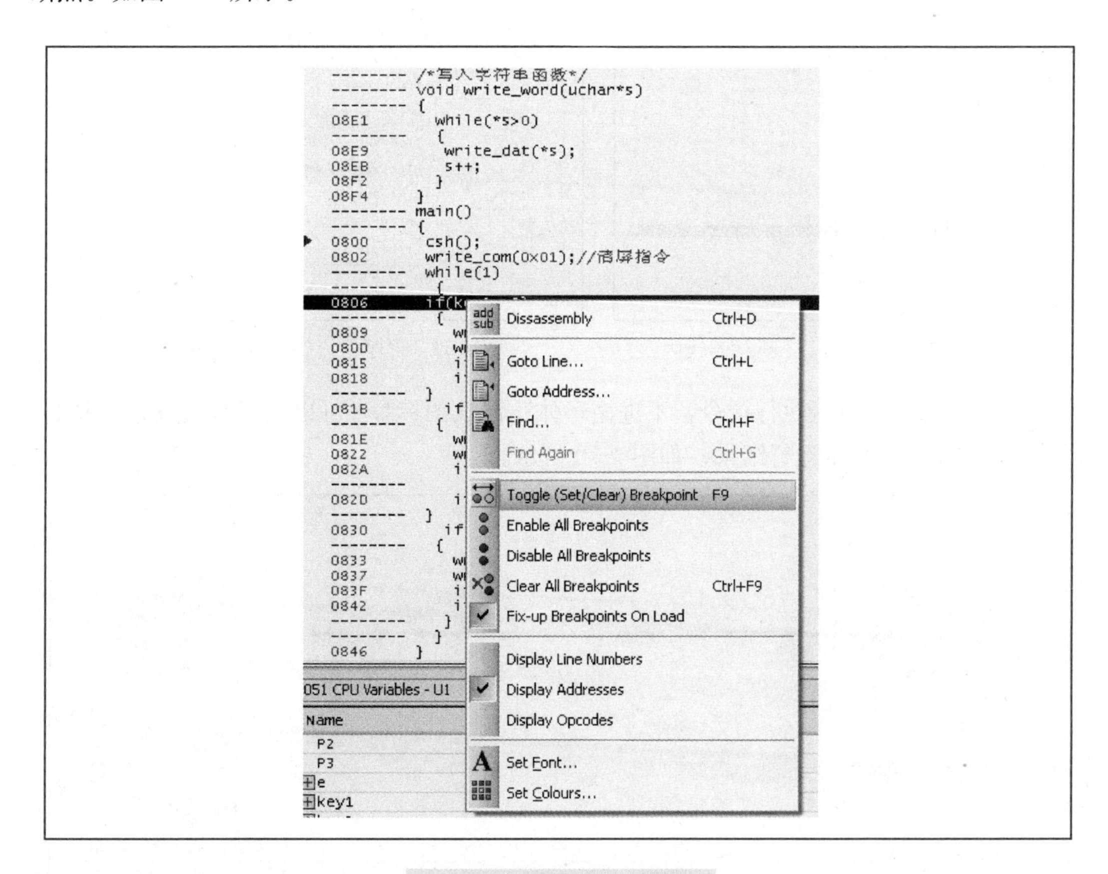

图 4-66　添加断点示意图

```
08E1          while(*s>0)
--------        {
08E9            write_dat(*s);
08EB            s++;
08F2          }
08F4        }
-------- main()
-------- {
0800      csh();
0802      write_com(0x01);//清屏指令
--------  while(1)
--------    {
0806      if(key1==0)
--------      {
0809          write_com(0x80);
080D          write_word(" ^-^ key1! ^-^ ");
0815          if(key2==0) break;
0818          if(key3==0) break;
--------      }
081B        if(key2==0)
--------      {
081E          write_com(0x80);
0822          write_word(" ^-^ key2! ^-^ ");
```

图 4-67　添加断点后的代码

选择“Toggle（Set/Clear）Breakpoint”（设置/清除断点），则可添加断点。如图 4-67 所示。

再次单击右键选择“Toggle（Set/Clear）Breakpoint”（设置/清除断点），则可清除断点。注意，图 4-67 中的箭头 表示当前代码运行到此处。

3）这里设置了三个断点，如图 4-68 所示。

4）返回 ISIS 界面，单击下方的仿真运行图标，按下连接 P3.0 端口按钮，将会执行代码程序，并且到了断点处会显示暂停状态，并会切换到代码段，如图 4-69 所示。

```
-------- void write_word(uchar*s)
-------- {
08E1        while(*s>0)
--------      {
08E9          write_dat(*s);
08EB          s++;
08F2        }
08F4      }
-------- main()
-------- {
0800      csh();
0802      write_com(0x01);//清屏指令
--------  while(1)
--------    {
0806      if(key1==0)
--------      {
0809          write_com(0x80);
080D          write_word(" ^-^ key1! ^-^ ");
0815          if(key2==0) break;
0818          if(key3==0) break;
--------      }
081B        if(key2==0)
--------      {
081E          write_com(0x80);
0822          write_word(" ^-^ key2! ^-^ ");
082A          if(key3==0) break;
--------
082D          if(key1==0) break;
--------      }
0830        if(key3==0)
--------      {
0833          write_com(0x80);
0837          write_word("Merry Christmas!");
083F          if(key1==0) break;
0842          if(key2==0) break;
--------      }
--------    }
0846  }
```

图 4-68　添加了三个断点的代码

```
--------        {
08E9            write_dat(*s);
08EB            s++;
08F2          }
08F4        }
-------- main()
-------- {
0800      csh();
0802      write_com(0x01);//清屏指令
--------  while(1)
--------    {
0806      if(key1==0)
--------      {
0809          write_com(0x80);
080D          write_word(" ^-^ key1! ^-^ ");
0815          if(key2==0) break;
0818          if(key3==0) break;
--------      }
081B        if(key2==0)
--------      {
081E          write_com(0x80);
0822          write_word(" ^-^ key2! ^-^ ");
082A          if(key3==0) break;
--------
082D          if(key1==0) break;
--------      }
0830        if(key3==0)
--------      {
0833          write_com(0x80);
0837          write_word("Merry Christmas!");
083F          if(key1==0) break;
0842          if(key2==0) break;
--------      }
--------    }
```

图 4-69　程序运行到断点处示意图

5）按下“单步跳跃执行指令，不进循环体”调试图标，可以使函数继续往下执行，同时在监控窗口会显示运行结果。如图 4-70 所示。

图 4-70　断点的切换及调试状态显示

如果要进行其他调试的话，可以选择进行调试。如表 4-7 所示。

表 4-7　　仿真图标及含义

图　标	含　义
	Run Simulation（运行仿真）
	Step Over Source Line（单步跳跃执行指令，不进循环体）
	Step Into Source Line（单步执行命令行，进循环体）
	Step Out From Source Line（单步跳出命令行，如在循环体内，则跳出循环体，如在当前程序内，则跳出当前程序执行）
	Run to Source Line（运行到命令行）
	Toggle Breakpoint（切换断点）

注　每一个命令行在程序执行时算一步。

这些命令也可以通过菜单进行调用。方法是单击菜单“Debug”（调试），则会出现如图 4-71 所示的菜单及其快捷方式。

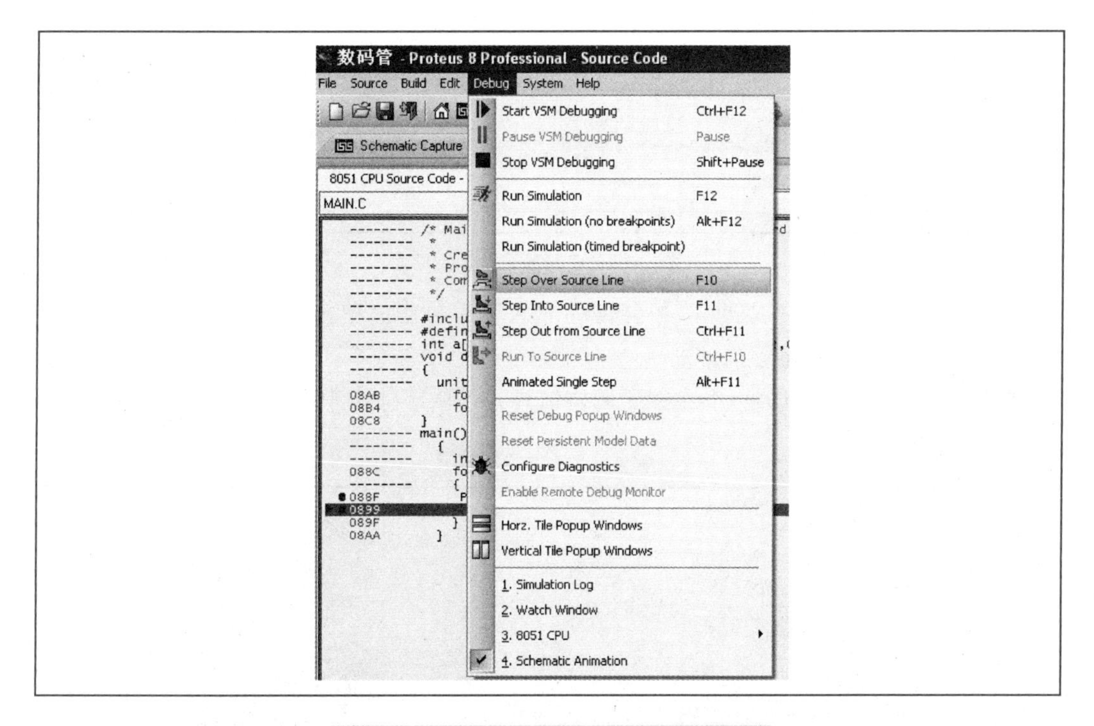

图 4-71　菜单中的调试选项及其快捷方式

6）另外，单击菜单“Debug”（调试）→“8051CPU”，就会出现如图 4-72 变量查看窗口，可以通过此菜单查看“Variables-U1”（变量）详情，从图中可以看出当前 key1、key2、key3 值都是 1。

通过对变量的查看，就可以很清晰地看到程序当前运行状态，便于设计人员调试和修改程序。

4.4.5　仿真

在调试好程序之后，任选一个编译”图标，选择“Release”（发布版），

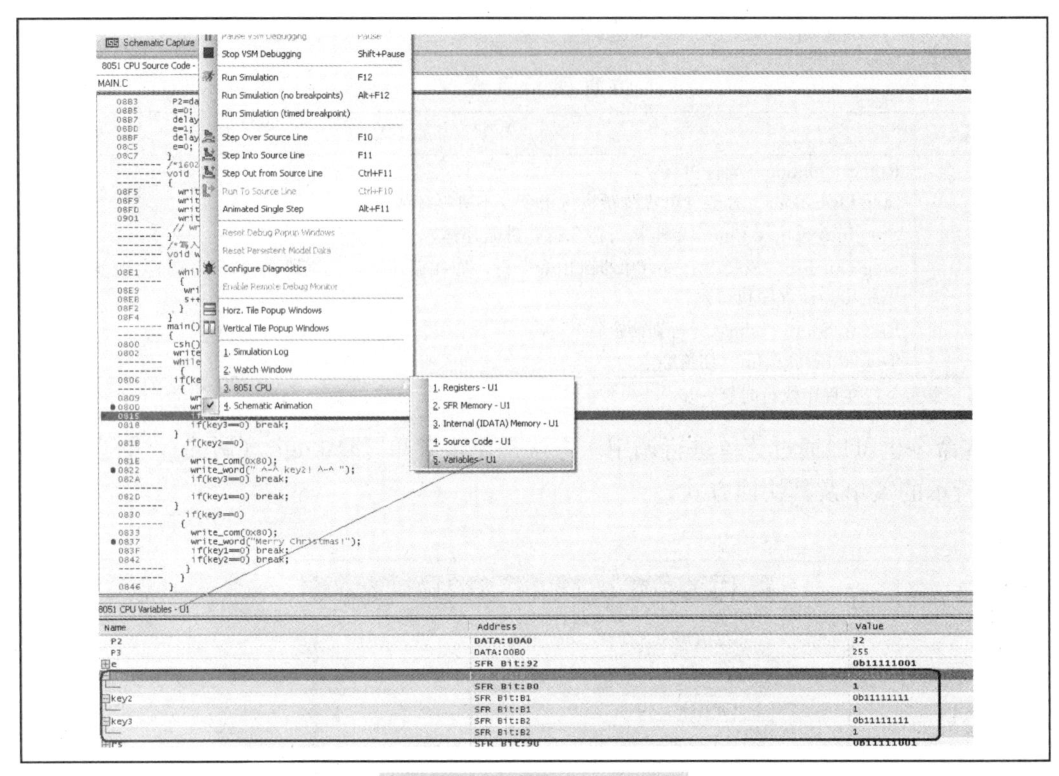

图 4-72 变量查看示意图

编译成功会生成“*.hex”文件，并会自动加入单片机中。单击 ISIS 下方的仿真运行图标▶，就可以观察运行情况了。

注意，Release（发布版）不含程序调试信息，该版本代码中的断点将不再起作用。

运行如图 4-73 所示。

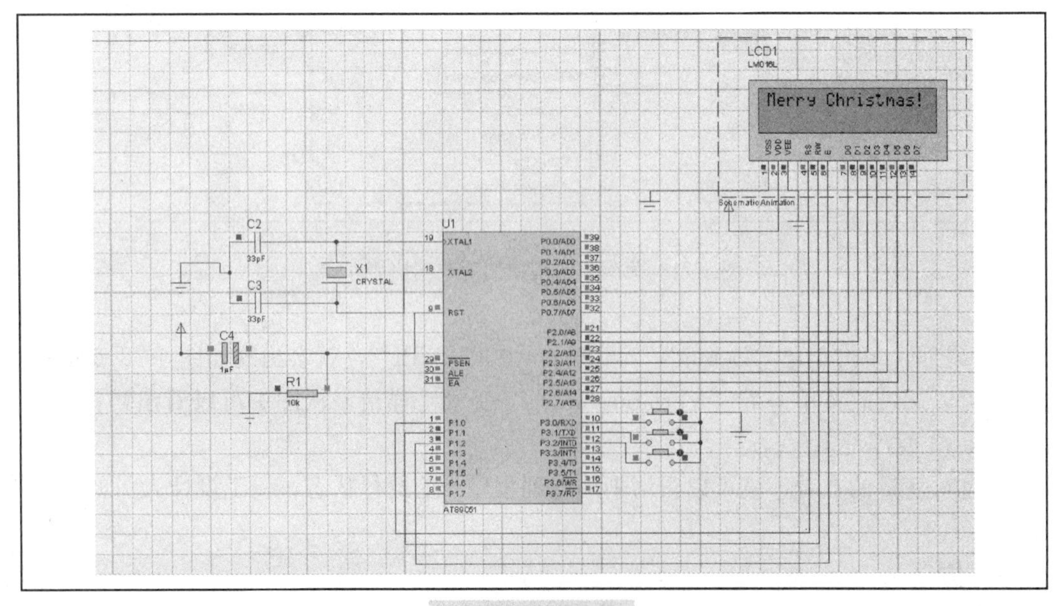

图 4-73 运行图

任务五 TLC5165 DA 转换的仿真（C 代码）

4.5.1 电路原理图

本任务利用 DA 转换模块 TLC5165 把用 sin 函数生成一组离散的正弦波数据转换为正弦波信号输出，最后用示波器观察波形。

仿真电路图如图 4-74 所示。

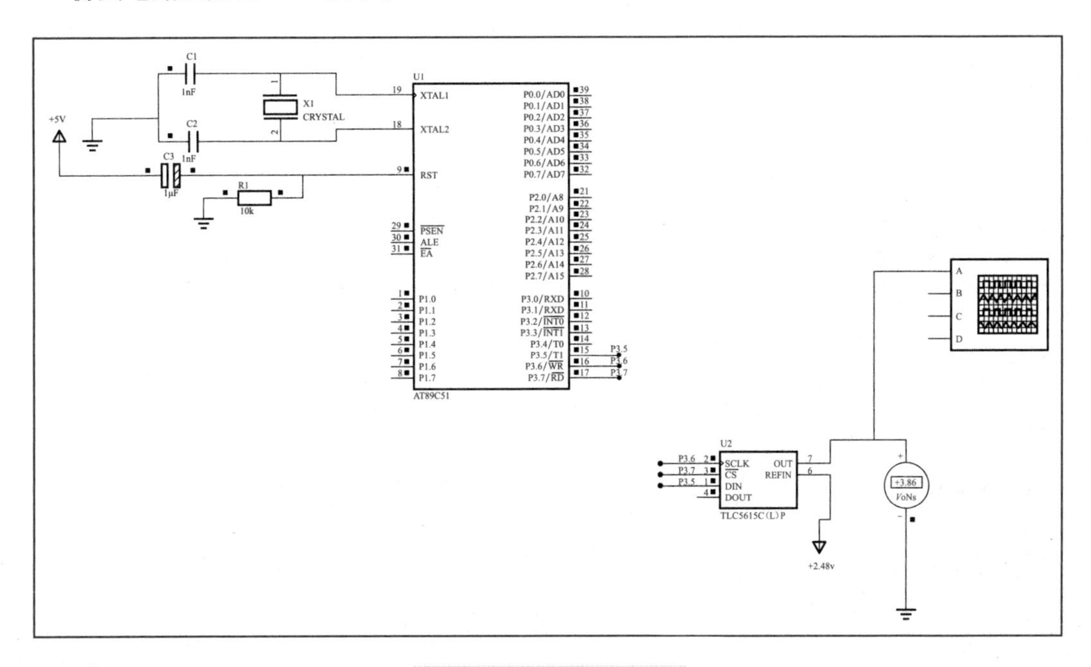

图 4-74 DA 转换电路

程序代码如下：

```
#include <reg51.h>
#include <stdio.h>
#include<intrins.h>
#include<math.h>
#define uint unsigned int
#define uchar unsigned char
sbit din=P3^5;
sbit sck=P3^6;
sbit cs=P3^7;
uchar
table[40]={0,1,2,4,7,10,14,19,23,29,35,41,47,54,61,69,76,84,92,100,107,115,123,130,138,145,152,
158,164,170,176,180,185,189,192,195,198,199,200,201};
```

```
void delay(uint z)
{
    uint x,y;
    for(x=z;x>0;x--)
    for(y=64;y>0;y--);
}
void DA(uint j)
{
    uint i;
    uchar temp=table[j];
    sck=0;
    cs=0;
    for(i=0;i<12;i+ + )
    {
        temp=temp<<1;
        din=CY;
        sck=1;
        _nop_();
        sck=0;
    }
    cs=1;
}
void main()
{
    int i,a;
          float temp;
    while(1)
{
    for(i=0;i<40;i+ + )
    {
        DA(i);
        delay(25);
    }
    for(i=38;i>1;i--)
    {
        DA(i);
        delay(25);
    }
  }
}
```

4.5.2　电路原理图绘制

电路原理图绘制步骤如下：

（1）新建工程，命名为“tlc5615cp. pdsprj”。

（2）单击元件模式按钮，添加元件并双击，则会出现在主窗口处。分别添加元件 AT89C51（51 单片机）、晶振（CRYSTAL）、电容（CAP）、电解电容（CAP-ELEC）、电阻（RES）、按钮（BUTTON）、TLC5615C（L）P，如图 4-75 所示。

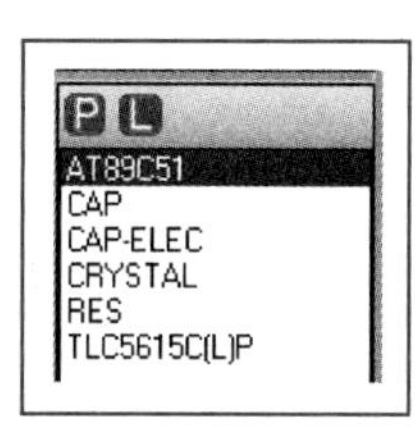

图 4-75　添加元件示意图

（3）绘制最小系统电路，修改参数如图 4-76 所示。晶振为 12MHz。

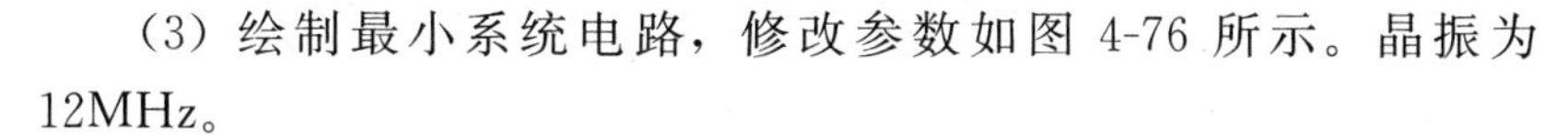

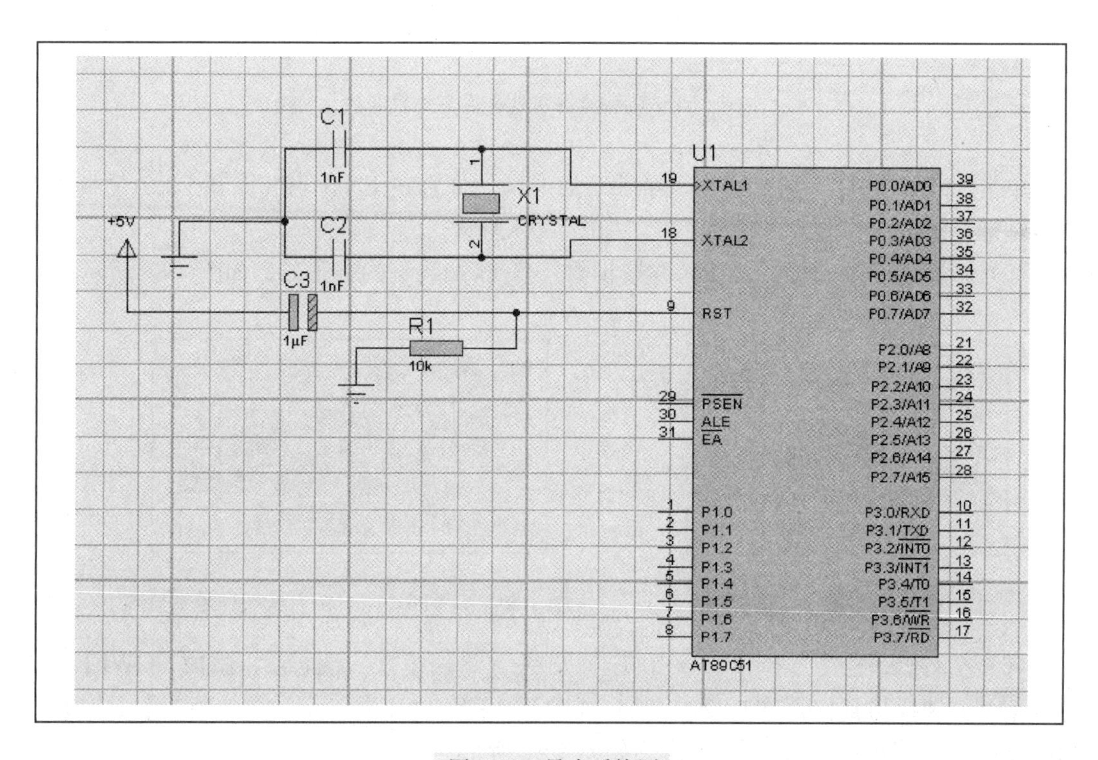

图 4-76　最小系统图

（4）在 P3.5、P3.6、P3.7 的端子上画终端线。方法是用鼠标单击 P3.5 的端子，光标呈铅笔状，向右拉伸线段，直到合适长度时双击出现墨绿色点，即画完了线端。P3.6 和 P3.7 的画法同理。画好线端后的图形如图 4-77 所示。

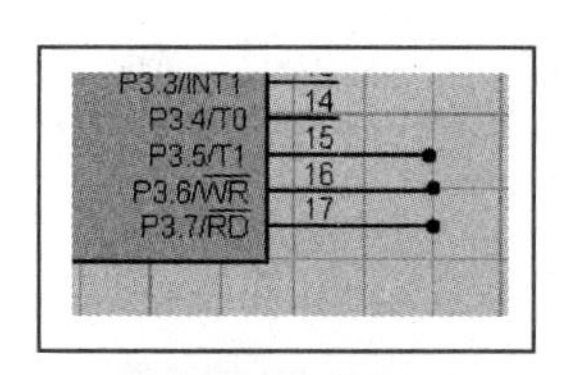

图 4-77　画好线端后的管脚

现在开始给线端设置线端号。单击工具栏中“Property Assignment Tool”（属性设置工具）图标，出现如图 4-78 所示属性设置对话框，设置属性。

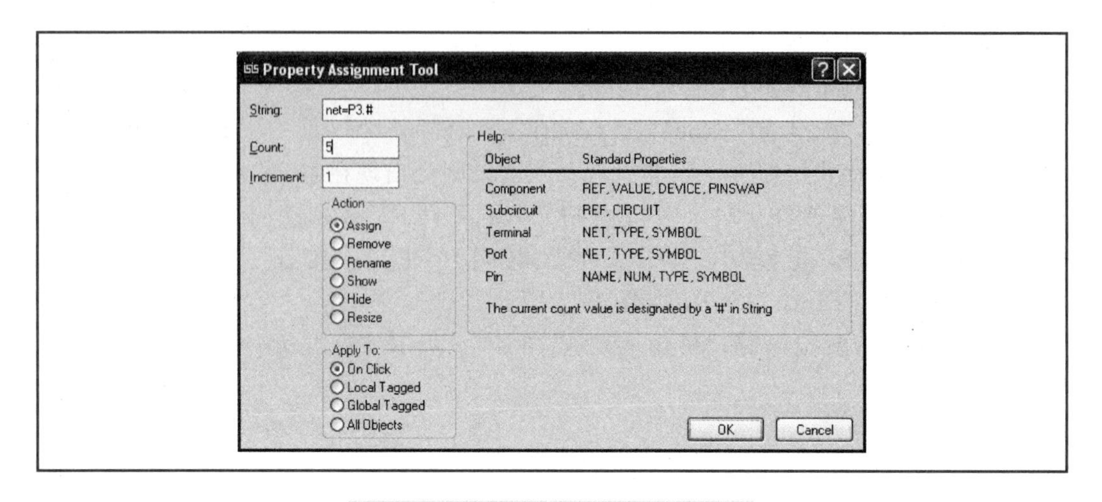

图 4-78　线端属性对话框设置示意图

单击“OK”按钮，鼠标变为“小手”的形状，分别在 P3.5、P3.6 和 P3.7 的端子上单击左键，则会在线端上出现端子号，如图 4-79 所示。

（5）添加 TLC5615C（L）P，并按步骤（4）添加线端的端子号，如图 4-80 所示。

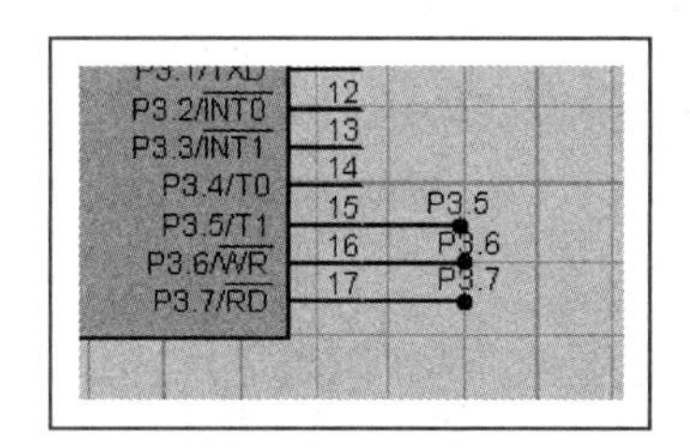

图 4-79　标号端子号的线端

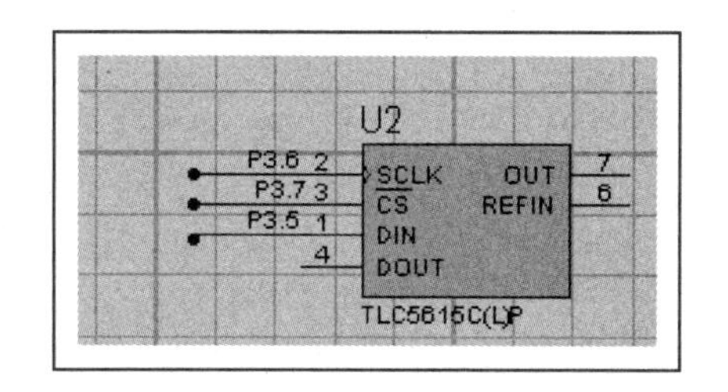

图 4-80　TLC5615C（L）P 线端标号示意图

（6）在右侧一栏中选择“Terminals Mode”（终端模式）图标，添加 POWER（电源）信号。选择仿真仪器图标，添加“OSCILLOSCOPE”（示波器）和“DC VOLTMETER”（直流电压表），连接示意图如图 4-81 所示。

4.5.3　代码添加

（1）打开已建好的工程，单击进入程序编辑界面。

（2）单击，新建程序文件，出现如图 4-82 所示的窗口，选择“AT89C51”和“keil for 8051C”。

（3）进入编程界面，编辑代码如图 4-83 所示。

4.5.4　编译和调试

1　编译

单击“Build Project”（编译修改过的工程代码）图标或“Rebuild Project”（重新编译全部工程代码），选择 Debug（调试版）Debug，最下面的调试窗口将会出现调试信息。

如图 4-84 显示编译结果为“0WARNING（S），1 ERROR（S）”，说明有错误出现。蓝色方框部分显示的是错误的原因，“′Temp′：undefined identifier”表示的是 Temp 变量未定义。

U2
P3.6 2
P3.7 3
P3.5 1
4
SCLK
CS
DIN
DOUT
OUT
REFIN
7
6
TLC5615C(L)P
+2.48v
A
B
C
D
Volts

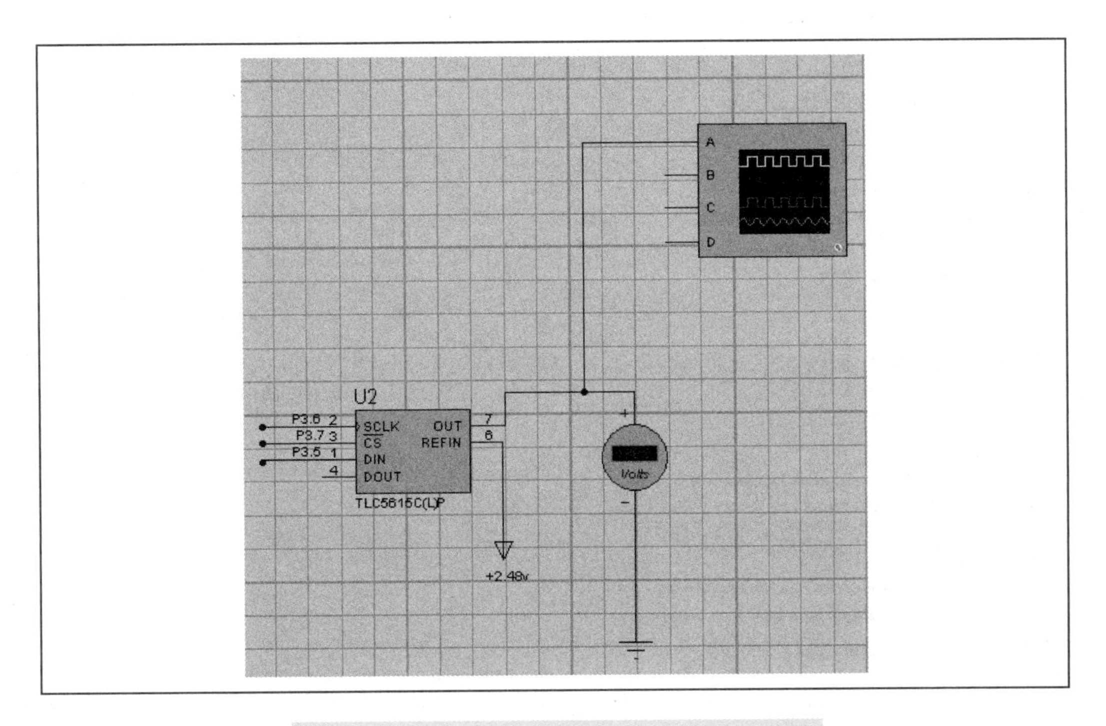

图 4-81　TLC5615C（L）P 仿真仪器连接示意图

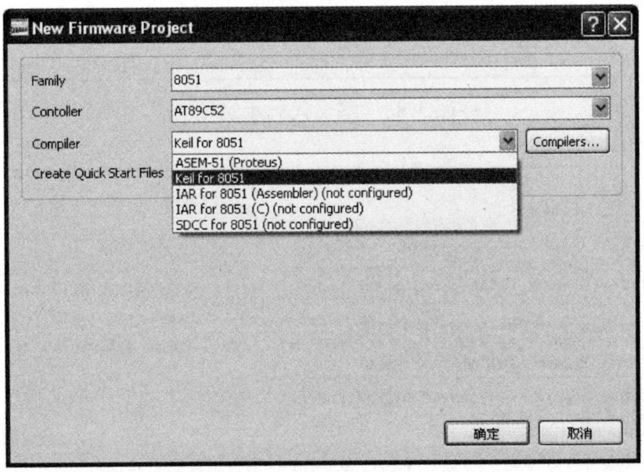

New Firmware Project
Family
8051
Contoller
AT89C52
Compiler
Keil for 8051
Compilers...
Create Quick Start Files
ASEM-51 (Proteus)
Keil for 8051
IAR for 8051 (Assembler) (not configured)
IAR for 8051 (C) (not configured)
SDCC for 8051 (not configured)
确定
取消

图 4-82　编译器选择对话框

```
1   /* Main.c file generated by New Project wizard
2    *
3    * Created:   星期五 四月 3 2015
4    * Processor: AT89C51
5    * Compiler:  Keil for 8051
6    */
7
8   #include <reg51.h>
9   #include <stdio.h>
10  #include<intrins.h>
11  #include<math.h>
12  #define uint unsigned int
13  #define uchar unsigned char
14  sbit din=P3^5;
15  sbit sck=P3^6;
16  sbit cs=P3^7;
17  uchar table[40]={0,1,2,4,7,10,14,19,23,29,35,41,47,54,61,69,76,84,92,10
18     130,138,145,152,158,164,170,176,180,185,189,192,195,198,199,200,201}
19  void delay(uint z)
20  {
21          uint x,y;
22          for(x=z;x>0;x--)
23                  for(y=64;y>0;y--);
24  }
25  /******************************/
26  /******************************/
27  void DA(uint j)
28  {
29          uint i;
30          uchar temp=table[j];
31          sck=0;
32          cs=0;
33          for(i=0;i<12;i++)
34          {
35                  temp=temp<<1;
36                  din=CY;
```

图 4-83　编辑代码示意图

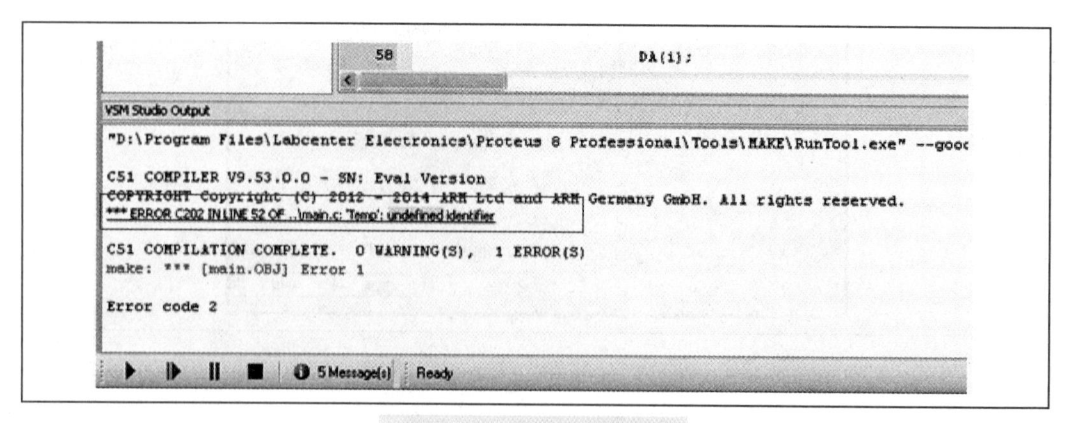

图 4-84　编译信息窗口

双击蓝色部分，相应错误代码以黄色高亮显示，如图 4-85 所示。做相应修改即可。

图 4-85　错误代码行示意图

注意，错误的种类有很多，比如语法错误、变量书写错误、逻辑错误等，依据实际情况而定即可。

2　调试

编译成功后，即可设置断点进行调试。这里的重点是离散的正弦波数据。所以，在调试过程中要对正弦波数据进行监控和查看。

（1）单击菜单“Debug”（调试）→“Start VSM Debugging”（开始 VSM 调试），进入调试界面。

（2）单击右键，在如图 4-86 所示处打上断点。这时 table［50］已经全部被重新复制，程序运行断点处时就能观察到离散的正弦波数据 table［50］的 50 个数值。

```
0EDF            }
0EEA            cs=1;
0EEC        }
--------    /******************************/
--------    /******************************/
--------    void main()
--------    {
--------        int i,a;
--------            float temp;
0D46                for(i=0;i<50;i++)
--------        {
--------
0D4B                temp=100+100*sin(3.1415926*(i-25)/50);
0D86                table[i]=temp;
0D8F            }
--------        while(1)
--------        {
0DA2                for(i=0;i<50;i++)
--------            {
--------                DA(i);
0DA7                delay(50);
0DAA            }
0DBD            for(i=48;i>1;i--)
--------            {
--------                DA(i);
0DD0                delay(50);
0DD3            }
--------        }
--------
--------    }
```

图 4-86　断点示意图

（3）单击工具栏中的“Run Simulation”（运行仿真）图标。程序将会运行到断点处停下来。红色的圆形断点前增加了三角形形状的运行位置指示图标，表示当前程序运行到此段。

单击菜单“Debug”（调试）→“8051CPU”→“Variables-U1”，调出变量查看窗口，方框部分显示了程序中所有变量的列表，图 4-87 中是在查看 table［50］的数值。

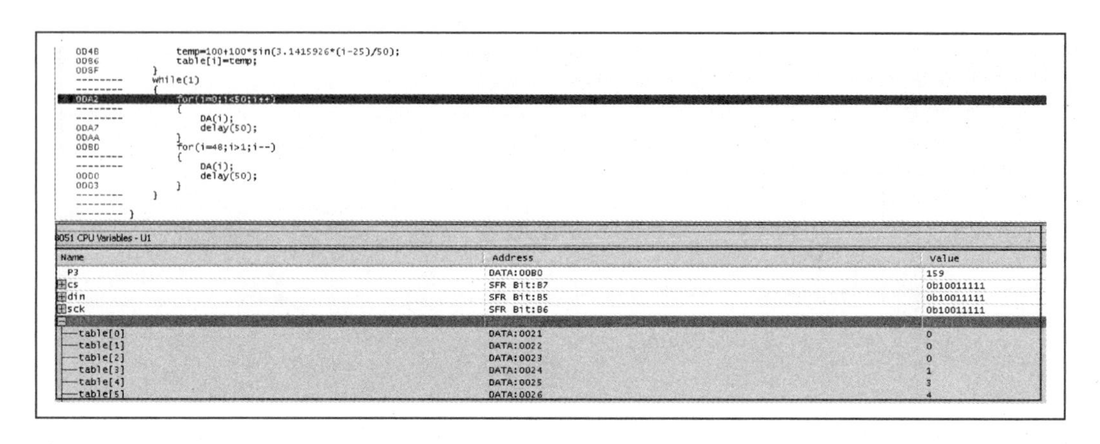

图 4-87　变量查看示意图

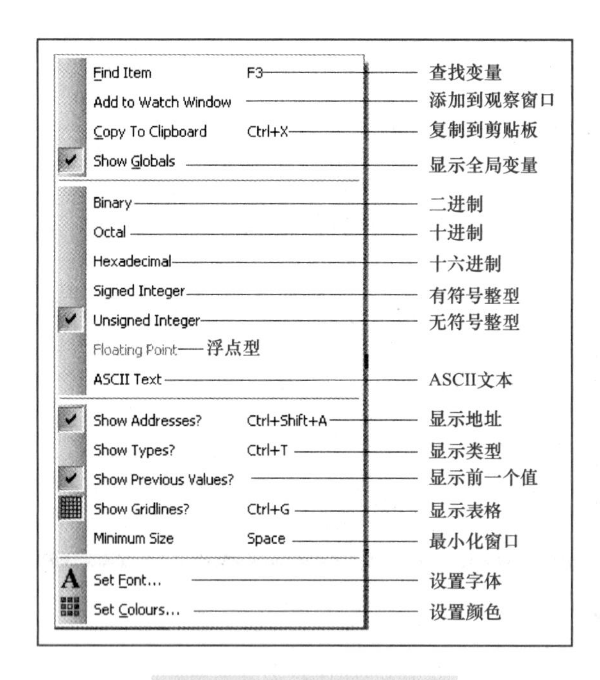

图 4-88　参数属性设置菜单

图 4-87 中右边两栏分别标明了变量的 address（地址）和 value（数值）。可以单击右键设置数值显示的其他属性。如图 4-88 所示。

4.5.5　仿真

在调试好程序之后，单击 Compile 编译图标，选择“Release”（发布版），编译成功会生成“*.hex”文件，并自动加入单片机中。单击 ISIS 下方的仿真运行图标，就可以观察运行情况了。

注意，Release（发布版）不包含程序调试信息，这个版本下的代码中的断点将不再起作用。

如果没有出现示波器窗口，则可以单击菜单“Debug”（调试）→“Digital Oscilloscope”（数字示波器），调出示波器查看窗口，运行如图 4-89 所示。

调整程序中的延时时间可以使波形的周期变短或变长，如图 4-90 所示。

delay（100）时的波形图如图 4-91 所示。

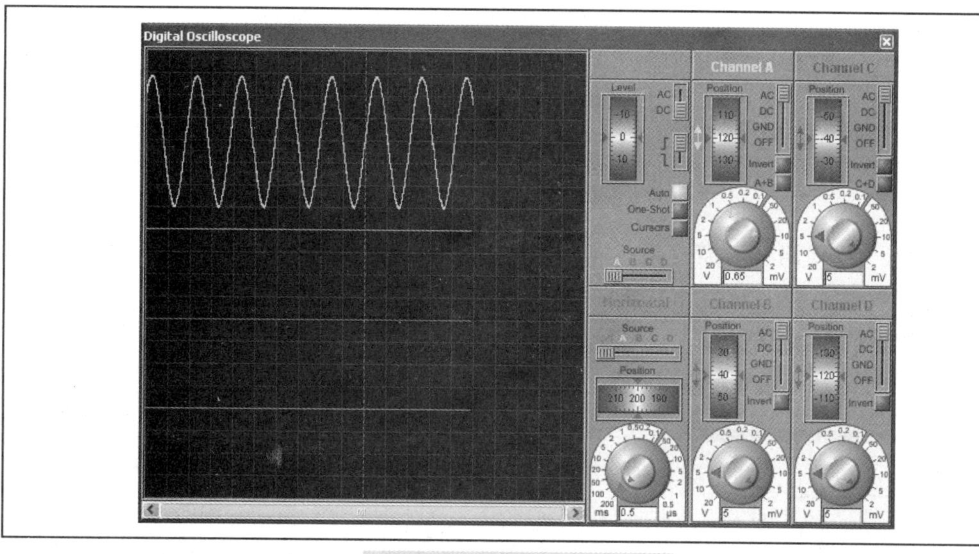

图 4-89　运行仿真窗口

```
void main()
{
        int i,a;
        float temp;
        while(1)
        {
                for(i=0;i<40;i++)
                {
                        DA(i);
                        delay(100)
                }
                for(i=38;i>1;i--)
                {
                        DA(i);
                        delay(100)
                }
        }
```

图 4-90　程序截图

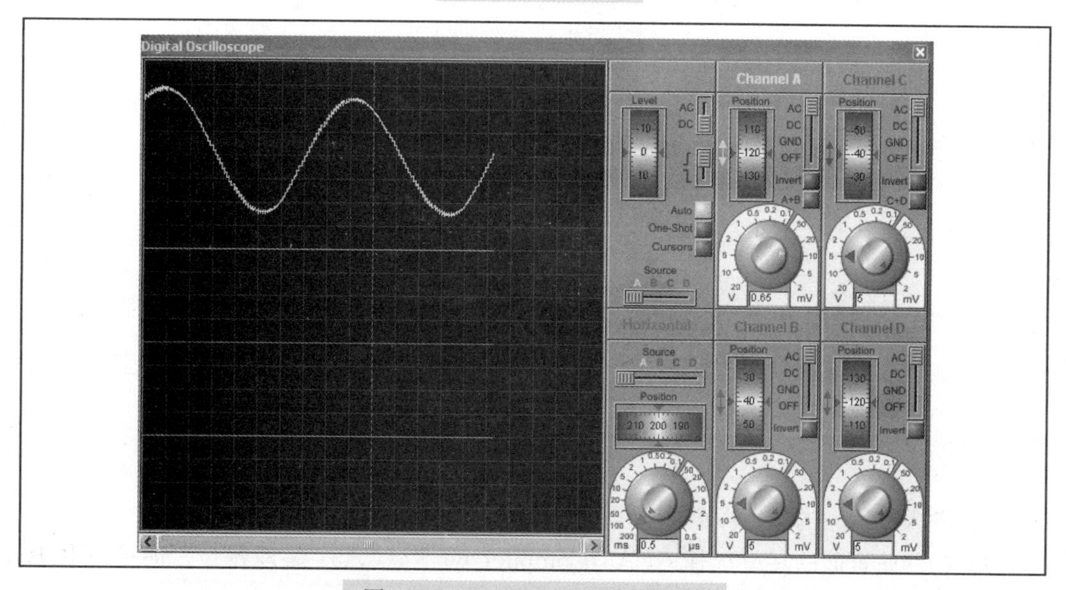

图 4-91　delay（100）时的波形图

任务六 Keil编译配置

在编写C51的代码时，需要相对应的编译器Keil，但是Proteus8本身不带此编译器，则需要从相应网站下载、安装和配置。

4.6.1 编译器的下载及安装

编译器的下载及安装步骤如下：

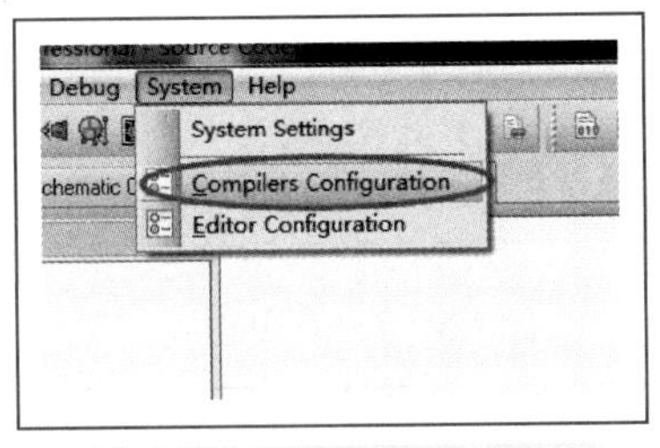

图4-92 编译器配置菜单项

（1）进入编程界面后单击菜单，选择“System”→“Compilers Configuration”（编译器配置），如图4-92所示。

（2）单击“Compilers Configuration”（编译器配置），弹出如图4-93所示对话框，找到8051的相应编译器“keil for8051”，单击“Goto Website”进入官网下载。

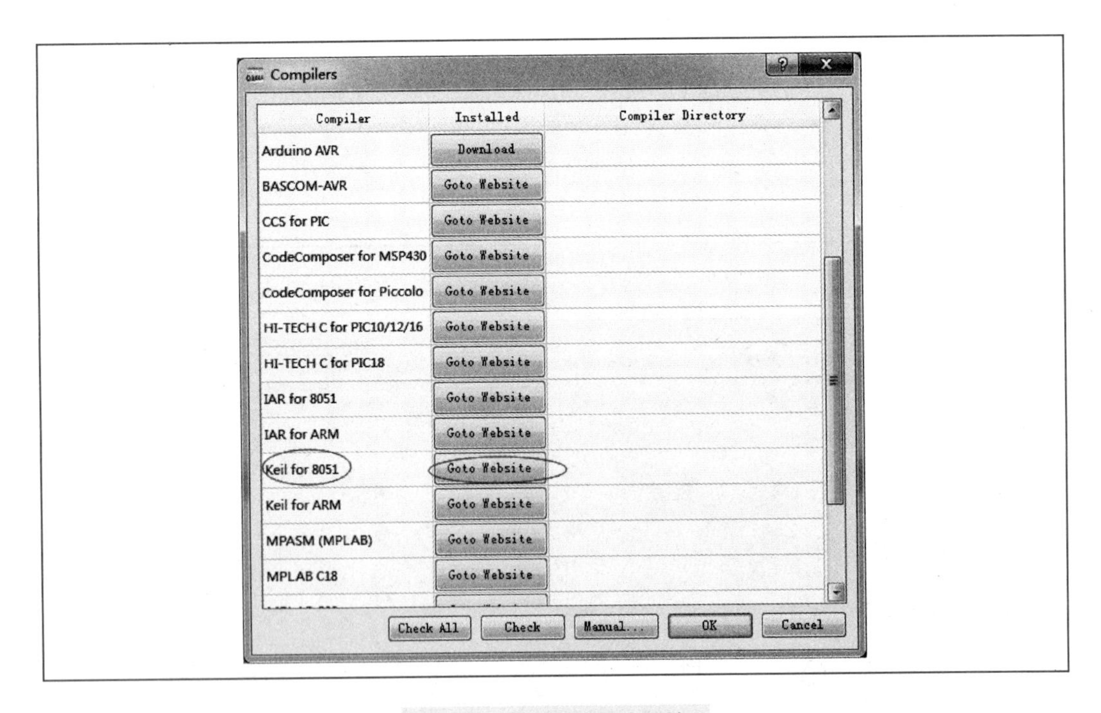

图4-93 编译器配置对话框

（3）进入官网后的网站页面如图4-94所示。

（4）在网站页面的左边选择“CA51Compiler Kit”（CA51编译器包）即可下载Keil文件。如图4-95所示。

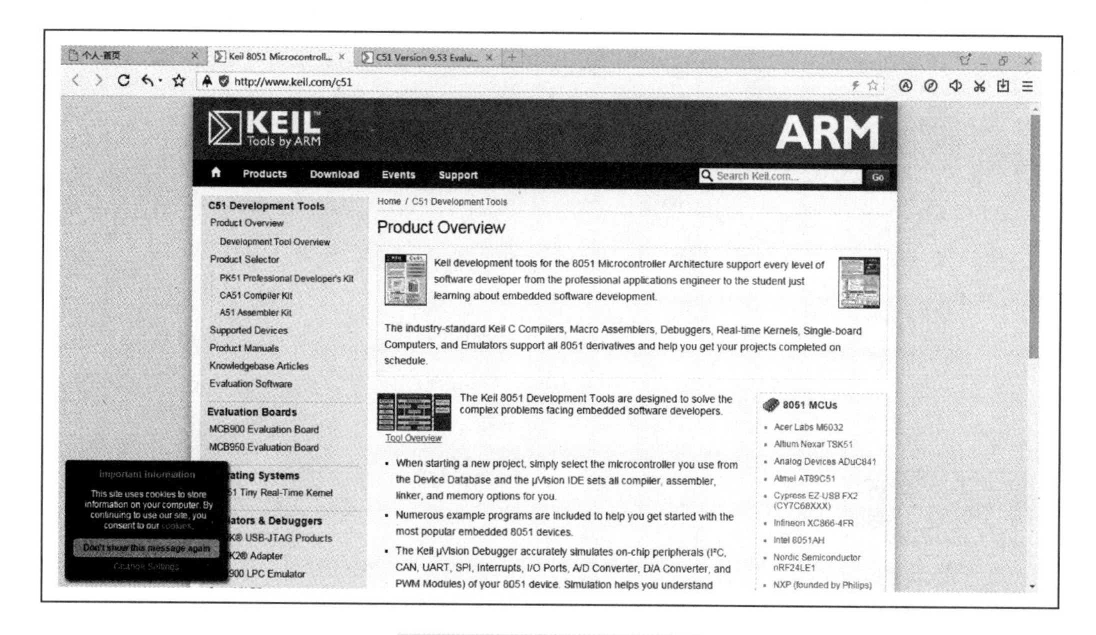

图 4-94　编译器网站页面

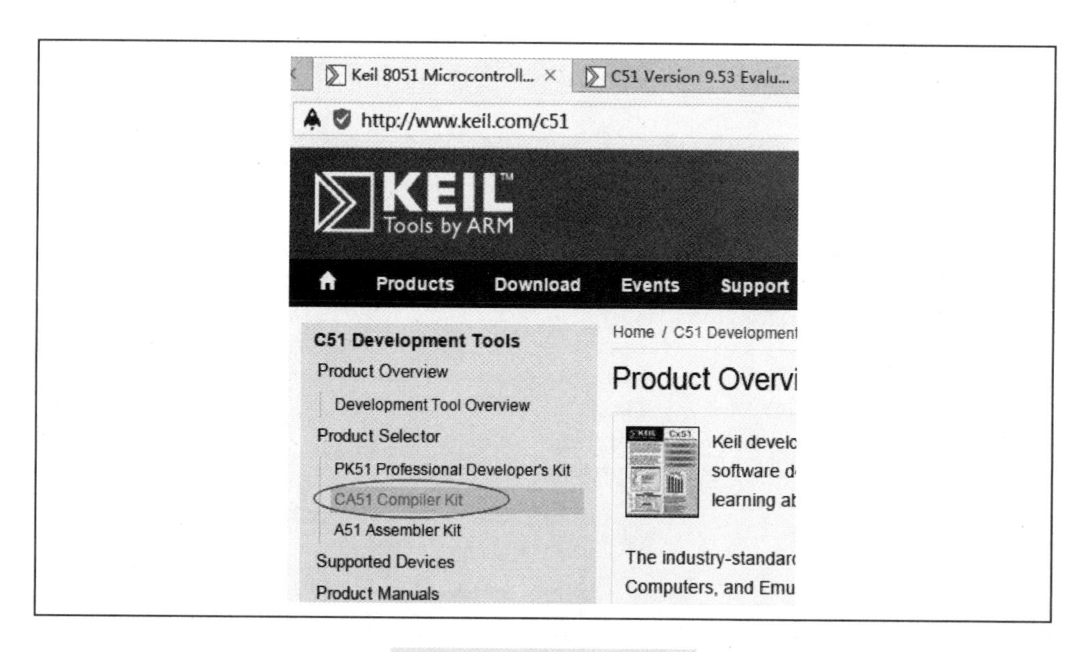

图 4-95　下载包选择界面

下载对话框如图 4-96 所示。

（5）下载成功后安装文件。

（6）文件安装完毕后，进入编程页面并单击菜单，选择“System”→“Compilers Configuration”（编译器配置）。打开如图 4-97 所示编译器配置对话框。

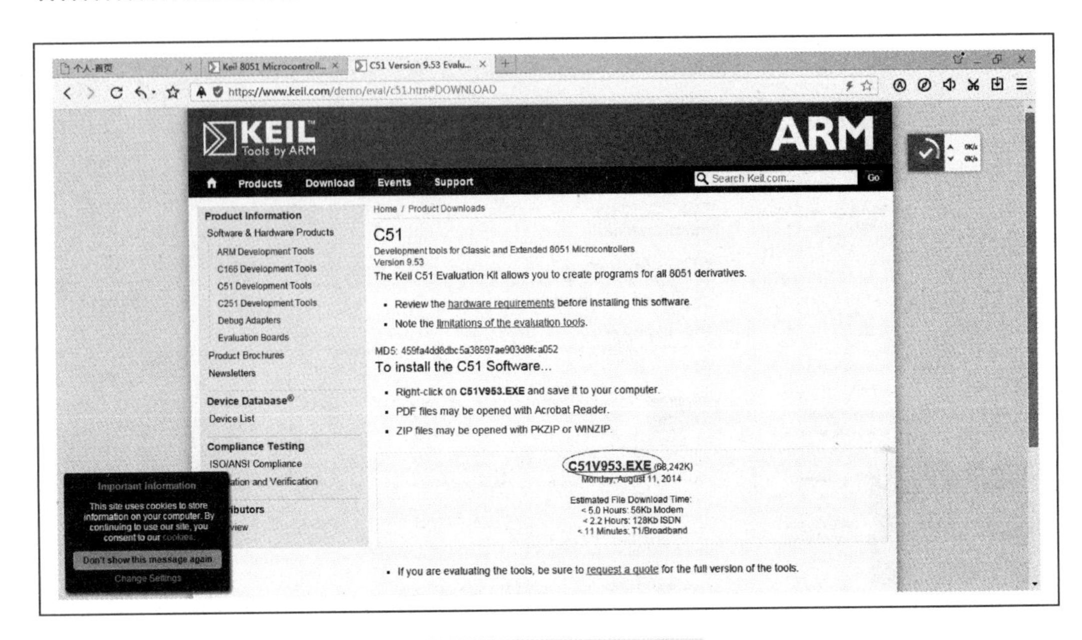

图 4-96　下载文件选择界面

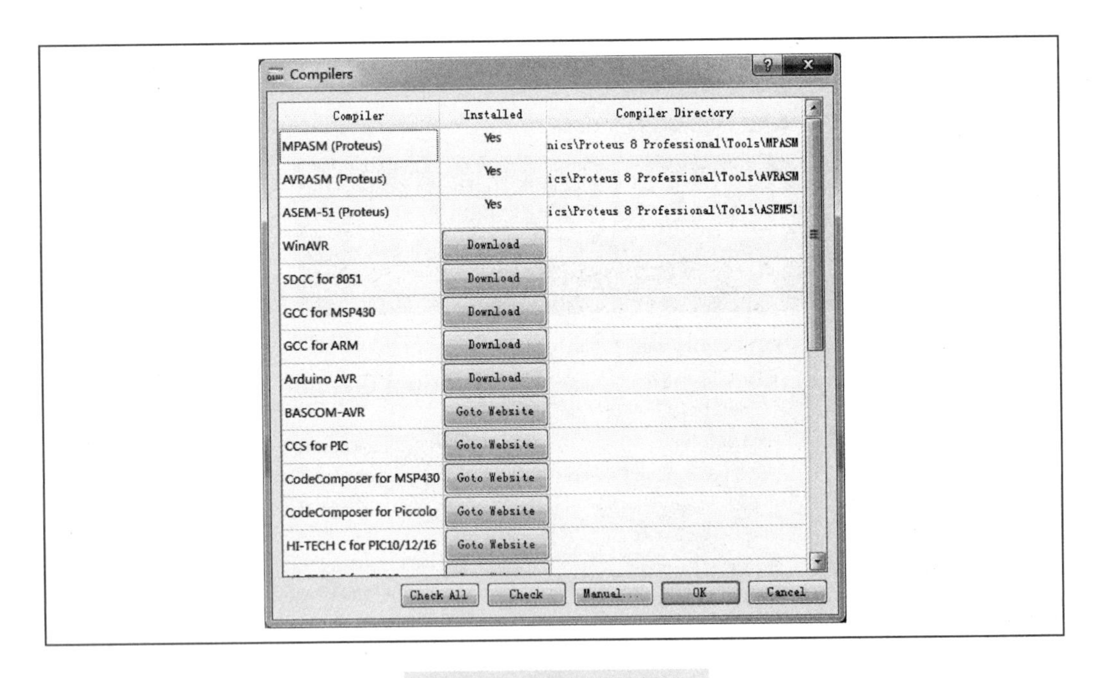

图 4-97　编译器配置界面

4.6.2　编译器的配置

步骤如下：

（1）进入如图 4-98 所示的界面后单击“Check ALL”按钮，系统将会自动搜索已安装的编译文件。

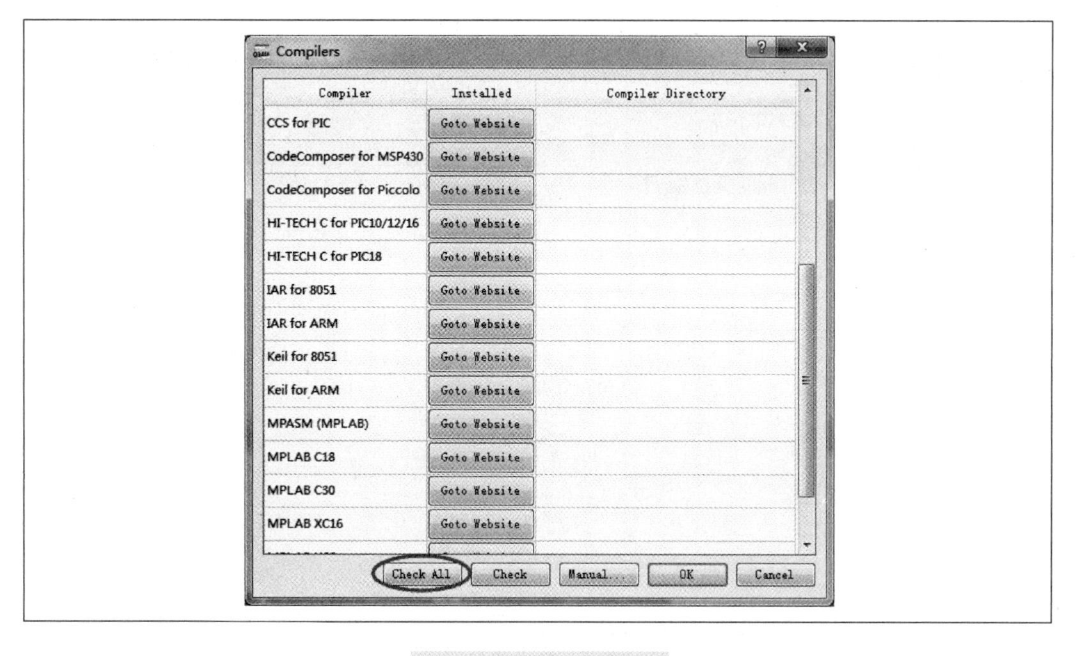

图 4-98　配置器配置

（2）配置成功后如图 4-99 所示，就可以编译 C51 的程序了。

图 4-99　配置好的编译器

（3）单击进入程序编辑，如图 4-100 所示。

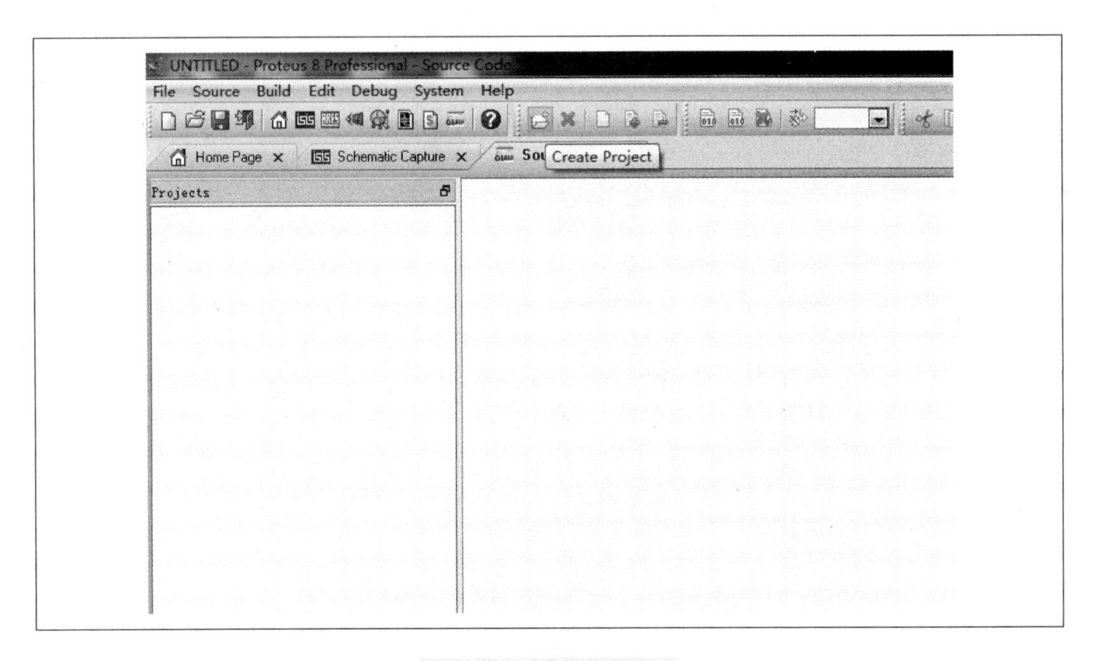

图 4-100 程序编辑界面

任务七 工程剪辑在单片机最小系统绘制中的应用

工程剪辑的作用就是把大的原理图中的通用部分进行剪辑保存，在以后的设计中设计人员直接拿来调用即可，这样就可以最大地利用之前的设计成果，提高设计效率。单片机控制系统的原理图中最小系统的工程剪辑就是一种典型的应用，如图 4-101 和图 4-102 所示的方框部分即为单片机控制系统原理图中的最小系统电路图部分。

如图 4-101 和图 4-102 所示的电路图中，最小系统部分参数都是一样的，即可把最小系统电路图部分做成工程剪辑保存下来，等到再次设计程序时，可直接把最小系统的剪辑部分调用到新电路中即可，这样就可以提高原理图绘制效率。

制作最小系统的工程剪辑的步骤如下：

(1) 打开一个 Proteus ISIS，绘制最小系统原理图。选中需要导出的部分，如图 4-103 所示。

(2) 选择“File”→“Export Project Clip”导出工程剪辑，保存文件，如图 4-104 所示。

(3) 当我们新建一个项目时，就不用再画最小系统了，直接单击“File”→“Import Project Clip”，就可以导入刚才制作好的工程剪辑文件，如图 4-105 所示，这时就已经画好最小系统了。

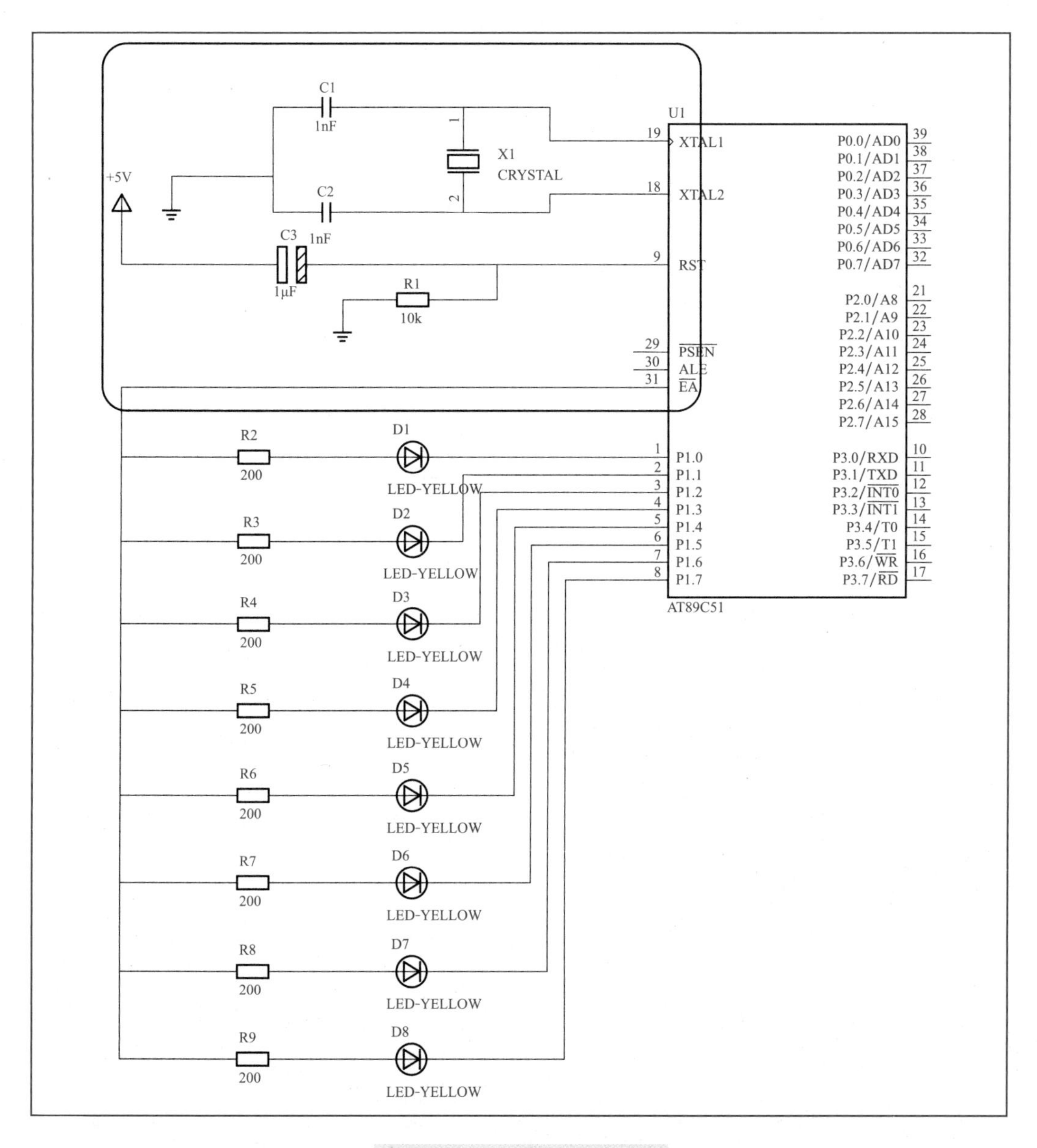

图 4-101　流水灯电路原理图

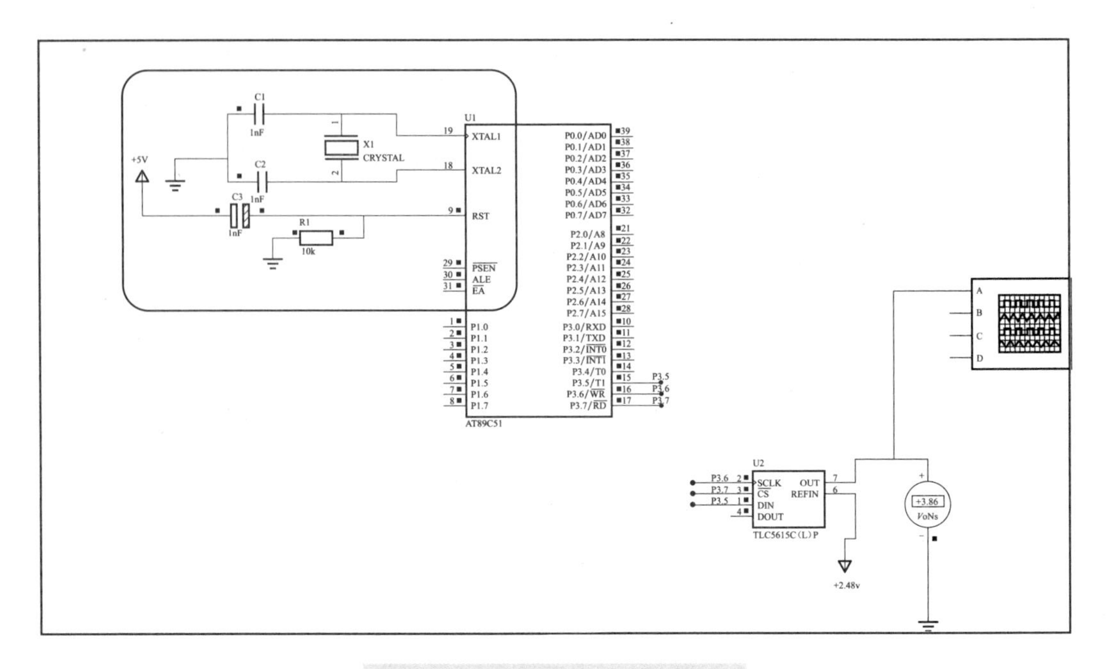

图 4-102　TLC5165 DA 转换的仿真

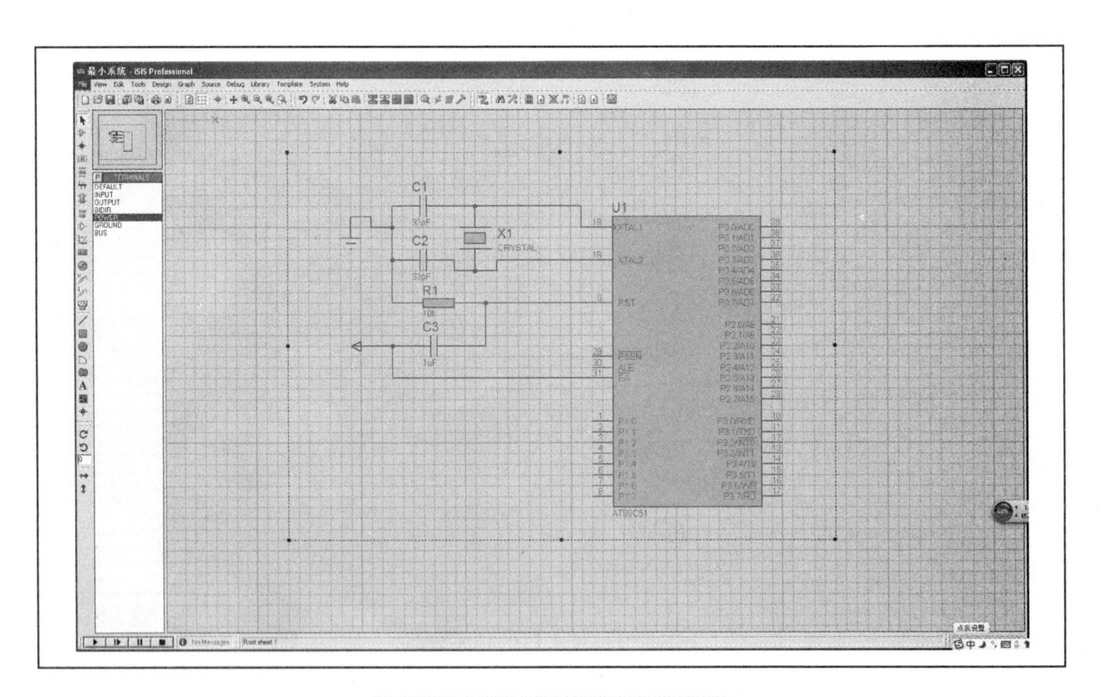

图 4-103　工程剪辑区域的选择

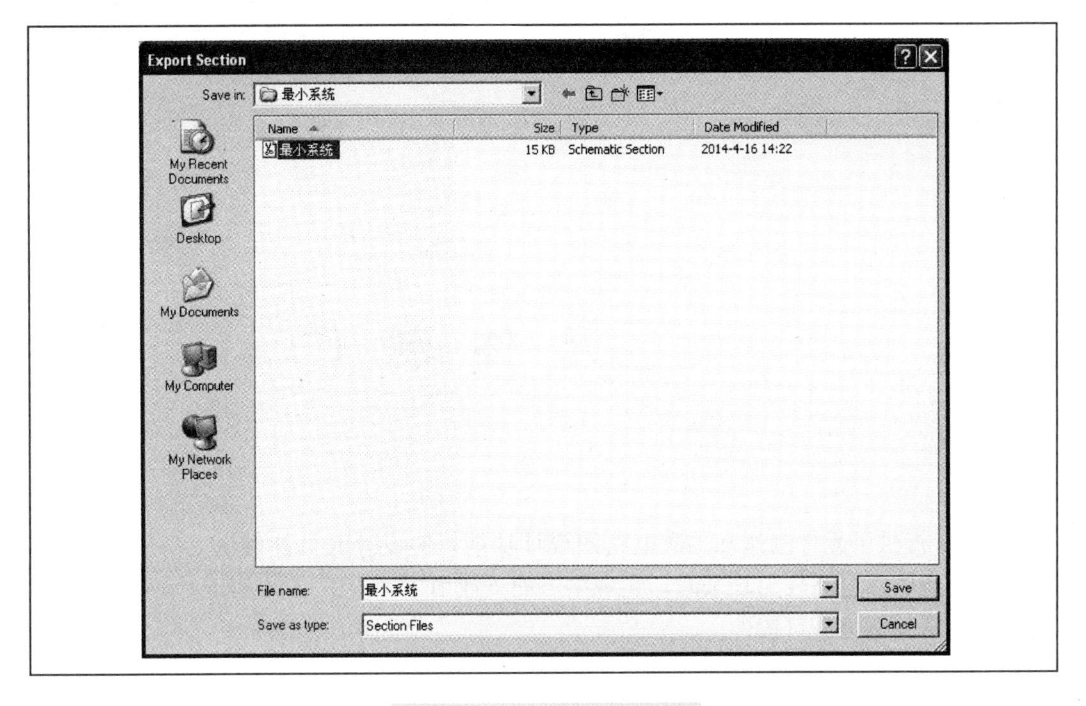

图 4-104　工程剪辑保存窗口

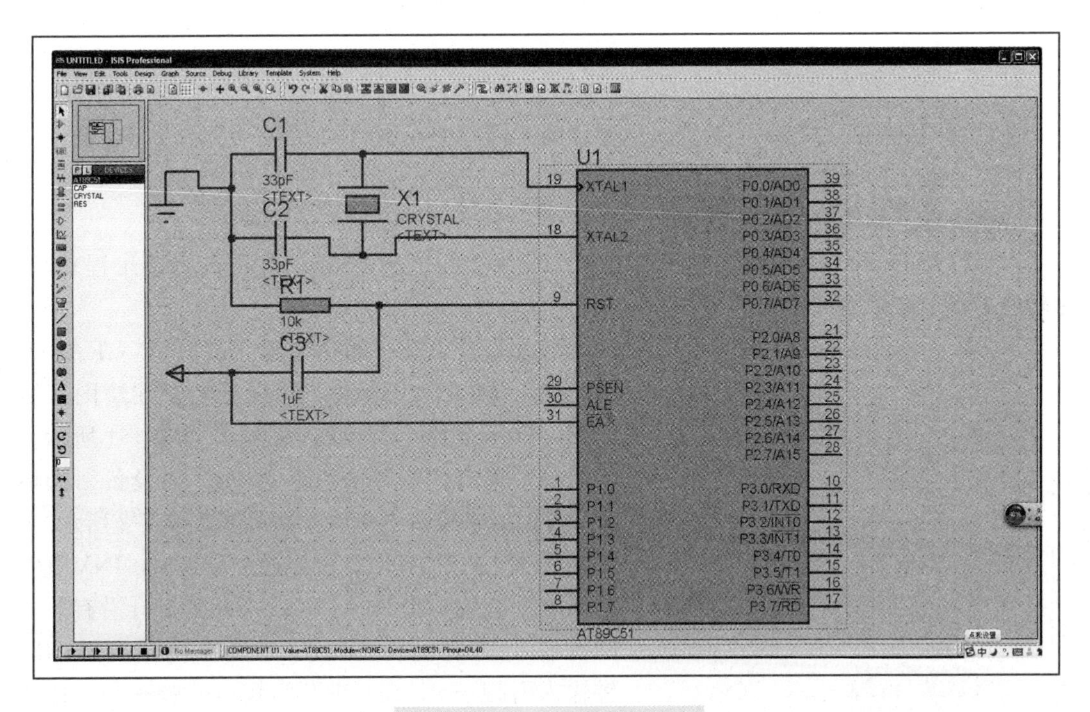

图 4-105　工程剪辑导入

项目五

元 件 制 作

Proteus 提供了元件制作和层次电路图设计功能，使设计人员能够满足一些特殊设计的需要，并能够在电路较为复杂时，实现由上而下或由下而上的层次原理图设计，使图纸更加清晰，从而增强其可读性。

任务一 新元件图样制作

在绘制原理图的过程中，如果遇到原理图元件库中找不到的元件，或是没有适合使用的元件时，需要自行制作原理图元件。

绘制原理图元件的基本步骤如下：

(1) 打开 Proteus 8 编辑环境，单击“File”(文件) → “New Project”(新工程)，创建新的工程，命名为“元件的制作 . pdsprj”。

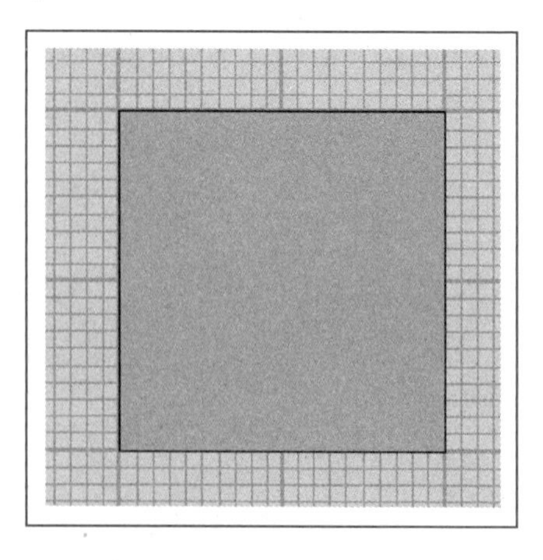

图 5-1 绘制的 Device Body

(2) 打开 ISIS，单击二维工具“2D GRAPHICS BOX MOD”图标■，用鼠标左键在绘图区域绘制“Device Body”(设备框架)，如图 5-1 所示。

(3) 单击“Device Pins Mode”(设备引脚模式) 图标▷来绘制引脚，引脚列表如图 5-2 所示。

其中，DEFAULT 为普通引脚—，INVERT 为低电平有效引脚—○，POSCLK 为上升沿有效的时钟输入引脚—▷，NEGCLK 为下降沿有效的时钟输入引脚—○▷，SHORT 为较短引脚—，BUS 为总线▬。

图 5-3 中画出了各类引脚。双击各个引脚，将会修改引脚的标号。设置“Pin Name”(引脚名

称）敲入回车键一格，即无名称。“Default Pin Number”（默认引脚标号）设置标号即可，图 5-3 中是在设置第三个引脚的标号 3。

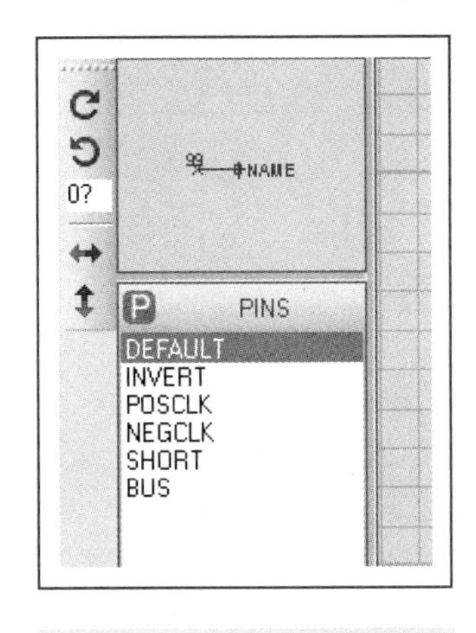

图 5-2　引脚名称列表

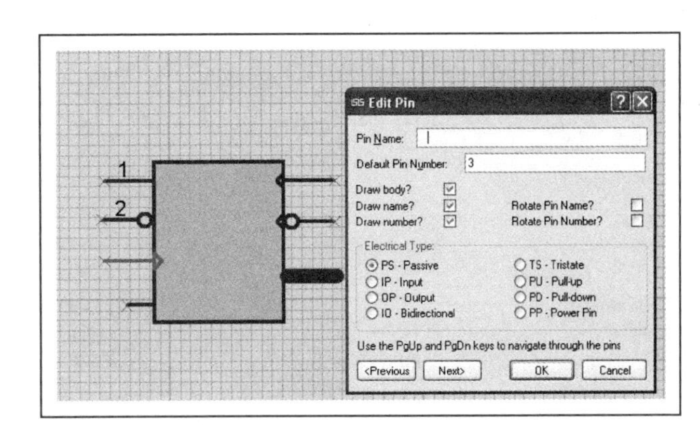

图 5-3　各类引脚的形状

另外，添加引脚状态下，光标为一个笔头，当光标移到引脚上方时，光标变成一只小手，可以按下鼠标左键对引脚进行移动，或单击鼠标右键打开其快捷菜单，如图 5-4 所示，对引脚进行一些修改操作，如拖拉曳编辑属性、删除、旋转、镜像等。

标号设置完成后如图 5-5 所示。

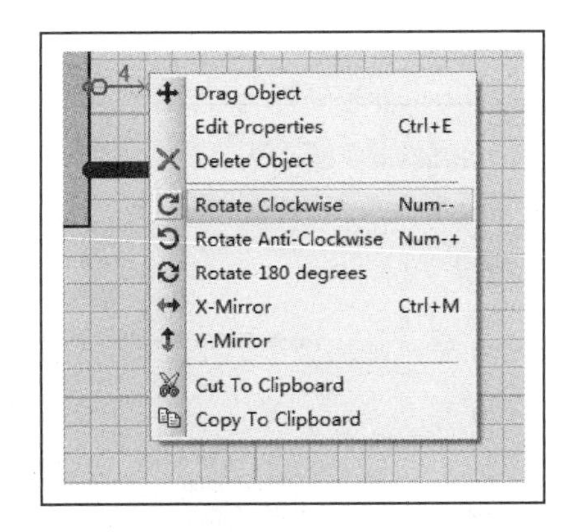

图 5-4　选中引脚后用右键打开的下拉菜单

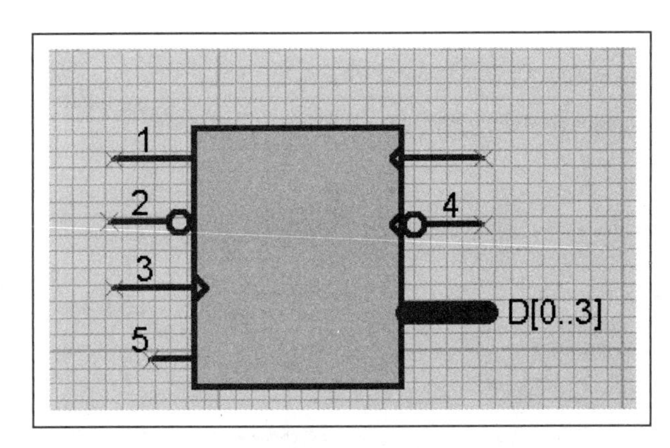

图 5-5　设置好标号的引脚连接图

（4）根据需要修改引脚属性。例如，以 74LS373 为例，画出元件及引脚，如图 5-6 所示。

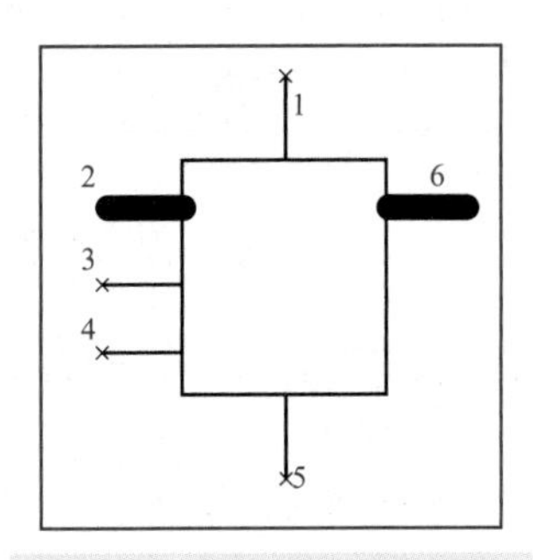

图 5-6　制作元件 74LS373

各引脚说明如下：

引脚 1 为 GND，PIN10。

引脚 2 为 D［0..7］。

引脚 3 为 OE，PIN1。

引脚 4 为 LE，PIN11。

引脚 5 为 VCC，PIN20。

引脚 6 为 Q [0..7]。

双击引脚 1，在出现的对话框中输入如图 5-7 所示的数据；对引脚 5 的操作同上，如图 5-8 所示。GND 和 VCC 需要隐藏，故“Drawbody”不选。

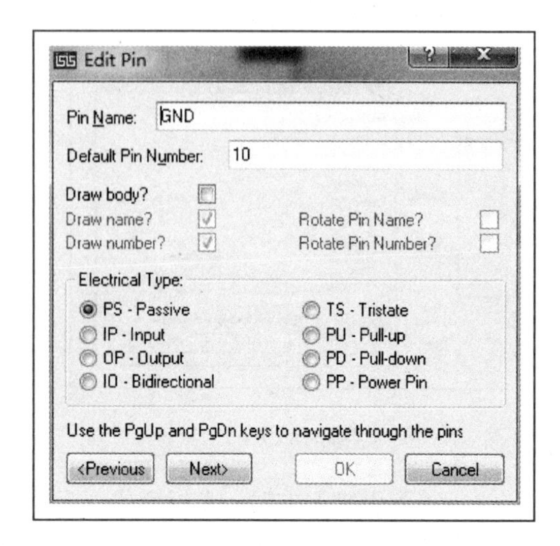

图 5-7　引脚 1 属性对话框

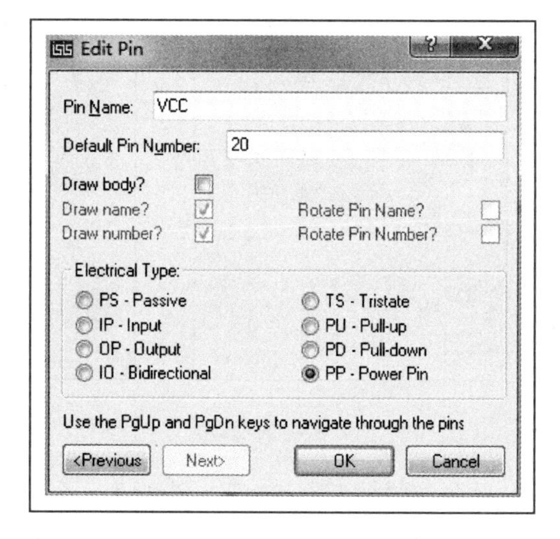

图 5-8　引脚 5 属性对话框

双击引脚 2，在出现的对话框中输入如图 5-9 所示的数据；对引脚 6 的操作类似，如图 5-10 所示。

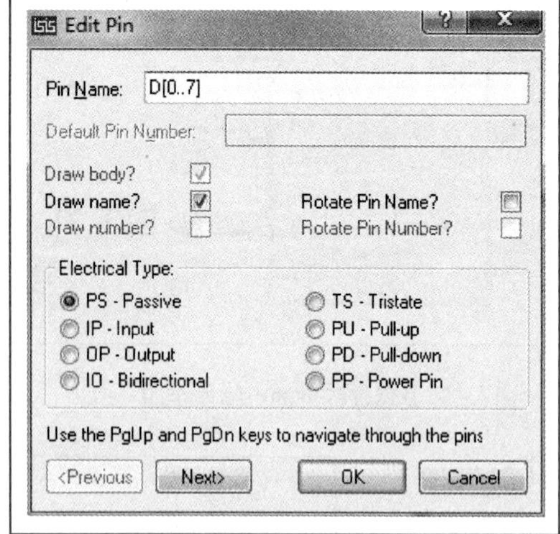

图 5-9　引脚 2 属性对话框

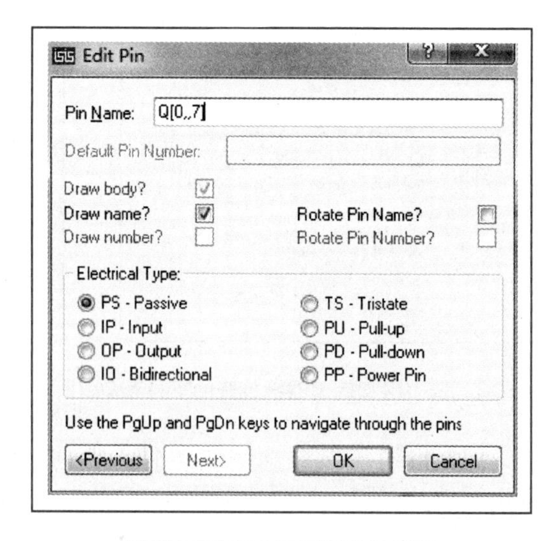

图 5-10　引脚 6 属性对话框

双击引脚 3，在出现的对话框中输入如图 5-11 所示的数据；对引脚 4 的操作类似，如图 5-12 所示。

最终得到的元件如图 5-13 所示。

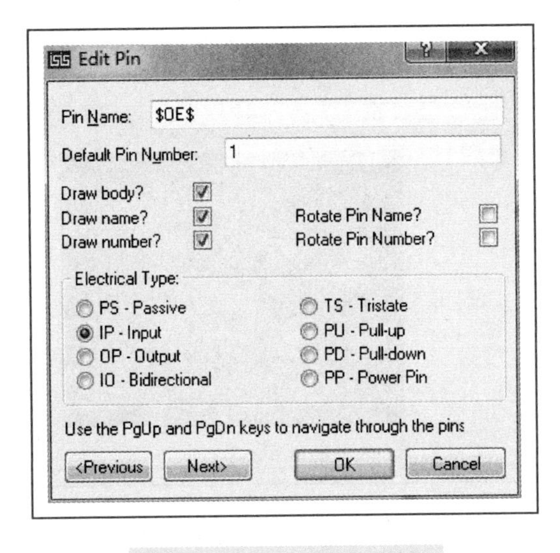

图 5-11　引脚 3 属性对话框

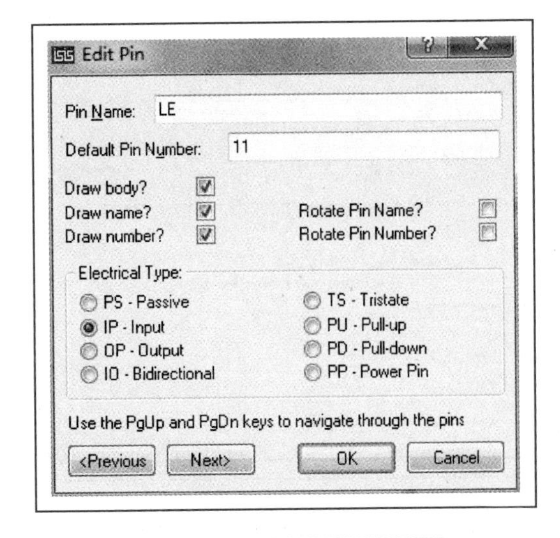

图 5-12　引脚 4 属性对话框

（5）添加中心点。选择“2D Graphics Marker Mode”（2D 图标号）图标，中心点的位置可任意放，如图 5-14 所示。

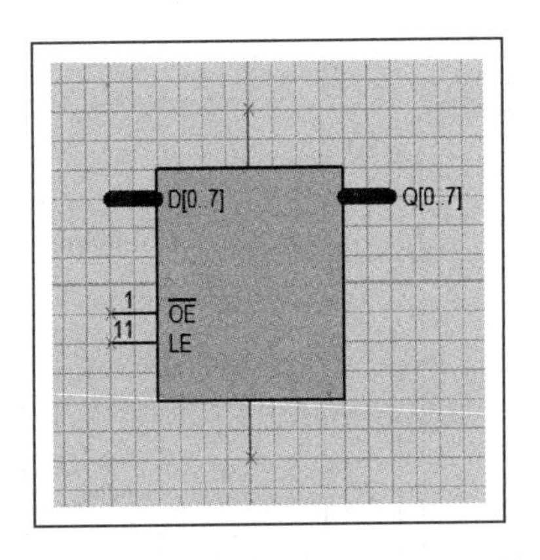

图 5-13　制作出的元件 74LS373

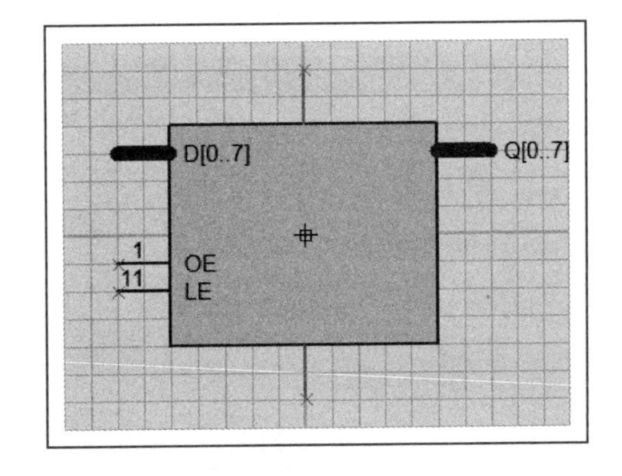

图 5-14　添加中心点

（6）封装入库。先用右键选择整个元件，如图 5-15 所示。然后，选择菜单“Library”（库）→“Make Device”（制作元件），弹出如图 5-16 所示对话框，并按照图中内容输入相应部分。

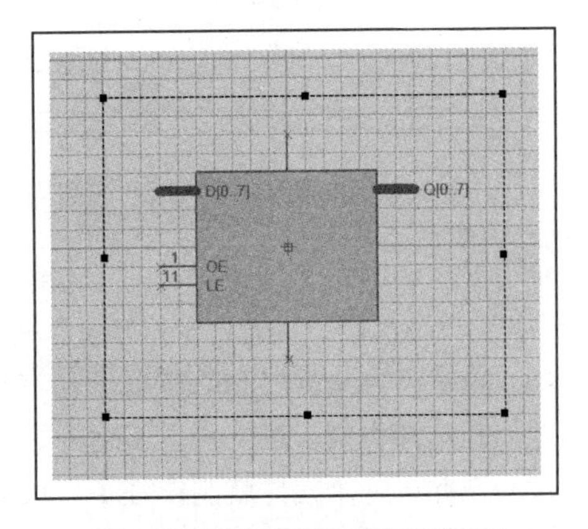

图 5-15　用右键选择整个元件

（7）单击图 5-16 中的“Next”按钮，弹出选择 PCB 封装的对话框，如图 5-17 所示。选择默认即可。

直接单击图 5-17 中的“Next”按钮，出现设置元件参数的对话框，如图 5-18 所示。

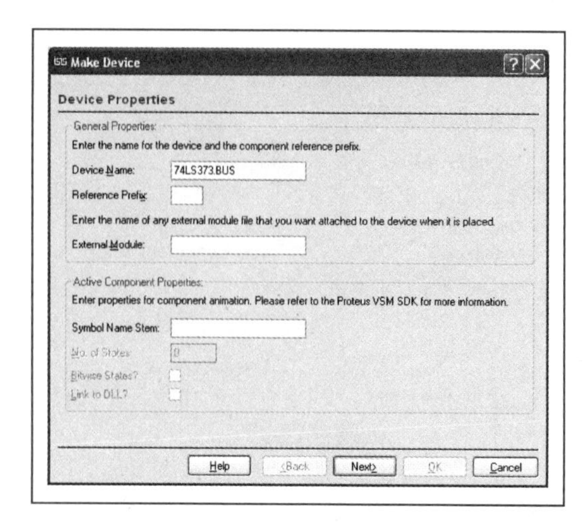

图 5-16　Make Device 对话框

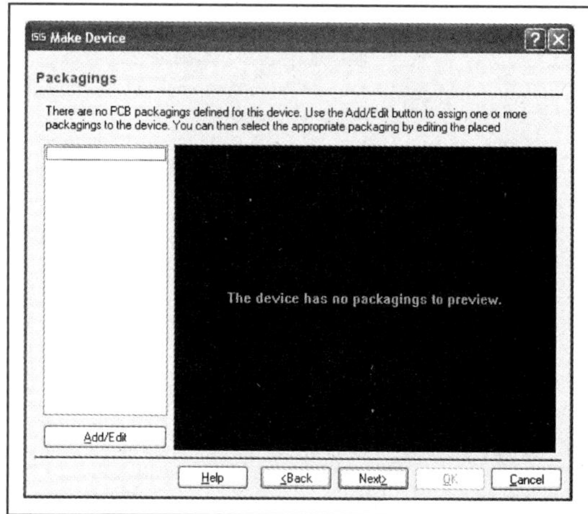

图 5-17　选择 PCB 封装对话框

此处需要添加两个属性，分别是｛ITFMOD = TTLLS｝和｛MODFILE = 74XX373. MDF｝，因此单击“New”（新建），出现如图 5-19 所示选择框，选择“ITFMOD”，并按照图 5-20 所示将其默认值设为 TTLLS 。

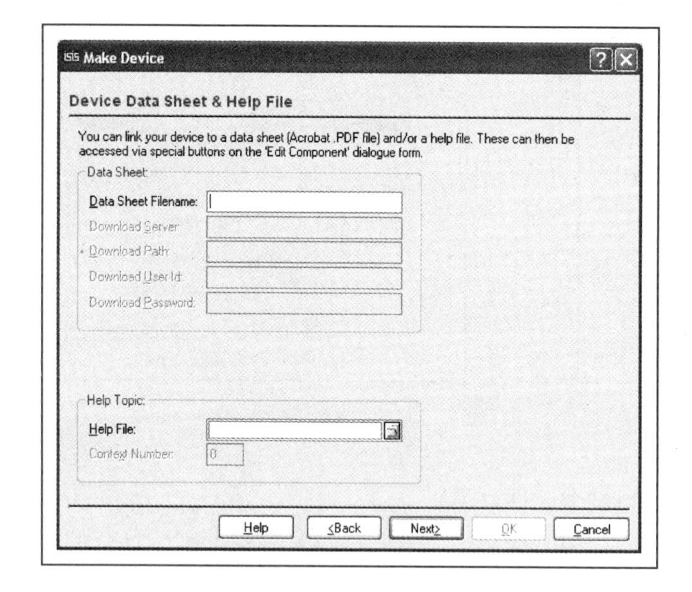

图 5-18　设置元件参数的对话框

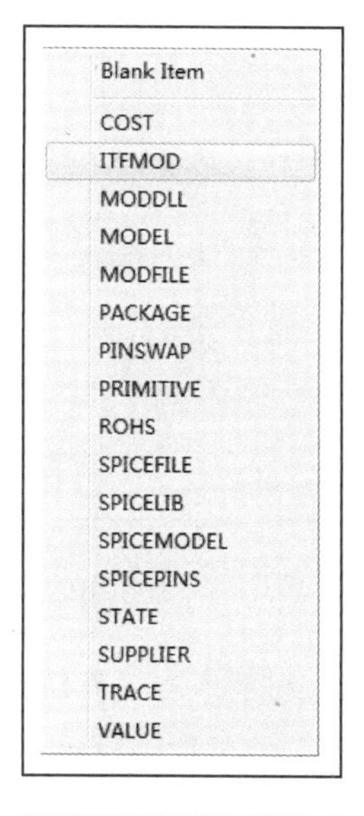

图 5-19　参数选择框

单击图 5-20 中的“New”按钮，选择“MODFILE”参数，并按照图 5-21 将其默认值设为“74XX373. MDF”。接着单击“Next”按钮，出现如图 5-22 所示对话框，可以不设置。

(8) 单击“Next”按钮，选择元件存放位置，默认是放在“sxgy”（自己创建的库）中。左边是选择类别，最好自己新建一个，如“MYLIB”，如图 5-23 所示。

(9) 至此，一个元件就制作好了，可以选择“Library”（库）→“Library Manager”（元件管理器）打开库管理器来管理自己的元件，如图 5-24 所示。

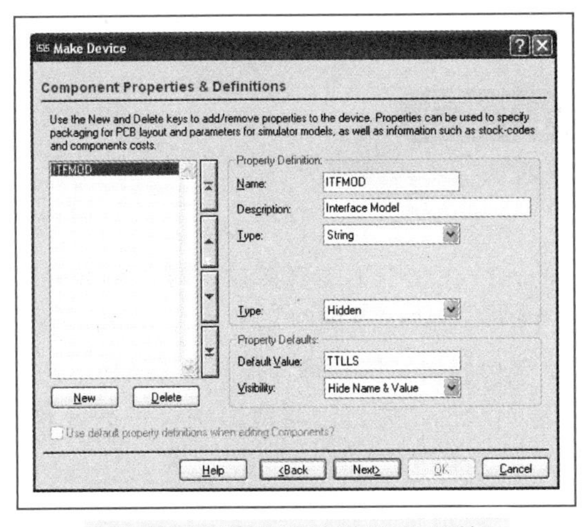

图 5-20　ITFMOD 参数设置对话框

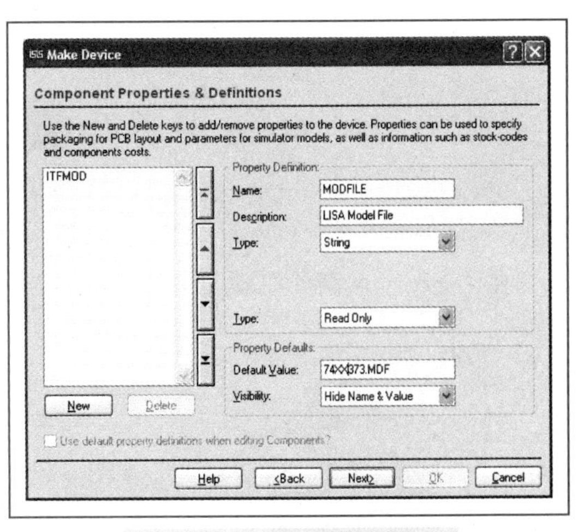

图 5-21　ITFMOD 参数设置

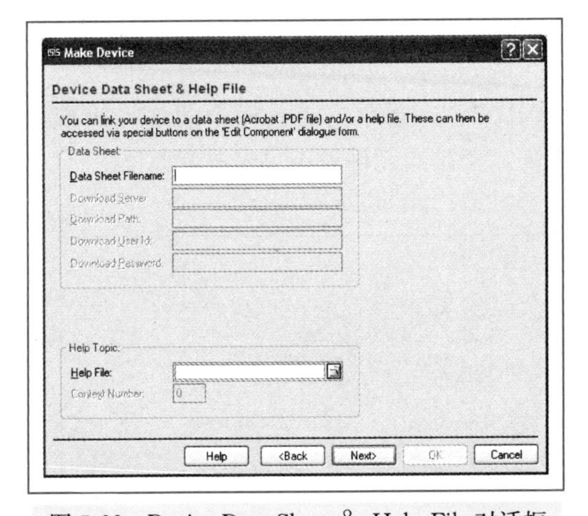

图 5-22　Device Data Sheet & Help File 对话框

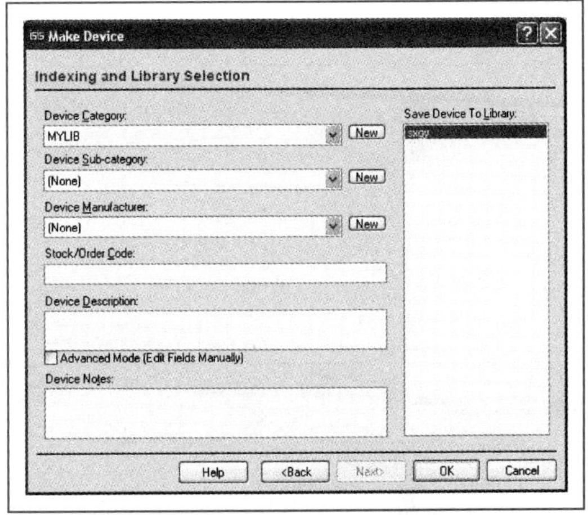

图 5-23　选择元件存放位置对话框

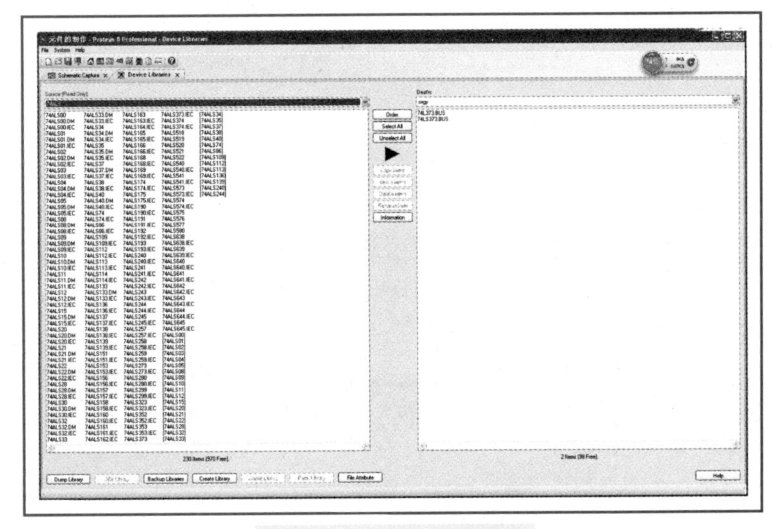

图 5-24　元件库管理器

任务二 元件图样改造

在用 Proteus 设计原理图的过程中，当需要的元件在库中不能直接找到时，除了可以利用上一节的内容自己制作原理图元件外，也可以在现有元件的基础上进行修改，使其符合我们的需求。

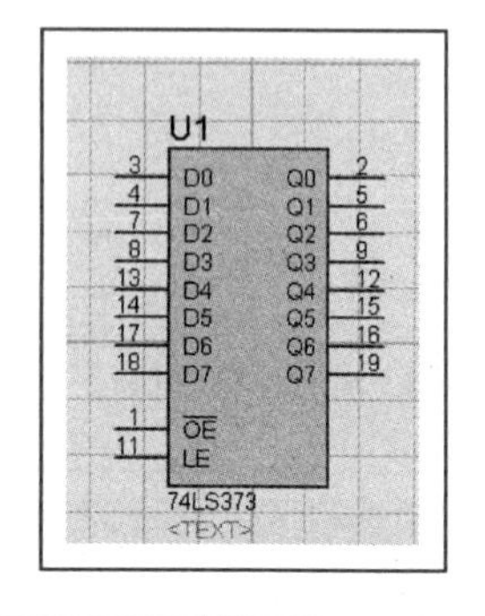

图 5-25 库中自带的 74LS373

这里仍然以 74LS373 为例，利用库中自带的元件，如图 5-25 所示，将其修改成如图 5-26 所示的“BUS”接口的元件。

修改元件的步骤如下：

(1) 在 Proteus8 ISIS 原理图编辑环境下，添加元件 74LS373，如图 5-25 所示。

(2) 选中 74LS373，再单击工具栏中的，出现如图 5-27 所示页面，于是此元件处于可修改状态下。

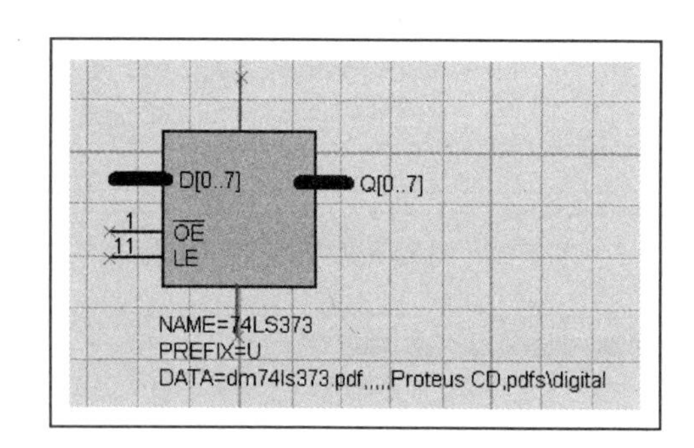

图 5-26 改造后的元件

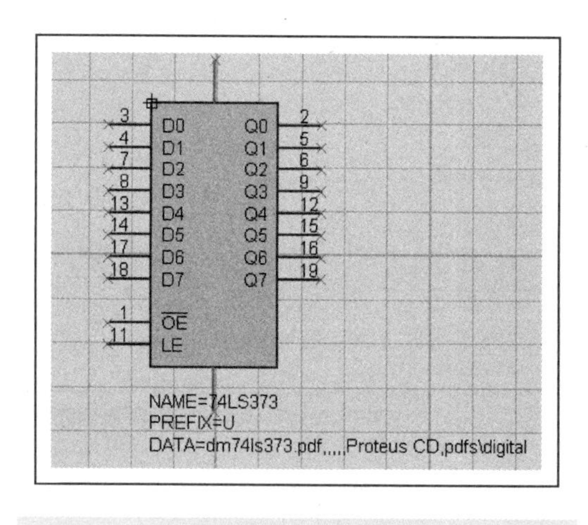

图 5-27 处于可修改状态下的元件 74LS373

(3) 对于元件的各部分进行修改，选中引脚 D0～D7，如图 5-28 所示，按下键盘上的 Delete（删除）键，删掉引脚 D0～D7，同理删掉引脚 Q0～Q7。

(4) 单击左侧的“Devices Pins Mode”（设备引脚模式）工具图标，添加 BUS 形式的引脚，并双击出现属性对话框，修改“Pin Name”（引脚名称），如图 5-29 所示。

(5) 选中芯片的外形，修改其大小，然后将其他引脚进行相应的移动后，效果如图 5-30所示。

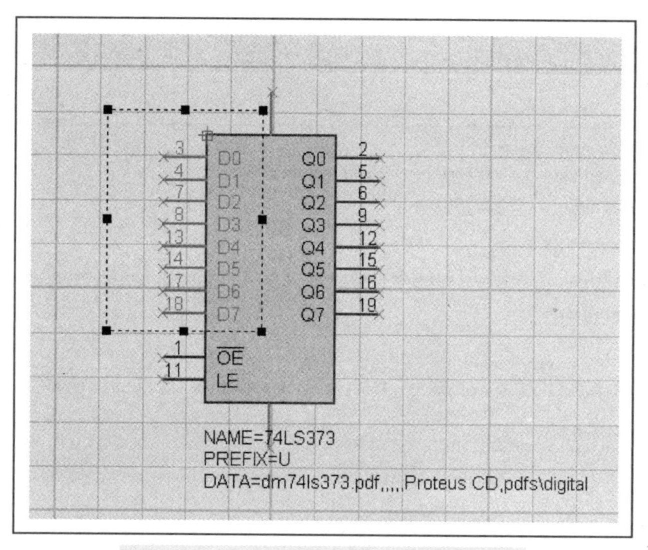

图 5-28 选中待删除的引脚 D0～D7

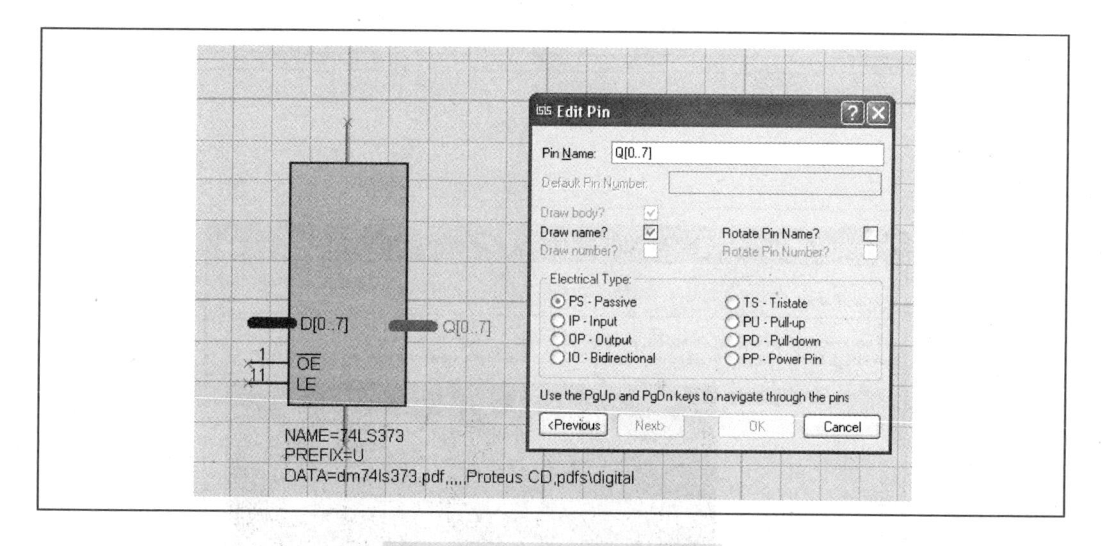

图 5-29 引脚属性设置对话框

（6）重新单击“Make Device”。拖曳整个元件，选择“Library”（库）→“Make Device”（制作元件），出现如图 5-31所示对话框。

在图 5-31 所示对话框中将“Device Name”（设备名称）为“74LS373.BUS”，其他不变，然后单击“Next”按钮，出现如图 5-32 所示选择封装对话框。

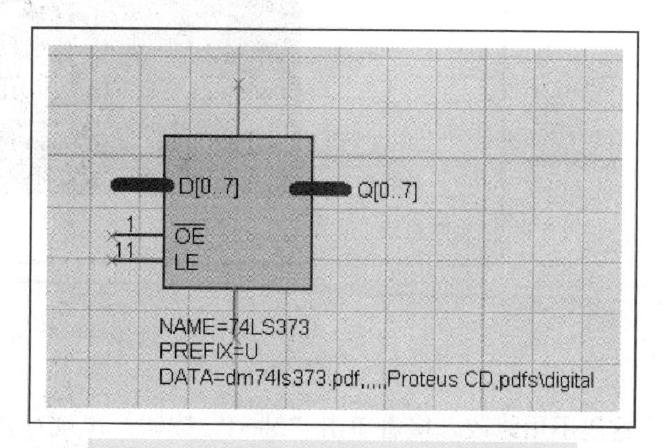

图 5-30 调整芯片大小后的元件外形效果

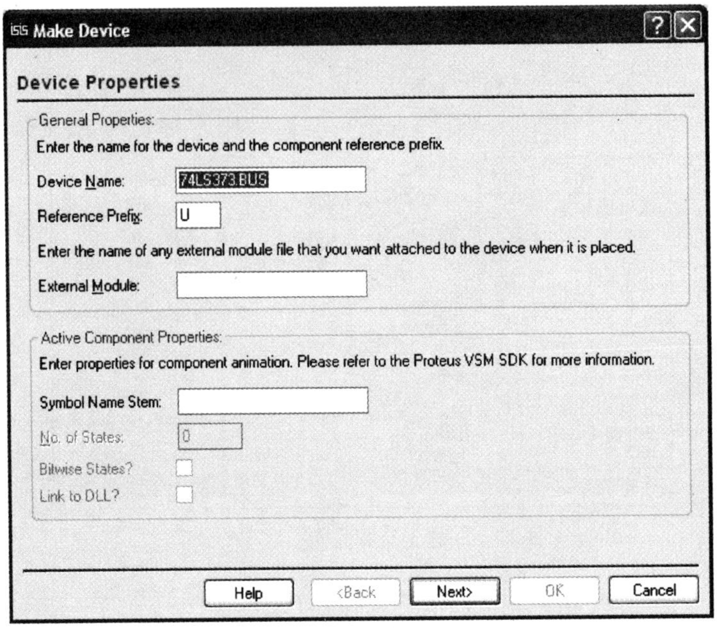

图 5-31 Make Device 对话框

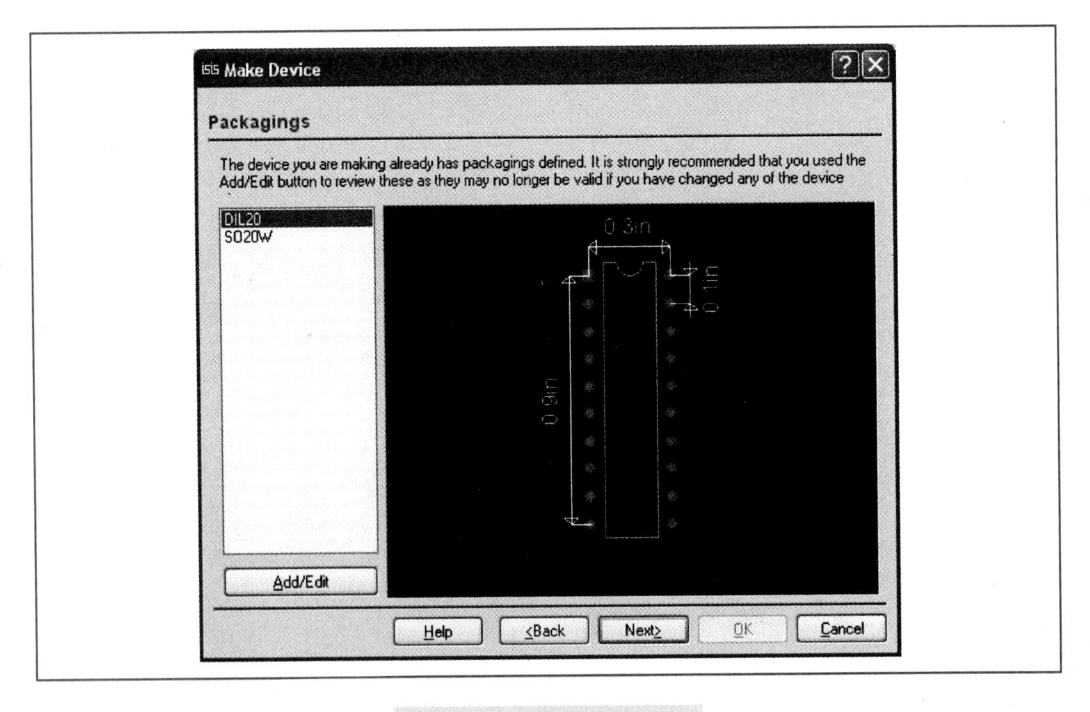

图 5-32 选择封装对话框

这里不用修改，接着单击“Next”按钮，出现如图 5-33 所示的对话框，把“MODFILE”属性的默认值修改为“74XX373. MDF”即可。

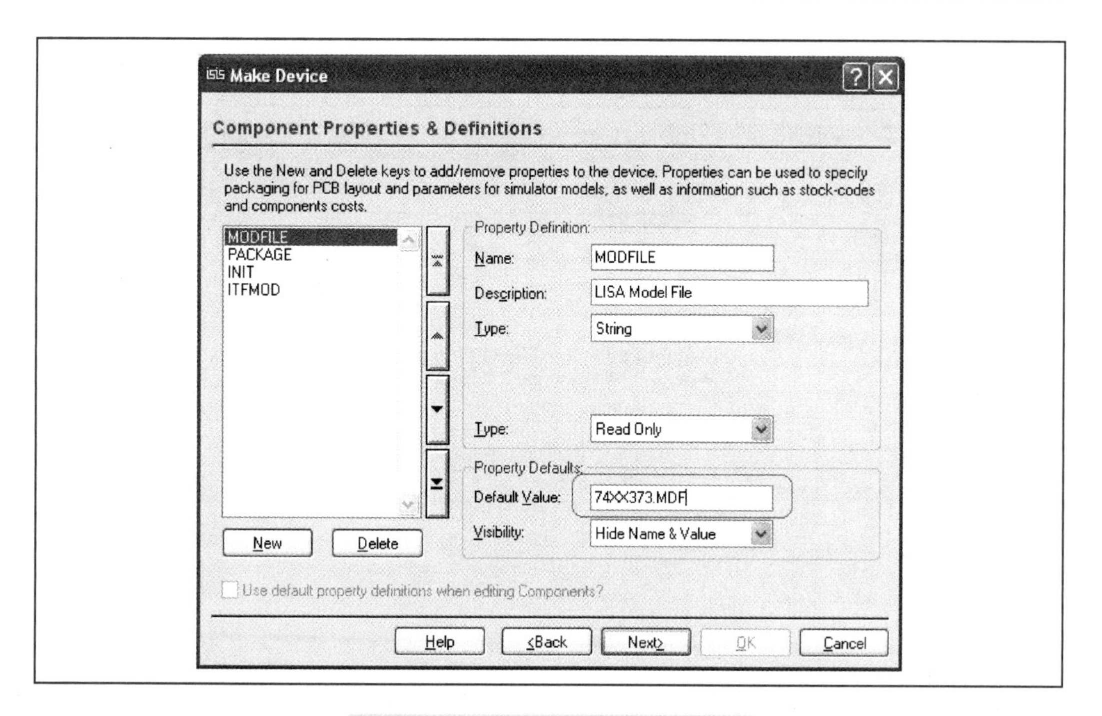

图 5-33　MODFILE 属性修改对话框

接着单击“Next”按钮出现如图 5-34 所示对话框，可以不用修改。

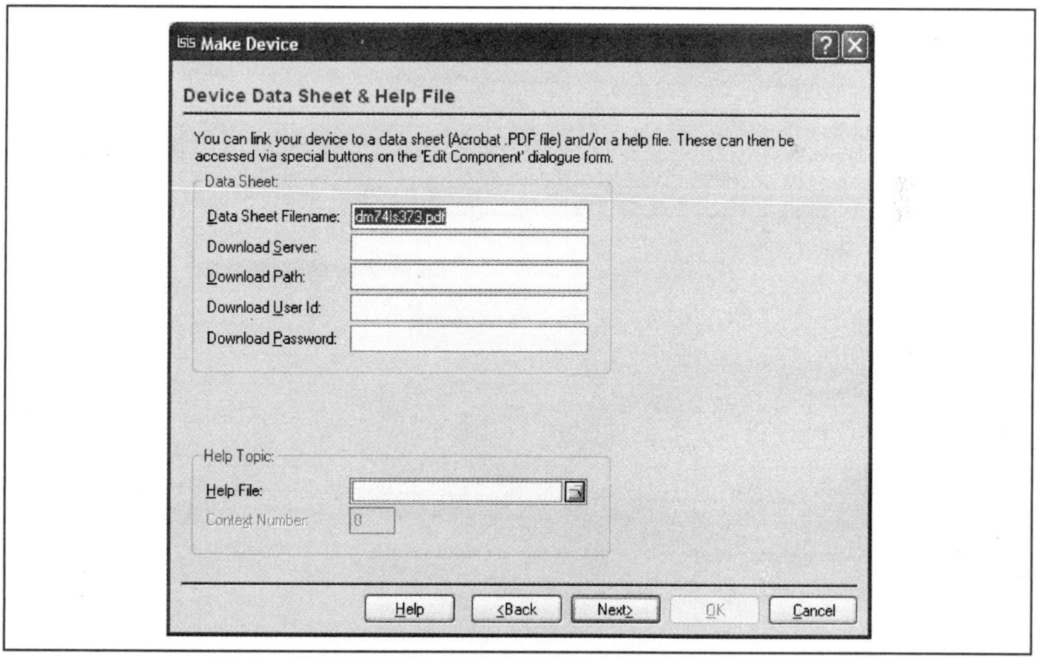

图 5-34　选择对应 Data Sheet 的对话框

单击“Next”按钮出现如图 5-35 所示对话框。这里建议进行修改，第一个“Device Category”参数可改为“74LS BUS”。具体方法是先单击“New”按钮，然后输入“74LS

BUS”即可。第二个参数不变。

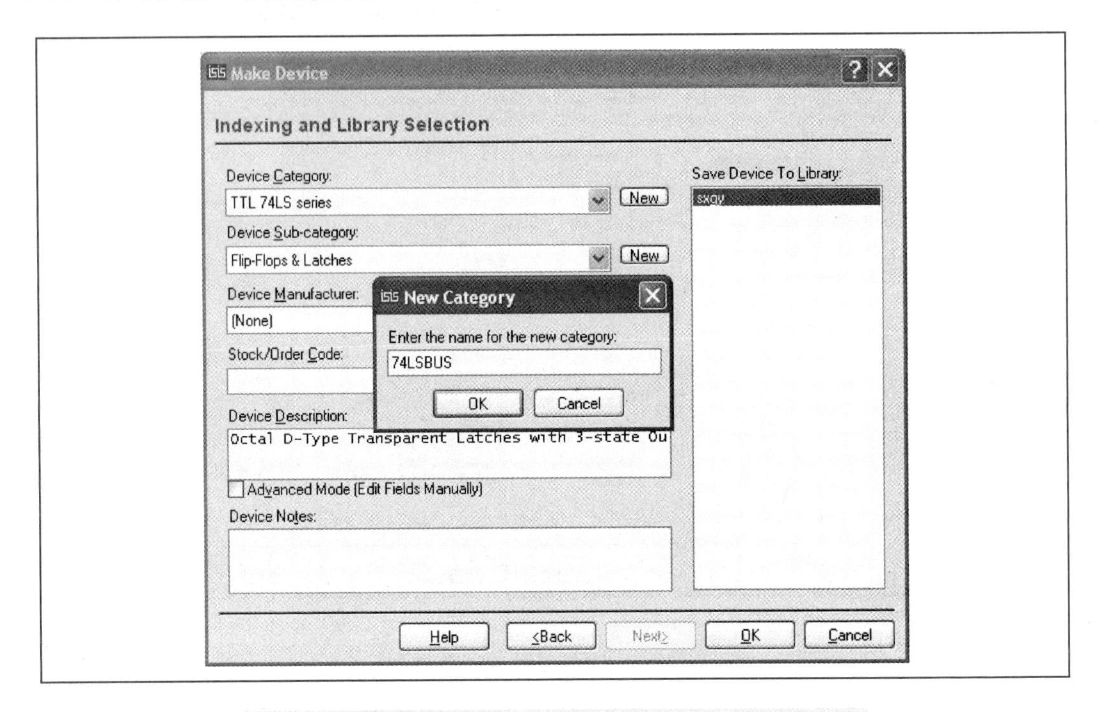

图 5-35　修改“Device Category”（设备分类）名称示意图

修改后如图 5-36 所示。

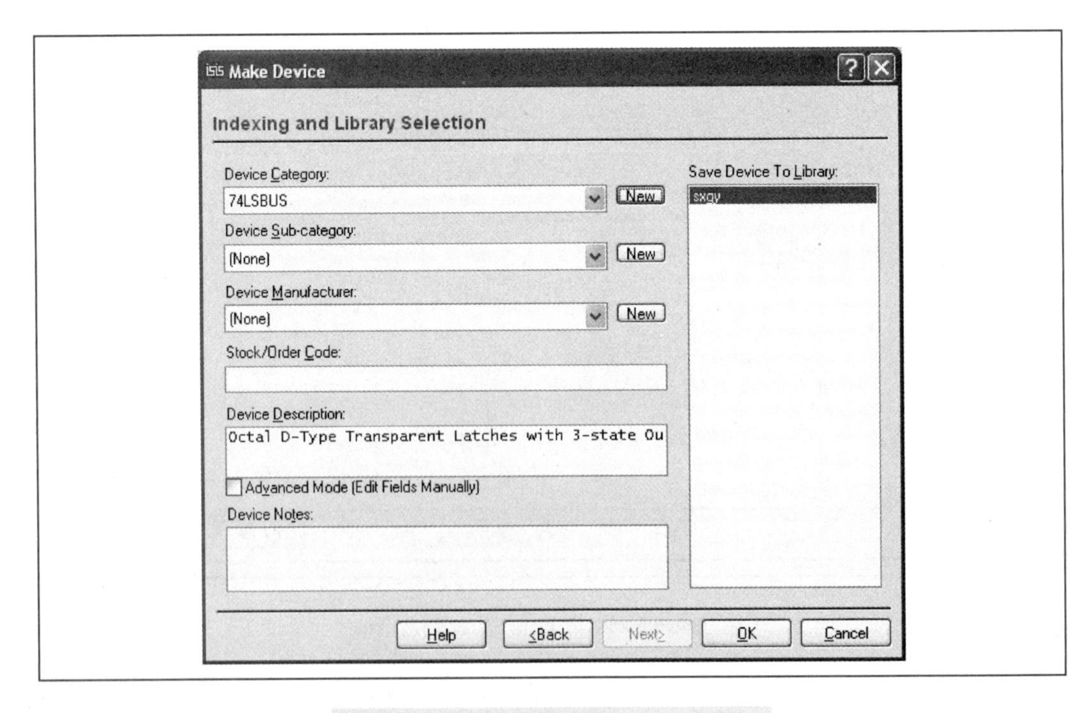

图 5-36　元件所属类别修改为 74LSBUS

单击 OK 按钮，这样一个元件就修改好了，可以选择“Library”（库）→“Library Manager”（库管理），打开元件库管理器来管理自己的元件，如图 5-37 所示。

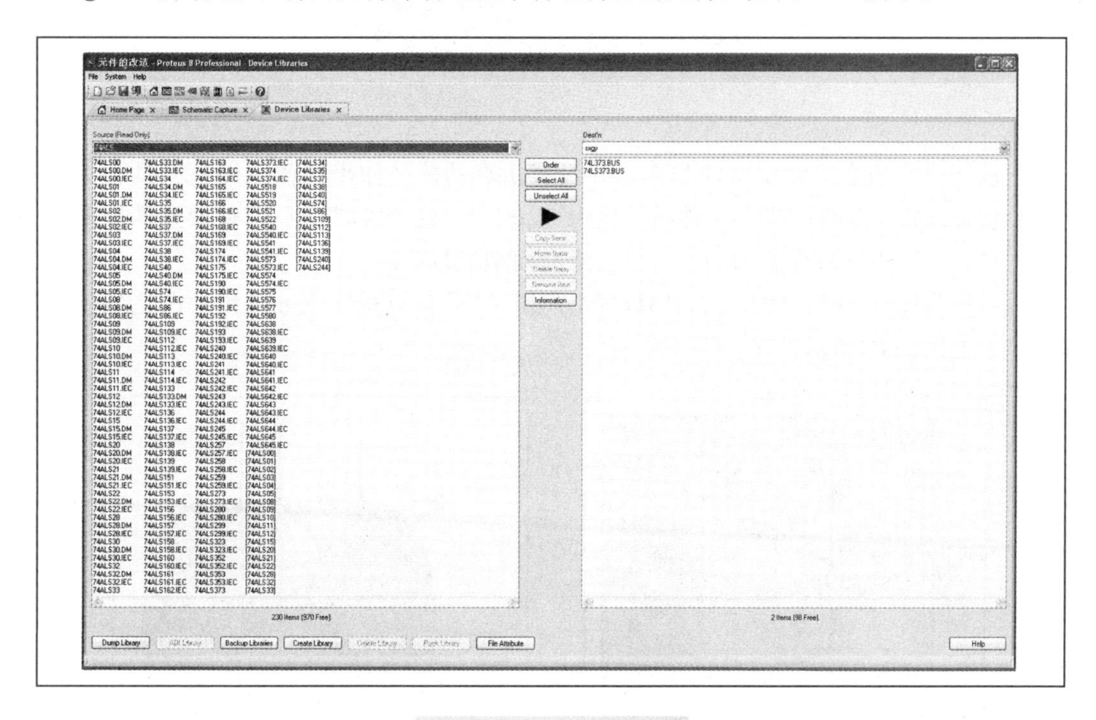

图 5-37　元件库管理器

还可以装载自己修改的元件，如图 5-38 所示。

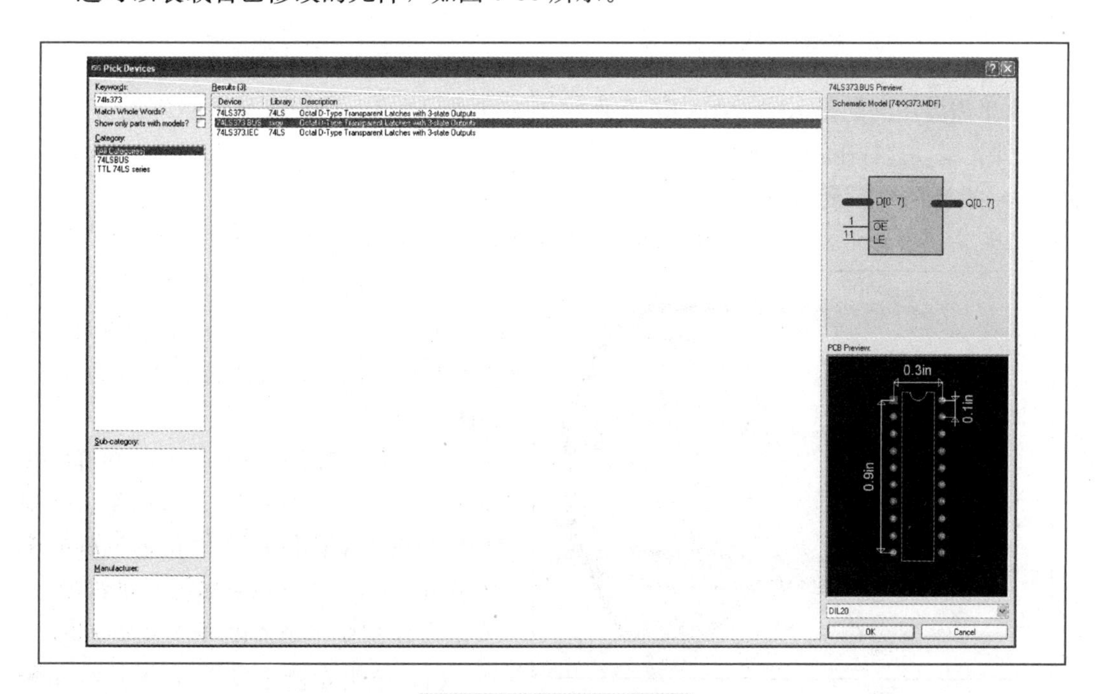

图 5-38　拾取元件窗口

任务三 元件模型改造

之前所介绍的是原件模型的制作，并没有仿真功能，如果想让原件模型具有仿真功能，一般需要得到原件的模型文件（一般为“.dll”），这个文件是厂商在做元件模型时一起制作的，也可以通过现有的.dll文件对现有模型进行改造。

现在把如图5-39所示的KEYPAD-SMALLCALC计算机键盘元件模型改造成一个游戏手柄，如图5-40所示。

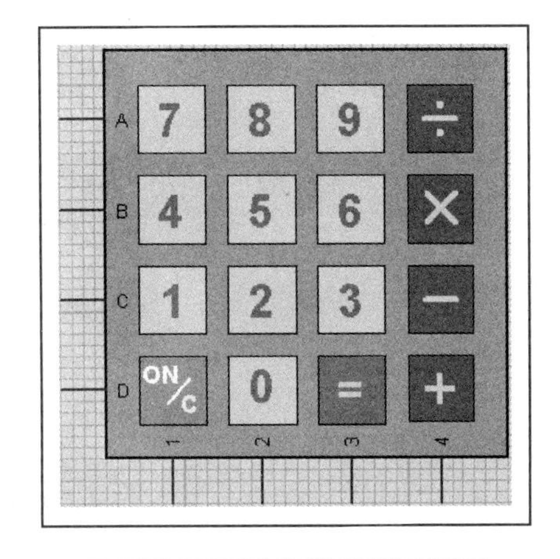

图5-39 计算机键盘元件模型

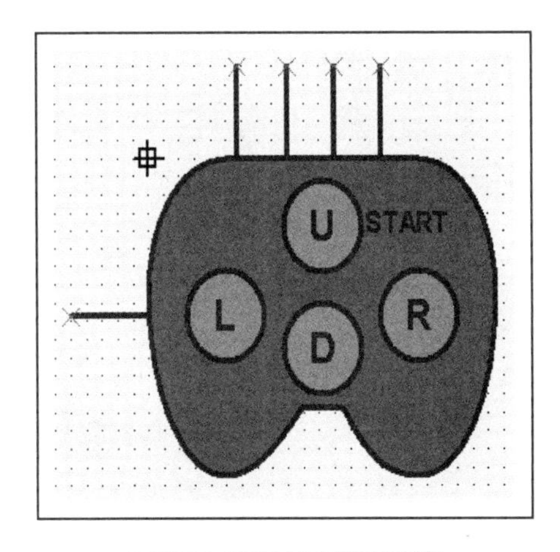

图5-40 游戏手柄模型

这里需要用到的是KEYPAD.dll文件，该文件要放在Proteus安装目录下的MODELS文件夹里，这样附带的例子就可运行了。

5.3.1 设计原理图元件

（1）新建一个工程文件“game pad maker.pdsprj”，并新建ISIS文件，单击保存。

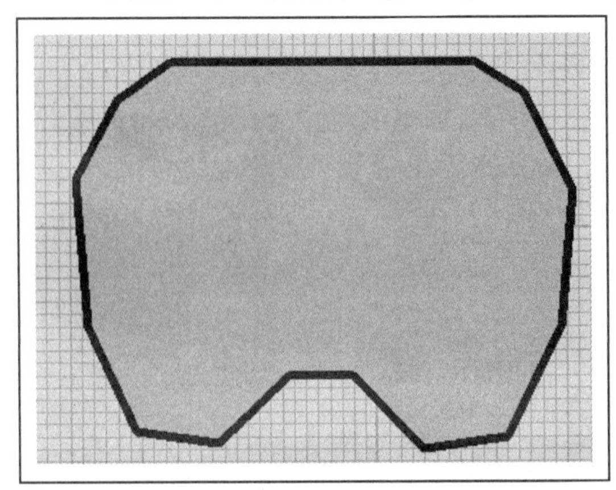

图5-41 游戏手柄图样

（2）单击左侧工具栏的“2D Graphics Closed Path Mode”（2D绘制闭合曲线模型）图标，绘制游戏手柄的框图，如图5-41所示。

（3）双击如图5-41所示的图样，出现如图5-42所示属性设置对话框，可对图样“Line Attributes”（边框属性）和“Fill Atrributes”（填充属性）进行设定，图5-42中设定了填充的颜色为墨绿色。

（4）单击左侧工具栏的“2D Graphics Circle Mode”（2D圆形模式），绘制

圆形图样，并单击右键选择“Edit Properties”（编辑属性）设置属性如图 5-43 所示。最后单击“This Graphic Only”（仅这张图片）按钮，完成圆形图样的设定。

图 5-42　图样的填充颜色属性设定

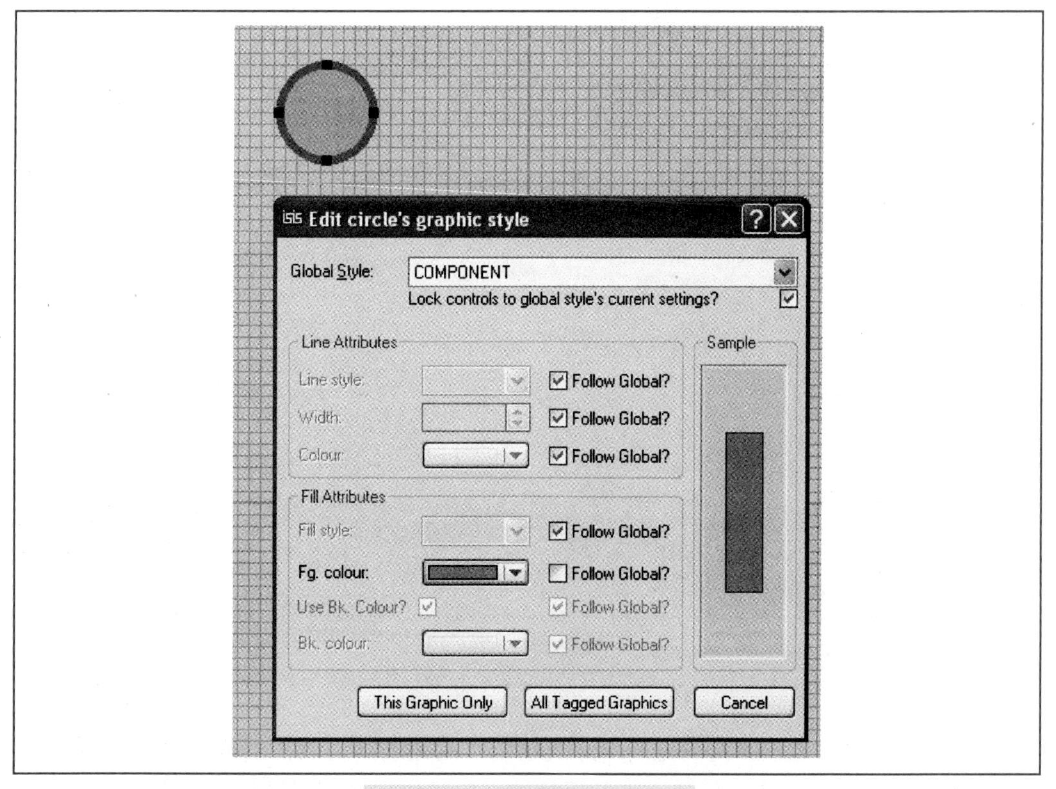

图 5-43　圆形图样属性设定

(5) 单击左侧工具栏的“Selection Mode”(选择模式)图标，鼠标回到选择模式，选中图样，单击菜单栏的“Block Copy” (块复制)图标，复制 3 个圆形图样，如图 5-44所示。

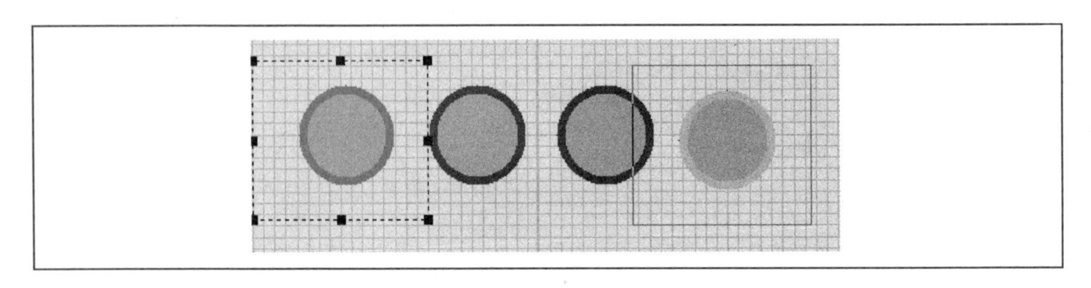

图 5-44　圆形图样的复制

(6) 放置圆形图样到手柄图样的上方，如图 5-45 所示。

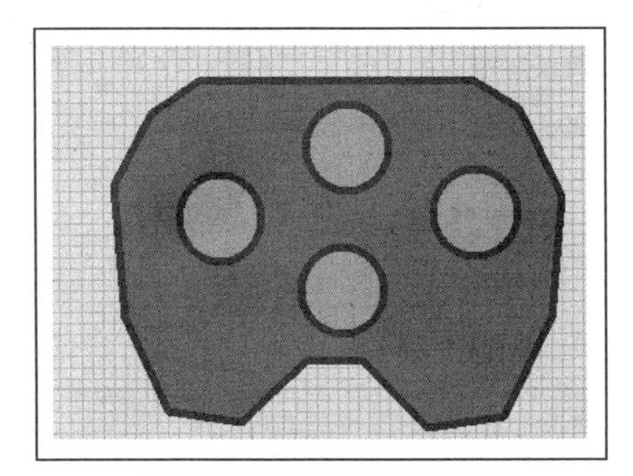

图 5-45　圆形图样的放置

(7) 单击左侧工具栏“2D Graphics Text Mode” (2D 文字模式)图标 A，分别输入 L、R、D、U，与此同时会弹出属性设置对话框，设置文字属性如图 5-46 所示。

L、R、D 属性的设定同 U 的属性设定。文字写好后，把它放置好如图 5-47 所示。

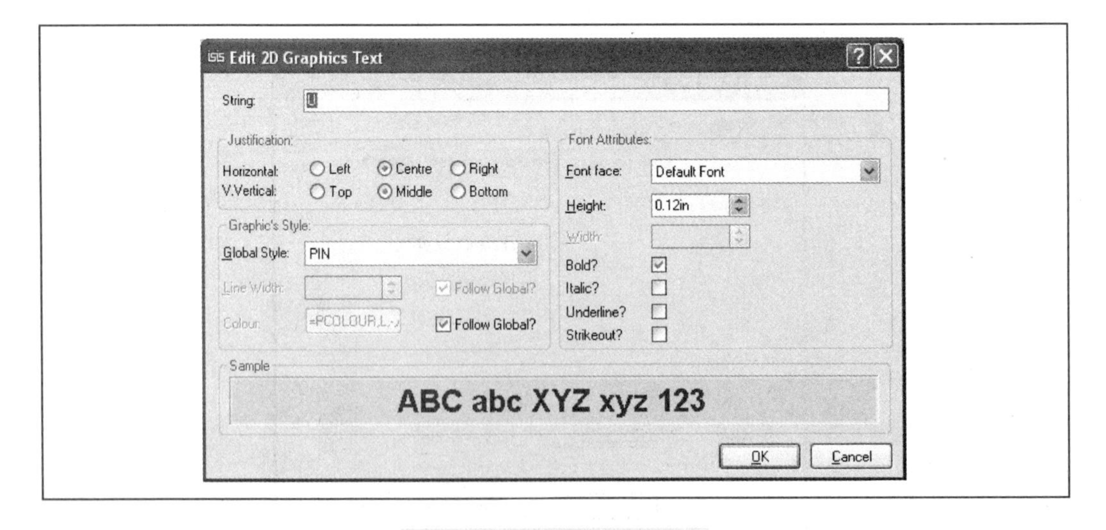

图 5-46　文字属性的设定

注意，图样层次是由绘制的先后顺序决定的，后面绘制的图样会放到之前绘制图样的上方，这样，图 5-47 中才会保证在大的手柄图样中可以看到圆形图样和文字。

（8）单击左侧工具栏的“Device Pin Mode”（设备引脚模式）图标，选择“DEFAULT”（默认），放置引脚如图 5-48 所示。

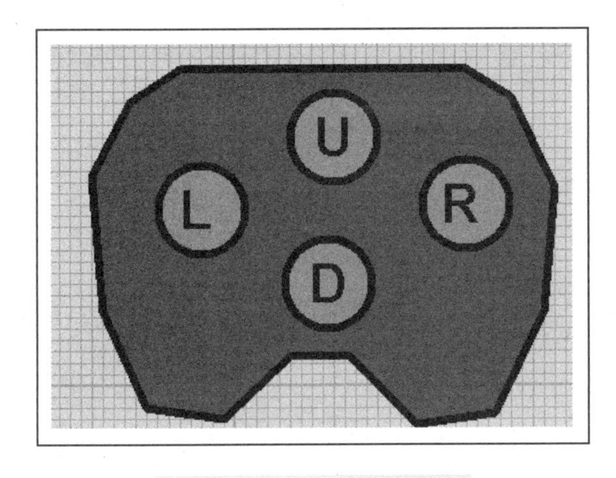

图 5-47　文字的放置

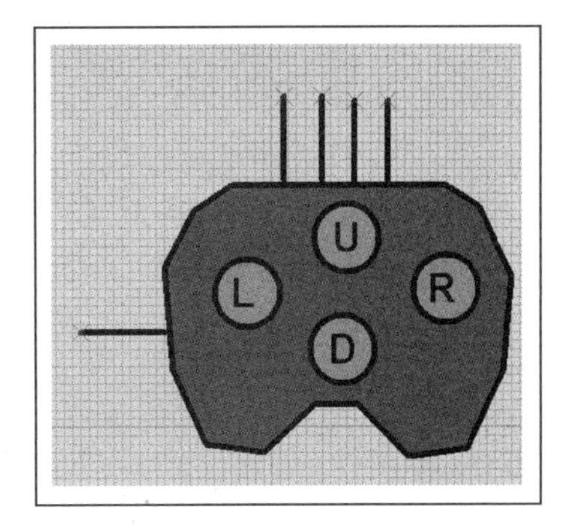

图 5-48　引脚的放置

（9）双击引脚设置引脚属性如图 5-49 所示。

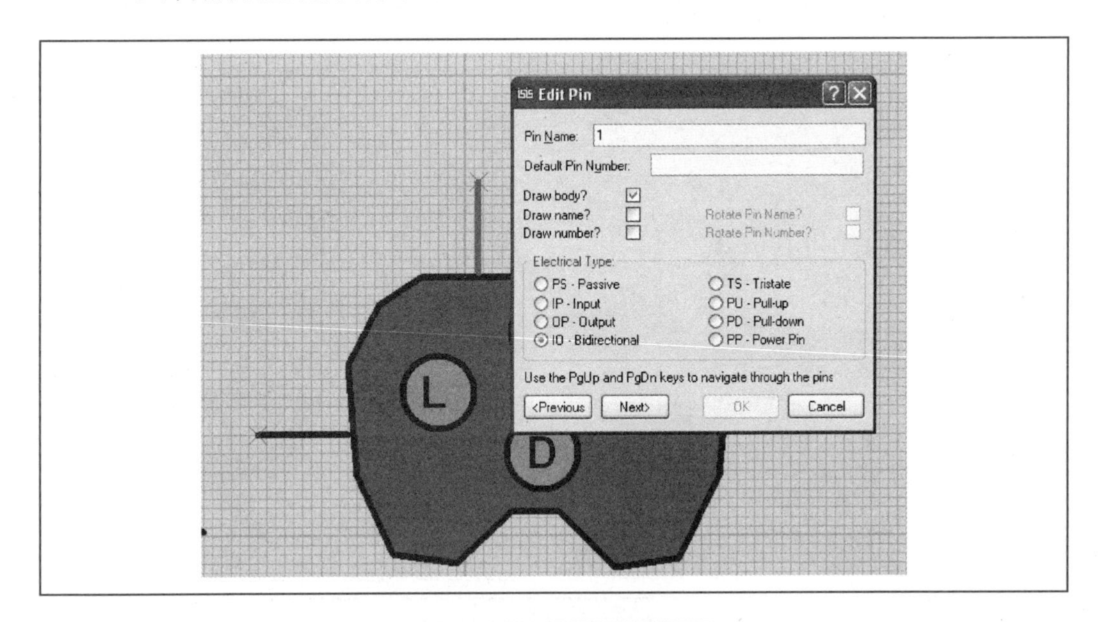

图 5-49　引脚属性设定

图 5-49 中设置只显示引脚本身（Draw body），不显示引脚名称（name）和序号（number），Electrical Type（电气类型）选择 IO-Bidirectional（IO 双向作用）。图样上方，从左往右依次设置 Pin Name（引脚名称）为 1、2、3、4，左侧的 Pin Name（引脚名称）为 A，其他属型与图 5-49 属性一致。

（10）设置中心点。选择“2D Graphics Marker Mode”（2D 图标号）图标，中心点的位置可任意放置，为了测量方便，我们把中心点放置到与编辑区域中心点位置重合，如图 5-50 所示。

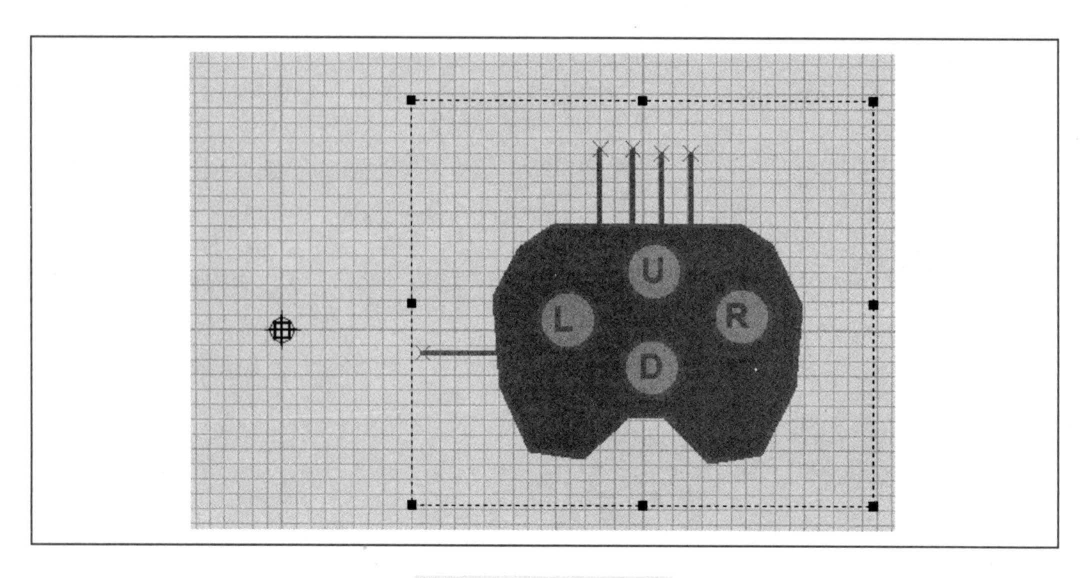

图 5-50　中心点的添加

中心点添加好后，把鼠标放到中心点上，在它的右下角区域将会出现横坐标和纵坐标，此时，中心点坐标为（0th，0th），如图 5-51 所示。

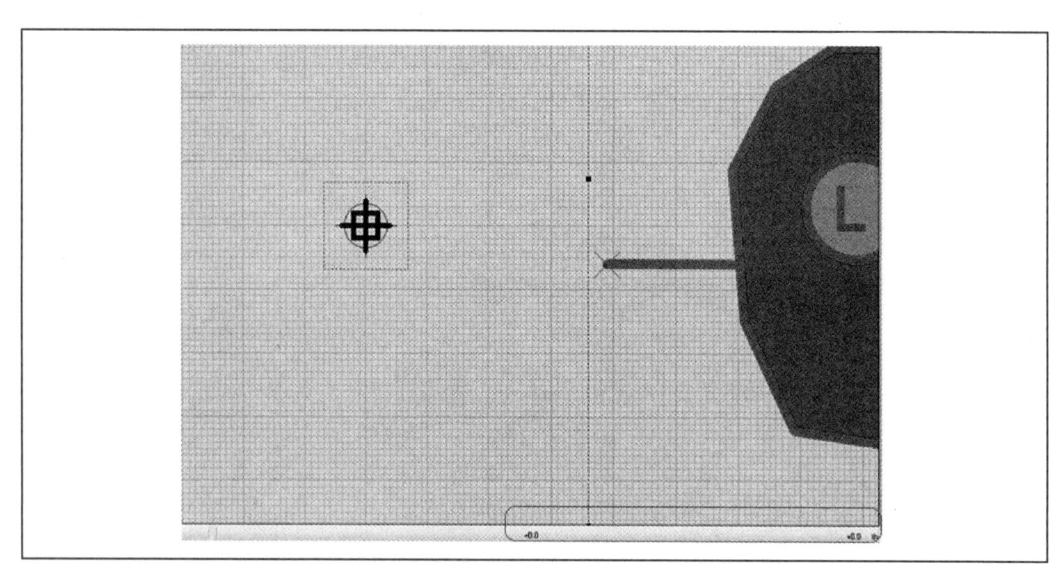

图 5-51　中心点坐标查看

（11）编辑好的原理图元件拖曳到中心点区域如图 5-52 所示。

至此，按键区域 U、R、L、D 所在圆心的相对位置将会比较容易确定，方便进行 VSM 模型属性参数的设置。

5.3.2　VSM 模型属性设置

下面要介绍元件制作和 VSM 模型属性设置。

步骤如下：

（1）选中所绘制的原理图元件，右键单击选择“Make Device”（制作元件）。弹出如

图 5-53 所示的对话框，设置元件的名称及属性。

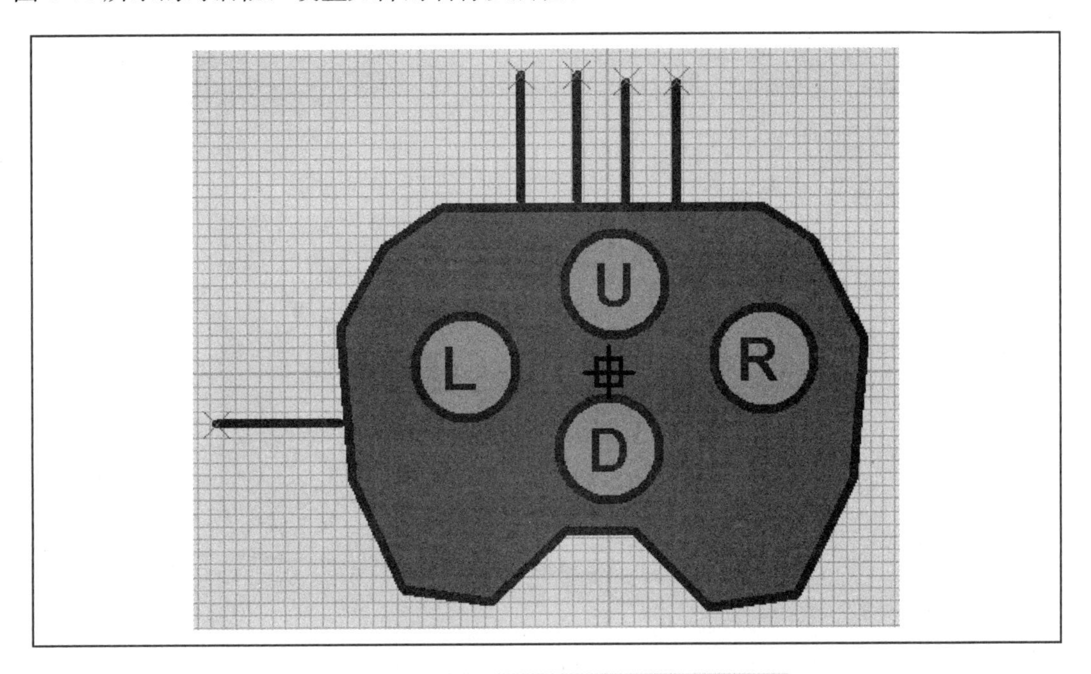

图 5-52　原理图部件挪到与中心点的放置图

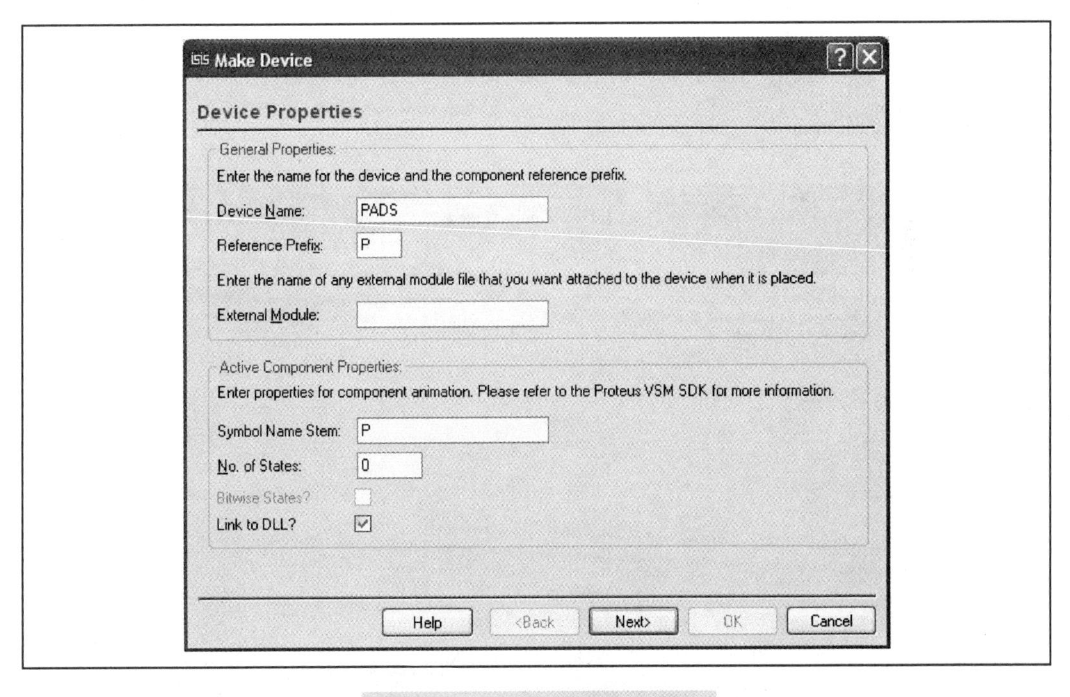

图 5-53　制作器件属性对话框

如图 5-53 所示设置了“Device Name”（元件名称）为 PADS，其中，“Refernce Prefix”（位号前缀）为 P，“Symbol Name Stem”（符号名前缀）为 P，状态数为 0，“Link to DLL”（连接到动态链接文件）打对勾。

（2）单击 Next 按钮，出现如图 5-54 所示的封装编辑对话框，此对话框先不做设置。

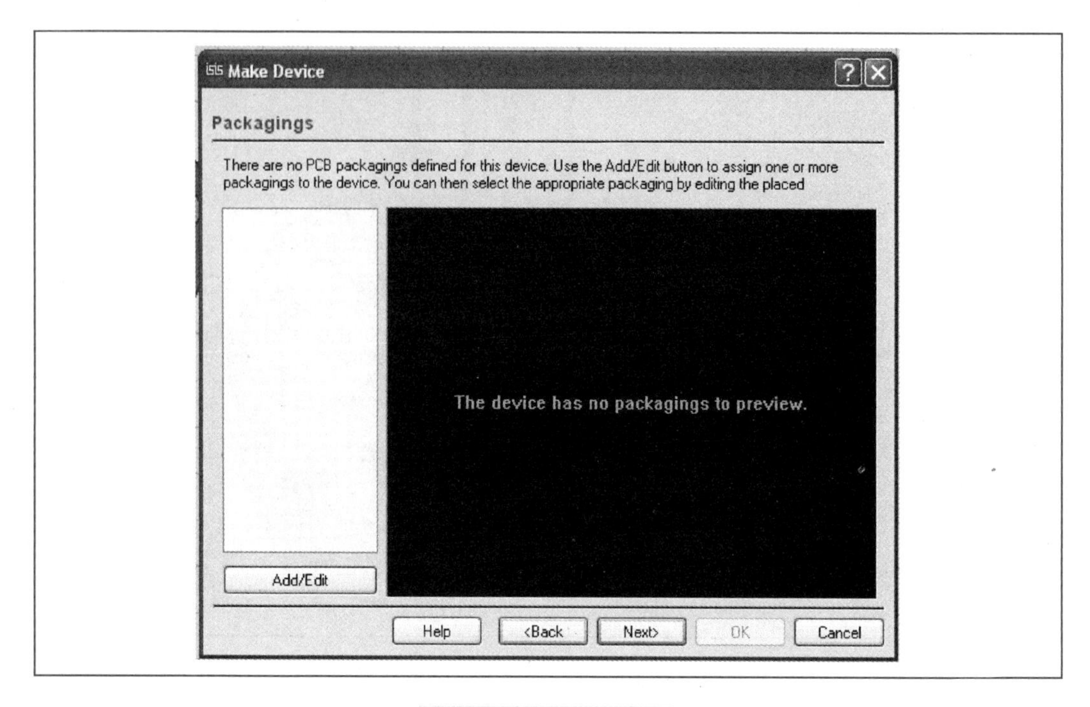

图 5-54　封装对话框

（3）单击 Next 按钮。出现了“Componet properti & Definitions”（元件属性对话框），如图 5-55 所示。

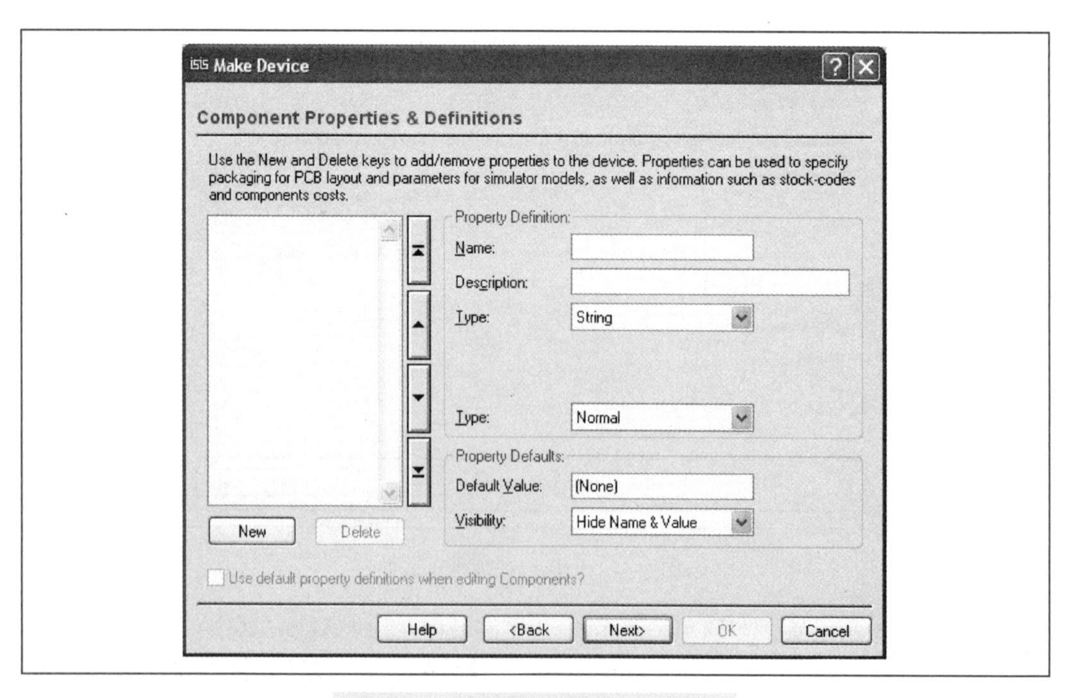

图 5-55　元件属性及元件定义对话框

（4）单击 New 按钮，选择 MODDLL，设置动态链接文件属性如图 5-56 所示。

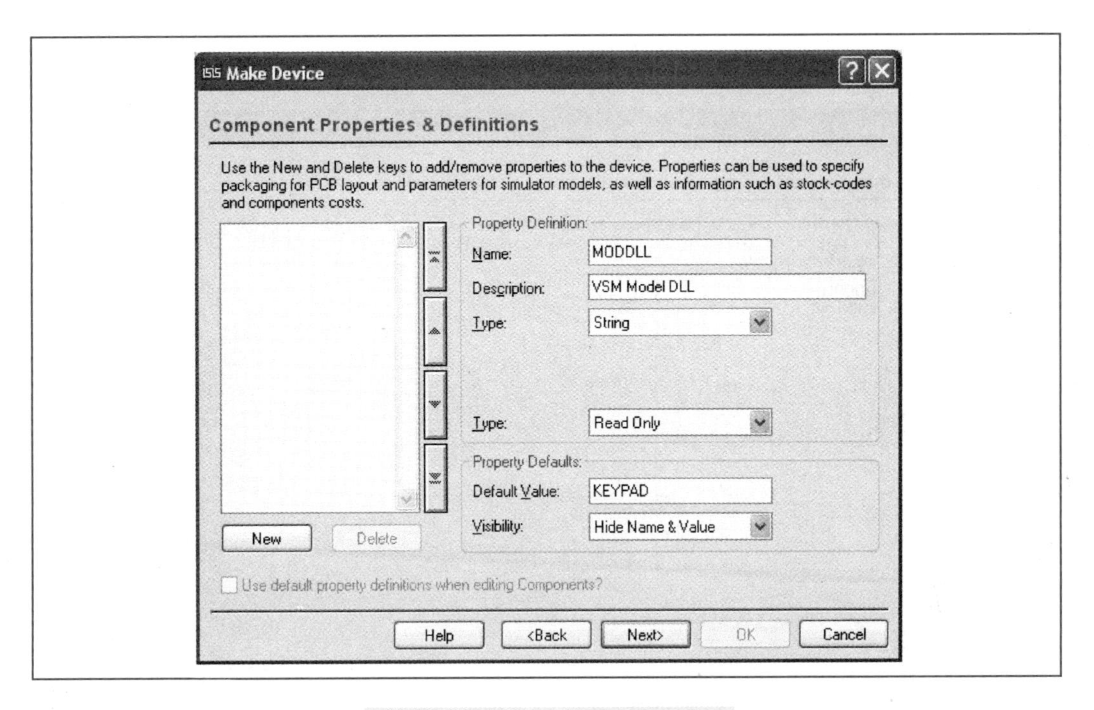

图 5-56　DLL 文件属性设置对话框

（5）单击 New 按钮，选择 PRIMITIVE，设置属性如图 5-57 所示。

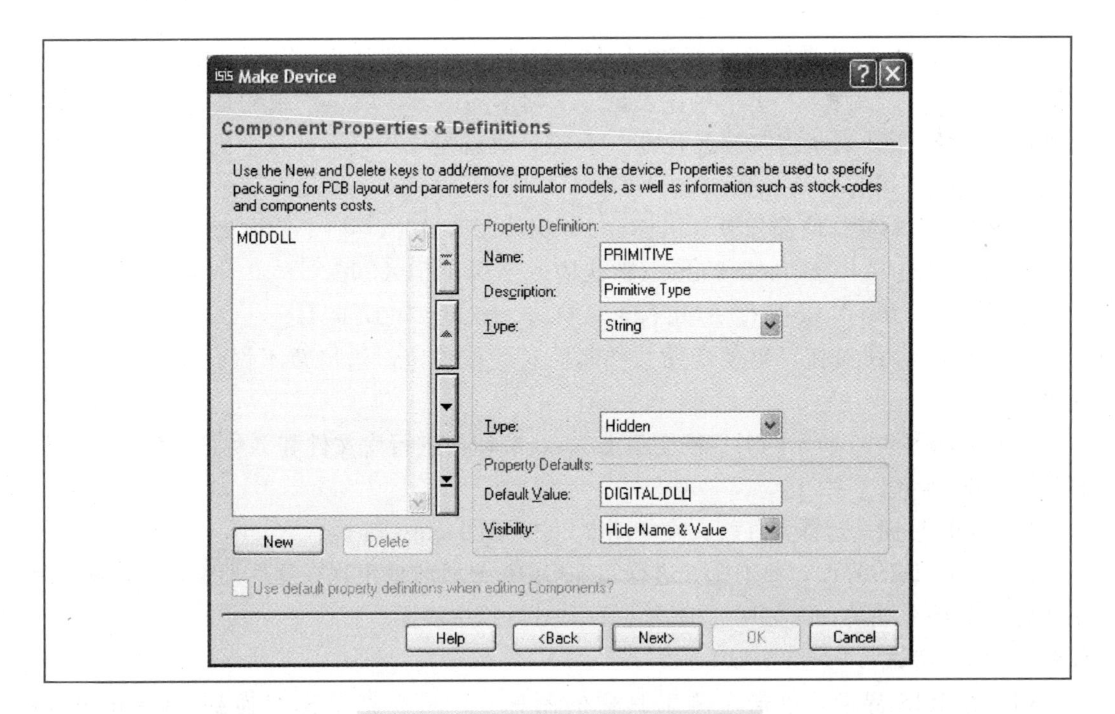

图 5-57　PRIMITIVE 属性设置对话框

（6）单击 New 按钮，选择 Blank Item（空白项），定义按键 L 的作用区域属性如图 5-58所示。

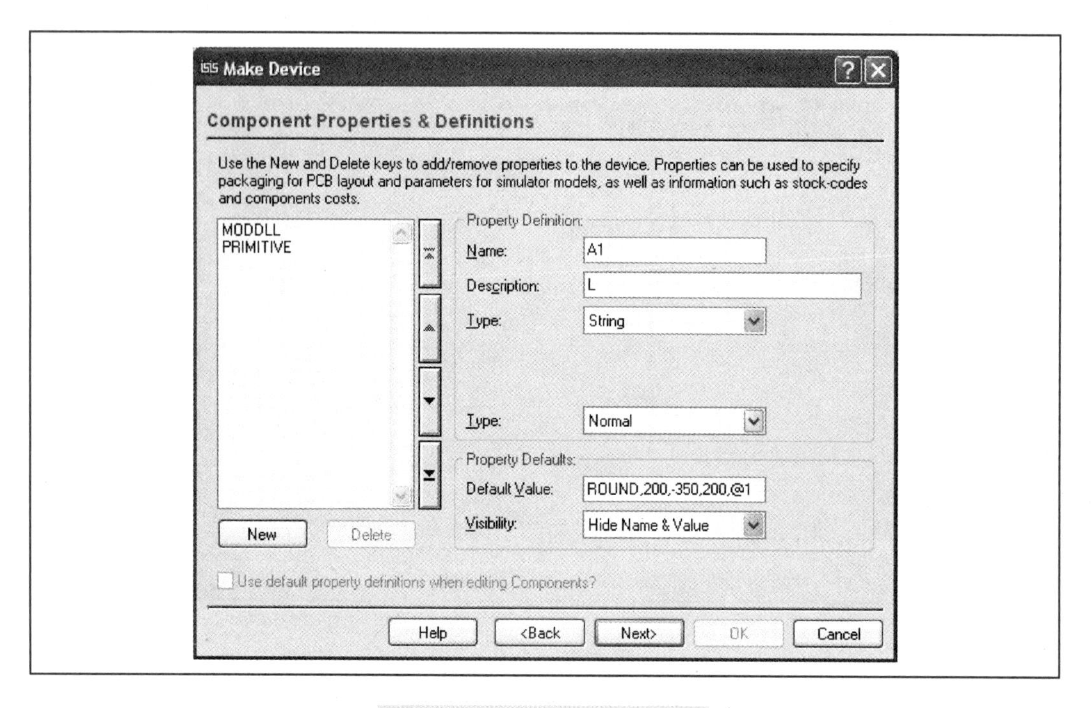

图 5-58　引脚属性定义对话框

在图 5-58 中，需要修改的参数为 Default Value（默认值部分）：ROUND，200，－350,200，@1。其中，ROUND 代表是一个圆形的区域，后边紧跟的是圆心的横坐标、纵坐标和直径。@1 表示指向键盘上的“1”键，也就是说当按下键盘上的“1”键，此时“L”键也是起作用的。

L 作用区域的默认值部分为 ROUND，－240，20，160，@1，依次为 U、R、D 定义引脚为 A2、A3、A4，Default Value（默认值）分别为 ROUND，－10，150，160，@2；ROUND，240，0，160，@3；ROUND，－10，－120，160，@4。

（7）单击 Next 按钮，出现帮助文件属性对话框设定，这里暂不做设定。如图 5-59 所示。

（8）在如图 5-59 所示的对话框中单击 Next 按钮，进行库文件和名称的设定，属性设置如图 5-60 所示。

单击 OK 按钮，这样元件就放在如图 5-60 所示的 sxgy 库中了。

（9）返回 ISIS 界面，单击P，进行元件拾取，PADS 就出现在元件列表中了，可以单击放置到 ISIS 编辑界面，如图 5-61 所示为 PADS 拾取界面。

5.3.3　仿真测试

（1）在 ISIS 界面，单击左侧工具栏的图标，从而把鼠标切换到“Components Mode”（元件模式），单击元件拾取图标P，拾取元件 PADS，并放置到 ISIS 编辑区域。

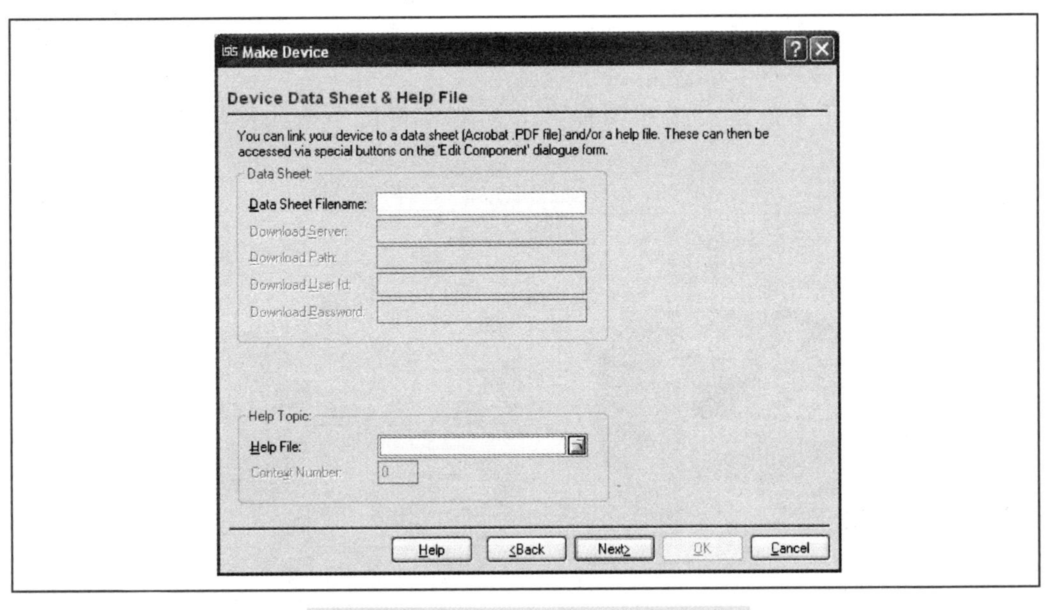

图 5-59　设备页和帮助文件设定对话框

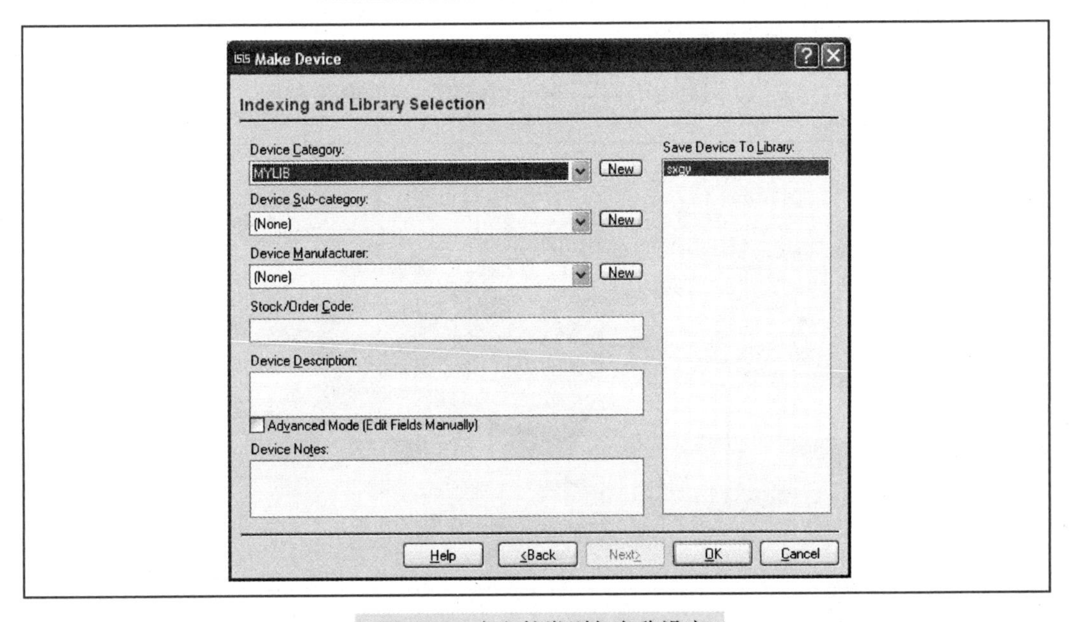

图 5-60　库文件类别与名称设定

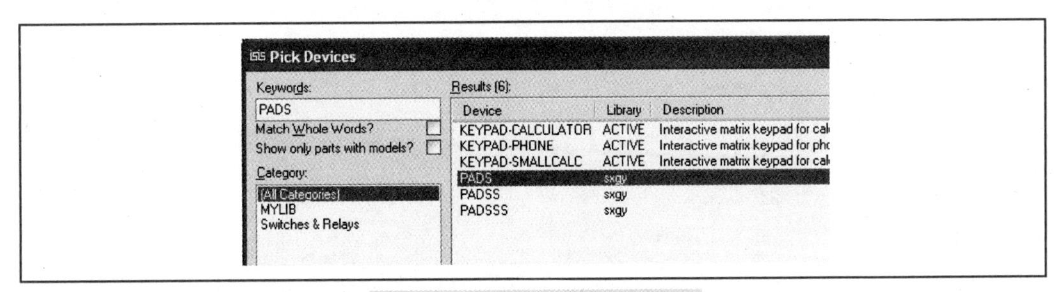

图 5-61　PADS 元件拾取界面

(2) 在左侧工具栏中单击“Teminals Mode”（终端模式）图标，添加接地端GROUND，连接电路如图 5-62 所示。

(3) 单击左侧下方的运行按钮图标，所制作好的手柄元件呈现运行状态，如图 5-63所示。

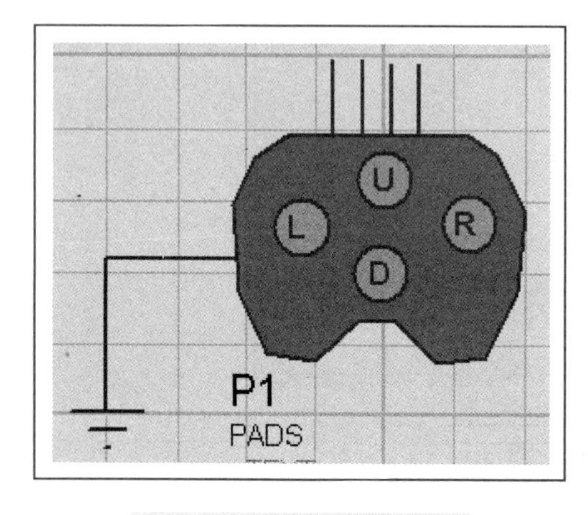

图 5-62　PADS 连接示意图

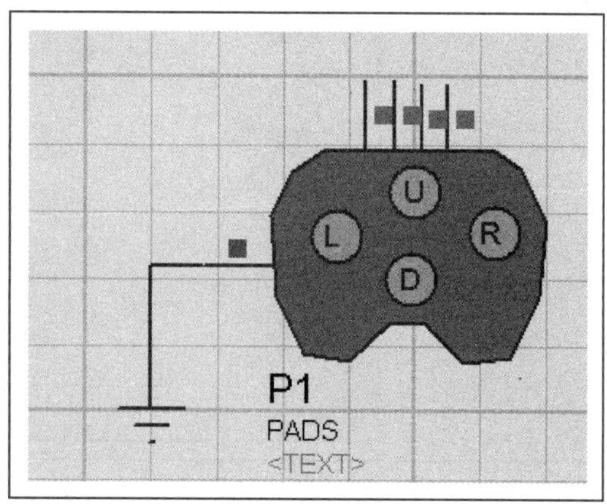

图 5-63　运行中的 PADS 元件

单击任一按键 L、U、R、D，相应端子会出现蓝色的低电平信号。如图 5-64 所示。

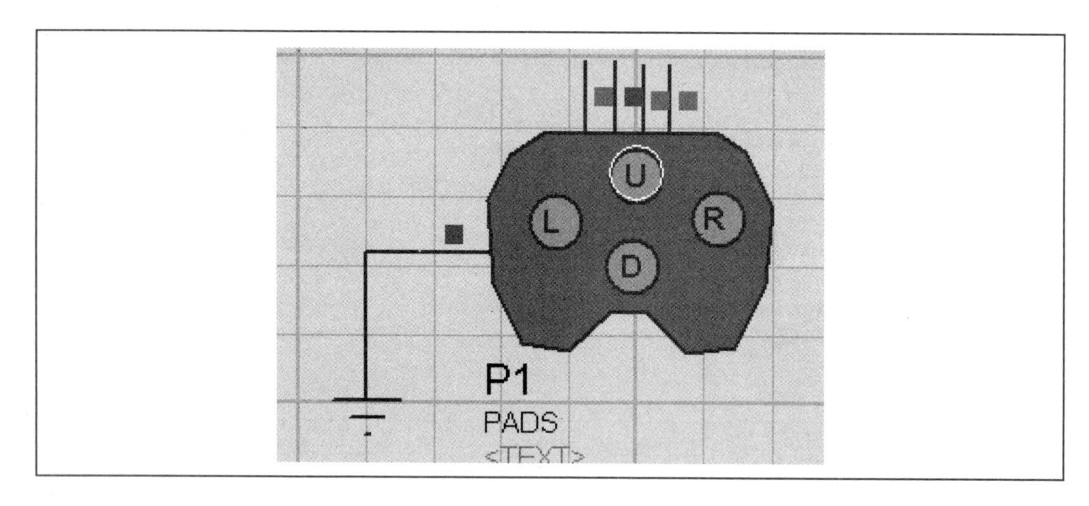

图 5-64　运行中的游戏手柄

层次电路图设计

和支持通常的多图纸设计过程一样，ISIS 支持层次设计。对于一个较大、较复杂的电路图，不可能一次完成，也不可能将该电路图画在一张图纸上，更不可能通过一个人来完成。利用层次电路图可以大大提高设计速度，也就是将这种复杂的电路图根据功能划分为几个模块，由不同的人员来分别完成各个模块，做到多层次并行设计，并能够很好地展现原理图自上而下或自下而上的层次性，使图纸清晰，可读性强。

任务一 复合逻辑的层次电路设计

我们将通过一个具体的例子（见图 6-1）来介绍层次电路图的基本概念和绘制层次原理图的步骤与技巧。

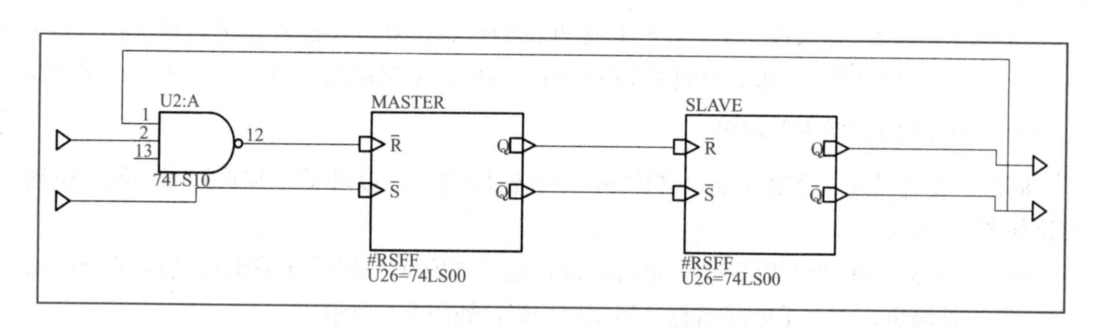

图 6-1　层次电路设计原理图

图 6-1 是一个层次电路，其中 MASTER 和 SLAVE 为子电路，子电路的具体电路图如图 6-2 所示。MASTER 和 SLAVE 的子电路相同。

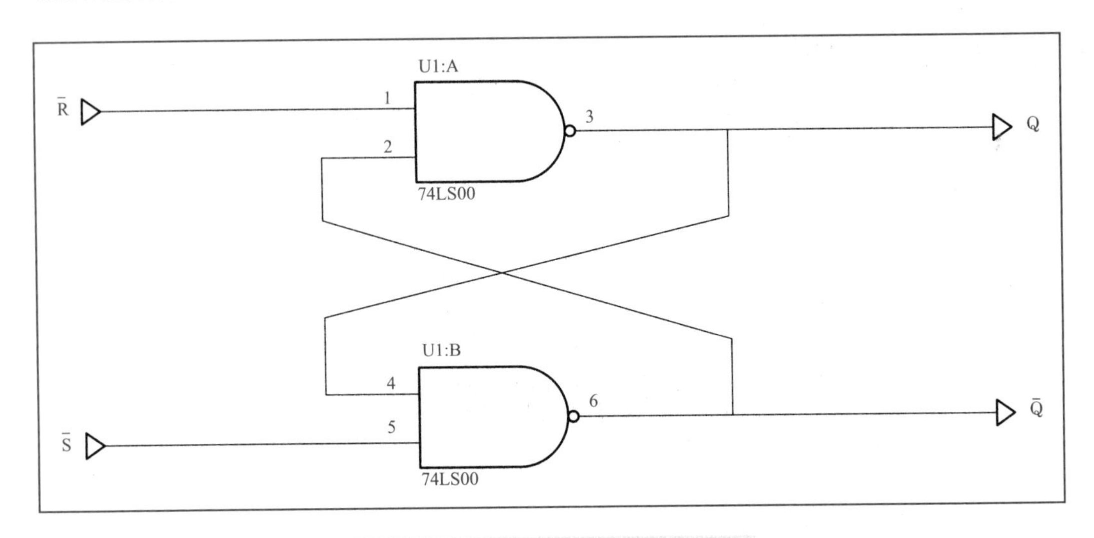

图 6-2　MASTER 和 SLAVE 电路图

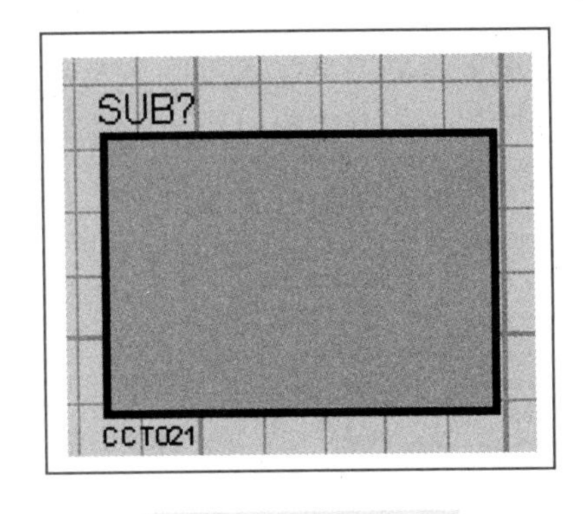

图 6-3　子电路模块

下面首先使用子电路工具建立层次图。层次电路设计的具体步骤如下。

(1) 新建工程文件，名称图标为层次电路的设计.pdsprj。

(2) 打开 ISIS，单击工具栏中的“Subcircuit Mode”(子电路工具) 图标，并在编辑口拖曳出子电路模块，如图 6-3 所示。

(3) 把鼠标放到子电路模块中，单击右键，选择“Add Module Port”(添加模块端口)，如图 6-4 所示。

(4) 添加 INPUT (输入) 和 OUTPUT (输出) 端子，端口用来连接子图和主图。一般输入端口放在电路模块左侧，而输出端口放在右侧，如图 6-5 所示。

(5) 把鼠标放在输入端子上，呈红色虚框选中状态，双击左键或单击右键选择“Edit Properties”(编辑属性)，弹出如图 6-6 所示的对话框，编辑输入端口名称。注意，需要输入 $\overline{R}$ 时，只需输入“$R”即可。

同理，设置另外一个输入端口名称 $\overline{S}$，设置输出端口为 Q 和 $\overline{Q}$。编辑好端口的子电路模块如图 6-7 所示。

(6) 把光标放在“SUB?”上，单击右键，选择“Edit Lable”(编辑标签)，在 String (字符串) 处编辑，输入子电路名称“MASTER”，如图 6-8 所示。

或者选中整个子电路模块，单击右键，选择“Edit Properties”(编辑属性)，如图 6-9和图 6-10 所示，子图框的“Name”输入“MASTER”(实体名称)，“Circuit”输入“#RSFF”(电路名称)。多个子电路可以具有同样的“Circuit”(电路名称)，如“#RSFF”，但是在同一个图中，每个子电路必须有唯一的子图框名称 Name，如“MASTER”和“SLAVE”。

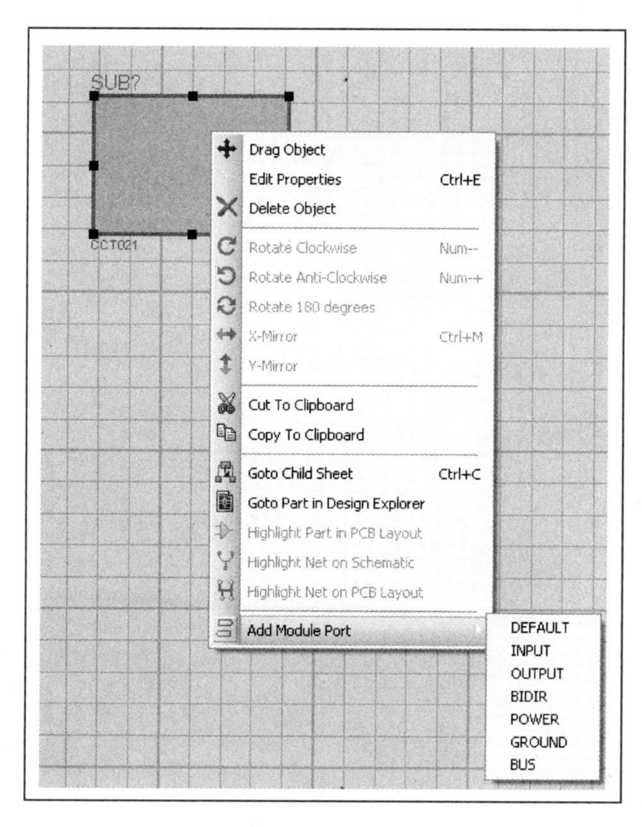

图 6-4　添加端子示意图

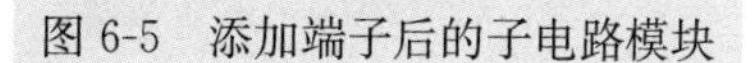

图 6-5　添加端子后的子电路模块

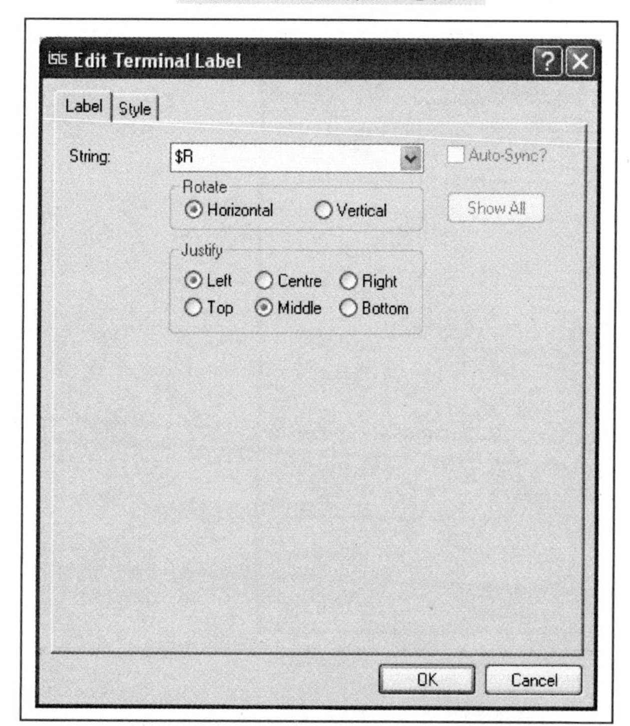

图 6-6　编辑输入端口名称 $\bar{R}$

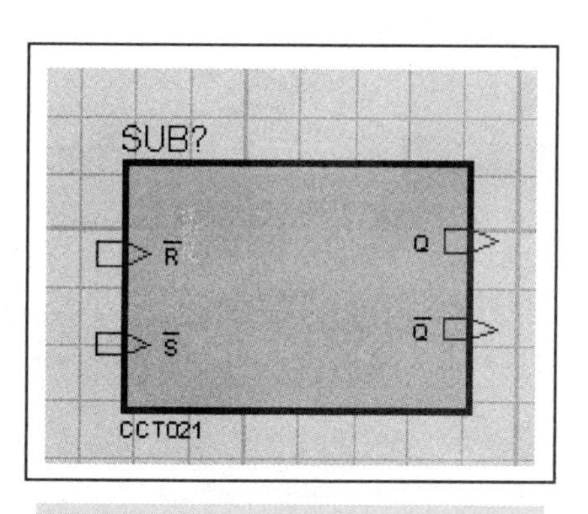

图 6-7　编辑好端口的子电路模块

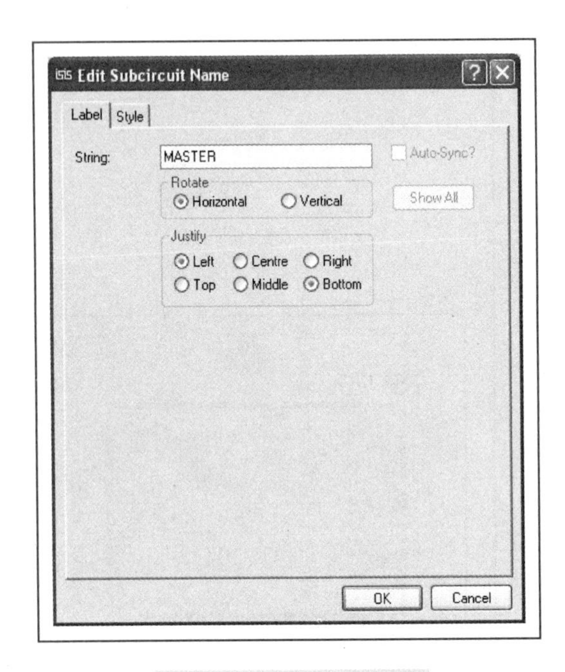

图 6-8　编辑子电路名称

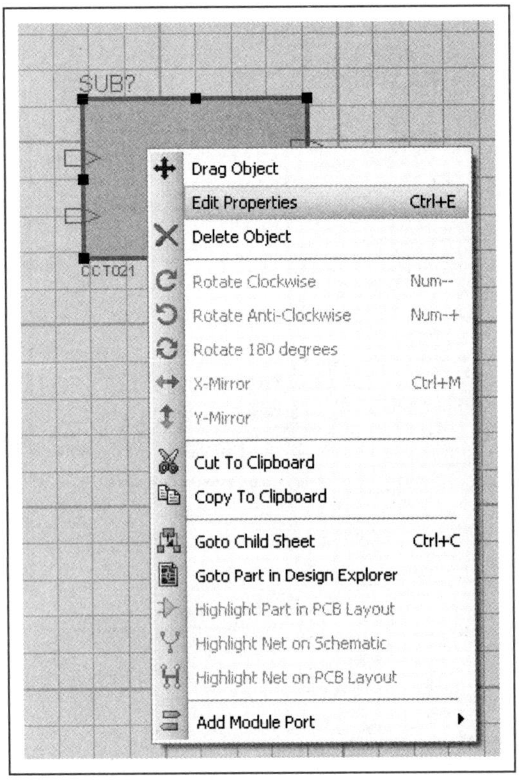

图 6-9　编辑子电路菜单示意图

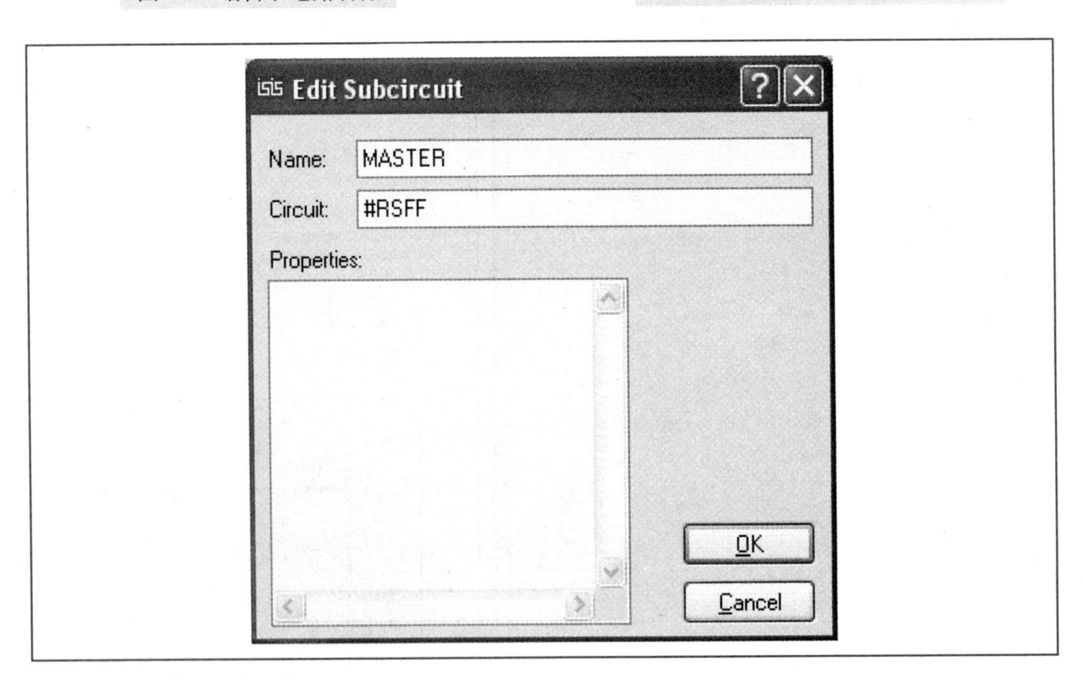

图 6-10　编辑子电路对话框

这时子电路模块如图 6-11 所示。

（7）将光标放置在子图上，单击右键，并选择菜单命令“Goto Child Sheet”（到子图页），或使用默认 Ctrl＋C 组合键，此时 ISIS 加载一个空白的子图页，如图 6-12 所示。

（8）编辑子电路。在 Proteus ISIS 编辑环境中输入如图 6-1 所示的原理图，然后单击工具箱中的按钮，则相应的在操作界面的对象选择器列出所包含的项目，如图 6-13 所示。可根据需要选择相应对象。

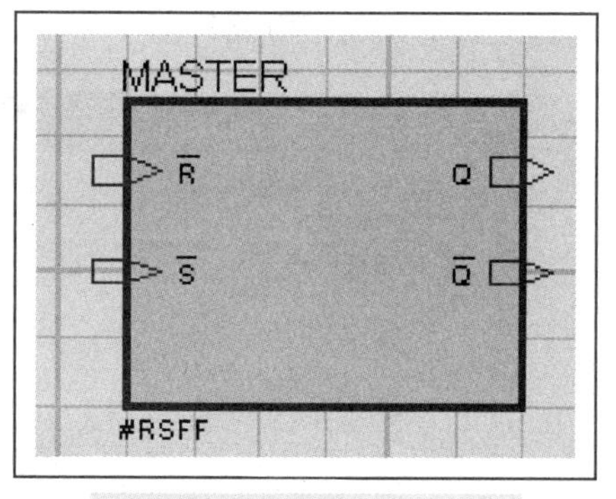

图 6-11　子电路模块

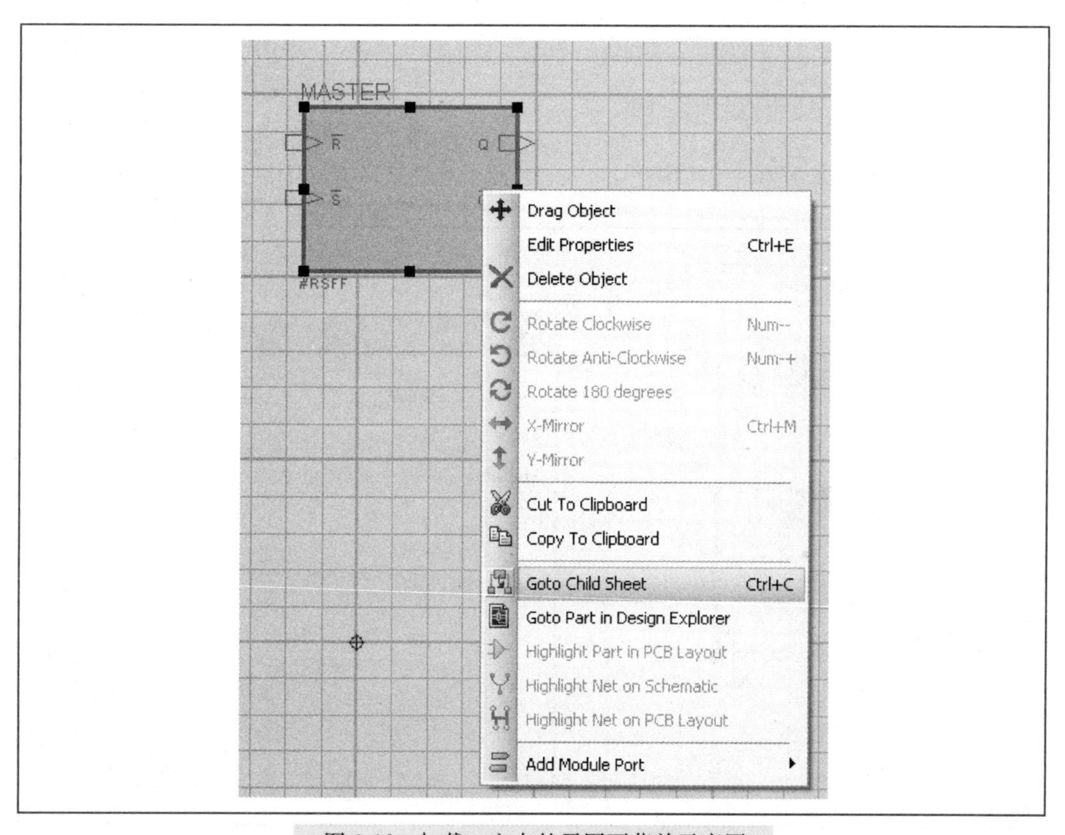

图 6-12　加载一空白的子图页菜单示意图

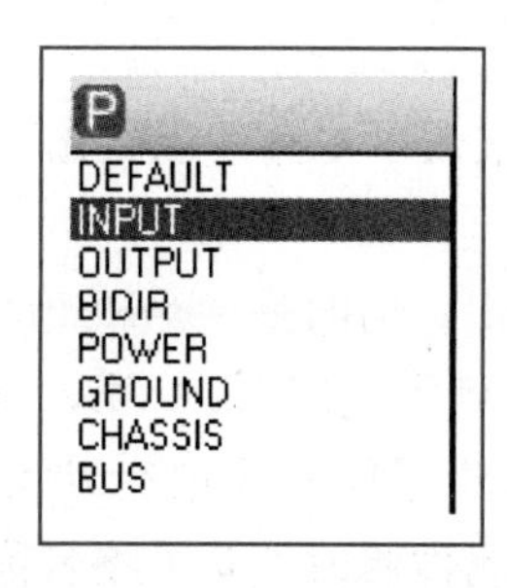

图 6-13　输入端子和输出端子的选择

输入/输出终端是必须放置的。选中对象编辑器中的“INPUT/OUTPUT”，则在预览窗口出现输入/输出端口的图标，在原理图中单击，则可在原理图中完成添加，选中输入/输出并拖曳到合适的位置，可将输入/输出端口连接到电路。单击输入/输出端口符号，进入编辑对话框，在“String”（字符串）栏中分别输入/输出端口名称，然后单击“OK”按钮，完成端口的放置，如图 6-1 所示。注意，这里的端口名称必须与子电路框图中一致。

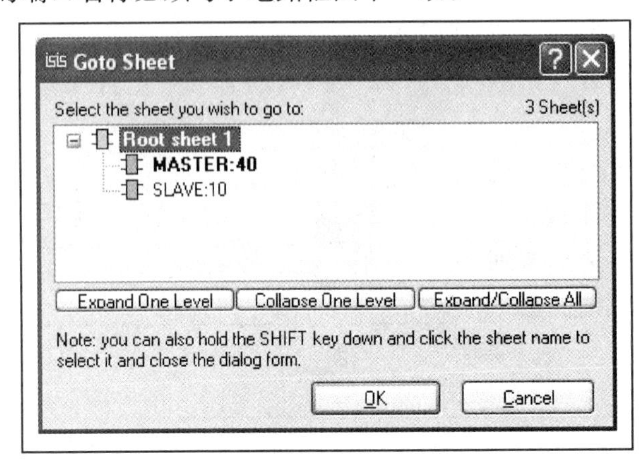

图 6-14 返回图页选择框

(9) 子电路编辑完成后，选择菜单命令“Design”（设计）→“Goto Sheet”（回到指定图页），出现如图 6-14 所示对话框，选择“Root sheet1”（根页），然后单击“OK”按钮，使 ISIS 回到主设计图页。

需要返回主设计页也可以在子图页空白处单击右键，选择“Exit to Parent Sheet”（进入主页）选项。

(10) 单击子电路图框，进入子电路编辑对话框，可对子电路属性进行编辑。如图 6-15 所示，可在“Properties”中输入“U26=74LS00”，以此定义子电路图中所使用元件为 74LS00。

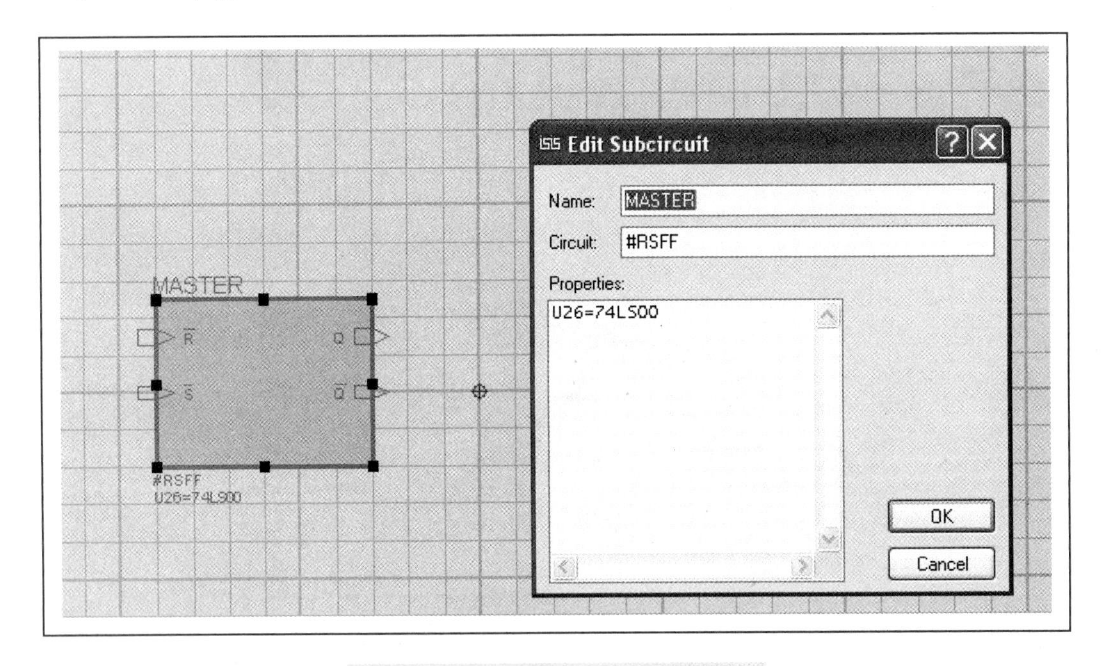

图 6-15 MASTER 子电路属性设置

(11) 单击“OK”按钮，完成对该子电路的编辑，同时实现了电路的层次化。

(12) 层次电路图 6-2 中另一子电路 SLAVE 的编辑方法同 MASTER。

实际上，这里两个子电路是一样的，其电路名称（Circuit）仍旧是“＃RSFF”，子图框名称（Name）为“SLAVE”。所以可以采用复制的方法得到子电路 SLAVE，具体操作是：先选中 MASTER 子模块，然后选择状态栏 Block Copy 工具进行块复制，如图 6-16所示，之后单击右键退出，对复制的子电路模块进行属性修改，其电路名称 Circuit 保持为“＃RSFF”不变，子图框名称 Name 改为“SLAVE”即可。

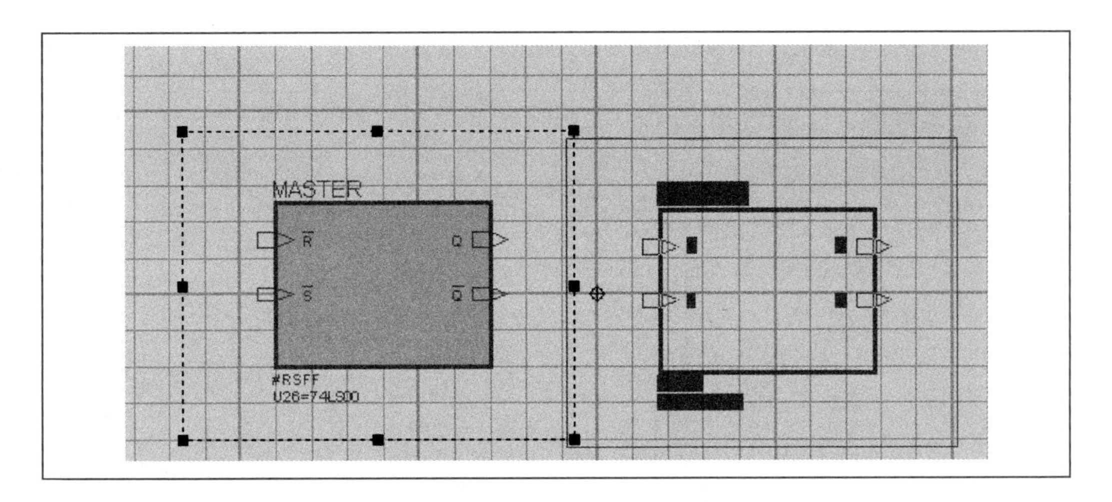

图 6-16　SLAVE 子电路图页的复制示意图

（13）单击子电路模块，进入子电路编辑对话框，可在“Properties”中添加子电路属性，然后单击“OK”按钮，完成对此子电路的编辑工作，如图 6-17 所示。

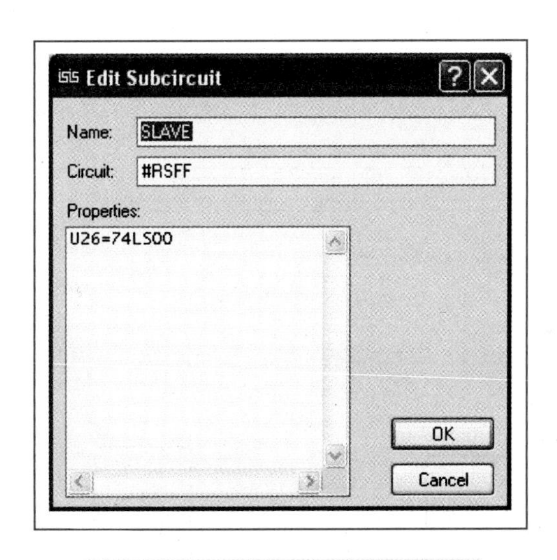

图 6-17　子电路属性设置对话框

（14）按照图 6-1 连接电路，完成层次电路的设计。

任务二　音频放大电路的层次电路设计

音频放大电路包括前置放大电路和功率放大电路部分。电路较为复杂，就可以采用层次电路的方法进行设计。此外，在这个任务中，创建工程运用了设计模板，因此电路图增加了图区的标号部分显示。电路图如图 6-18 所示。

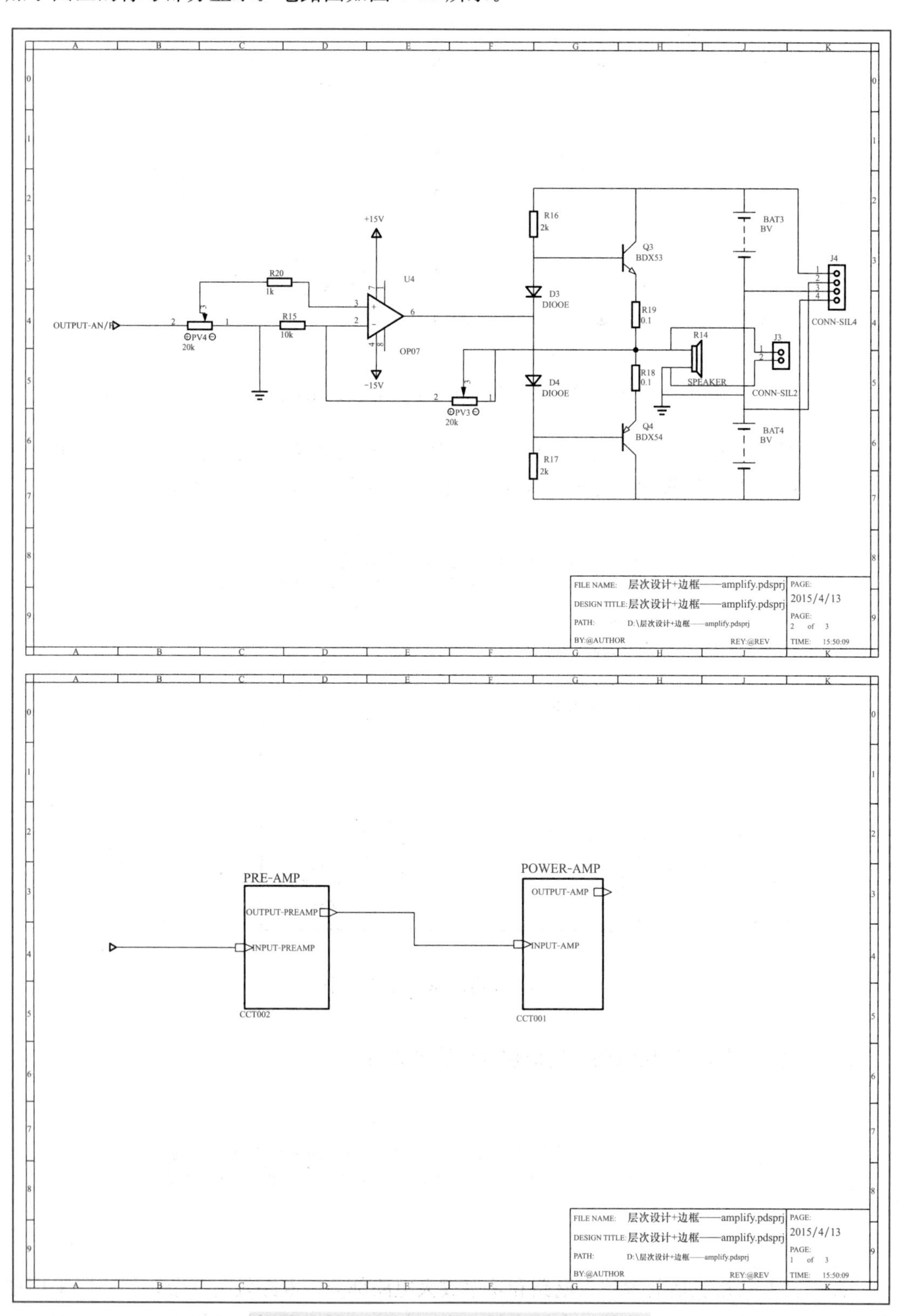

图 6-18　分层设计的音频放大电路（一）

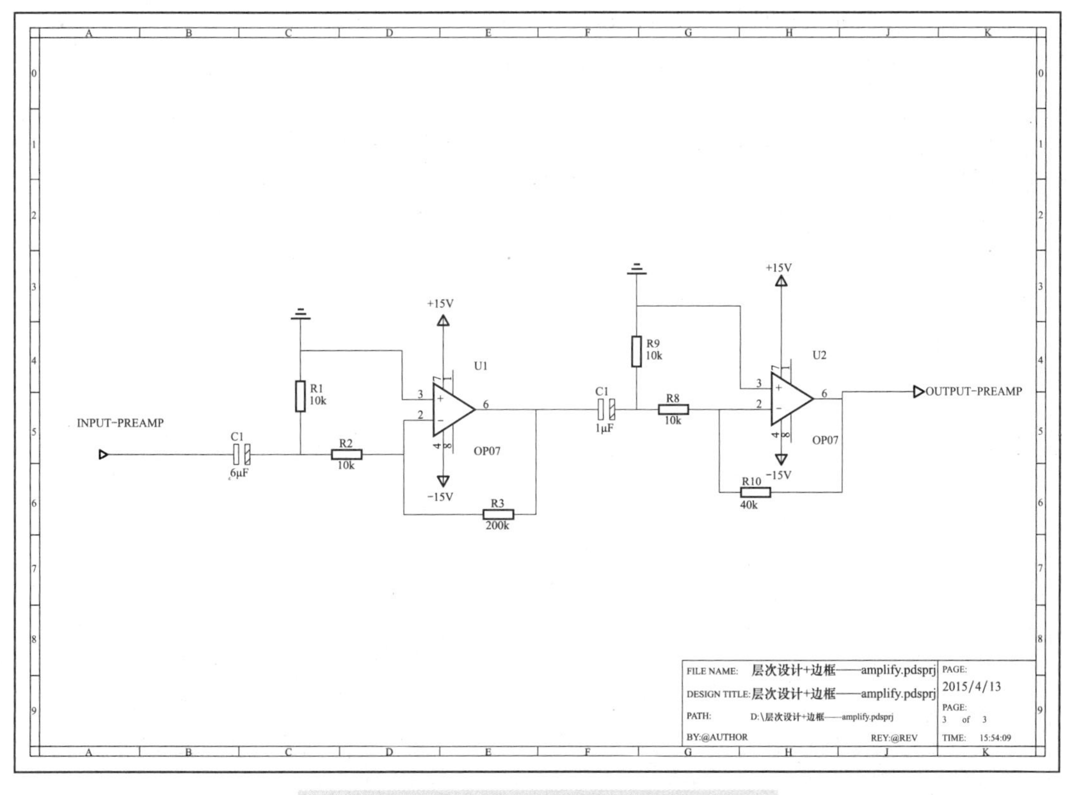

图 6-18　分层设计的音频放大电路（二）

图 6-18 的电路不仅用了分层设计，而且给设计图纸增加了边框。

绘制电路的步骤如下：

（1）打开 Proteus8，单击菜单“File”（文件）→“New Project”（新建工程），命名为“层次设计＋边框---amplify”，单击 Next 按钮（下一步）。

（2）选择设计图模板“Landscape A4”按钮（横排 A4），如图 6-19 所示。

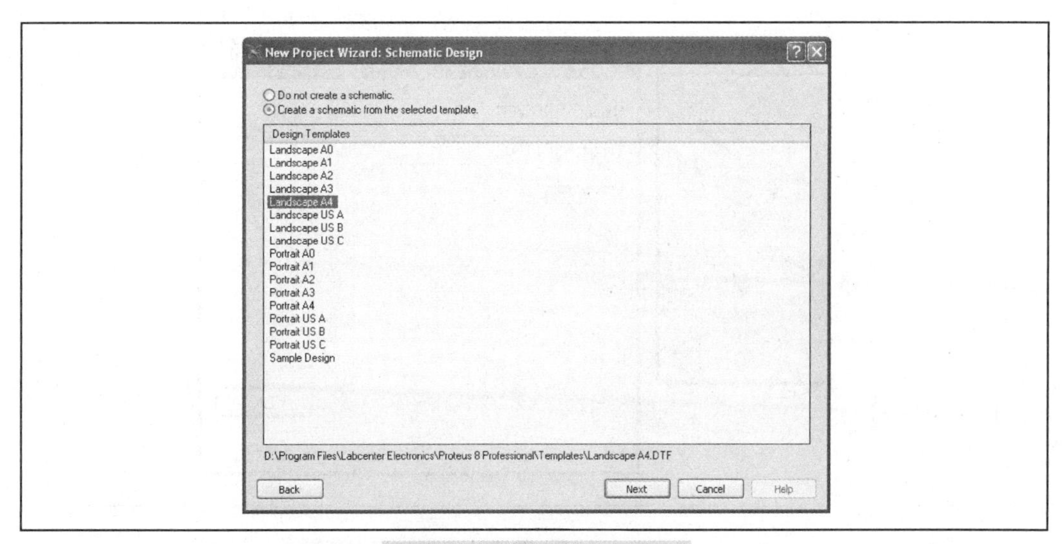

图 6-19　图纸模板的选择

接下来一直选默认选项，单击 Next 按钮，最后单击“Finish”（完成）按钮，新的工程创建完成。进入 ISIS 电路编辑区域，如下图 6-20 所示。

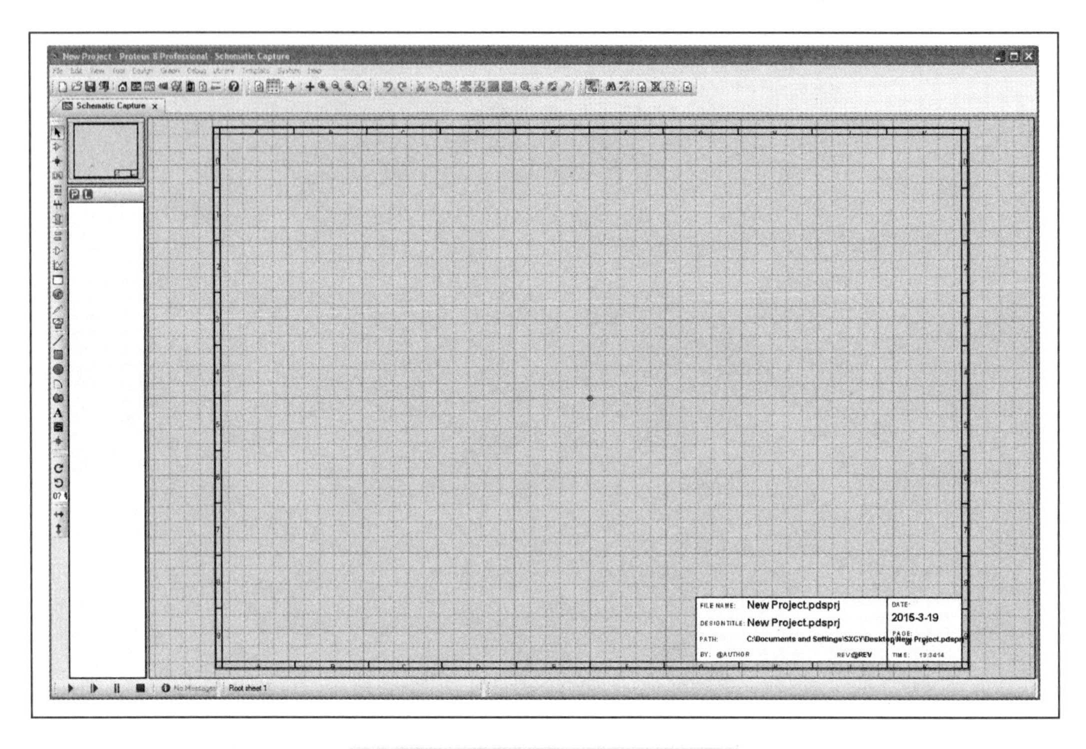

图 6-20　带图区编号的 ISIS 界面

（3）单击工具栏中的“Subcircuit Mode”（子电路工具）图标，然后在编辑口拖曳出功率放大子电路模块，并编辑子电路模块如图 6-21 所示。

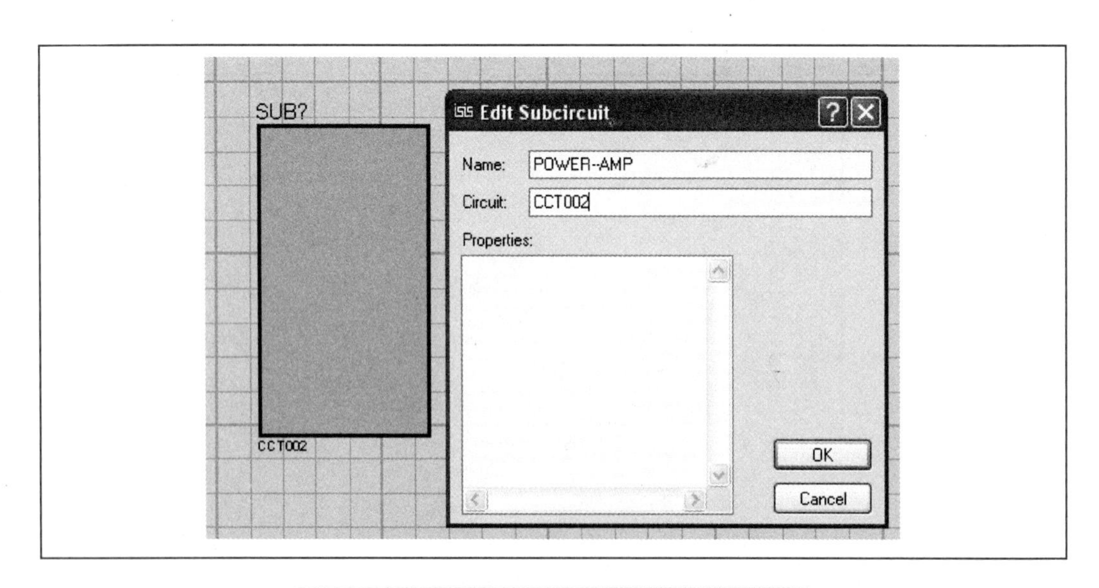

图 6-21　功率放大子电路模块属性编辑对话框

(4) 把鼠标放到子电路模块中，单击右键，选择“Add Module Port”(添加模块端口)，添加输入端子 INPUT 和输出端子 OUTPUT，鼠标变为 X 形状，选择放置位置即可添加输入或输出端子。双击端口可更改端口名称分别为“INPUT-AMP”和“OUTPUT-AMP”，如图 6-22所示。

(5) 将光标放置在子图上，单击右键，并选择菜单命令“Goto Child Sheet”(到子图页)或使用默认 Ctrl+C 组合键，此时 ISIS 加载一个空白的子图页，如图 6-22 所示。绘制功率放大电路如图 6-23 所示。

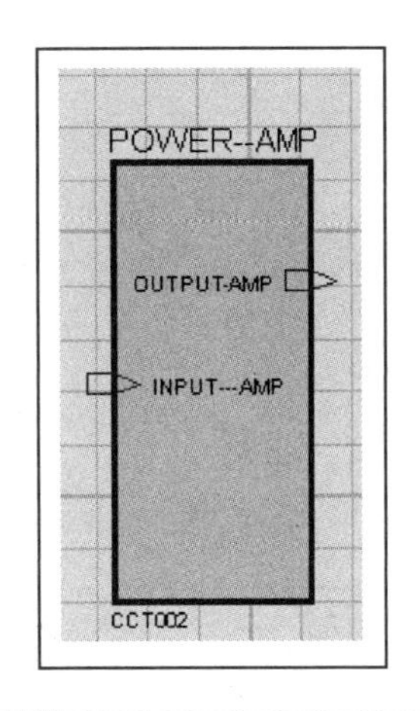

图 6-22　输入端口和输出端口的添加

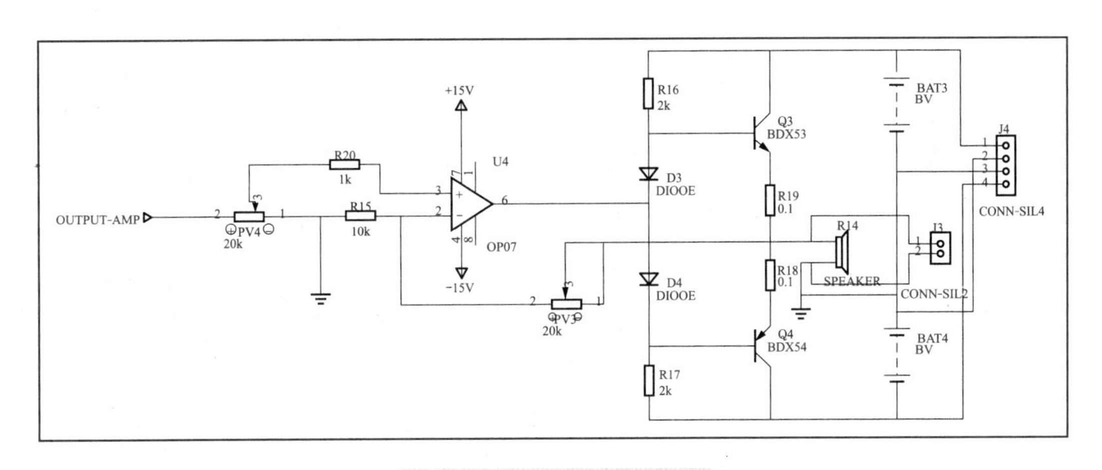

图 6-23　功率放大子电路

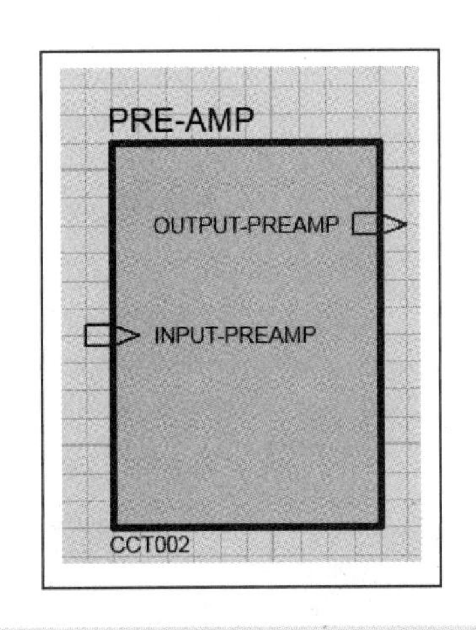

图 6-24　前置放大电路的子电路模块

(6) 在子图页空白处单击右键，选择“Exit to Parent Sheet”(进入主页)选项。

按照步骤(3)和(4)的方法建立前置放大器子电路，如图 6-24 所示。

(7) 按照步骤(5)，绘制“前置放大电路”子电路模块，如图 6-25 所示。

(8) 在子图页空白处单击右键，选择“Exit to Parent Sheet”(进入主页)选项，进入父页，连接两个子电路模块，如图 6-26 所示。

至此，音频放大器的前置电路和功率放大电路都放在不同的图纸上，看起来更加清晰明了。

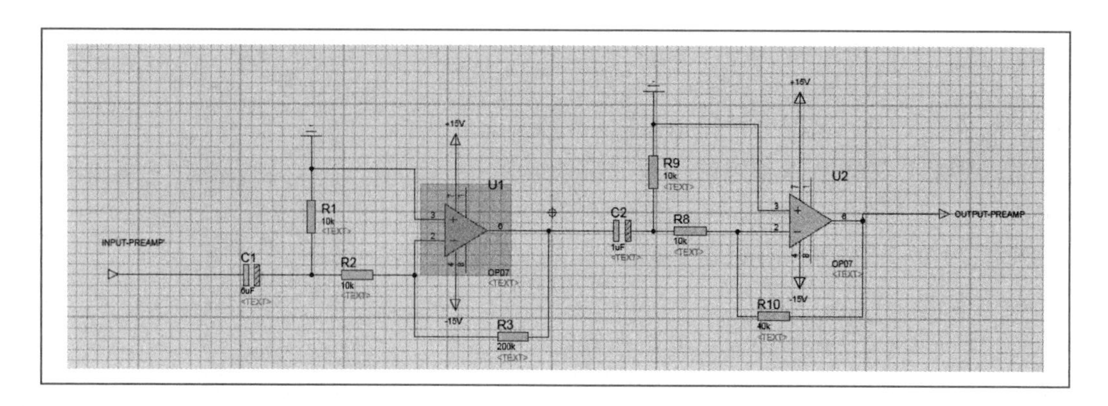

图 6-25　前置放大电路子电路原理图

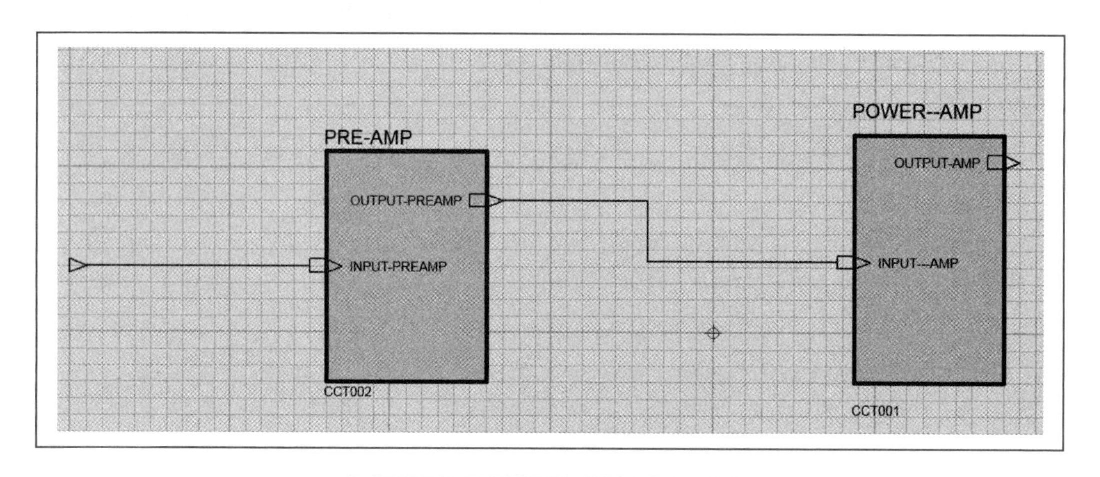

图 6-26　子电路模块连接示意图

项目七

印刷电路板（PCB）设计

印刷电路板的作用是固定元件和完成元件之间的电气连接。如图 7-1 所示，左上方为设计好的电路原理图，右下角为实物图。显然，要把电路原理图变成实物首先需要设计印刷电路板。蓝色方框所示为印刷电路板的设计图。

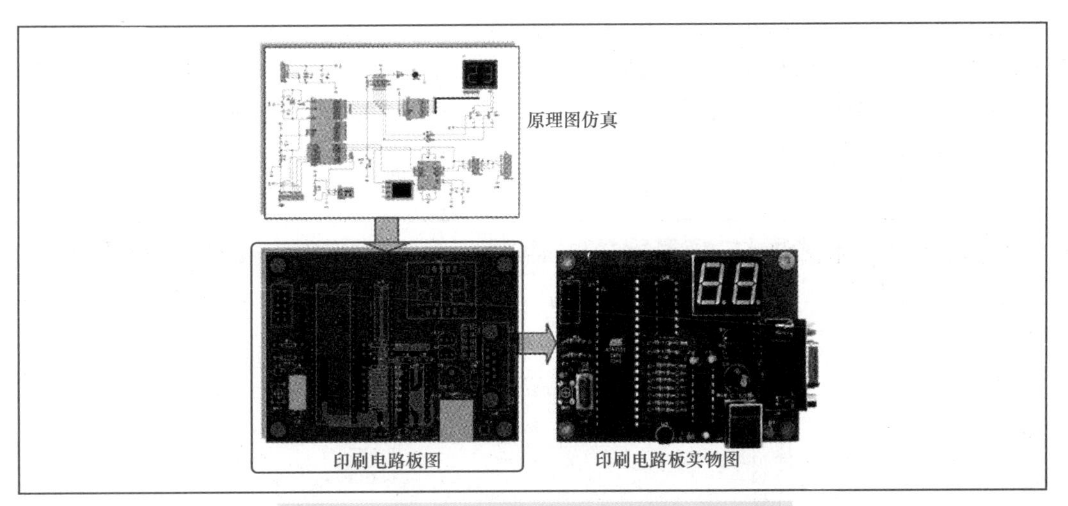

图 7-1 Proteus 实现从概念到产品的完整设计

设计印刷电路板依附于已经完成仿真的原理图参数，Proteus 将原理图设计仿真软件 ISIS 和印刷板电路板设计软件 ARES 完美集成在一起。

任务一 印刷电路板（PCB）设计准备工作

7.1.1 元件封装检查

所谓封装就是元器件在印刷电路板上的安装尺寸，包括引脚数目及其之间的尺寸和元件的轮廓。

如图 7-2 所示，图 7-2（a）为 LED 实物图，图 7-2（b）是电路原理图符号，图 7-2（c）为 LED 的封装图，图 7-2（d）为 LED 安装的 3D 预览图。

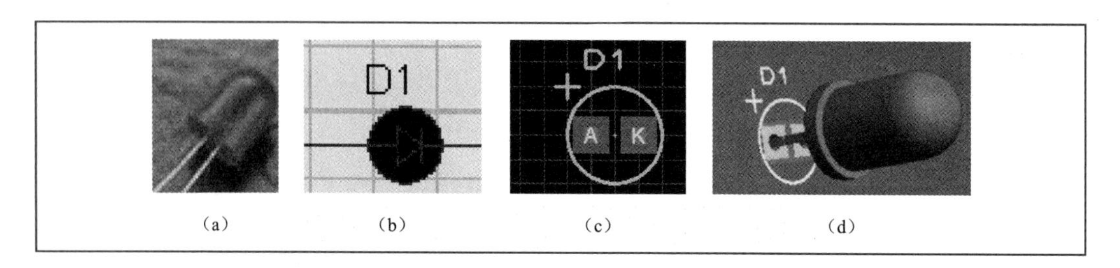

图 7-2　LED 图片与符号
（a）实物图；（b）电路原理图符号；（c）封装图；（d）3D 预览图

如果要进行印刷电路板设计，所涉及的元件就必须有封装。所以，在进行印刷电路板设计之前要进行封装检查。

在 ISIS 中单击浏览工具按钮，弹出的窗口如图 7-3 所示为设计浏览器窗口。图中左边为全部电路设计元件列表。右边窗口中四列依次是 Reference（符号）、Type（类型）、Value（值）和 Circuit Package（电路封装）。D1、D2、D3、D4、D5、D6、D7、D8 没有封装，浏览器窗口中对应它们的封装栏中出现“missing”高亮红色显示。添加封装的方法在本书项目五中详细介绍。

流水灯 - Physical Partlist View

ROOT10

Reference	Type	Value	Circuit/Package
C1	CAP	330F	CAP10
C2	CAP	33pF	CAP10
C3	CAP-ELEC	10uF	ELEC-RAD10
D1	LED-YELLOW	LED-YELLOW	missing
D2	LED-YELLOW	LED-YELLOW	missing
D3	LED-YELLOW	LED-YELLOW	missing
D4	LED-YELLOW	LED-YELLOW	missing
D5	LED-YELLOW	LED-YELLOW	missing
D6	LED-YELLOW	LED-YELLOW	missing
D7	LED-YELLOW	LED-YELLOW	missing
D8	LED-YELLOW	LED-YELLOW	missing
R1	RES	10k	RES40
R2	RES	220	RES40
R3	RES	220	RES40
R4	RES	220	RES40
R5	RES	220	RES40
R6	RES	220	RES40
R7	RES	220	RES40
R8	RES	220	RES40
R9	RES	220	RES40
U1	AT89C51	AT89C51	DIL40
X1	CRYSTAL	CRYSTAL	XTAL18

图 7-3　封装检查

有些元件不需要安装在印刷电路板上，在进行封装检查时就不会出现在封装列表中。如图 7-4 所示的三极管放大电路中的示波器和信号源器件。就不会出现在封装列表中。

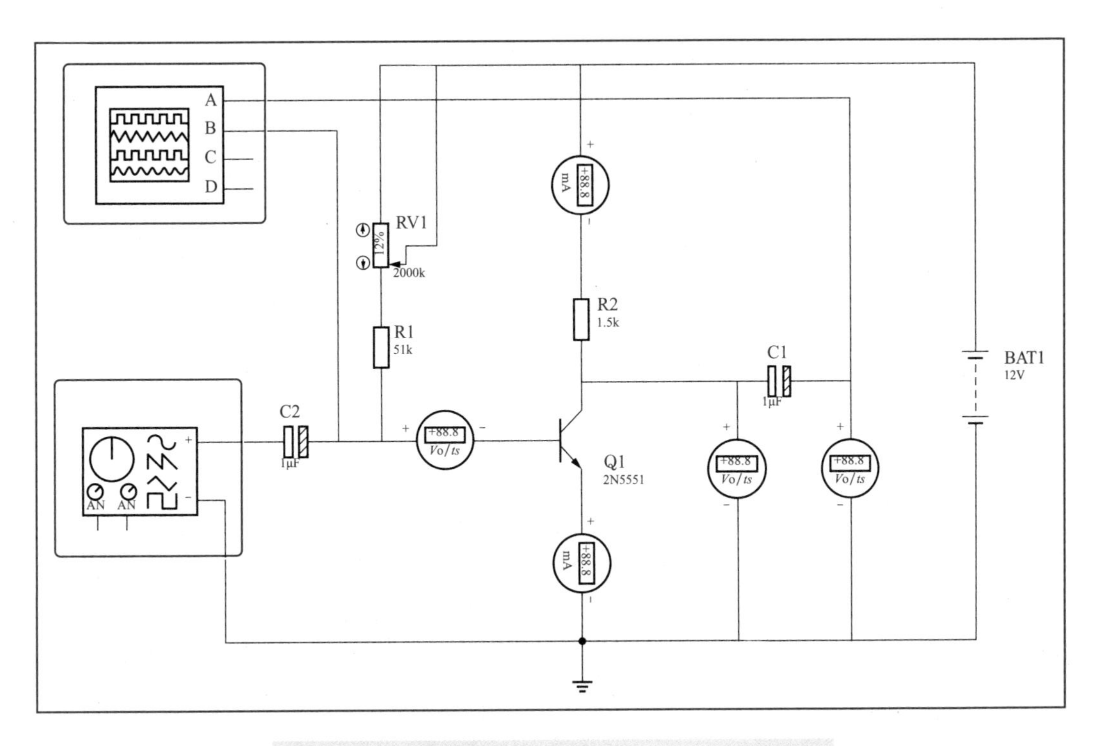

图 7-4 三极管放大电路中封装不会出现的器件

例如，在示波器上右键单击选择“Edit Properties”（编辑属性），出现如图 7-5 所示的对话框。

Edit Component
Part Reference: Hidden: OK
Part Value: Hidden: Cancel
Element: New
VSM Model: DSO.DLL Hide All
Other Properties:
{TRIGCURSORS=FALSE}
Exclude from Simulation
Exclude from PCB Layout
Exclude from Bill of Materials
Attach hierarchy module
Hide common pins
Edit all properties as text

图 7-5 示波器的属性对话框

如图 7-5 所示的属性对话框，勾选了“Exclude from PCB layout”（不包括在印刷板电路布局上），表明该元件不在印刷板电路布局上。

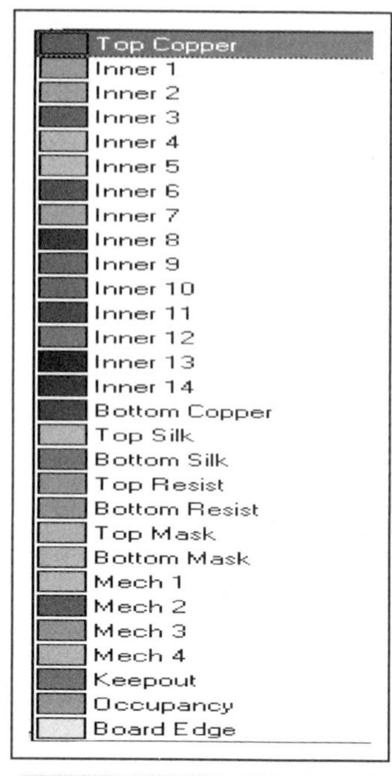

图 7-6　使用 ARES 完成 PCB 设计图

7.1.2　印刷板尺寸选择

印刷板的大小、尺寸、形状不是由元件的大小、多少来决定的，而是由印刷板所要安装的位置即它的应用场合所决定的。因此，在进行印刷电路板设计之前，首先要考虑好印刷板的尺寸和形状，然后再进行印刷电路板设计。

7.1.3　印刷板电路层数的选择

Proteus 可以支持 16 个铜箔层［1 个 TopCopper（顶层）、1 个 Bottom Copper（底层）、14 个 Inner（内层）］、2 个丝印层［Top Silk（顶层丝印层）、Bottom Silk（底层丝印层）］、4 个机械层加板边（Mech1、Mech2、Mech3、Mech4）、禁止布线区（KeepOut）、阻焊区（Top Resist、Bottom Resist）及助焊层（Top Mask、Bottom Mask）。如图 7-6 所示。

通常情况下，手动布线时用到的是 TopCopper（顶层）和 Bottom Copper（底层）。当电路布线较多，布线较密时，采用其他的 14 个 Inner 层进行布线。

印刷电路板层数说明如图 7-7 所示。

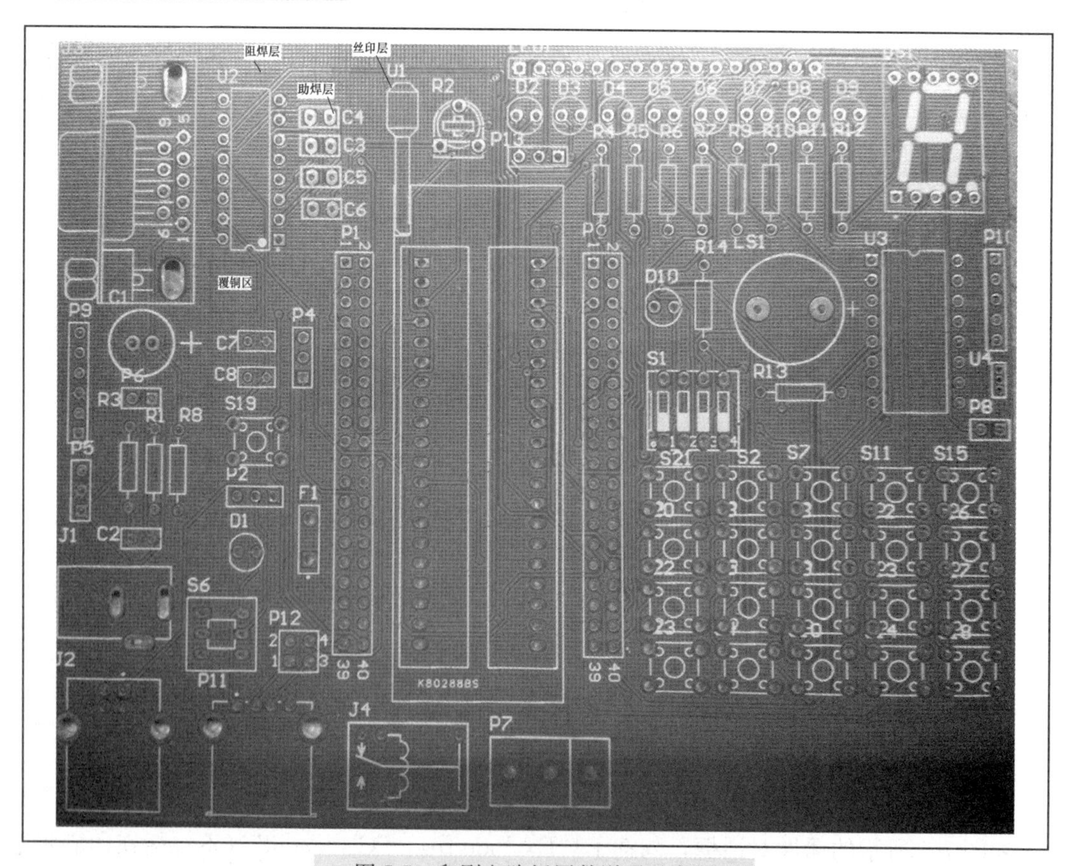

图 7-7　印刷电路板层数说明示意图

7.1.4　设计规则的设定

增强的设计规则管理器的设置可以进行层数走线等的配置。在进行 PCB 布线时，可以通过设计管理器配置设计规则对特定的层，特定的网络或一组网络进行管理，还可以创建任意数量的设计规则。如图 7-8 所示。

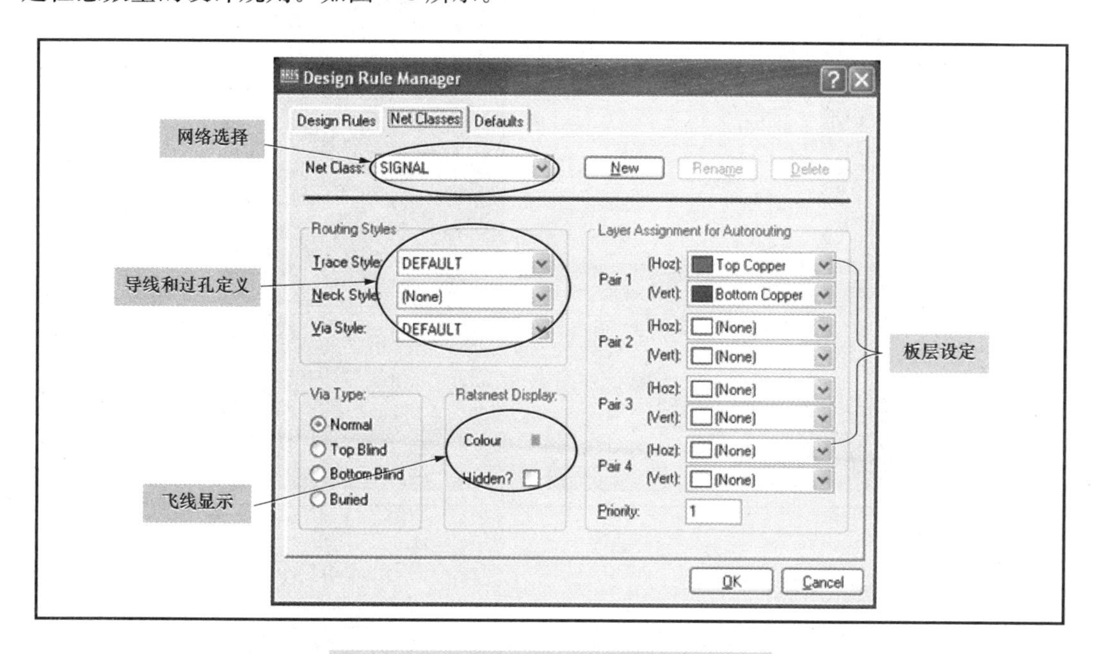

图 7-8　增强的设计规则管理器图

如图 7-8 所示，在设计规则管理器中的 Net Class（网络类）设定了 SIGNAL（信号线）的 Trace Style（走线类型）、Neck Style（缩颈类型）、Via Style（过孔类型），同时，设定了板层的类型和飞线显示的形式和颜色。在板层设定中，图 7-8 设置的仅有两层板：Top Copper（顶层）和 Bottom Copper（底层）。其中，“Hoz（水平）：Top Copper（顶层）”代表了水平走线是在 Top Copper（顶层）；“Vert（垂直）：Bottom Copper（底层）”代表了垂直走线是在 Bottom Copper（底层）。

7.1.5　布局的注意事项

ARES 支持手工与自动布局。在布局时可以用任意角度摆放元件。在实际设计元件布局中，一般不会全部采用自动布局。首先需要把关键元件的位置确定后，进行手工布局。其余元件可以进行自动布局。

在布局过程中要注意以下几点：

（1）必须安装在固定位置的元件像指示灯，由于要伸到外壳外面，所以它的位置是由外壳决定的。这些位置必须手动布局，并锁定位置。

锁死的方法是在 ARES 编辑区域单击元件，右键选择“Edit Properties”（编辑属性），出现对话框如图 7-9 所示，选择“Lock Position”（锁定位置）。

（2）大的、核心的、接线多的元件要放到中心的位置，比如单片机控制系统中的 51 芯片的放置，如图 7-10 所示。

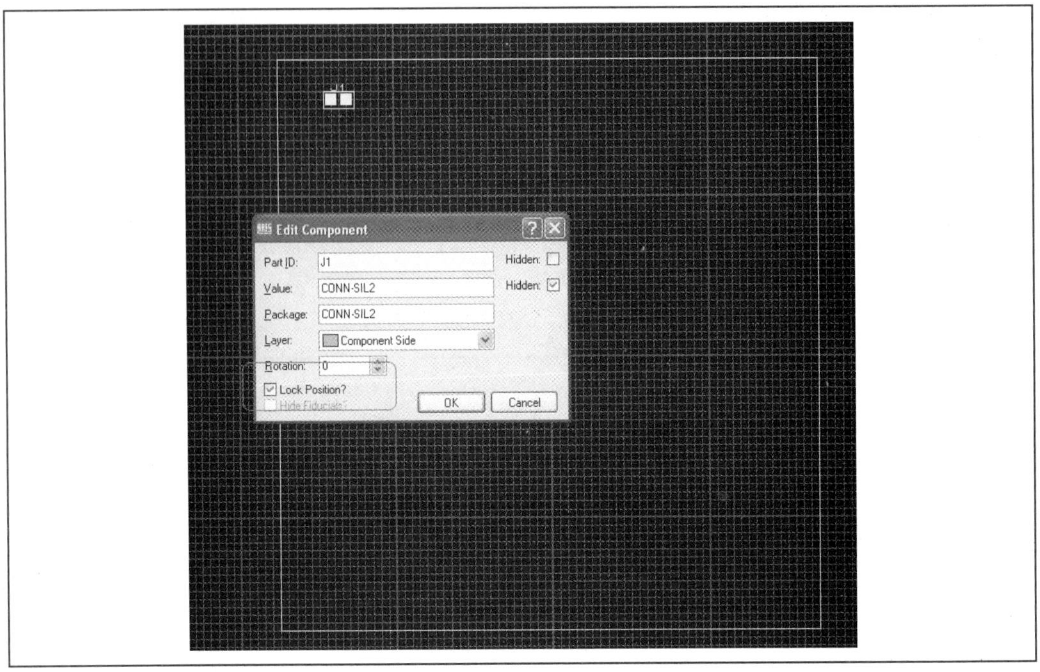

图 7-9　锁定元件位置操作示意图

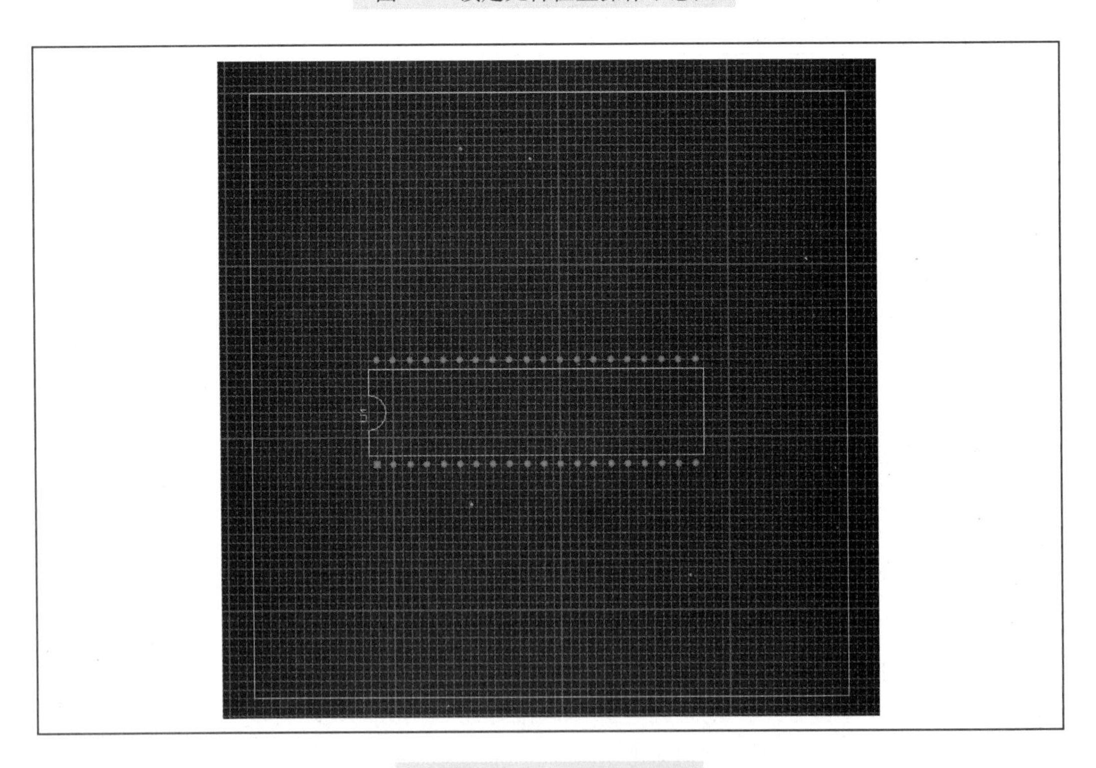

图 7-10　51 芯片的布局

（3）外围设备如喇叭、电池等一般不需要安装在印刷电路板上，但是要与印刷电路板有电气连接，处理方法是在电路板上留出相应的接线端子。

例如，音频放大电路如图 7-11 所示。

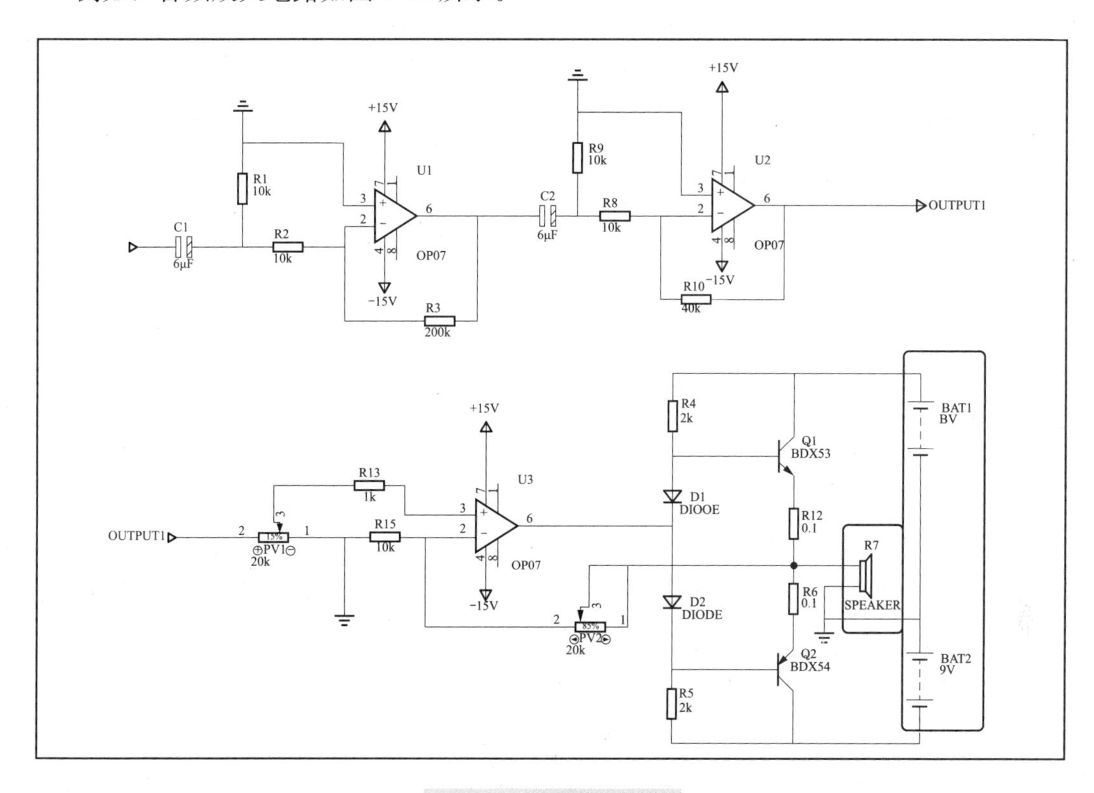

图 7-11　音频放大电路

如图 7-12 所示的音频放大电路中，圈线部分表示是外接设备，需要在电路板做好之

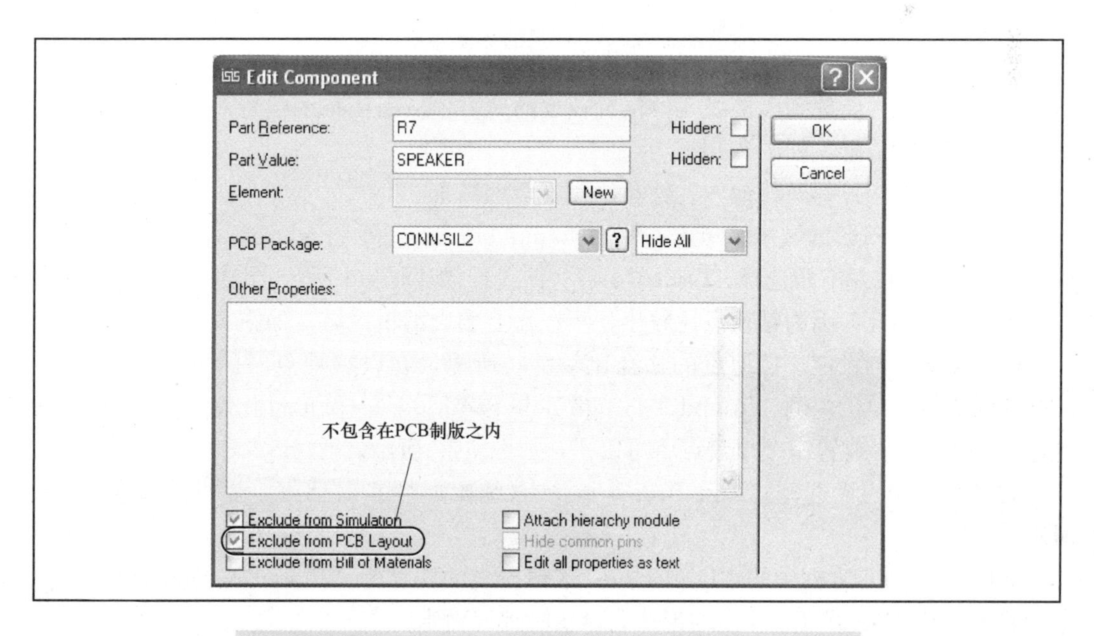

图 7-12　元件不包含在印刷板设计内的属性设置示意图

后去单独安装，这样就不需要把这两个元件包含在 PCB 板之内，所以元件设定属性如图 7-12所示，同样，电池“BATTERY”的属性设置也需要参考图 7-12 进行设定。

如图 7-13 所示为加上接线端子（元器件名称为 CONN-SIL2/4）后的音频放大电路，它们是在印刷板设计时才需要的。

与此同时，接线端子要放到易于接线和安装的位置。在布局完成后要把位置进行锁死。

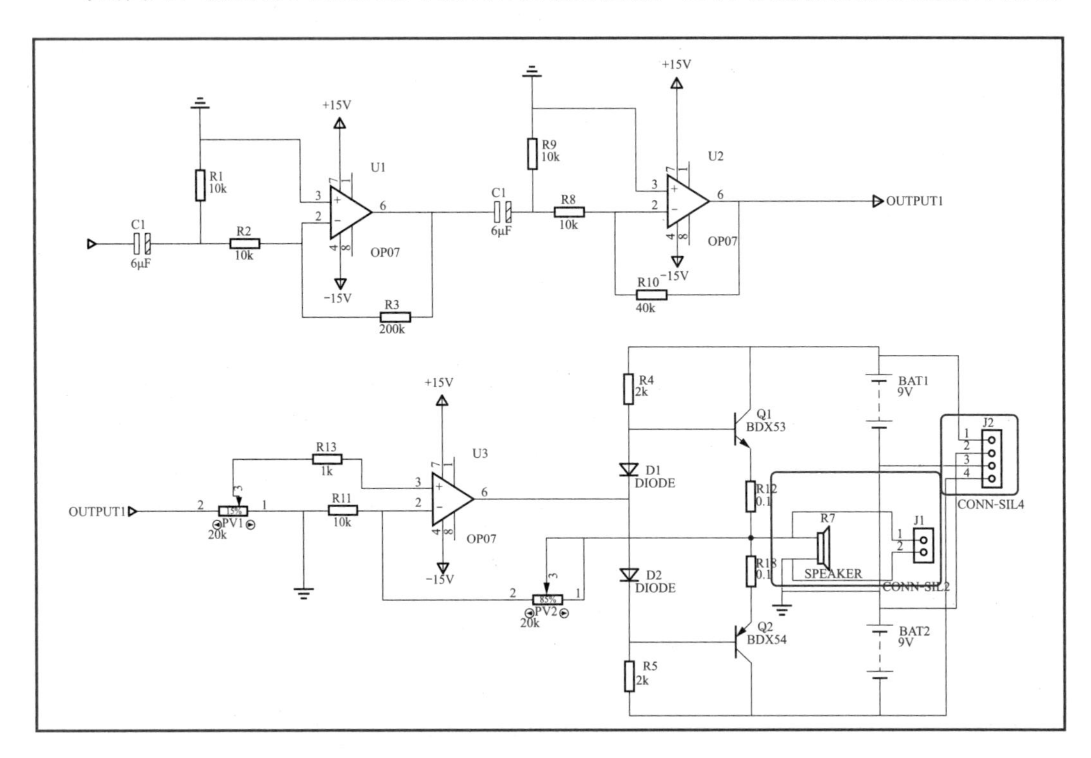

图 7-13　加上插座后的音频放大电路

（4）高频元件要放到离接线元件位置较近的地方，从而使布线位置最近。如单片机控制电路中晶振的放置，如图 7-14 所示。

（5）印刷板中拧螺丝的地方、钻孔位置要合理排布。

方法是在 ARES 区域中，单击左侧“Round Through-hole Pad Mode”（圆形过孔焊点模式）图标，在左下角选择“Drill Hole”（钻孔），如图 7-15 所示。

单击放置钻孔，因为钻孔点比较小，所以需要放大编辑区域，如图 7-16 所示。

（6）接地点的设定。接地点的钻孔比较大，所以，在设接地点时的方法是方法是在 ARES 区域中，单击左侧“Round Through-hole Pad Mode”（圆形过孔焊点模式）图标，选择“C-80-30”，放置一个焊盘点就可以了，如图 7-17 所示。

右键单击焊点，选择“Edit Properties”（编辑属性）对话框，属性设置如图 7-18 所示。

如图 7-18 所示方框中的“Drill Hole”（钻孔）的类型为“Plated”（盘型）的，还可以设置成“Unplated”（直孔）的形式，以实际情况而定。

其他元件可以进行自动布局。但布局完成后，需要进行手动调整，保证美观。

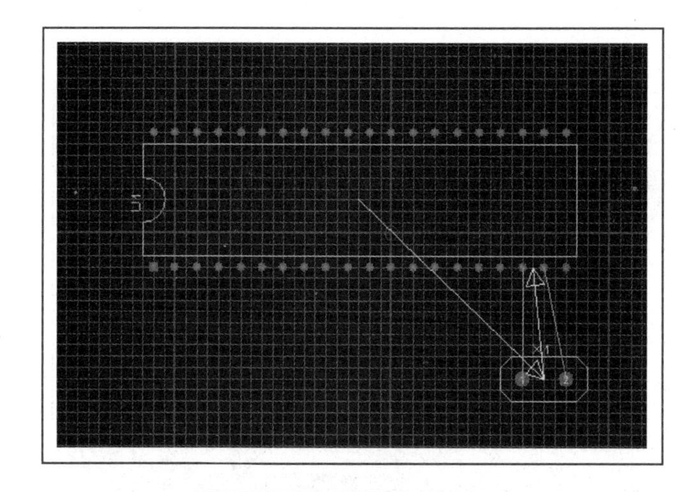

图 7-14　晶振位置的放置

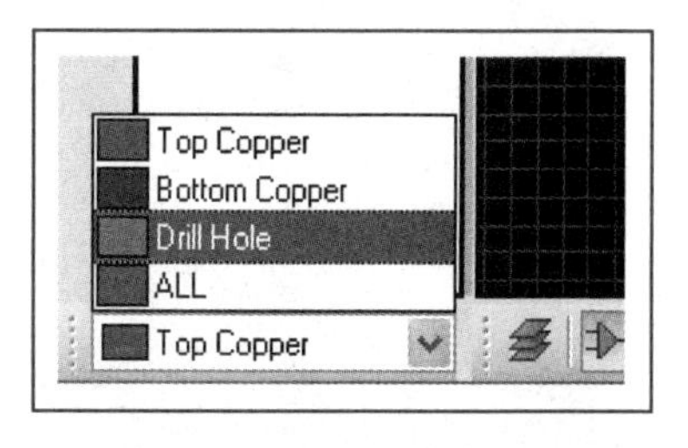

图 7-15　钻孔形式的选择

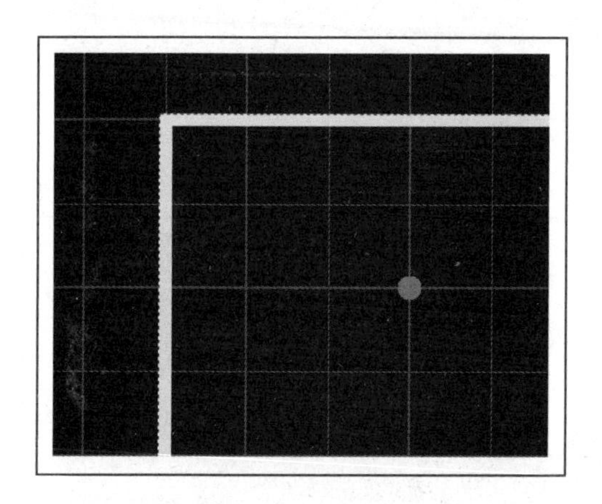

图 7-16　钻孔的放置

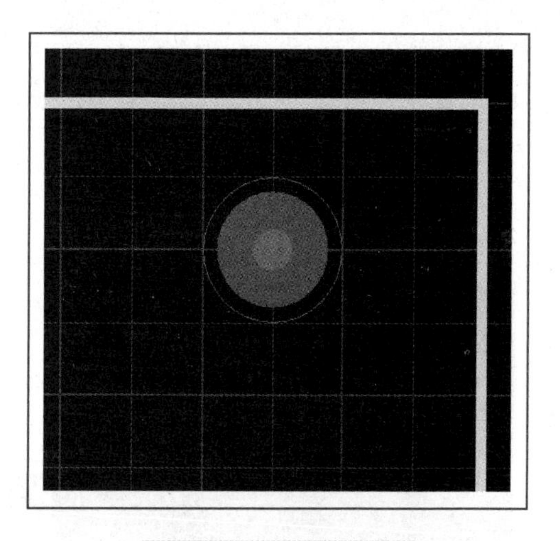

图 7-17　接地点的放置

7.1.6　布线的注意事项

1　布线方法

ARES包含了一个集成的基于形状的自动布线器，使用了高级的、基于代价冲突的优化算法以获得最大化布通率。Proteus 基于形状的自动布线器在 BGA 器件引脚周围布线前和布线过程中，如图 7-19所示。

在布线时我们可以选择 4 种布线方式：全局基于形状的自动布线，交互式布线，用户脚本化布线，外部自动布线器布线。如图 7-20 所示。

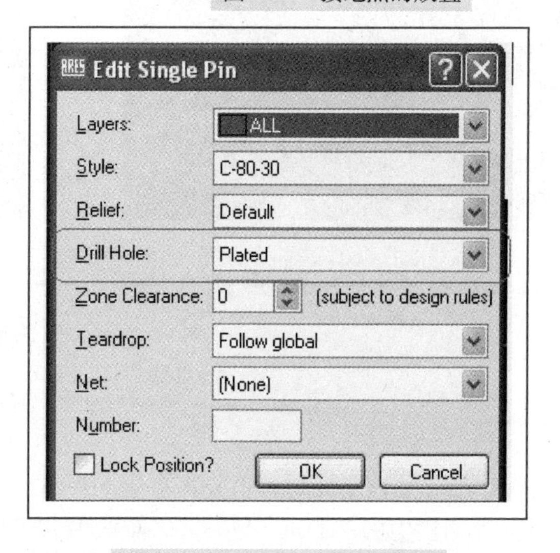

图 7-18　接地孔的设置对话框

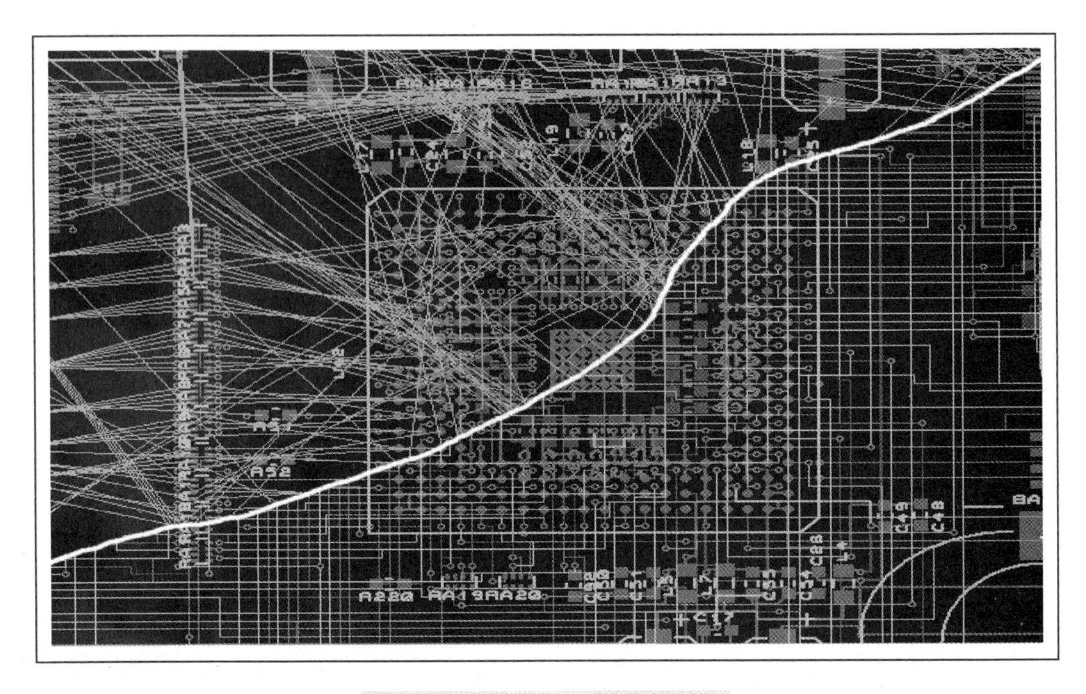

图 7-19　基于形状的布线器图

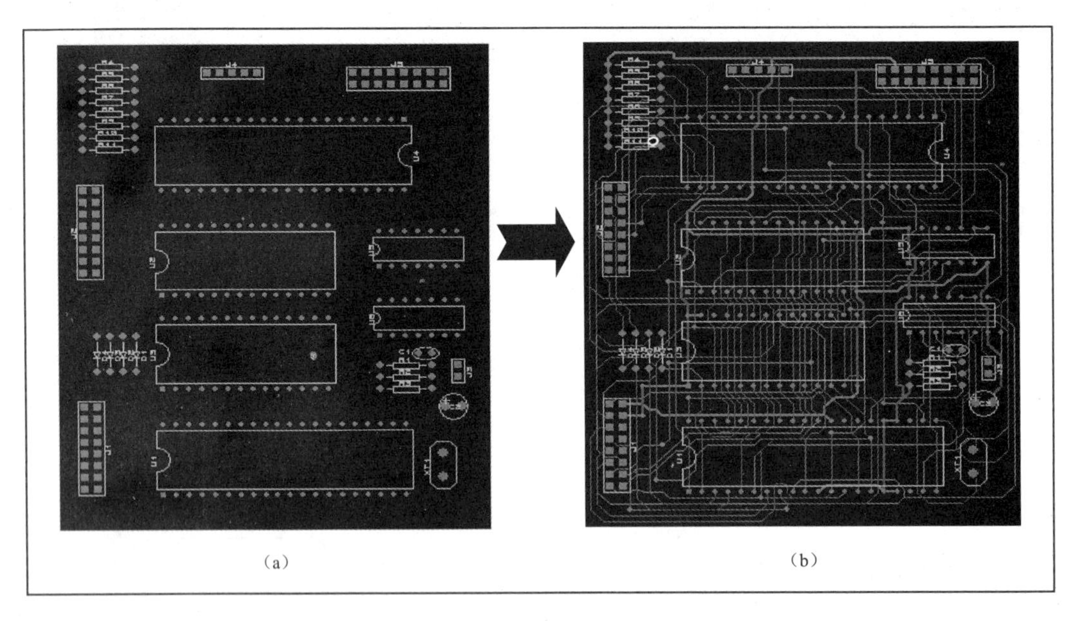

(a)　　(b)

图 7-20　ARES 的布线图
(a) 器件布局（自动+手工）；(b) 自动布线

2　手动布线规律

在实际进行元件布线时，首先需要把高频线等一些重要的线进行手动布线。方法是单击 ARES 左侧栏中的“Trace Mode”（布线模式）图标，单击后拖曳进行布线。而依据项目五中所讲的走线的设定和实际印刷电路板需要把走线布成水平走线和垂直走线，不

要出现手动布线是斜线的情况，比如单片机控制系统进行制版时，振荡器和电容之间的线不能是斜线，如图 7-21 所示是斜线的布线方法，不太合理，应当避免。

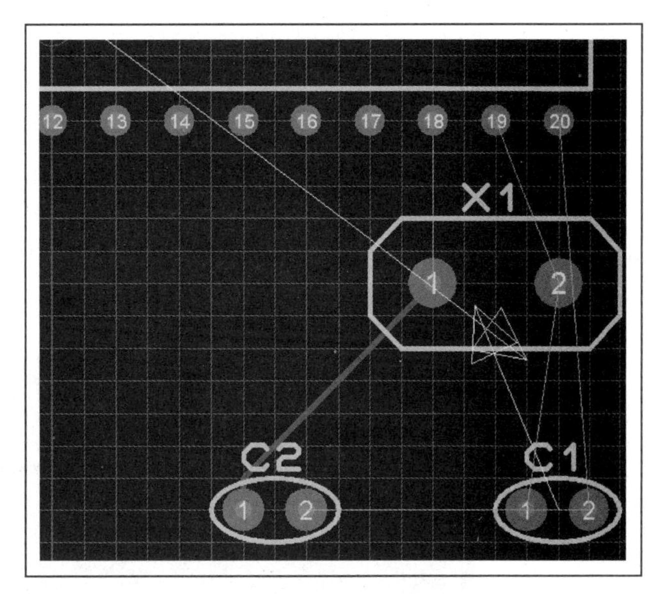

图 7-21　斜线的布线方式

手动布斜线后会影响自动布线的走线，是不允许的。避免斜线的方法是打过孔线。方法是单击 ARES 左侧栏中的“Trace Mode”（布线模式）图标，单击晶振的 1 号引脚水平往左侧延伸，到达 C2 的 1 号引脚垂直位置时，双击左键，出现过孔位置，如图 7-22 所示。再垂直下移，到达 C2 引脚 1 的位置时，单击左键，如图 7-23 所示。

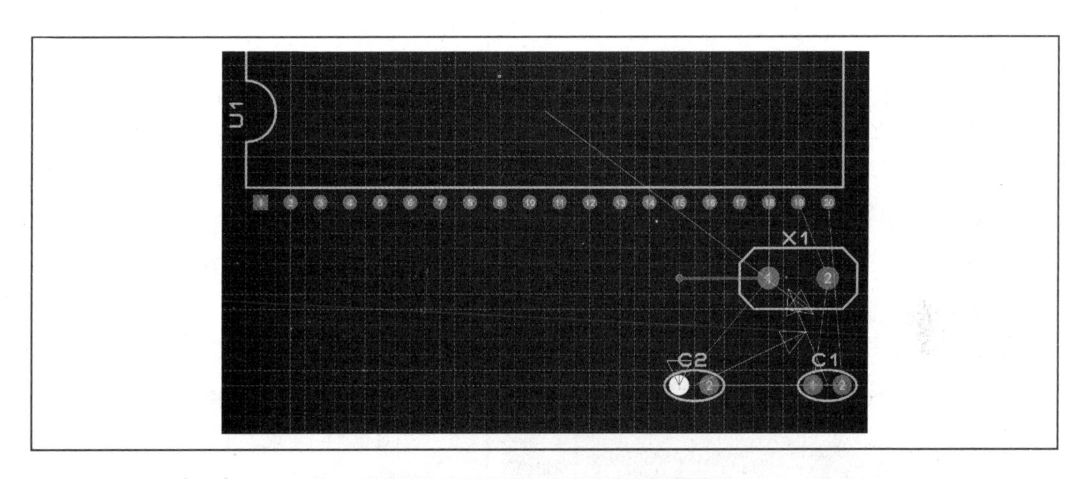

图 7-22　水平线的布线示意图

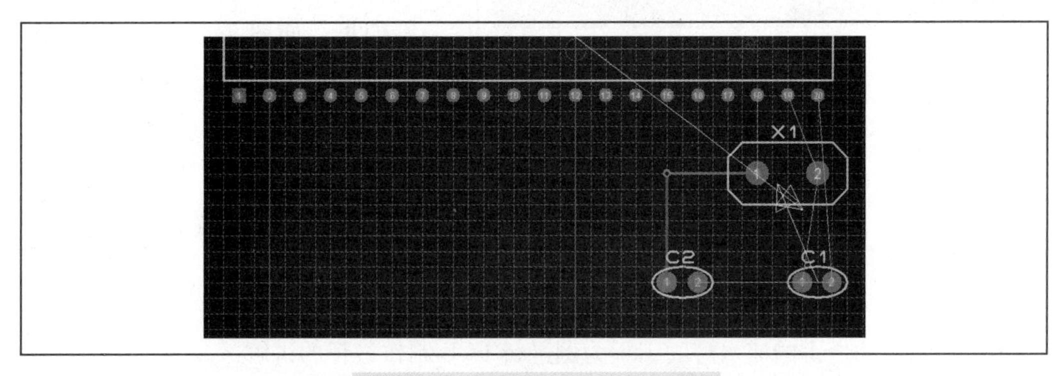

图 7-23　垂直线的布线示意图

按下键盘上的 Esc 键或右键单击可以取消箭头的布线模式选中状态。

3　短接线的布线

对于一些插座的布线，比如项目五中提到的插座 CONN-4SIL4 这样一些元件，则需要把两个接相同电位的端子进行短接单独进行布线。

方法是单击 ARES 左侧栏中的“Trace Mode”（布线模式）图标，选择较粗的线段类型 T100，从 2 号到 3 号端子上单击拖曳即可。因为封装中已经默认 2 号和 3 号线端子为接地端子，连接线后的端子如图 7-24 所示。

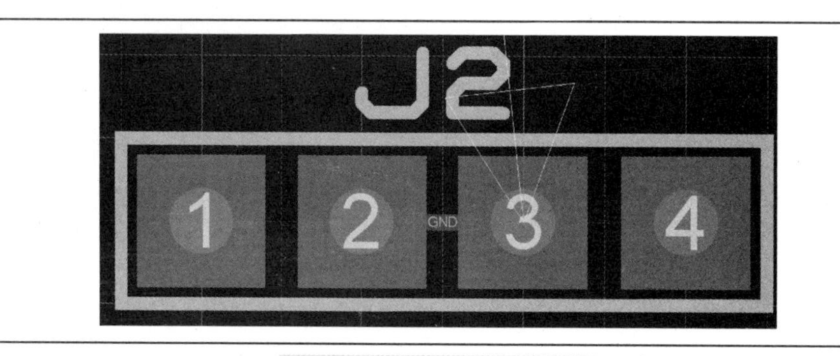

图 7-24　接地线的短接

图 7-25　禁止布线区的绘制

当一些特殊线布置好后，即可对其他元件进行自动布线。

7.1.7　禁止布线层的设定

在实际项目应用场合，电路板的某些区域可以禁止布线。这时，设计人员就需要在电路板上进行标注。

方法是在 ARES 编辑区域，单击“2D Graph Boxes Mode”（2D 绘图框体模式）图标，左下方弹出层列表中单击选中“Keepout”(禁止布线层)，在编辑区域进行绘制即可，如图 7-25 所示为绘制好禁止布线区的电路板。

任务二　流水灯 PCB 板的制作过程

本节以项目四所讲的流水灯的工程为例进行 PCB 制作过程的讲解。

利用 ARES 软件进行制版时，工程文件名最好为英文字母，否则会有出错的风险。因

此，需要把流水灯的工程文件另存为“LED-Lighting. pdsprj”。

方法是单击菜单“File”（文件）→“Save Project As”（另存工程为），如图 7-26 所示。

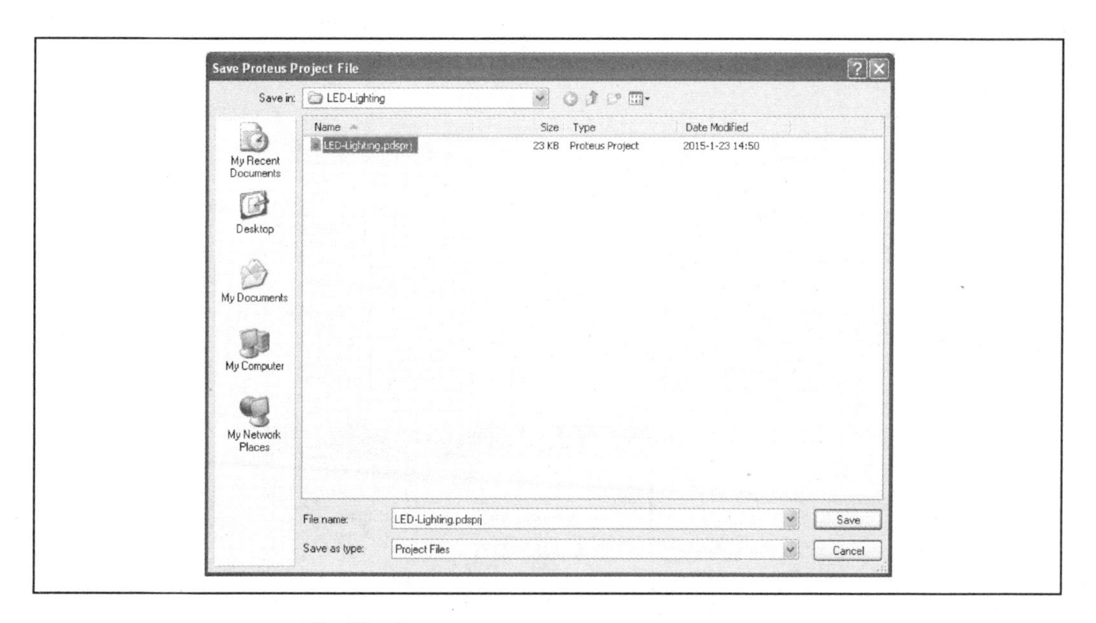

图 7-26　把文件另存为“LED-Lighting. pdsprj”

7.2.1　封装检查

（1）首先要进行封装检查。单击浏览工具按钮，弹出的窗口如图 7-27 所示为设计浏览器窗口。图中左边为全部电路设计元件列表。右边窗口中四列依次是 Reference（符号）、Type（类型）、Value（值）和 Circuit Package（电路封装）。D1、D2、D3、D4、D5、D6、D7、D8 没有封装，浏览器窗口中对应它们的封装栏中出现“missing”高亮红色显示。

流水灯 - Physical Partlist View

ROOT10

Reference	Type	Value	Circuit/Package
C1	CAP	330F	CAP10
C2	CAP	33pF	CAP10
C3	CAP-ELEC	10uF	ELEC-RAD10
D1	LED-YELLOW	LED-YELLOW	missing
D2	LED-YELLOW	LED-YELLOW	missing
D3	LED-YELLOW	LED-YELLOW	missing
D4	LED-YELLOW	LED-YELLOW	missing
D5	LED-YELLOW	LED-YELLOW	missing
D6	LED-YELLOW	LED-YELLOW	missing
D7	LED-YELLOW	LED-YELLOW	missing
D8	LED-YELLOW	LED-YELLOW	missing
R1	RES	10k	RES40
R2	RES	220	RES40
R3	RES	220	RES40
R4	RES	220	RES40
R5	RES	220	RES40
R6	RES	220	RES40
R7	RES	220	RES40
R8	RES	220	RES40
R9	RES	220	RES40
U1	AT89C51	AT89C51	DIL40
X1	CRYSTAL	CRYSTAL	XTAL18

图 7-27　封装检查

（2）双击 LED 元件 D1，弹出如图 7-28 所示的对话框，其中 PCB 封装项为“［not specified］”（未指定），单击右边的?按钮，进入 Proteus 封装库，弹出查找选取封装窗口。在关键字一栏中输入 LED 后，出现与关键字相匹配的封装列表，在封装列表中选中封装 LED，双击则将封装加入 D1 的 PCB Package（封装）域中。再单击“确定”按钮退出，完成封装指定。

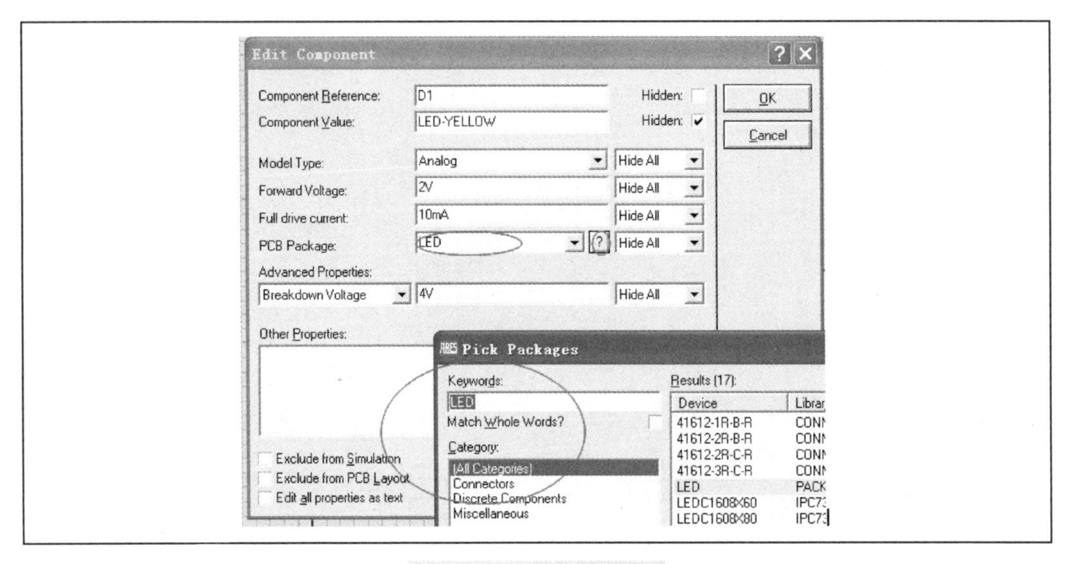

图 7-28　LED 封装添加

（3）用同样的方法分别对 D2、D3 灯进行封装设置。这样 D1、D2 等变成封装好的“LED”了。

再次单击▣，元件的封装情况如图 7-29 所示。

流水灯 - Physical Partlist View

ROOT10

Reference	Type	Value	Circuit/Package
C1	CAP	330F	CAP10
C2	CAP	33pF	CAP10
C3	CAP-ELEC	10uF	ELEC-RAD10
D1	LED-YELLOW	LED-YELLOW	LED
D2	LED-YELLOW	LED-YELLOW	LED
D3	LED-YELLOW	LED-YELLOW	LED
D4	LED-YELLOW	LED-YELLOW	LED
D5	LED-YELLOW	LED-YELLOW	LED
D6	LED-YELLOW	LED-YELLOW	LED
D7	LED-YELLOW	LED-YELLOW	LED
D8	LED-YELLOW	LED-YELLOW	LED
R1	RES	10k	RES40
R2	RES	220	RES40
R3	RES	220	RES40
R4	RES	220	RES40
R5	RES	220	RES40
R6	RES	220	RES40
R7	RES	220	RES40
R8	RES	220	RES40
R9	RES	220	RES40
U1	AT89C51	AT89C51	DIL40
X1	CRYSTAL	CRYSTAL	XTAL18

图 7-29　元件的封装情况

7.2.2 ARES PCB 制作

在 ISIS 中单击切换到 PCB 制作界面的图标，如图 7-30 所示，进入 ARES 设计窗口。

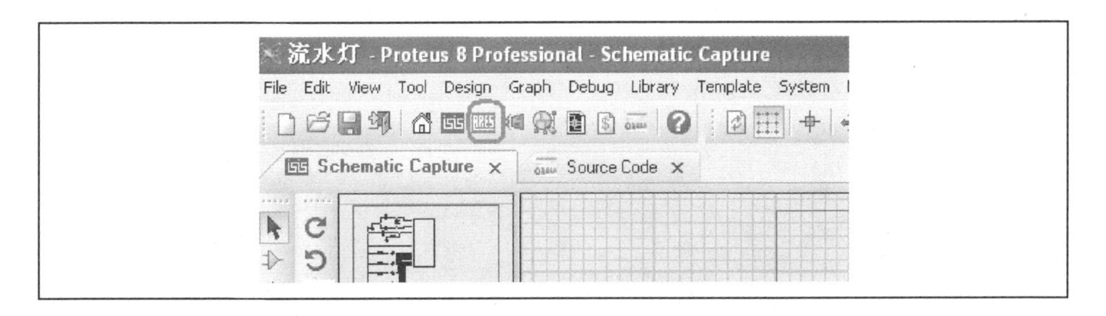

图 7-30 ARES 工具按钮位置示意图

ARES 窗口如图 7-31 所示。

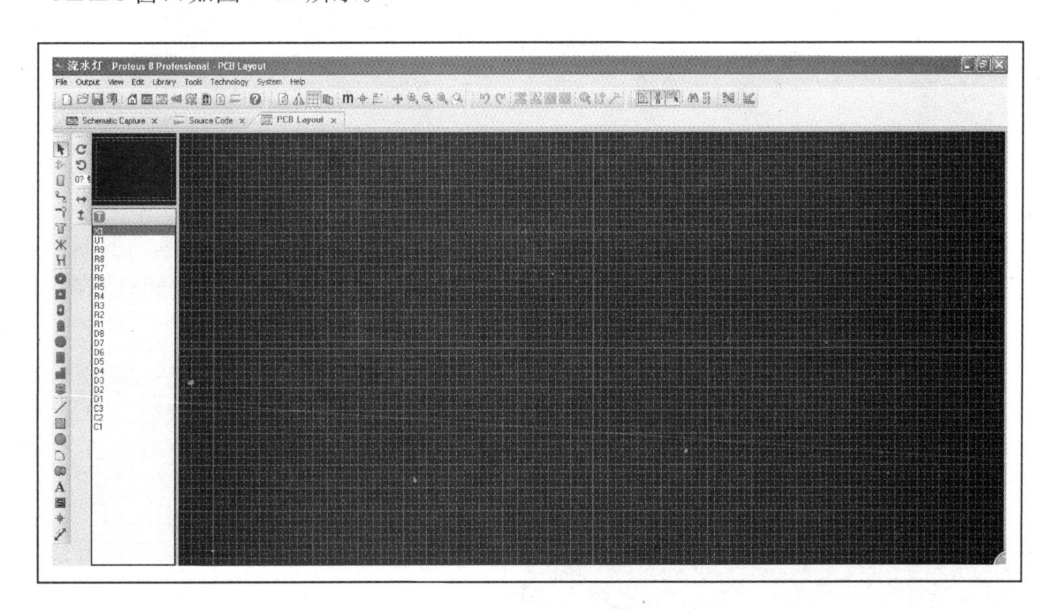

图 7-31 ARES 窗口

在 ARES 中，单击菜单“File”（文件）→“Save Project”（保存工程）或单击保存，保存 PCB 文件。

7.2.3 设计板界和元件布局

1 设计板界

进入 ARES 编辑界面后，先单击“2D Graph Boxes Mode”（2D 绘图框体模式）图标，弹出层列表中单击选中“Board Edge”（边框层），如图 7-32 所示。

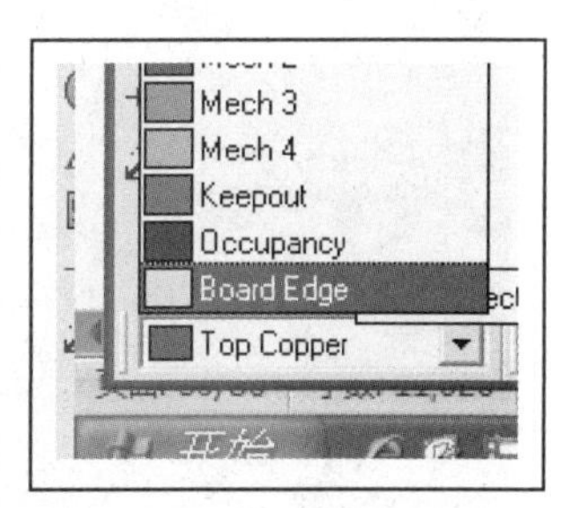

图 7-32 设计板界

PCB 板界设计边框大小的标识单位有“th”和“mm”两种。通过选择“View”（视图）→“Toggle Metric/Imperial”（公制/英制切换）或单击菜单栏中的m图标都可以进行单位的切换。这里使用“th”单位。

单击编辑窗口蓝色中心圆点处，向右下方拖出一个3500th×3500th的框（这样做就是为了便于量测边框的大小）。如图7-15所示，下方状态栏中的标示是以蓝色圆点为坐标圆点（0，0），右为正，下为负。边框右下角的坐标如图7-33所示。

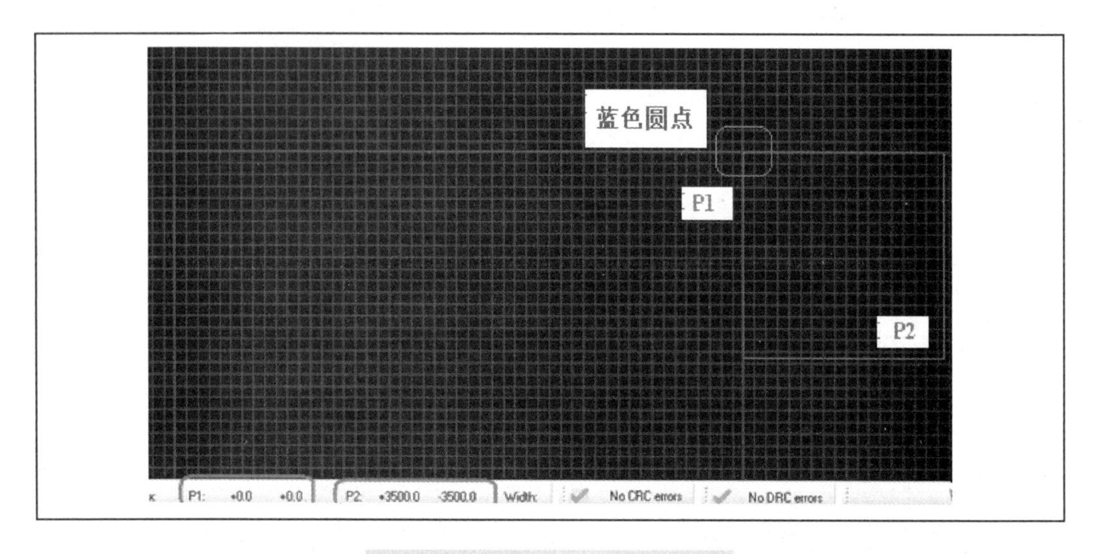

图7-33　3500th×3500th的边框

当边框绘制完毕后，单击左侧的“Selection Mode”（选择模式）图标，切换箭头到选择模式，全选整个边框，把边框挪到整个蓝色边框所标示的编辑区的中间，如图7-34所示。

元件和PCB布线都不要超过此边框。板界尺寸还可以再设置得大一点，设计中可根据情况实时改变。将光标移至工具条Commponet Mode（元件模式）图标处，单击并选中它，参与PCB设计的元件编号逐一列在对象选择器中，同时，当选中某个元件，就可以预览它的封装，如图7-35所示。

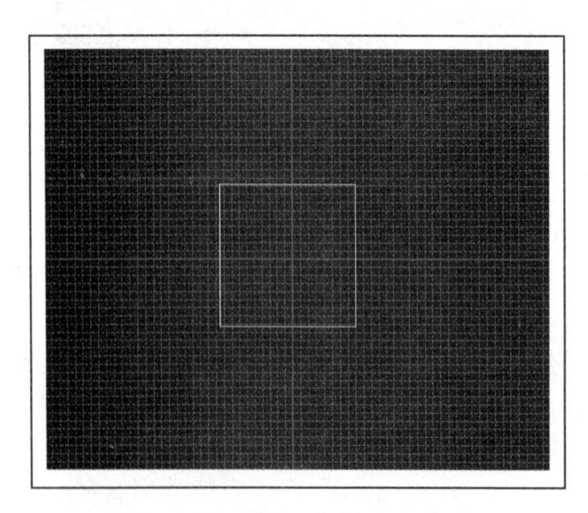

图7-34　移动到中心位置的边框线

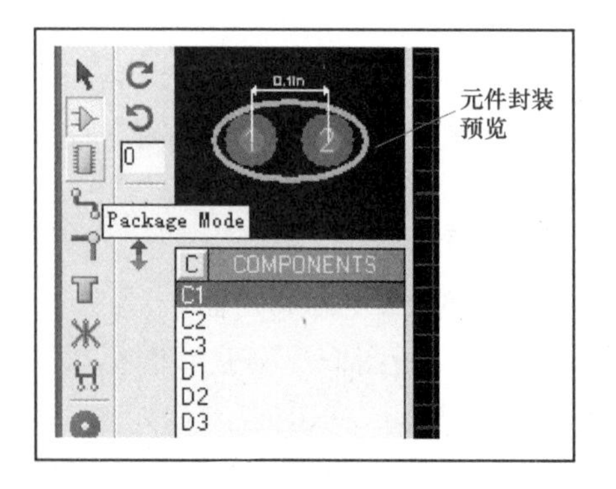

图7-35　元件编号

2　元件布局

实际设计中采用较多的手动和自动布局，因此在这里首先先介绍如何进行手动布局。

（1）进行元件 51 芯片 U1、晶振 X1 的手动布局。其操作与 ISIS 中放置元件的操作相同。先选中元件，移动光标将它的封装放置在编辑区板界内的期望位置。再放第二个元件，在放置中可看到元件间的连接关系以细绿线表现。同时也能看到表示方位关系的黄细线箭头，此箭头称为力向量。元件一旦放入板界内，在选择器中相应元件编号消失。对编辑窗口中的对象转向、移动等操作与 ISIS 中的操作一样。移动、转动等操作时，飞线、力向量也相应发生变化。如图 7-36 所示。

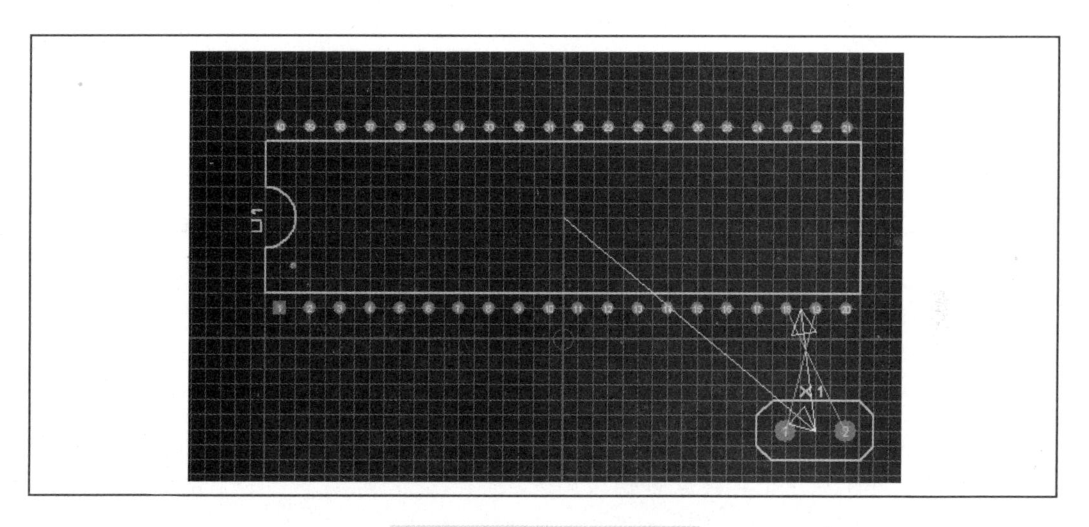

图 7-36　元件布局示意图

（2）把 LED 按如图 7-37 所示进行手动布局。

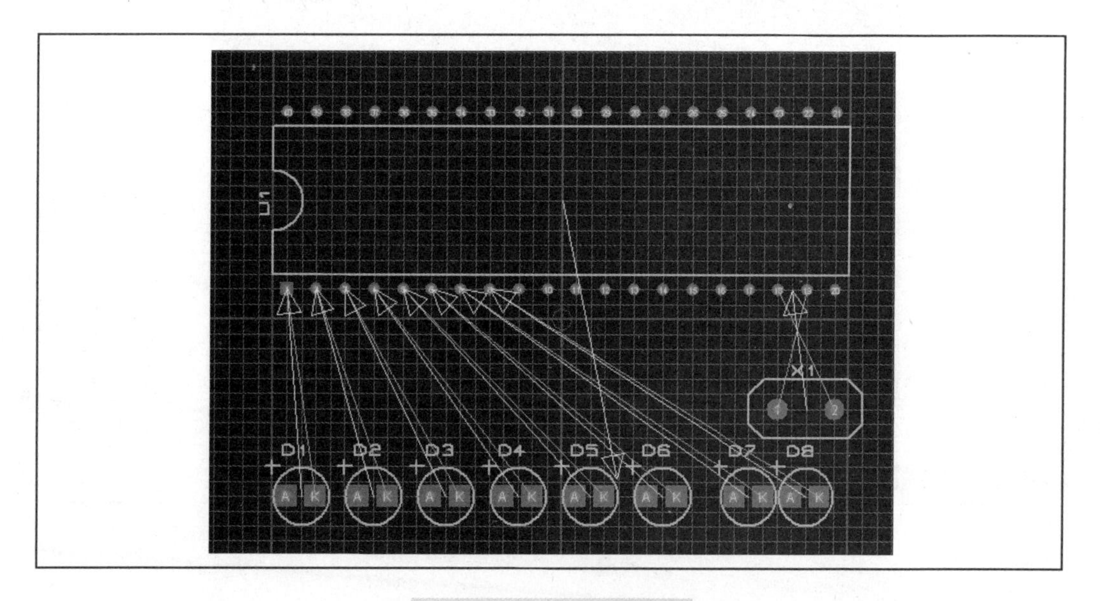

图 7-37　LED 布局

（3）这时，在状态栏上会出现类似 10 missing(s) 的警告，双击此图标，弹出如图 7-38 所示的对话框。

Connectivity Errors

Error Type	1st Pin	2nd Pin
Missing	U1:18	X1:2
Missing	U1:19	X1:1
Missing	U1:1	D1:K
Missing	U1:2	D2:K
Missing	U1:3	D3:K
Missing	U1:4	D4:K
Missing	U1:5	D5:K
Missing	U1:6	D6:K
Missing	U1:7	D7:K
Missing	U1:8	D8:K

图 7-38　引脚没有接线提示对话框

图 7-38 所示为引脚没有接线提示的对话框。当接好线之后，就不会再提示。因此，在布局时，出现这种提示只要做到心中有数就行。

（4）LED 布局完成后，开始对与 LED 对应的 R2-R9 的电阻进行布局。将光标移至工具条 Commponet Mode（元件模式）图标处，首先选中 R2，这时移动鼠标时，鼠标已变成铅笔形状。单击后可把元件放置到布局区域，如图 7-39 所示，为了整齐美观，可以把晶振、电阻等进行旋转。单击元件，元件呈选中状态，右键选择逆时针旋转图标 Rotate Anti-Clockwise　Num-+，即可旋转电阻的放置方向。

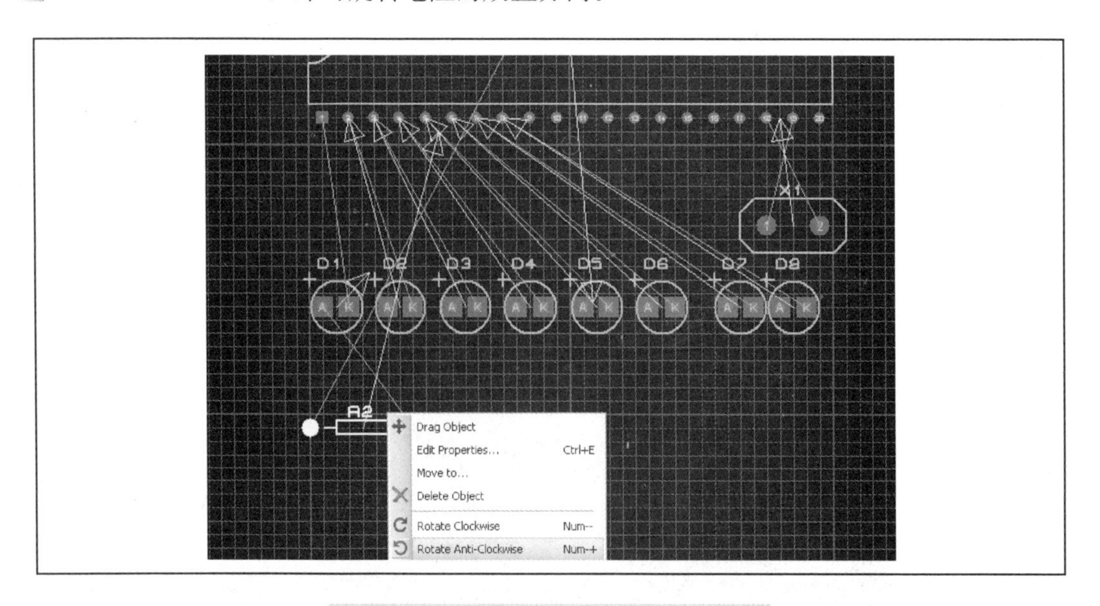

图 7-39　电阻放置及逆时针旋转方向

依次放置其他电阻 R3～R9 及其他元件如图 7-40 所示。

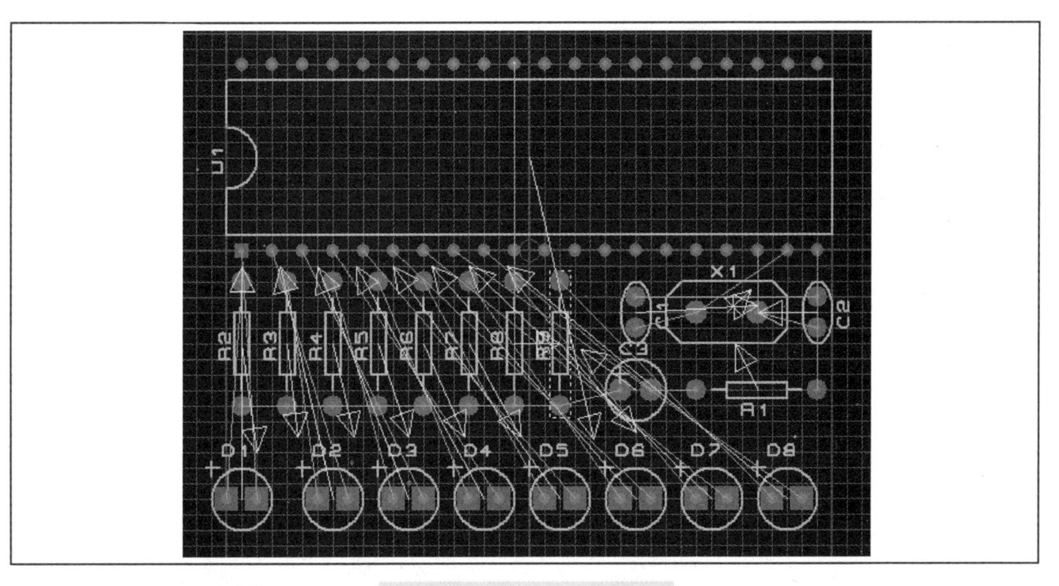

图 7-40　元件布局

界内进行自动布局，不满意之处可以进行手工调整。板界较大时，可以进行适当调整。

7.2.4　设置禁止布线层

如果 PCB 板要求设计禁止布线层，则在布局后就需要设定禁止布线层。之前已经介绍过，在此不再详述。

在 ARES 编辑区域，单击“2D Graph Boxes Mode”（2D 绘图框体模式）图标，左下方弹出层列表中单击选中“Keepout”（禁止布线层），在编辑区域需要禁止布线的地方进行绘制即可。在这里我们希望电路板四周留出一个边界设定禁止布线层后，因此，则在每一个边界上一次添加一个矩形框即可，不要重叠，如图 7-41 所示。图中红色线部分为禁止布线层的设定边界。

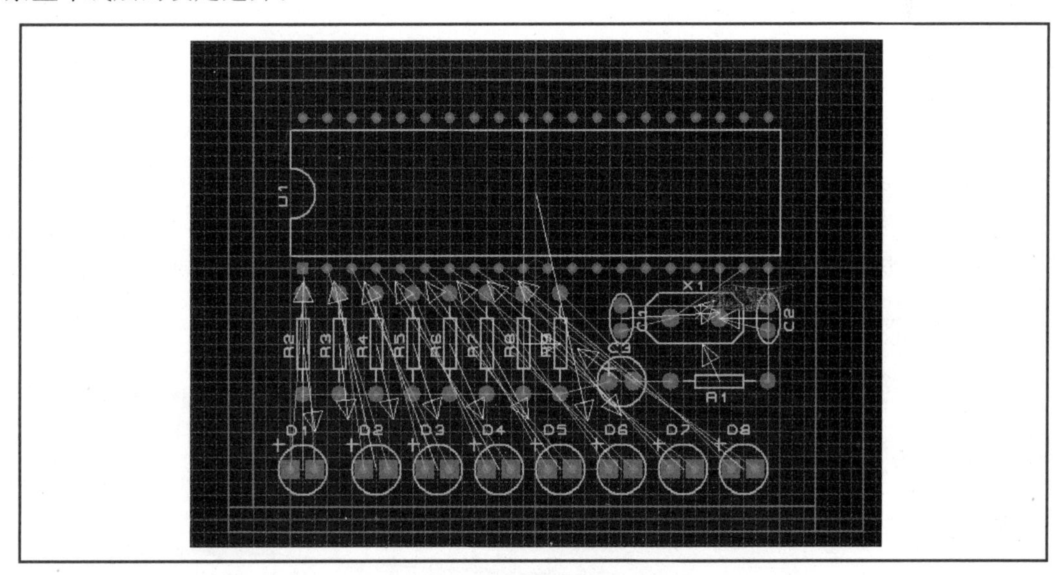

图 7-41　设定禁止布线层

7.2.5 安装孔和接地孔的设置

之前已经介绍过安装孔和接地孔的设置方法。在此不再详述。在编辑区域的如图 7-42 所示区域设置安装孔（孔径为 C-50-25，依据实际情况进行选择）和接地孔（孔径为 C-80-30，依据实际情况进行选择）。

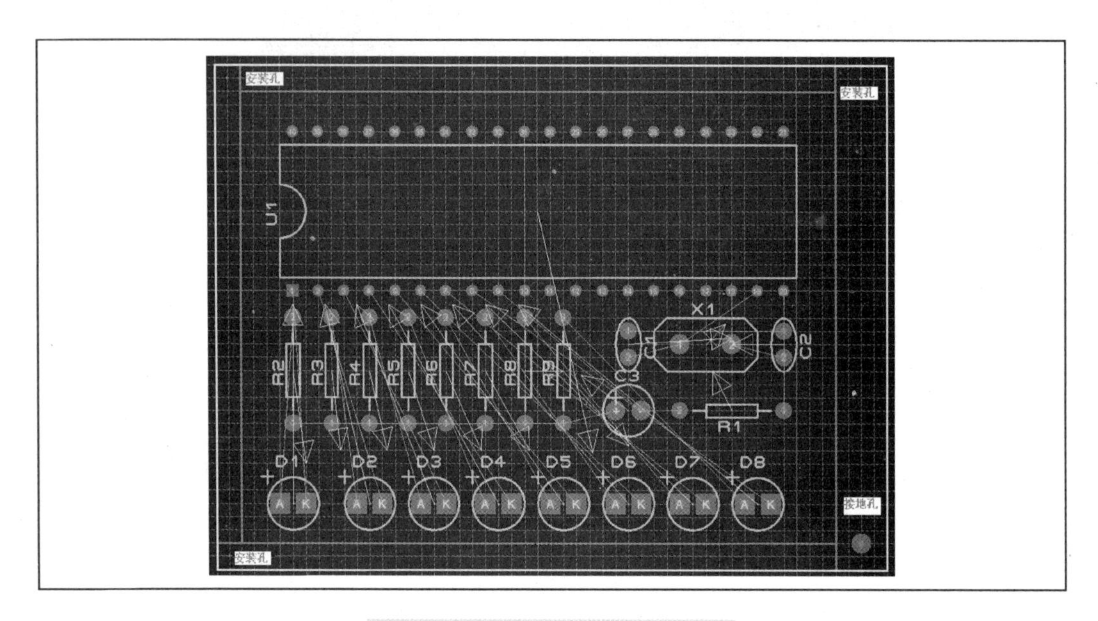

图 7-42　安装孔和接地孔的放置

7.2.6 自动布线

1　布线规则设定

单击“Technology”→“Design Rule manager”（设计规则管理）进行设计规则管理对话框，选择“Net Classes”（网络），这一栏可以设定走线类型、缩孔类型和过孔类型等。如图 7-43 所示，我们设定“POWER”网络种类的走线类型为“T40”，NeckStyle（缩颈）为默认，Via Style（过孔）为默认。

如图 7-44 所示，设定“SIGNAL”信号线的走线类型为“T12”，其他为默认。

2　元器件布线

单击工具栏中“Auto-router”（自动布线图标）进行自动布线。先弹出有关设计规则等的自动布线对话框，采用默认，直接单击“Begin Routing”。开始自动布线如图 7-45 所示。这里默认的是双面板。

自动布线后如图 7-46 所示。

布线完成后，发现 AT89C51 芯片离元件太近，影响布线，需要向上调整。与此同时，D3 处有几个过孔，过孔制作工艺的好坏，直接影响到印刷电路板的好坏，通过观察，发现可以通过调整 R5 的方向避免此问题（把 R5 右旋 180°）。单击返回图标，回到布局状态，调整完元件的布局后，重新布线如图 7-47 所示。

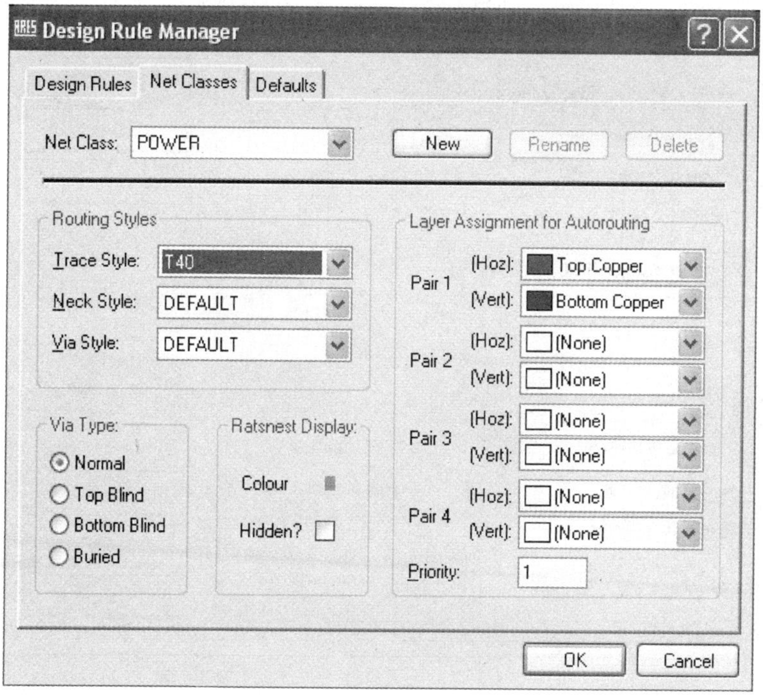

图 7-43　POWER 信号线的类型设置对话框

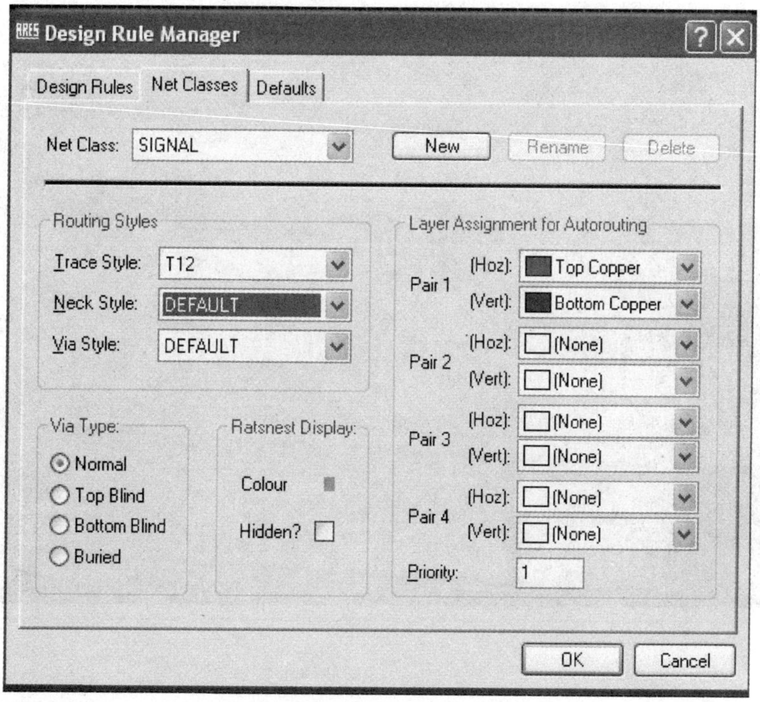

图 7-44　SIGNAL 信号线的类型设置对话框

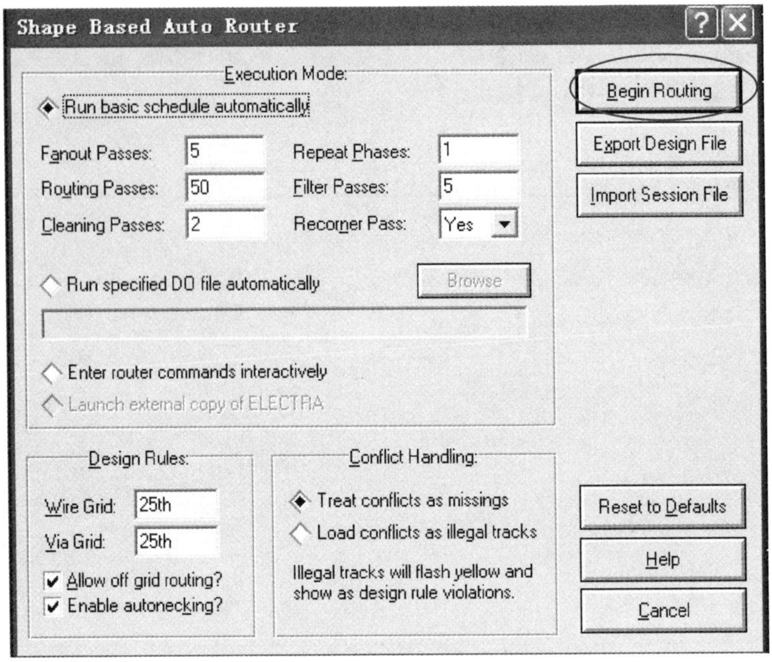

Shape Based Auto Router
Execution Mode:
Run basic schedule automatically
Fanout Passes: 5
Routing Passes: 50
Cleaning Passes: 2
Repeat Phases: 1
Filter Passes: 5
Recorner Pass: Yes
Run specified DO file automatically
Browse
Enter router commands interactively
Launch external copy of ELECTRA
Design Rules:
Wire Grid: 25th
Via Grid: 25th
Allow off grid routing?
Enable autonecking?
Conflict Handling:
Treat conflicts as missings
Load conflicts as illegal tracks
Illegal tracks will flash yellow and show as design rule violations.
Begin Routing
Export Design File
Import Session File
Reset to Defaults
Help
Cancel

图 7-45　开始自动布线

U1
X1
C1
C2
C3
R1
R2
R3
R4
R5
R6
R7
R8
R9
D1
D2
D3
D4
D5
D6
D7
D8

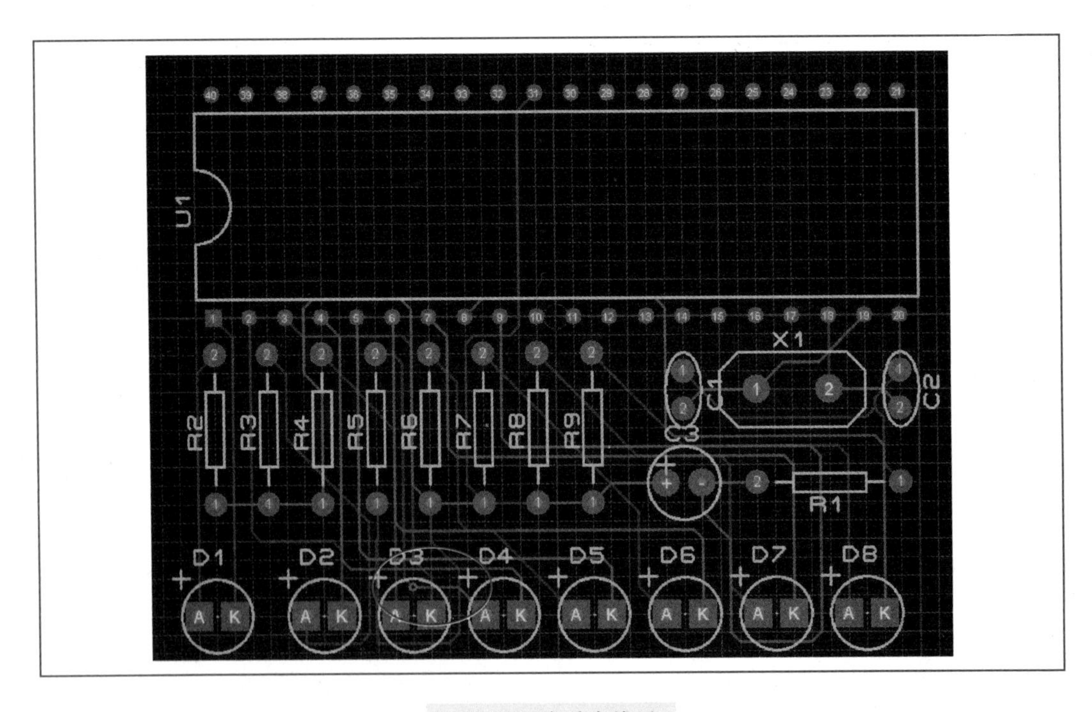

图 7-46　自动布线后

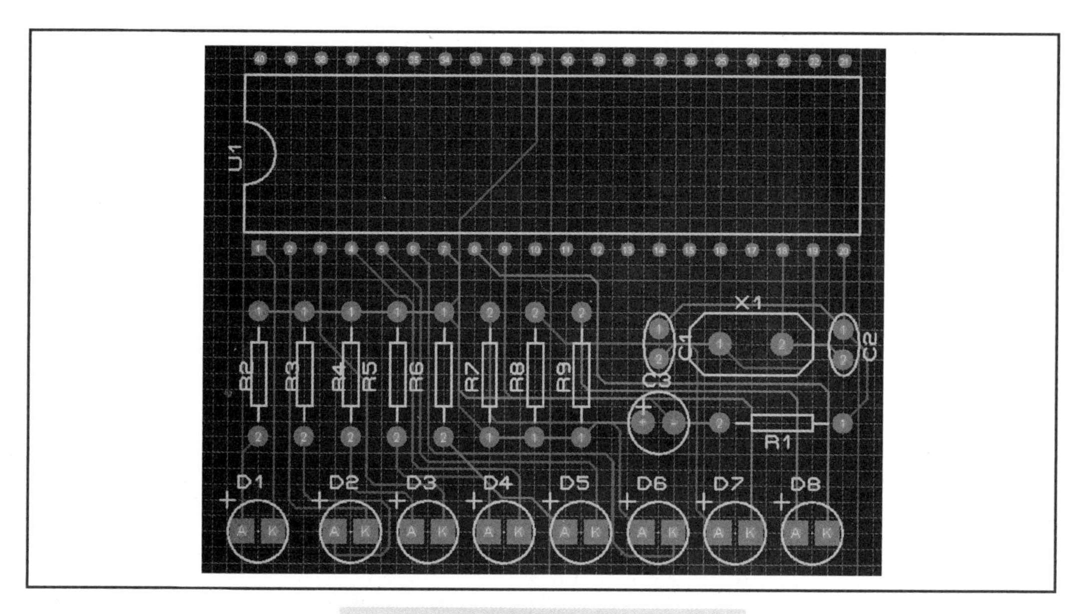

图 7-47　调整 AT89C51 后的布线图

最后调整板界，使板界刚好适合布局要求，如图 7-48 所示。

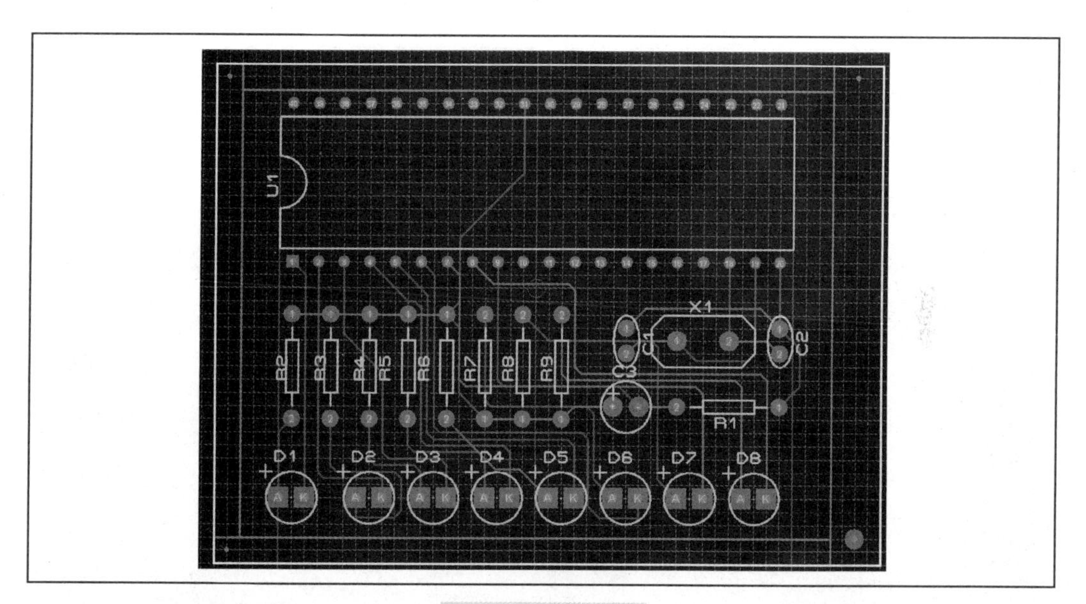

图 7-48　调整板界

7.2.7　覆铜

所谓覆铜就是将 PCB 上闲置空间作为基准面，然后用固体铜填充，这些铜区又称为灌铜。

覆铜的意义在于，减小地线阻抗，提高抗干扰能力；降低压降，提高电源效率；与地线相连可减小环路面积。

注意，如果 PCB 的地较多，有 SGND、AGND、GND 等，就要根据 PCB 板面位置的不同，分别以最主要的“地”作基准参考来独立覆铜，数字地和模拟地分开来覆铜。同时覆铜之前，首先加粗相应的电源连线：5.0V、3.3V 等。

大面积覆铜，如果过波峰焊时，板子就可能会翘起来，甚至会起泡。从这点来说，网格的散热性要好些。通常，高频电路对抗干扰要求高的多用网格，低频电路有大电流的电路等常用整的覆铜。

这里要给 VCC 的顶层覆铜，单击“Tool”（工具）→“Power Plane Generator”（生成电源层），弹出如下图 7-49 所示对话框，图中右侧为对应的中文。依据如图 7-49 所示对话框进行参数设定，单击“OK”按钮。

然后单击 GND 的底层覆铜。单击“工具→“生成电源层”，进行如图 7-50 所示设定，单击“OK”按钮。

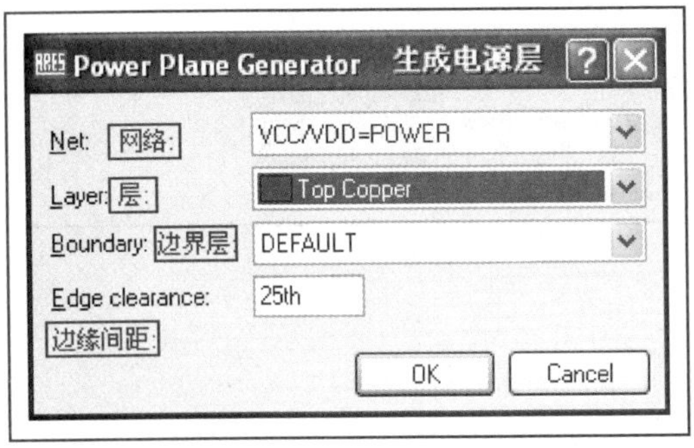

Power Plane Generator 生成电源层
Net: 网络:
VCC/VDD=POWER
Layer: 层:
Top Copper
Boundary: 边界层:
DEFAULT
Edge clearance:
边缘间距:
25th
OK
Cancel

图 7-49　对 VCC 顶层覆铜

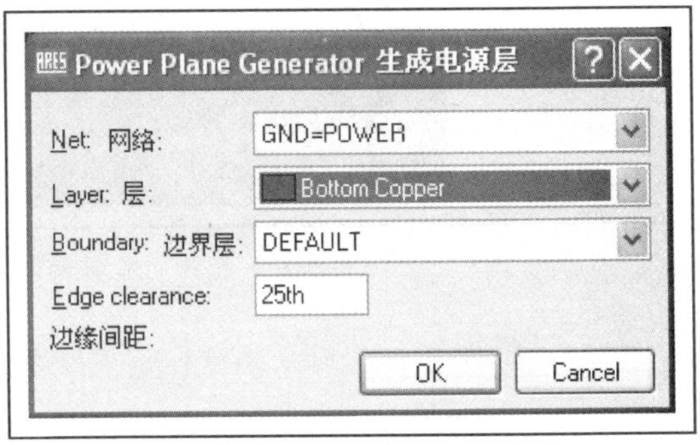

Power Plane Generator 生成电源层
Net: 网络:
GND=POWER
Layer: 层:
Bottom Copper
Boundary: 边界层:
DEFAULT
Edge clearance:
边缘间距:
25th
OK
Cancel

图 7-50　对 GND 底层覆铜

如图 7-51 所示是覆铜后的 PCB。

U1
X1
C1
C2
C3
R1
R2
R3
R4
R5
R6
R7
R8
R9
D1
D2
D3
D4
D5
D6
D7
D8

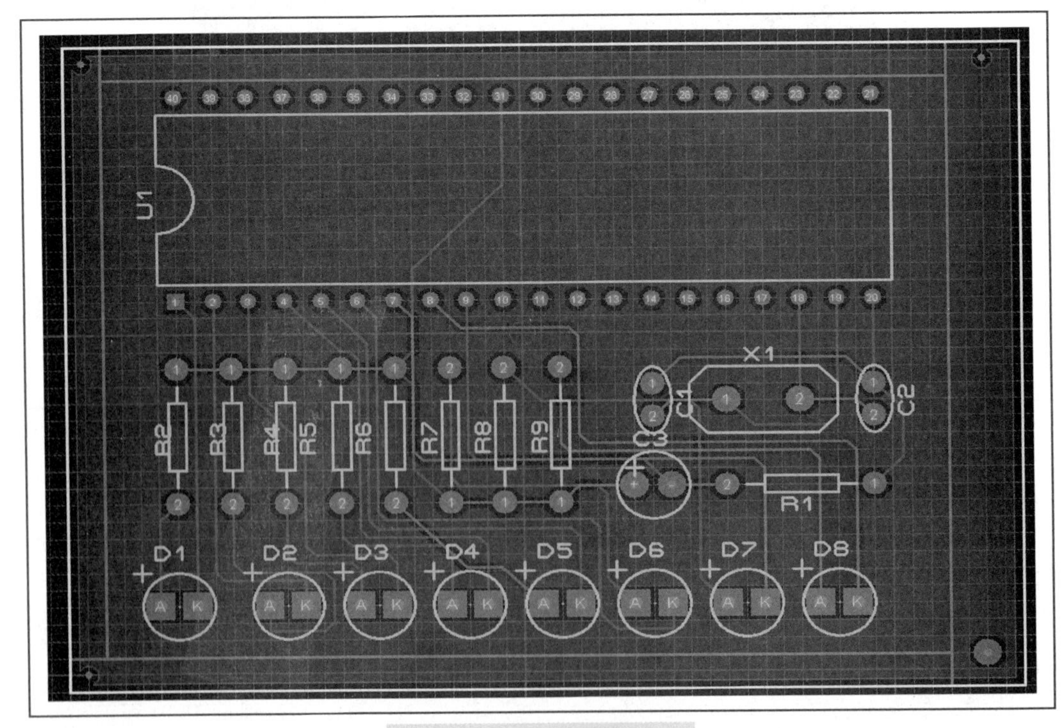

图 7-51　覆铜后的 PCB

7.2.8 接地孔布线

接地线的布线一般是在覆铜完成之后进行。分为以下两步。

（1）去掉禁止布线层。由于之前设置了禁止布线层，而接地孔在禁止布线层的区域。这时，就要把相应的布线层去掉。方法是单击相应禁止布线层，右键选择“Delete Object”，如图 7-52 所示。

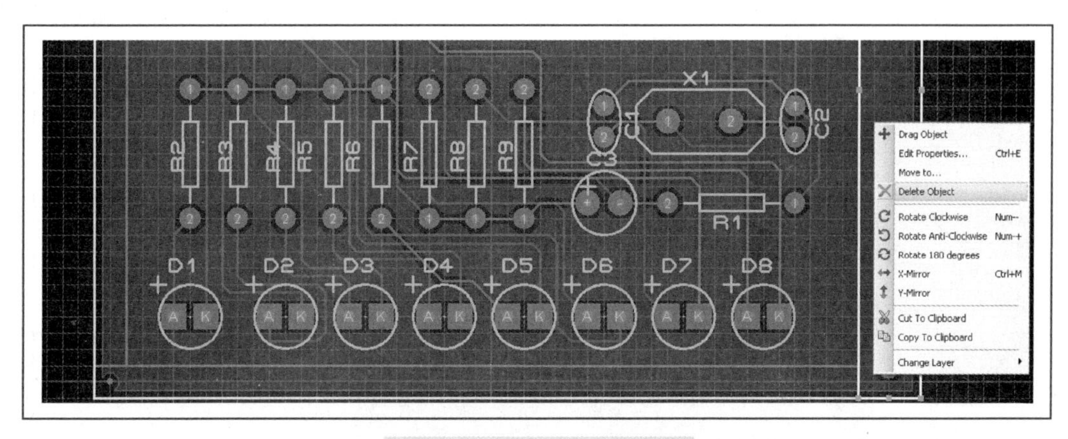

图 7-52 删除禁止布线层

（2）选择板层为 Bottom Copper，即布线准备在底层板进行布线。单击 ARES 左侧栏中的“Trace Mode”（布线模式）图标，单击接地孔，出现蓝色线段，拖曳到如图 7-53 所示位置，单击右键，即可把接地线布好。如图 7-53 所示。

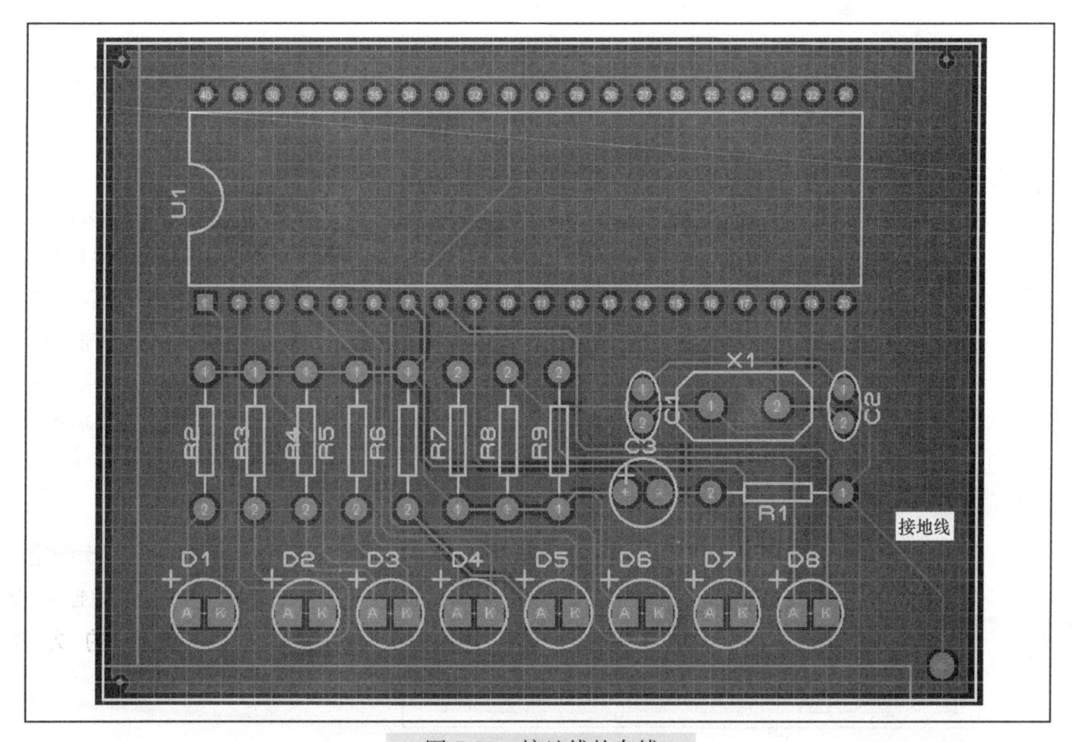

图 7-53 接地线的布线

7.2.9　3D视图和设计图纸输出

1　3D视图

布线完成后，可单击菜单“输出”，在弹出下拉菜单中单击3D预览，则对设计的PCB版进入3D预览，可操作预览窗口的预览工具条中各相应按钮，实现PCB版以光标中心显示，放大、缩小、顶视图、前视图、左视图、后视图、右视图等各种三维预览。这个3D图不仅能看到顶层和底层的走线，而且能看到电阻上的色环以及丝印。如图7-54所示。

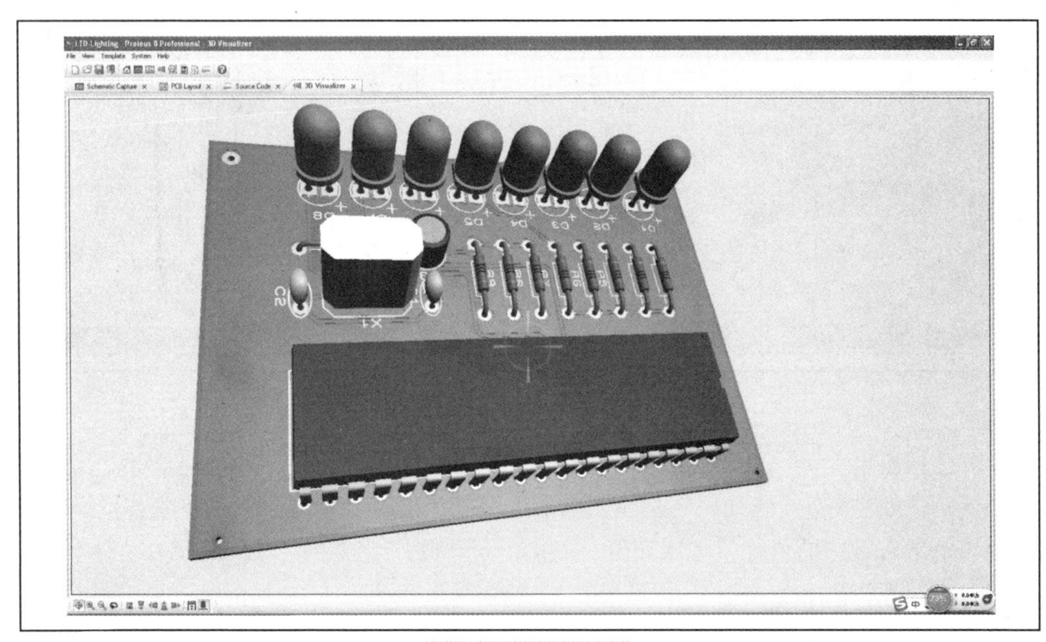

图7-54　3D视图

2　图纸输出

PCB设计完成并3D预览后，则可输出图纸。

单击ARES窗口中菜单“Output”（输出），选中“Generate Gerber/Excellon Files”，则弹出对话框如图7-55所示。输入图纸文件名、路径。其他项可按图7-55设定。单击确定，则输出可送制板厂制板的文件 流水灯 - CADCAM.ZIP WinRAR ZIP 压缩文件 84 KB。

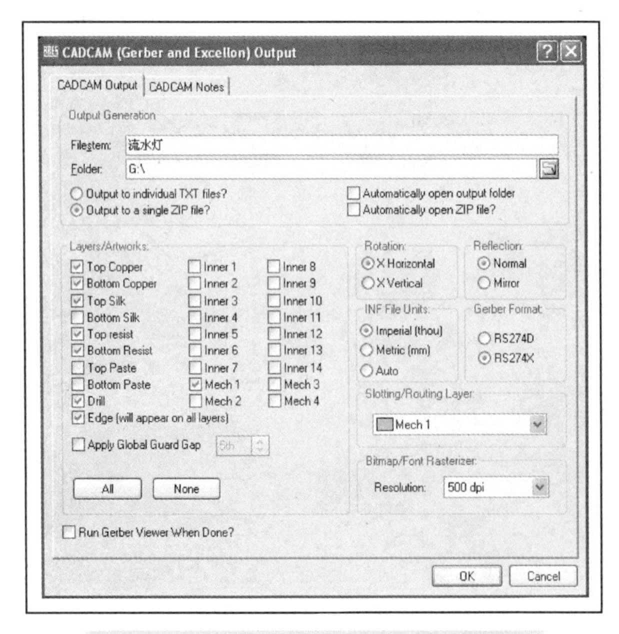

图7-55　生成Gerber文件属性设置对话框

任务三　带手动复位电路的流水灯电路的元件封装制作与 PCB 制作

如图 7-56 所示为项目四中的流水灯电路。

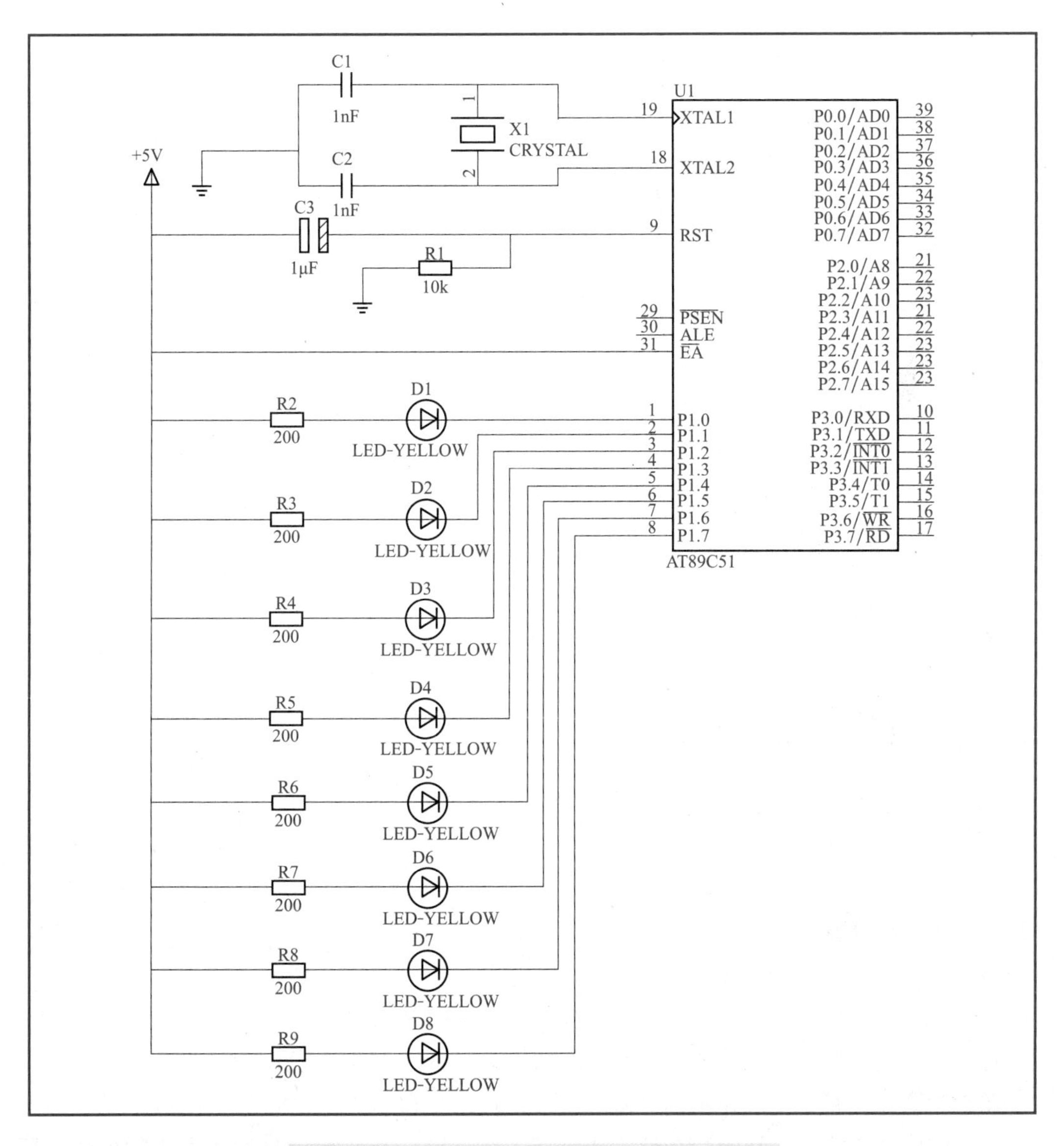

图 7-56　不带手动复位的流水灯实验电路

在此电路的基础之上添加了 BUTTON（按钮）元件，增加了手动复位电路，另存文件名为“Manual-Reset-LED-Lighting. pdsprj”。电路原理如图 7-57 所示。

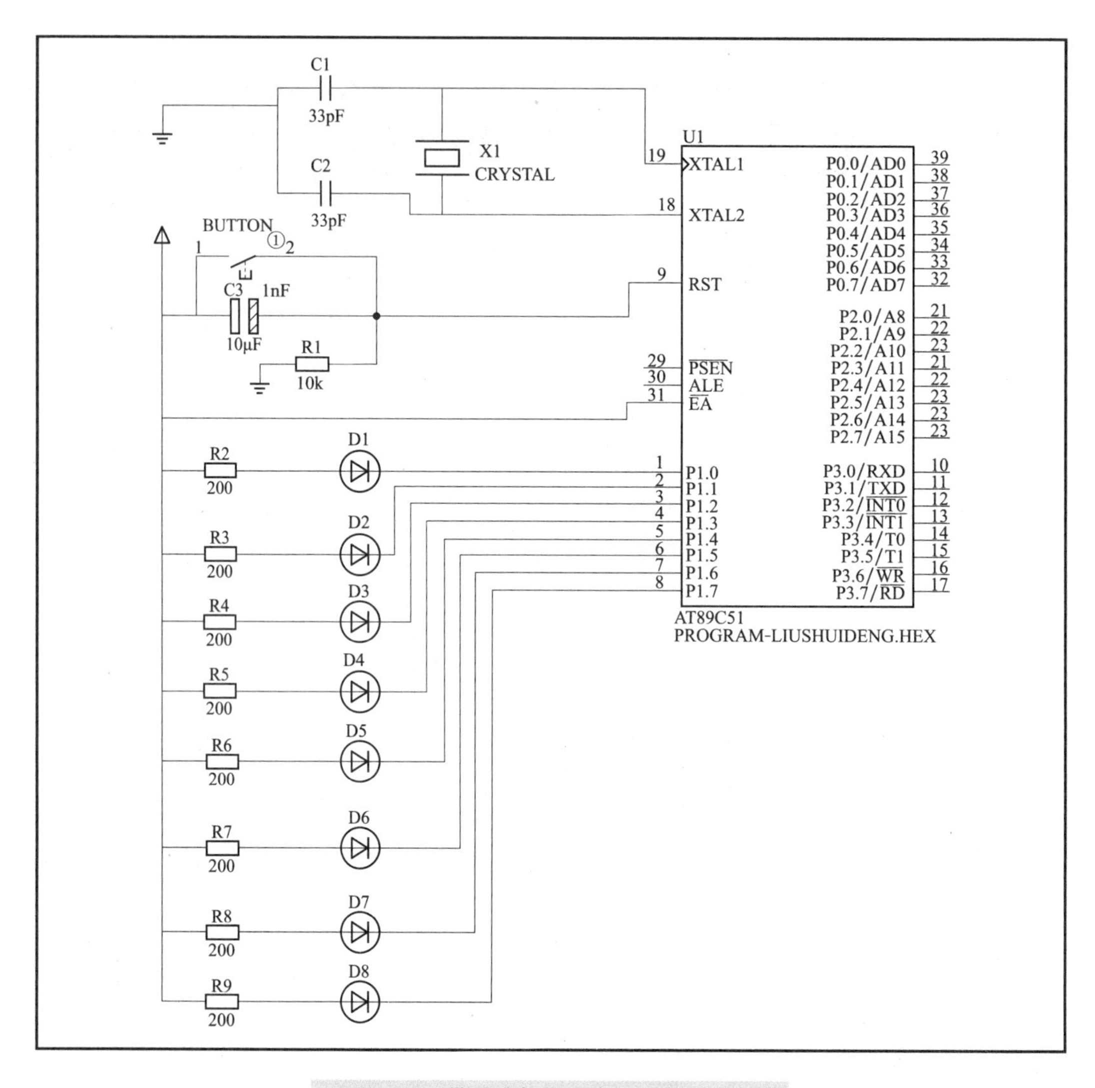

图 7-57　带手动复位电路的流水灯电路

之前我们详细介绍了安装孔和接地孔的设置，以及禁止布线层的设置。在这里将省略这部分的介绍。重点介绍了 BUTTON 封装的制作。

7.3.1　封装的检查

仿真原理图如图 7-58 所示。

要对此电路进行 PCB 制作，就必须先检查各个元件的封装。

首先检查元件的封装。单击，则弹出如图 7-59 所示的封装情况对话框。

在封装结果检查中，对显示内“missing”的 LED 和 BUTTON 进行封装。LED 的封装与之前的操作方法是一样的。在此不再详述。而 BUTTON 的封装没有现成的可用，所以需要自己制作。

7.3.2　BUTTON 封装的制作及添加

1　焊盘的选择

在 ISIS 中单击切换到 PCB 制作界面的图标，则进入 ARES 设计窗口。单击焊盘的

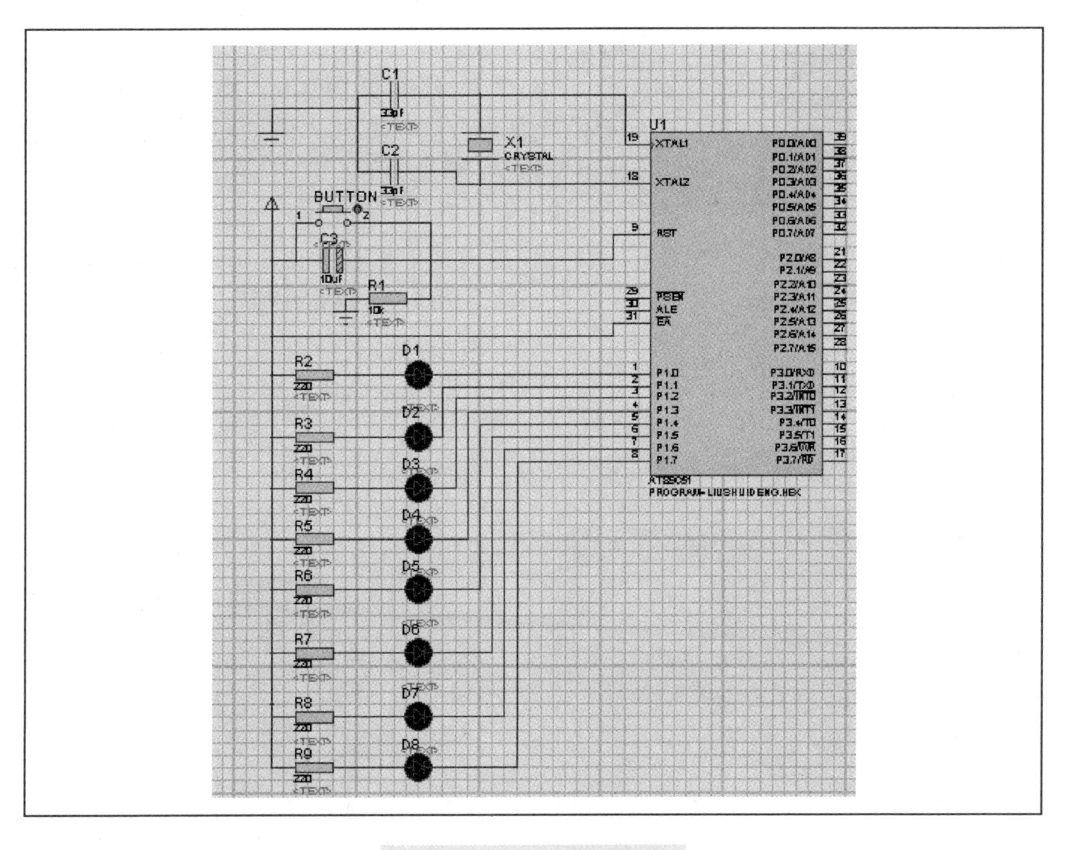

图 7-58　仿真原理图

LIUSHUIDENG - Physical Partlist View

ROOT10

Reference	Type	Value	Circuit/Package
BUTTON	BUTTON		missing
C1	CAP	33pF	CAP10
C2	CAP	33pF	CAP10
C3	CAP-ELEC	10uF	ELEC-RAD10
D1	LED-YELLOW	LED-YELLOW	missing
D2	LED-YELLOW	LED-YELLOW	missing
D3	LED-YELLOW	LED-YELLOW	missing
D4	LED-YELLOW	LED-YELLOW	missing
D5	LED-YELLOW	LED-YELLOW	missing
D6	LED-YELLOW	LED-YELLOW	missing
D7	LED-YELLOW	LED-YELLOW	missing
D8	LED-YELLOW	LED-YELLOW	missing
R1	RES	10k	RES40
R2	RES	220	RES40
R3	RES	220	RES40
R4	RES	220	RES40
R5	RES	220	RES40
R6	RES	220	RES40
R7	RES	220	RES40
R8	RES	220	RES40
R9	RES	220	RES40
U1	AT89C51	AT89C51	DIL40
X1	CRYSTAL	CRYSTAL	XTAL18

图 7-59　封装情况对话框

图标，出现焊盘的尺寸类别。如图 7-60 所示。

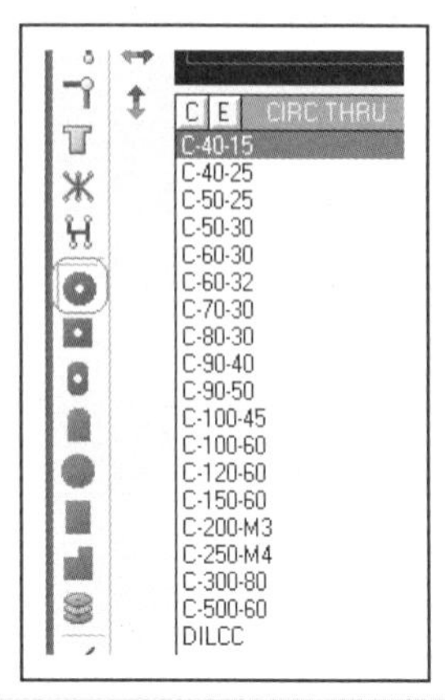

图 7-60　焊盘的尺寸类别

我们要设计的是内径为 50th，外径为 80th 的圆形穿孔焊盘。Proteus 中英制单位为 th，1th = 1/1000inch = 0.0254mm。上面焊盘尺寸类别中不包括这个尺寸的焊盘，所以需要重新创建。步骤如下：

（1）在圆形焊盘模式下单击E按钮弹出如图 7-61 所示对话框，尺寸设置对话框参数含义分别是 Name（名称）、Diameter（直径）、Drill Mark（钻孔标记）、Drill Hole（钻孔大小）、Guard Gap（安全间隙）、Local Edit（本地编辑）/Update Defaults（更新默认值）。

（2）单击"OK"按钮后，即在左侧栏中出现新设置的焊盘尺寸，如图 7-62 所示。

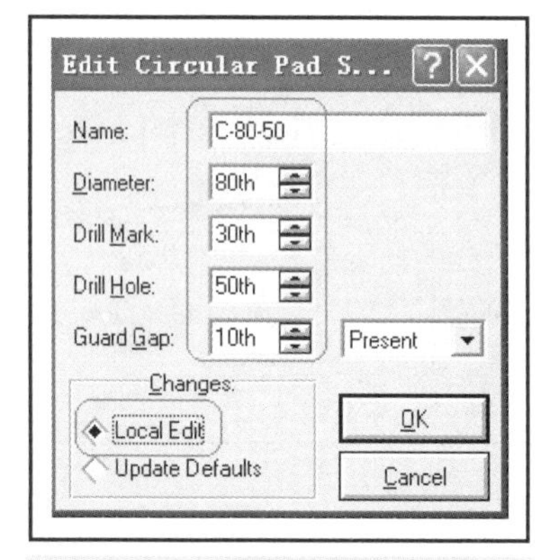

图 7-61　焊盘尺寸设置对话框

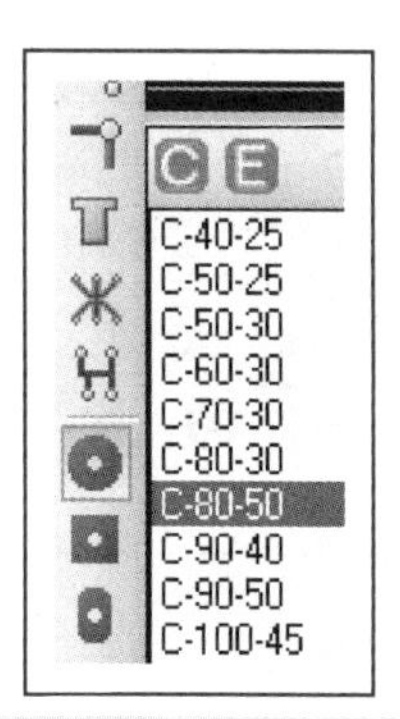

图 7-62　新出现的焊盘尺寸

2　放置焊盘

（1）在编辑窗口中放置四个自定义的焊盘"C-80-50"，间距如图 7-63 所示。

（2）右键单击"Edit Properties"（编辑属性），出现焊盘属性设置对话框，编辑焊盘引脚编号的对话框如图 7-64 所示。

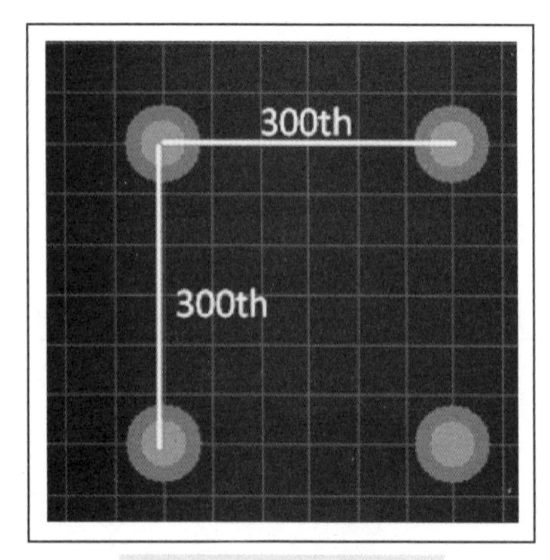

图 7-63　放置焊盘

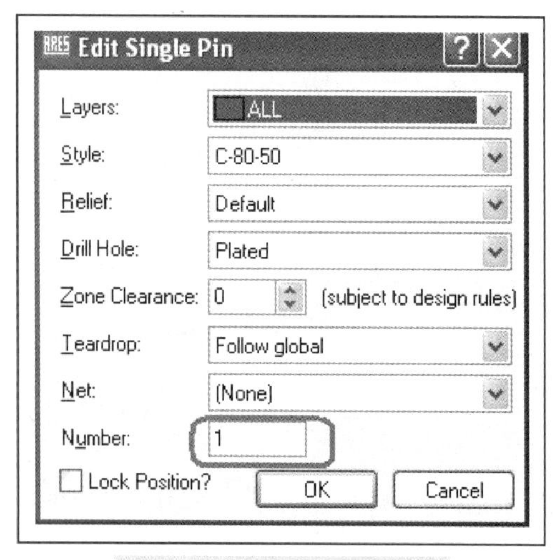

图 7-64　编辑焊盘引脚编号

（3）编号完成后的焊盘如图 7-65 所示。

3　编辑丝印

在“2D Graphixcs Box Mode”（2D 绘图模式）工具栏中单击选择举行图标■，绘制丝印层如图 7-66 所示。

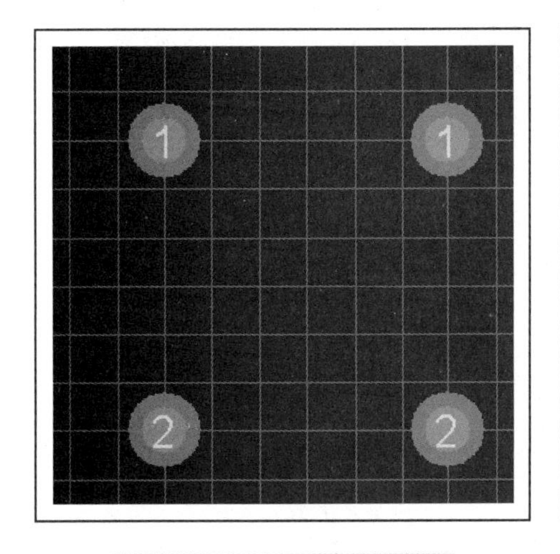

图 7-65　编号完成后的焊盘

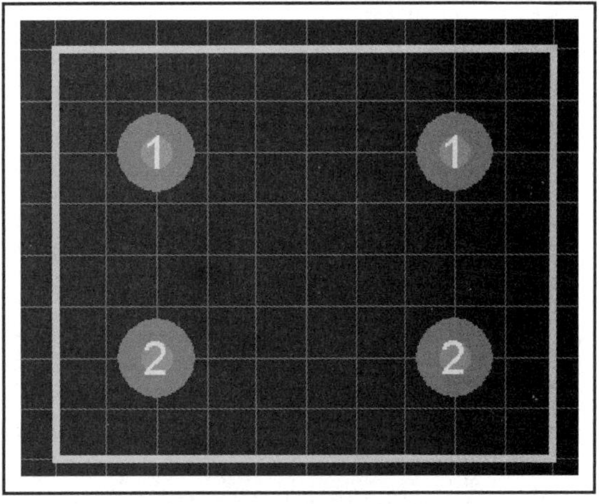

图 7-66　编辑丝印

4　保存封装

全选编辑好的焊盘，右键单击“Make Package”（创建封装），在弹出的对话框中输入相关封装信息，必须填写的是“封装的名字”，其余的可以不填。如果要填写的话可以单击右边的“new”（新建）按钮，输入封装信息的名称。单击“OK”按钮，完成封装的保存。如图 7-67 所示。

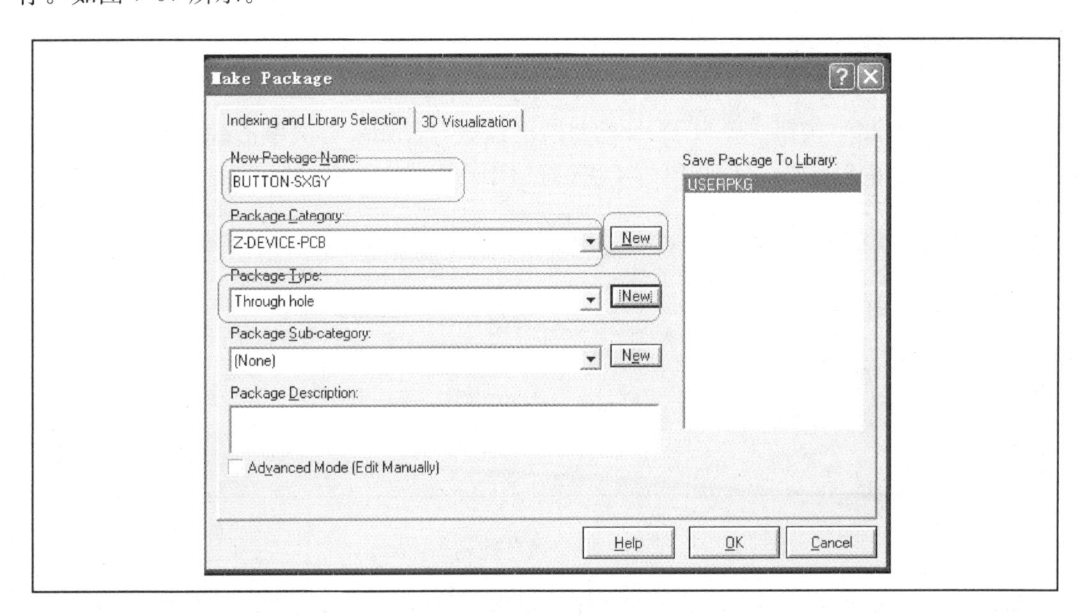

图 7-67　保存封装

5　封装的添加

步骤如下：

(1) 选中 BUTTON 元件，右键单击“Packaging Tool”，出现如图 7-68 所示的对话框。

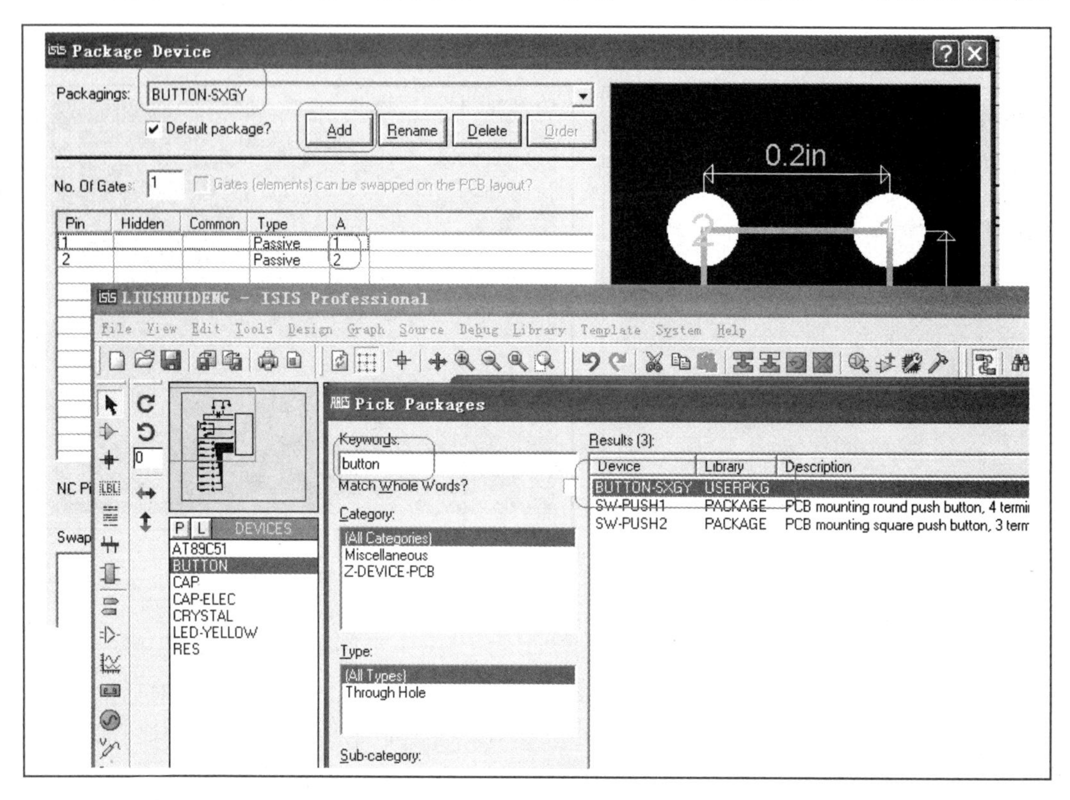

图 7-68　封装的运用

(2) 单击“ADD”按钮，添加刚刚制作好封装的元件“BUTTON-SXGY”，单击 OK 按钮后，对如图 7-68 所示的对话框进行引脚编号的编辑。

(3) 单击“OK”按钮，BUTTON 的封装已经做好，如果再次单击图标检查封装出现如图 7-69 所示的对话框，表明 BUTTON 按钮不在 PCB 版制作的元件之列。

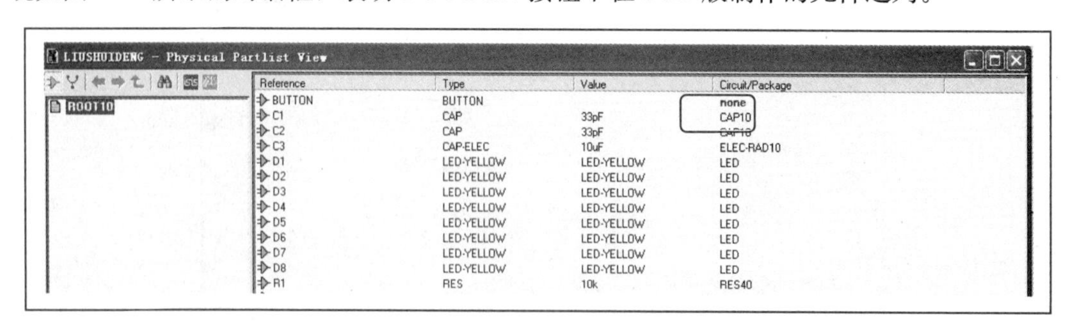

图 7-69　检查封装

解决上述问题的办法为选中元件，右键单击“Edit Properties”，把“Exclude from PCB Layout”前面的复选框中的对勾划掉，放入 PCB 制作元件之列。如图 7-70 所示。

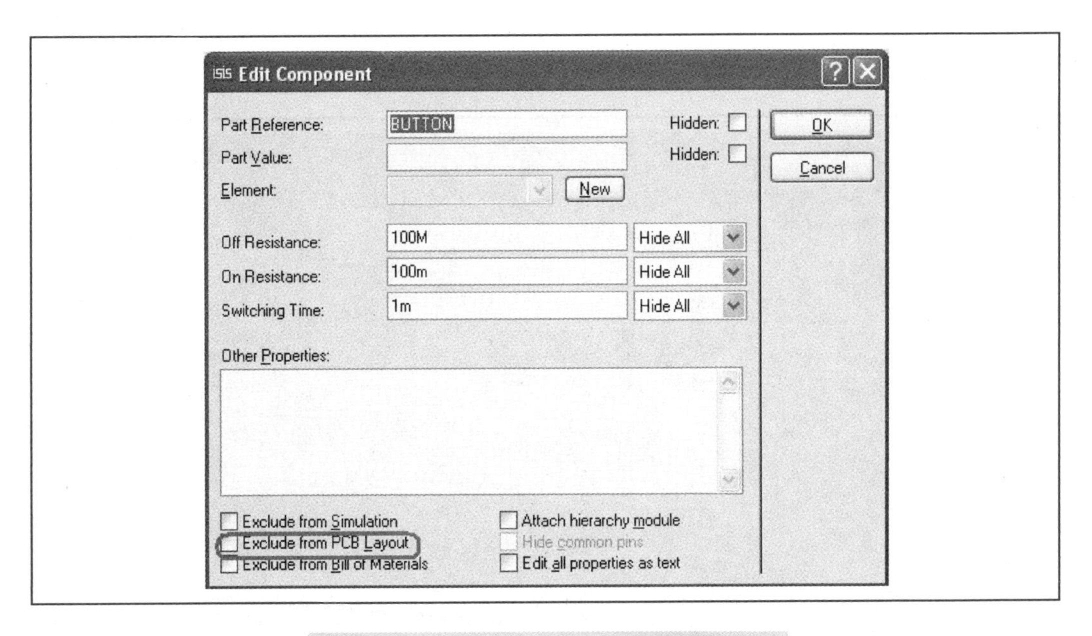

图 7-70　“放入 PCB 封装”属性设置方法

7.3.3　布局与布线

BUTTON 按钮在布局时要放到印刷电路板的边缘上，这样易于操作。如图 7-71 所示为元件布局图。

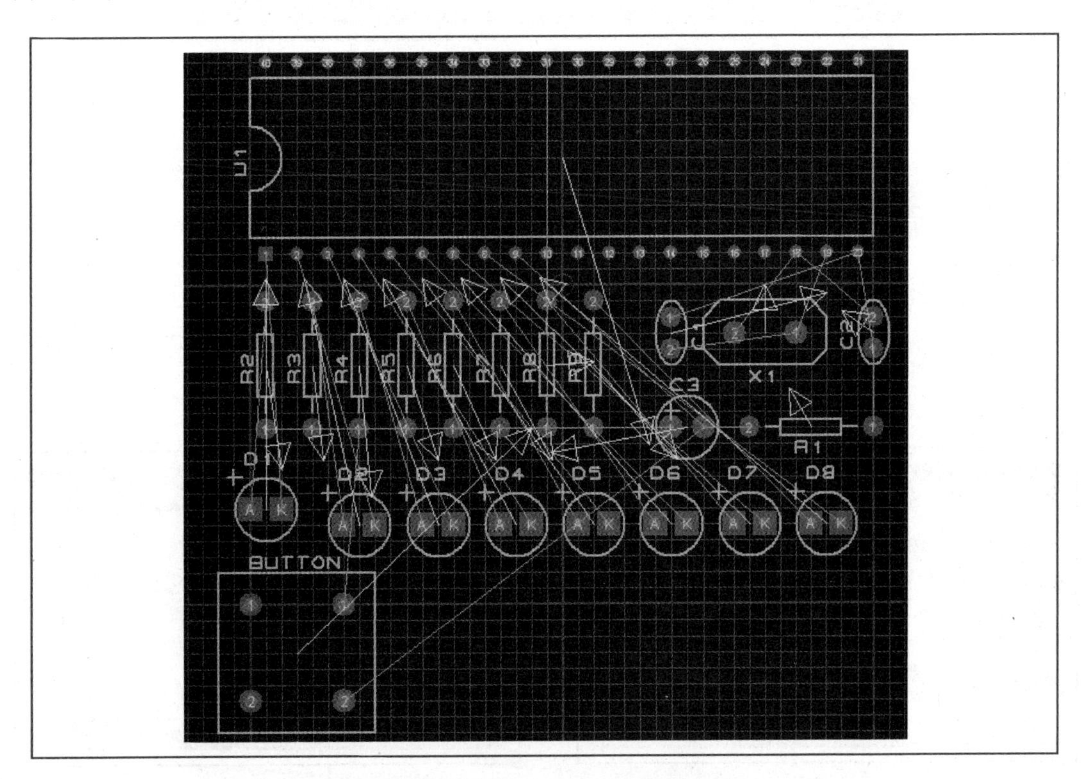

图 7-71　自动布局后的电路图

图 7-72 为自动布线后的元件布线图。

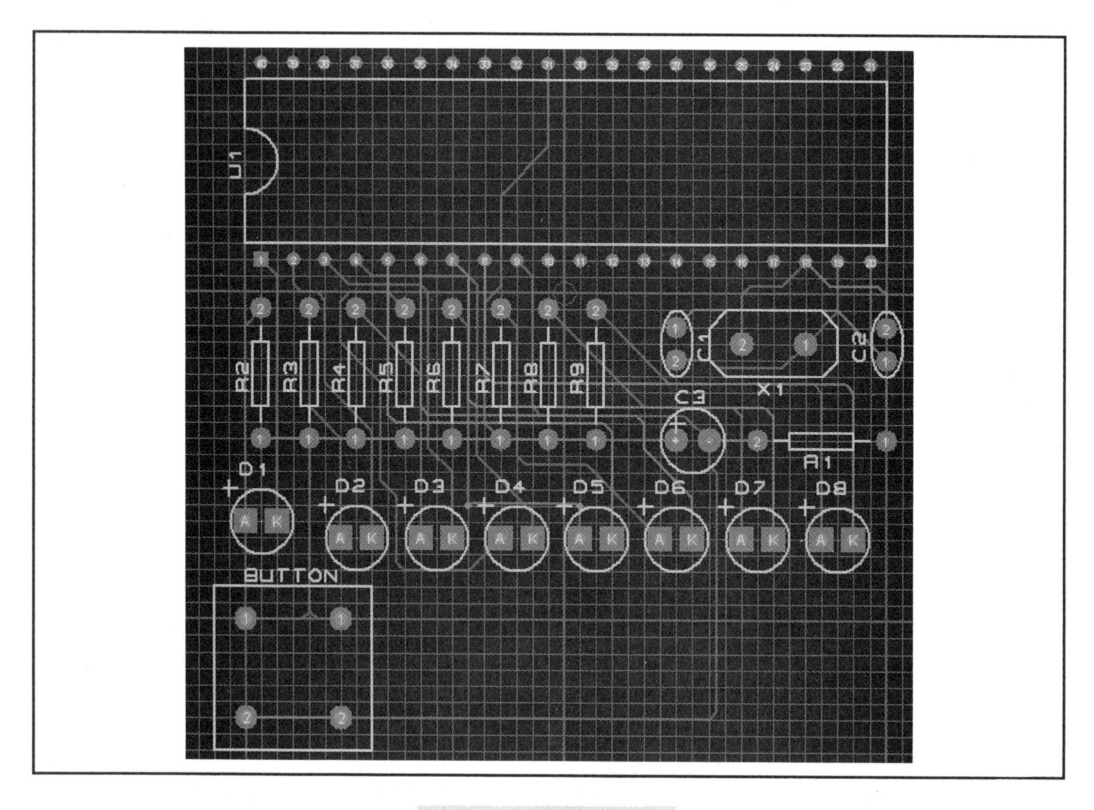

图 7-72　自动布线图

7.3.4　覆铜

这里要给 VCC 的顶层覆铜，单击“Tool”（工具）→“Power Plane Generator”（生成电源层），弹出如图 7-73 所示对话框，图中对应为中文。依据如图 7-73 所示对话框进行参数设定，单击“OK”按钮。

然后单击 GND 的底层覆铜。单击“工具→“生成电源层”，如图 7-74 所示进行设定，单击“OK”按钮。

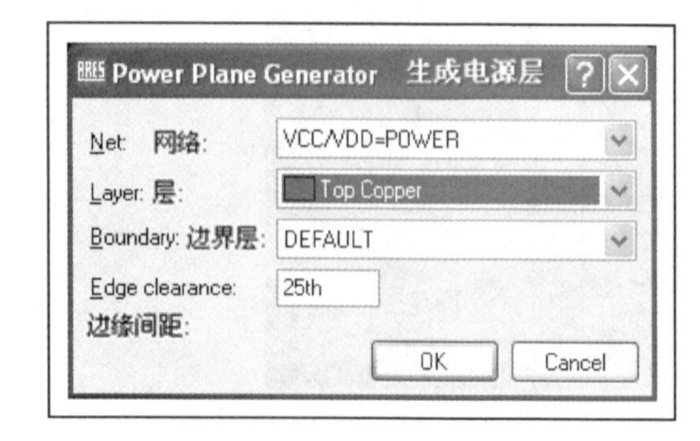

图 7-73　对 VCC 顶层覆铜

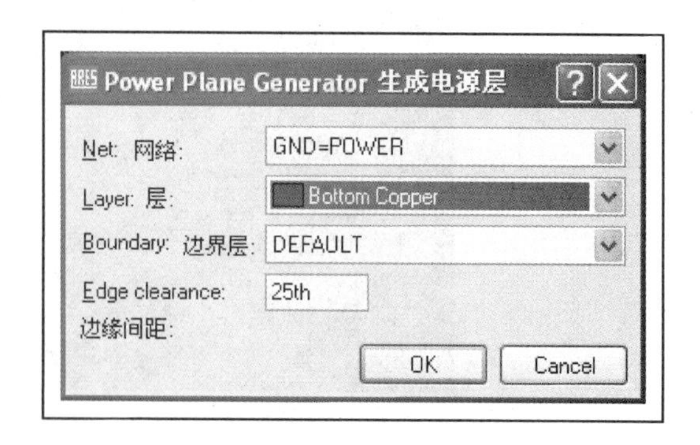

图 7-74　对 GND 底层覆铜

如图所示 7-75 是覆铜后的 PCB。

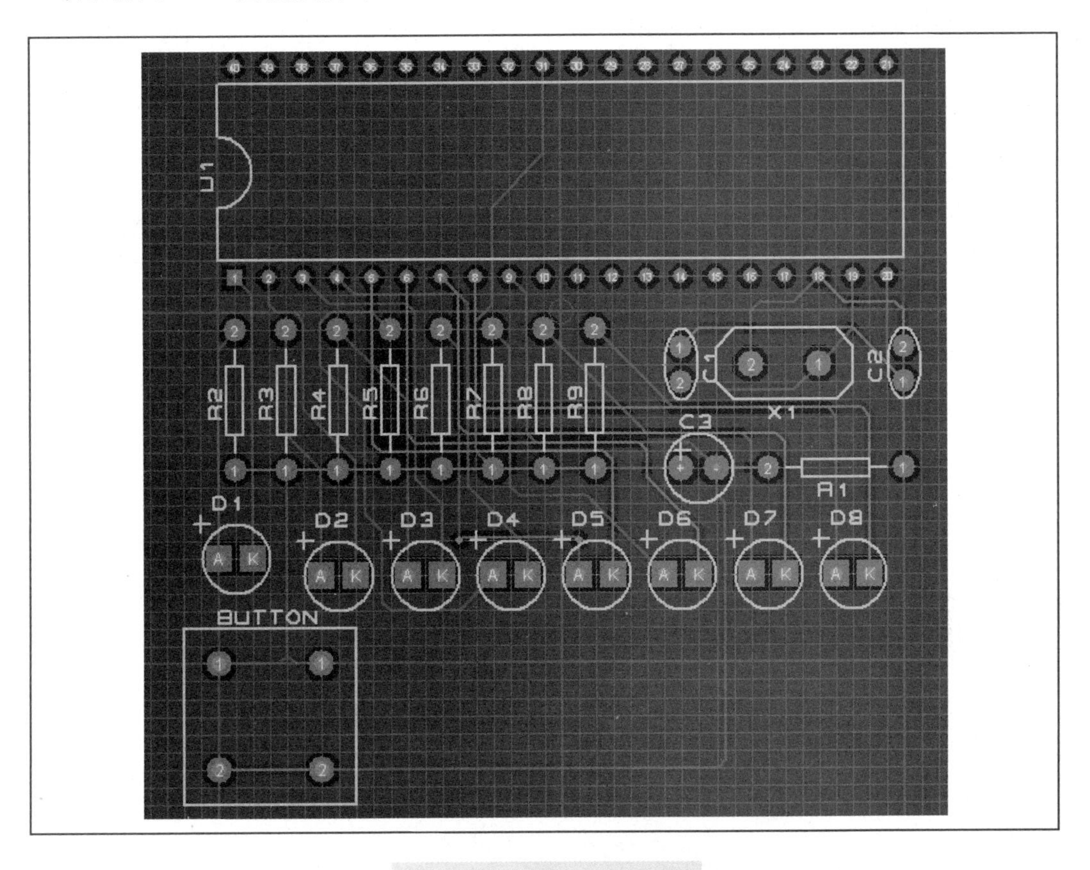

图 7-75　覆铜后的 PCB

7.3.5　3D 预览和 Gerber 文件输出

1　3D 视图

布线完成后，可单击菜单“输出”，在弹出下拉菜单中单击 3D 预览，则对设计的 PCB 版进入 3D 预览，可操作预览窗口的预览工具条中各相应的按钮，从而实现 PCB 版以光标中心显示，放大、缩小、顶视图、前视图、左视图、后视图、右视图等各种三维预览。这个 3D 图不仅能看到顶层和底层的走线，而且能看到电阻上的色环以及丝印。如图 7-76 所示。

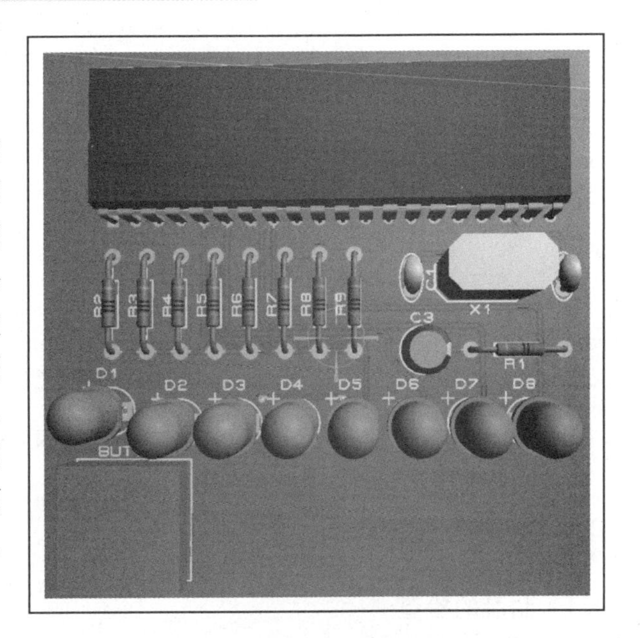

图 7-76　3D 视图

2　图纸输出

PCB 设计完成并完成 3D 预览，

则可输出图纸。

单击ARES窗口中菜单“Output”（输出），弹出如下菜单如图所示，选中“Gerber/Excellon Output”，则弹出对话框。输入图纸文件名、路径。并设定其他项。单击确定，则输出可送制板厂制板的LEDPMD压缩文件为“Gerber”格式。

任务四 音频放大电路的元件封装制作与PCB制作

要对此电路进行PCB制作，就必须先检查各个元件的封装。

之前已经提到，喇叭和电池不在PCB中体现，需要在PCB中预留连接口，所以对上述电路进行了改动，如图7-77所示为改动后音频放大电路。改动后的音频放大电路增加了两个插座，名称分别是CONN-SIL2和CONN-SIL4。

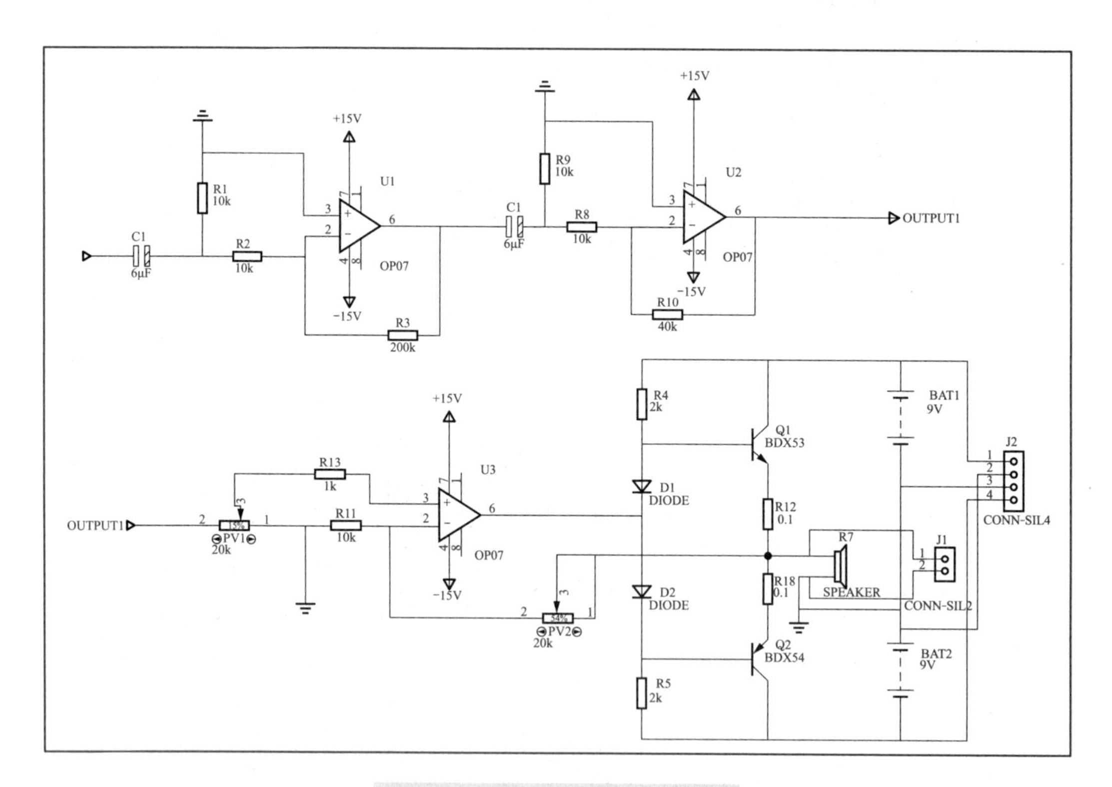

图7-77 改动后的音频放大电路

之前详细介绍了安装孔和接地孔的设置，以及禁止布线层的设置。在这里将省略这部分的介绍。

7.4.1 封装的检查

单击菜单栏，则弹出如图7-78所示的封装情况对话框。

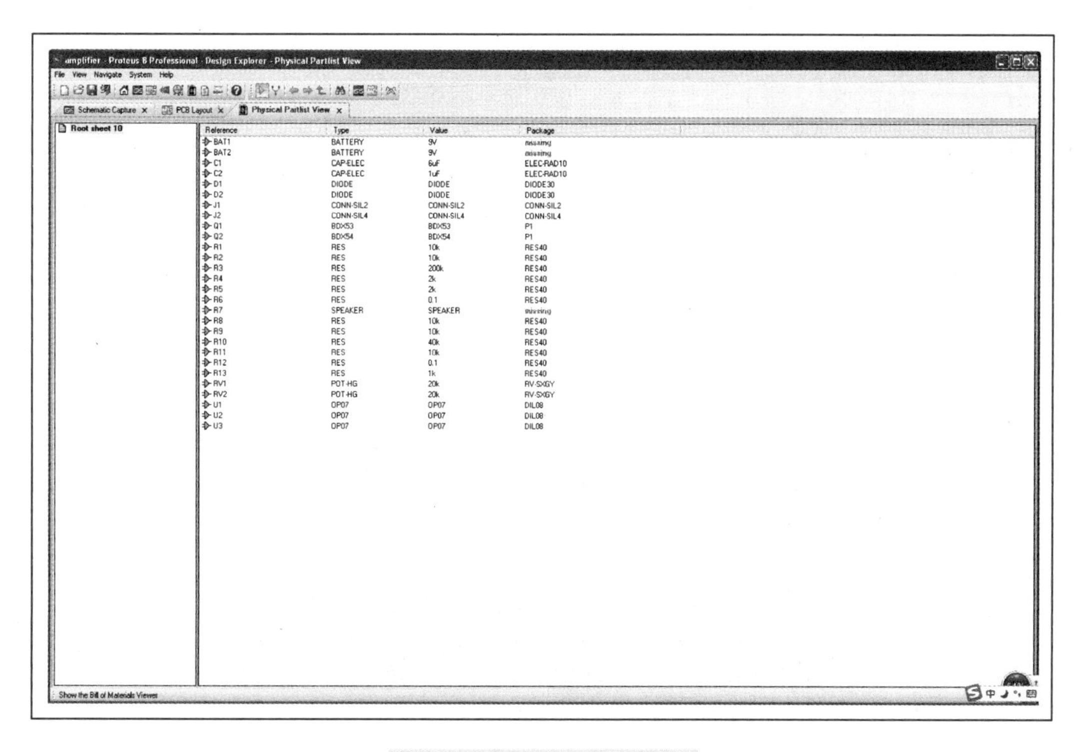

图 7-78　封装情况对话框

在封装结果检查中对显示为“missing”的 BAT1、BAT2、RV1 和 RV2 进行封装设置。

对于 BAT1 和 BAT2 来说，不需要进行封装，则可以单击右键，选中“Edit Properties”，编辑元件的属性为“不包含在 PCB 制作中”。如图 7-79 所示。

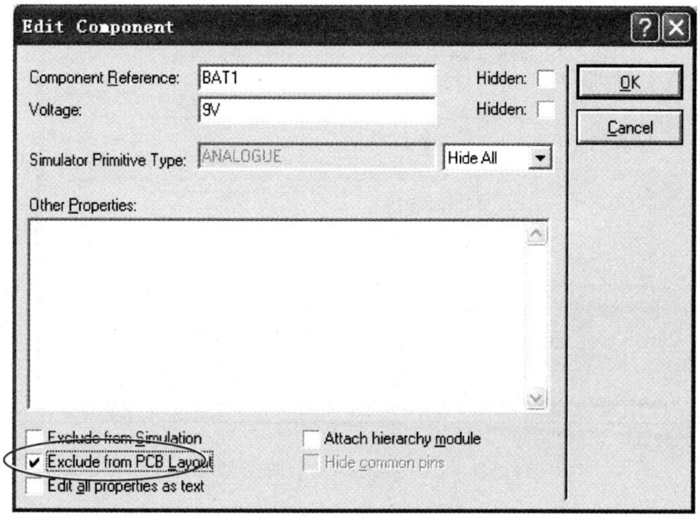

Edit Component
Component Reference: BAT1　Hidden:
Voltage: 9V　Hidden:
OK
Cancel
Simulator Primitive Type: ANALOGUE　Hide All
Other Properties:
Exclude from Simulation　Attach hierarchy module
Exclude from PCB Layout　Hide common pins
Edit all properties as text

图 7-79　编辑元件的属性

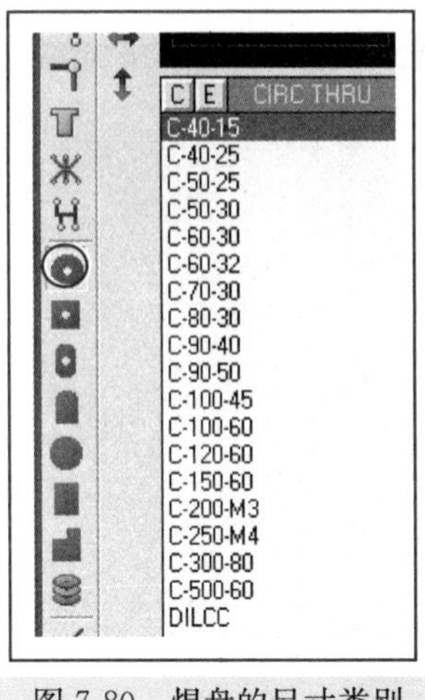

图 7-80　焊盘的尺寸类别

同样对 SPEAKER（喇叭）做如图 7-79 的设定。

7.4.2　可变电阻器封装的制作

1　焊盘的选择

单击 ISIS 中“生成网表并切换到 ARES”的工具按钮，选择“Tool”→“Netlist to ARES”，则进入 ARES 设计窗口。单击焊盘的图标，出现焊盘的尺寸类别。如图 7-80 所示。

这里要设计的是内径为 30th，外径为 80th 的圆形穿孔焊盘。选择 C-80-30 即可。

2　放置焊盘

在编辑窗口中放置三个选中的焊盘“C-80-30”，间距如图 7-81 所示。

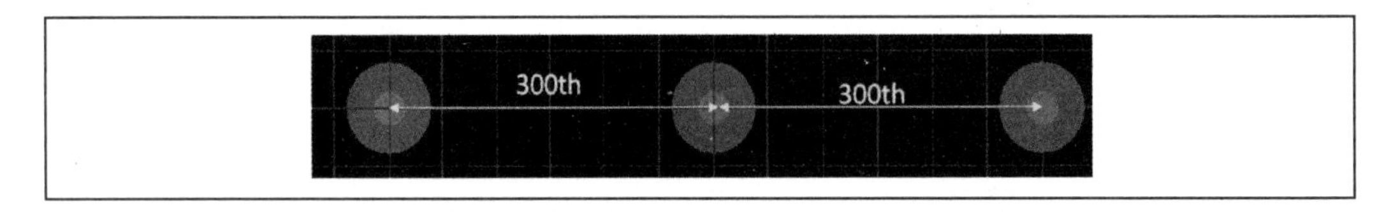

图 7-81　在编辑窗口中放置选中的焊盘

单击焊盘属性，编辑焊盘引脚编号的对话框如图 7-82 所示。

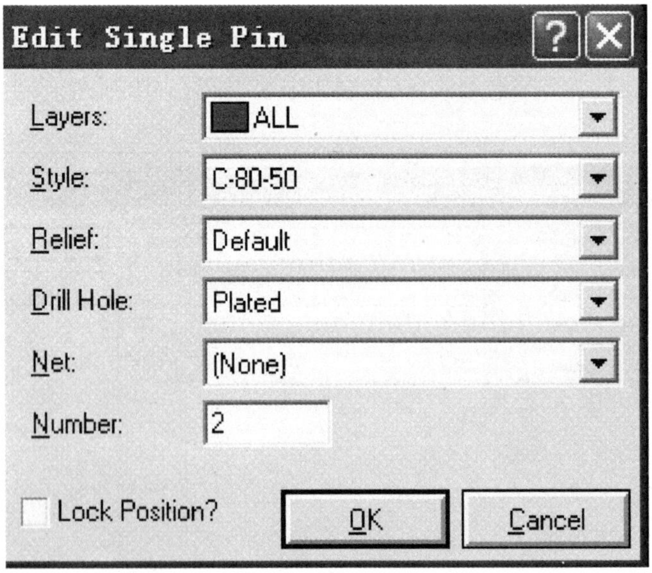

图 7-82　编辑焊盘引脚编号

3　编辑丝印

在 2D 绘图模式工具栏中单击选择举行图标，丝印层绘制如图 7-83 所示。

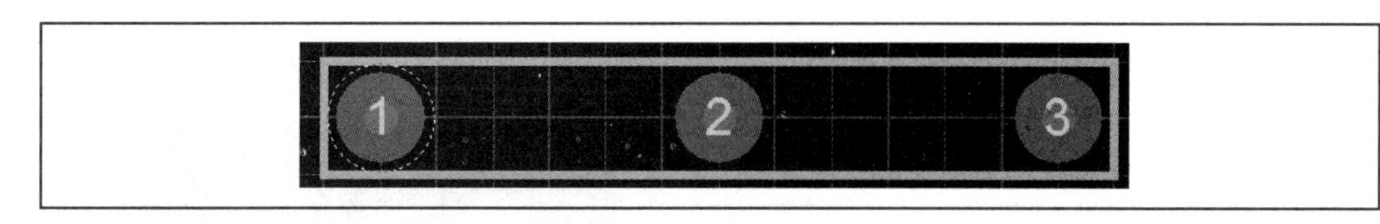

图 7-83　编辑丝印

4　保存封装

全选编辑好的焊盘，右键单击“Make Package”（创建封装），在弹出的对话框中输入相关封装信息，必须填写的是“封装的名字”，其余的可以不填。如果要填写的话可以单击右边的“New”（新建）按钮，输入封装信息的名称。单击“OK”按钮，完成封装的保存。如图 7-84 所示。

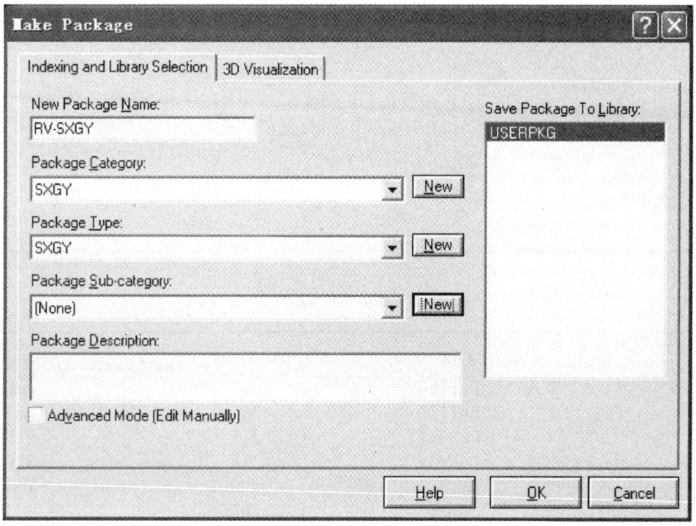

图 7-84　创建封装

7.4.3　封装的运用

选中 RV1 和 RV2 元件，右键单击“Packaging tool”，出现如图 7-85 所示的对话框。

单击“ADD”按钮，添加刚刚制作好封装的元件“RV-SXGY”，单击“OK”按钮后，对对话框中进行引脚编号的编辑。

单击“OK”按钮后，RV1 和 RV2 的封装已经设置好，如果再次单击图标检查封装，出现如图 7-86 所示的对话框，表明 BAT1 和 BAT2 按钮不在 PCB 板制作的元件之列。

7.4.4　布局与布线

1　布局

单击菜单栏图标进入 PCB 制作，新建 ARES，命名为“yingpinfangda”。注意，如果是中文名字，则在布线时就会提示“Failed to layout”。

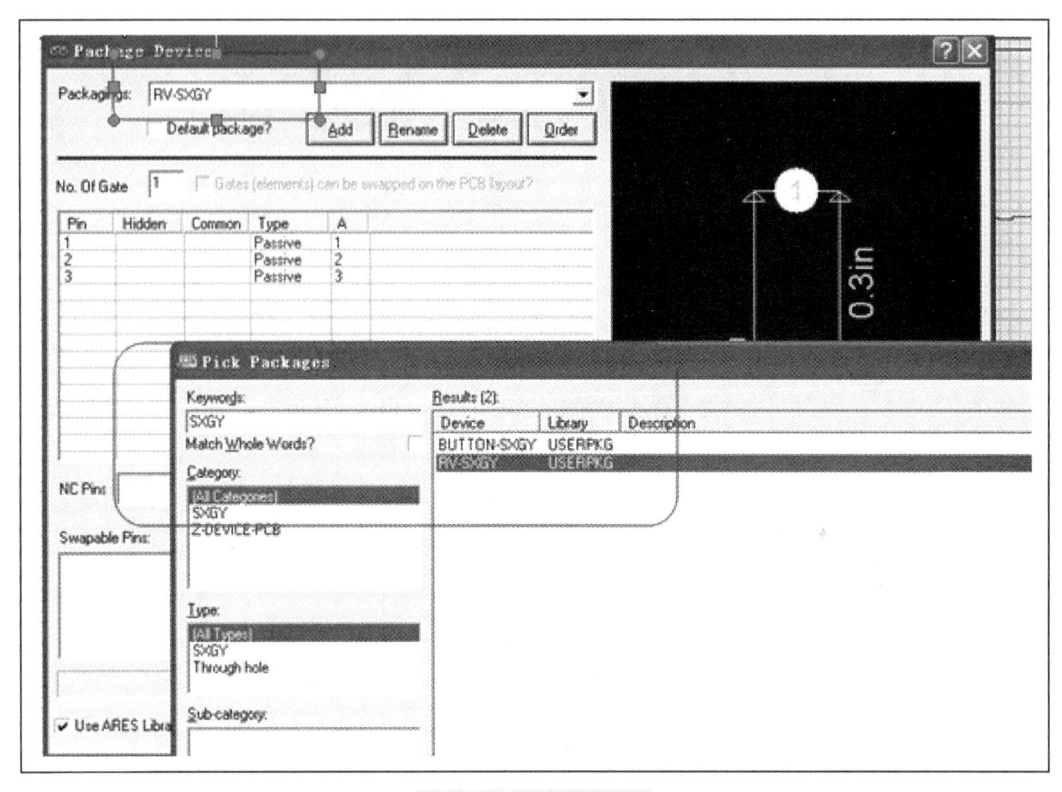

图 7-85　封装配置

Reference	Type	Value	Package
BAT1	BATTERY	9V	none
BAT2	BATTERY	9V	none
C1	CAP-ELEC	6uF	ELEC-RAD10
C2	CAP-ELEC	1uF	ELEC-RAD10
D1	DIODE	DIODE	DIODE30
D2	DIODE	DIODE	DIODE30
J1	CONN-SIL2	CONN-SIL2	CONN-SIL2
J2	CONN-SIL4	CONN-SIL4	CONN-SIL4
Q1	BDX53	BDX53	P1
Q2	BDX54	BDX54	P1
R1	RES	10k	RES40
R2	RES	10k	RES40
R3	RES	200k	RES40
R4	RES	2k	RES40
R5	RES	2k	RES40
R6	RES	0.1	RES40
R7	SPEAKER	SPEAKER	none
R8	RES	10k	RES40
R9	RES	10k	RES40
R10	RES	40k	RES40
R11	RES	10k	RES40
R12	RES	0.1	RES40
R13	RES	1k	RES40
RV1	POT-HG	20k	RV-SXGY
RV2	POT-HG	20k	RV-SXGY
U1	OP07	OP07	DIL08
U2	OP07	OP07	DIL08
U3	OP07	OP07	DIL08

图 7-86　检查封装

首先明确需要固定位置的元件有：插座、滑动变阻器（易于安装的位置）、电容（受发热影响比较大，放在离放大器比较远的地方）、禁止布线区（给放大器散热用的散热片放置位置）、显示灯（与外壳显示位置相对应）。这些元件布线如图 7-87 所示。

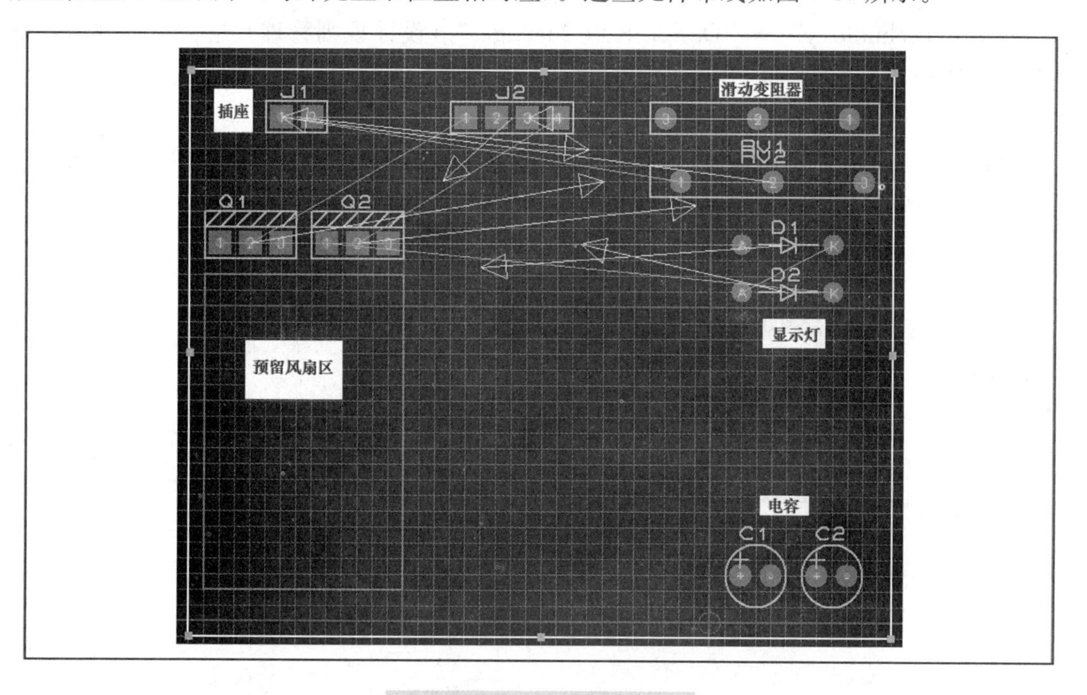

图 7-87　元件布线图

其他元件可进行自动布局，方法是单击菜单“Tool”（工具）→“Auto Palcer”（自动布线），自动布局并手动调整，最终布局图如图 7-88 所示。

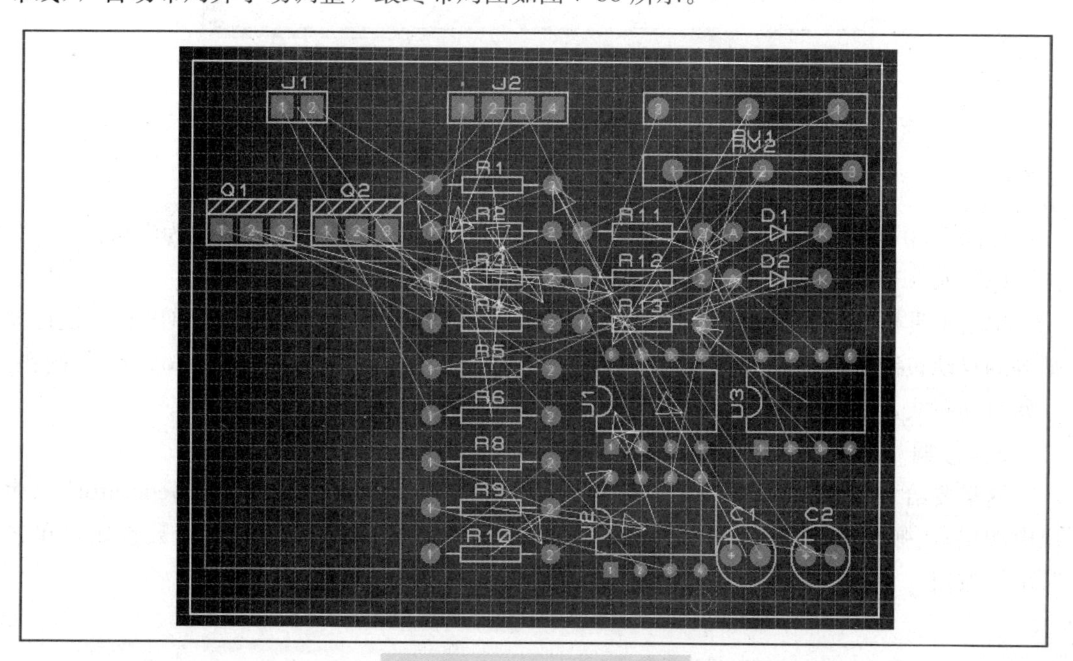

图 7-88　调整后的布局图

2 布线

布局完成后开始进行自动布线。

(1) 布线规则设定。

单击“Technology”→“Design Rule Manager”（设计规则管理）进行设计规则管理对话框，选择“Net Classes”（网络），这一栏可以设定走线类型、缩孔类型和过孔类型等。

如图 7-89 所示，我们设定“POWER”网络种类的走线类型为“T40”，NeckStyle（缩颈）为默认，Via Style（过孔）为默认。

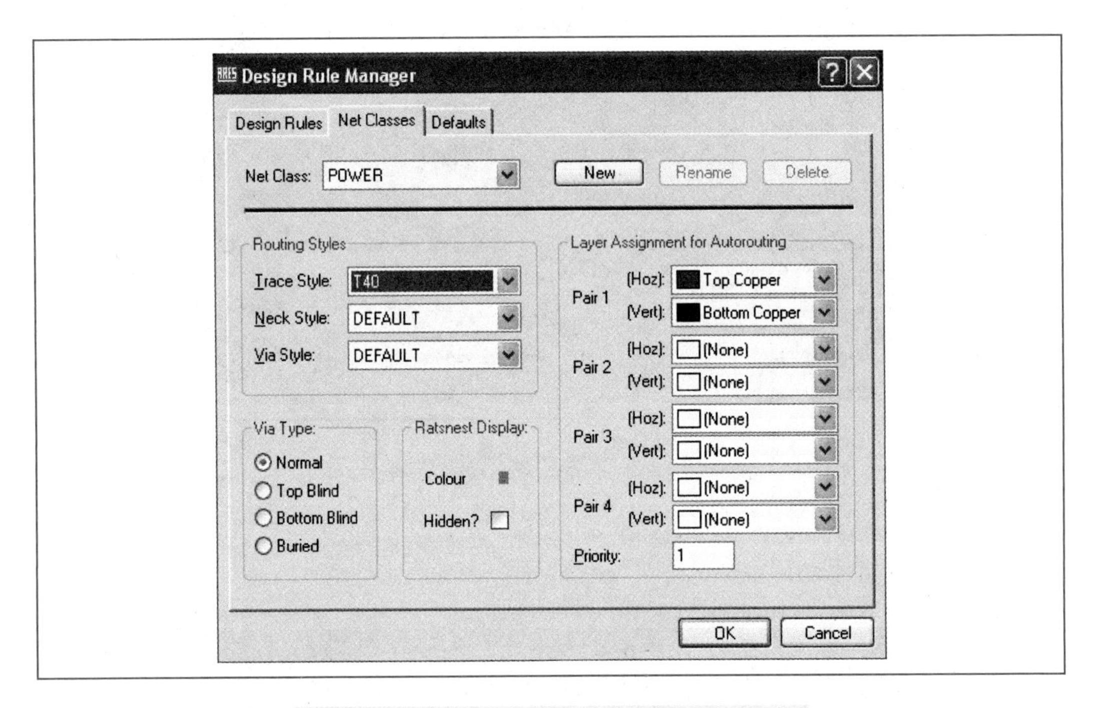

图 7-89 POWER 信号线的类型设置对话框

如图 7-90 所示，设定“SIGNAL”信号线的走线类型为“T12”，其他为默认。

(2) 元件布线。

单击工具栏中“Auto-router”（自动布线图标）进行自动布线。先弹出有关设计规则等的自动布线对话框，如图 7-91 所示。采用默认，直接单击“Begin Routing”按钮。开始自动布线，如图 7-92 所示。这里默认的是双面板。

7.4.5 覆铜

这里要给 VCC 的顶层覆铜，选择“Tool”（工具）→“Power Plane Generator”（生成电源层），弹出如图 7-93 所示对话框。依据图 7-93 所示对话框进行参数设定，单击“OK”按钮。

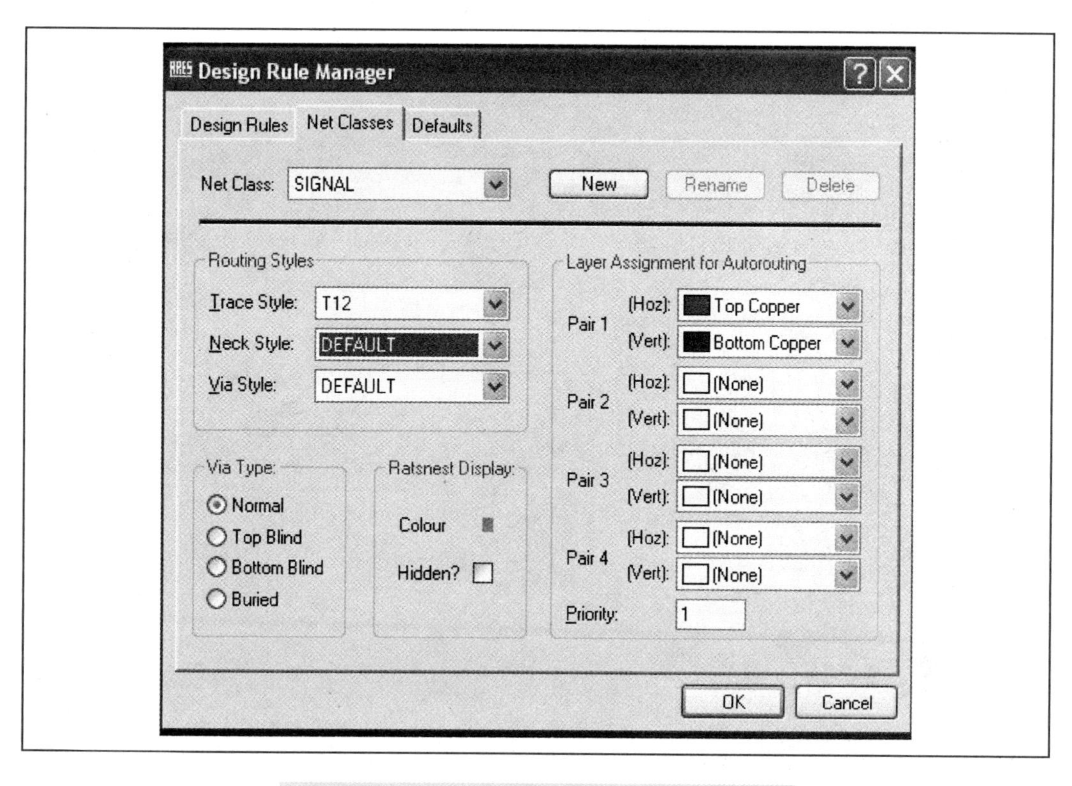

图 7-90　SIGNAL 信号线的类型设置对话框

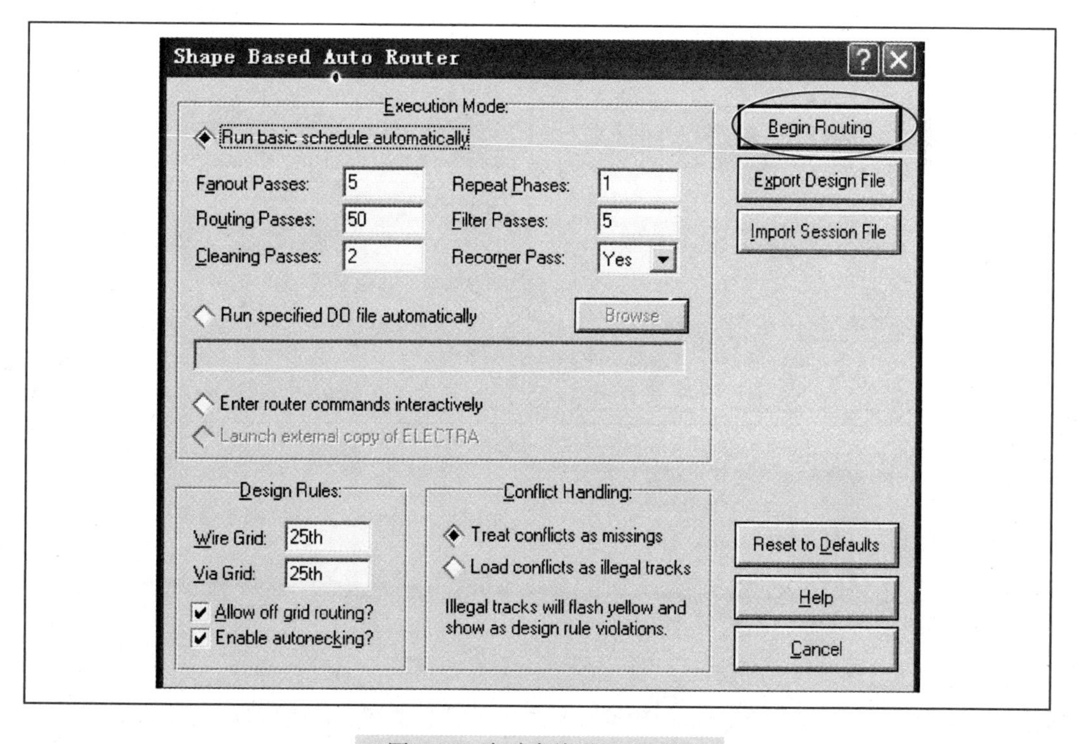

图 7-91　自动布线设置对话框

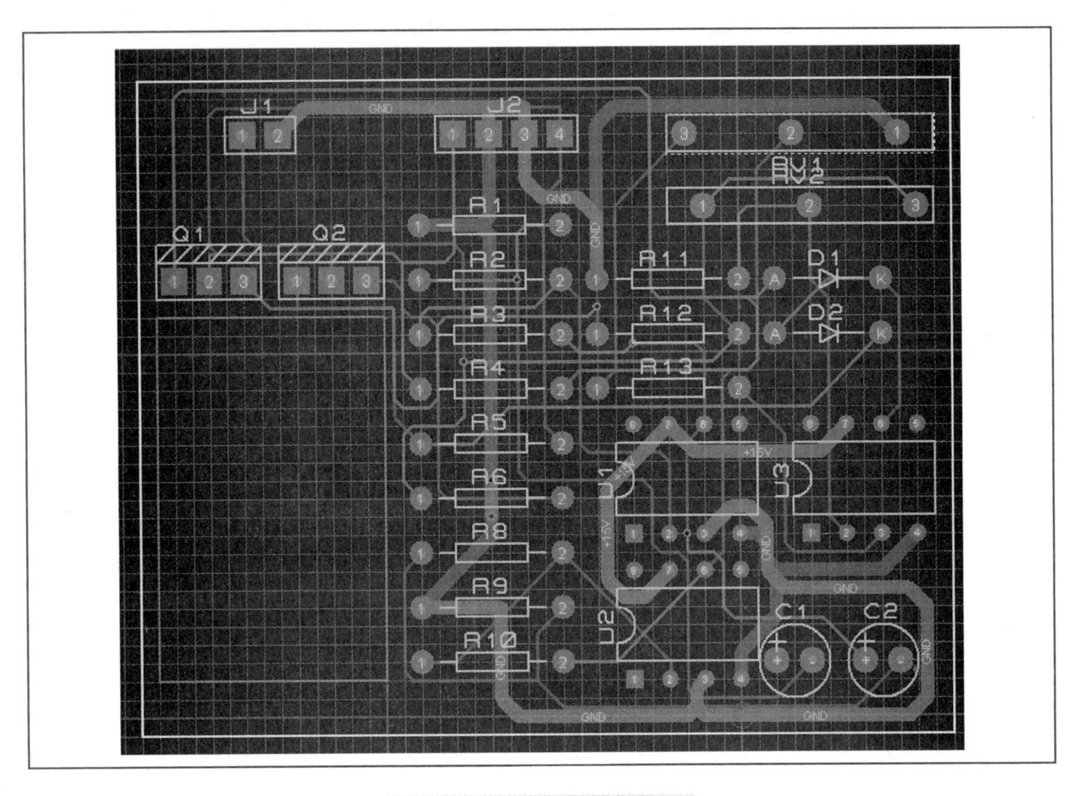

图 7-92 自动布线图

然后单击 GND 的底层覆铜。选择“工具”→“生成电源层”，进行如图 7-94 所示设定，单击“OK”按钮。

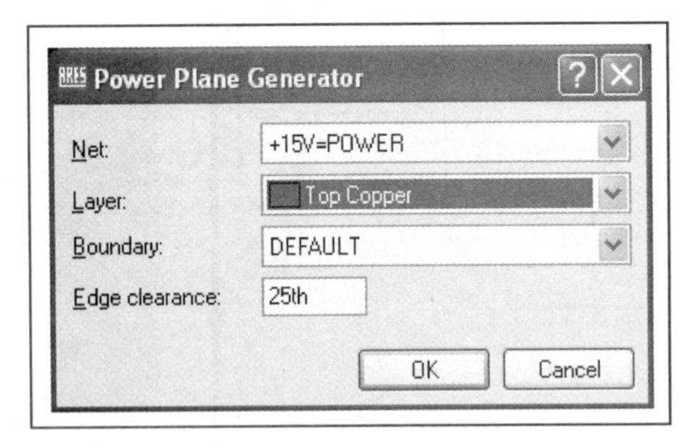

图 7-93 对 VCC 顶层覆铜

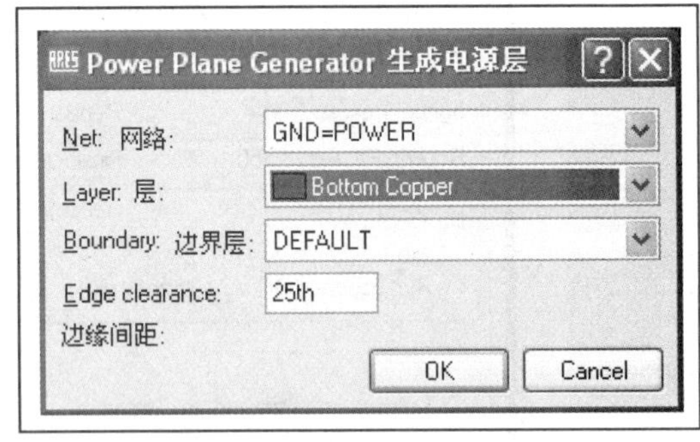

图 7-94 对 GND 底层覆铜

如图 7-95 所示是覆铜后的 PCB。

7.4.6 3D 预览和 Gerber 文件输出

1 3D 视图

布线完成后，可单击菜单“输出”，在弹出下拉菜单中单击 3D 预览，则对设计的 PCB 板进入 3D 预览，可操作预览窗口的预览工具条中各相应按钮，从而实现 PCB 板以光标中心显示，放大、缩小、顶视图、前视图、左视图、后视图、右视图等各种三维预览。这个 3D

图不仅能看到顶层和底层的走线，而且能看到电阻上的色环以及丝印。如图 7-96 所示。

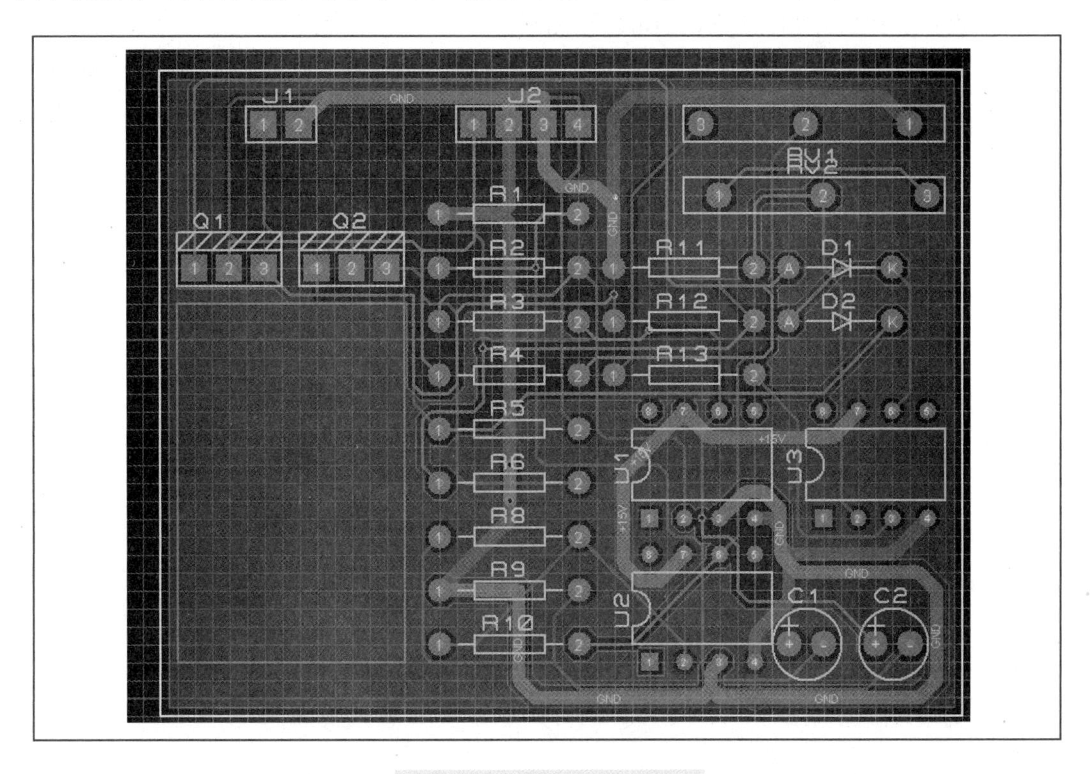

图 7-95　覆铜后的 PCB

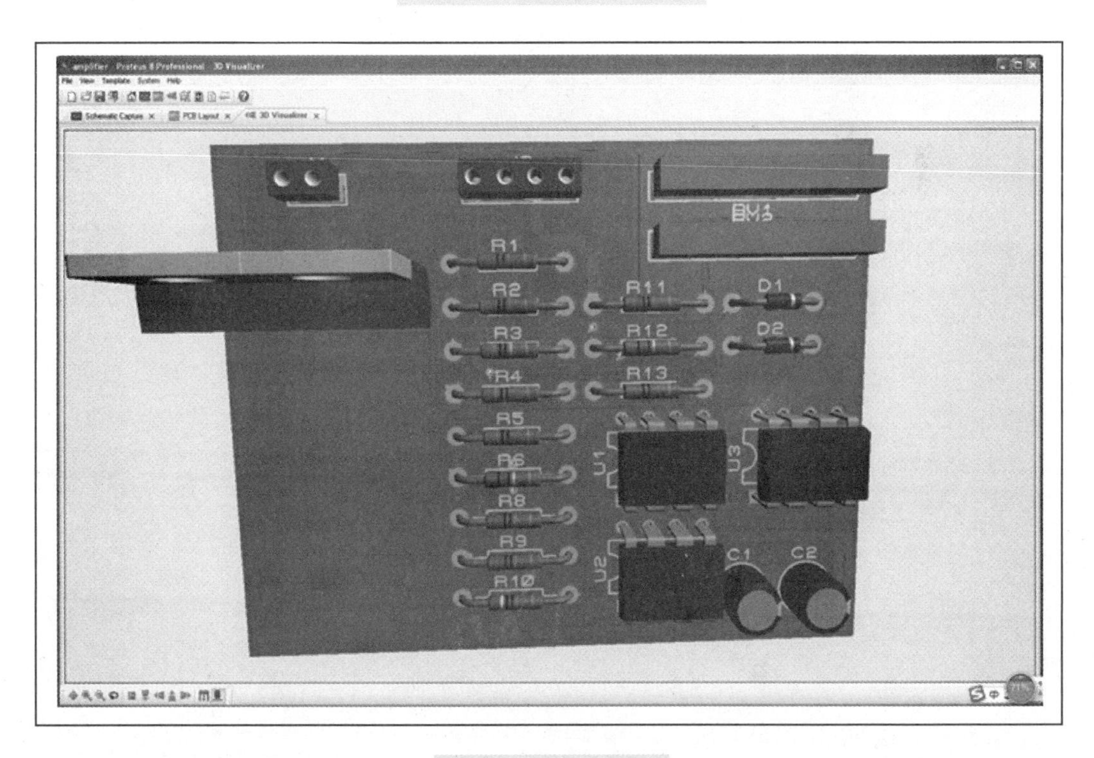

图 7-96　3D 视图

2　图纸输出

PCB设计完成后并3D预览，则可输出图纸。

单击ARES窗口中菜单“Output”（输出），选中“Gerber/Excellon Output”，则弹出对话框。输入图纸文件名、路径。设定其他项。单击确定，则输出可送制板厂制板的文件。

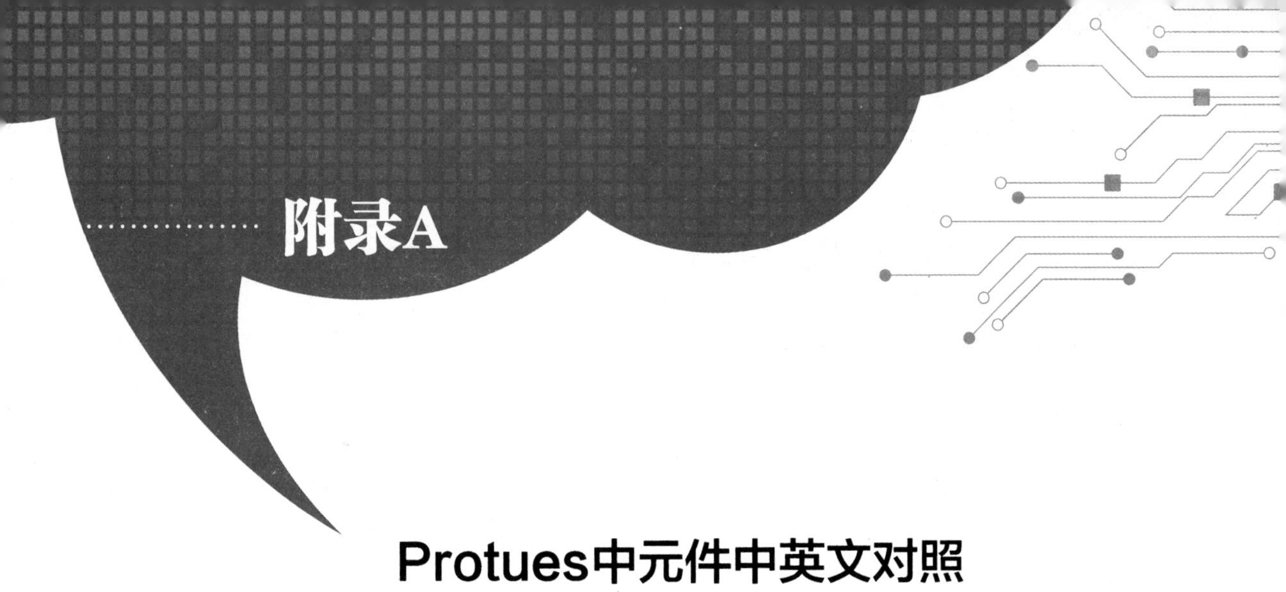

Protues中元件中英文对照

Proteus 中常用元件中英文对照表

英文名称	中文名称
Analog ICs	模拟 IC
CMOS 4000 series	CMOS 4000 系列
Data Converters	数据转换器
Diodes	二极管
Electromechanical	机电设备（只有电动机模型）
Inductors	电感
Laplace Primitives	Laplace 变换器
Memory ICs	存储器 IC
Microprocessor ICs	微处理器 IC
Miscellaneous	杂类（只有电灯和光敏电阻组成的设备）
Modelling Primitives	模型基元
Operational Amplifiers	运算放大器
Optoelectronics	光电子器件
Resistors	电阻
Simulator Primitives	仿真基元
Switches & Relays	开关和继电器
Transistors	三极管
AND	与门
ANTENNA	天线
BATTERY	直流电源
BELL	铃，钟
BVC	同轴电缆接插件
BRIDEG 1	整流桥（二极管）
BRIDEG 2	整流桥（集成块）
BUFFER	缓冲器
BUZZER	蜂鸣器

续表

英文名称	中文名称
CAP	电容
CAPACITOR	电容
CAPACITOR POL	有极性电容
CAPVAR	可调电容
CIRCUIT BREAKER	熔断丝
COAX	同轴电缆
CON	插口
CRYSTAL	晶体整荡器
DB	并行插口
DIODE	二极管
DIODE SCHOTTKY	稳压二极管
DIODE VARACTOR	变容二极管
DPY _ 3-SEG	3 段 LED
DPY _ 7-SEG	7 段 LED
DPY _ 7-SEG _ DP	7 段 LED（带小数点）
ELECTRO	电解电容
FUSE	熔断器
INDUCTOR	电感
INDUCTOR IRON	带铁芯电感
INDUCTOR3	可调电感
JFET N	N 沟道场效应管
JFET P	P 沟道场效应管
LAMP	灯泡
LAMP NEDN	启辉器
LED	发光二极管
METER	仪表
MICROPHONE	麦克风
MOSFET	MOS 管
MOTOR AC	交流电动机
MOTOR SERVO	伺服电动机
NAND	与非门
NOR	或非门
NOT	非门
NPN NPN	三极管
NPN-PHOTO	感光三极管
OPAMP	运放
OR	或门
PHOTO	感光二极管
PNP	三极管
NPN DAR	NPN 三极管
PNP DAR	PNP 三极管

续表

英文名称	中文名称
POT	滑线变阻器
PELAY-DPDT	双刀双掷继电器
RES1. 2	电阻
RES3. 4	可变电阻
RESISTOR BRIDGE ?	桥式电阻
RESPACK ?	电阻
SCR	晶闸管
PLUG ?	插头
PLUG AC FEMALE	三相交流插头
SOCKET ?	插座
SOURCE CURRENT	电流源
SOURCE VOLTAGE	电压源
SPEAKER	扬声器
SW ?	开关
SW-DPDY ?	双刀双掷开关
SW-SPST ?	单刀单掷开关
SW-PB	按钮
THERMISTOR	电热调节器
TRANS1	变压器
TRANS2	可调变压器
TRIAC ?	三端双向可控硅
TRIODE ?	三极真空管
VARISTOR	变阻器
ZENER ?	齐纳二极管
DPY _ 7-SEG _ DP	数码管
SW-PB	开关
AND	与门
ANTENNA	天线
BATTERY	直流电源（电池）
BELL	铃，钟
BRIDEG 1	整流桥（二极管）
BRIDEG 2	整流桥（集成块）
BUFFER	缓冲器
BUZZER	蜂鸣器
CAP	电容
CAPACITOR	电容
CAPACITOR POL	有极性电容
CAPVAR	可调电容
CIRCUIT BREAKER	熔断丝
COAX	同轴电缆
CON	插口

续表

英文名称	中文名称
CRYSTAL	晶振
DB	并行插口
DIODE	二极管
DIODE SCHOTTKY	稳压二极管
DIODE VARACTOR	变容二极管
DPY _ 3-SEG	3 段 LED
DPY _ 7-SEG	7 段 LED
DPY _ 7-SEG _ DP	7 段 LED（带小数点）
ELECTRO	电解电容
FUSE	熔断器
INDUCTOR	电感
INDUCTOR IRON	带铁心电感
INDUCTOR3	可调电感
JFET N	N 沟道场效应管
JFET P	P 沟道场效应管
LAMP	灯泡
LAMP NEDN	启辉器
LED	发光二极管
METER	仪表
MICROPHONE	麦克风
MOSFET	MOS 管
MOTOR AC	交流电动机
MOTOR SERVO	伺服电动机
NAND	与非门
NOR	或非门
NOT	非门
NPN	NPN 三极管
NPN-PHOTO	感光三极管
OPAMP	运放
OR	或门
PHOTO	感光二极管
PNP	PNP 三极管
NPN DAR	NPN 三极管
PNP DAR	PNP 三极管
POT	滑线变阻器
PELAY-DPDT	双刀双掷继电器
RES1. 2	电阻
RES3. 4	可变电阻
BRIDGE	桥式电阻
RESPACK	电阻排
SCR	晶闸管

续表

英文名称	中文名称
PLUG	插头
PLUG AC FEMALE	三相交流插头
SOCKET	插座
SOURCE CURRENT	电流源
SOURCE VOLTAGE	电压源
SPEAKER	扬声器
SW	开关
SW-DPDY	双刀双掷开关
SW-SPST	单刀单掷开关
SW-PB	按钮
THERMISTOR	电热调节器
TRANS1	变压器
TRANS2	可调变压器
TRIAC	三端双向可控硅
TRIODE	三极真空管
VARISTOR	变阻器
ZENER	齐纳二极管
IRLINK	光耦

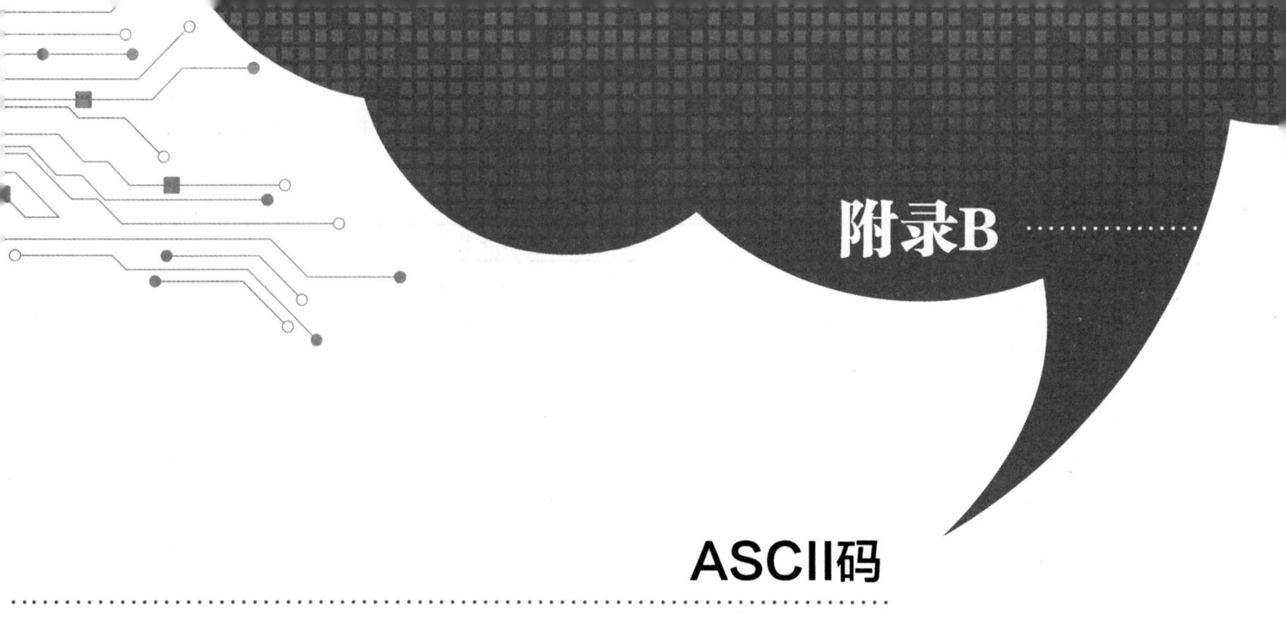

附录B

ASCII码

ASCII 码表

行	列	0	1	2	3	4	5	6	7
	MSB 位 654 LSB 位 3210	000	001	010	011	100	101	110	111
0	0000	NUL	DLE	SP	0	@	P	′	p
1	0001	SOH	DC_1	!	1	A	Q	a	q
2	0010	STX	DC_2	″	2	B	R	b	r
3	0011	ETX	DC_3	#	3	C	S	c	s
4	0100	EOT	DC_4	$	4	D	T	d	t
5	0101	ENQ	NAK	%	5	E	U	e	u
6	0110	ACK	SYN	&	6	F	V	f	v
7	0111	BEL	ETB	′	7	G	W	g	w
8	1000	BS	CAN	(	8	H	X	h	x
9	1001	HT	EM	)	9	I	Y	i	y
A	1010	LF	SUB	*	:	J	Z	j	z
B	1011	VT	ESC	+	;	K	[	k	{
C	1100	FF	FS	,	<	L	\	l	|
D	1101	CR	GS	—	=	M	]	m	}
E	1110	SO	RS	·	>	N	↑	n	~
F	1111	SI	HS	/	?	O	←	o	DEL

参 考 文 献

［1］ 周润景，张丽娜，刘印群. PROTEUS入门实用教程［M］. 北京：机械工业出版社，2007.

［2］ 朱清慧，张凤蕊，翟天嵩. Proteus教程——电子线路设计、制版与仿真（第2版）［M］. 北京：清华大学出版社，2009.

［3］ 江晓安，董秀峰. 模拟电子技术（第三版）［M］. 西安：西安电子科技大学出版社，2008.

［4］ 江晓安，董秀峰，杨颂华. 数字电子技术（第三版）［M］. 西安：西安电子科技大学出版社，2008.

［5］ 张靖武，周灵彬. 单片机系统的PROTEUS设计与仿真［M］. 北京：电子工业出版社，2007.

［6］ 张靖武，周灵彬，皇甫勇兵，等. 单片机原理应用与PROTEUS仿真（第3版）［M］. 北京：电子工业出版社，2014.